347種台灣蝴蝶 × 788種食草雙向速查，特別收錄4種肉食性蝶類幼蟲

# 台灣蝴蝶食草植物全圖鑑
## Host Plants for Taiwan's Butterflies

貓頭鷹

《台灣蝴蝶食草植物全圖鑑》
**347種台灣蝴蝶 ✕ 788種食草雙向速查，特別收錄4種肉食性蝶類幼蟲** YN7006

| | |
|---|---|
| 作　　者 | 洪裕榮 |
| 審　　訂 | 曾彥學 |
| 責任編輯 | 李季鴻、陳妍妏 |
| 協力編輯 | 胡嘉穎、趙建棣 |
| 校　　對 | 黃瓊慧 |
| 版面構成 | 張曉君、劉曜徵 |
| 封面設計 | 林敏煌 |
| 行銷業務 | 鄭詠文、陳昱甄 |
| 出 版 者 | 貓頭鷹出版 |
| 總 編 輯 | 謝宜英 |

發 行 人　涂玉雲
榮譽社長　陳穎青
發　　行　英屬蓋曼群島商家庭傳媒股份有限公司城邦分公司
　　　　　104台北市民生東路二段141號11樓
劃撥帳號：19863813　戶名：書虫股份有限公司
城邦讀書花園：www.cite.com.tw　購書服務信箱：service@readingclub.com.tw
購書服務專線：02-25007718～9（週一至週五上午09:30～12:00；下午13:30～17:00）
24小時傳真專線：02-25001990～1
香港發行所　城邦（香港）出版集團　電話：852-25086231／傳真：852-25789337
馬新發行所　城邦（馬新）出版集團　電話：603-90563833／傳真：603-90576622
印 製 廠　中原造像股份有限公司
初　　版　2020 年2月
定　　價　新台幣1,990元／港幣663元
ISBN　978-986-262-415-9

**貓頭鷹**
讀者意見信箱　owl@cph.com.tw
投稿信箱　owl.book@gmail.com
貓頭鷹知識網　www.owls.tw
貓頭鷹臉書　facebook.com/owlpublishing
歡迎上網訂購；大量團購請洽專線(02)2500-1919

國家圖書館出版品預行編目(CIP)資料

台灣蝴蝶食草植物全圖鑑：347種台灣蝴蝶 ✕
788種食草雙向速查，特別收錄4種肉食性蝶類
幼蟲 / 洪裕榮著. -- 初版. -- 臺北市：貓頭鷹出版
：家庭傳媒城分公司發行, 2020.02
328面；21✕28公分
ISBN 978-986-262-415-9（精裝）
1.植物圖鑑 2.台灣

375.233　　　　　　　　　　　　　109000330

# 目次

■推薦序　一本值得蝴蝶界、植物界細細品味與典藏的好書　　4

■推薦序　自然界的奇葩，成就「前無古人」的蝴蝶食草圖鑑　　5

■自序　千里之行只為尋覓蝴蝶寄主植物的蹤跡　　6

■如何使用本書　　8

■總論　幼蟲「以食為天」　　10


## 雙子葉植物 DICOTYLEDONS

| | | |
|---|---|---|
| 爵床科 | Acanthaceae | 14 |
| 番荔枝科 | Annonaceae | 29 |
| 夾竹桃科 | Apocynanceae | 31 |
| 馬兜鈴科 | Aristolochiaceae | 34 |
| 蘿藦科 | Asclepiadaceae | 39 |
| 樺木科 | Betulaceae | 57 |
| 大麻科 | Cannabaceae | 58 |
| 山柑科 | Capparaceae | 59 |
| 忍冬科 | Caprifoliaceae | 61 |
| 旋花科 | Convolvulaceae | 63 |
| 景天科 | Crassulaceae | 64 |
| 十字花科 | Cruciferae | 66 |
| 大戟科 | Euphorbiaceae | 71 |
| 殼斗科 | Fagaceae | 88 |
| 大風子科 | Flacourtiaceae | 89 |
| 金縷梅科 | Hamamelidaceae | 90 |
| 樟科 | Lauraceae | 91 |
| 豆科 | Leguminosae | 95 |
| 桑寄生科 | Loranthaceae | 175 |
| 木蘭科 | Magnoliaceae | 179 |
| 黃褥花科 | Malpighiaceae | 182 |
| 錦葵科 | Malvaceae | 183 |
| 桑科 | Moraceae | 198 |
| 藍雪科 | Plumbaginaceae | 199 |
| 蓼科 | Polygonaceae | 200 |
| 馬齒莧科 | Portulacaceae | 201 |
| 鼠李科 | Rhamnaceae | 202 |
| 薔薇科 | Rosaceae | 205 |
| 芸香科 | Rutaceae | 211 |
| 清風藤科 | Sabiaceae | 226 |
| 楊柳科 | Salicaceae | 227 |
| 虎耳草科 | Saxifragaceae | 230 |
| 玄參科 | Scrophulariaceae | 232 |
| 蕁麻科 | Urticaceae | 235 |
| 馬鞭草科 | Verbenaceae | 240 |
| 菫菜科 | Violaceae | 241 |


## 單子葉植物 MONOCOTYLEDONS

| | | |
|---|---|---|
| 仙茅科 | Hypoxidaceae | 255 |
| 棕櫚科 | Palmae | 256 |
| 菝葜科 | Smilacaceae | 257 |
| 薑科 | Zingiberaceae | 258 |


■附錄

台灣蝴蝶幼蟲食草（寄主植物）名錄　270

以植物科別／學名查詢　270

以蝴蝶中文名查詢　307

## ■推薦序
# 一本值得蝴蝶界、植物界細細品味與典藏的好書

　　大自然四季更迭，有四時不同景緻。春天的馨香，是一縷清新與美麗。花塢春曉，落英繽紛，花開蝶滿枝；像是一座萬紫千紅的大花園。夏日的綠意，隨風搖曳、花顏婀娜多姿；而白雲松風、鳥蟬唱和，譜出一首醉人的戀曲。秋意是大地的調色盤，褪盡綠意迎接而來的是；秋風的紅葉與容顏。當翠意與紅葉繁華落盡時，又是一種冬的靜謐和凜冽，也唯有經過嚴冬的洗禮；才能展現出生命的可貴。台灣的美令我綻放心靈，沐浴在這令人目不暇給，美不勝收的無言美麗，是一種「幸福」。

　　「蝶戀花」常是畫家、攝影家取景的畫面。更是古今中外，騷人墨客吟唱之意境。與蝶邂逅是我生命中一幅彩色的插圖，更是一串串的人生夢境中的綺麗世界。蝶以食為天，蝴蝶的幼蟲大多為食植性。從新芽、花蕾至果實；皆為蝴蝶幼蟲可選擇的食物。當蝴蝶賴以為生的寄主植物與棲地，遭受到人為破壞時；也就宣告這環境不是人類所嚮往與期待的「綠生活」。

　　裕榮兄是一位自然崇尚者，對攝影藝術、自然文學、植物與蝴蝶頗有涉獵。常行腳台灣各地，探尋蝴蝶與蝴蝶寄主植物之關係。這次將十多餘年，辛苦蒐集拍攝的蝴蝶寄主植物與幼蟲食草名錄，彙整編輯成冊。以深入淺出的方式，來探索一花一世界，與認識蝴蝶寄主植物的各種性狀。作細部特徵的拍攝與描述，讓您能在浩瀚的野地，也可滿足觀察您想要觀察的植物部位。

　　這本《台灣蝴蝶食草植物全圖鑑》共使用了1,678張圖片，書中圖像皆採用專業用鏡頭與軟片所拍攝，內容豐富詳實，情文並茂，不濫竽充數。畫面張張精緻美麗，引人入勝，搭配《蝴蝶家族》一書，有異曲同工之妙。古人有云：「書中自有黃金屋，書中自有顏如玉」，本書中孕藏著許多蝴蝶寄主植物的奧祕，等您來探索。這是一本值得蝴蝶界、植物界細細品味與典藏的好書。樂之為序。

徐堉峰

國立台灣師範大學生命科學系　教授

2012. 9. 30. 于師大分部

## ■推薦序
# 自然界的奇葩，成就「前無古人」的蝴蝶食草圖鑑

　　「愛」對蝴蝶來說，是一門艱澀難懂的話語，當從蛹中羽化成翩翩飛舞的彩蝶時，用盡一生儲備的精力，只等待那光陰似箭的愛戀，牠的最終使命，便是傳宗接代，伺完成此一任務，即便是紅顏依舊，卻很快就繁華盡落歸於自然。牠的生命雖然短暫，但其輕盈漫妙的舞姿，儀態萬千的風韻，悠哉遊哉的樣子，怎能不令人心生羨愛慕呢？

　　野地的美～恣意地散放原始而樸素的馨香；

　　野地的律動～自然地譜出優雅而美妙的音籟；

　　野地的靈氣～洋溢著生命力的感動。

　　洪裕榮先生，日日浸潤薰沐於影藝和自然之中，沈湎於蝴蝶及食草十多年，其艱辛非筆墨言之。曾有機會與他同行外出田野採集，聽著他如數家珍地細說著，植物與蝴蝶、蝴蝶與環境間之絮語，確是別有一番情境，有道是「人間那得幾回聞，相見恨晚在此時」；看他熟悉地指著路旁、遠方，一種一種娓娓動聽，還真是有「不識廬山真面目，只緣身在此山中！」

　　裕榮兄擁有豐富的野外實務經驗，常常隻身在空山不見人的野徑上，或在荒煙蔓草的荒地墳塋間，尋覓蝴蝶寄主植物。為了確認物種及瞭解其物候，在不同的時節，他常造訪同一地點，這也奠定他何以對該些物種的開花結果可以精確地說出。他深厚的美學涵養，和歷經大自然的粹鍊，造就了這位自然界的奇葩。閱覽他精緻優美的植物影像作品、刻畫入微的植物體細部解剖，及洗煉的文字記述，確實是盡善盡美地呈現；有別於刪「繁」就「簡」之植物圖鑑，可謂是「前無古人」的蝴蝶食草圖鑑。看完之後，還真是讓人悠然嚮往，有股起身的衝動，想要立刻環抱大自然。

　　裕榮兄不僅是一位專業的自然攝影家，同時小是植物觀察家。除了努力求新知外，其歸真反璞的個性，造就他不媚世，不矯情。先前已出版過2冊《台灣之美》攝影集與談及蝴蝶生活史的《蝴蝶家族》一書，皆讚不絕口。由於裕榮對原生物種地獨到見解，於2009年11月與國立中興大學森林學系：趙建棣研究生和曾彥學博士，共同發表台灣摩蘿科牛皮消屬新記錄種「毛白前 *Cynanchum mooreanum* Hemsl.」等等。能在浩瀚的植物世界，以他非「專科班」的出身；而對台灣植物有這麼多深刻地認識與發現，真是非常非常地不容易。

　　適逢裕榮出版新作《台灣蝴蝶食草植物全圖鑑》，該書圖文心思敏捷，別出機杼。書中淋漓盡致地描繪出他的真實所見，更把植物諸多的細部容顏，栩栩如生地躍然紙上，令人賞心樂事且餘味無窮，閱讀起來自然典雅，生意盎然。此書製作嚴謹，內容詳實，韻味深遠；再加上裕榮精神感人肺腑，直得嘉許。故在此，忝向大家推薦這本好書，更希望大家也能悠遊於台灣的綠意之美。

楊宗愈

國立自然科學博物館植物組副研究員
國立中興大學生命科學系合聘副教授

## ■自　序
# 千里之行只為尋覓蝴蝶寄主植物的蹤跡

「大自然是人類的天然寶庫，孕藏了無窮的寶藏。取之不盡，用之不竭；只有懂得窺探牠奧秘的人，才能如獲至寶。」

西元1557年，葡萄牙人經商，經常往來於台灣至中國海域，遙望台灣的山光水色，林相鬱鬱葱葱，氣象萬千，因而稱之為：福爾摩沙（formosa），意謂「美麗之島」。在這個世人引以為傲的美麗之島，台灣的美是可望而不可即，常常讓我流連忘返不須歸，唯有進入這個芳草鮮美，落英繽紛的自然世界，才能一窺堂奧，盡收眼底。

為了尋覓蝴蝶寄主植物的蹤跡，與觀察雌蝶的產卵習性，千里之行始於足下。一步一腳印，足跡從濱海礁岩至平原曠野、墓仔埔或荒煙蔓草間，乃至滔滔湍水、重巒疊峰險境之處。常常踽踽獨行在野地，入無人之境；悠然自得，信步在羊腸小徑。或草行露宿，四處找尋蝴蝶寄主植物與幼蟲，來飼養觀察至羽化成蝶。累了……或躺、或坐，在白露玉階上，觀賞台灣的千巖競秀之美，聆聽萬壑爭流之音籟，回盪在幽谷之中。伸伸懶腰，啜飲著朝霧的氣息，清新地沁入心脾，令人心曠神怡。

常入寶山，尋覓心中的寶物，綠意常吸引著我反覆造訪，有如草色入簾青的野趣。每當看見自己的樣區滿園春色，因為人類的貪婪與愚昧，有恃無恐的過度開發山林，導致蝴蝶棲地的消失與破壞。蝴蝶的食草成為殘花枯枝，繁華落盡之景象。眉宇深鎖，一雙瞳中流露憂傷，內心不免悵然而返。所幸，我能用相機，將大地之美，印記在我的圖像裡，綻放出生命的異彩，這是愛蝶人與愛花草人的志趣。台灣之美，多情浪漫，豈能笑我傾慕，笑我癡迷……

每個人都會在自己的心田，種植一些祕密或想像，是一種無言的美。撰述一本台灣蝴蝶的食草，一直是我夢寐以求的宿願。或許在別人的眼裡，可能是索然無味，我倒是自得其樂，甘之如飴。

在過去，台灣對於蝴蝶寄主植物的描述，大多著重在大綱之陳述。對於植物體的細部拍攝與描述，較少著墨，因而不利於在浩瀚野地裡尋覓與探索。有鑑於此，本書所有植物，皆以植物活體來撰述性狀，並利用顯微鏡解剖雌、雄花之器官，來做細微觀察並於記錄。植物的學名、中文名以《台灣植物誌（FLORA OF TAIWAN）》新訂正、新發表之名稱為主，以《台灣維管束植物簡誌》為輔。植物體與花色，以活體比對色票為基礎來撰述。

本書雖力求精緻完美，但不免有疏漏謬誤之處，期盼各植物分類學界、攝影界之先進賢達，不吝批評指正。本書所採用的影像圖片，皆經去蕪存菁之嚴選，以最清晰且美麗能明辨為主。選用專業用鏡頭、軟片及特級紙張，並結合最新印刷技術與美編製作而成。另特別收錄了一些目前其他書籍鮮少記錄到的新種、新發表之食草蝶訊，與一份最新蝴蝶食草名錄，供愛蝶雅士參考。書中並未對蝴蝶蜜源植物加以說明，乃因筆者長期觀察野外植物與蝴蝶習性，幾乎所有的花皆為蝴蝶蜜源植物，只是投其所好做選擇，在此不加贅述充數篇幅。

個人學識才薄智淺，胸無點墨，懵懵懂懂進入植物分類殿堂。「寄蜉蝣於天地，渺蒼海之一

粟。」有幸，巧遇一群植物分類學者與專家，在他們的指導和解惑下，俾能有所成長，他們都是我奉為圭臬的經典模範。

在植物分類學界，吾名不見經傳。本書承蒙，國立中興大學森林學系教授：曾彥學博士愛戴，不吝和盤托出，悉心傳道、授業、解惑及百忙之中撥空協助鑑定植物，並審訂內文；再造之恩，「銘心鏤骨，永誌不忘。」

首先，感謝國立中興大學森林學系暨生態研究所全體師生：歐大師辰雄教授、呂金誠教授的指導。榕屬專家曾喜育博士在榕屬的指導、講解與鑑定。碩士班：安伯翰、林惠雯、廖學儀、賴明清、梁耀竹、湯冠臻、鄭婷文、劉世強、張彥華、何明軒，及博士班：王偉、趙建棣、何伊喬準博士等同學及張坤成博士，常常不辭辛勞，幫我採集和指導我辨識植物。這份恩澤，銘感五內，實在不可言喻。謝謝蘇冠宇同學惠贈鷗蔓屬論文、建棣同學惠贈百合科黃精族論文、惠雯同學惠贈金午時花屬論文、彥華同學惠贈牛皮消屬論文。特別是建棣、惠雯與彥華，在台灣四處野調時；皆不忘心繫我的蝴蝶食草，著實讓我感激涕零。

再者，並由衷感謝國立自然科學博物館：楊宗愈教授為本書撰序。感謝台灣國立師範大學生命科學系：王大師震哲教授，在菫菜屬、馬兜鈴屬及部分食草的鑑定與指導。徐堉峰教授惠賜最新食草訊息、蝶訊並為本書撰序。呂長澤博士與馬兜鈴屬研究生楊珺嵐小姐，惠贈寶貴的細辛屬、馬兜鈴屬論文集，在此謹致謝忱。

也感謝帶領我進入攝影世界的啟蒙老師：賴要三老師、陳清祥老師的指導，及曾經協助過我的幕後功臣：康鼎隆先生、柯文鎮先生、柯文周先生、李政文先生、陳明業先生、蔡孟興先生、張聖賢先生、薛聰賢老師、吳佳燕小姐、陳麗玲小姐、梁秀雲小姐、黃慈津小姐、林楊綿女士、林素貞小姐、林素瓊小姐、林麗香小姐。南郭國小：鄭培華老師。錦吉昆蟲館：羅錦吉館長、林武成先生。木生昆蟲館：余館長。林英典老師。以及本書的重要推手貓頭鷹出版社：陳穎青社長、陳妍妏主編，和社長所領導的優質製作團隊們的指導、鼓勵與相助，謝謝您們。

更感謝國立自然科學博物館植物組：楊宗愈博士、王秋美博士、陳志雄博士的指導與協助鑑定、採集植物，及植物組全體同仁幫忙處理採集之標本，真的辛苦您們。感謝行政院特有生物研究保育中心植物組：合歡山高海拔實驗站主任，許再文博士。劉靜榆博士、張和明博士、廖國藩老師；特別是有「外來種達人美譽」的許再文博士，不厭其煩指導我關於植物解剖與術語解說。秀水鄉公所：柯新章先生，高雄地方法院：洪能超法官，謝謝您們的指導與相助，使本書更臻完美極致。以及我親愛的家人、愛妻淑月小姐，無怨無悔包容我、放任我；在野地自由自在築夢。在此，致上十二萬分謝意，認識您們真好。

一言以蔽之，要感謝的人眾多，情長紙短。最後，感謝天的沐恩，感謝大地賦予台灣寶島萬物生命；我才能悠遊自在沉浸與揮灑，台灣的萬物生命之美。

# 如何使用本書

本書收錄了82科別，788種植物名錄供蝶友或昆蟲與植物愛好者查閱。你可以翻至270頁依照植物科別、學名查詢，若已知蝴蝶中文名，亦可至307頁依照筆畫查詢。另本書亦精選出常見的、易

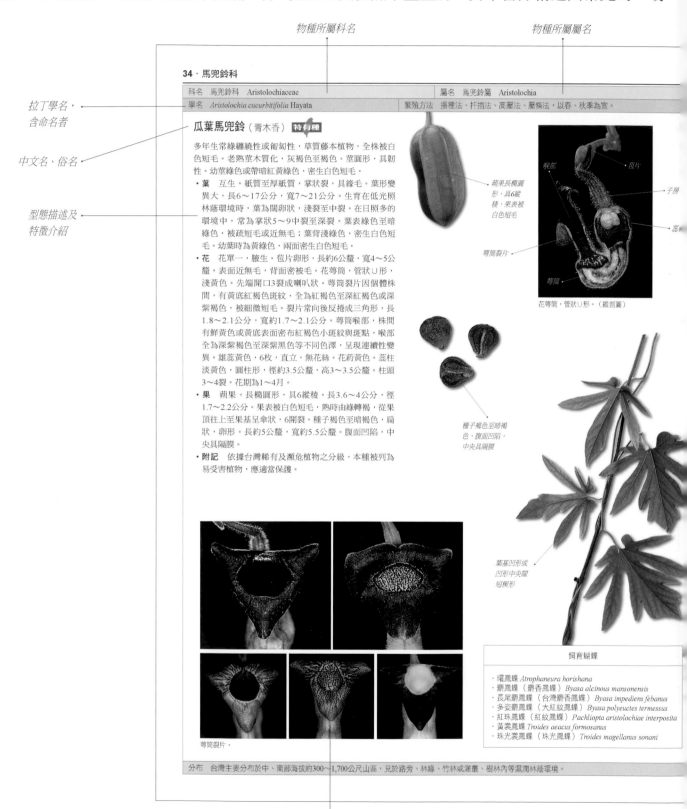

物種所屬科名

物種所屬屬名

拉丁學名，
含命名者

中文名、俗名

型態描述及
特徵介紹

34 · 馬兜鈴科

| 科名 | 馬兜鈴科　Aristolochiaceae | | 屬名　馬兜鈴屬　Aristolochia |
| --- | --- | --- | --- |
| 學名 | *Aristolochia cucurbitifolia* Hayata | 繁殖方法 | 播種法、扦插法、高壓法、壓條法，以春、秋季為宜。 |

## 瓜葉馬兜鈴（青木香）特有種

多年生常綠纏繞性或匍匐性，草質藤本植物，全株被白色短毛。老熟莖木質化，灰褐色至褐色。莖圓形，具韌性。幼莖綠色或帶暗紅黃綠色，密生白色短毛。
- 葉　互生。紙質至厚紙質，掌狀裂，具緣毛。葉形變異大，長6～17公分，寬7～21公分。生育在低光照林蔭環境時，葉為闊卵狀，淺裂至中裂。在日照多的環境中，常為掌狀5～9中裂至深裂。葉表綠色至暗綠色，被疏短毛或近無毛；葉背淺綠色，密生白色短毛。幼葉時為黃綠色，兩面密生白色短毛。
- 花　花單一，腋生。苞片卵形，長約6公釐，寬4～5公釐。表面近無毛，背面密被毛。花萼筒，管狀∪形，淺黃色。先端開口3裂成喇叭狀。萼筒裂片因個體株間，有黃底紅褐色斑紋、全為紅褐色至深紅褐色或深紫褐色，被細微短毛。裂片常向後反捲成三角形，長1.8～2.1公分，寬約1.7～2.1公分。萼筒喉部，株間有鮮黃色或黃底表面密布紅褐色小斑紋與斑點，喉部全為深紫褐色至深紫黑色等不同色澤，呈現連續性變異。雄蕊黃色，6枚，直立，無花絲。花藥黃色。蕊柱淡黃色，圓柱形，徑約3.5公釐，高3～3.5公釐。柱頭3～4裂。花期為1～4月。
- 果　蒴果。長橢圓形，具6縱稜。長3.6～4公分，徑1.7～2.2公分。果表被白色短毛，熟時由綠轉褐，從果頂往上至果基呈傘狀，6開裂。種子褐色至暗褐色，扁狀，卵形。長約5公釐，寬約5.5公釐。腹面凹陷，中央具隔膜。
- 附記　依據台灣稀有及瀕危植物之分級，本種被列為易受害植物，應適當保護。

蒴果長橢圓形，具6縱稜，果表被白色短毛

喉部

苞片

子房

蕊

萼筒裂片

萼筒

花萼筒，管狀∪形。（縱剖圖）

種子褐色至暗褐色，腹面凹陷，中央具隔膜

葉基凹形或凹形中央闊短楔形

萼筒裂片。

### 飼育蝴蝶

- 曙鳳蝶 *Atrophaneura horishana*
- 麝鳳蝶（麝香鳳蝶）*Byasa alcinous mansonensis*
- 長尾麝鳳蝶（台灣麝香鳳蝶）*Byasa impediens febanus*
- 多姿麝鳳蝶（大紅紋鳳蝶）*Byasa polyeuctes termessus*
- 紅珠鳳蝶（紅紋鳳蝶）*Pachliopta aristolochiae interposita*
- 黃裳鳳蝶 *Troides aeacus formosanus*
- 珠光裳鳳蝶（珠光鳳蝶）*Troides magellanus sonani*

| 分布 | 台灣主要分布於中、南部海拔約300～1,700公尺山區，見於路旁、林緣、竹林或灌叢、樹林內等濕潤林蔭環境。 |
| --- | --- |

差異個體均併列呈現，一目了然

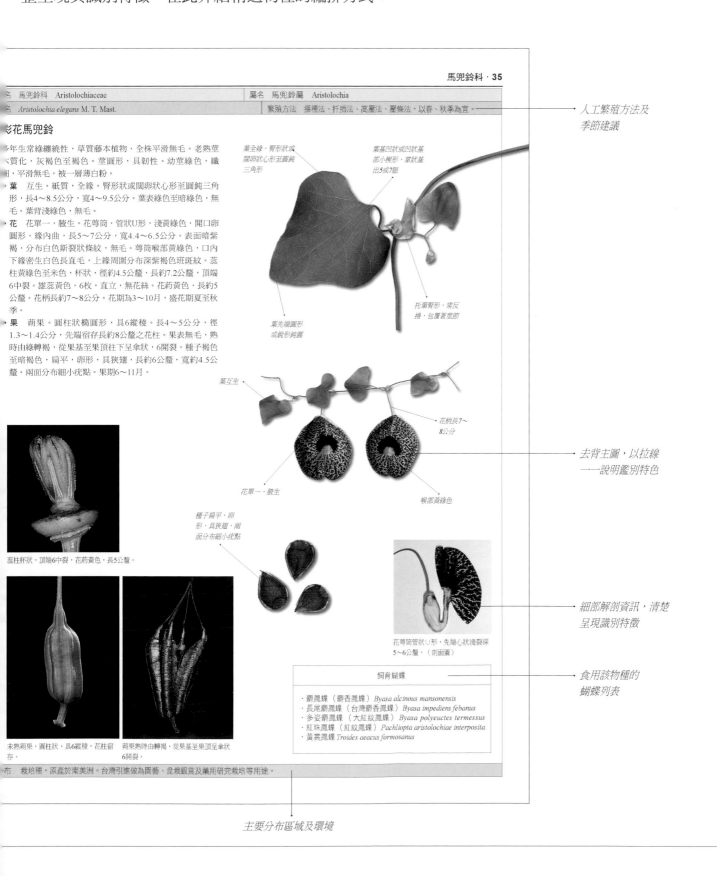

　　於栽種的252種蝴蝶食草植物，以600多幅清晰去背、1,678張生態照片，外加細部解剖資訊，完整呈現其識別特徵。在此介紹精選物種的編排方式：

馬兜鈴科 · 35

名　馬兜鈴科　Aristolochiaceae　　　　屬名　馬兜鈴屬　Aristolochia

名　*Aristolochia elegans* M. T. Mast.　　　繁殖方法　播種法、扦插法、高壓法、壓條法，以春、秋季為宜。

人工繁殖方法及
季節建議

彩花馬兜鈴

多年生常綠纏繞性，草質藤本植物，全株平滑無毛。老熟莖木質化，灰褐色至褐色。莖圓形，具韌性。幼莖綠色，纖細，平滑無毛，被一層薄白粉。

葉　互生。紙質，全緣。腎形狀或闊卵狀心形至圓鈍三角形，長4～8.5公分，寬4～9.5公分。葉表綠色至暗綠色，無毛。葉背淺綠色，無毛。

花　花單一，腋生。花萼筒，管狀U形，淺黃綠色，開口卵圓形，緣內曲，長5～7公分，寬4.4～6.5公分。表面暗紫褐，分布白色斯裂狀條紋，無毛。萼筒喉部黃綠色，口內下緣密生白色長直毛，上緣周圍分布深紫褐色斑斑紋。蕊柱黃綠色至米色，杯狀，徑約4.5公釐，長約7.2公釐，頂端6中裂。雄蕊黃色，6枚，直立，無花絲。花藥黃色，長約5公釐。花柄長約7～8公分。花期為3～10月，盛花期夏至秋季。

果　蒴果。圓柱狀橢圓形，具6縱稜。長4～5公分，徑1.3～1.4公分，先端宿存長約8公釐之花柱。果表無毛，熟時由綠轉褐，從果基至果頂往下呈傘狀，6開裂。種子褐色至暗褐色，扁平，卵形，具狹翅，長約6公釐，寬約4.5公釐。兩面分布細小疣點。果期6～11月。

葉全緣，腎形狀或
闊卵狀心形至圓鈍
三角形

葉基凹狀或凹狀基
部小楔形，掌狀基
出5或7脈

托葉腎形，常反
捲，包覆著莖節

葉先端圓形
或銳形鈍圓

葉互生

花柄長7～
8公分

去背主圖，以拉線
說明鑑別特色

花單一，腋生

喉部黃綠色

蕊柱杯狀，頂端6中裂，花藥黃色，長5公釐，

種子扁平，卵
形，具狹翅，兩
面分布細小疣點

細部解剖資訊，清楚
呈現識別特徵

花萼筒管狀U形，先端心狀淺裂深
5～6公釐。（剖面圖）

| 飼育蝴蝶 |
| --- |
| · 麝鳳蝶（麝香鳳蝶）*Byasa alcinous mansonensis* |
| · 長尾麝鳳蝶（台灣麝香鳳蝶）*Byasa impediens febanus* |
| · 多姿麝鳳蝶（大紅紋鳳蝶）*Byasa polyeuctes termessus* |
| · 紅珠鳳蝶（紅紋鳳蝶）*Pachliopta aristolochiae interposita* |
| · 黃裳鳳蝶 *Troides aeacus formosanus* |

食用該物種的
蝴蝶列表

未熟蒴果，圓柱狀，具6縱稜，花柱宿
存。

蒴果熟時由轉褐，從果基至果頂呈傘狀
6開裂。

布　栽培種。原產於南美洲。台灣引進做為園藝、盆栽觀賞及藥用研究栽培等用途。

主要分布區域及環境

■總 論

# 幼蟲「以食為天」

　　蝴蝶屬於完全變態類昆蟲，一生中需經過「卵→幼蟲→蛹→成蟲」四個不同階段，成蟲與幼蟲的外觀和食性也完全截然不同。花蜜、水、腐果汁液、樹液或昆蟲、爬蟲類小屍體、動物排泄物等等，可以說是蝴蝶（成蟲）主要的食物來源。然而，蝴蝶幼蟲卻不以前述食物為食，主要是食植性，少數為肉食性。因此，雌蝶交配受精後，便會四處飛翔，在浩瀚的大自然中，尋覓幼蟲的寄主植物（食草），來供給幼蟲寶寶食用至化蛹。蝴蝶幼蟲主要以「顯花植物」之生殖器官或營養器官為食，極少食用「隱花植物」之地衣、苔蘚、蕨類等植物。

　　幼蟲「以食為天」，在台灣的4,000多種維管束植物中，並不是每一種植物，雌蝶都會選擇為產卵對象來供給幼蟲食用；雌蝶僅會選擇適合自己的特定化學氣味之植物，做為幼蟲的食草。但有時候，雌蝶也會誤產在味道相似之非幼蟲植物上，致使，導致幼蟲寶寶食草不對味或發育不良而死亡。在台灣，大部分的蝴蝶幼蟲為「食植性」，僅只有少數幾種小灰蝶的幼蟲為「肉食性」，有以介殼蟲、蚜蟲或螞蟻幼蟲為食的觀察記錄。

　　每一種蝴蝶都有自己的方式，選擇其生存的自然法則來傳宗接代，衍續短暫而璀燦的生命樂章，台灣多樣性的植物便成就了這些不凡的彩蝶。然而，在偌大的植物界中，可供雌蝶選擇為寄主植物的，目前在台灣記錄到約有82種科別的植物。其中不乏有些是新記錄種與新種植物；抑或新歸化種、外來種、引進栽培種的植物。而這些新移民的植物，它的種子乘著風的翅膀，四處飄散，隨遇而安繁衍下一代，或隨著喜愛者的購買，栽培在台灣各角落，成為雌蝶新選擇的產卵植物。

　　蝴蝶幼蟲賴以為生所食用的植物；稱為「寄主植物」或「幼蟲食草」。幼蟲食草可區分為：

**1.單食性**：僅選擇單一種植物為食。例如：大白斑蝶以夾竹桃科「爬森藤」的葉片食。斯氏紫斑蝶（雙標紫斑蝶）以「武靴藤（羊角藤）」的葉片為食。小紫斑蝶以桑科之「盤龍木」的新葉和幼芽為食。

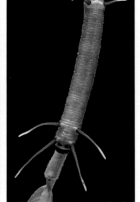

大白斑蝶5齡幼蟲（終齡），體長38公釐。　　大白斑蝶集體吸食蘭嶼牛皮消花蜜。　　斯氏紫斑蝶（雙標紫斑蝶）5齡幼蟲初期，體長約28公釐。　　斯氏紫斑蝶（雙標紫斑蝶）交配，上雌下雄。

**2.寡食性（狹食性）：** 僅選擇少數幾種植物或同屬植物、同屬中幾種植物為食。例如：紫俳蛺蝶（紫單帶蛺蝶）忍冬科忍冬屬之「裡白忍冬（紅腺忍冬）、忍冬（金銀花）」等植物葉片為食。豔粉蝶（紅肩粉蝶）以桑寄生科「大葉桑寄生、李棟山桑寄生」的葉片為食。

紫俳蛺蝶（紫單帶蛺蝶）5齡幼蟲，體長約35公釐。

紫俳蛺蝶（紫單帶蛺蝶）雄蝶覓食

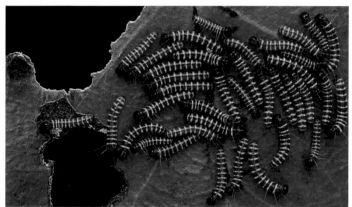

豔粉蝶（紅肩粉蝶）2齡幼蟲群聚，體長約4.5公釐。

豔粉蝶（紅肩粉蝶）剛羽化休息中的雌蝶。

**3.雜食性或廣食性（雜食性、多食性）：** 雌蝶在產卵時，選擇幼蟲食草明顯有跨科的行為，讓幼蟲能夠選擇多種不同科別植物為食。例如：靛色琉灰蝶（台灣琉璃小灰蝶），便會以多種不同科別植物的新芽和花苞、嫩果為食，堪稱是雜食性或廣食性的代表性蝶種。

靛色琉灰蝶（台灣琉璃小灰蝶）4齡幼蟲（終齡），體長10公釐，以龍眼花苞為食，蟲體色澤偏淺黃綠色。

靛色琉灰蝶（台灣琉璃小灰蝶）雌蝶展翅曬太陽吸收熱能。

**4.肉食性：**少數蝶種會以介殼蟲、蚜蟲或螞蟻幼蟲為食的觀察記錄。例如：蚜灰蝶（棋石小灰蝶）以竹葉扁蚜為食。熙灰蝶（白紋黑小灰蝶）與三尾灰蝶（銀帶三尾小灰蝶）會以介殼蟲為食。

蚜灰蝶（棋石小灰蝶）4齡幼蟲（終齡），體長約8公釐，隱藏在竹葉扁蚜中進食。

蚜灰蝶（棋石小灰蝶）雌蝶覓食。

　　然而，有些蝶種對於寄主植物的選擇，會有區域性演化現象。在不同海拔區域或異域分布，除了主要的食草植物對象外，也會選擇次食性之植物為幼蟲食草。例如：豆環蛺蝶（琉球三線蝶）和靛色琉灰蝶（台灣琉璃小灰蝶），在野外約有50～60種植物，可供幼蟲選擇為食。或者，有些已交配之雌蝶，因翅膀受損或體弱，因而減弱其飛行能力與活動空間或人為網室研究觀察，便會就地取材選擇次食性之植物為幼蟲食草。因此，有一些較少見而會選擇食用的植物，本書將它稱為「偶見性寄主植物」，以供參考。

大鳳蝶雌蝶吸食細葉雪茄花蜜。（有尾型）

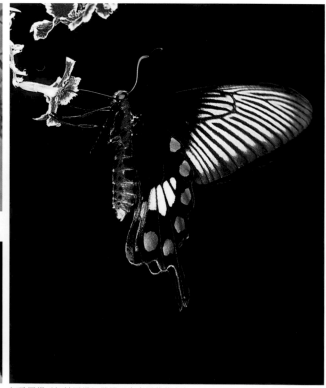

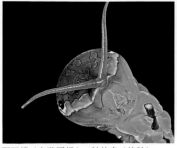

大鳳蝶雌蝶吸食繁星花花蜜。（無尾型）　　翠鳳蝶（烏鴉鳳蝶）5齡幼蟲（終齡）。　　紅珠鳳蝶（紅紋鳳蝶）雌蝶吸食金露花花蜜。

再者，不同異域分布的植物，或從中、高海拔、濱海地區；將其採集至平地栽種的植物。例如：分布於低、中海拔植物，薔薇科薔薇屬之「小金櫻」，可觀察到靛色琉灰蝶（台灣琉璃小灰蝶）選擇為幼蟲食草；分布於中海拔蘿藦科牛皮消屬之「薄葉牛皮消」，可觀察到金斑蝶（樺斑蝶）選擇為幼蟲食草；將草原性植物，蘿藦科牛皮消屬之「毛白前」，人為移植至林緣半日照環境，吸引了絹斑蝶（姬小紋青斑蝶）選擇為幼蟲食草；分布於濱海礁岩的蘿藦科鷗蔓屬之「蘇氏鷗蔓」，可觀察到絹斑蝶（姬小紋青斑蝶）、旖斑蝶（琉球青斑蝶）等選擇為幼蟲食草；而異域分布的蘿藦科牛皮消屬之「蘭嶼牛皮消」，可觀察到金斑蝶（樺斑蝶）、虎斑蝶（黑脈樺斑 蝶）、絹斑蝶（姬小紋青斑蝶）選擇為幼蟲食草來供給幼蟲食用。

由此觀之，藉由人為的栽種寄主植物（幼蟲食草），因地制宜，便可吸引與觀察到新記錄之寄主植物。然而這種觀察記錄，是否被為接受，有待考驗。畢竟，蝴蝶幼蟲會食用至羽化成蝶，是不爭的事實。他日有待更多蝶友、同好，去觀察發現蝴蝶新選擇之寄主植物，以建立更多蝴蝶幼蟲食草之新資訊，可供將來做為蝴蝶保育和復育或生態公園、社區綠美化的新選擇與參考。

---

## 攝影簡歷

1966　于台灣・彰化・花壇出生。

1989　開始學習攝影，攝影啟蒙老師：賴要三老師。

1996　成立黑白暗房，拍攝台灣人文影像記實。

1996　彰化縣攝影學會，投寄沙龍破百分；授與博學會員。

1997　開始專注投入大自然生態影像記錄。

1998　學習高階暗房技術，授藝開陽專業攝影；陳清祥老師指導。

1999　開始觀察記錄，蝴蝶與植物間之自然關係。

2003　出版《台灣之美・1》蝴蝶攝影輯。

2003　通過『國際攝影藝術聯盟 FIAP』獲頒 AFIAP (ARTISTE FIAP) 認證。

2004　出版《台灣之美・2》蝴蝶攝影輯。

2005　通過『國際攝影藝術聯盟 FIAP』獲頒 EFIAP (EXCELLENCE FIAP) 認證。

2005　獲邀彰化縣文化局，『2005半線藝術季』攝影邀請展。

2006　彰化縣花壇鄉公所，『花壇鄉志-文化篇』藝術活動人物介紹。

2008　出版《蝴蝶家族・Families of Butterfly》攝影・蝴蝶圖說。

2010　台灣產牛皮消屬（蘿藦科）新紀錄種－毛白前 Cynanchum mooreanum Hemsl. 趙建棣（Chien-Ti Chao）；洪裕榮(Yu-Jung Hung)；曾彥學（Yen-Hsueh Tseng）TAIWANIA；55卷3期（2010 / 09 / 01），P324－327

2010　獲邀國立自然科學博物館，『蝴蝶食草與蜜源植物特展』。

2013　出版《台灣蝴蝶食草植物全圖鑑・Host plants of Taiwanese butterflies》攝影・蝴蝶食草圖說。出版社：貓頭鷹

2013　出版《2014台灣蝴蝶之美・Personal Diary》日誌。出版社：晨星

2014　發現台灣新種植物馬兜鈴，由呂長澤博士命名「裕榮馬兜鈴Aristolochia yujungiana」發表。呂長澤、王震哲。2014。台灣產馬兜鈴屬植物之一新種－裕榮馬兜鈴。台灣林業科學29(4):291-9。

2015　出版《蝴蝶飼養與觀察》攝影・圖說。出版社：晨星

2019　呂長澤、洪裕榮、陳志雄。台灣堇菜科的新紀錄種－廣東堇菜（Viola kwangtungensis Melch.）。台灣林業科學34(2):135-42。

## 獲獎

1996　榮獲國際沙龍攝影展，自然幻燈組，第12名。

1997　榮獲國際沙龍攝影展，自然幻燈組，第12名。

1998　首次進入世界攝影10傑，第3名。

1999　再次進入世界攝影10傑，第5名。

1996　臺北國際沙龍攝影展，自然幻燈組『LONG-MA GM 郎靜山大師紀念』。

1996　第6屆香港彩藝攝影會國際沙龍，自然幻燈組；P.S.A Silver Medal–Best of Show。

1998　中華民國第32屆國際攝影展，自然照片組；F.I.A.P Gold Medal。

1998　41St National Insect Photographic Salon，自然幻燈組；Most Unusual Slide。

1998　37th NORTH CENTAL INSECT PHOOGRAPHIC SALON，自然幻燈組；P.S.A Silver Medal–Best of Show。

1998　38th NORTH CENTAL BRANCH INSECT PHOTO SALON，自然幻燈組；Best of Show。

1998　3rd Jade Photographic Society International Salon，彩色幻燈組；F.I.A.P Gold Medal。

1998　2nd BAPA Photographic International Salon，自然幻燈組；BAPA Gold For Best Insect。

1998　AHSI PETALS nature International Salon of Photography 自然幻燈組；AHSI- INSECT。

| 科名 | 爵床科　Acanthaceae | 屬名 | 馬偕花屬　Asystasia |
|---|---|---|---|
| 學名 | *Asystasia gangetica* (L.) T. Anderson | 繁殖方法 | 播種法、扦插法、分株法，全年皆宜。 |

# 赤道櫻草

多年生常綠直立或蔓性匍匐草本植物，株高60～120公分。莖綠
至紅褐色，基部略木質化，近圓形，節處膨大處易生不定根。小
枝與幼莖綠色，方形，分枝多，被白色短柔毛。

- **葉** 對生。近全緣，紙質。卵形或卵狀橢圓形，長4～8公
  分，寬3～5.5公分。葉表綠至暗綠色，葉背淺綠色，皆無毛。
  羽狀脈，側脈4～5對。
- **花** 總狀花序，頂生。苞片卵狀三角形，被毛。花柄長約3公
  釐，被白色短毛。花萼綠色，5深裂，披針形。長約5公釐，
  基寬約0.9公釐，萼外被白色短毛。花冠漏斗形，先端5裂，
  裂片鈍圓，帶灰之粉紅色至淺紫色，顏色繽紛。徑2.6～2.9
  公分。花冠筒黃色，長約3公分，外具縱脈紋，密生腺毛和短
  毛。二強雄蕊，長花絲約7公釐，無至被疏腺毛；短花絲約
  4公釐，無毛。花絲淡黃色，基部合生。花藥箭形，淡黃白
  色。子房綠色，長橢圓形。長約2.5公釐，徑約1公釐。外密
  生白色細柔毛，基部具有黃色腺盤。花期為10月至翌年1～4
  月。
- **果** 蒴果，萼片宿存。棍棒狀，長2.8～3公分，寬5～6公釐。
  果表密生白色短柔毛。熟時由綠轉褐，兩側開裂，內有3～
  4粒種子。種子淺褐至暗褐色，扁平，卵圓形，先端具一角
  突。徑4～5公釐，厚1～2公釐。表面密布小疣點。

花特寫。

蒴果棍棒狀，長2.8～3公分。

黃色花。

花冠漏斗形

花冠先端5裂

莖葉可做為蔬菜食用。

葉對生，近全緣，卵形
或卵狀橢圓形

葉基圓形
至平截

葉先端銳形急尖

種子淺褐至深褐色

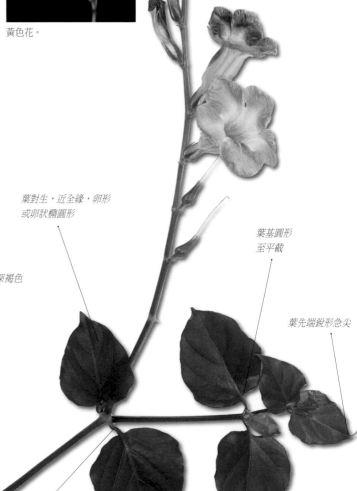

葉柄長3～
6.5公分

| 飼育蝴蝶 |
|---|
| · 幻蛺蝶（琉球紫蛺蝶）*Hypolimnas bolina kezia*<br>· 迷你藍灰蝶（迷你小灰蝶）*Zizula hylax* |

**分布** 歸化種。原產於印度，台灣於1976年所記錄之歸化植物。本種種子自生繁衍能力強，台灣廣泛分布於全島海拔約800公尺以下地區，見於路旁、林緣或
灌叢內等環境。莖葉可做為蔬菜食用，坊間廣泛栽培食用與觀賞。

| 科名 | 爵床科　Acanthaceae | 屬名 | 馬偕花屬　Asystasia |
|---|---|---|---|
| 學名 | *Asystasia gangetica* (L.) T. Anderson subsp. *micrantha* (Nees) Ensermu | 繁殖方法 | 播種法、扦插法、分株法，全年皆宜。 |

# 小花寬葉馬偕花（十萬錯花）

多年生常綠蔓性或匍匐性草本植物。莖綠色至紅褐色，方形，內中空，外被白色細短毛。分枝多，節處易生不定根，爬升能力強可爬至1.5公尺高的坡地，常整片占領。

- **葉**　對生。全緣，紙質。卵形或闊卵形，長4～12公分，寬3～8.5公分。葉表綠至暗綠色，無毛；葉背淺綠色，近無毛。羽狀脈，脈紋明顯。側脈5～8對。
- **花**　總狀花序，頂生。花序軸方形，密生白色短柔毛。苞片卵狀披針形，長約1.6公釐，寬約0.6公釐。外被毛與緣毛，內無毛。花萼綠色，5深裂至基部。線狀披針形，長6～7公釐，基寬約0.9公釐。萼外密生白色柔毛與緣毛，內無毛。花冠白色，花徑1.4～1.8公分。5裂，中央唇瓣隆起，具紫色斑紋，瓣緣反捲。花冠筒長約1.4公分。四強雄蕊，長花絲約5.1公釐，無至被疏毛；短花絲約2.7公釐，無毛。花藥箭形，米白色，邊緣紫黑色。子房綠色，長橢圓形，長約2.5公釐，徑約1公釐。外密生白色細柔毛，基部具有黃色腺盤。花期為9月至翌年1～2月。
- **果**　蒴果，萼片宿存。棍棒狀，長約2.5公分，寬4～5公釐。果表密生白色短柔毛。熟時由綠轉褐，兩側開裂，內有4粒種子。種子淺褐色，扁平，不規則卵圓形。長約4.5公釐，寬3～4公釐。表面密布小疣點。
- **附記**　本種是由許再文、蔣鎮宇、彭仁傑，於2005年發表為台灣「新歸化種植物」。

種子淺褐色，不規則卵圓形。

葉基圓形

葉先端銳形鈍頭

葉對生，卵形或闊卵形

葉柄長2～5.5公分，兩側具狹翼，翼寬於柄基處約0.1公釐，至葉基約5公釐

花冠白色，5裂

唇瓣隆起，具紫色斑紋

蒴果棍棒狀，長約2.5公分。

花側面可見花冠筒，筒長約1.4公分。

野外常見整片蔓延生長。

| 飼育蝴蝶 |
|---|
| ·幻蛺蝶（琉球紫蛺蝶）*Hypolimnas bolina kezia*<br>·迷你藍灰蝶（迷你小灰蝶）*Zizula hylax* |

**分布**　歸化種。原產於非洲、印度、斯里蘭卡。本種種子自生繁衍能力強，在野外頗為常見，常整片蔓延生長。台灣廣泛分布於全島海拔約600公尺以下地區，見於路旁、林緣或灌叢內、溪畔等環境，在嘉義縣、南投縣國姓鄉、彰化縣芬園鄉山區可見較大族群。

| 科名 爵床科 Acanthaceae | 屬名 賽山藍屬 Blechum |
|---|---|
| 學名 *Blechum pyramidatum* (Lam.) Urb. | 繁殖方法 播種法、扦插法、分株法，全年皆宜。 |

# 賽山藍

多年生常綠蔓性或匍匐性草本植物，株高30～50公分。莖綠色，近圓形，被白色疏短毛。分枝多，節間寬3～10公分，節處膨大易生不定根。幼枝近方形，密生白色細毛與疏腺毛。

- **葉** 對生。全緣至近全緣，具緣毛，紙質。卵形或橢圓形，長3～7.5公分，寬1.5～5.5公分。葉表暗綠色，葉背淺綠色，上下二面脈皆凸起，無毛或被疏毛。羽狀脈，側脈7～8對。
- **花** 穗狀花序，頂生，2～3朵聚集於葉狀苞片內。苞片葉狀，橢圓形至闊卵形，長1.4～1.6公分，寬1.3～1.5公分，具短柄，兩面被毛。小苞片線形，長約2.7公釐，被毛。花萼淺綠色，5深裂近基部。長披針形，長約3.2公釐，基寬約0.8公釐，萼外密生白色細毛與緣毛，內無毛。花冠白色。5裂，裂片圓形，長與寬約1公釐。花冠筒長約5公釐，徑約1.3公釐，內、外皆無毛。花徑約2.5公釐。二強雄蕊，長花絲約1.7公釐，短花絲約0.7公釐，皆無毛。花絲白色，基部合生。子房淺綠色，橢圓形。長約1.8公釐，徑約0.7公釐。密生白色細毛，基部具有淺黃色腺盤。花期為9月至翌年1～3月。
- **果** 蒴果，萼片宿存。卵形，先端銳尖，長5.5～6公釐，徑3～3.5公釐。果表密生白色倒伏毛。熟時由綠轉褐，開裂，種子8～9粒。種子褐至黑褐色，扁平，近圓形。徑1.7～1.9公釐。

穗狀花序。

花與苞片，花徑約2.5公釐。

繁殖能力強，常可見整片生長。

蒴果卵形，先端尖銳。

種子褐至黑褐色，近圓形。

花冠5裂，裂片圓形，長與寬約1公釐

葉基圓形或翼狀延伸至葉柄

葉對生，全緣至近全緣，卵形或橢圓形

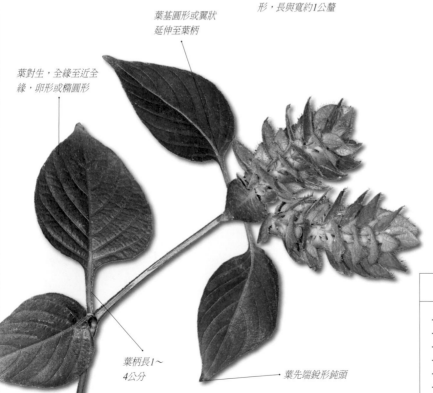

葉柄長1～4公分

葉先端銳形鈍頭

| 飼育蝴蝶 |
|---|
| · 幻蛺蝶（琉球紫蛺蝶）*Hypolimnas bolina kezia*<br>· 眼蛺蝶（孔雀蛺蝶）　*Junonia almana*<br>· 黯眼蛺蝶（黑擬蛺蝶）　*Junonia iphita*<br>· 枯葉蝶（枯葉蝶）　*Kallima inachus formosana*<br>· 黃帶隱蛺蝶（黃帶枯葉蝶）　*Yoma sabina podium*<br>· 迷你藍灰蝶（迷你小灰蝶）　*Zizula hylax* |

**分布** 歸化種。原產於熱帶美洲，台灣於1934年所記錄之歸化植物。本種繁衍能力強，在野外常整片生長。台灣廣泛分布於中、南部海拔約800公尺以下地區，見於路旁、林緣或公園等環境。本種花僅開於早上，過午花謝。

| 科名　爵床科　Acanthaceae | 屬名　水蓑衣屬　Hygrophila |
|---|---|
| 學名　*Hygrophila lancea* (Thunb.) Miq. | 繁殖方法　播種法、扦插法、分株法，全年皆宜。 |

# 水蓑衣

一年生常綠性直立濕生草本植物，株高50～100公分。莖基部近圓形，無毛。小枝紅褐色，方形。節處明顯膨大，被白色直立短毛，節間長2.5～10公分。

- **葉**　對生。全緣至淺波狀緣，葉緣密生白色粗緣毛，紙質。線形、線狀披針形或披針形，長3～12公分，寬0.4～1.2公分。葉表綠至暗綠色，被白色細短毛；葉背淺綠色，被疏細毛。葉脈二面凸起，被疏毛，側脈7～11對。
- **花**　花數朵，簇生於葉腋。苞片線狀披針形，長7～8公釐，寬約2公釐，外密生白色長柔毛與緣毛。花萼綠色，5中裂。裂片線狀披針形，長8～9公釐，寬約1公釐。萼外密生白色長柔毛與緣毛，萼內無毛。花冠淺紫白色至近白色。二唇形，上唇直立，寬約1.6公釐，先端淺裂。下唇3裂，內面中央隆起，被白色疏長柔毛與紫色小斑點。花冠筒長約1公分，筒外密生白色短毛與腺毛。二強雄蕊，長花絲約3.7公釐，短花絲約2公釐。花絲白色，無毛，基部著生於上唇內壁。子房綠色，砲彈形。長約2.6公釐，徑約0.8公釐，無毛，基部具有淺黃色花盤。花期為10月至翌年1～2月。
- **果**　蒴果。長橢圓狀線形，先端銳尖，長1～1.2公分，徑1.5～1.8公釐。果表平滑無毛，熟時由綠轉褐，開裂。種子12～15粒。種子暗褐色，扁平，方圓形或卵圓形。長1.1～1.3公釐，寬約1.1公釐。

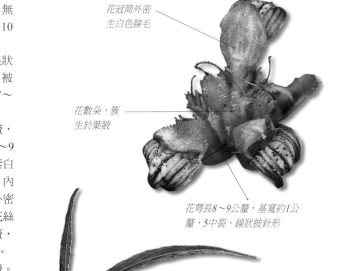

花冠筒外密生白色腺毛

花數朵，簇生於葉腋

花萼長8～9公釐，基寬約1公釐，5中裂，線狀披針形

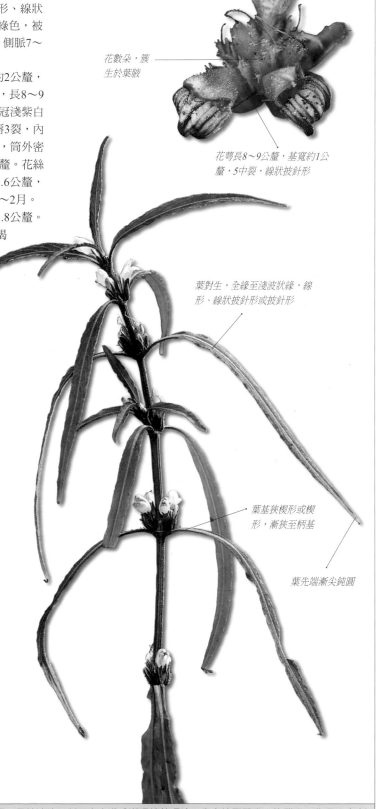

葉對生，全緣至淺波狀緣，線形、線狀披針形或披針形

葉基狹楔形或楔形，漸狹至柄基

葉先端漸尖鈍圓

種子

未熟果。

喜生於潮濕環境。

果期枝葉。

| 飼育蝴蝶 |
|---|
| ・眼蛺蝶（孔雀蛺蝶）*Junonia almana*<br>・黯眼蛺蝶（黑擬蛺蝶）*Junonia iphita*<br>・枯葉蝶（枯葉蝶）*Kallima inachus formosana*<br>・迷你藍灰蝶（迷你小灰蝶）*Zizula hylax* |

**分布**　原生種。本種種子自生繁衍能力強，台灣主要分布於北部低海拔地區，見於池塘、稻田旁水溝或潮濕地等環境。生育地因開發，族群日不復見，在彰化縣田尾公路花園等私人庭園，偶可見人工栽培販賣。

| 科名 爵床科 Acanthaceae | 屬名 水蓑衣屬 Hygrophila |
|---|---|
| 學名 *Hygrophila pogonocalyx* Hayata | 繁殖方法 播種法、扦插法、分株法，全年皆宜。 |

# 大安水蓑衣 特有種

多年生直立或斜升濕生草本植物，株高50～120公分。莖基部近圓形，
近無毛。小枝紅褐色方形，分枝多，被疏毛。節處明顯膨大，被白色直
立長毛。幼莖綠色，方形，被白色疏毛。節處密生白色直立長毛。

- **葉** 對生。全緣，密生白色緣毛，紙質。長披針形，長7～20公分，
  寬3～5.5公分。葉表綠至暗綠色，葉背淺綠色，皆密生白色粗短毛。
  主脈明顯凸起，側脈微凸，側脈10～14對。

- **花** 花數朵，簇生於葉腋。苞片橢圓形，長0.6～1.5公分。外被白色
  短毛，具緣毛，內無毛。花萼綠色，5中裂。裂片線狀披針形，長約
  1.3公分，基寬約1.3公釐。萼外密生白色長柔毛，具緣毛，內無毛。
  花冠藍紫色。二唇形，上唇直立，先端淺裂。下唇藍紫色，3裂，寬
  約1.3公分。內面中央隆起，被白色疏長柔毛與藍紫色斑點。花冠筒
  長約2.6公分，外密生白色腺毛。二強雄蕊，長花絲約0.9～1公分，
  短花絲約4.5公釐。花絲白色，無毛，基部著生於上唇內壁。子房綠
  色，砲彈形。長約3.5公釐，徑約1.3公釐，無毛。花期為10月至翌年
  1～2月。

- **果** 蒴果，萼片宿存。長橢圓狀線形，先端銳尖。長約1.4公分，徑
  約2公釐。果表平滑無毛，熟時由綠轉褐，具6稜。種子約25粒。種
  子褐色，扁平，方圓形。徑約1.1公釐。

花數朵，簇生於葉腋

花冠二唇形，上唇直立，下唇3裂

花冠藍紫色。

未熟果。

大安水蓑衣主要分布於中部台中市、彰化縣沿海
等潮濕環境，其種子自生繁衍能力極弱，僅大安
地區的族群會結果，頗耐人尋味。

葉基狹楔形或楔形，漸狹至柄基

葉對生，全緣。長披針形，兩面密生白色粗短毛

種子褐色，方圓形。

葉先端漸尖鈍圓

| 飼育蝴蝶 |
|---|
| · 幻蛺蝶（琉球紫蛺蝶） *Hypolimnas bolina kezia* |
| · 眼蛺蝶（孔雀蛺蝶） *Junonia almana* |
| · 黯眼蛺蝶（黑擬蛺蝶） *Junonia iphita* |
| · 鱗紋眼蛺蝶（眼紋擬蛺蝶） *Junonia lemonias aenaria* |
| · 枯葉蝶（枯葉蝶） *Kallima inachus formosana* |
| · 迷你藍灰蝶（迷你小灰蝶） *Zizula hylax* |

分布 台灣特有種。台灣主要分布於中部台中市、彰化縣沿海等海拔約50公尺以下地區，見於池塘、稻田旁溝渠或潮濕地等環境。

| 科名 | 爵床科　Acanthaceae | 屬名　水蓑衣屬　Hygrophila |
|---|---|---|
| 學名 | *Hygrophila polysperma* T. Anders. | 繁殖方法　播種法、扦插法、分株法，全年皆宜。 |

# 小獅子草

多年生挺水或沉水性草本植物，株高10-25公分。莖圓形，綠色
至紅褐色，匍匐或斜上升，無毛。小枝扁圓形。幼莖具四列縱
毛，節處密生白色直立長毛。

- **葉**　對生。全緣，紙質。橢圓形至橢圓狀披針形，長1～2.7
  公分，寬0.5～1公分。葉表綠至暗綠色，葉背綠色，皆無
  毛。主脈微凸，側脈近平，無毛。側脈14～18對。
- **花**　芯簇生於葉腋。苞片線狀披針形，長約4公釐，兩面密被
  細毛，具緣毛。花萼綠色，5深裂至近基部。裂片線狀披針
  形，長約4公釐，寬約0.4公釐。萼外密生白色長柔毛與緣毛，
  內無毛。花冠淺紫白色至白色。二唇形，上唇直立，先端淺
  裂。下唇3裂，寬2.8～3公釐。花冠筒長約4.5公釐，外密生白
  色短毛與緣毛。二強雄蕊，長花絲約0.9公釐，短花絲細小不
  明顯。花絲白色，無毛，基部著生於上唇內部。子房綠色，
  砲彈形。長約2.2公釐，徑約0.6公釐，僅在子房頂密生白色細
  毛，餘無毛。花期為10月至翌年1～2月。
- **果**　蒴果，萼片宿存。長橢圓狀線形，先端銳尖。長約7公
  釐，徑1.2～1.5公釐。果表具縱棱，頂端被白色短毛，餘無
  毛。熟時由綠轉褐，開裂。種子淺褐色，扁狀卵圓形。徑約
  0.6公釐。

蒴果長橢圓狀線形。

花冠寬2.8～3公釐，筒長約4.5公釐，芯簇
生於葉腋。

挺水植株。

沉水植株。

葉先端漸尖鈍圓

結果植株

花冠二唇形

上唇直立，
先端淺裂

下唇3裂

葉對生，全緣，橢圓
形至橢圓狀披針形

葉基銳形，
近無柄

種子淺褐色

### 飼育蝴蝶

- 幻蛺蝶（琉球紫蛺蝶）*Hypolimnas bolina kezia*
- 眼蛺蝶（孔雀蛺蝶）*Junonia almana*
- 枯葉蝶（枯葉蝶）*Kallima inachus formosana*
- 迷你藍灰蝶（迷你小灰蝶）*Zizula hylax*

分布　原生種。台灣廣泛分布全島海拔約800公尺以下地區，見於稻田旁溝渠、溪流或湧泉潮濕地等環境，在中部南投縣埔里鎮之溪流可見大量族群。印尼、中國華南與印度等區域亦分布。

| 科名　爵床科　Acanthaceae | 屬名　水蓑衣屬　Hygrophila |
|---|---|
| 學名　*Hygrophila salicifolia* (Vahl) Nees | 繁殖方法　播種法、扦插法、分株法，全年皆宜。 |

# 柳葉水蓑衣

多年生直立濕生草本植物，株高80～140公分。莖基部近圓形，無毛。小枝紅褐色方形，無毛。
節處明顯膨大，被白色直立長毛。

- **葉**　對生。全緣，密生白色緣毛，紙質。長披針形，長4～18公分，寬1～4.5公分。葉表綠至
  暗綠色，近無毛；葉背淺綠色，無毛。主脈明顯凸起，側脈微凸。側脈14～18對。

- **花**　花數朵，簇生於葉腋。苞片橢圓形，長0.7～1.3公分，兩面無毛。花萼綠色，5中裂。
  裂片線狀披針形，長8～9公釐，寬約1.3公釐，兩面無毛，具緣毛。花冠淺紫白色。二唇
  形，上唇直立，先端淺裂。下唇淺藍紫色，3裂，寬0.9～1公分。內面中央隆起，被白色
  疏長柔毛與藍紫色斑點。花冠筒長1.6～1.8公分。外密生白色腺毛。二強雄蕊，長花絲
  約4.5公釐，短花絲約2.2公釐。花絲白色，無毛，基部著生於上唇內壁。子房綠色，
  砲彈形。長約2.9公釐，徑約1公釐，無毛。花期為10月至翌年1～2月。

- **果**　蒴果，萼片宿存。長橢圓狀線形，先端銳尖。長約1.4公分，徑1.8～2公釐。果
  表平滑無毛，具6棱，熟時由綠轉褐，開裂。種子約25粒。種子褐色，扁平，方圓
  形。長0.9～1.1公釐，寬約1公釐。

- **附記**　本種種子自生繁衍能力強，因葉形外觀似柳葉，故名「柳葉水蓑衣」。

種子褐色，
方圓形

未熟果。

柳葉水蓑衣的葉形外觀似柳葉，在花期時
葉片明顯較小。

成熟果序。

葉基狹楔形或楔
形，漸狹至柄基

葉對生，全緣，
長披針形

葉先端漸尖鈍圓

葉表近無毛。
葉脈明顯

花冠筒外密生白色腺毛

花萼5中裂，裂
片線狀披針形

| 飼育蝴蝶 |
|---|
| ·眼蛺蝶（孔雀蛺蝶）*Junonia almana*<br>·黯眼蛺蝶（黑擬蛺蝶）*Junonia iphita*<br>·鱗紋眼蛺蝶（眼紋擬蛺蝶）*Junonia lemonias aenaria*<br>·枯葉蝶（枯葉蝶）*Kallima inachus formosana*<br>·迷你藍灰蝶（迷你小灰蝶）*Zizula hylax* |

分布　原生種。台灣主要分布於全島海拔約100公尺以下地區，見於池塘、稻田旁溝渠或湧泉潮濕地等環境，以恆春半島族群最大。菲律賓、馬來西亞、中國
與印度亦分布。

| 科名　爵床科　Acanthaceae | 屬名　爵床屬　Justicia |
|---|---|
| 學名　*Justicia procumbens* L. | 繁殖方法　播種法、扦插法、分株法，全年皆宜。 |

# 爵床

一年生草本植物，株高15～40公分。莖具6稜，稜上被白色逆向粗短毛，分枝多。節處明顯膨大，易生不定根。節間寬3～11公分。幼莖密生白色絨毛。

- **葉**　對生。全緣，密生白色粗毛，紙質。橢圓形或卵形至近圓形，長1～5公分，寬0.8～2.7公分。葉表綠至暗綠色，葉背淺綠色，皆被白色疣點狀粗短毛。主脈及側脈凸起，密被毛，側脈5～6對。

- **花**　穗狀花序，頂生。苞片線狀披針形，長約4.6公釐，寬約1.5公釐。外被白短毛，具緣毛。花萼綠色，4～5深裂，裂片線狀披針形，具緣毛。長約4.5公釐，寬約1.1公釐。萼外密生白色短毛，萼內無毛。花冠淺紫色或淺紫白色至白色。二唇形，上唇白色，直立，寬約1.9公釐，先端淺裂。下唇3裂，寬4～5公釐，表面具有白色與紫色斑紋。冠筒長7～8公釐，筒外密生白色短毛。雄蕊2枚，花絲白色，扁平，長約2.5公釐，無毛。花藥橄欖黃。子房黃綠色，砲彈形。長約1.8公釐，徑約0.8公釐，子房頂被細毛。花期為全年不定期。

- **果**　蒴果。橢圓形，先端銳形。長約5公釐，寬約1.9公釐。果頂周圍及腹側密生白色短毛，餘無毛。熟時由綠轉褐，開裂。種子約4粒。黑色，近圓形，徑約1.3公釐。表面具疣點狀雕紋。

- **附記**　本種因不同之生育地，被毛情形有極大差異。

種子近圓形

蒴果橢圓形，先端銳形。

爵床是野地路旁常見的小野花，淺紅紫色的花，穗狀花序頂生，特別引人目光，花朵三三兩兩被密生苞片保護著。

葉先端銳形

葉基銳形或圓形

葉對生，全緣，橢圓形或卵形至近圓形

白花種。

穗狀花序，頂生

花冠二唇形，上唇直立，先端淺裂，下唇3裂

| 飼育蝴蝶 |
|---|
| ・青眼蛺蝶（孔雀青蛺蝶）*Junonia orithya* |

分布　原生種。台灣廣泛分布於全島濱海、海拔約2,300公尺以下地區，見於路旁、林緣或墓地、開闊草生地等環境，族群在野外頗為常見。

| 科名 | 爵床科 Acanthaceae | 屬名 | 鱗球花屬 Lepidagathis |
|---|---|---|---|
| 學名 | *Lepidagathis formosensis* C.B.Clarke *ex* Hayata | 繁殖方法 | 播種法、扦插法、分株法，全年皆宜。 |

# 台灣鱗球花

多年生常綠性直立草本植物，全株被疏短絨毛，株高40～90公分。莖帶綠之紅褐色，方形，分枝多，明顯具4綠色翼狀之細縱稜。節處明顯膨大，具有白色叢生短毛。

- **葉** 對生。全緣至淺波狀緣，具白色疏緣毛，紙質。葉形變異大，有披針形至卵狀披針形或狹長橢圓形至長橢圓形，長4～11公分，寬1～4.5公分。葉表綠至墨綠色，具光澤，被細短毛；葉背淺綠色，被細毛。主、側脈明顯凸起，脈皆密生白色細毛，側脈5～7對。

- **花** 穗狀花序，頂生。苞片披針形，長約5.5公釐，寬約2.2公釐，外密生白色細毛與緣毛。花萼綠色，5深裂。裂片披針形，長約4公釐，寬約1公釐。萼外密生白色細毛與緣毛，內無毛。花冠全白或裂片表面具有紫色斑點、斑紋。二唇形，上唇寬約1.6公釐，先端淺裂或不裂。下唇3裂，裂片深約2.6公釐。花徑約5公釐。二強雄蕊，花絲白色，長約0.9公釐，密被細毛，並於基部內壁密生白色細毛。花藥白色。子房綠色，圓錐形。長約1.2公釐，徑約0.9公釐。外密生白色細柔毛，基部具有黃色腺盤。花期為全年不定期。

- **果** 蒴果，萼片宿存。扁狀，披針形。長約5.5公釐，寬約2公釐。果表密生白色細毛。熟時由綠轉褐，脫落，內有2～4粒種子。種子暗褐色，扁平，卵圓形。徑約1.6公釐。

花冠白色。

穗狀花序，頂生，有些花朵具有小斑點。

未熟蒴果，扁狀，披針形。

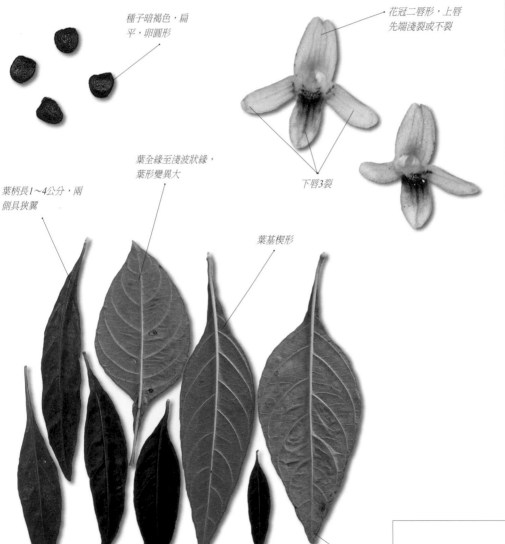

種子暗褐色，扁平，卵圓形

花冠二唇形，上唇先端淺裂或不裂

下唇3裂

葉全緣至淺波狀緣，葉形變異大

葉柄長1～4公分，兩側具狹翼

葉基楔形

葉先端漸尖

台灣鱗球花是低海拔濕潤林蔭環境常見的植物，亦是鱗紋眼蛺蝶利用度最高的寄主植物。

| 飼育蝴蝶 |
|---|
| · 鱗紋眼蛺蝶（眼紋擬蛺蝶） *Junonia lemonias aenaria* <br> · 枯葉蝶 *Kallima inachus formosana* |

分布　原生種。本種種子自生繁衍能力強，在野外頗為常見。台灣廣泛分布於海拔約1,300公尺以下地區，見於路旁、林緣或灌叢內、溪畔等濕潤林蔭環境。

| 科名　爵床科　Acanthaceae | 屬名　鱗球花屬　Lepidagathis |
|---|---|
| 學名　*Lepidagathis humilis* Merrill | 繁殖方法　播種法、扦插法、分株法，全年皆宜。 |

# 矮鱗球花

多年生略匍匐性草本植物，全株平滑無毛，株高10～20公分。莖帶綠之紅褐色至紅豆色，方形，分枝多，明顯具4綠色翼狀之細縱稜。節處具有白色叢生短毛，易生不定根。

- **葉**　對生。全緣，緣毛白色，紙質。卵形至闊卵形，長1～3.5公分，寬1～2.6公分。葉表綠至墨綠色，具光澤；葉背淺綠色，皆無毛，主、側脈明顯凸起，無毛，側脈3～5對。
- **花**　穗狀花序，頂生。苞片披針形，長約6公釐，寬約2.2公釐。外密生白色細毛與緣毛。花萼綠色，5深裂。裂片披針形，長約6.5公釐，寬約1.2公釐。萼外密生白色細毛與長緣毛，萼內無毛。花冠白色，無斑紋，裂片外面之基部被有白色細短毛。二唇形，上唇寬約3公釐，先端淺裂。下唇3裂，裂片深約4公釐。花徑約8公釐。二強雄蕊，花絲白色，長約0.9公釐，被細毛。子房綠色，圓錐形。長約1.3公釐，徑約0.9公釐。外密生白色細柔毛。花柱白色，長約2.4公釐，下部被細毛。柱頭白色，鈍頭。花期為1～4月。
- **果**　蒴果，萼片宿存。扁狀，披針形。長約5.7公釐，寬約1.9公釐。果表密生白色細毛。熟時由綠轉褐，脫落，內有2～4粒種子。種子褐色至暗褐色，扁平，卵圓形。徑約2公釐。種子表面被褐色疏細毛及密緣毛。

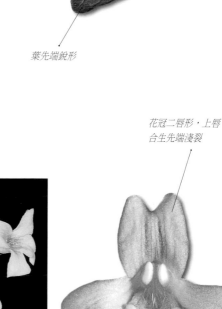

葉對生，全緣，卵形至闊卵形

葉基圓形或圓形至小楔形

葉先端銳形

穗狀花序，頂生。

蒴果，萼片宿存。

花冠二唇形，上唇合生先端淺裂

矮鱗球花原生於恆春半島，在濱海、礁岩或路旁、林緣、公園等開闊地環境都可見其蹤影。

花冠白色，花徑約8公釐。

下唇3裂

種子褐色至暗褐色，扁平，卵圓形

| 飼育蝴蝶 |
|---|
| · 鱗紋眼蛺蝶（眼紋擬蛺蝶）*Junonia lemonias aenaria* |

| 科名 爵床科 Acanthaceae | 屬名 鱗球花屬 Lepidagathis |
|---|---|
| 學名 *Lepidagathis inaequalis* C.B. Clarke *ex* Elmer | 繁殖方法 播種法、扦插法、分株法，全年皆宜。 |

# 卵葉鱗球花

多年生略匍匐性草本植物，全株平滑無毛，株高10～30公分。莖帶綠之紅褐色至紅豆色，方形，分枝多，明顯具4綠色翼狀之細縱稜。節處具有白色叢生短毛，易生不定根。

- **葉** 對生。全緣，無緣毛，紙質。卵形至闊卵形或卵狀披針形，長約2～5公分，寬約1～4公分。葉表綠至墨綠色，具光澤，無毛；主、側脈黃綠色至淺黃白色，明顯凸起，側脈3～5對，葉背全為灰綠色，無毛。

- **花** 穗狀花序，頂生。苞片披針形，長約4公釐，外被腺毛，內無毛。花萼綠色，5深裂，裂片披針形，長約5.5公釐，寬約1.5公釐。萼外密生白色腺毛與緣毛，萼內無毛。花冠白色。二唇形，上唇寬約1.7公釐，先端淺裂。下唇3裂，中央裂片表面具有紫色斑點或斑紋。花徑4～4.5公釐。二強雄蕊，花絲白色，長約0.9公釐，被疏毛。子房綠色，卵球形，長約0.9公釐，徑約0.7公釐。僅在子房頂密生細短毛，餘無毛。花柱白色，長約2.2公釐，無毛。柱頭白色，頭狀。花期為全年不定期，約3～12月。

- **果** 蒴果·萼片宿存。扁狀，披針形。長約5公釐，寬約1.7公釐。果表僅在先端部位密生白色細毛，餘無毛。熟時由綠轉褐，脫落，內有2～4粒種子。種子褐色，扁平，卵圓形。徑約1.7公釐。種子表面被褐色疏細毛。

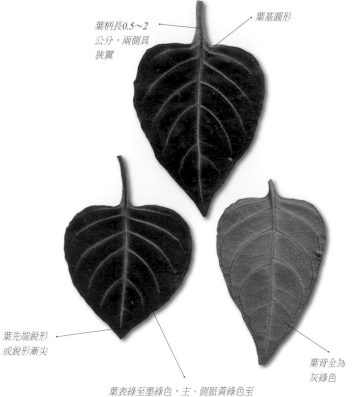

葉柄長0.5～2公分，兩側具狹翼

葉基圓形

葉先端銳形或銳形漸尖

葉表綠至墨綠色，主、側脈黃綠色至淺黃白色，明顯凸起，脈紋清晰

葉背全為灰綠色

種子褐色，扁平，卵圓形。

穗狀花序

穗狀花序，頂生。

蒴果，扁狀，披針形。

花特寫。

卵葉鱗球花的葉為卵形，脈紋清晰顯著，在繁花似錦的野地裡特別引人目光。

| 飼育蝴蝶 |
|---|
| · 鱗紋眼蛺蝶（眼紋擬蛺蝶）*Junonia lemonias aenaria* |

**分布** 外來種。本種台灣廣泛分布於中、南部及東南部。海拔約600公尺以下地區，見於路旁、林緣或公園等濕潤林蔭環境。

| 科名 | 爵床科　Acanthaceae | 屬名 | 鱗球花屬　Lepidagathis |
|---|---|---|---|
| 學名 | *Lepidagathis stenophylla* C.B.Clarke *ex* Hayata | 繁殖方法 | 播種法、扦插法、分株法，全年皆宜。 |

# 柳葉鱗球花

多年生略匍匐性或蔓性草本植物，全株平滑無毛，株高
10～30公分。莖帶綠之紅褐色或紅豆色，方形，分枝多，
明顯具4綠色翼狀之細縱稜。節處具有白色叢生短毛，易生
不定根。

- **葉**　對生。全緣或波狀緣，無緣毛，紙質。線形或線狀
  披針形，長1.5～6公分，寬0.4～1.2公分。葉表綠至墨綠
  色，具光澤；葉背淺綠色，皆無毛。側脈5～6對。
- **花**　穗狀花序，頂生。苞片披針形，長約4公釐，寬約
  1.3公釐，外被白色細毛與緣毛。花萼淺綠色，5深裂。
  裂片披針形，長約4.3公釐，寬約1.0公釐。萼外密生白色
  細毛與緣毛，萼內無毛。花冠白色，無斑紋。二唇形。
  上唇寬約2.3公釐，先端淺裂。下唇3裂，裂片深約3公
  釐。二強雄蕊，花絲白色，被白色細毛。子房綠色，卵
  球形，長約1.0公釐。上部密生白色細毛。花期為12月至
  翌年1～4月。
- **果**　蒴果，萼片宿存。披針形。長約5公釐，寬約2公
  釐。果表僅在先端部位密生白色細毛，餘無毛。熟時由
  綠轉褐，內有2～4粒種子。種子暗褐色，扁平，卵圓
  形。徑約1.4公釐。種子表面被褐色疏細毛及長緣毛。
- **附記**　本種生育在全日照旱地時，葉片較小，呈近線
  形；而生育在蔭涼濕潤環境時，葉片較大，常為線狀披
  針形或披針形。

穗狀花序，頂生。

蒴果披針形。

花特寫，花徑約6公釐。

柳葉鱗球花的葉形變異很大，近線形至線狀披
針形或披針形皆有，族群在野外不普遍，主要
分布於恆春半島。

莖帶綠之紅褐色或紅
豆色，方形，分枝多

穗狀花序

種子暗褐色，扁
平，卵圓形

葉對生，全緣或波狀
緣，線形或線狀披針形

葉基楔形，漸狹似
翼，近無柄或柄長
1～2公釐

葉先端銳形漸尖

| 飼育蝴蝶 |
|---|
| · 鱗紋眼蛺蝶（眼紋擬蛺蝶）*Junonia lemonias aenaria* |

**分布**　原生種。本種台灣主要分布於恆春半島，海拔約200公尺以下地區，見於濱海、路旁、林緣或公園等開闊環境。

| 科名 | 爵床科　Acanthaceae | 屬名 | 蘆利草屬　Ruellia |
|---|---|---|---|
| 學名 | *Ruellia elegans* Poir. | 繁殖方法 | 播種法、扦插法、壓條法、分株法，全年皆宜。 |

# 大花蘆莉

多年生直立亞灌木，株高60～150公分。莖綠色，方形，被疏毛，節處膨大處易生不定根。小枝綠色，方形，具4稜。

- **葉**　對生。全緣，具緣毛，厚紙質。橢圓形至闊橢圓形，長7～15公分，寬4～8.5公分。葉表綠至暗綠色，被疏至無毛，脈紋明顯凹陷；葉背淺綠色，無毛。側脈9～10對。

- **花**　聚繖花序或複聚繖花序，腋生。花軸方形，長4～8公分，被腺毛與柔毛。花萼綠色，5深裂至基部。線形，長約1.9公分。萼外密生腺毛，內無毛。花柄方形，長8～9公釐，被腺毛。花冠長筒形，紅色。先端5裂，裂片鈍圓，花徑約3.4～3.8公分。冠筒略扁，長約4.2公分，筒外密生白色腺毛與柔毛。二強雄蕊，長花絲長3.5～4.2公分。短花絲長約1公分。花絲白色，基部密生細毛，餘無毛。子房綠色，砲彈形。長約5公釐，徑約1.5公釐，密生細毛。花柱長約4.6公分，被白色細毛。柱頭紅色，2岔。花期為2～11月。

- **果**　蒴果，萼片宿存。砲彈形，長約2公分，寬約6公釐。果表密生白色短毛，先端銳尖。熟時由綠轉褐，開裂。內有2～4粒種子。種子暗褐色，扁平圓形，徑3.5～4公釐。

大花蘆莉長長的紅花甚為美麗，花只開一日，但每日常開；花為蜜源植物，葉片為多種蝴蝶的寄主植物。

蒴果砲彈形，萼片宿存。

種子暗褐色，扁平圓形

葉基圓狀楔形漸狹至柄基

葉先端銳形

羽狀脈，於近葉緣連結成網狀，葉表脈紋明顯凹陷

葉對生，全緣，橢圓形至闊橢圓形

花冠先端5裂，裂片鈍圓。花只開一日

| 飼育蝴蝶 |
|---|
| · 眼蛺蝶（孔雀蛺蝶）*Junonia almana* |
| · 黯眼蛺蝶（黑擬蛺蝶）*Junonia iphita* |
| · 鱗紋眼蛺蝶（眼紋擬蛺蝶）*Junonia lemonias aenaria* |
| · 枯葉蝶（枯葉蝶）*Kallima inachus formosana* |
| · 迷你藍灰蝶（迷你小灰蝶）*Zizula hylax* |

分布　外來種。原產於巴西。台灣主要做為園藝景觀、盆栽、花壇等觀賞用途。有些族群在山區已有歸化之現象。

| 科名 | 爵床科　Acanthaceae | 屬名 | 馬藍屬　Strobilanthes |
|---|---|---|---|
| 學名 | *Strobilanthes flexicaulis* Hayata | 繁殖方法 | 播種法、扦插法、分株法，以春、秋為宜。高溫期在平地適應不佳。 |

# 曲莖馬藍 特有種

多年生直立亞灌木，株高80～160公分。莖方圓形，淺褐色。節處明顯膨大，匍地時易生不定根。小枝方形，綠色，具4稜狹翼，分枝多，無毛。幼莖方形，無毛。

- **葉**　十字對生。鋸齒緣，被疏緣毛，紙質。橢圓形至卵狀長橢圓形，長10～27公分，寬5～8公分。葉表暗綠色，無毛至被疏毛；葉背淺綠色，無毛。羽狀脈，二面明顯凸起。

- **花**　穗狀花序，腋生。小苞片線形，長約8公釐，外被腺毛。花萼暗紅色，5深裂至基部。線狀披針形，長1.1～1.3公分。萼外密生白色腺毛，具緣毛，內無毛。苞片葉狀，外被腺毛。花冠淺紫白色，先端開口徑約1.5公分。5裂，先端圓微後捲，各裂片中央再淺裂或圓。花冠筒長約3公分，彎曲。筒外分布有淺藍紫色脈紋，無毛。二強雄蕊，花絲白色，總長約2.4公分。長花絲約1公分離生，短花絲約0.8公釐離生。子房綠色，砲彈形。長約2.4公釐，徑約1.4公釐。僅在子房頂密生腺毛，餘無毛。花期為1～3月。

- **果**　蒴果，萼片宿存。略扁長橢圓形，先端鈍圓。長約1.5～1.7公分，寬約3公釐。果表上半部被白色腺毛至近無毛。熟時由綠轉褐。種子4粒，淺褐色，扁平，橢圓形。長約3公釐，密被伏毛。

花期時葉片明顯較小，卵形、心形或近圓形。營養枝葉橢圓形至卵狀橢圓形，長10～27公分，葉柄長3～6公分。

蒴果略扁長橢圓形，先端鈍圓。

種子淺褐色，扁平，橢圓形

萼片，密生白色腺毛。

花冠筒狀喇叭形，先端圓微反捲

花冠筒彎曲

花枝之葉片明顯較小

曲莖馬藍喜愛生長在涼爽濕潤的林蔭環境，在南投縣：鹿谷、溪頭至杉林溪沿線族群頗多，平地栽植不易耐酷熱高溫環境。

## 飼育蝴蝶

- 埔里星弄蝶（埔里（小）黃紋弄蝶）*Celaenorrhinus horishanus*
- 黑澤星弄蝶（姬（小）黃紋弄蝶）*Celaenorrhinus kurosawai*
- 大流星弄蝶（大型（小）黃紋弄蝶）*Celaenorrhinus maculosus taiwanus*
- 尖翅星弄蝶（蓬萊（小）黃紋弄蝶）*Celaenorrhinus pulomaya formosanus*
- 小星弄蝶（白鬚（小）黃紋弄蝶）*Celaenorrhinus ratna*
- 眼蛺蝶（孔雀蛺蝶）*Junonia almana*
- 黯眼蛺蝶（黑擬蛺蝶）*Junonia iphita*
- 枯葉蝶（枯葉蝶）*Kallima inachus formosana*

分布　台灣廣泛分布於海拔約500～2,600公尺，見於路旁、林緣或溪畔、樹林內等濕潤環境。在南投縣：鹿谷、溪頭至杉林溪沿線族群頗多。P.S.：花絲白色，總長2.4公分；基部與冠筒內壁合生，被疏毛。長花絲先端約有1公分離生，無毛。短花絲約0.8公釐離生。

| 科名 | 爵床科 Acanthaceae | 屬名 | 馬藍屬 Strobilanthes |
|---|---|---|---|
| 學名 | *Strobilanthes pentstemonoides* T. Anders. | 繁殖方法 | 播種法、扦插法、分株法，全年皆宜。 |

## 腺萼馬藍

多年生亞灌木，株高100～150公分。莖近圓形，淺褐色。節處明顯膨大，匍地時易生不定根。小枝方圓形，綠色，分枝多，被白色疏短毛。

- **葉** 十字對生。鋸齒緣至鈍鋸齒緣，具緣毛，紙質至厚紙質。橢圓形至長橢圓形，長5～16公分，寬2～5公分。葉表綠至暗綠色，無毛至被疏毛；葉背灰綠色，近無毛。羽狀脈，主、側脈明顯凸起，側脈7～9對。

- **花** 聚繖花序，腋生。苞片卵圓形至卵狀橢圓形，長1～1.3公分，寬7～9公釐。外被疏毛與緣毛，內無毛。花萼暗紅色，5深裂至基部。線狀披針形，長1.1～1.3公分，基寬約2.3公釐。萼外密生白色腺毛，具緣毛，萼內無毛。花冠淺藍紫色至紫白色。先端開口徑2.3～2.5公分，5裂。花冠筒長約3.8公分。筒外分布有藍紫色脈紋及密生白色腺毛。二強雄蕊。花絲白色，總長2.8～3公分，插生於花冠筒上，密生白色長柔毛。花藥藍紫色，扁平卵圓形。子房黃綠色至綠色，砲彈形。長約2.6公釐，徑約1.3公釐，密生白色腺毛（腺毛由頂端密生漸至基部疏生）。花期為11月至翌年1～2月。

- **果** 蒴果，萼片宿存。長橢圓形，長約1.5公分，徑約4公釐。果表密生白色腺毛，熟時由綠轉褐，開裂。種子4粒，褐色，扁平，橢圓形。長約3.4公釐，寬約2.4公釐，被毛。

- **附記** 本種主要辨識特徵：子房密生白色腺毛，花萼萼外密生白色腺毛，萼內無毛。

葉基楔形

葉橢圓形至長橢圓形，鋸齒緣至鈍鋸齒緣

葉先端漸尖

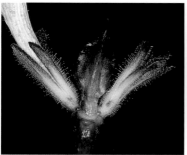

萼片密生腺毛。

未熟果。

腺萼馬藍喜愛生長在涼爽濕潤的林蔭環境，在南投縣：鹿谷、溪頭、大崙山、惠蓀林場、瑞岩溪、南山溪。嘉義縣：阿里山公路沿線，高雄鳴海山等地區族群頗多。

花冠淺藍紫色至紫白色，先端5裂。

子房與萼片特寫。

花冠筒狀喇叭形，5裂。

花萼5深裂至基部，裂片線狀披針形

| 飼育蝴蝶 |
|---|
| · 眼蛺蝶（孔雀蛺蝶）*Junonia almana* |
| · 黯眼蛺蝶（黑擬蛺蝶）*Junonia iphita* |
| · 鱗紋眼蛺蝶（眼紋擬蛺蝶）*Junonia lemonias aenaria* |
| · 枯葉蝶（枯葉蝶）*Kallima inachus formosana* |

**分布** 原生種。台灣廣泛分布於海拔約600～2,300公尺，見於路旁、溪畔、林緣或孟宗竹竹林下、樹林內等林蔭濕潤環境。南投縣：鹿谷、惠蓀林場、瑞岩溪。嘉義縣阿里山公路沿線及高雄鳴海山等地區，族群頗多。

| 科名 番荔枝科 Annonaceae | 屬名 番荔枝屬 Annona |
|---|---|
| 學名 *Annona montana* Macf. | 繁殖方法 播種法，以春季為宜。 |

# 山刺番荔枝

常綠性中、小喬木，株高6～12公尺。樹皮暗褐色。小枝圓形，褐色至綠褐色，無毛，分布褐色皮孔。幼枝綠色，無毛。植株具有特殊氣味。

- **葉** 互生。全緣，薄革質至革質。長橢圓形，長10～23公分，寬5～9公分。葉表綠至暗綠色，具光澤；葉背淺綠色，無光澤，兩面無毛。主脈上表面凹，下表面凸起。
- **花** 花單一，腋生。花萼綠色，3枚，圓鈍三角形。長約9公釐，基寬約1公分。萼外被褐色短毛與緣毛，萼內無毛。花柄綠色，長2～2.3公分，被褐色疏短毛。花瓣6枚，內曲。黃色至黃橙色，肉質，闊披針形，2輪。外輪長4.5～5公分。內輪較小，長約3.3公分。雄蕊線形，1,150～1,170枚。花絲白色，長1.6～2.4公釐，無毛。花藥米白色，長2.5～2.8公釐。心皮白色，線形，約240～245枚，離生。花期為全年不定期。
- **果** 聚合果。卵圓形，長10～15公分，徑10～13公分。果表分布多數肉質小棘刺，熟時由綠轉為黃綠色，可食用。種子卵狀橢圓形，金褐色。長約1.7公分，寬1～1.1公分。
- **附記** 同屬之「鳳梨釋迦 *Annona atemoya* Hort.」及「番荔枝（釋迦）*Annona squamosa* L.」。兩者葉片亦為「翠斑青鳳蝶（綠斑鳳蝶）」之寄主植物。

葉基楔形至銳形

葉柄長0.9～1.1公分

葉先端短凸尖

葉全緣，長橢圓形

| 飼育蝴蝶 |
|---|
| · 翠斑青鳳蝶（綠斑鳳蝶）*Graphium agamemnon* |

山刺番荔枝種子卵狀橢圓形，金褐色

山刺番荔枝果枝。

番荔枝（釋迦）果枝。

山刺番荔枝花特寫，徑3～3.5公分。

鳳梨釋迦花特寫。

鳳梨釋迦花枝。

分布 歸化種。原產於熱帶美洲、西印度群島，台灣於1917年引進栽培。廣泛分布於海拔約800公尺以下地區，見於路旁、林緣、公園、農園等環境，或人為栽培食用。

| 科名 番荔枝科　Annonaceae | 屬名　鷹爪花屬　Artabotys |
|---|---|
| 學名　*Artabotrys uncinatus* (Lam.) Merr. | 繁殖方法　播種法，以春季為宜。 |

# 鷹爪花

多年生常綠蔓性或攀緣莖藤本植物，株高可至10公尺。莖灰褐色，無毛，具長2.5～3公分之疏錐狀刺。小枝圓形，綠色至綠褐色，平滑無毛。幼枝綠色，被金褐色疏毛。腋芽密生深褐色至金褐色短毛。

- **葉**　互生。全緣，厚紙質至薄革質。長橢圓形，長8～17公分，寬3～7公分。葉表綠至暗綠色，具光澤；葉背淺綠色，無光澤，皆無毛。葉面主脈下凹，葉背凸起。

- **花**　花似鷹爪，展開徑約4公分，具香氣。下垂，腋生。苞片綠色，卵狀三角形。長約2.7公釐，外密生金褐色短毛，內無毛。花萼綠色，3枚，卵形。長約5.5公釐，基寬約5公釐。萼外被褐色短毛，萼內密生白色細毛。花柄長約1～1.2公分，被淺褐色短毛，柄基特化成鉤狀，借以攀緣而上。花初開暗綠色，漸轉為黃綠色，最後為黃色。花瓣6枚，肉質，披針形，2輪。外輪長約3.4公分。內輪較小，長約2.6公分。基部具短柄。雄蕊米白色，闊箭形，80～85枚。長約2.5公釐，寬約1.3公釐。心皮淺綠色，圓錐形，長2～2.3公釐，20～23枚。柱頭具有粘稠物質。花期為3～12月不定期。

- **果**　聚合果。卵狀橢圓形，長3～3.5公分，徑2～2.3公分。果表平滑無毛，果頂具小錐突，5～20粒聚集。種子半邊橢圓形，褐色，長1.9～2.1公分，寬1.1～1.2公分。果期9～12月。

綠色花與勾爪。花的外觀似鷹爪，是鷹爪花的重要辨識特徵。

漿果，卵狀橢圓形。

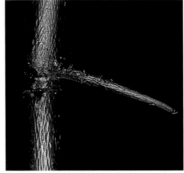

小枝具有長刺，長2.5～3公分。

多年生常綠蔓性或攀緣莖藤本植物。

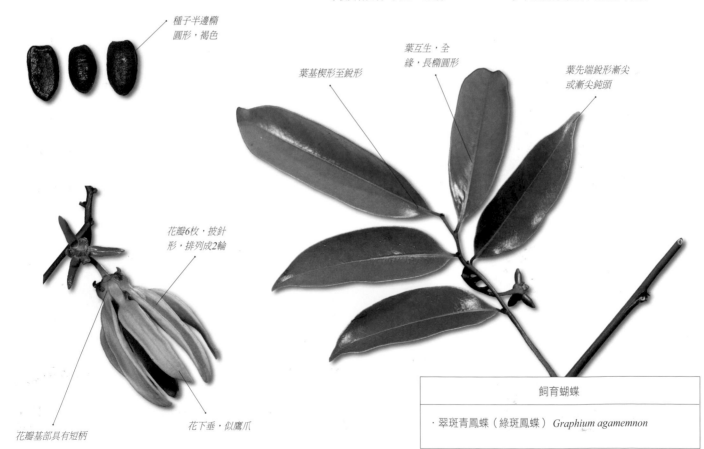

種子半邊橢圓形，褐色

葉基楔形至銳形

葉互生，全緣，長橢圓形

葉先端銳形漸尖或漸尖鈍頭

花瓣6枚，披針形，排列成2輪

花下垂，似鷹爪

花瓣基部具有短柄

| 飼育蝴蝶 |
|---|
| ·翠斑青鳳蝶（綠斑鳳蝶）*Graphium agamemnon* |

**分布**　歸化種。台灣廣泛分布於海拔約600公尺以下平地至山區。見於路旁、林緣或灌叢內等環境。在彰化縣八卦山山脈族群頗多。爪哇、印尼、中國華南亦見分布。

| 科名 | 夾竹桃科　Apocynanceae | 屬名 | 錦蘭屬　Anodendron |
|---|---|---|---|
| 學名 | *Anodendron affine* (Hook. & Arn.) Druce | 繁殖方法 | 播種法、扦插法、高壓法、壓條法，以春、秋季為宜。 |

## 小錦蘭（錦蘭）

多年生中型常綠纏繞性，木質藤本植物。莖圓形，深褐色，散生皮孔，無毛。幼莖綠色，無毛，具透明汁液。

- **葉**　對生，紙質至薄革質，全緣。長橢圓狀披針形，長6～12公分，寬2～3.3公分。葉表綠色至暗綠色，葉背綠色，皆無毛。側脈5～8對。
- **花**　圓錐狀聚繖花序，頂生或腋出頂生。小苞片卵形，長約2.7公釐，寬約1.2公釐，兩面無毛。花萼綠色，5裂。裂片卵形，長約2.6公釐，寬約1.3公釐，兩面無毛。花具芳香，花冠淡黃色。筒狀，筒長約5公釐，徑約1.9公釐，基部具稜，鈍五角形。筒外無毛，筒內被白色細毛。先端5深裂，裂片表面密生白色短柔毛，且反捲，外觀似風車葉片，向右旋。花徑1.1～1.4公分。雄蕊5枚，著生於冠筒基部。花絲與冠筒合生。子房與花萼合生。無花柱。柱頭綠色，近圓形，頂端2淺裂。花期為2～5月。
- **果**　蓇葖果。長橢圓狀披針形，長8～11.5公分，徑3～3.7公分。單一或成對。果表無毛，熟時由綠轉為暗褐色，木質化，開裂。種子深褐色，橢圓形，具柄。總長1.5～1.7公分，寬5～6.5公釐。種髮白色，長4～5.5公分。果期為6～12月。

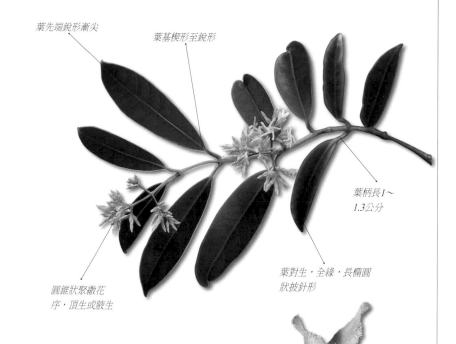

葉先端銳形漸尖

葉基楔形至銳形

葉柄長1～1.3公分

圓錐狀聚繖花序，頂生或腋生

葉對生，全緣，長橢圓狀披針形

花冠先端5深裂，裂片表面密生白色短柔毛，且反捲；外觀似風車葉片，向右旋

未熟果。

蓇葖果木質化，熟時開裂。

本種外觀形態與「大錦蘭*Anodendron benthamiana*」相似，唯花朵色澤、大小與蓇葖果長橢圓狀披針形，明顯有差異，兩者可資區別。

種子深褐色，橢圓形，具柄

| 飼育蝴蝶 |
|---|
| · 異紋紫斑蝶（端紫斑蝶）*Euploea mulciber barsine* |

分布　原生種。台灣主要分布於全島海拔約1,500公尺以下地區，見於路旁、林緣或灌叢內、闊葉林、濱海等環境。中國華南、印度，或日本、琉球亦分布。

| 科名 夾竹桃科 Apocynanceae | 屬名 爬森藤屬 Parsonsia |
|---|---|
| 學名 *Parsonia laevigata* (Moon) Alston | 繁殖方法 播種法、扦插法、高壓法、壓條法，以春、秋季為宜。 |

## 爬森藤

多年生常綠纏繞性藤本植物，基部木質化。莖圓形，灰褐色至綠褐色，具皮孔，無毛。幼莖綠色至紅褐色，近無毛，具透明汁液。

- **葉** 對生。薄革質至厚革質，全緣，葉緣常為紅褐色。卵狀長橢圓形至長橢圓形或闊橢圓形，長7～15公分，寬3～10公分。葉表綠色至暗綠色，具光澤，無毛；主、側脈微凸，常為黃綠色至紫褐色。葉背綠色，無毛。側脈4～6對。

- **花** 聚繖花序，腋生。花萼綠色，5裂，裂片卵形，長約2公釐，寬約1.8公釐，無毛。苞片卵形，長約1.5公釐，寬約1.5公釐，外被細毛。花冠黃綠色，筒狀。5深裂，裂片狹披針形，長約5公釐，基寬約2公釐。冠筒五角狀，外具細稜，筒長約4公釐，徑約3.3公釐。未開之花苞綠色，直立。花徑1.2～1.3公分。雄蕊5枚。花絲淺黃色，基部與冠筒合生，被白色柔毛，5枚花絲向中央聚集成螺旋而上，無毛。子房綠色，近球形，長約1.3公釐。2室，基部周圍具有5枚黃色腺體。柱頭綠色，橢圓形，無毛，被5枚箭形花藥所包覆。花期為4～8月。

- **果** 蓇葖果。長橢圓狀披針形，長8～11公分，徑1.2～1.4公分。單一或成對至成串。果表無毛，熟時由綠轉暗褐色，開裂。種子褐色，線狀披針形，長1.5～1.8公分，寬2.7～2.9公釐。種髮白色，長2.1～2.4公分。果期全年不定期。

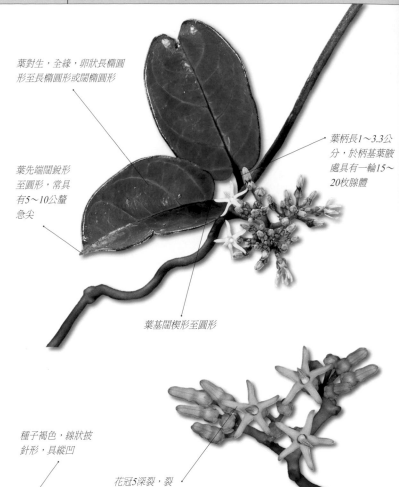

葉對生，全緣，卵狀長橢圓形至長橢圓形或闊橢圓形

葉先端闊銳形至圓形，常具有5～10公釐急尖

葉柄長1～3.3公分，於柄基葉腋處具有一輪15～20枚腺體

葉基闊楔形至圓形

花冠5深裂，裂片狹披針形

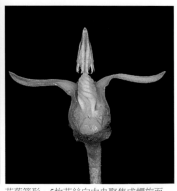

種子褐色，線狀披針形，具縱凹

多年生常綠纏繞性藤本植物，台灣主要分布於恆春半島、東北角、蘭嶼及綠島。

蓇葖果成熟時轉褐，開裂。

花藥箭形，5枚花絲向中央聚集成螺旋而上。（縱剖面）

| 飼育蝴蝶 |
|---|
| · 金斑蝶（樺斑蝶）*Danaus chrysippus*<br>· 異紋紫斑蝶（端紫斑蝶）*Euploea mulciber barsine*<br>· 大白斑蝶（大笨蝶）*Idea leuconoe clara*<br>· 大白斑蝶 & 綠島亞種（綠島大白斑蝶）*Idea leuconoe kwashotoensis* |

分布 原生種。台灣主要分布於海拔約50公尺以下地區，見於濱海、平地灌叢內或林緣、開闊地等環境。中國海南島、中南半島、印度、斯里蘭卡，或馬來西亞、印尼、菲律賓等地區亦分布。人工栽培頗多，供給飼育蝴蝶。

| 科名　夾竹桃科　Apocynanceae | 屬名　絡石屬　Trachelospermum |
|---|---|
| 學名　*Trachelospermum jasminoides* (Lindl.) Lemaire | 繁殖方法　播種法、扦插法、壓條法，以春、秋季為宜。 |

## 絡石（台灣白花藤）

多年生常綠攀緣性或匍匐性，木質藤本植物。成熟莖圓形，深褐色，被淺褐色短絨毛，具白色乳汁液與毒性，易生不定根。幼莖與幼葉，黃綠色或紅褐色，密生白色短絨毛。

- **葉**　對生。紙質至薄革質，全緣。橢圓形至長橢圓形或線形至披針形，長1～9公分，寬0.8～4.3公分。葉表黃綠至暗綠色，近無毛或無毛，具光澤；葉背淺綠色，密生淺褐白色短絨毛。脈淺黃綠色至綠色。側脈4～9對。

- **花**　聚繖花序，頂生或腋生。苞片褐色，三角形，長約1.1公釐，密被毛。花萼綠色，淺鐘狀，5深裂，裂片卵形狀，反捲。長約2.6公釐，寬約2.6公釐。萼外被白色短毛及緣毛，內無毛。花冠白色，冠口喉部黃綠色，內密生白色細柔毛。冠筒總長0.8～1公分。先端5深裂，裂片向後反捲。外觀似風車葉片，向右旋，花徑2～3公分。雄蕊5枚，花絲與冠筒合生，無毛。花藥淺褐白色，箭形。子房綠色，近球形，無毛，基部與花萼合生。花柱暗紅色，無毛。柱頭綠色，圓錐形。花期為1～4月。

- **果**　菁葖果。線狀披針形，長11～18公分，徑0.7～1公分。單一或成對。果表平滑無毛，熟時由綠轉為暗褐色，開裂。種子深褐色，線形，長1.3～1.5公分，寬約3公釐。種髮白色。果期約10～12月。

- **附記**　本種葉形與顏色多變化：生育於低處時，葉表常為紅、黃、綠等色澤相混，葉片較小，脈紋明顯；攀緣至高處時，葉形較大，綠至黃綠色。

葉先端銳形至漸尖

葉基銳形至鈍圓

葉對生，全緣，葉緣微反捲，橢圓形至長橢圓形或線形至披針形

菁葖果，長11～18公分

葉柄長3～8公釐

葉形與顏色多變化

種子深褐色，線形

花冠白色，先端裂片向後反捲，外觀似風車葉片，向右旋。

冠口內密生白色細柔毛，雄蕊未伸出冠口。（縱剖圖）

菁葖果，成熟時開裂，種髮白色。

多年生常綠攀緣性或匍匐性木質藤本植物。

| 飼育蝴蝶 |
|---|
| ・異紋紫斑蝶（端紫斑蝶）*Euploea mulciber barsine* |

| 科名 馬兜鈴科　Aristolochiaceae | 屬名 馬兜鈴屬　Aristolochia |
|---|---|
| 學名　*Aristolochia cucurbitifolia* Hayata | 繁殖方法　播種法、扦插法、高壓法、壓條法，以春、秋季為宜。 |

# 瓜葉馬兜鈴（青木香）　特有種

多年生常綠纏繞性或匍匐性，草質藤本植物，全株被白色短毛。老熟莖木質化，灰褐色至褐色。莖圓形，具韌性。幼莖綠色或帶暗紅黃綠色，密生白色短毛。

- **葉**　互生。紙質至厚紙質，掌狀裂，具緣毛。葉形變異大，長6～17公分，寬7～21公分。生育在低光照林蔭環境時，葉為闊卵狀，淺裂至中裂。在日照多的環境中，常為掌狀5～9中裂至深裂。葉表綠色至暗綠色，被疏短毛或近無毛；葉背淺綠色，密生白色短毛。幼葉時為黃綠色，兩面密生白色短毛。

- **花**　花單一，腋生。苞片卵形，長約6公釐，寬4～5公釐。表面近無毛，背面密被毛。花萼筒，管狀∪形，淺黃色。先端開口3裂成喇叭狀。萼筒裂片因個體株間，有黃底紅褐色斑紋、全為紅褐色至深紅褐色或深紫褐色，被細微短毛。裂片常向後反捲成三角形，長1.8～2.1公分，寬約1.7～2.1公分。萼筒喉部，株間有鮮黃色或黃底表面密布紅褐色小斑紋與斑點，喉部全為深紫褐色至深紫黑色等不同色澤，呈現連續性變異。雄蕊黃色，6枚，直立，無花絲。花藥黃色。蕊柱淡黃色，圓柱形，徑約3.5公釐，高3～3.5公釐。柱頭3～4裂。花期為1～4月。

- **果**　蒴果。長橢圓形，具6縱稜。長3.6～4公分，徑1.7～2.2公分。果表被白色短毛，熟時由綠轉褐，從果頂往上至果呈傘狀，6開裂。種子褐色至暗褐色，扁狀，卵形。長約5公釐，寬約5.5公釐。腹面凹陷，中央具隔膜。

- **附記**　依據台灣稀有及瀕危植物之分級，本種被列為易受害植物，應適當保護。

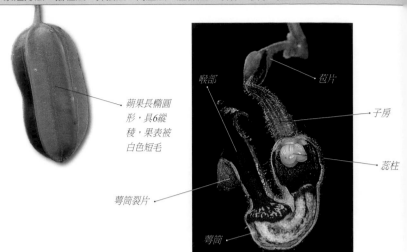

蒴果長橢圓形，具6縱稜，果表被白色短毛

喉部　　苞片　　子房　　蕊柱

萼筒裂片　　萼筒

花萼筒，管狀∪形。（縱剖圖）

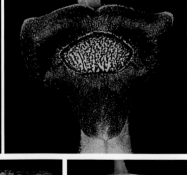

種子褐色至暗褐色，腹面凹陷，中央具隔膜

葉基凹形或凹形中央闊短楔形

萼筒裂片。

飼育蝴蝶

- · 曙鳳蝶 *Atrophaneura horishana*
- · 麝鳳蝶（麝香鳳蝶）*Byasa alcinous mansonensis*
- · 長尾麝鳳蝶（台灣麝香鳳蝶）*Byasa impediens febanus*
- · 多姿麝鳳蝶（大紅紋鳳蝶）*Byasa polyeuctes termessus*
- · 紅珠鳳蝶（紅紋鳳蝶）*Pachliopta aristolochiae interposita*
- · 黃裳鳳蝶 *Troides aeacus formosanus*
- · 珠光裳鳳蝶（珠光鳳蝶）*Troides magellanus sonani*

分布　台灣主要分布於中、南部海拔約300～1,700公尺山區，見於路旁、林緣、竹林或灌叢、樹林內等濕潤林蔭環境。

| 科名 馬兜鈴科　Aristolochiaceae | 屬名 馬兜鈴屬　Aristolochia |
|---|---|
| 學名　*Aristolochia elegans* M. T. Mast. | 繁殖方法　播種法、扦插法、高壓法、壓條法，以春、秋季為宜。 |

# 彩花馬兜鈴

多年生常綠纏繞性，草質藤本植物，全株平滑無毛。老熟莖木質化，灰褐色至褐色。莖圓形，具韌性。幼莖綠色，纖細，平滑無毛，被一層薄白粉。

- 葉　互生。紙質，全緣。腎形狀或闊卵狀心形至圓鈍三角形，長4～8.5公分，寬4～9.5公分。葉表綠色至暗綠色，無毛。葉背淺綠色，無毛。

- 花　花單一，腋生。花萼筒，管狀U形，淺黃綠色，開口卵圓形，緣內曲，長5～7公分，寬4.4～6.5公分。表面暗紫褐，分布白色斯裂狀條紋，無毛。萼筒喉部黃綠色，口內下緣密生白色長直毛，上緣周圍分布深紫褐色斑斑紋。蕊柱黃綠色至米色，杯狀，徑約4.5公釐，長約7.2公釐，頂端6中裂。雄蕊黃色，6枚，直立，無花絲。花藥黃色，長約5公釐。花柄長約7～8公分。花期為3～10月，盛花期夏至秋季。

- 果　蒴果。圓柱狀橢圓形，具6縱稜。長4～5公分，徑1.3～1.4公分，先端宿存長約8公釐之花柱。果表無毛，熟時由綠轉褐，從果基至果頂往下呈傘狀，6開裂。種子褐色至暗褐色，扁平，卵形，具狹翅，長約6公釐，寬約4.5公釐。兩面分布細小疣點。果期6～11月。

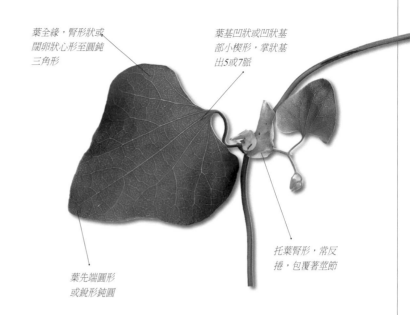

葉全緣，腎形狀或闊卵狀心形至圓鈍三角形

葉基凹狀或凹狀基部小楔形，掌狀基出5或7脈

托葉腎形，常反捲，包覆著莖節

葉先端圓形或銳形鈍圓

葉互生

花柄長7～8公分

花單一，腋生

喉部黃綠色

蕊柱杯狀，頂端6中裂，花藥黃色，長5公釐。

種子扁平，卵形，具狹翅，兩面分布細小疣點

花萼筒管狀U形，先端心狀淺裂深5～6公釐。（剖面圖）

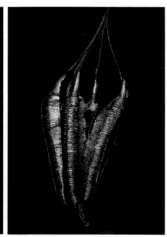

未熟蒴果，圓柱狀，具6縱稜，花柱宿存。

蒴果熟時由綠轉褐，從果基至果頂呈傘狀6開裂。

---

## 飼育蝴蝶

- 麝鳳蝶（麝香鳳蝶）*Byasa alcinous mansonensis*
- 長尾麝鳳蝶（台灣麝香鳳蝶）*Byasa impediens febanus*
- 多姿麝鳳蝶（大紅紋鳳蝶）*Byasa polyeuctes termessus*
- 紅珠鳳蝶（紅紋鳳蝶）*Pachliopta aristolochiae interposita*
- 黃裳鳳蝶 *Troides aeacus formosanus*

---

分布　栽培種，原產於南美洲。台灣引進做為園藝、盆栽觀賞及藥用研究栽培等用途。

| 科名 馬兜鈴科 Aristolochiaceae | 屬名 馬兜鈴屬 Aristolochia |
|---|---|
| 學名 *Aristolochia shimadae* Hayata | 繁殖方法 播種法、扦插法、高壓法、壓條法，以春、秋季為宜。 |

# 台灣馬兜鈴

多年生常綠纏繞性或匍匐性，草質藤本植物，全株被白色短毛。老熟莖木質化，灰褐色至褐色。莖圓形，具韌性。幼莖綠色或帶暗紅黃綠色，密生白色短毛。

- 葉　互生。紙質至厚紙質，全緣或淺、中、深裂皆有，具緣毛。葉形變異巨大，長4～16公分，寬1～15公分。從線形、卵形、卵狀心形至卵狀橢圓形、長橢圓形、闊戟形或掌狀3～5裂，等各種變形葉均有。葉表綠色至暗綠色，被白色短毛。葉背淺綠色，密生白色短毛，脈明顯凸起。側脈6～8對。葉基心形至闊楔形或凹形，凹深1.2～1.7公分，先端銳形漸尖或銳形鈍圓。葉柄長1～6.5公分，密生白色短柔毛。

- 花　花單一，腋生。苞片卵形，長0.6～1公分，寬5～8公釐。表面被疏毛，背面密被毛。花萼筒，管狀U形，淺黃色。先端開口3裂成喇叭狀。萼筒裂片淺黃色至深紅褐色，無毛。裂片常向後反捲成三角形或盾形狀，長約2.1公分，寬1.6～2公分。萼筒喉部常為鮮黃色或深紫褐色至深紫黑色等不同色澤，呈現連續性變異，蕊柱淡黃色，圓柱形，徑約3.5公釐，高約3.5公釐。柱頭3裂。雄蕊黃色，6枚，直立，無花絲。花葯黃色。

- 果　蒴果。長橢圓形，具6縱稜。長3.8～4公分，徑約2公分。果表密生白色短毛，熟時由綠轉為褐色，從果頂往上至果基呈傘狀，6開裂。種子褐色至暗褐色，扁狀，鈍三角狀卵形。長約5公釐，寬約5公釐。腹面凹陷，中央具隔膜。

未熟果

葉形變異巨大，各種變形葉均有

葉基心形至闊楔形或凹形

果熟時由綠轉為褐色，從果頂往上至果基成傘狀6開裂。

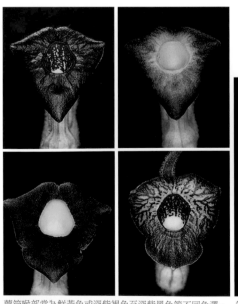

萼筒喉部常為鮮黃色或深紫褐色至深紫黑色等不同色澤，呈現連續性變異

筒內淡黃色，無毛，無斑紋與斑點。（縱剖圖）

## 飼育蝴蝶

- 曙鳳蝶 *Atrophaneura horishana*
- 麝鳳蝶（麝香鳳蝶）*Byasa alcinous mansonensis*
- 長尾麝鳳蝶（台灣麝香鳳蝶）*Byasa impediens febanus*
- 多姿麝鳳蝶（大紅紋鳳蝶）*Byasa polyeuctes termessus*
- 紅珠鳳蝶（紅紋鳳蝶）*Pachliopta aristolochiae interposita*
- 黃裳鳳蝶 *Troides aeacus formosanus*
- 珠光裳鳳蝶（珠光鳳蝶）*Troides magellanus sonani*

分布　原生種。台灣廣泛分布於全島濱海、平地至海拔2,600公尺以下山區，見於路旁、林緣或灌叢內、闊葉林等環境，族群在野外頗為常見。

| 科名 馬兜鈴科　Aristolochiacea | 屬名　馬兜鈴屬　Aristolochia |
| --- | --- |
| 學名　*Aristolochia tagala* Champ. | 繁殖方法　播種法、扦插法、高壓法，壓條法，以春、秋季為宜。 |

# 耳葉馬兜鈴

多年生中型纏繞性草質藤本植物。根部塊狀粗大，老熟莖木質化，灰褐色至褐色，具縱裂紋。莖近圓形，具淺縱溝紋。幼莖綠色，平滑無毛。

- **葉**　互生。紙質至薄革質，全緣，具疏緣毛，葉緣微反捲。卵狀心形至卵狀長橢圓形，長8～29公分，寬4～16公分。葉表綠至暗綠色，具光澤，無毛。葉背綠色，無毛。

- **花**　總狀花序，下垂，腋生。花萼筒開口漏斗狀，萼口中央米白色，周圍深紅褐色。具舌狀片，長約28公釐。舌片常反捲，表面暗紅至深紅褐色，密生深紅褐色短毛，先端圓中央具小突。花管細長，直或彎曲，於基部成圓球形，徑約7公釐。外具6縱紋，無毛。雄蕊黃色，6枚，無花絲，著生於蕊柱中央環側。子房綠色，長約10公釐，具6稜。蕊柱米白色，圓錐狀，徑約4.4公釐，高約3.4公釐，6裂，裂片褐色，圓錐形。花期全年不定期，盛花期3～12月。

- **果**　蒴果。橢圓形至卵圓形，具6淺縱稜。長3.5～4.5公分，徑3～3.5公分，無毛。熟時由綠轉褐，從果基至果頂往下呈傘狀，6開裂。種子暗褐色，扁平，圓鈍三角形，具薄翅。長約9公釐，寬1～1.2公分。頂中央膜翅截平，分佈小疣點，腹面中央具細縱稜。

- **附記**　1.本種常被誤鑑定為中國產之卵葉馬兜鈴 *Aristolochia ovatifolia* S..M. Hwang，在《中國植物志》中，記載台灣亦有分布，但台灣卻未見野外有採集記錄。2.本種為台灣引進栽培供部分鳳蝶幼蟲食用。據觀察，食用本種植物之成蟲體形較大，特別受到標本研究與收藏者所青睞。

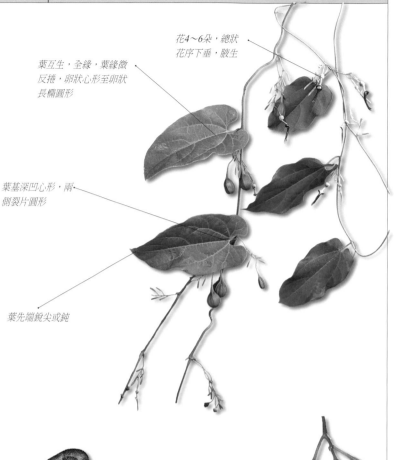

葉互生，全緣，葉緣微反捲，卵狀心形至卵狀長橢圓形

花4～6朵，總狀花序下垂，腋生

葉基深凹心形，兩側裂片圓形

葉先端銳尖或鈍

種子扁平，圓鈍三角形，具薄翅，頂中央淺裂，兩面密布小疣點。

花管細長，直或彎曲，於基部成圓球形，外具6縱紋

花萼筒開口漏斗狀，萼口中央米白色，周圍深紅褐色

具舌狀片，常反捲

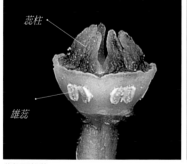

蕊柱

雄蕊

蕊柱圓錐狀。

蒴果橢圓形，具6淺縱稜，先端近截平。

蒴果熟時轉褐，6開裂。

多年生常綠纏繞性草質藤本植物。

## 飼育蝴蝶

- 麝鳳蝶（麝香鳳蝶）*Byasa alcinous mansonensis*
- 長尾麝鳳蝶（台灣麝香鳳蝶）*Byasa impediens febanus*
- 多姿麝鳳蝶（大紅紋鳳蝶）*Byasa polyeuctes termessus*
- 紅珠鳳蝶（紅紋鳳蝶）*Pachliopta aristolochiae interposita*
- 黃裳鳳蝶 *Troides aeacus formosanus*
- 珠光裳鳳蝶（珠光鳳蝶）*Troides magellanus sonani*

分布　栽培種。模式標本採自菲律賓。主要分布於菲律賓、馬來西亞、日本或印度、越南、中國華南等地區。

| 科名 | 馬兜鈴科　Aristolochiaceae | 屬名 | 馬兜鈴屬　Aristolochia |
|---|---|---|---|
| 學名 | *Aristolochia zollingeriana* Miq. | 繁殖方法 | 播種法、扦插法、高壓法、壓條法，以春、秋季為宜。 |

# 港口馬兜鈴

多年生常綠纏繞性草質藤本植物。老熟莖木質化，灰褐色至褐色，具縱裂紋。莖近圓形，具淺縱溝紋或無紋。幼莖綠色，平滑無毛。

- **葉**　互生。紙質至薄革質，全緣或稀淺3裂。葉形變異大：心形至心狀闊卵形或腎形，長5～12公分，寬5～11公分。葉表綠至暗綠色，具光澤，無毛。葉背綠色，無毛。

- **花**　總狀花序，下垂，腋生。花萼筒開口漏斗狀，具舌狀片，長約1.5～2公分。舌片常反捲，表面暗紅色至深紅褐色，密生白色與淺紫色短毛。花管細長，直或彎曲，於基部成近球形，徑約7公釐。雄蕊黃色，6枚，無花絲，著生於蕊柱近基部環側。蕊柱淺黃色，圓錐狀，徑約3.7公釐。6裂，裂片白色，圓錐形，長約2.7公釐。花期全年不定期，盛花期3～12月。

- **果**　蒴果。橢圓形，具6淺縱稜。長3.5～4公分，徑2.2～2.5公分。果表無毛，熟時由綠轉為褐色，從果基至果頂往下呈傘狀，6開裂。種子褐色至暗褐色，扁平圓鈍三角形，具薄翅，長與寬約8公釐。

- **附記**　依據台灣稀有及瀕危植物之分級，本種被列為易受害之植物，應適當保護。人工栽培眾多。

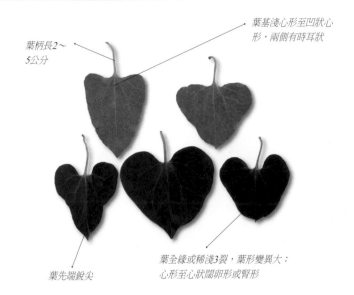

葉柄長2～5公分

葉基淺心形至凹狀心形，兩側有時耳狀

葉先端銳尖

葉全緣或稀淺3裂，葉形變異大：心形至心狀闊卵形或腎形

種子扁平圓鈍三角形，具薄翅，密布小疣點

花管細長，直或彎曲，於基部成近球形，外具6縱紋

花萼筒開口漏斗狀

背面黃綠色，無毛

具舌狀片，常反捲，表面暗紅色至深紅褐色，密生白色與淺紫色短毛

本種人工栽培眾多，價格低廉，主要作養蝶用途。可謂最實惠之稀有植物。

多年生常綠纏繞性藤本植物。

蒴果，橢圓形，具6淺縱稜，先端近截平。

蕊柱圓錐狀。

蒴果熟時轉褐。

| 飼育蝴蝶 |
|---|
| ·　曙鳳蝶 *Atrophaneura horishana*<br>·　麝鳳蝶（麝香鳳蝶）*Byasa alcinous mansonensis*<br>·　長尾麝鳳蝶（台灣麝香鳳蝶）*Byasa impediens febanus*<br>·　多姿麝鳳蝶（大紅紋鳳蝶）*Byasa polyeuctes termessus*<br>·　紅珠鳳蝶（紅紋鳳蝶）*Pachliopta aristolochiae interposita*<br>·　黃裳鳳蝶 *Troides aeacus formosanus*<br>·　珠光裳鳳蝶（珠光鳳蝶）*Troides magellanus sonani* |

分布　原生種。模式標本採自爪哇。台灣主要分布於南部至東南部和蘭嶼、綠島，海拔約100公尺以下地區，見於路旁、林緣或灌叢內、礁岩等環境。日本、爪哇亦分布。

| 科名 | 蘿藦科　Asclepiadaceae | 屬名 | 尖尾鳳屬　Asclepias |
|---|---|---|---|
| 學名 | *Asclepias curassavica* L. | 繁殖方法 | 播種法、扦插法、插水法，全年皆宜。 |

# 尖尾鳳（馬利筋）

多年生亞灌木，基部木質化，全株具有白色乳汁與毒性，株高80～150公分。莖圓形，綠色至綠褐色，小枝被疏毛。

- **葉**　對生。厚紙質，全緣。披針形至長橢圓狀披針形，長6～14公分，寬1～3公分。葉表綠色至暗綠色，無毛；葉背淺綠色，被白色疏短毛。側脈16～22對。
- **花**　聚繖花序，腋生或頂生。苞片線形，長約2.5公釐，被細毛。花萼綠色，5深裂。橢圓狀披針形，長約3.6公釐，基寬約1.5公釐。萼外被毛，萼內無毛，裂片基部具5枚腺體。花冠5裂，深紅橙色。裂片長橢圓形，向下，長約8公釐，寬約3.3公釐。花徑1.1～1.3公分。副花冠深黃色。5枚，徑約4.5公釐。雄蕊5枚。黃色，著生雌蕊周圍基部。花葯室頂端具有5枚白色卵形狀薄片，鑲住柱頭邊緣。內有花粉塊，花粉塊橢圓形，下垂。子房綠色，長卵形。2室，離生。柱頭黃色，圓筒狀，頂端五角形。花期全年不定期。
- **果**　蓇葖果。圓柱狀披針形，上舉，長5～8公分，徑0.8～1.2公分。單一或成對。果表略被白色粉狀物質，無毛。種子140～160粒。種子褐色，橢圓形，長6～6.5公釐，寬3.5～4公釐。種髮白色。
- **附記**　1.本種全株具有毒性！2.帝王斑蝶（大樺斑蝶）疑似在台灣已絕跡。

黃花馬利筋。

紅色為花瓣，黃色為副花冠。

種子褐色，橢圓形

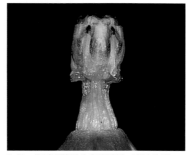

內具一條扁平鐮形之蜜腺導引，高於柱頭，花粉塊2枚一對，下垂。

果熟時開裂，種髮白色，種子140～160粒。

葉先端漸尖

葉對生，全緣，披針形至長橢圓狀披針形

未熟果

葉基楔形

副花冠裂片5枚，直立卵圓形且內曲

副花冠基部筒狀，筒長約2公釐，外具稜

花瓣5裂，裂片長橢圓形，向下

| 飼育蝴蝶 |
|---|
| ・金斑蝶（樺斑蝶）*Danaus chrysippus*<br>・帝王斑蝶（大樺斑蝶）*Danaus plexippus*<br>・異紋紫斑蝶（端紫斑蝶）*Euploea mulciber barsine* |

**分布**　歸化種。原產於熱帶美洲，台灣於1978年所記錄之歸化植物。台灣廣泛分布於平地至低海拔山區，見於路旁、向陽荒野處等環境。野外族群分布不普遍，但園藝觀賞廣泛栽培。美洲、非洲、南歐與亞洲地區亦分布。

| 科名 蘿藦科 Asclepiadaceae | 屬名 隱鱗藤屬 Cryptolepis |
|---|---|
| 學名 *Cryptolepis sinensis* (Lour.) Merr. | 繁殖方法 播種法、分株法,以春、秋季為宜。 |

# 隱鱗藤

多年生纏繞性木質藤本植物,全株具白色乳汁。莖圓形,咖啡色,纖細,具皮孔,無毛。幼莖紅褐色至綠褐色,無毛。

- 葉 對生。紙質,全緣,羽狀脈。長橢圓形至線狀披針形,長3～7公分,寬1～2.5公分。葉表綠色至暗綠色,具光澤,無毛。脈深紫色。葉背淺灰綠色,無毛。脈明顯凸起,深紫色。側脈纖細8～12對。

- 花 聚繖花序,腋生。花萼黃綠色,5裂。卵圓形,長約2.1公釐,基寬約1.3公釐。兩面無毛,具白色緣毛。花萼內面基部具腺體。花瓣5裂,黃色至黃綠色。裂片線狀披針形,捲旋狀,長1.3～1.5公分,寬2～2.2公釐。花徑2.5～3公分。花冠筒近圓形,長約6公釐。副花冠淺綠色,5枚。約3 / 4與冠筒合生,具圓形小突且向內微彎曲。雄蕊5枚,淺黃綠色。直立,三角形,外被細毛。雄蕊長約1.1公釐。5枚雄蕊連生成錐形,基部與副花冠合生。子房綠色,無毛,2室,離生。花柱倒圓錐形,綠色,無毛。柱頭綠色,圓錐形。花期為6～7月。

- 果 蓇葖果。長圓柱狀線形,長9～11公分,徑約0.5公分。單一或成對。果表平滑無毛。種子褐色,線形,長8～9公釐,寬2.5～3公釐,內曲,中央具稜。

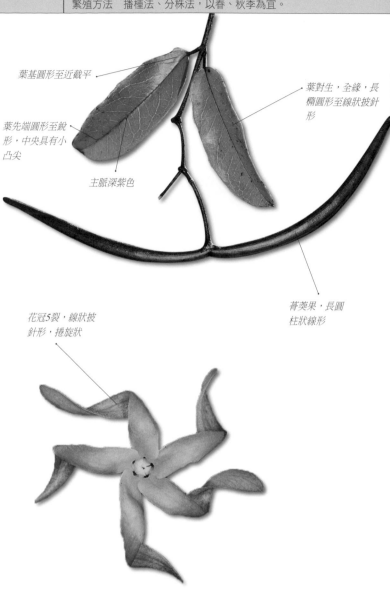

葉基圓形至近截平

葉對生,全緣,長橢圓形至線狀披針形

葉先端圓形至銳形,中央具有小凸尖

主脈深紫色

蓇葖果,長圓柱狀線形

花冠5裂,線狀披針形,捲旋狀

多年生纏繞性木質藤本植物,全株具白色乳汁。

花徑展開時2.5～3公分。

蓇葖果,果期8～11月。

| 飼育蝴蝶 |
|---|
| · 異紋紫斑蝶(端紫斑蝶)*Euploea mulciber barsine* |

分布 原生種。台灣廣泛分布於中、南部海拔約800公尺以下地區,見於路旁、林緣或灌叢內、山坡地等環境。中國華西、東南亞至南亞亦分布。

| 科名 蘿藦科　Asclepiadaceae | 屬名　牛皮消屬　Cynanchum |
|---|---|
| 學名　*Cynanchum atratum* Bunge | 繁殖方法　播種法，全年皆宜。 |

# 牛皮消（白薇）

多年生休眠性直立草本植物，株高20～60公分。莖圓形，綠色，具透明汁液，密生白色短柔毛。

- **葉**　對生，紙質至厚紙質，全緣或波狀緣，葉緣微反捲。橢圓形至卵狀橢圓形，長5～12公分，寬3～7公分。葉表綠色，密生白色短毛，主、側脈黃綠色，近平坦，被毛；葉背淺綠色，密生白色短毛，主、側脈明顯凸起，被毛。羽狀脈，側脈5～8對。

- **花**　聚繖花序，腋生。花萼黃綠色，5深裂。裂片卵狀披針形，長約3.4公釐，基寬約1.8公釐。萼外密生細柔毛，具緣毛，內面無毛。在萼基裂片下凹處具有5枚腺體。花冠5裂，深紅色。裂片卵狀三角形，長5～6公釐，寬約3公釐。花具芳香，徑1.4～1.5公分。副花冠咖啡色，徑約3公釐，淺杯狀，著生於合蕊冠基部。雄蕊5枚。花絲綠色，肉質，直立，合生。花藥室頂端具有5枚白色卵圓形薄片，鑲住柱頭邊緣。內有花粉塊。子房淡黃色，長卵形。長約2公釐。2室，離生。花柱極短。柱頭黃綠色，徑約1.6公釐，近圓形。頂端圓凸，鈍五角形。花期為3～8月。

- **果**　蓇葖果。長橢圓狀披針形，長7～9公分，徑1.6～1.8公分。單一或稀成對，果表密生白色細柔毛，萼片宿存。果柄長1～1.2公分。種子黑褐色，卵形。長約6.1公釐，寬3.7～4公釐。種髮白色。

- **附記**　本種為多年生草本植物，為台灣產牛皮消屬植物中，唯一非藤本者。文獻記錄，本種為多種斑蝶類之食草。但根據筆者實驗與觀察，目前僅知金斑蝶（樺斑蝶）會取食，其它斑蝶類需進一步確認。因此，過去紀錄取食本種之蝶種，有可能鑑定錯誤其食草為本種植物。

小花2～5朵，腋生

葉對生，全緣或波狀緣，葉緣微反捲，橢圓形至卵狀橢圓形

葉先端圓形至銳形，中央急凸尖，凸尖長1～3公釐

葉基圓至淺心形，具少數細小腺體

種子黑褐色，卵形

花冠5裂，裂片卵狀三角形

副花冠

蓇葖果熟時開裂。

牛皮消的性狀，於早春2～3月萌芽，10月份即開始逐漸枯萎，進入休眠期。

蓇葖果，長橢圓狀披針形。（未熟果）

根為鬚根。

| 飼育蝴蝶 |
|---|
| · 金斑蝶（樺斑蝶）*Danaus chrysippus* · |

**分布**　原生種。本種為稀有植物，原生於台灣中部海拔約150公尺以下地區，見於向陽開闊草生地。

| 科名 | 蘿藦科 Asclepiadaceae | | 屬名 | 牛皮消屬 Cynanchum |
| --- | --- | --- | --- | --- |
| 學名 | *Cynanchum boudieri* H. Lev. & Vaniot | | 繁殖方法 | 播種法、分株法,以春、秋季為宜。 |

# 薄葉牛皮消（白首烏）

多年生休眠性、纏繞藤本植物,具地下塊莖。莖圓形,綠色,具有白色乳汁液,被白色疏短毛。莖節常具有托葉狀小葉。全株具有毒性!

- **葉** 對生。紙質,全緣,具緣毛。卵狀心形至闊卵狀心形,長4～13公分,寬4～9公分。葉表綠色至暗綠色,被白色細短毛,主、側脈微凹,被毛。葉背淺灰綠色,近無毛。

- **花** 聚繖花序,腋生。小苞片披針形,長2～3公釐,外密生細毛。花萼綠色,5裂。披針形,長約2公釐,基寬約1公釐。萼外密被毛,具緣毛。萼內無毛,萼基具有腺體。花冠淺黃綠色,輻狀,5裂。裂片橢圓狀披針形,長5.5公釐,寬約3公釐,表面密生白色細毛。花徑1～1.1公分。副花冠白色,肉質,杯狀。雄蕊5枚。花絲肉質,深黃色,直立,合生,著生雌蕊周圍基部。花藥室頂端具有5枚白色卵圓形薄片,鑲住柱頭邊緣。內有花粉塊。子房淺黃綠色,長卵形。長約2公釐,無毛。2室,離生。花柱淺綠白色,極短。柱頭米白色,倒圓錐狀,頂端五角形,徑約1.9公釐。花期為6～10月

- **果** 蓇葖果。長圓柱狀披針形,腹面近平坦,背面半圓形。長9～12.5公分,徑1.2～1.4公分。單一或成對。被白色細毛。果柄長2.5～3公分,密被毛。種子褐色,卵狀橢圓形,長0.6～0.7公釐,寬3.5～4公釐。種髮白色。

莖節常見有托葉狀小葉。

具有地下塊莖。

蓇葖果背面半圓形。

蓇葖果,長圓柱狀披針形。

主要分布於中、北部中海拔山區,在奧萬大、屯原、翠峰、武陵農場、梨山、雪山、觀霧等地區可見族群。

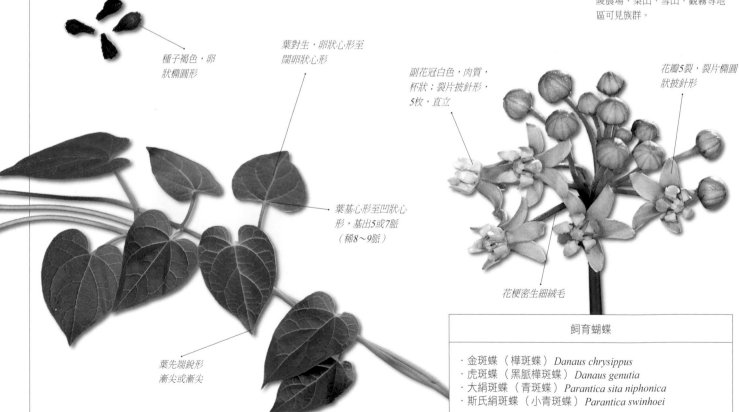

種子褐色,卵狀橢圓形

葉對生,卵狀心形至闊卵狀心形

葉基心形至凹狀心形,基出5或7脈（稀8～9脈）

葉先端銳形漸尖或漸尖

副花冠白色,肉質,杯狀;裂片披針形,5枚,直立

花瓣5裂,裂片橢圓狀披針形

花梗密生細絨毛

| 飼育蝴蝶 |
| --- |
| · 金斑蝶（樺斑蝶）*Danaus chrysippus* |
| · 虎斑蝶（黑脈樺斑蝶）*Danaus genutia* |
| · 大絹斑蝶（青斑蝶）*Parantica sita niphonica* |
| · 斯氏絹斑蝶（小青斑蝶）*Parantica swinhoei* |

分布　原生種。台灣主要分布於全島海拔1,000～2,500公尺山區,見於路旁、林緣或山坡地等乾燥環境。中國華西、華中至華北地區亦分布。

| 科名　蘿藦科　Asclepiadaceae | 屬名　牛皮消屬　Cynanchum |
|---|---|
| 學名　*Cynanchum formosanum* (Maxim.) Hemsl. *ex* Forbes & Hemsl. | 繁殖方法　播種法、扦插法、壓條法，以春、秋季為宜。 |

# 台灣牛皮消（台灣白薇）　特有種

多年生纏繞性藤本植物。莖圓形，紅褐色，具有皮孔與白色乳汁，乳汁具毒性。莖節常具有托葉狀小葉。

- **葉**　對生。薄革質至革質，全緣。橢圓形至長橢圓形，長3.5～11公分，寬1.5～5.5公分。葉表綠色至暗綠色或紅褐色，具光澤；葉背淺灰綠色，皆無毛。側脈4對。
- **花**　總狀聚繖花序，腋生。花萼黃綠色，5裂。裂片卵圓形，斜上升，長約1.5公釐，基寬約1.2公釐。萼外密生細柔毛，具緣毛。內面無毛，在萼基裂片下凹處具有5枚腺體。花冠5裂。裂片長橢圓狀披針形，長4.5～5公釐，寬約2公釐。表面黃綠色底帶紅褐色至深紅褐色。花徑1～1.1公分。副花冠白色，杯狀，頂端鋸齒狀，具5枚長約1.5公釐三角形鋸齒，無毛。雄蕊5枚。花絲淺黃綠色，肉質，直立，合生，著生合蕊柱周圍基部。花粉塊卵球形，黃色。子房淺黃綠色，長卵形。2室，離生。花柱極短。柱頭黃綠色，徑約1.7公釐，近圓形。花期為4～9月。
- **果**　菁葖果。長橢圓狀披針形，長8～8.5公分，徑2.4公分。單一或成對。果表無毛，種子80～110粒。種子褐色，卵形。長7～8公釐，寬5.5～6公釐。種髮白色，果期全年不定期。

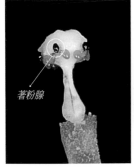

著粉腺

花藥室頂端有5枚白色卵圓形薄片，鑲住柱頭邊緣。

菁葖果，長橢圓狀披針形。

總狀聚繖花序，腋生。總柄長1～1.1公分，花朵具特殊香氣。

菁葖果熟時開裂，種子80～110粒。

本種外觀與雞屎藤近似，但莖有白色乳汁，莖節常具有托葉狀小葉。

種子褐色，卵形

葉對生，全緣，橢圓形至長橢圓形

莖節常具有托葉狀小葉

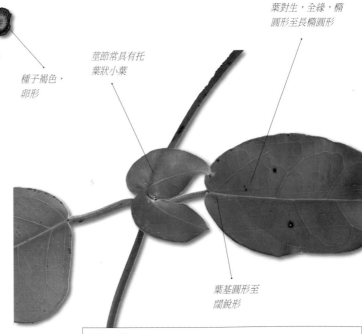

葉基圓形至闊銳形

副花冠白色，杯狀，頂端鋸齒狀，具5枚長約1.5公釐三角形鋸齒

花瓣5裂，裂片長橢圓狀披針形

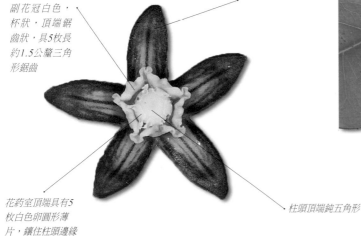

花藥室頂端具有5枚白色卵圓形薄片，鑲住柱頭邊緣

柱頭頂端鈍五角形

| 飼育蝴蝶 |
|---|
| · 金斑蝶（樺斑蝶）*Danaus chrysippus*<br>· 虎斑蝶（黑脈樺斑蝶）*Danaus genutia*<br>· 大絹斑蝶（青斑蝶）*Parantica sita niphonica*<br>· 絹斑蝶（姬小紋青斑蝶）*Parantica aglea maghaba* |

分布　台灣廣泛分布於全島海拔約900公尺以下地區，見於濱海、路旁或林緣、灌叢內等環境。中國華南、琉球亦分布。

| 科名 蘿藦科 Asclepiadaceae | 屬名 牛皮消屬 Cynanchum |
|---|---|
| 學名 *Cynanchum lanhsuense* Yamazaki | 繁殖方法 播種法、扦插法、壓條法，以春、秋季為宜。 |

# 蘭嶼牛皮消 　特有種

多年生纏繞性藤本植物。莖圓形，綠色至紅褐色，具有皮孔與白色乳汁，乳汁具有毒性，莖節有時具托葉狀小葉，通常無托葉狀小葉。幼莖平滑無毛。

- **葉** 對生。薄革質至革質，全緣，無緣毛。闊卵形至卵形，長4～9公分，寬3～7公分。葉表綠色至暗綠色，具光澤；葉背淺灰綠色，皆無毛。側脈5～6對。
- **花** 總狀排列之聚繖花序。單一或2花序，腋外生或側生。花萼黃綠色，5裂，裂片卵圓形，斜上升，長約1.3公釐，基寬約1.3公釐。萼外被疏細柔毛，具疏緣毛至無毛。內面無毛，在萼基裂片下凹處具有5枚腺體。花冠5裂。裂片長橢圓形，長約4.5公釐，寬約2.2公釐。表面黃綠色底帶紅褐色至深紅褐色。花徑1～1.1公分。副花冠白色，徑約3.1公釐，高約4.5公釐。杯狀，頂端鋸齒狀，具5大5小之鋸齒。雄蕊5枚。花絲黃色，肉質，直立，合生，著生合蕊柱周圍基部。花粉塊橢圓形，長約0.3公釐，黃色。2枚一對。子房黃綠色，長卵形，長約1.7公釐，無毛。2室，離生。花柱極短。柱頭黃綠色，徑約1.6公釐，近圓形。花期為3～11月。
- **果** 蓇葖果。長橢圓狀披針形，長7～9公分，徑2～2.3公分。單一或成對。果表無毛。果柄長1～1.2公分。種子暗褐色，卵狀橢圓形。長1～1.1公分，寬約6～7.5公釐，表面分布有長短不一之細稜。種髮白色，果期全年不定期。

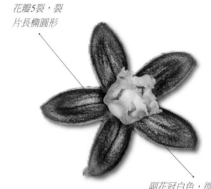

花瓣5裂，裂片長橢圓形

副花冠白色，徑約3.1公釐，高約4.5公釐。杯狀，頂端鋸齒狀，具5大5小之鋸齒。

蓇葖果熟時開裂，種子隨風飄逸。

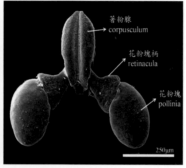

花粉器SEM示意圖（張彥華提供）。

著粉腺 corpusculum
花粉塊柄 retinacula
花粉塊 pollinia
250μm

蓇葖果，長橢圓狀披針形。（未熟果）

莖節有時具托葉狀小葉。

小花多數，總狀排列之聚繖花序。花序軸3.5～6.5公分，被細柔毛，具有特殊花香。

種子與種髮，種髮長2.7～3公分。

葉先端銳形至銳形漸尖或銳形短突尖

葉基圓形或淺心形

葉對生，全緣，闊卵形至卵形

### 飼育蝴蝶

- 金斑蝶（樺斑蝶）*Danaus chrysippus*
- 虎斑蝶（黑脈樺斑蝶）*Danaus genutia*
- 白虎斑蝶（黑脈白斑蝶）*Danaus melanippus edmondii*
- 絹斑蝶（姬小紋青斑蝶）*Parantica aglea maghaba*

**分布** 本種特產於台東縣蘭嶼，見於濱海、路旁或灌叢內等環境。

| 科名 蘿藦科 Asclepiadaceae | 屬名 牛皮消屬 Cynanchum |
|---|---|
| 學名 *Cynanchum mooreanum* Hemsl. | 繁殖方法 播種法、分株法，以春季為宜。 |

# 毛白前

多年生休眠性纏繞性藤本植物。莖圓形，綠色至深紅褐色，具透明汁液，密生白色倒曲柔毛。

- **葉** 對生。紙質至厚紙質，全緣，具緣毛。葉形變異大：披針形至闊披針形或卵形至心狀卵形、橢圓形，長1.5～9公分，寬1.1～6.5公分。葉表綠色至暗綠色，葉背淺灰綠色，皆密生白色短毛。側脈4～6對。

- **花** 聚繖花序，腋生。小苞片披針形，被細毛。花萼綠色，5裂。三角狀披針形，長約1.4公釐，基寬約1.1公釐。萼外被毛，具緣毛。萼內無毛，內面萼基無腺體。花冠紅褐色或淺綠至黃綠色，5裂。裂片披針形，長約8公釐，寬約3～3.2公釐。花徑1.7～2.2公分。副花冠黃色，徑約1.9公釐，高約2.2公釐，肉質。雄蕊5枚。黃色，直立，花絲肉質，合生。花粉塊卵圓形，2枚。子房綠色，長卵形，長約1.7公釐，無毛。2室，離生。花柱極短。柱頭綠色，倒圓錐狀，頂端五角形。花期為3～9月。

- **果** 蓇葖果。圓柱狀披針形，長4～7公分，徑1～1.2公分。單一或成對。果表平滑無毛。種子褐色，倒卵狀，長6～6.5公釐，寬4～5公釐。內曲，表面分布有小疣點。種髮白色。

- **附記** 過去文獻記錄，「金斑蝶（樺斑蝶） *Danaus chrysippus*」，可能為外來種。但至今筆者已發現，台灣有多種本屬之植物確定可供其做為食草，但仍有待觀察確認。

毛白前的花，在同一株會開紅褐色或淺綠色至黃綠色。

毛白前原生於台中市大度山台地，向陽開闊草生地。於早春2～3月萌芽，10月份開始漸枯萎，進入休眠期。

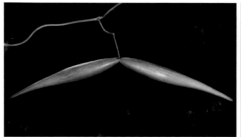

蓇葖果，圓柱狀披針形，果期5～10月。

蓇葖果熟時開裂，種髮白色，長約3.5公分。

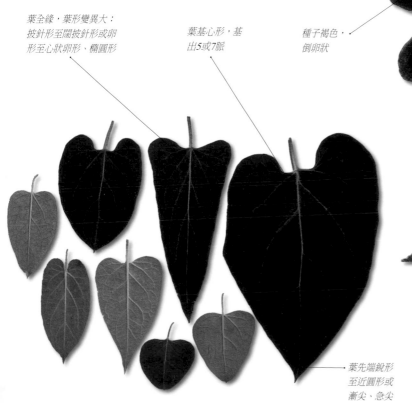

葉全緣，葉形變異大：披針形至闊披針形或卵形至心狀卵形，橢圓形

葉基心形，基出5或7脈

種子褐色，倒卵狀

葉先端銳形至近圓形或漸尖、急尖

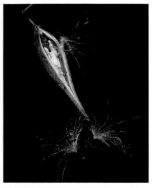

花粉塊SEM示意圖。（張彥華提供）

花冠5裂，裂片披針形，瓣緣向後微內曲

副花冠

| 飼育蝴蝶 |
|---|
| ・金斑蝶（樺斑蝶） *Danaus chrysippus* |
| ・絹斑蝶（姬小紋青斑蝶） *Parantica aglea maghaba* |

分布 原生種。台灣主要分布於海拔約200公尺以下地區，見於向陽開闊草生地。中國華南、福建、浙江、安徽等地區亦分布。

| 科名 蘿藦科 Asclepiadaceae | 屬名 華他卡藤屬 Dregea |
|---|---|
| 學名 *Dregea volubilis* (L. f.) Benth. | 繁殖方法 播種法、扦插法、高壓法、壓條法,以春、秋季為宜。 |

## 華他卡藤

多年生木質藤本植物。老莖具縱裂紋。莖圓形,綠褐色,具透明汁液,分布多數皮孔,無毛。幼莖密生金褐色短毛。

- **葉** 對生。紙質至薄革質,全緣,被疏緣毛。卵形至闊卵形,長7～15公分,寬4～13公分。葉表綠色至暗綠色,被疏毛;葉背綠色,被疏短毛。
- **花** 聚繖花序,腋生。花萼綠色,5深裂。卵狀三角形,長約4.5公釐,基寬約2.5公釐。萼外密被毛,具緣毛。萼內無毛,在萼基裂片下凹處具有腺體。花冠鮮黃綠色,輻狀,5裂。裂片寬卵形,長約8公釐,寬約6.5公釐,先端圓鈍。花徑1.6～1.8公分。副花冠徑約5公釐,肉質。裂片5星狀卵形,平展。雄蕊5枚。花絲肉質,鮮黃綠色。直立,合生,頂端5卵形,平展。花粉塊橢圓形,長約0.5公釐,2枚一對。子房淺綠色,卵形,長約1.8公釐,子房頂密生褐色短絨毛。2室,離生。花柱極短。柱頭倒圓錐狀,頂端截平。花期為4～6月。
- **果** 蓇葖果。圓柱狀披針形,長7～9公分,徑3～3.5公分。單一或成對。果表密被金褐色粉,熟時具縱溝紋。種子褐色,卵狀,長1～1.2公分,寬6～7公釐。種髮白色,。
- **附記** 依據台灣稀有及瀕危植物之分級。本種被列為易受害稀有植物,應適當保護,但人工栽培普遍。

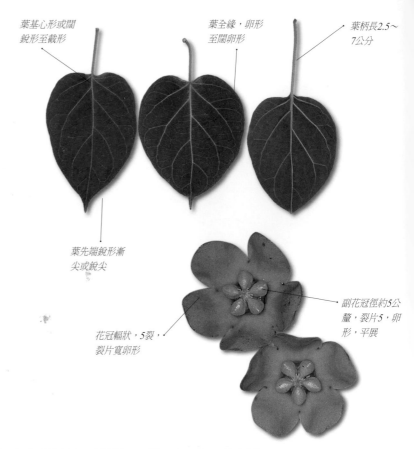

葉基心形或闊銳形至截形

葉全緣,卵形至闊卵形

葉柄長2.5～7公分

葉先端銳形漸尖或銳尖

花冠輻狀,5裂,裂片寬卵形

副花冠徑約5公釐,裂片5,卵形,平展

華他卡藤的花朵可供為蜜源和飼養幼蟲。

蓇葖果,圓柱狀披針形,果表密被金褐色粉。

只要淡紋青斑蝶一造訪,不出1個月光景,便會被幼蟲啃食至光禿禿的模樣。

熟時具縱溝紋,開裂。

種子褐色,卵狀,種髮白色,長4～4.5公分

飼育蝴蝶

· 淡紋青斑蝶 *Tirumala limniace limniace*

分布 原生種。台灣主要分布於中、南部與東部海拔約300公尺以下地區,見於林緣、路旁、灌叢或向陽開闊地、山坡地等環境。菲律賓、東南亞、印度和中國華南、華西亦分布。

| 科名 蘿藦科 Asclepiadaceae | 屬名 釘頭果屬 Gomphocarpus |
|---|---|
| 學名 *Gomphocarpus fruticosus* (L.) R. Br. | 繁殖方法 播種法、扦插法，全年皆宜。 |

## 釘頭果（唐棉）

多年生亞灌木植物，基部木質化，全株具有白色乳汁與毒性，株高1.5～2.5公尺。小枝綠色，密生白色細柔毛。

- **葉** 對生。紙質，全緣，葉緣微內曲，具緣毛。線狀披針形至狹長橢圓狀披針形，長9～18公分，寬1～2.3公分。葉表暗綠色，密生白色細短毛。葉背綠色，被白色疏短毛。

- **花** 聚繖花序，下垂，腋生。苞片線狀披針形，長約12～14公釐，被細毛。花萼綠色，5深裂。披針形，長約6公釐，基寬約2.3公釐。萼外密被毛，具緣毛。萼內無毛，萼基裂片下凹處具有5枚腺體。花冠幅狀，5裂。裂片長橢圓形，長約7公釐，寬約4公釐。淡黃色至白色。花徑約13公釐。副花冠淺紫白色，5枚，徑7.5～8公釐，高4.5～5公釐。5直立，肉質，僅基部合生。雄蕊5枚。黃綠色，花絲直立，肉質。花粉塊黃色，長橢圓形，長約1.4公釐，2枚一對，下垂。子房黃綠色，長卵形，長約4公釐，密生綠色細小突起。2室，離生。花期全年不定期，盛花期為3～10月。

- **果** 蓇葖果。近球形，長7～7.5公分，徑6～6.5公分。果表具10縱脈紋，密生白色細短毛與疏肉質軟刺。熟時由綠轉褐，開裂。種子深褐色，長橢圓形，長約5公釐，寬約2.3公釐。種髮白色。

果頂常凹陷，內部氣囊狀腔室

葉先端漸尖

葉基楔形

葉對生，全緣，葉緣微內曲，線狀披針形至狹長橢圓狀披針形

果表密生白色細短毛，與疏生長約4公釐之線形肉質軟刺

蓇葖果，近球形。

種子深褐色，長橢圓形

花冠幅狀，5裂，裂片長橢圓形，密生緣毛

副花冠徑7.5～8公釐，裂片5，直立

柱頭圓筒狀，頂端鈍五角形

台灣栽培做為園藝切花或花壇、盆景等觀賞用途。

飼育蝴蝶

· 金斑蝶（樺斑蝶）*Danaus chrysippus*
· 帝王斑蝶（大樺斑蝶）*Danaus plexippus*

分布　歸化種。台灣全島普遍栽培，做為園藝切花或花壇、盆景等觀賞用途。中國華南、華北、歐洲與亞洲地區亦分布。

| 科名 蘿藦科　Asclepiadaceae | 屬名 武靴藤屬　Gymnema |
|---|---|
| 學名 *Gymnema sylvestre* (Retz.) Schultes | 繁殖方法 播種法、扦插法、高壓法、壓條法，以春、秋季為宜。 |

## 武靴藤（羊角藤）

多年生常綠纏繞性木質藤本植物。基部老熟莖暗褐色，節處常具有瘤狀膨大，無毛。莖圓形，淺褐色，具豐富白色乳汁。分枝多，具皮孔，無毛。幼莖綠色，密被毛。

- **葉** 對生。厚紙質，全緣，倒卵形至闊倒卵形或橢圓形至卵狀橢圓形，長3～7公分，寬1.5～4.5公分。葉表綠色至暗綠色，具光澤；葉背淺綠色，無光澤，皆無毛。側脈3～4對。
- **花** 聚繖花序，腋生。花萼綠色，5枚。裂片卵圓形，長約1.8公釐，寬約1.5公釐。萼外被細毛，具緣毛。內面無毛，在萼基裂片下凹處具有腺體。花冠輻狀，黃色，5裂。裂片卵圓形，長約1.7公釐，基寬約1.5公釐。先端鈍圓。小花具芳香，花徑5～6公釐。副花冠黃色，肉質。5枚，直立，頂端三角狀。雄蕊5枚。橄欖黃，花絲肉質，直立，合生。花粉塊橢圓形，黃色。子房綠色，卵形，長約1公釐，徑約1公釐，無毛。2室，離生。花期為4～9月。
- **果** 菁葖果。卵狀披針形，長5～6公分，徑2.0～2.2公分。單一或成對。果表無毛，熟時由綠轉為暗褐色，開裂。種子褐色，橢圓形，長約8公釐，寬約5公釐。種髮白色。
- **附記** 1.本種全株具有毒性！2.本種為雙標紫斑蝶（斯氏紫斑蝶），單食性寄主植物。

葉基楔形至闊楔形或銳形

葉柄長0.5～1公分，被白絨毛

葉對生，全緣，倒卵形至闊倒卵形或橢圓形至卵狀橢圓形

菁葖果

葉先端銳形至圓形，中央急尖

花冠輻狀，5裂。

菁葖果卵狀披針形，果期8～12月。

花柄綠色，長3～4公釐，被毛。小花18～22朵，聚繖花序，腋生。

菁葖果熟時由綠色轉為黑褐色，開裂。

種子褐色，種髮白色，長3～3.3公分

裂片卵圓形，先端鈍圓，向後微內曲

副花冠裂片5枚，直立

| 飼育蝴蝶 |
|---|
| · 雙標紫斑蝶（斯氏紫斑蝶）*Euploea sylvester swinhoei* |

分布 原生種。台灣廣泛分布於全島海拔約800公尺以下地區，見於路旁、林緣或灌叢內、山坡地等環境，族群在野外頗為常見。中國華東、華南和東南亞至印度亦有分布。

| 科名 | 蘿藦科　Asclepiadaceae | 屬名　牛嬭菜屬　Marsdenia |
|---|---|---|
| 學名 | *Marsdenia formosana* Masam. | 繁殖方法　播種法、高壓法、壓條法，以春、秋季為宜。 |

# 台灣牛嬭菜

多年生纏繞性木質藤本植物。莖圓形，灰褐色，具皮孔，近無毛或無毛，具豐富白色乳汁液。幼莖綠色，密生絨毛。

- **葉** 對生。厚紙質至薄革質，全緣，葉緣略反捲。卵形至闊卵圓形或卵狀橢圓形，長9～22公分，寬5～13公分。葉表綠色或深綠色，具光澤；葉背淺灰綠色，無光澤，皆無毛。側脈4～5對。
- **花** 聚繖花序，腋生。花萼綠色，5裂，裂片卵圓形。萼外被白色疏毛，萼內無毛。在萼基裂片下凹處，具有5枚腺體。花冠白色或淺黃色，5裂，裂片橢圓狀披針形。表面密生白色短絨毛。花徑約1.1～1.2公分，具香氣。副花冠黃色，5裂，直立，肉質。雄蕊5枚，黃色。花絲肉質，裂片橢圓形，直立，合生。花粉塊橢圓形，黃色。子房白色，橢圓形，長5～6公釐，無毛。2室，離生。柱頭白色，長喙狀，長3～3.5公釐，漸尖。花期為3～5月。
- **果** 蓇葖果。長橢圓形，長10～12公分，徑4～5公分。常單一。果表平滑無毛。種子褐色，橢圓形，長約15公釐，寬5～6公釐。種髮白色。
- **附記** 1.本種全株具有毒性！2.金斑蝶（樺斑蝶）*Danaus chrysippus*偶見食用本種植物之幼葉片與及嫩莖。

葉對生，全緣，葉緣略反捲，卵形至闊卵圓形或卵狀橢圓形

小花多數，密聚，腋生

主、側脈微凸起

葉基淺心形或圓鈍

葉先端銳形漸尖或突尖

5裂，裂片橢圓狀披針形，表面密生白色短絨毛，具緣毛

副花冠5裂，直立

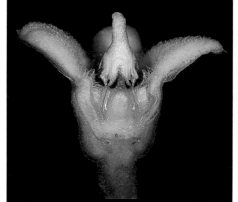

柱頭白色長喙狀，長3～3.5公釐，漸尖。（縱剖面）

繖形狀聚散花序，腋生。花柄綠色，長3～3.5公釐，被細疏毛。

種子褐色，橢圓形，種髮長4～4.5公分。

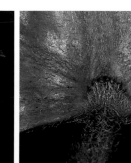

蓇葖果熟時開裂，果期約在1～2月。

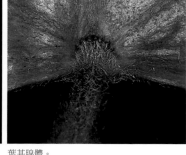

葉基腺體。

| 飼育蝴蝶 |
|---|
| ‧ 金斑蝶（樺斑蝶）*Danaus chrysippus* |
| ‧ 大絹斑蝶（青斑蝶）*Parantica sita niphonica* |
| ‧ 斯氏絹斑蝶（小青斑蝶）*Parantica swinhoei* |

分布　原生種。台灣廣泛分布於全島700～2,600公尺山區，見於林緣、路旁或灌叢內等蔭涼濕潤環境。琉球亦分布。

| 科名　蘿藦科　Asclepiadaceae | 屬名　牛嬭菜屬　Marsdenia |
|---|---|
| 學名　*Marsdenia tinctoria* R. Br. | 繁殖方法　播種法、高壓法、壓條法，以春、秋季為宜。 |

## 絨毛芙蓉蘭（芙蓉蘭）

多年生纏繞性藤本植物。成熟莖於近基部常具縱裂紋，淺褐色，無毛。莖圓形，淺灰褐色，具皮孔，近無毛。幼莖綠色，具有透明汁液，密生白色短伏毛。

- **葉**　對生。紙質至厚紙質；全緣，葉緣略內曲，密生或被疏緣毛。卵形至卵狀披針形或披針形，長5～16公分，寬3～8公分。葉表綠色或略帶藍之綠色，密被毛至疏毛，葉背淺綠色，密被毛至疏毛，主、側脈明顯凸起，密生短絨毛。側脈4～7對。

- **花**　聚繖花序，腋生。花萼綠色，5裂。裂片卵圓形，長約1.2公釐，基寬約0.8公釐。萼外被白色疏毛，具緣毛，萼內無毛。在萼基裂片下凹處，具有5枚淺綠色腺體。花冠綠色，壺形。無毛。先端5裂，裂片卵圓形。花徑約3公釐，具香氣。副花冠綠色，圓筒狀，徑約1.2公釐，肉質，隱藏在花冠筒內。雄蕊5枚，綠色。花絲肉質，直立，合生。花粉塊橢圓形，黃色。子房綠色，卵形，長約0.7公釐，徑約0.8公釐，無毛或被疏細毛。2室，離生。花期為5～10月。

- **果**　蓇葖果。披針形，長6～6.3公分，徑1～1.2公分。單一或成對。果表密生長約1.5公釐之褐色絨毛或疏毛。種子黑褐色，橢圓形，長1～1.1公分，寬4.2～4.7公釐。種髮白色。果期為9月至翌年1月。

- **附記**　本種植物之被毛情形於不同生育地有不同之變化。花冠刻傷，汁液會轉變為淺藍色。

小花約70～75朵，密聚，腋生。

海拔較高之廬山地區果表密被毛。

恆春半島之族群果表被疏毛。

蓇葖果熟時開裂，種髮長約2～3公分。

種子黑褐色，橢圓形

纏繞性藤本植物

葉全緣，葉緣略內曲，卵形至卵狀披針形或披針形

花冠壺形，花徑約3公釐

花冠先端5裂，裂片卵圓形

葉基心形或圓形

葉先端漸尖或銳尖

| 飼育蝴蝶 |
|---|
| · 斯氏絹斑蝶（小青斑蝶）*Parantica swinhoei* |

分布　原生種。台灣廣泛分布於全島海拔約1,400公尺以下地區，見於林緣、路旁或灌叢內等蔭涼濕潤環境。中國華中至華南，印度、東南亞亦分布。

| 科名 | 蘿藦科 Asclepiadaceae | 屬名 | 鷗蔓屬 Tylophora |
|---|---|---|---|
| 學名 | *Tylophora sui* Y. H. Tseng & C. T. chao | 繁殖方法 | 播種法、扦插法、高壓法、壓條法，全年皆宜。 |

# 蘇氏鷗蔓 特有種

多年生匍匐性草本植物，根系為鬚根，節處易生不定根。莖圓形，綠色，密生白色曲柔毛，節間寬3～10公分。

- **葉** 對生。全緣，密生緣毛。成熟葉片，薄革質，質地略硬質，厚0.7～1公釐。圓形或心形至闊心形，長1～4.5公分，寬1～4.5公分。葉表綠色，無毛至近無毛，具光澤；葉背灰綠色，密生白色曲柔毛。側脈3～5對。
- **花** 複聚繖花序，腋生。苞片線形，長約1.6公釐，近無毛。花萼綠色，5裂。三角形，長約1.6公釐，基寬約0.6公釐。萼外無毛至近無毛，內無毛，內面萼基無腺體。花冠輻狀，黃綠色底帶灰紅紫色，5裂。裂片卵形，長約3公釐，基寬約2.1公釐。花徑6～8公釐。副花冠深紅紫色，肉質，裂片膨大短卵圓形，合生於合蕊冠。雄蕊5枚，花絲肉質，暗紅紫色。基部瘤狀卵形外突，直立，合生。花粉塊卵圓形，黃色，2枚一對，平展。子房淺綠色，卵形，長約1公釐，徑0.6公釐，無毛。2室，離生。花期全年不定期，盛花期為4～10月。
- **果** 蓇葖果。粗短披針形，長3.5～4公分，徑約0.9公分。單一或成對。果表無毛。種子褐色，橢圓形，長約8公釐，寬約2.9公釐。種髮白色，長2.5～2.8公分。
- **附記** 1.本種係由趙建棣等人於2010年發表，其種小名係感念蘇鴻傑博士對於台灣植物分類研究之貢獻，因以命名。2.本種以其不具纏繞性及葉表光滑至被疏毛，具光澤，葉基心形，先端圓形或淺凹，中央具有小凸尖。葉柄長0.7～1.5公分。花序總柄與小花柄無毛至近無毛。花冠表面密生白色細微柔毛，花萼裂片三角形，萼外無毛。可與其它鷗蔓屬植物明顯做區別。

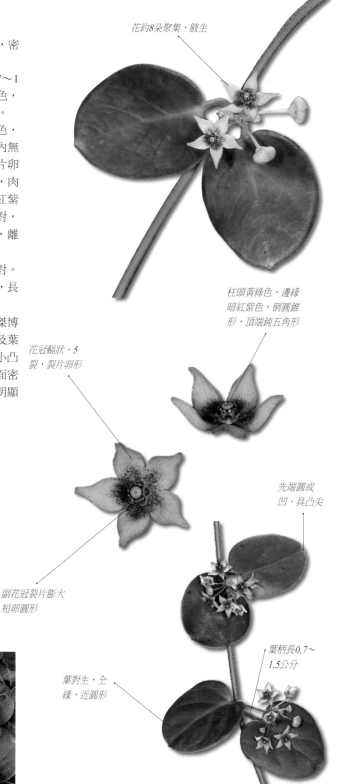

花約8朵聚集，腋生

柱頭黃綠色，邊緣暗紅紫色，倒圓錐形，頂端鈍五角形

花冠輻狀，5裂，裂片卵形

先端圓或凹，具凸尖

副花冠裂片膨大短卵圓形

葉柄長0.7～1.5公分

葉對生，全緣，近圓形

種子褐色，橢圓形

蓇葖果粗短披針形，長3.5～4公分，熟時開裂。

多年生匍匐性草本植物，生長於濱海路旁或高地珊瑚礁等開闊環境。

| 飼育蝴蝶 |
|---|
| · 旖斑蝶（琉球青斑蝶）*Ideopsis similis* |
| · 斯氏絹斑蝶（小青斑蝶）*Parantica swinhoei* |
| · 絹斑蝶（姬小紋青斑蝶）*Parantica aglea maghaba* |

分布 台灣目前僅見於恆春半島南部海岸。

| 科名 | 蘿藦科　Asclepiadaceae | 屬名 | Vincetoxicum |
|---|---|---|---|
| 學名 | *Vincetoxicum hirsutum* (Wall.) Kuntze | 繁殖方法 | 播種法、扦插法、高壓法、壓條法，全年皆宜。 |

## 鷗蔓（娃兒藤）

多年生纏繞性藤本植物，根系為鬚根。莖圓形，右旋性，綠褐色至紅褐色，具透明汁液。密生白色長倒柔毛，匍地時節處常生不定根。

- **葉**　對生。厚紙質，全緣，密生緣毛。橢圓形至長橢圓形或卵形至卵狀長橢圓形，長2.5～11公分，寬0.8～7.5公分。葉表黃綠色至暗綠色，被疏毛；葉背淺灰綠色，密生淺白褐色長曲柔毛。側脈4～6對。

- **花**　複聚繖花序，腋生。花萼綠色，5裂，披針形，覆瓦狀排列。長約2.2公釐，基寬約1公釐，外密被長柔毛，內無毛，內面萼基無腺體。花冠輻狀，黃綠色底帶灰紅紫色，5裂。裂片卵狀披針形，長約4公釐，基寬約2.1公釐。花徑約8公釐。副花冠深紅紫色，肉質，裂片膨大短卵圓形，合生於合蕊冠。雄蕊5枚，花絲肉質，暗黃綠色。基部瘤狀卵形外突，直立，合生。花粉塊卵圓形，黃色，2枚一對，平展。子房淺黃綠色，長卵形，長約1公釐，徑約0.7公釐，無毛。2室，離生。花期全年不定期，盛花期為3～10月。

- **果**　蓇葖果。長披針形，先端漸尖。長5～7公分，徑0.5～0.6公分。單一或成對。果表平滑無毛。種子褐色，橢圓形，長約5公釐，寬2.7～3公釐。種髮白色，長約2公分。果期全年不定期。

- **附記**　本種之被毛情形變化大，過去皆由此分出數個不同類群，但於此仍採用《台灣植物誌》之處理，將之視為一種。

葉全緣，橢圓形至長橢圓形或卵形至卵狀長橢圓形

葉基淺心形至心形或有時圓形

花冠輻狀，5裂，裂片卵狀披針形

葉先端銳形漸尖或闊銳形至近圓形，中央具有小凸尖

副花冠深紅紫色，裂片膨大短卵圓形

種子褐色，橢圓形

未熟果。

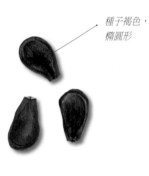

近先端第4節，節處有叢倒伏毛。

蓇葖果熟時由綠轉褐色並開裂。

鷗蔓是低海拔最常見的鷗蔓屬植物，生性強健，繁殖、管理皆容易，是養蝶人的首選擇食草之一。

### 飼育蝴蝶

- 旖斑蝶（琉球青斑蝶）*Ideopsis similis*
- 斯氏絹斑蝶（小青斑蝶）*Parantica swinhoei*
- 絹斑蝶（姬小紋青斑蝶）*Parantica aglea maghaba*

分布　原生種。台灣廣泛分布於海拔約1,000公尺以下山區，見於路旁、林緣、開闊地或陡坡、灌叢內等環境。

| 科名 | 蘿藦科　Asclepiadaceae | 屬名 | Vincetoxicum |
|---|---|---|---|
| 學名 | *Vincetoxicum iusalicola* (Tsiang & P. T. Li) Meve & Liede | 繁殖方法 | 播種法、扦插法、高壓法、壓條法，全年皆宜。 |

# 海島鷗蔓 　特有種

多年生纏繞性藤本植物。莖圓形，右旋性，略硬質，綠褐色至紅褐色。具透明汁液，密生白色細柔毛，匐地時節處常生不定根。低溫期全株會轉為紅褐色。

- **葉**　對生。厚紙質，全緣，具緣毛。披針形或卵狀披針形，長3.5～13公分，寬1～4.5公分。葉表綠色至紅褐色，被白色疏絨毛；葉背綠色或常為綠褐色至紅褐色，密生白色絨毛。側脈5～6對。

- **花**　複聚繖花序，腋生。花萼綠色，5裂，三角形，長約1公釐，基寬約0.7公釐。兩面無毛，無緣毛，內面萼基無腺體。花冠輻狀，中央為深紅紫色，5裂。裂片卵狀披針形，先端漸尖或漸尖成鉤狀，長約4.5公釐，基寬約2.3公釐。花徑約1公分。副花冠紅紫色，肉質，裂片卵圓形，合生於合蕊冠。雄蕊5枚，花絲肉質，深紫黑色。基部卵圓形膨大，直立，合生。花粉塊橢圓形，黃色，2枚一對，平展。子房淺黃綠色，長卵形，長約1.3公釐，徑約0.7公釐，無毛。2室，離生。花期為全年不定期，盛花期為3～12月。

- **果**　蓇葖果。長披針形，長5～5.5公分，徑0.8～1公分。單一或成對。果表無毛。種子褐色，橢圓形，長約7.5公釐，寬約3.9～4公釐。種髮白色，長1.5～2公分。果期全年不定期。

- **附記**　本種以往皆以連續性變異併入鷗蔓處理。但本種外觀形態穩定，葉披針形或卵狀披針形，長3.5～13公分，寬1～4.5公分。葉基淺心形或有時圓形，先端漸尖。可與其他鷗蔓屬植物區別。

纏繞性藤本植物。

蓇葖果熟時開裂。

複聚繖花序，腋生，葉柄長0.8～2公分。

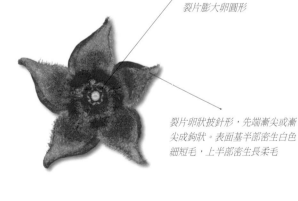

種子褐色，橢圓形

副花冠紅紫色，裂片膨大卵圓形

裂片卵狀披針形，先端漸尖或漸尖成鉤狀。表面基半部密生白色細短毛，上半部密生長柔毛

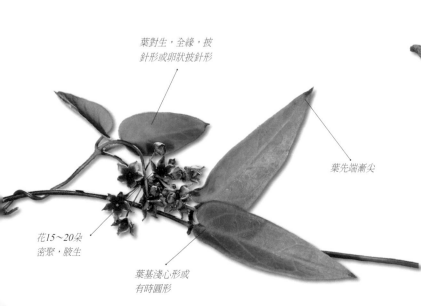

葉對生，全緣，披針形或卵狀披針形

葉先端漸尖

花15～20朵密聚，腋生

葉基淺心形或有時圓形

| 飼育蝴蝶 |
|---|
| ・旖斑蝶（琉球青斑蝶）*Ideopsis similis*<br>・大絹斑蝶（青斑蝶）*Parantica sita niphonica*<br>・斯氏絹斑蝶（小青斑蝶）*Parantica swinhoei*<br>・絹斑蝶（姬小紋青斑蝶）*Parantica aglea maghaba* |

**分布**　台灣主要分布於，高雄與屏東縣恆春半島一帶，濱海、平地至海拔約300公尺以下地區，見於濱海、路旁、或林緣、灌叢內等環境。以恆春半島族群密度最高且多。

| 科名 | 蘿藦科　Asclepiadaceae | 屬名　Vincetoxicum |
|---|---|---|
| 學名 | *Vincetoxicum koi* (Merr.) Meve & Liede | 繁殖方法　播種法、扦插法、高壓法、壓條法，以春、秋季為宜。 |

# 台灣鷗蔓　特有種

多年生纏繞性藤本植物，全株平滑無毛或被二縱列疏細絨毛，根系為鬚根。莖圓形，右旋性，硬質，常為深紅褐色，具透明汁液。低溫期全株會轉為紅褐色。高溫期葉表常為綠色。

- **葉**　對生。紙質，全緣。披針形至長橢圓狀披針形，長5～12.5公分，寬0.5～3.4公分。葉表綠色至紅褐色，葉背綠色至淺紅褐色，皆無毛。側脈5～7對。

- **花**　聚繖花序，腋生。苞片卵狀披針形，長約1.3公釐，寬約0.7公釐，近無毛。花萼綠色，5中裂，深約0.6公釐。闊三角形，長約1.5公釐，基寬約0.7公釐。兩面無毛，無緣毛，內面萼基無腺體。花冠輻狀，黃色至黃綠色，5裂。裂片卵圓形，先端銳形，長約2.8公釐，基寬約1.8公釐。花徑6～7公釐。副花冠淺紅紫色，5枚，徑約0.9公釐。肉質，裂片膨大卵圓形，合生於合蕊冠。雄蕊5枚，花絲肉質，深紅褐色，闊卵圓形，直立，合生。花粉塊橢圓形，黃色，2枚一對，平展。子房黃綠色，長卵形，長約0.9～1公釐，徑約0.5公釐，無毛。2室，離生。花期為9～11月。

- **果**　蓇葖果。長披針形，長4～7公分，徑0.8～1公分。單一或成對。果表無毛。種子褐色，橢圓形，長約8公釐，寬約2.9公釐。種髮白色，長2.5～2.8公分。結果率低。

- **附記**　1.依據台灣稀有及瀕危植物之分級。本種分布狹隘，被列為易受害植物，應適當保護。2.金斑蝶（樺斑蝶），偶見食用葉片與嫩莖。

葉對生

花序長4～9公分

小花約5～8朵，聚繖花序

花特寫。

裂片卵圓形，先端銳形

副花冠淺紅紫色，徑約0.9公釐

花黃至黃綠色，花徑6～7公釐

野外族群需護育，在屏東縣台9線、中部南投縣蓮華池、魚池鄉、九份二山、北部五指山、二格山可偶見芳蹤。

花冠輻狀，5裂。花梗纖細，長0.5～1公分。

蓇葖果，長披針形。

| 飼育蝴蝶 |
|---|
| ·金斑蝶（樺斑蝶）*Danaus chrysippus*<br>·旖斑蝶（琉球青斑蝶）*Ideopsis similis*<br>·大絹斑蝶（青斑蝶）*Parantica sita niphonica*<br>·斯氏絹斑蝶（小青斑蝶）*Parantica swinhoei*<br>·絹斑蝶（姬小紋青斑蝶）*Parantica aglea maghaba* |

分布　台灣零星分布於全島中央山脈，中、南部和北部海拔約400～1,000公尺山區，見於林緣、路旁或灌叢內等陰涼環境。

| 科名　蘿藦科　Asclepiadaceae | 屬名　Vincetoxicum |
|---|---|
| 學名　*Vincetoxicum lui* (Y. H. Tsiang & C. T. Chao) Meve & Liede | 繁殖方法　播種法、扦插法、高壓法、壓條法，以春、秋季為宜。 |

# 呂氏鷗蔓（山鷗蔓）　特有種

多年生纏繞性或略匐匍性藤本植物，根系為鬚根。莖圓形，右旋性，略硬質，綠褐色至紅褐色。具透明汁液，被白色疏細毛，漸變近無毛。低溫期全株會轉為紅褐色。

- **葉**　對生。紙質，全緣，具緣毛。披針形，長3～10.5公分，寬1.0～3.5公分。葉表、背面皆綠色至散生紅褐色斑紋或全為紅褐色，近無毛。側脈5～8對。

- **花**　複聚繖花序，腋生。苞片紅褐色，線狀披針形，長約1～1.1公釐，近無毛或無毛。花萼綠色，5裂。三角狀披針形，長約1公釐，基寬約0.7公釐。萼外無毛或近無毛，無緣毛，內面萼基無腺體。花冠輻狀，深紅紫色或紅黃色，5裂。裂片卵形，先端漸尖或漸尖成鉤狀，長約4.5公釐，基寬2.9～3公釐。花徑0.9～1.1公分。副花冠深紅紫色，徑約0.9公釐，肉質，裂片膨大卵圓形，合生於合蕊冠。雄蕊5枚，花絲肉質，深紫黑色。基部卵圓形膨大，直立，合生。花粉塊橢圓形，黃色，2枚一對，平展。子房淺黃綠色，長卵形，長約1.0公釐，徑約0.7公釐，無毛。2室，離生。花期全年不定期，盛花期為3～12月。

- **果**　菁葖果。披針形，長約5.1公分，徑0.7～0.8公分。單一或成對。果表無毛。種子褐色，橢圓形，長約6.5公釐，寬約2.6公釐。種髮白色，長1.5～2公分。果期全年不定期，結果率不高。

- **附記**　種小名為感念呂勝由博士對於植物分類研究之貢獻，因而命名。

葉全緣，葉緣略反捲，披針形

葉基近截平或淺心形至心形

葉先端漸尖

裂片卵形，先端漸尖或漸尖成鉤狀。表面基半部密生白色細短毛，上半部向先端漸密生長曲柔毛

副花冠深紅紫色，裂片膨大卵圓形

柱頭黃綠色，邊緣深紅紫色，頂端鈍五角形

種子褐色，橢圓形

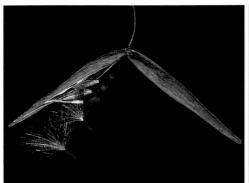

菁葖果熟時開裂。

葉紙質，披針形，花稀疏是本種重要性狀特徵。

小花梗紅褐色，纖細，長1～1.3公分，無毛，

複聚繖花序，腋生。花序軸與總柄纖細，皆無毛。

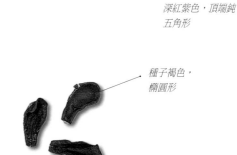

| 飼育蝴蝶 |
|---|
| ·旖斑蝶（琉球青斑蝶）*Ideopsis similis*<br>·大絹斑蝶（青斑蝶）*Parantica sita niphonica*<br>·斯氏絹斑蝶（小青斑蝶）*Parantica swinhoei*<br>·絹斑蝶（姬小紋青斑蝶）*Parantica aglea maghaba* |

分布　台灣主要分布於南部海拔約1,000～2,000公尺山區，見於林緣、路旁或岩壁、灌叢內等環境。

| 科名 蘿藦科 Asclepiadaceae | | 屬名 Vincetoxicum |
|---|---|---|
| 學名 *Vincetoxicum oshimae* (Hayata) Meve & Liede | | 繁殖方法 播種法、扦插法、高壓法、壓條法，以春、秋季為宜。|

## 疏花鷗蔓 特有種

多年生匍匐性或纏繞性藤本植物。莖圓形，右旋性，略硬質，纖細，綠褐色至紅褐色。具透明汁液，節處易生不定根，兩側被二縱列白色細絨毛，漸變無毛。幼莖橄欖黃，兩側明顯被二縱列白色細絨毛。

- **葉** 對生。紙質，全緣。狹披針形至披針形或橢圓形至長橢圓狀披針形，長3～8公分，寬0.5～2公分。葉表綠色至橄欖黃，無毛。葉背淺綠色，無毛；主脈明顯凸起，側脈微凸，無毛。側脈3～4條。

- **花** 聚繖花序，腋生。花萼綠色，5裂。卵狀三角形，長約1.1公釐，基寬約0.8公釐。萼外被白色細毛與緣毛，內無毛，內面萼基具5枚小腺體。花冠輻狀，灰紅紫色。5裂，裂片長卵狀披針形，先端漸尖成鉤狀向右旋，長約4.5公釐，基寬約2公釐。花徑約9公釐。副花冠淺紅紫色，徑約0.9公釐，肉質，裂片基部膨大處卵圓形，合生於合蕊冠。雄蕊5枚，花絲肉質，紅紫色。基部卵圓形膨大，筒狀直立，合生。花粉塊卵圓形，長約0.2公釐，淺黃色。2枚一對，平展。子房淺綠色，長卵形，長約1公釐，無毛。2室，離生。花期為3～7月。

- **果** 蓇葖果。線狀披針形，長6～8公分，徑4～5公釐。常單一。果表平滑無毛。種子暗褐色，長橢圓形，長6～7公釐，寬1.8～2公釐。種髮白色，長2.3～2.7公分。果期為5～7月，結果率低。

- **附記** 金斑蝶（樺斑蝶）*Danaus chrysippus*，有些個體偶而會食用，但不多見。

副花冠徑約0.9公釐，裂片基部膨大處卵圓形

花冠輻狀，表面被白色細柔毛，5裂，裂片長卵狀披針形，先端漸尖成鉤狀向右旋

蓇葖果，線狀披針形。

種子暗褐色，長橢圓形

葉形多變

葉基圓鈍或淺心形，表面具有叢生腺體

基出3脈

葉對生

葉先端銳尖至漸尖

植株嬌柔纖細，葉片不多，幾隻蝶寶寶就可連莖帶葉將全株吃得精光。

疏花鷗蔓的結果率低，生育地侷限，多見以匍匐繁衍，能纏繞而上得有機會繁衍。

飼育蝴蝶

- 金斑蝶（樺斑蝶）*Danaus chrysippus*
- 旖斑蝶（琉球青斑蝶）*Ideopsis similis*
- 大絹斑蝶（青斑蝶）*Parantica sita niphonica*
- 斯氏絹斑蝶（小青斑蝶）*Parantica swinhoei*
- 絹斑蝶（姬小紋青斑蝶）*Parantica aglea maghaba*

分布 台灣散生分布於全島北、中、東部海拔約400～1,300公尺山區，見於林緣、路旁或竹林下、灌叢內等陰涼環境。

| 科名 樺木科　Betulaceae | 屬名　赤楊屬　Alnus |
|---|---|
| 學名　*Alnus formosana* (Burkill *ex* Forbes & Hemsl.) Makino | 繁殖方法　播種法，以春季為宜。 |

## 台灣赤楊（台灣檀木）

落葉性中、大喬木，株高15～20公尺。根系豐富具有根瘤菌，可改善土壤介質增加肥力。樹皮灰褐色至暗灰褐色。小枝圓形，平滑無毛，具皮孔。新生幼枝為黃綠色，三角形，密布褐色斑點。

- 葉　互生。細鋸齒緣，厚紙質。卵形至闊卵形或橢圓形，長6～14公分，寬4～7公分。葉表綠至暗綠色，具光澤，無毛；葉背灰綠色，密布褐色小斑點。葉脈上表面下凹，下表面凸起。

- 花　雌雄同株。雄花：葇荑花序，紅黃色。長7～9公分，徑0.8～1公分。花被片綠色，雄蕊12～14枚。花絲長約1.3公釐，無毛。花藥黃色至紅色，長約1.3公釐。總柄長約0.8～1公分，密布褐色小斑點，無毛。花期為7～11月。雌花：頭狀、細小，密布褐色小斑點，無毛。

- 果　毬果狀。長約1.7～2公分，徑1.4～1.6公分。熟時由綠轉黑褐色，開裂。小堅果黑色，扁平，三角形，具狹翅。長約5公釐，寬約4.8公釐，果期約12月至翌年1～3月。

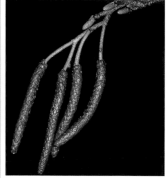

未開花之雄花花序暗綠色。

雄花特寫。

未熟果。

成熟果。

小堅果扁平，三角形，具狹翅。

葉基闊楔形至圓形

葉先端漸尖

葉互生，細鋸齒緣，卵形至闊卵形或橢圓形

葉柄長4～5.5公分

雄花，葇荑花序，下垂

◀果枝

| 飼育蝴蝶 |
|---|
| · 台灣檀翠灰蝶（寬邊綠小灰蝶）*Neozephyrus taiwanus* |

分布　原生種。台灣廣泛分布於海拔約300～3,000公尺，見於路旁、林緣或灌叢、樹林內等環境。東亞、中國亦分布。

| 科名　大麻科　Cannabaceae | 屬名　葎草屬　Humulus |
|---|---|
| 學名　*Humulus scandens* (Lour.) Merr. | 繁殖方法　播種法、扦插法，全年皆宜。 |

# 葎草

一至多年生纏繞性、攀緣性藤本植物。莖粗糙，具6稜，稜上密生小逆刺。

- **葉**　對生。紙質，兩面粗糙，掌狀5～7近深裂，裂片粗鋸齒緣。葉長7～16公分，寬7～16公分。葉表綠至墨綠色，粗糙；葉背淺綠色，粗糙，兩面皆被白色短粗毛。
- **花**　雌雄異株。雄花：小花多數，圓錐花序，腋生。花被帶紅之淺黃綠色，5裂，裂片披針形。長約3公釐，寬約1公釐。外被細粗毛與緣毛，內無毛。雄蕊黃綠色，5直立，長約2.5公釐，先端具2孔裂，無毛。花柄長2～3公釐，被細粗毛。花徑約5.5公釐。雌花：花序橢圓形，由宿存苞片穗狀排列包覆著。總柄長3～5公分，腋生。花被片特化成單一苞片狀。子房綠白色，卵球形，徑約1.8公釐，無毛。花柱2叉，毛刷狀，長5～6公釐，密生白色細毛。花無柄。花期為全年不定期。
- **果**　瘦果。包藏於苞片中。黑褐色至褐色，略扁，圓形，徑約4公釐。

莖近六角形，粗糙，具6稜，稜上密生小逆刺

葉對生，掌狀5～7近深裂，裂片粗鋸齒緣

葉基掌狀5～7脈

葉先端漸尖

▼雄花特寫

雌花花序。

瘦果。

雄花花序。

托葉側生。

葎草是荒野常見之植物，其莖具備有一種秘密武器「小逆刺」，讓不小心冒犯的人，永遠都會記住牠。

雄蕊5枚，直立，先端具2孔裂

雄花：花被帶紅之淺黃綠色，5裂，裂片披針形，外被細粗毛與緣毛

花柱

子房

子房與花柱。

| 飼育蝴蝶 |
|---|
| · 北方燕藍灰蝶（北方燕小灰蝶）*Everes argiades diporides*<br>· 燕藍灰蝶（霧社燕小灰蝶）　*Everes argiades hellotia*<br>· 黃鉤蛺蝶（黃蛺蝶）*Polygonia c-aureum lunulata* |

分布　原生種。台灣廣泛分布於海拔約1,000公尺以下地區，見於林緣、路旁、開闊地或河岸、草生地等環境。本種植物的繁殖力甚強，族群在野外頗為常見，常整片蔓延生長。

| 斗名 山柑科 Capparaceae | 屬名 山柑屬 Capparis |
|---|---|
| 學名 *Capparis sabiaefolia* Hook. f. & Thoms. | 繁殖方法 播種法，以春季為宜。 |

# 毛瓣蝴蝶木

多年生常綠性灌木，株高2～6公尺。枝條平滑無毛，散生疏刺。小枝與幼枝綠色，圓形，分枝多，平滑無毛，髓心白色。

- **葉** 互生。厚紙質，全緣。卵形或卵狀長橢圓形至長橢圓形，長7～14公分，寬3～6公分。葉表黃綠色至暗綠色，具光澤；葉背黃綠色至暗綠色，皆無毛。成熟枝條，托葉特化成銳刺，小枝時為小刺。
- **花** 花1～3朵，腋生。花萼綠色，4枚。殼狀橢圓形，長約5.5公釐，寬約2.7公釐。萼外無毛，萼內密生白色細柔毛，具緣毛。花瓣4枚，白色。長橢圓形，長約10公釐，寬約4公釐。密生白色短絨毛。下方2枚花瓣偶見紅紫色斑紋。花瓣展開寬約1.9～2.2公分。雄蕊20～28枚，離生。花絲白色，長約2.4～3公分，無毛，伸出花冠外。子房綠色，被毛，無柄。
- **果** 漿果。圓球形，徑1.2～1.5公分。果表平滑無毛，果柄長1.7～1.9公分，熟時由綠轉為紫黑色。種子1～3粒，褐色，卵圓形，長7～8公釐，寬6公釐。
- **附記** 本種是由鐘詩文、呂勝由等人於2004年發表為新記錄種。以往文獻將本種誤鑑為「銳葉山柑 *Capparis acutifolia* Sweet」，而銳葉山柑為藤本植物，兩者可資區別。

葉柄長5～8公釐

葉基銳形

葉互生，全緣，卵形或卵狀長橢圓形至長橢圓形

葉先端漸尖或尾狀漸尖

種子褐色，卵圓形

漿果具長柄。

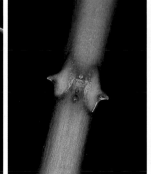

托葉刺。

毛瓣蝴蝶木的葉片可飼養約7種粉蝶，是很值得推廣種植，做為復育蝴蝶之樹種。

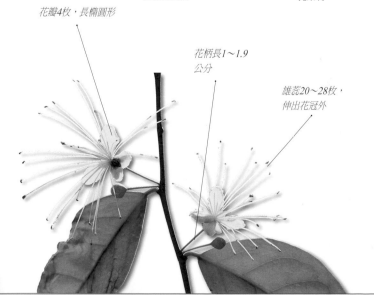

花瓣4枚，長橢圓形

花柄長1～1.9公分

雄蕊20～28枚，伸出花冠外

飼育蝴蝶

- 異色尖粉蝶（台灣粉蝶）*Appias lyncida eleonora*
- 黑脈粉蝶（黑脈粉蝶）*Cepora nerissa cibyra*
- 淡褐脈粉蝶（淡紫粉蝶）*Cepora nadina eunama*
- 橙端粉蝶（端紅蝶）*Hebomoia glaucippe formosana*
- 異粉蝶（雌白黃蝶）*Ixias pyrene insignis*
- 纖粉蝶（黑點粉蝶）*Leptosia nina niobe*
- 鋸粉蝶（斑粉蝶）*Prioneris thestylis formosana*

| 科名 山柑科 Capparaceae | | 屬名 白花菜屬 Cleome |
|---|---|---|
| 學名 *Cleome gynandra* L. | | 繁殖方法 播種法，全年皆宜。 |

## 白花菜（羊角菜）

一年生直立草本植物，株高40～100公分。莖圓形，綠色至暗紅色，全株密生腺毛。

- **葉** 掌狀複葉，互生。薄紙質，全緣或不明顯鋸齒緣。小葉5枚，倒卵形或披針形，長2.5～5公分，寬1.5～3公分。葉表綠色，葉背淺綠色，兩面皆被腺毛。
- **花** 總狀花序，頂生。苞片葉狀，密生腺毛。花萼綠色，披針形，4裂，離生。長4～5公釐。萼外被腺毛與緣毛，內無毛。花瓣4枚，白色。花徑約1.8公分。花瓣倒卵形，長7～8公釐，寬5～6公釐，具長約5公釐之花瓣柄。四強雄蕊，離生。花絲紅褐色，4長（2.2公分），2短（1.6公分），無毛。子房黃綠色，扁平，橢圓形。長約3.2公釐，寬約0.9公釐，密生腺毛，基部具0.7公釐子房柄。雌雄蕊基部具長約1.2～1.5公分紅褐色之總柄。
- **果** 角果。圓柱狀線形，先端漸尖鈍頭。長5～9公分，徑約3.5公釐。果表密生腺毛。熟時由綠轉褐，開裂。種子約165粒。黑褐色，扁圓形。徑約1.5公釐。表面密布皺紋與小瘤突。
- **附記** 坊間常有人栽培做為藥用。

小葉先端
銳形凸尖

掌狀複葉互生

小葉葉基楔形

總柄長
4～7公分

雄蕊6枚，
4長，2短

雌雄蕊基部具紅
褐色總柄

花瓣4枚，倒卵形，
具柄

花萼4裂

花柄長約1.6公
分，密被腺毛

苞片葉狀

總狀花序，頂生。

種子黑褐色，
扁狀圓形

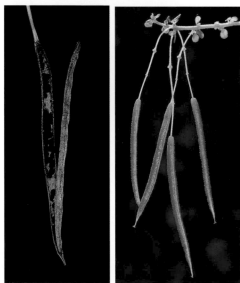

角果開裂，種子約165粒。　未熟果，長5～9公分。

一年生直立草本植物，全株密生腺毛。

| 飼育蝴蝶 |
|---|
| ·鑲邊尖粉蝶（八重山粉蝶）*Appias olferna peducaea*<br>·纖粉蝶（黑點粉蝶）*Leptosia nina niobe*<br>·緣點白粉蝶（台灣紋白蝶）*Pieris canidia*<br>·白粉蝶（紋白蝶）*Pieris rapae crucivora* |

**分布** 歸化種。原產熱帶非洲地區，台灣於1976年所記錄之歸化植物。台灣廣泛分布於海拔約600公尺以下地區，見於路旁、林緣、草生地或濱海開闊處、休耕農田等環境。

| 科名　忍冬科　Caprifoliaceae | 屬名　忍冬屬　Lonicera |
|---|---|
| 學名　*Lonicera hypoglauca* Miq. | 繁殖方法　播種法、扦插法、壓條法，全年皆宜。 |

## 裡白忍冬（紅腺忍冬）

多年生纏繞性木質藤本。老熟莖木質化，外皮薄易剝落，褐色，被毛。匍地時節處易生根。小枝圓形，中空，紅褐色至褐色，密生白色短柔毛。幼枝黃綠色，密生白色短柔毛。幼株時期，全株密生白色長柔毛。

- **葉**　對生。紙質至厚紙質，全緣，密被緣毛，葉緣略反捲。卵狀長橢圓形或披針形，長6～12公分，寬2.5～5.5公分。葉表綠色至暗綠色，被疏短毛；葉背灰綠色，密生白色長柔毛與密生黃色腺體，主、側脈及小側脈皆凸起，側脈約5～8對。

- **花**　花成對排列於枝頂。花朵初開白色，後漸轉為黃橙色。具淡淡芳香。總柄長約5～7公釐，密被毛。花萼筒狀，長約2公釐，徑約1.5公釐，無毛。5齒裂，裂片三角形。萼外被白色短毛及緣毛。花冠二唇形，深裂。裂片向後反捲，兩面被白色疏短毛。上唇寬約9公釐，先端3裂，下唇單一。花冠筒長約2.9公分。筒內、外密生白色短柔毛。雄蕊5枚，著生於冠筒內壁，無毛至近無毛。花藥褐色。子房與花萼筒合生，萼筒無毛。花柱無毛。柱頭綠色，膨大，徑1.5公釐，頂端下凹。花期為全年不定期，盛花期3～7月。

- **果**　漿果，萼片宿存。圓球形，徑約6公釐。果表被白粉，無毛。熟時由綠轉為藍黑色。果期約8～9月。

- **附記**　本種葉背灰綠色，密生白色長柔毛與密生黃色腺體。與忍冬（*L. japonica*）葉背無腺體，兩者可資區別。

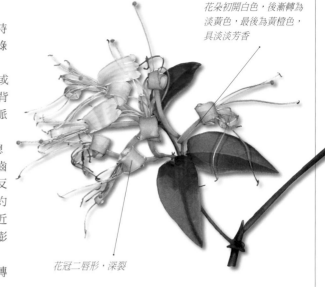

花朵初開白色，後漸轉為淡黃色，最後為黃橙色，具淡淡芳香

花冠二唇形，深裂

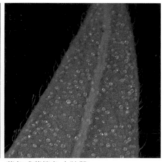

葉背灰綠色，密生白色長柔毛與淺黃色、黃色或黃橙色小腺體。

種子，黑褐色

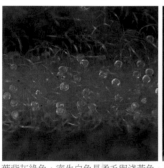

未熟果。

小枝圓形，中空

葉基淺心形至圓形

葉對生，全緣，葉緣微反捲，卵狀長橢圓形或披針形

葉先端漸尖

多年生纏繞性木質藤本，花具芳香常吸引蝴蝶吸食。

| 飼育蝴蝶 |
|---|
| ・殘眉線蛺蝶（台灣星三線蝶）*Limenitis sulpitia tricula*<br>・紫俳蛺蝶（紫單帶蛺蝶）*Parasarpa dudu jinamitra* |

分布　原生種。台灣廣泛分布於中、北部海拔約2,300公尺以下地區，見於路旁、林緣或灌叢內、樹林中等環境。中國、日本、琉球亦見分布。

| 科名 忍冬科 Caprifoliaceae | 屬名 忍冬屬 Lonicera |
|---|---|
| 學名 *Lonicera japonica* Thunb. | 繁殖方法 播種法、扦插法、壓條法，全年皆宜。 |

# 忍冬

多年生常綠纏繞性或蔓性木質藤本植物。老熟莖木質化，外皮薄易剝落，褐色，被毛。匍地時節處易生根。小枝褐色，密生淺褐白色短柔毛。幼枝黃綠色，密生白色短柔毛。

- **葉** 對生。紙質至厚紙質，全緣，密被緣毛。卵形至卵狀橢圓形或橢圓形，長4～9公分，寬3～5.5公分。葉表綠色，密生淺褐白色短柔毛；葉背淺綠色，密生白色短柔毛，側脈5～8對。葉柄長0.5～1.5公分，密被毛。

- **花** 花成對排列於枝頂。初開白色，後漸轉為黃橙色，具淡淡芳香。花萼筒狀，長約2.1公釐。5齒裂，裂片三角形。萼外密生白色短毛及長緣毛。花冠二唇形，深裂約2.4公分。裂片向後略反捲，外密生白色腺毛與柔毛，內被疏毛。上唇寬約13～15公釐，先端3裂，下唇單一。花冠筒長2.7～2.9公分，筒外密生白色腺毛與柔毛。雄蕊5枚，著生於冠筒內壁。花絲初白後轉黃色，無毛至近無毛。子房與花萼筒合生。花柱初為白色後轉為黃色，下半部被疏毛。柱頭綠色，膨大，徑1.8公釐，頂端下凹。

- **果** 漿果，萼片宿存。圓球形，徑6～8公釐。果表被短絨毛，具光澤。果肉綠色。熟時由綠轉為深藍黑色。種子8～12粒，黑褐色，扁狀卵形或橢圓形。長約3.8公釐。

- **附記** 1.本種之花朵初開白色，後漸轉為淡黃色，最後為黃橙色才花謝。黃白色互映，在璀璨的陽光下，更顯得金銀亮麗，故又名「金銀花」。2.本種野生族群不普遍，反而是園藝和藥用栽培頗為常見。

下唇單一

花冠二唇形，裂片向後略反捲。先端3裂

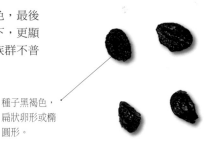

種子黑褐色，扁狀卵形或橢圓形。

未熟果綠色。

熟果深藍黑色。

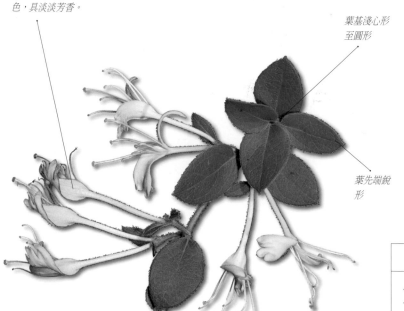

花朵初開白色，後漸轉為淡黃色，最後為黃橙色，具淡淡芳香。

葉基淺心形至圓形

葉先端銳形

| 飼育蝴蝶 |
|---|
| ·殘眉線蛺蝶（台灣星三線蝶）*Limenitis sulpitia tricula*<br>·紫俳蛺蝶（紫單帶蛺蝶）*Parasarpa dudu jinamitra* |

| 科名 旋花科 Convolvulaceae | 屬名 牽牛花屬 Ipomoea |
|---|---|
| 學名 *Ipomoea triloba* L. | 繁殖方法 播種法，全年皆宜。 |

# 紅花野牽牛

一年生纏繞性草本植物，全株具有白色乳汁。成熟莖圓形，被毛。幼莖綠色，被疏毛至無毛。

- **葉** 互生。葉形變異大：闊卵狀心形至卵狀心形或寬心形至圓心形，紙質。常見為心形，長5～9公分，寬4～7公分。葉表綠至暗綠色，無毛至近無毛；葉背灰綠色，無毛。
- **花** 聚繖花序，腋生。花軸近方形，長12～16公分，無毛。苞片線形，長約4～5公釐，無毛。花萼綠色，5深裂，殼狀橢圓形，覆瓦狀排列。長約1.1公分，寬約4公釐，萼外被白色短毛至無毛。花冠漏斗形，紅紫色或白色，徑1.8～2公分，筒長約2.1公分。雄蕊5枚。花絲白色不等長，基部密生白色短毛。花藥箭形，紫色或白色。子房綠色，圓錐形。長1.3～1.5公釐，密生白色長柔毛。柱頭白色，頭狀。花期為全年不定期。
- **果** 蒴果，萼片宿存。近球形，徑約6公釐。果表被長毛。熟時由綠轉褐，種子4粒，黑褐色或暗褐色，長5.9公釐，種皮無毛。

花冠紅紫色

白花，花冠漏斗形

葉形變異大　　　葉先端銳形

葉互生，全緣，疏粗齒緣或3深裂。心形

種子黑褐色或暗褐色，種皮無毛

| 飼育蝴蝶 |
|---|
| ・幻蛺蝶（琉球紫蛺蝶）*Hypolimnas bolina kezia* |

紅紫色型側面。

擬紅花野牽牛（*Ipomoea leucantha* Jacq.）與本種近似，為一年生纏繞性草本植物，幻蛺蝶雌蝶喜愛選擇低矮處產卵，幼蟲則棲息於低矮處，不選擇高處棲息。

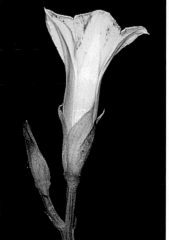

白花型。

蒴果，近球形。

分布　歸化種。原產於南美洲，台灣於1972年所記錄之歸化植物。台灣廣泛分布於中、南部海拔約1,000公尺以下山區、平地及濱海地區，見於路旁、林緣或草生地、荒野等開闊處環境。

| 科名 景天科 Crassulaceae | 屬名 燈籠草屬 Kalanchoe |
|---|---|
| 學名 *Kalanchoe gracilis* Hance | 繁殖方法 播種法、扦插法、分株法，全年皆宜。 |

# 小燈籠草

多年生肉質，直立或斜升性草本植物，株高30～80公分。全株平滑無毛，莖圓形，基部木質化。

- **葉** 對生。卵狀披針形，羽狀裂，不規則。全緣或粗鋸齒緣，肉質。葉形變異大：下部常為5～7裂，上部常為3～5裂。裂片線形至披針形，長10～22公分，寬0.5～3.5公分。

- **花** 聚繖花序，頂生。苞片披針形，長1.5～2公釐，無毛。花冠黃色4裂，花徑1.5～2.3公分。裂片長約0.8～1公分，寬3.5～4.6公釐。冠筒綠色，具4稜。筒長約1.1公分，內、外皆無毛。雄蕊上下2輪，8枚，著生於近冠口內壁。花絲黃色不等長。心皮4枚。子房綠色，長卵形。長約5.5公釐，寬約1.8公釐，基部具線形蜜腺。花期為10月至翌年5月。

- **果** 蓇葖果，萼片宿存。卵狀披針形，具4細稜，長約1.1公分，徑5～6公釐。果柄長約8公釐，熟時由綠轉褐，開裂。種子多數，細小，橢圓形，褐色。長約0.7公釐，寬約0.3公釐。果期約12至翌年1～5月。

花多數，聚繖花序，頂生

花瓣4枚

花側面，花柄長0.7～1公分。

未熟果。

多年生肉質，直立或斜升性草本植物。

種子橢圓形，褐色。

聚繖花序，花序軸長7～10公分。

葉對生，葉形變異大

| 飼育蝴蝶 |
|---|
| ・密點玄灰蝶（霧社黑燕小灰蝶）*Tongeia filicaudis mushanus*<br>・台灣玄灰蝶（台灣黑燕小灰蝶）*Tongeia hainani* |

分布 原生種。台灣廣泛分布於全島海拔約1,600公尺以下山區，見於路旁、林緣或陡坡、岩壁等環境。

| 科名 | 景天科　Crassulaceae | 屬名 | 燈籠草屬　Kalanchoe |
|---|---|---|---|
| 學名 | *Kalanchoe spathulata* (Poir.) DC. | 繁殖方法 | 播種法、扦插法、分株法，全年皆宜。 |

# 倒吊蓮

多年生肉質，直立或斜升性草本植物，株高40～100公分。全株平滑無毛，莖圓形，基部木質化。

- **葉** 對生。全緣或鈍鋸齒緣，肉質。葉形變異大：下部常為單葉，披針形至闊卵狀披針形或匙形，長10～14公分，寬4～6公分。上部常3出複葉或狹長披針形至線形。

- **花** 聚繖花序，頂生。苞片披針形，長約1.5公釐，無毛。花萼綠色，4深裂，披針形。長4.5～5公釐，寬1.7～2公釐，兩面無毛。花冠裂片4枚，黃色。徑約1.3～2公分。裂片長0.9～1公分，寬4～4.5公釐。花冠筒黃綠色，具4稜。筒長1.1～1.4公分。雄蕊上下2輪，8枚，著生於近冠口內壁。花絲不等長，無毛。花藥箭形，淺黃色。心皮4枚。子房綠色，長卵形。長約4.5公釐，徑約1.5公釐，基部具有線形蜜腺。花期為10至翌年2月。

- **果** 蓇葖果，萼片宿存。卵狀披針形，具4細稜，長約8公釐，徑約4公釐。果柄長約8公釐，熟時由綠轉褐，開裂。種子多數，細小，橢圓形，褐色。長0.7～0.8公釐，寬0.4～0.5公釐。果期12～2月。

葉對生，全緣或鈍鋸齒緣。葉形變異大

種子橢圓形，褐色。

花側面，花柄長0.6～1公分。　　果卵狀披針形。

花瓣4枚

聚繖花序，頂生

台灣玄灰蝶的幼蟲一出生便會鑽食入葉肉內躲藏，直到即將要化蛹時，才從倒吊蓮葉肉中鑽出來，找尋隱蔽處結蛹。

| 飼育蝴蝶 |
|---|
| ・密點玄灰蝶（霧社黑燕小灰蝶）*Tongeia filicaudis mushanus*<br>・台灣玄灰蝶（台灣黑燕小灰蝶）*Tongeia hainani* |

| 科名　十字花科　Cruciferae | | 屬名　薺屬　Capsella |
|---|---|---|
| 學名　*Capsella bursa-pastoris* (L.) Medic. | | 繁殖方法　播種法，全年皆宜。 |

## 薺（薺菜）

一、二年生直立草本植物，全株被白色星狀毛，株高20～40公分。基生葉叢生，琴形狀，羽片長4～11公分，寬1～2.5公分，全緣至淺裂或羽狀裂。

- 葉　莖生葉時，單葉互生。膜質，披針形至狹長橢圓形，長1～3.5公分，寬0.2～1.5公分。葉表綠色；葉背綠色，皆密生白色星狀毛。主脈微凹，側脈不明顯。
- 花　總狀花序，頂生或腋生。花萼綠色，橢圓形，4深裂，長約1公釐，寬約0.6公釐，無毛。花瓣4枚，白色，倒卵形，長約1.2公釐，寬約0.6公釐。雄蕊6枚，4強。花絲白色，長約1公釐，無毛。花藥黃色。子房綠色，闊橢圓形。長約1.2公釐，寬約0.9公釐，無毛。花柱極短，無毛。柱頭淡黃白色，頭狀膨大。花期為10月至翌年4月。
- 果　短角果。扁平，倒三角形。長6～8公釐，寬5～6公釐。果表平滑無毛，頂端凹陷。熟時由綠轉為淺褐色。果柄長約0.7～1.2公分，無毛。種子25～28粒，紅褐色，橢圓形。長約1公釐，寬0.4～0.5公釐。

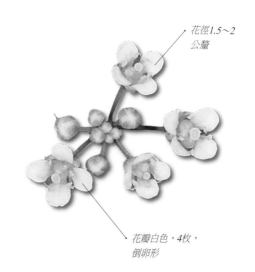

花徑1.5～2公釐

花瓣白色，4枚，倒卵形

種子紅褐色，橢圓形

短角果。扁平，倒三角形。

種子尚未脫離果柄。

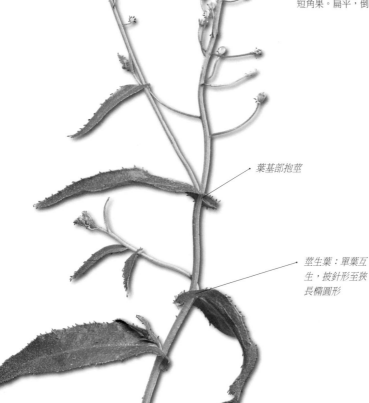

葉基部抱莖

莖生葉：單葉互生，披針形至狹長橢圓形

薺的繁衍能力很強，在野外頗為常見，尤其是在果園內，農民視為雜草。

葉先端銳尖至漸尖

| 飼育蝴蝶 |
|---|
| ·緣點白粉蝶（台灣紋白蝶）*Pieris canidia*<br>·白粉蝶（紋白蝶）*Pieris rapae crucivora* |

分布　原生種。台灣廣泛分布於全島約1,700公尺以下地區，見於路旁、林緣、草生地或農田、果園等開闊處環境常整片生長。中國、歐洲亦有分布。

| 科名 十字花科 Cruciferae | 屬名 獨行菜屬 Lepidium |
|---|---|
| 學名 *Lepidium virginicum* L. | 繁殖方法 播種法，全年皆宜。 |

## 獨行菜（北美獨行菜、小團扇薺）

一年生直立草本植物，株高25～80公分。一回羽狀複葉、不裂至羽狀裂或長橢圓狀披針形、鋸齒緣。莖圓形，分枝多，密生白色細毛。

- 葉　莖生葉，單葉互生。膜質。狹長橢圓形或長橢圓狀倒披針形，長1.2～5公分，寬0.3～1.3公分。葉表綠色，葉背淺綠色，皆無毛。葉片較大時，基半部為全緣，上半部鋸齒緣。無柄。

- 花　總狀花序，頂生或腋出頂生。花萼綠色，橢圓形，4深裂，長約1公釐，寬約0.6公釐，無毛。花瓣4枚，白色，長倒卵形，長約1.2公釐，寬約0.6公釐。雄蕊2枚。花絲白色，長約0.9公釐。花藥淡黃色。子房綠色，扁圓形，徑約0.9公釐，無毛。花柱極短至。柱頭白色，膨大。花期為全年不定期。

- 果　短角果。扁平，圓形。徑約3公釐。果表平滑無毛，頂端凹陷。熟時由綠轉為淺褐色。種子2粒，紅褐色，卵狀橢圓形，長1.8～1.9公釐，寬約1.2公釐。

*總狀花序，花白色*

*種子紅褐色，卵狀橢圓形*

*單葉互生，狹長橢圓形或長橢圓狀倒披針形*

*莖生葉*

幼株基生葉。

短角果，圓形，頂端凹陷0.3～0.4公釐。　　果熟時轉為淺褐色。

花特寫，花徑1.1～1.5公釐。　　本種常見於野外。

---

飼育蝴蝶

・緣點白粉蝶（台灣紋白蝶）*Pieris canidia*
・白粉蝶（紋白蝶）*Pieris rapae crucivora*

---

分布　歸化種。原產於北美，台灣於1976年所記錄之歸化植物。本種種子自生繁衍能力強，在野外頗為常見。台灣廣泛分布於全島海拔約1,100公尺以下地區，見於路旁、林緣、草生地或農田、果園等開闊處環境。

| 科名 十字花科 Cruciferae | | 屬名 葶藶屬 Rorippa |
| --- | --- | --- |
| 學名 *Rorippa cantoniensis* (Lour.) Ohwi | | 繁殖方法 播種法，全年皆宜。 |

# 廣東葶藶

一、二年生直立草本植物，全株平滑無毛，株高約20～40公分。
基生葉叢生，羽狀裂葉。

- **葉** 互生。葉形變異大，披針形至倒卵狀披針形，長2～6公分，寬1～2公分。厚紙質，葉緣不規則齒裂、中裂至深裂或羽狀裂。葉表綠至暗綠色，葉背淺綠色，皆無毛。
- **花** 花單一，腋生。花萼黃綠色，殼狀長橢圓形，4深裂。長約2.2公釐，寬約0.8公釐，無毛。花瓣4枚，淺黃色至黃色。花瓣長倒披針形，長約2.2公釐，寬約0.8公釐。花半開，徑2～3公釐。雄蕊6枚。花絲長約1.6公釐。花藥淺黃色。子房綠色，圓柱狀，膨大。長約2公釐，徑約0.9公釐，無毛。花柱綠色，長約0.5公釐。柱頭淡黃色，鈍頭。花期為8月至翌年4月。
- **果** 長角果。圓柱狀，長0.8～1公分，徑約2公釐。果表平滑無毛，先端具宿存花柱，長約1公釐。熟時由綠轉為淺褐色，開裂。果柄長約1公釐，無毛。種子150～180粒，細小，黃橙色，卵形，長0.5公釐。

花淺黃色至黃色，半開狀，徑2～3公釐

花萼4深裂

葉披針形至倒卵狀

葉互生，披針形至倒卵狀披針形或羽狀裂

長角果，圓柱狀線形

花側面，長約2.2公釐。

葉基半抱莖。

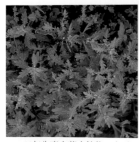

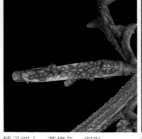

一、二年生直立草本植物，冬季是觀察廣東葶藶的最佳時節，只要在菜園或休耕農田便可一親芳澤。

種子細小，黃橙色，卵形。

高約4公分之幼株。

| 飼育蝴蝶 |
| --- |
| ·緣點白粉蝶（台灣紋白蝶）*Pieris canidia*<br>·白粉蝶（紋白蝶）*Pieris rapae crucivora* |

分布 原生種。台灣廣泛分布於全島海拔約900公尺以下地區，見於路旁、菜園、農田或溝渠、池塘旁等環境。

| 科名　十字花科　Cruciferae | 屬名　葶藶屬　Rorippa |
|---|---|
| 學名　*Rorippa indica* (L.) Hiern | 繁殖方法　播種法，全年皆宜。 |

## 葶藶（山芥菜）

一年生直立草本植物，株高30～50公分。基生葉叢生狀，莖略扁具數稜，分枝多，無毛。

- **葉**　互生。紙質。長橢圓狀披針形，長5～22公分，寬1～8公分。葉著生於基部時較大片，常為羽狀深裂至琴狀裂。近基部具狹翼。莖生葉較小，常為不規則鋸齒緣，齒端具有小凸尖。葉表綠色，葉背淺綠色，皆無毛。
- **花**　總狀花序，頂生或腋生。花萼黃綠色，殼狀披針形，4深裂。長約3公釐，寬約0.9公釐，無毛。花瓣4枚，黃色。倒卵形，長約3公釐，寬約1.1公釐。花朵展開時，徑5～6公釐。雄蕊6枚。花絲黃色，長約2.3公釐。花藥黃色。子房綠色，圓柱形。長約2.4公釐，徑約0.8公釐，無毛。花柱綠色，長約0.5公釐。柱頭黃色，頭狀。花期為8月至翌年4月。
- **果**　長角果。圓柱狀線形，長1.8～2.3公分，徑約1.1公釐。果表平滑無毛，先端具宿存花柱，長約1公釐。熟時由綠轉褐。果柄長5～8公釐。種子細小，橙色，橢圓形至卵圓形，具稜，長0.6～0.7公釐。

果柄長5～8公釐

花瓣4枚，倒卵形

花側面。

長角果，圓柱狀線形。

角果開裂。

葶藶的繁衍能力很強，野外很常見，在葉片上很容易觀察到白粉蝶的幼蟲。

雄蕊

柱頭

花柱

花藥

子房

▲花側面特寫

葉互生，長橢圓狀披針形

莖生葉之葉片較小，常為不規則鋸齒緣

| 飼育蝴蝶 |
|---|
| · 緣點白粉蝶（台灣紋白蝶）*Pieris canidia* <br> · 白粉蝶（紋白蝶）*Pieris rapae crucivora* |

分布　原生種。台灣廣泛分布於海拔約1,000公尺以下地區，見於路旁、菜園、農田或溝渠、池塘旁等環境。

| 科名　十字花科　Cruciferae | 屬名　葶藶屬　Rorippa |
|---|---|
| 學名　*Rorippa palustris* (L.) Besser | 繁殖方法　播種法，全年皆宜。 |

## 濕生葶藶

一、二年生直立草本植物，株高20～40公分。莖中空，分枝多，無毛，略扁具稜。幼株時期，基生葉叢生，羽狀複葉。

- 葉　互生。長橢圓形至倒卵狀披針形，長10～25公分，寬3～4.5公分。羽狀深裂，裂片鋸齒緣。膜質至薄紙質。莖生葉時，單葉互生。長橢圓形，羽狀深裂，長3.5～10公分，寬2～3.5公分。葉表綠色；葉背淺綠色，皆無毛。主脈明顯凸起，側脈微凸，脈被白色細貼伏毛。

- 花　總狀花序，頂生或腋生。花萼帶綠之黃色，殼狀橢圓形，4深裂。長約1.8公釐，寬約0.8公釐，無毛。花瓣4枚，黃色。花徑約3公釐。花瓣倒披針形，長約2公釐，寬約1.1公釐。雄蕊6枚。花絲黃色，長約1.8公釐。花藥淺黃色。子房綠色，橢圓形。長約1.7公釐，徑約0.7公釐，無毛。花柱長約0.6公釐。柱頭淡黃色，頭狀。花期為8月至翌年4月。

- 果　角果。圓柱狀線形，長7～9公釐，徑約2公釐。果表平滑無毛，先端具宿存花柱，長約0.9公釐。熟時由綠轉褐，開裂。果柄長7～8公釐，無毛。種子65～75粒，細小，淺黃褐色，橢圓形，長0.9公釐。

花瓣4枚，倒披針形

雄蕊6枚

莖生葉

葉基具有2片耳狀片，略半抱莖

種子細小，淺黃褐色，橢圓形。

角果，圓柱狀線形。

總狀花序俯視，花柄長1～3.2公釐。

濕生葶藶與廣東葶藶、葶藶常常出現在同一環境，讓白粉蝶雌蝶一舉數得而繁衍後代。

| 飼育蝴蝶 |
|---|
| · 緣點白粉蝶（台灣紋白蝶）*Pieris canidia*<br>· 白粉蝶（紋白蝶）*Pieris rapae crucivora* |

分布　歸化種。原產於北美，台灣於1988年所記錄之歸化植物。本種種子自生繁衍能力強，在野外頗為常見。台灣廣泛分布於全島海拔約900公尺以下地區，見於路旁、菜圃、農田或溝渠、池塘旁等環境。亞洲、歐洲亦有分佈。

| 科名 | 大戟科 Euphorbiaceae | 屬名 | 山漆莖屬 Breynia |
|---|---|---|---|
| 學名 | *Breynia officinalis* Hemsl. | 繁殖方法 | 播種法，以春、秋季為宜。 |

# 紅仔珠（山漆莖）

常綠性或半落葉性灌木，株高1～3公尺。成熟枝條褐色，無毛。小枝淺褐色至綠褐色，圓形，分枝多，無毛。幼枝綠色，無毛。

- **葉** 互生。全緣，膜質至薄紙質。在幼枝上常呈2列排列。橢圓形至闊橢圓狀卵形，長1.5～3.5公分，寬1～2公分。葉表綠至暗綠色，葉背淺灰綠色，皆無毛。
- **花** 雌雄同株，雌花單生在小枝上方，雄花簇生於小枝下方。花萼鐘形，6裂，無毛。花單生。雄花：花被綠色，倒圓錐形，無毛，肉質。長約2.3公釐，徑約2.5公釐。頂端具一小開口，3枚，合生，長約1.1公釐。無花絲。花梗長約3公釐，無毛。小花約3朵。雌花：花被黃綠至綠色，略杯狀倒圓錐形，徑約1.4公釐。子房綠色，無毛。花期全年不定期，盛花期為2～6月。
- **果** 漿果。球形，肉質，徑約5公釐。上舉排列於枝上，熟時由紅轉為紫黑色。種子4粒，長約2.8公釐，寬約1.7公釐。果期不定期。
- **附記** 本種植物葉片，在葉間具有睡眠運動。荷氏黃蝶少見食用或不吃其葉片。

雄花剖面，花被倒圓錐形，無毛，肉質，雄蕊隱藏在花被內。

漿果球形，肉質，上舉。

雌花單一，花被黃綠色至綠色，略杯狀倒圓錐形；總長約3.3公釐（含花柄），徑約1.4公釐。

*葉互生，在幼枝上常呈2列排列，全緣，橢圓形至闊橢圓狀卵形*

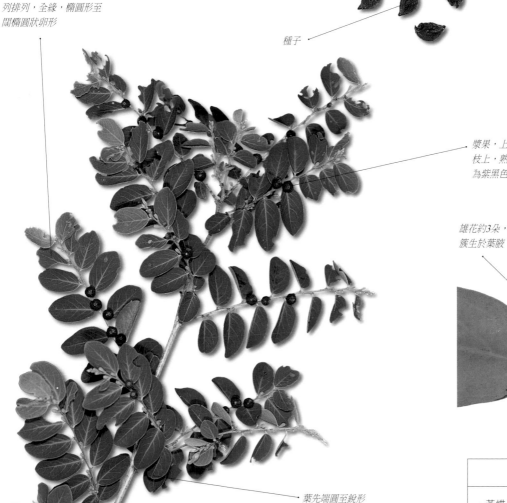

種子

*漿果，上舉排列於枝上，熟時由紅轉為紫黑色*

*雄花約3朵，簇生於葉腋*

*葉基圓形至銳形*

*葉先端圓至銳形或中央微凹*

| 飼育蝴蝶 |
|---|
| · 黃蝶（荷氏黃蝶）*Eurema hecabe* |

分布 原生種。台灣廣泛分布於全島海拔約600公尺以下地區，見於路旁、林緣或開闊地、灌叢內等環境，在野外頗為常見。

| 科名　大戟科　Euphorbiaceae | 屬名　土密樹屬　Bridelia |
|---|---|
| 學名　*Bridelia tomentosa* Blume | 繁殖方法　播種法，以春季為宜。 |

# 土密樹

常綠性灌木或小喬木，株高1.5～5公尺。樹皮灰褐色。小枝褐色，圓形，具皮孔，細長略下垂，被褐色短柔毛。幼枝黃綠色，密生褐色短柔毛。

- **葉**　互生。紙質，全緣。葉緣微反捲，被疏毛。橢圓形至長橢圓形或倒卵狀橢圓形，長3～8公分，寬1～5公分。葉表綠至暗綠色，無毛；葉背淺灰綠色，密生白色長柔毛。側脈7～9對。

- **花**　雌雄異株。花3～5朵聚集，叢生於葉腋。花瓣5枚，淺綠色，倒卵狀，頂緣細鋸齒狀。長約1.4公釐，寬約1.0公釐，兩面無毛，花瓣與萼片互生，花被徑4～4.5公釐。雄花：雄蕊淺綠色，5枚，著生於退花雌蕊先端。花絲淺綠色，無毛。雌花：子房綠色，2室，卵圓形，無毛，長約1.2公釐，徑約0.8公釐。花柱淺綠色，長約1.2公釐，2岔，柱頭淺綠色。花期為10～11月。

- **果**　核果，萼片宿存。球形或近球形，長約7公釐，徑6～8公釐。未熟果綠色被白粉，熟時黑色。果柄長1～1.5公釐。果肉褐色，內有2粒種子。種子褐色，半圓形，長約5公釐。

葉基楔形至闊楔形或稀近圓形

葉先端近圓或銳形圓鈍

葉全緣，葉緣微向後內曲，橢圓形至長橢圓形或稀倒卵狀橢圓形

雌花。

未熟果綠色，熟時黑色被白粉。

土密樹的族群在野外頗為常見，其花為蜜源亦是靛色琉灰蝶與波灰蝶幼蟲之寄主植物。

種子褐色，半圓形

花萼裂片三角形，長約1.5公釐

花瓣5枚，淺綠色，倒卵形，頂緣細鋸齒狀

雄花：雄蕊5枚，著生於退花雌蕊先端

花盤具蜜汁

花瓣與萼片互生

花萼　　花瓣

▲雄花

果枝。

| 飼育蝴蝶 |
|---|
| · 靛色琉灰蝶（台灣琉璃小灰蝶）*Acytolepsis puspa myla*<br>· 波灰蝶（姬波紋小灰蝶）*Prosotas nora formosana* |

分布　原生種。台灣廣泛分布於全島海拔約800公尺以下地區，見於路旁、林緣或溪畔、開闊地、灌叢內等環境，族群在野外頗為常見。中國華南、菲律賓、印度亦分布。

| 科名 | 大戟科　Euphorbiaceae | 屬名 | 饅頭果屬　Glochidion |
|---|---|---|---|
| 學名 | *Glochidion acuminatum* Muell.-Arg. | 繁殖方法 | 播種法、扦插法，以春季為宜。 |

## 裡白饅頭果

灌木或小喬木，株高3～8公尺，樹皮褐色。小枝圓形，被褐色短絨毛。幼枝綠色，近圓形，具細棱，密生淡褐色細短絨毛。枝條常下垂。

- **葉**　互生。全緣，紙質。長橢圓形至長橢圓狀披針形或卵狀橢圓形，長4～11公分，寬1.5～4公分。葉表暗綠色至綠色或黃綠色，被白色細短毛；葉背蒼綠色，密生白色細短絨毛。

- **花**　雌雄同株，花簇生於葉腋。雄花：花萼6枚。綠色至黃綠色，橢圓形，2輪。外輪較大，內輪較小，外被白色短毛。花徑約6公釐。雄蕊3枚，合生，米白色，長約1公釐，徑約0.6公釐。花梗長4～7公釐，密生白色短柔毛。雌花：花萼6枚。綠色至黃綠色，長橢圓形，2輪。外輪較大，內輪較小，密被短毛。子房綠色，近球形，長約0.5公釐，徑約0.9公釐。外面密生白色細短毛。花梗長1.3～2.5公釐，密生白色短柔毛。花期為3～6月。

- **果**　蒴果，萼片宿存。扁球形，徑0.7～1公分，高4～5公釐。果表密生白色細短毛，具6～8裂之縱溝。果頂凹陷。果柄長6～8公釐，密生淡褐色短絨毛。種子卵形狀，黃橙色，長約3.8公釐，寬約3.5公釐。果期約在9～12月。

雄花。

未熟果。

種子。

結果枝條常下垂，常被誤認為羽狀複葉。

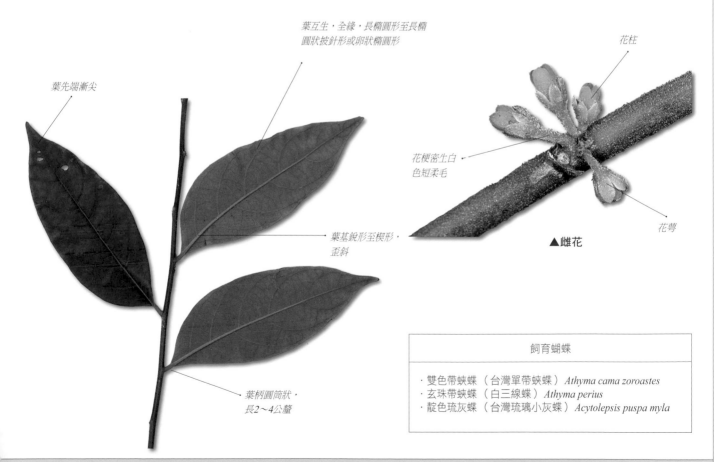

葉先端漸尖

葉互生，全緣，長橢圓形至長橢圓狀披針形或卵狀橢圓形

花柱

花梗密生白色短柔毛

花萼

▲雌花

葉基銳形至楔形，歪斜

葉柄圓筒狀，長2～4公釐

### 飼育蝴蝶

- 雙色帶蛺蝶（台灣單帶蛺蝶）*Athyma cama zoroastes*
- 玄珠帶蛺蝶（白三線蝶）*Athyma perius*
- 靛色琉灰蝶（台灣琉璃小灰蝶）*Acytolepsis puspa myla*

分布　原生種。台灣廣泛分布於海拔約1,600公尺以下地區，見於路旁、林緣或山坡地等環境。中國、日本、琉球亦有分布。

| 科名 | 大戟科　Euphorbiaceae | 屬名 | 饅頭果屬　Glochidion |
|---|---|---|---|
| 學名 | *Glochidion hirsutum* (Roxb.) Voigt | 繁殖方法 | 播種法、扦插法，以春季為宜。 |

# 赤血仔

常綠性小喬木，株高3～10公尺。成熟枝條褐色，被褐色與白色短絨毛，幼枝密被白色短絨毛，幼新芽和新葉為紅褐或黃綠色。

- **葉**　互生。全緣，厚紙質至薄革質。長橢圓形至闊橢圓形或卵狀闊橢圓形，長5～16公分，寬5～8公分。葉表綠至暗綠色，葉背淺綠色，皆密生白色短毛。

- **花**　雌雄同株，花簇生於葉腋，花7～10朵聚集。總柄長約5～9公釐，被短毛。雄花：花萼6枚。黃綠色，長橢圓形，2輪。花徑6～6.5公釐。雄蕊6枚。白色，長約1.5公釐，徑約1.5公釐。花梗長0.8～1公分，被白色長毛。雌花：花萼6枚。綠色，橢圓形，2輪。花徑3.5～4公釐。子房綠色，近球形。徑約2.3公釐，外密生白色短柔毛。花梗長3～4公釐，密生白色短毛。花期為3～9月。

- **果**　蒴果，萼片宿存。扁球形，徑約1～1.2公分，高約8公釐。果表密生白色短毛，不明顯4～6淺裂之縱溝。果柄長3～6公釐，密被毛。熟時由綠轉為褐，開裂。果期在5～11月。種子10～11粒。扁卵形，紅橙色，長約4公釐，寬約4公釐。

- **附記**　本種外觀形態與錫蘭饅頭果近似，最大之區別在於本種全株及子房與蒴果表面，明顯密生白色短絨毛，而錫蘭饅頭果全株無毛。

葉基略淺心形或圓形至銳形，略歪斜

葉互生，全緣，長橢圓形至闊橢圓形或卵狀闊橢圓形

葉先端圓或銳形鈍頭

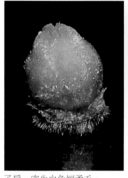

子房，密生白色短柔毛。

未熟果，果表密披毛。

熟果與種子。

常綠性小喬木，全株及子房與蒴果表面，明顯密生白色短絨毛，是本種野外主要辨識特徵。

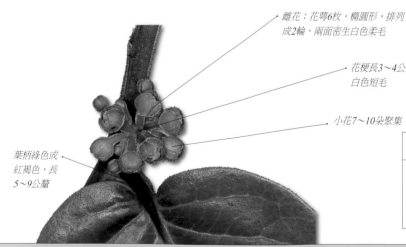

葉柄綠色或紅褐色，長5～9公釐

雌花：花萼6枚，橢圓形，排列成2輪，兩面密生白色柔毛

花梗長3～4公釐，密生白色短毛

小花7～10朵聚集

雄花。

| 飼育蝴蝶 |
|---|
| · 雙色帶蛺蝶（台灣單帶蛺蝶）*Athyma cama zoroastes* |
| · 玄珠帶蛺蝶（白三線蝶）*Athyma perius* |
| · 靛色琉灰蝶（台灣琉璃小灰蝶）*Acytolepis puspa myla* |

分布　原生種。台灣主要分布於中、北部海拔約600公尺以下地區，見於路旁、林緣或開闊地、山坡地等環境。以新竹縣，南投縣魚池鄉、日月潭附近為多見。中國南方、琉球、印度、斯里蘭卡亦有分布。

| 科名 大戟科　Euphorbiaceae | 屬名　饅頭果屬　Glochidion |
|---|---|
| 學名　*Glochidion kusukusense* Hayata | 繁殖方法　播種法、扦插法，以春季為宜。 |

# 高士佛饅頭果　特有種

小喬木或灌木，株高2～7公尺。小枝褐色光滑無毛，具皮孔。幼枝黃綠色，明顯具稜，被不明顯白色曲柔毛。

- **葉**　互生。全緣，厚紙質。橢圓形至闊橢圓形，長約8～16公分，寬約4～6.5公分。葉表綠至暗綠色，無毛。葉背淺灰綠色至淺黃綠色，無毛。側脈於近葉緣，相互連接。

- **花**　雌雄同株，花簇生於葉腋，雄花5～7朵，雌花10～17朵。雄花：花萼6枚。黃綠至淺綠色，長橢圓形，2輪，花徑約5.5公釐。花梗長1～1.3公分，無毛。雄蕊3枚，淺褐色，長約1.2公釐。雌花：花萼6枚。黃綠至淺綠色，長橢圓形，2輪。花徑2～2.2公釐。子房綠色，近球形。徑約0.6公釐，密生白色細短毛。花梗長0.1～0.3公釐，密生白色細毛。花期為2～4月。

- **果**　蒴果，萼片宿存。淺黃綠色，扁球形，徑0.95～1.05公分，高5～5.5公釐。果表密生白色短絨毛。果柄黃綠色，長1.5～2公釐，密生白色短絨毛。

- **附記**　本種最早係由早田文藏發表於1920年，後於《台灣植物誌》（第二版，1995）中處理為未確認種。直至2006年，許媄素、呂福原等人進行本屬植物之分類訂正後，正式確認本種之存在。

葉互生，全緣，橢圓形至闊橢圓形

葉基圓鈍至闊銳形圓鈍，歪斜

葉先端漸尖至尾狀漸尖形或銳形急尖

葉柄長3～5公釐

雌花細小

內輪

雄花

外輪

雄花：花萼6枚，長橢圓形，排列成2輪。

雌花簇生於葉腋。

種子。

蒴果淺黃綠色，扁球形。

高士佛饅頭果在野外並不常見，目前僅知分布於桃園縣石門水庫一帶、南投縣魚池鄉、埔里、高雄市六龜等處。

| 飼育蝴蝶 |
|---|
| · 雙色帶蛺蝶（台灣單帶蛺蝶）*Athyma cama zoroastes*<br>· 玄珠帶蛺蝶（白三線蝶）*Athyma perius*<br>· 靛色琉灰蝶（台灣琉璃小灰蝶）*Acytolepsis puspa myla* |

**分布**　目前僅知分布於桃園縣石門水庫一帶，南投縣魚池鄉、埔里，高雄縣六龜鄉等海拔約800公尺以下地區，見於路旁、林緣或雜木林內等環境。

| 科名 | 大戟科 Euphorbiaceae | 屬名 | 饅頭果屬 Glochidion |
|---|---|---|---|
| 學名 | *Glochidion lanceolatum* Hayata | 繁殖方法 | 播種法、扦插法，以春季為宜。 |

# 披針葉饅頭果

常綠性中、小喬木，株高4～10公尺。全株平滑無毛。小枝綠褐色，圓形，略下垂。新芽和新葉為紅褐至黃綠色。

- **葉**　互生。全緣，厚紙質至薄革質。披針形或長橢圓狀披針形至卵狀披針形，長5～17公分，寬2～7公分。葉表綠至墨綠色，具光澤；葉背淺綠至黃綠色，皆無毛。

- **花**　雌雄同株，花簇生於葉腋，花15～20朵聚集。總柄長3～6公釐，離葉腋3～5公釐著生。雄花：花萼6枚。淺綠至黃綠色，橢圓形，2輪。花徑4～5公釐。雄蕊6枚，長約1.1公釐，徑約0.8公釐。花梗長5～8公釐，平滑無毛。雌花：花萼6枚。綠色，闊橢圓形，2輪。花徑約2公釐。子房綠色，近球形，徑1.3～1.4公釐，外平滑無毛。花梗長3～5公釐，無毛。總柄長3～6公釐，無毛。花期為4～10月。

- **果**　蒴果。扁球形，徑6～8公釐，高於5公釐。果表平滑無毛，近無縱溝。熟時開裂，種子約8粒。果期為6～11月。種子鈍三角狀卵形，橙色，長約3公釐，寬約2.3公釐。

葉基近圓形或稀闊楔形，略歪斜

葉互生，全緣，披針形或長橢圓狀披針形至卵狀披針形

葉先端漸尖至尾狀漸尖

成熟果開裂，種子橙色，約8粒。

未熟果，果表無毛。

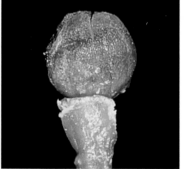

子房無毛。

雄花：花萼6枚，常向後反捲，排列成2輪

雄花：花萼6枚。綠色。

雌花：15～20朵聚集，於離葉腋3～5公釐處著生。

---

飼育蝴蝶

- 雙色帶蛺蝶（台灣單帶蛺蝶）*Athyma cama zoroastes*
- 玄珠帶蛺蝶（白三線蝶）*Athyma perius*
- 靛色琉灰蝶（台灣琉璃小灰蝶）*Acytolepis puspa myla*

---

**分布**　原生種。台灣廣泛分布於海拔約1,600公尺以下地區，見於路旁、林緣或山坡地、樹林內等環境，在野外頗為常見。中國、琉球亦有分布。

| 科名 | 大戟科　Euphorbiaceae | 屬名 | 饅頭果屬　Glochidion |
|---|---|---|---|
| 學名 | *Glochidion ovalifolium* F. Y. Lu & Y. S. Hsu | 繁殖方法 | 播種法、扦插法，以春季為宜。 |

# 卵葉饅頭果　**特有種**

常綠性中、小喬木，株高6～15公尺。全株平滑無毛，小枝綠褐色。

- **葉**　互生。全緣，厚紙質。卵狀披針形或卵形，長8～15公分，寬4～6公分。葉表綠至墨綠色，具光澤；葉背淺綠至綠色，皆無毛。
- **花**　雌雄同株，花簇生於葉腋，花10～18朵聚集，總柄長3～5公釐，無毛。總柄長3～5公釐，離葉腋3～4公釐著生。雄花：花萼6枚。淺綠至黃綠色，橢圓形，2輪。花徑5～6公釐。雄蕊6枚。淺褐色，高約1.6公釐，徑約0.9公釐。花梗長0.5～1公分，平滑無毛。雌花：花萼6枚。綠色，橢圓形，2輪。花徑約1.6公釐。子房綠色，略扁球形，徑約1.3公釐，密生白色細柔毛。花梗長3～5公釐，無毛。花期為4～8月。
- **果**　蒴果。扁球形，徑7～8公釐，高約5公釐。果表紅色或綠色相混，密生白色短絨毛，近無縱溝。熟時開裂，種子5～6粒。果期在6～10月。種子鈍三角狀卵形，紅至橙色，長約3公釐，寬約2.3公釐。
- **附記**　本種外觀形態與披針葉饅頭果近似，最大之區別在於本種子房與蒴果表面，明顯密生白色短絨毛，而披針葉饅頭果的子房與蒴果表面，平滑無毛。本種為許媄素、胡淑惠等人於2006年所發表之新種植物。

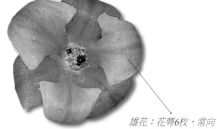

雄花：花萼6枚，常向後反捲，排列成2輪

雌花：小花10～18朵聚集，於離葉腋3～4公釐處著生。

葉先端漸尖至尾狀漸尖

葉互生，全緣，卵狀披針形或卵形

葉基近圓形或稀闊楔形，略歪斜

蒴果，扁球形，果表密生白色短絨毛

蒴果表面，密生白色短絨毛。

熟果和種子。

早春新芽。

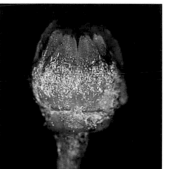

子房密生白色柔細毛。

飼育蝴蝶

- 雙色帶蛺蝶（台灣單帶蛺蝶）*Athyma cama zoroastes*
- 玄珠帶蛺蝶（白三線蝶）*Athyma perius*
- 靛色琉灰蝶（台灣琉璃小灰蝶）*Acytolepsis puspa myla*

分布　目前僅知分布於，嘉義縣中埔一帶，南投縣與彰化縣芬園鄉交界處，見於路旁、林緣或樹林內、山坡地等環境。

| 科名 | 大戟科　Euphorbiaceae | 屬名 | 饅頭果屬　Glochidion |
|---|---|---|---|
| 學名 | *Glochidion philippicum* (Cavan.) C. B. Rob. | 繁殖方法 | 播種法、扦插法，以春季為宜。 |

## 菲律賓饅頭果

小喬木，株高5～12公尺。全株密生白色短柔毛，小枝常呈現暗紅色或綠色，幼枝具稜。

- **葉**　互生。全緣，厚紙質。卵狀披針形至長橢圓狀披針形，長7～15公分，寬2.5～5.5公分，兩面被白色細短毛。

- **花**　雌雄同株，花簇生於葉腋，花7～12朵聚集。雄花：花萼6枚。淺綠至黃綠色，橢圓形，2輪。花徑約6公釐。雄蕊3枚，米白色，長約1公釐。花5～7朵聚集，花梗長6～9公釐，密生白色柔毛。雌花：花萼6枚。淺綠至黃綠色，卵圓形，2輪。花徑約2.5公釐。子房淺紅色，近球形，徑約2.1公釐，外密生白色細柔毛。花梗長2.5～3公釐，密生白色柔毛。總柄長2～3.5公釐，密被毛。花期為3～8月。

- **果**　蒴果，萼片宿存。扁球形，徑約1～1.2公分，高5～6公釐。果表密生白色細短毛，明顯具12～14裂之縱溝。熟時由綠轉為灰褐色，種子8～11粒，花柱宿存。果柄長5～6公釐，被短毛。果期在5～11月。種子卵形，成熟時為紅橙色或紅色，長約4公釐，寬約3.7公釐。

葉基圓形至截形，歪斜

葉先端漸尖

葉全緣，卵狀披針形或長橢圓狀披針形

雄花。

雌花。

蒴果，萼片與花柱皆宿存，扁球形。

葉互生

種子成熟時紅橙色或紅色，約8～11粒

種子卵形。

選擇饅頭果屬植物葉片為食的蛺蝶，幼蟲都有一種共同特性，喜愛在葉脈上製作蟲座與糞橋，棲息在此以達到偽裝欺敵的自保功能。

### 飼育蝴蝶

- 雙色帶蛺蝶（台灣單帶蛺蝶）*Athyma cama zoroastes*
- 玄珠帶蛺蝶（白三線蝶）*Athyma perius*
- 靛色琉灰蝶（台灣琉璃小灰蝶）*Acytolepsis puspa myla*

分布　原生種。台灣廣泛分布於海拔約1,700公尺以下地區，見於路旁、林緣或山坡地等環境，在野外頗為常見。中國南方、菲律賓、馬來西亞亦有分布。

| 名 大戟科 Euphorbiaceae | 屬名 饅頭果屬 Glochidion |
|---|---|
| 名 *Glochidion puberum* (L.) Hutch. | 繁殖方法 播種法、扦插法，以春季為宜。 |

## 紅毛饅頭果

常綠性灌木，株高2～5公尺。成熟枝條褐色，被疏短毛。小枝綠色圓形，具淺黃色皮孔，密生白至淺褐色短毛。新芽和新葉為紅褐色或黃綠至黃橙色。

- **葉** 互生。全緣，厚紙質。橢圓形至長橢圓形，長3～7公分，寬2.5～4公分。葉表綠至暗綠色，葉背淺灰綠色，皆被白色短毛。
- **花** 雌雄同株，花簇生於葉腋，花4～7朵聚集。雄花：花萼6枚。淺綠至黃綠色，狹長橢圓形，2輪。花徑6～6.5公釐。雄蕊3枚，白色，長約0.9公釐，徑約0.6公釐。花梗長0.6～1公分，被疏短毛。雌花：花萼6枚。淺綠至黃綠色，橢圓形，2輪。子房綠色，近球形。徑約1.9公釐，外密生白色短柔毛。花徑3～4公釐，花梗長1～3公釐，密生白色短毛。花期為4～10月。
- **果** 蒴果。扁球形，徑1～1.3公分。果表密生白色短毛，具6～8條縱溝。果頂凹陷，果柄長約5公釐，密生白色短柔毛。熟時由綠轉為淺黃綠至米白色，種子易脫落。果期在6～11月。種子腎形至卵形，鮮紅色，長4～4.5公釐，寬3～4公釐。

葉基圓形至銳形，略歪斜

葉互生。全緣，橢圓形至長橢圓形

葉先端銳形至鈍

雄花：花萼6枚，狹長橢圓形，排列成2輪，長約3公釐，寬約1.2公釐。

結果枝葉。

雌花，花徑3～4公釐。

未熟果綠色。

蒴果成熟後轉為米白色。

種子腎形至卵形，鮮紅色。

| 飼育蝴蝶 |
|---|
| ·雙色帶蛺蝶（台灣單帶蛺蝶）*Athyma cama zoroastes* <br> ·玄珠帶蛺蝶（白三線蝶）*Athyma perius* <br> ·靛色琉灰蝶（台灣琉璃小灰蝶）*Acytolepis puspa myla* |

分布 原生種。台灣主要分布於中、南部海拔約800公尺以下地區，見於路旁、林緣或山坡地等環境，野外族群少。中國南方亦有分布。

| 科名 大戟科 Euphorbiaceae | 屬名 饅頭果屬 Glochidion |
|---|---|
| 學名 *Glochidion rubrum* Blume | 繁殖方法 播種法、扦插法，以春季為宜。 |

# 細葉饅頭果

小喬木或灌木，株高3～6公尺。小枝圓形，褐色，具皮孔，無毛。幼枝綠色至紅褐色，具稜（有時不明顯）。新芽和新葉為紅褐色至黃綠色。

- 葉　互生。全緣，厚紙質至薄革質。葉形變異大，橢圓形至長橢圓狀卵形或倒卵形，長2～12公分，寬1.5～6公分。葉表綠至暗綠色，具光澤；葉背淺灰綠色，具光澤，皆無毛。

- 花　雌雄同株，花簇生於葉腋，花3～5朵聚集。雄花：花萼6枚，淺綠色至黃綠色，長橢圓形，2輪。花徑約6公釐。雄蕊3枚，淺褐白色，長約1.3公釐，徑約0.6公釐。花梗綠色，長0.8～1.4公分。雌花：花萼6枚，綠色，長橢圓形，2輪。花徑2～2.2公釐。子房綠色，扁球形。徑約1.6公釐。花梗長2.2～4公釐，無毛或被白色細短毛。花期為3～11月。

- 果　蒴果。扁球形，徑1～1.5公分，高6～9公釐。果表平滑無毛，具約5～7條縱溝。果柄長4～6公釐，有時被細毛，開裂，種子8～13粒。種子卵形至卵圓形，鮮紅色，長4～4.5公釐，寬4公釐。果期為11月至翌年3月。

葉先端銳形
漸尖至急尖

葉基楔形至闊銳
形，略歪斜

葉互生，全緣，橢圓形至
長橢圓狀卵形或倒卵形

細葉饅頭果是山野綠林常見之植物，其葉片可飼養多種蝴蝶幼蟲，植株栽培與管理皆易，值得推廣種植。

雌花特寫，花徑2～2.2公釐，花柄2.2～4公釐。

雄花：花萼6枚，長橢
圓形，排列成2輪

內輪，長約3公釐

外輪，長約3.2公釐

朔果和紅色種子。

種子紅色。

| 飼育蝴蝶 |
|---|
| · 雙色帶蛺蝶（台灣單帶蛺蝶）*Athyma cama zoroastes*<br>· 玄珠帶蛺蝶（白三線蝶）*Athyma perius*<br>· 靛色琉灰蝶（台灣琉璃小灰蝶）*Acytolepsis puspa myla*<br>· 小鑽灰蝶（姬三尾小灰蝶）*Horaga albimacula triumphalis*<br>· 虎灰蝶（台灣雙尾燕蝶）*Spindasis lohita formosana* |

分布　原生種。台灣廣泛分布於全島海拔約2,100公尺以下地區，見於路旁、林緣或岩壁、陡坡、山坡地等環境，在野外頗為常見。馬來西亞、琉球亦分布。

| 名 | 大戟科 | Euphorbiaceae | 屬名 | 饅頭果屬 | Glochidion |
|---|---|---|---|---|---|
| 名 | *Glochidion zeylanicum* (Gaertn.) A. Juss. | | 繁殖方法 | 播種法、扦插法，以春季為宜。 | |

## 錫蘭饅頭果（大葉饅頭果）

常綠性中、小喬木，株高6～15公尺。全株平滑無毛，小枝綠褐色，幼枝綠色。新芽和新葉為紅褐至黃綠色。

- **葉** 互生。全緣，厚紙質。長橢圓形至闊橢圓形，或闊橢圓狀卵形至卵形，長5～18公分，寬5～9公分。葉表綠至暗綠色，無毛。葉背淺綠色，無毛。本種在小株時期，葉長可至23公分，寬至11公分。
- **花** 雌雄同株，花簇生於葉腋，雌雄花常共存，花10～15朵聚集。雄花：花萼6枚。黃綠色，長橢圓形，2輪。花徑7～8公釐，具香氣。雄蕊6枚，白色，長約1.5公釐，徑約1.4公釐。花梗長1.2～1.5公分，無毛。總柄長0.8～1.3公分。雌花：花萼6枚，卵形，2輪。花徑展開3～4公釐。子房綠色，近球形，徑約2.3公釐，無毛。花柄長約3～4公釐，無毛。總柄長5～8公釐，無毛。花期為4～10月。
- **果** 蒴果。扁球形，徑1～1.2公分，高7～8公釐。果表平滑無毛。種子約8粒。卵形至卵圓形，鮮紅色，長4～4.5公釐，寬約4公釐。果期11月至翌年3月。

雄花和雌花一起，腋上生。　　雌花子房無毛。

果表無毛，花柱宿存。　　種子紅色。

雌花。

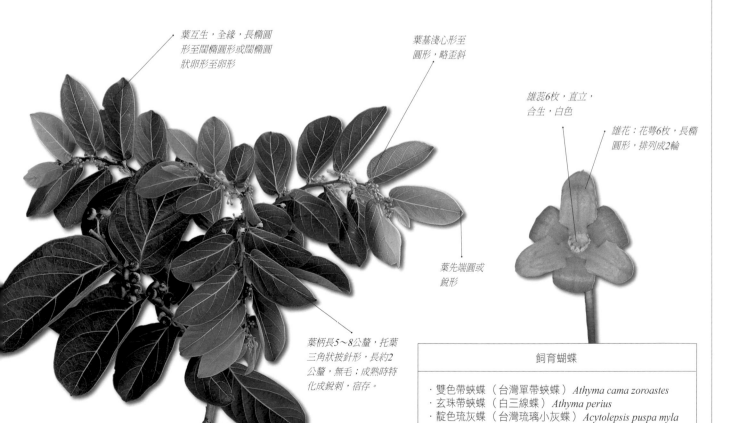

葉互生，全緣，長橢圓形至闊橢圓形或闊橢圓狀卵形至卵形

葉基淺心形至圓形，略歪斜

雄蕊6枚，直立，合生，白色

雄花：花萼6枚，長橢圓形，排列成2輪

葉先端圓或銳形

葉柄長5～8公釐，托葉三角狀披針形，長約2公釐，無毛；成熟時特化成銳刺，宿存。

### 飼育蝴蝶

- 雙色帶蛺蝶（台灣單帶蛺蝶）*Athyma cama zoroastes*
- 玄珠帶蛺蝶（白三線蝶）*Athyma perius*
- 靛色琉灰蝶（台灣琉璃小灰蝶）*Acytolepsis puspa myla*

分布　原生種。台灣廣泛分布於海拔約900公尺以下地區，見於路旁、林緣或山坡地等環境。日本、琉球、中國南方、印度、斯里蘭卡亦有分布。

| 科名 | 大戟科　Euphorbiaceae | 屬名 | 野桐屬　Mallotus |
|---|---|---|---|
| 學名 | *Mallotus japonicus* (Thunb.) Muell.-Arg. | 繁殖方法 | 播種法，全年皆宜。 |

## 野桐

半落葉性中、小喬木，株高3～10公尺。小枝圓形，褐色，近無毛，髓心白色。幼枝扁狀，密生白色和褐色星狀毛。

- **葉**　互生或近對生。全緣至寬細鋸齒緣或偶3淺裂，厚紙質至薄革質。闊卵形至圓形或三角狀闊卵形，長10～22公分，寬11～22公分。葉表黃綠至暗綠色，散生褐色星狀毛，主、側脈微凹，脈明顯被褐色星狀毛。葉背灰綠色，密生白色星狀毛與黃綠色小腺點。新芽和新葉為褐色至紅褐色或紅色。

- **花**　雌雄異株，圓錐花序，頂生。雄花：花萼2～4枚，橢圓形。長約2.7公釐，徑約1.8公釐，被星狀毛。雄蕊約90枚，花絲黃綠色。花徑6～6.5公釐。雌花：花萼3～4枚，子房外面密生黃綠色肉質軟刺及星狀毛，子房3～4室。花序軸長10～20公分，密生星狀毛。花期為3～5月或9～10月。

- **果**　蒴果。三角狀球形，徑約8公釐。果表密生肉質軟刺與黃色腺體，散生紅色星狀毛。熟時由綠轉褐，開裂。種子3～4粒。黑色，近球形，具光澤，徑約3.5公釐。

- **附記**　本種葉表基部具有1～2枚腺體，其分泌物常吸引螞蟻覓食與在樹上築蟻巢。而當花期來臨時，花與花苞成黑星灰蝶（台灣黑星小灰蝶）幼蟲的美食，而幼蟲也會分泌蜜汁供螞蟻覓食並保護之，三者間成為有趣的關係。

雌花特寫。

未熟果。

雄花：雄蕊約90枚

雌花：花序軸密生絨毛狀星狀毛

葉互生或近對生，全緣至寬細鋸齒緣或偶3淺裂，闊卵形至圓形或三角狀闊卵形

葉基淺心形或圓形，基出3或5脈

葉先端突尖

葉表葉基具有一對腺體。

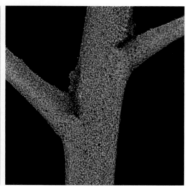

枝略扁，無托葉，葉柄長4～23公分。

種子黑色，近球形。

雄株盛花。

| 飼育蝴蝶 |
|---|
| ·黑星灰蝶（台灣黑星小灰蝶）*Megisba malaya sikkima* |

分布　原生種。台灣廣泛分布於全島海拔約1,000公尺以下地區，見於路旁、林緣或開闊地、山坡地等環境，族群在野外頗為常見。日本亦分布。

| 科名 | 大戟科　Euphorbiaceae | 屬名　野桐屬　Mallotus |
|---|---|---|
| 學名 | *Mallotus paniculatus* (Lam.) Muell.-Arg. | 繁殖方法　播種法，全年皆宜。 |

## 白匏子（白葉仔）

半落葉性小喬木，樹皮灰褐色，株高3～10公尺。小枝綠褐色，近圓形，密生褐色星狀毛。幼枝淺綠褐色，略扁具稜，密生褐色星狀毛。

- **葉**　互生。全緣，鋸齒緣或2～3淺裂，厚紙質。菱形或菱狀卵形，長10～20公分，寬9～16公分。葉表綠至暗綠色，疏生褐色星狀毛；葉背淺灰白色，密生白色與淺黃褐色星狀毛。主、側脈明顯凸起，密被星狀毛。新芽與新葉黃褐色，密生褐色星狀毛。

- **花**　雌雄異株或同株，圓錐花序，頂生。雄花：花萼3～4枚，橢圓形。長2.5公釐，寬約1.6公釐，外密被褐色星狀毛，內無毛。雄蕊約50枚。花絲淺黃綠色，長2.1～2.5公釐，無毛。花梗長2～2.5公釐，密被毛。花徑5～6公釐。雌花：花序軸密生褐色星狀毛。苞片深褐色，卵形，長約0.4公釐，密被毛。花萼3～5枚，橢圓形。長約2.5公釐，寬0.6～1.4公釐。外密生褐色星狀毛。子房綠色，2～3室。球形，徑約0.9公釐，外被淺綠色肉質刺。花柱黃綠色，先端2～3裂，密生星狀毛。花梗長0.9～1.2公釐，密被星狀毛。花徑約3公釐。花期為3～5或9～10月。

- **果**　蒴果。三角狀球形，徑7～8公釐。果表密生肉質軟刺與褐色星狀毛。熟時由綠轉褐色，開裂，種子2～3粒，黑色，近球形，具光澤，長約3.2公釐，徑約3公釐。

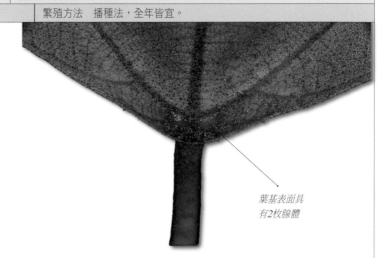

*葉基表面具有2枚腺體*

雌花特寫，花徑約3公釐。

*雄蕊約50枚*

未熟果綠色。

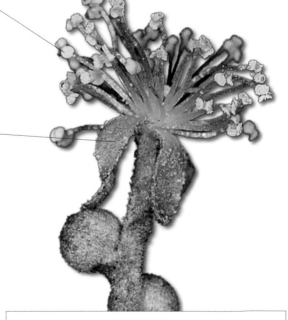

*雄花：花萼3～4裂，橢圓形*

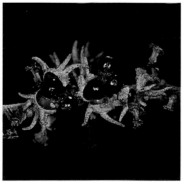

種子黑色，近球形。

半落葉性小喬木。

| 飼育蝴蝶 |
|---|
| ·黑星灰蝶（台灣黑星小灰蝶）*Megisba malaya sikkima* |

分布　原生種。台灣廣泛分布於全島海拔約1,000公尺以下地區，見於路旁、林緣或開闊地、山坡地等環境，族群在野外頗為常見。菲律賓、馬來西亞、澳洲等地區亦分布。

| 科名　大戟科　Euphorbiaceae | 屬名　野桐屬　Mallotus |
|---|---|
| 學名　*Mallotus philippensis* (Lam.) Muell.-Arg. | 繁殖方法　播種法，以春季為宜。 |

## 粗糠柴（六捻仔）

常綠性小喬木，株高3～5公尺。成熟枝條圓形，淺褐色，無毛。小枝褐色，分枝多，被褐色星狀毛。幼枝黃綠色，具細稜，密生銹色星狀毛。

- **葉**　互生。全緣或略波狀緣，紙質至厚紙質。長橢圓形至長橢圓狀披針形或卵狀長橢圓形，長7～19公分，寬3.5～7.8公分。葉表綠至暗綠色，被稀疏至無星狀毛。葉背淺綠色，密生白色星狀毛與密布紅褐色小腺體。
- **花**　雌雄同株或異株，總狀圓錐花序，腋生或頂生。雄花：花萼橄欖黃，3～4枚，披針形，長約1.5公釐，外密生銹色星狀毛。花徑約4公釐。雄蕊18～20枚。花絲白色，長1～2公釐，無毛。雌花：花萼2～3枚，橄欖黃，卵形至披針形，長約1.5公釐，外密生銹色星狀毛。子房卵球形，2～3室，基部具有退化雄蕊。花柱極短。柱頭2～3裂。花徑約2公釐。花期為3～5月。
- **果**　蒴果，萼片宿存。扁狀近球形；具3縱溝。徑7～9.5公釐，高5～6 公釐。果表密生細毛茸與暗紅色小腺體。熟時暗紅色，頂端3裂。果柄長約2 公釐，密生銹色星狀毛。果期7～8月。種子黑色，近圓形。長約5公釐，寬約4.5公釐，無毛。2～3粒聚在一起。
- **附記**　本種幼枝、幼葉與花序，密被米糠狀星狀毛，故名「粗糠柴」。

雌雄同株型。

雌花花序。

雌花特寫。

種子和果。

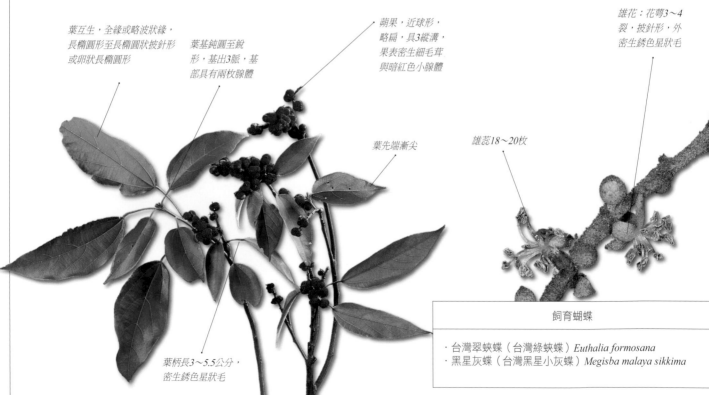

葉互生，全緣或略波狀緣，長橢圓形至長橢圓狀披針形或卵狀長橢圓形

葉基鈍圓至銳形，基出3脈，基部具有兩枚腺體

蒴果，近球形，略扁，具3縱溝，果表密生細毛茸與暗紅色小腺體

雄花：花萼3～4裂，披針形，外密生銹色星狀毛

葉先端漸尖

雄蕊18～20枚

葉柄長3～5.5公分，密生銹色星狀毛

飼育蝴蝶

- 台灣翠蛺蝶（台灣綠蛺蝶）*Euthalia formosana*
- 黑星灰蝶（台灣黑星小灰蝶）*Megisba malaya sikkima*

**分布**　原生種。台灣廣泛分布於全島海拔約1,000 公尺以下山區，見於路旁、林緣或灌叢內、山坡地等環境，在南投縣族群頗為常見。中國華南、菲律賓與印度、澳洲等區域亦分布。

| 科名 | 大戟科 Euphorbiaceae | 屬名 | 野桐屬 Mallotus |
|---|---|---|---|
| 學名 | *Mallotus repandus* (Willd.) Muell.-Arg. | 繁殖方法 | 播種法、扦插法，以春季為宜。 |

# 扛香藤（糞箕藤）

多年生蔓性或攀緣性木質藤本植物。小枝圓形，褐色，近無毛。幼枝綠色，密生金黃色星狀毛。

- **葉** 互生。紙質，全緣至寬波狀緣或疏鋸齒緣。卵形至闊卵形或菱狀至三角狀卵形，長3.5～9公分，寬3～7.5公分。葉表綠至暗綠色，被星狀毛。葉背綠色，密生淺黃色腺體與細毛。葉背脈與脈交會處，具有蟲室。
- **花** 雌雄異株或有時雌雄同株，圓錐花序，頂生或腋生。雄花：花萼3枚，黃綠色，徑約7公釐。雄蕊多數。花藥黃色。雌花：花萼黃綠色，4～5枚，長約1.5公釐，花徑2～3公釐，外密生星狀毛與淺黃色腺體。子房近球形，徑約1.1公釐，密生淺黃色腺體。花柱極短。柱頭2裂，眉形狀，密被毛。花期為2～5月。
- **果** 蒴果。橄欖黃，近球形，中央凹陷，乍看似兩個圓果相連，徑約11公釐。果表密生淺黃色腺體與細毛。果柄長約10公釐，果期在6～10月。種子1～2粒。黑色，球形，具光澤，徑約5公釐。

本種為台灣產野桐屬中，唯一蔓性或攀緣性藤本植物。（雌株）

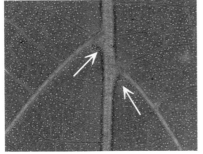

葉背密生黃色腺體，脈腋具有蟲室。

未熟果和種子。

雌花花序。

雌花特寫。

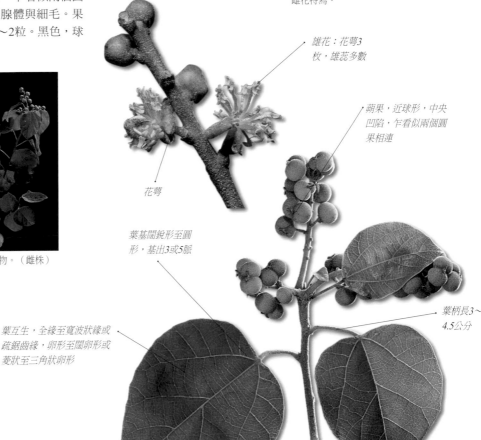

雄花：花萼3枚，雄蕊多數

花萼

蒴果，近球形，中央凹陷，乍看似兩個圓果相連

葉基闊銳形至圓形，基出3或5脈

葉柄長3～4.5公分

葉互生，全緣至寬波狀緣或疏鋸齒緣，卵形至闊卵形或菱狀至三角狀卵形

葉先端漸尖

| 飼育蝴蝶 |
|---|
| · 凹翅紫灰蝶（凹翅紫小灰蝶）*Mahathala ameria hainani* <br> · 黑星灰蝶（台灣黑星小灰蝶）*Megisba malaya sikkima* |

**分布** 原生種。台灣廣泛分布於全島海拔約1,000公尺以下地區，見於路旁、林緣、溪畔或灌叢內、山坡地等環境，在彰化縣八卦山山脈與南投縣山區族群頗多。中國華南、菲律賓、馬來西亞、印度亦分布。

| 科名 大戟科 Euphorbiaceae | 屬名 蓖麻屬 Ricinus |
|---|---|
| 學名 *Ricinus communis* L. | 繁殖方法 播種法，以春、秋季為宜。 |

## 蓖麻

常綠性亞灌木，基部木質化，株高1〜4公尺。莖紅褐色或綠色，圓形，中空，平滑無毛。幼枝無毛，密被白粉。

- **葉** 卵圓形，寬20〜60公分，掌狀裂，7〜11中裂至近深裂，葉基盾狀。厚紙質至薄革質，鋸齒緣，齒尖具有腺體。葉表淺綠至暗綠色，葉背綠色，皆無毛。

- **花** 雌雄同株，總狀花序，花簇生於花序軸上，花聚集成叢，腋生。雌花著生於花軸上半部，雄花著生於花軸下半部，小花無花瓣。雄花：花萼5裂，裂片卵狀三角形，無毛。雄蕊25枚。花絲白色，每枚先端有3〜4分岔。雌花：花萼5枚，裂片卵狀三角形，帶灰之粉紅色至灰褐色，無毛。子房綠色，近球形，外圍密生肉質軟刺。花柱綠色，3深裂，每枚再2岔。花期為全年不定期，盛花期4〜12月。

- **果** 蒴果。圓球形，徑2.8〜3公分，3〜6個聚集。果表密生錐狀肉質軟刺。熟時由綠轉為深褐色，果柄長1〜4.5公分。種子約3粒。褐色，橢圓形。長約11公釐，寬約6.5公釐，表面具斑紋。

- **附記** 另一種園藝栽培種之「紅蓖麻 *Ricinus communis* ‘GIBSONII’」。全株為暗紅色，亦為波蛺蝶（樺蛺蝶、蓖麻蝶）之食草。

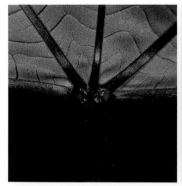

葉背葉基具有一對腺體。

未熟果。

種子含有蓖麻鹼及蓖麻毒蛋白等毒素，不可食用。

雌花生於花軸上半部，雄花著生於花軸下半部，小花無花瓣。

蓖麻常群生於向陽路旁、河岸、溪床或灌叢、山坡地等環境，族群在野外頗為常見。而波蛺蝶（樺蛺蝶）的雌蝶習慣將卵產於葉表，幼蟲常見棲息於葉表。

葉盾狀卵圓形，掌狀裂，7〜11中裂至近深裂，鋸齒緣

雄蕊約25枚

雄花：花被5裂，裂片卵狀三角形

| 飼育蝴蝶 |
|---|
| · 波蛺蝶（樺蛺蝶、蓖麻蝶）*Ariadne ariadne pallidior* |

分布 歸化種。原產非洲、印度等地，台灣於1906年所記錄之歸化植物。廣泛分布全島海拔約1,300公尺以下地區，常群生於向陽路旁、河岸、溪床或灌叢內、山坡地等環境，族群在野外頗為常見。

| 科名 大戟科 Euphorbiaceae | 屬名 烏桕屬 Sapium |
| --- | --- |
| 學名 *Sapium sebiferum* (L.) Roxb. | 繁殖方法 播種法、根萌發出小苗分株法，以春、秋季為宜。 |

# 烏桕

落葉性中、小喬木，株高3～12公尺。樹皮灰褐色，具縱裂紋。小枝圓形，綠褐色，具紅褐色皮孔，無毛。新芽和新葉為紅褐至紅色或黃綠色。

- **葉** 互生。全緣，紙質。菱形或菱狀卵形，長4～7公分，寬3～7公分。葉表綠至暗綠色，葉背淺綠色，皆無毛。
- **花** 雌雄同株，穗狀花序，頂生。花序長3～10公分。雄花：花萼2～3裂，黃色，寬約1.5公釐。雄蕊2～3枚，伸出花萼外。花梗長約1.8公釐，無毛。小花密集排列。雌花：花萼3裂，綠色，披針形。長約2.3公釐，徑約2公釐，無毛。子房2～3室，綠色，近球形，高約2.8公釐，徑約2.3公釐，無毛。花柱長2.5～3.5公釐。柱頭2～3深岔。著生於花序基部。花柄長1～1.5公釐，無毛。花期為4～6月。
- **果** 蒴果。近球形，徑1.2～1.5公分。果表平滑無毛，熟時由綠轉為黑褐色，頂端3裂，果柄長0.8～1公分。種子3粒聚集。白色，略半圓形，長約8公釐，寬7～8公釐，無毛。果期為6～10月。

種子3粒聚集。白色，略半圓形。

雌花特寫。

雄花序，長6～10公分。

烏桕是紅葉家族之一，葉片在凜冽的隆冬季節轉變為火紅，點綴著沉鬱的綠林。

基部具腺體兩枚　葉基圓形

葉先端銳形漸尖或尾狀漸尖

葉全緣，菱形或菱狀卵形

柱頭2～3深岔　雄花　雌花：花萼3裂　花柱　子房　穗狀花序，雄花著生於花序上方，雌花著生於下方

| 飼育蝴蝶 |
| --- |
| · 小鑽灰蝶（姬三尾小灰蝶）*Horaga albimacula triumphalis* |

分布 歸化種。台灣廣泛分布於全島海拔約1,000公尺以下地區，見路旁、林緣或開闊地、荒野、濕潤地等環境，族群在野外頗為常見。印度、日本、越南、中國華南亦分布。

| 科名 殼斗科 Fagaceae | 屬名 櫟屬 Quercus |
|---|---|
| 學名 *Quercus variabilis* Blume | 繁殖方法 播種法，以春、秋季為宜。 |

# 栓皮櫟

落葉性中、大喬木，株高15～20公尺。樹皮灰褐色，具縱
向深裂溝紋。小枝灰褐色，平滑無毛。幼枝綠色，被白色
短柔毛。

- 葉　互生。革質，羽狀脈，針狀鋸齒緣。披針形至闊披
  針形或長橢圓狀卵形，長10～18公分，寬3～7公分。葉
  表暗綠色，具光澤，無毛。葉背灰白色，密生白色貼柔
  毛，主、側脈明顯凸起。側脈14～18對，直達齒尖。新
  芽為紙質，葉表黃綠色，被金褐色短毛，脈明顯凹陷。

- 花　單性花。雄花：花多數，柔荑花序，懸垂。花序軸
  淺綠色，長8～17公分，密生白色曲柔毛。苞片褐色，披
  針形，長1～1.5公分，外被白色細短毛。花被綠褐色，
  3枚，殼狀卵形，裂片先端具白色柔毛。雄蕊6枚。花絲
  透明狀白色，長約2.5公釐，無毛，花絲伸出花被外。雌
  花：單一，腋生。小花約3朵，無柄，著生於長約2～4
  公釐之總苞柄上。花朵被深紅色總苞所包覆著。子房黃
  色，密生細毛。花柱黃色，密生細毛。柱頭黃色，先端3
  裂。花徑約2公釐。花期為2～5月。

- 果　堅果。橢圓形或近球形，長1.5～1.8公分，徑1.3～
  1.6公分。外被密集小苞片，包覆約2／3。小苞片披針
  形，向後反捲，長0.5～1.2公分，密生白色細微短毛。熟
  時由黃綠色轉為褐色。果期為9～11月。種子米色，橢圓
  形或近球形，長1.3～1.6公分，徑1.1～1.5公分。

雄花花被綠褐色，3枚，先端具白色柔毛。

小花約3朵，無柄，花徑約2公釐，被深紅色
總苞所包覆著。單一，腋生。

未熟果。

堅果橢圓形或近球形，長1.5～1.8公分，外被
密集小苞片，包覆約2/3。

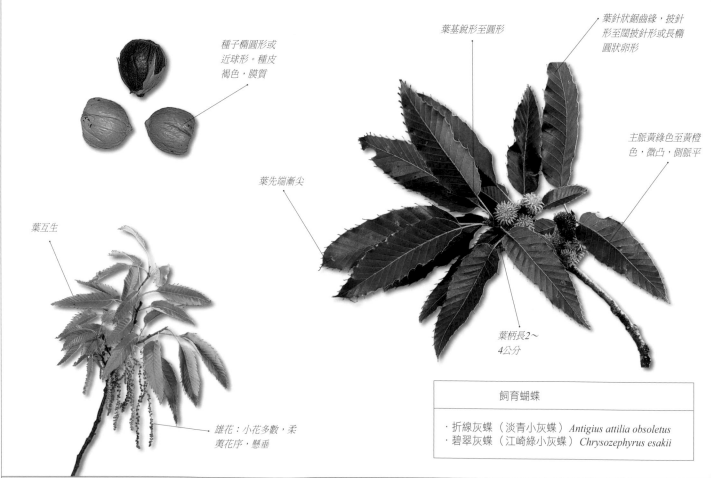

種子橢圓形或
近球形。種皮
褐色，膜質

葉基銳形至圓形

葉針狀鋸齒緣，披針
形至闊披針形或長橢
圓狀卵形

主脈黃綠色至黃橙
色，微凸，側脈平

葉先端漸尖

葉互生

葉柄長2～
4公分

雄花：小花多數，柔
荑花序，懸垂

| 飼育蝴蝶 |
|---|
| ・折線灰蝶（淡青小灰蝶）*Antigius attilia obsoletus*<br>・碧翠灰蝶（江崎綠小灰蝶）*Chrysozephyrus esakii* |

分布　原生種。台灣廣泛分布於全島海拔約600～2,300公尺地區，見於路旁、林緣或森林中等環境。

| 科名 | 大風子科　Flacourtiaceae | 屬名　魯花樹屬　Scolopia |
|---|---|---|
| 學名 | *Scolopia oldhamii* Hance | 繁殖方法　播種法，以春、秋季為宜。 |

## 魯花樹（俄氏莉柊）

常綠性小喬木或灌木，株高5～12公尺。枝條具有長棘刺，長2～3.2公分，具皮孔。小枝圓形，褐色，具多數褐色皮孔，無毛。幼枝綠色，無毛。

- 葉　互生。全緣或上半部具疏鈍鋸齒緣，薄革質至革質。卵形至長橢圓形或披針形，長2～7公分，寬1～3公分。葉表黃綠至綠色，具光澤，無毛。葉背淺綠色至綠色，無光澤、無毛。側脈4～5對。
- 花　花多數，總狀花序，頂生。苞片線形，長約1公釐，被毛。早落。花萼淺黃色，4～5枚。裂片三角形，長約1.4公釐，寬約1.3公釐，兩面無毛。花初開淺黃色，後轉為粉紅色。瓣4～5枚，橢圓形，長約2.5公釐，寬約1.4公釐。花瓣與花萼同數，互生。花徑5～6公釐。雄蕊約50枚，伸出花被外，徑約6公釐。花絲白色，長3～3.4公釐，無毛。花絲基部外輪，具有一輪黃橙色腺體。子房黃綠色，圓柱形。長約1.6公釐，徑約0.9公釐。花期為9～10月。
- 果　漿果，萼片宿存。近球形，長7～8公釐，徑6～9公釐。果表無毛。花柱宿存，長約4公釐。熟時由綠轉為黃橙至紅色，最後為黑色，果肉為灰紅色。種子3～6粒。白色，扁狀卵形，長約3.6公釐，寬約2.5公釐。果期為10月至翌年3月。

葉基闊銳形

葉柄長2.5～4公釐

葉先端銳形鈍圓或中央微凹

葉互生，卵形至長橢圓形或披針形

花多數，總狀花序，頂生。

雄蕊約50枚，伸出花被外。

未熟果近球形，花柱宿存，長約4公釐。

果熟時轉為黃橙至紅色，最後為黑色。

葉全緣或上半部具疏鈍鋸齒緣

枝條具有長棘刺

小枝具多數褐色皮孔

種子白色，扁卵形

| 飼育蝴蝶 |
|---|
| ・黃襟蛺蝶（台灣黃斑蛺蝶）　*Cupha erymanthis*<br>・琺蛺蝶（紅擬豹斑蝶）　*Phalanta phalantha* |

分布　原生種。台灣廣泛分布於全島海拔約500公尺以下地區，見於路旁、林緣或灌叢、樹林內等環境。琉球、菲律賓亦分布。

| 科名　金縷梅科　Hamamelidaceae | 屬名　秀柱花屬　Eustigma |
|---|---|
| 學名　*Eustigma oblongifolium* Gardn. & Champ. | 繁殖方法　播種法，以春、秋季為宜。 |

# 秀柱花

常綠性中、小喬木，株高7～15公尺。小枝圓形，具多數皮孔，無毛。幼枝綠色，密生淺褐色星狀毛與皮孔。

- **葉**　互生。全緣，在葉端具有1～3對寬而粗之大鋸齒，革質。披針形或長橢圓狀披針形，長7～15公分，寬3～6公分。葉表綠色至暗綠色，具光澤，無毛。葉背淺綠色，無毛或被稀疏星狀毛。側脈6～8對。新芽為黃綠色，兩面密生星狀毛。

- **花**　短總狀花序，頂生。苞片橢圓形，長約3.8公釐，寬約2.3公釐。外密生褐色星狀毛，內被疏星狀毛。花萼2片，5淺裂，長約3.8公釐，徑約2.6公釐。外密生淺褐色至褐色星狀毛，內無毛。花冠初開黃色，後轉為深黃色。瓣5枚，闊卵形，長約3.8公釐，基寬約3公釐。花徑約5～5.5公釐。雄蕊5枚。花絲黃色，條狀彎曲，長約1.9公釐，無毛，著生於花瓣片之間。子房白色，2室，圓錐形。長約3.3公釐，徑約2.2公釐，密生白色星狀毛。花柱黃色，2枚，長約6.5公釐，伸出花冠外。柱頭紫黑色，膨大匙形。花期為2～5月。

- **果**　蒴果。卵球形，長約1.4公分，徑約1.1公分。熟時由綠轉褐，2裂。果表密生淺褐色星狀毛。種子黑色，具光澤，扁狀橢圓形。

蒴果卵球形，果表密生淺褐色星狀毛。

果熟時轉褐，2裂。

花瓣5枚，闊卵形，向後反捲，花柱伸出花冠外。

新芽為黃綠色，兩面密生星狀毛。

花14～20朵，短總狀花序。

葉互生，披針形或長橢圓狀披針形，先端具有1～3對寬而粗的大鋸齒。

短總狀花序，頂生

葉互生，披針形或長橢圓狀披針形

花序軸長2.5～3公分，被褐色疏星狀毛

花柱

葉基楔形，葉柄長0.5～1公分

小枝

| 飼育蝴蝶 |
|---|
| · 瑙蛺蝶（雄紅三線蝶）*Abrota ganga formosana* |

分布　原生種。台灣主要分布於中部海拔約1,200公尺以下山區，見於路旁、林緣或灌叢、樹林內等環境。中國華南、香港亦分布。

| 科名 樟科　Lauraceae | 屬名 樟屬　Cinnamomum |
|---|---|
| 學名 *Cinnamomum burmannii* (Nees) Blume | 繁殖方法 播種法，以春季為宜。 |

## 陰香（假土肉桂、印尼肉桂）

常綠性中、小喬木或灌木，株高4～10公尺。小枝與幼枝，常為紅褐色。幼枝扁平狀，近無毛。芽卵球形，密生白色細毛。

- **葉** 互生或在近枝端為近對生。革質，全緣。長橢圓形或長橢圓狀披針形，長7～11公分，寬1.5～4公分。葉表綠至暗綠色，具光澤，無毛。葉背綠色，無被一層白色臘質，無毛。側脈約為全葉3／4面積。

- **花** 花數朵聚繖狀，圓錐花序，腋生或頂生。花被淺黃白色，具香味。花被片6枚，被白色細短柔毛，花徑約1公分。子房綠色，卵球形，無毛。花柱黃色，密生細毛。柱頭白色。可孕雄蕊3輪共9枚，黃色。花絲在基部具有6枚黃橙色腺體。花藥鮮黃色，4室。花期為3～5月。

- **果** 核果。橢圓形，長約1.1公分，徑7～8公釐。果表平滑無毛，果頂具有徑2.5公釐之圓形微凸，基部具有長約3公釐，徑約4公釐之杯狀果托。果托被細毛，先端6淺裂，裂片頂端截平。果柄長5～7公釐，被細毛。熟時由綠轉為深紫黑色。種子橢圓形，暗褐色，長約9公釐，徑5～6公釐，具細稜。果期為9～11月。

- **附記** 本種是由曾彥學、劉靜榆、王志強、歐辰雄，於2008年所發表之新歸化種植物。陰香的外觀與台灣特有種「土肉桂*C. osmophloeum*」很相似，常被當成土肉桂魚目混珠，坊間又名「假的土肉桂」。本種主要特徵：小枝與幼枝，常為紅褐色。葉背綠色，無白色臘質。果托被細毛，先端6淺裂，裂片頂端截平。而土肉桂：小枝與幼枝，常為綠色。葉背帶灰綠白色，明顯被白色臘質。果托被細毛，先端6淺裂，裂片常宿存，頂端三角形（有時會脫落至截平）。

花絲基部具有6枚黃橙色腺體。

核果，橢圓形，果基部具有杯狀果托，果熟時轉為深紫黑色。

果托被細毛，先端6淺裂，裂片頂端截平。

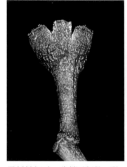

葉互生或在近枝端為近對生，小枝與幼枝，常為紅褐色。

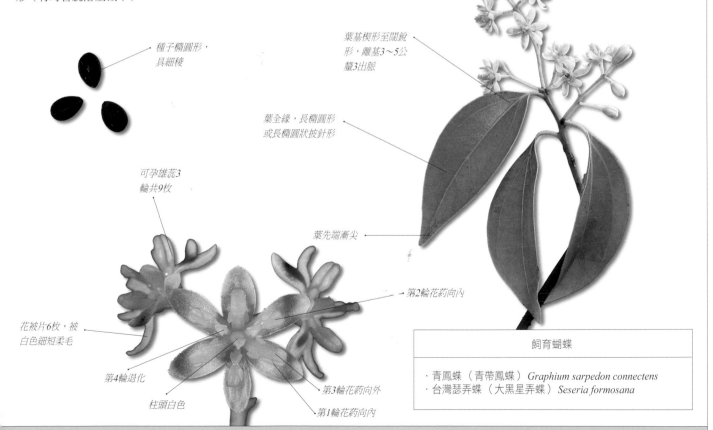

種子橢圓形，具細稜

葉基楔形至闊銳形，離基3～5公釐3出脈

葉全緣，長橢圓形或長橢圓狀披針形

可孕雄蕊3輪共9枚

葉先端漸尖

花被片6枚，被白色細短柔毛

第2輪花藥向內

第4輪退化

第3輪花藥向外

柱頭白色

第1輪花藥向內

| 飼育蝴蝶 |
|---|
| · 青鳳蝶（青帶鳳蝶）*Graphium sarpedon connectens*<br>· 台灣瑟弄蝶（大黑星弄蝶）*Seseria formosana* |

分布 歸化種。原產亞洲東南部與東印度群島。台灣廣泛分布於全島海拔約1,100公尺以下地區，見於林緣、路旁、公園或校園、行道樹等景觀綠美化，族群在野外栽培為行道樹頗多。

| 科名 樟科　Lauraceae | 屬名 樟屬　Cinnamomum |
|---|---|
| 學名　*Cinnamomum camphora* (L.) Presl | 繁殖方法　播種法，以春季為宜。 |

# 樟樹

常綠性中、大喬木，株高10～30公尺。全株根、莖、葉具有濃郁芳香氣味，老樹皮暗褐色，具有縱向深溝裂紋。小枝綠色，圓形，平滑無毛。幼枝略扁，近無毛，芽鱗卵球形，被白色細毛。

- **葉**　互生。薄革質，全緣或波狀緣。橢圓形或卵形至闊卵形，長6～10公分，寬3～5公分。葉表綠至暗綠色，具光澤，無毛，離基0.6～1公分處3出脈，在近葉基的脈腋處，具有2個約0.7公釐之腺體。葉背淺綠白色，被一層白色臘質，無毛。
- **花**　花多數，圓錐花序，腋生。苞片線形，長約1公釐，密被細毛。花被白色或淺黃白色。花被片6枚，被白色細短柔毛，花徑約5公釐。可孕雄蕊3輪共9枚，黃綠色。花絲在基部具有6枚鮮黃色腺體。花藥黃色，4室。退化雄蕊3枚。子房綠色，卵球形，無毛。花柱綠色，無毛。柱頭白色，盤狀。花期為3～5月。
- **果**　核果。球形，徑8～9公釐。果表平滑無毛，基部具有長約6公釐之杯狀果托，果柄長5～8公釐。熟時由綠轉為暗紅最後紫黑色。種子近球形，黑褐色，徑6～7公釐。果期為9～11月。
- **附記**　本種全株根、莖、葉，具有濃郁芳香氣味，可提煉樟油及製造樟腦。木材可供雕刻、製造家具、建材或行道樹、景觀綠美化等用途。

花被片6枚，被白色細短柔毛。　　在近葉基的脈腋處，具有2個腺體。

種子近球形

芽鱗卵球形，被白色細毛。　　常綠性中、大喬木。

葉先端漸尖

葉互生，全緣或波狀緣，橢圓形或卵形至闊卵形

葉基楔形至闊銳形，3出脈

果基部具有杯狀果托

核果，球形

葉基楔形至闊楔形，3出脈

飼育蝴蝶

- 斑鳳蝶　*Chilasa agestor matsumurae*
- 黃星斑鳳蝶（黃星鳳蝶）*Chilasa epycides melanoleucus*
- 寬帶青鳳蝶（寬青帶鳳蝶）*Graphium cloanthus kuge*
- 青鳳蝶（青帶鳳蝶）*Graphium sarpedon connectens*
- 劍鳳蝶（升天鳳蝶）*Pazala eurous asakurae*
- 台灣鳳蝶　*Papilio thaiwanus*
- 蓬萊環蛺蝶（埔里三線蝶）*Neptis taiwana*
- 台灣瑟弄蝶（大黑星弄蝶）*Seseria formosana*

分布　原生種。台灣廣泛分布於全島約1,800公尺以下地區，見於林緣、路旁、雜木林或開闊地等環境。

| 名 | 樟科　Lauraceae | 屬名 | 樟屬　Cinnamomum |
|---|---|---|---|
| 名 | *Cinnamomum osmophloeum* Kanehira | 繁殖方法 | 播種法、扦插法、高壓法，以春季為宜。 |

# 土肉桂 特有種

常綠性中、小喬木，全株具有濃郁肉桂香味，株高10～15公尺。小枝綠色，略扁，具光澤，無毛，散生白色斑點。小枝與幼枝，常為綠色。芽裸露光滑，先端漸尖。

- **葉**　互生或近對生。革質，全緣。長橢圓形或卵狀長橢圓形，長8～19公分，寬3～7公分。葉表綠至暗綠色，具光澤，無毛。葉背淺綠色，明顯被一層白色臘質，密生至疏生極細短毛，側脈約為全葉3／4面積。

- **花**　花數朵聚繖狀，圓錐花序，腋生或頂生。花被淺黃色。花被片6枚，兩面密生白色細絹毛，花徑約1公分。可孕雄蕊3輪共9枚，淺黃綠色。花絲在基部具有黃橙色線體。腺體具柄，長約1.1公釐，與花絲兩側合生。花藥黃綠色，4室。退化雄蕊3枚。子房淺綠色，近球形，無毛。花柱淺綠色，無毛。柱頭白色，盤狀。花期為3～5月。

- **果**　核果。橢圓形，長約1.1公分，徑7～8公釐。果表平滑無毛，密布白點。果托被細毛，先端6淺裂，裂片常宿存，頂端三角形（有時會脫落至截平）。果柄長約1.5公分，被細毛。熟時由綠轉為深紫黑色。種子橢圓形，暗褐色。長約9公釐，徑約5公釐，種皮白色，膜質。果期為9～12月。

離基3出脈

葉背淺綠色，明顯被一層白色臘質

▲陰香葉背　　　▲土肉桂葉片

圓錐花序，腋生或頂生

葉互生或近對生，全緣，長橢圓形或卵狀長橢圓形

葉基闊楔形至闊銳形，離基0.8～1.8公分，3出脈，在脈腋處無腺體

葉先端漸尖

小枝與幼枝常為綠色

花被片6枚，兩面密生白色細絹毛。

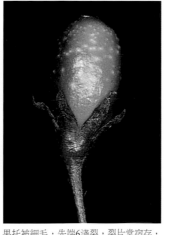

果托被細毛，先端6淺裂，裂片常宿存，頂端三角形（有時會脫落至截平）。

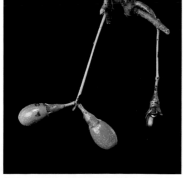

核果，橢圓形，果表平滑無毛密布白點，熟時轉為深紫黑色。

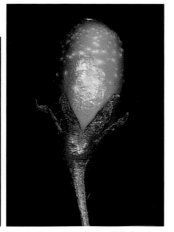

花梗長1.5～1.7公分，被疏毛。

飼育蝴蝶

- 斑鳳蝶　*Chilasa agestor matsumurae*
- 寬帶青鳳蝶（寬青帶鳳蝶）*Graphium cloanthus kuge*
- 青鳳蝶（青帶鳳蝶）*Graphium sarpedon connectens*
- 劍鳳蝶（升天鳳蝶）*Pazala eurous asakurae*
- 台灣瑟弄蝶（大黑星弄蝶）*Seseria formosana*

分布　台灣特有種。台灣廣泛分布於中、北部海拔約1,600公尺以下地區，見於林緣、路旁或溪畔、森林中等環境，族群在野外頗為常見。

| 科名 樟科　Lauraceae | 屬名　木薑子屬　Litsea |
|---|---|
| 學名 *Litsea cubeba* (Lour.) Pers. | 繁殖方法　播種法，以春、秋季為宜。 |

# 山胡椒（木薑子、馬告（Makauy））

落葉性小喬木或灌木，株高4～5公尺。全株具有濃郁芳香之胡椒香味。小枝褐色至綠褐色，圓形，無毛。幼枝密生白色細短柔毛。

- **葉**　互生。全緣、膜質至紙質。狹披針形或長橢狀披針形，長5～12公分，寬1～3公分。葉表黃綠色、綠色至暗綠色，被細短毛或近無毛。葉背帶灰之淺綠白色，被白色細短毛至近無毛，側脈每邊約5～8條。

- **花**　花數朵簇生。苞片貝殼狀橢圓形，4枚。長5～6公釐，寬約4公釐，外無毛，內被白色疏細毛。雌雄異株。雄花：花被片淺黃綠色，6枚，長約3公釐，寬約2公釐。花徑約6公釐。雄蕊9枚。花藥黃色，具4個藥孔。雌花：花被片闊卵形，近白色，長約1.3公釐，寬約1.3公釐。子房綠色，卵球形，徑約0.9公釐，無毛。花柱淺綠色，無毛。柱頭白色，鈍頭至扁T形。花柄略扁平，長約0.8～1公釐，密生白色細毛。苞片5枚，殼狀。花期為2～4月。

- **果**　核果，球形，徑約5公釐。果表平滑無毛，基部具有小杯斗，果柄長約6公釐，未熟果多汁，氣味似檸檬香味。熟時由綠色轉為黑褐色。果期為5～9月。

葉基楔形至銳形

雌花：花瓣闊卵形

葉先端漸尖

葉互生，全緣，狹披針形或長橢狀披針形

總柄長1～1.2公分

花寬5～6公釐

雄花花被片6枚。

雄株：花期時，葉落花滿枝。

落葉性小喬木或灌木，全株具有濃郁芳香之胡椒香味。

未熟果，核果球形，果實基部具有小杯斗。

落葉性小喬木或灌木，早春花開，黃花點點別有情愫。

飼育蝴蝶

- 黃星斑鳳蝶（黃星鳳蝶）*Chilasa epycides melanoleucus*
- 台灣瑟弄蝶（大黑星弄蝶）*Seseria formosana*

分布　原生種。台灣廣泛分布於約500～2,000公尺地區，見於林緣、路旁、雜木林或開闊地等環境，族群在野外頗為常見。中國、日本、琉球、印度等地區亦分布。

| 科名 豆科　Leguminosae | 屬名　相思樹屬　Acacia |
|---|---|
| 學名 *Acacia farnesiana* (L.) Willd. | 繁殖方法　播種法，以春季為宜。 |

## 金合歡（刺球花）

多年生灌木或小喬木，株高2～3.5公尺。小枝綠褐色，密布褐色皮孔，分枝多，無毛。幼枝綠色，被疏毛，密布白色皮孔。在枝條節處，具有一對由托葉特化而成之硬質棘刺。

- **葉**　二回偶數羽狀複葉。羽片3～8對。全緣，膜質。小葉線形，長5～7公釐，寬1.2～1.6公釐，12～20對。葉表暗綠色，葉背淺綠色，兩面無毛。小葉葉柄細小近無柄。

- **花**　頭花約3～7枚，頭狀花序簇生於葉腋。頭花展開徑1.8～2公分，具芳香。苞片線形，頂端卵圓形具緣毛，總長約1.5公釐。花萼淺黃白色，漏斗形，膜質。長約1.8公釐，頂徑約1公釐，無毛。先端5齒裂，深0.2～0.3公釐。花冠漏斗形，5裂，淺黃綠色。長約3公釐，無毛。雄蕊64～68枚，花絲鮮黃色，長3～6公釐，無毛。花藥鮮黃色。子房綠色，長橢圓形，長約1.8公釐，徑約0.5公釐，無毛。花柱黃色，無毛。柱頭，鈍頭。花期為12～1月。

- **果**　莢果。長圓柱形，直或鐮刀狀，長5～9公分，徑0.9～1.1公分。熟時由綠轉為黑褐色，不開裂。果表密布皺紋。種子褐色，橢圓形，長7～9公釐，寬約6公釐。

在枝條節處，具有一對由托葉特化而成之硬質棘刺。

莢果，熟時轉為黑褐色，果表密布皺紋。

多年生小喬木或灌木，分枝多。

在第一對羽片下方總柄上，具有一枚腺體。

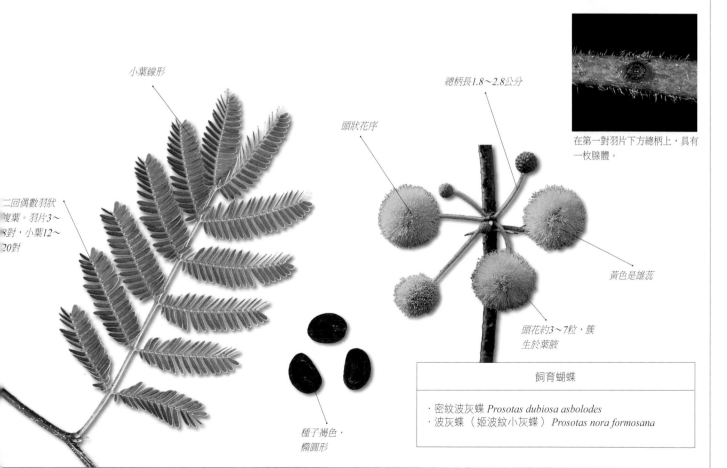

小葉線形

二回偶數羽狀複葉。羽片3～8對，小葉12～20對

總柄長1.8～2.8公分

頭狀花序

黃色是雄蕊

頭花約3～7粒，簇生於葉腋

種子褐色，橢圓形

| 飼育蝴蝶 |
|---|
| · 密紋波灰蝶 *Prosotas dubiosa asbolodes*<br>· 波灰蝶（姬波紋小灰蝶）*Prosotas nora formosana* |

分布　歸化種。原產南美洲。台灣於1645年引進栽培。主要於南部地區與中部園藝栽培，做景觀、盆栽、園藝或藥用研究等用途。

| 科名 豆科　Leguminosae | 屬名 孔雀豆屬　Adenanthera |
|---|---|
| 學名 *Adenanthera microsperma* L. | 繁殖方法 播種法,以春、秋季為宜。 |

## 小實孔雀豆（相思豆）

常綠中、大喬木,株高10～25公尺。樹皮灰褐色。小枝圓形,褐色,無毛。幼枝綠色,扁平狀,近無毛。嫩葉被毛。

- **葉** 二回羽狀複葉,羽片互生或近對生,3～6對。小葉互生,9～17枚。橢圓形至長橢圓形,長1.5～4公分,寬1～2公分。全緣,膜質。葉表綠色至暗綠色,無毛,脈平。葉背淺綠色,無毛,主脈凸起。
- **花** 總狀花序,腋生。花軸長15～23公分,被疏毛。每一花序約有300朵小花,密集排列似毛刷狀。花萼黃綠色,淺鐘形,5淺裂。萼外密生褐色短毛。花瓣5枚,由淺黃至黃色。長橢圓形,長約3.3公釐,寬約1.3公釐。雄蕊10枚。花絲淺黃色,長約4.5公釐,無毛。子房淺粉紅色,長橢圓形。長約3.7公釐,徑約0.7公釐,被疏細柔毛。花柱近白色,長約2.5公釐,無毛。柱頭漸尖,鈍頭。花期為5～10月。
- **果** 莢果。螺旋狀捲曲。熟時由綠轉褐,開裂,種子宿存在莢果上或脫落。種子鮮紅色,近球形,兩面略凸,具光澤。長約6公釐,厚約5公釐。
- **附記** 唐·詩人王維〈相思〉:「紅豆生南國,春來發幾枝。願君多採擷,此物最相思。」文中所描述之相思豆,史載流傳有2版本,一是孔雀豆(*A. pavonina*)之種子。二是紅豆樹(*Ormosia hosiei*)之種子。台灣產有二特有種:台灣紅豆樹(*O.formosana*)與恆春紅豆樹(*O.hengchuniana*)。由於年代久遠,所以正解眾說紛紜。但筆者投紅豆樹屬植物一票。

二回羽狀複葉,羽片互生或近對生,3～6對

小葉互生,9～17枚

葉基歪斜

小葉全緣,橢圓形至長橢圓形

葉先端圓

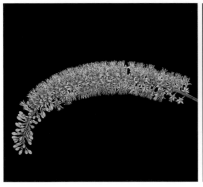

花軸長15～23公分,被疏毛。每一花序約有300朵花,密集排裂似毛刷狀。

雄、雌蕊特寫。

總狀花序,腋生。

莢果,螺旋狀捲曲,熟時轉褐。

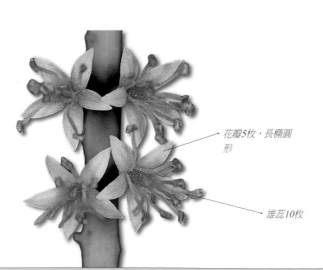

花瓣5枚,長橢圓形

雄蕊10枚

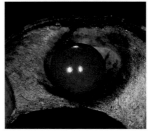

種子鮮紅色,近球形,兩面略凸具光澤。

常綠中、大喬木。

| 飼育蝴蝶 |
|---|
| ·波灰蝶(姬波紋小灰蝶)*Prosotas nora formosana* |

分布 栽培種。原產爪哇,中國華南。台灣於1903年引進栽培,主要做為園藝景觀、行道樹或公園、校園綠美化等用途。

| 名　豆科　Leguminosae | 屬名　合萌屬　Aeschynomene |
|---|---|
| 名　*Aeschynomene americana* L. | 繁殖方法　播種法、扦插法，全年皆宜。 |

## 敏感合萌（美洲合萌）

一年生直立草本植物，基部木質化，全株密生黏性腺毛，株高100～160公分。小枝暗紅褐色，圓形，分枝多，密生白色腺毛。幼莖密生金黃色腺毛。

- **葉**　奇數羽狀複葉，互生。披針形，基部較寬大漸往先端窄小。小葉互生，20～35對。線狀橢圓形，長1.5～12公釐，寬1～2公釐。全緣，具疏緣毛，膜質。葉表暗綠色，葉背灰綠色，兩面無毛。小葉柄細小近無柄。

- **花**　總狀花序，腋生。苞片披針形，長3～3.3公釐，兩面無毛，緣具紅色或綠色長腺毛。花萼鐘形，5裂。二唇形，上方2枚合生先端微裂，下方3枚深裂約0.7公釐。萼外被腺毛與緣毛，內無毛。花冠蝶形。旗瓣：粉紅色具紅色脈紋，卵圓形，長約4.5公釐，寬約4.5公釐。頂端淺凹。瓣基具有鮮黃色斑紋。翼瓣：一半淺黃色，一半淺紅色，長橢圓形。長約5.5公釐，寬約2公釐。龍骨瓣：淡黃色底具有紅色斑紋，鐮狀橢圓形。長約5.7公釐，寬約2.3公釐。下緣密生腺毛。兩體雄蕊共10枚，每組各5枚。子房綠色，扁平狀，兩面具有縱列小瘤突，上下緣密生細毛。花期為8～12月。

- **果**　節莢果。扁狀長線形，3～9節，種間腹脊圓弧形收縮。長1.2～3公分，寬約3.3公釐。果表兩面近無毛，邊緣具腺毛。熟時由綠轉褐。種子褐色，腎形，長約2.8公釐，寬約1.9公釐。

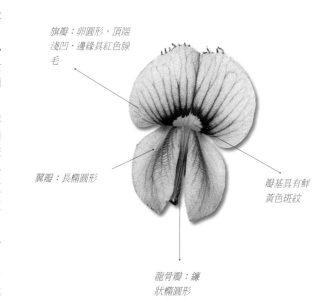

旗瓣：卵圓形，頂端淺凹，邊緣具紅色腺毛

翼瓣：長橢圓形

瓣基具有鮮黃色斑紋

龍骨瓣：鐮狀橢圓形

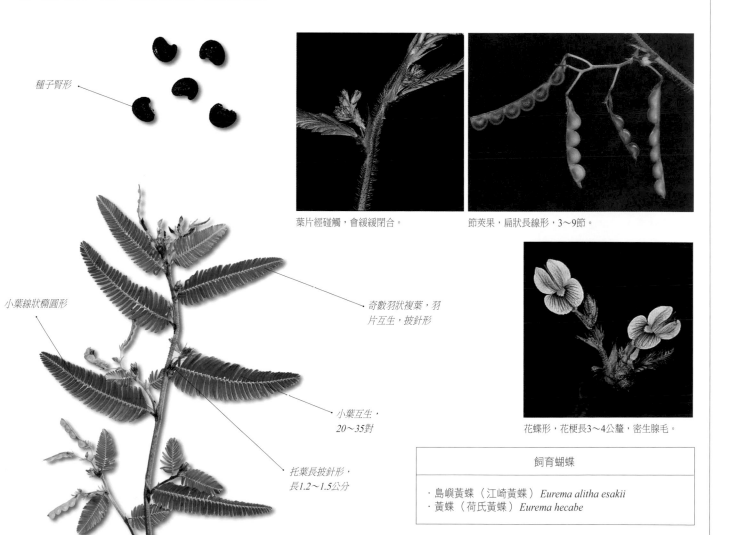

種子腎形

葉片經碰觸，會緩緩閉合。

節莢果，扁狀長線形，3～9節。

小葉線狀橢圓形

奇數羽狀複葉，羽片互生，披針形

小葉互生，20～35對

托葉長披針形，長1.2～1.5公分

花蝶形，花梗長3～4公釐，密生腺毛。

| 飼育蝴蝶 |
|---|
| · 島嶼黃蝶（江崎黃蝶）*Eurema alitha esakii*<br>· 黃蝶（荷氏黃蝶）*Eurema hecabe* |

| 科名　豆科　Leguminosae | 屬名　合萌屬　Aeschynomene |
|---|---|
| 學名　*Aeschynomene indica* L. | 繁殖方法　播種法、扦插法，全年皆宜。 |

## 合萌（田皂角）

一年生直立濕生草本植物，基部木質化，株高100～200公分。小枝綠色至紅褐色，圓形，中空，分枝多，平滑無毛或疏生紅色腺毛。新生幼莖，具有暗紅色腺毛。

- **葉**　奇數羽狀複葉，互生。披針形，基部較寬大漸往先端窄小。小葉互生，18～34對。線狀橢圓形，長0.4～1.1公分，寬1～2.5公釐。全緣，膜質。葉表暗綠色，葉背灰綠色，兩面無毛。小葉葉柄細小，長約0.7公釐。葉軸疏生紅色腺毛。

- **花**　總狀花序，腋生。苞片披針形，細齒狀緣，半包莖狀，長約4.5公釐。花萼鐘形，5裂，披針形，長約5公釐。二唇形，上方2枚合生先端淺裂，下方3枚深裂。萼外近無毛，具緣毛，內無毛。花冠蝶形。旗瓣：黃色或黃底帶淺紅色，闊橢圓形，長8～9公釐，寬約6公釐，瓣基具有紅色斑紋。翼瓣：淺黃色，歪斜橢圓形。長約7公釐，寬3.7～4公釐。龍骨瓣：淺黃色，鐮狀長橢圓形。長約8公釐，寬約3公釐。先端合生。兩體雄蕊，共10枚，每組各5枚。花絲淺黃綠色，無毛。花藥橄欖黃。子房綠色，密布淺黃色腺體狀之腺毛。花柱淺黃白色，無毛。花期不定期，約為3～11月間。

- **果**　節莢果。扁狀長線形，5～8節，種間腹脊圓弧形收縮。長3～3.8公分，寬4～5公釐。未熟果果表散生暗紅色腺毛，先端具約2公釐之短喙。熟時由綠轉褐，果表瘤狀皺皮，節莢果易斷。種子褐色，腎形，長約3.5公釐，寬約2.5公釐。

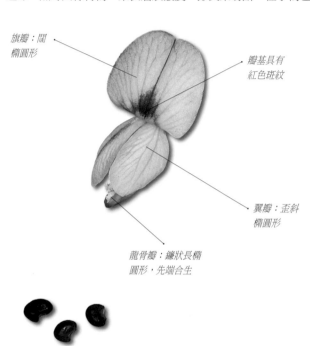

旗瓣：闊橢圓形

瓣基具有紅色斑紋

翼瓣：歪斜橢圓形

龍骨瓣：鐮狀長橢圓形，先端合生

種子腎形

托葉長披針形，葉片經碰觸會緩緩閉合。

節莢果，扁狀長線形，5～8節。

一年生直立濕生草本植物，分枝多。

奇數羽狀複葉，互生，披針形。

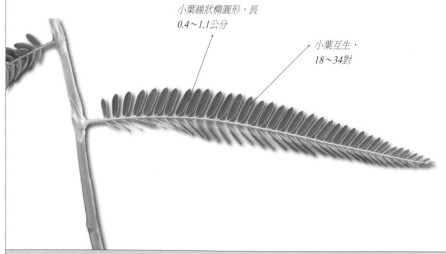

小葉線狀橢圓形，長0.4～1.1公分

小葉互生，18～34對

| 飼育蝴蝶 |
|---|
| ・黃蝶（荷氏黃蝶）*Eurema hecabe* |

| 科名 豆科　Leguminosae | 屬名　合歡屬　Albizia |
|---|---|
| 學名 *Albizia lebbeck* (L.) Benth. | 繁殖方法　播種法，以春、秋季為宜。 |

## 大葉合歡

半落葉性中、小喬木，株高5～20公尺。春季萌芽，小枝綠色，被疏毛，具白色皮孔。幼枝密生白色短絨毛。

- **葉**　二回羽狀複葉，羽片對生，2～4對，先端一對羽片基部具有腺體。小葉對生，4～14對。橢圓形至長橢圓形，長3～5公分，寬1.5～2公分。全緣，葉緣略反捲，紙質。葉表綠至暗綠色，無毛至被疏毛。葉背淺綠色，密被短毛。

- **花**　頭狀花序，腋生。花萼綠色，鐘形，5淺裂，線狀披針形。徑約2.5公釐，筒長4～5公釐，筒外密生淺黃白色細毛。頭花淺綠色至黃綠色。花冠漏斗形，黃綠色，筒長0.9～1公分，徑6～7公釐。先端5裂，深約3公釐。單朵雄蕊約33枚。花絲長3～3.8公分，無毛。基半部為白色，上半部為綠色後轉黃色。子房白色，長約3公釐，徑約1公釐，無毛。花柱白色，長約34公釐，無毛。柱頭漸尖。花期為5～10月。

- **果**　莢果。扁狀長橢圓形，長約30公分，寬約4～4.5公分。基部楔形，先端漸尖鈍圓。熟時淺黃之橙色，果表平滑無毛，外觀凹凸狀排列。種子4～10粒。種子褐色，闊橢圓形，扁平，長約1.1～1.2公分，寬0.8～1公分。莢果具毒性，不可食用。

小葉對生，4～14對，橢圓形至長橢圓形

二回羽狀複葉，羽片對生，2～4對

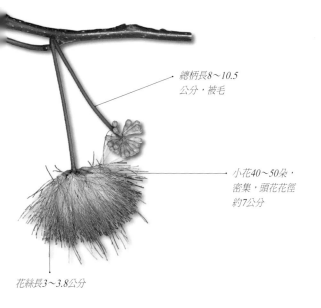

總柄長8～10.5公分，被毛

小花40～50朵，密集，頭花花徑約7公分

花絲長3～3.8公分

飼育蝴蝶

- 亮色黃蝶（台灣黃蝶）*Eurema blanda arsakia*
- 黃蝶（荷氏黃蝶）*Eurema hecabe*
- 密紋波灰蝶 *Prosotas dubiosa asbolodes*
- 波灰蝶（姬波紋小灰蝶）*Prosotas nora formosana*

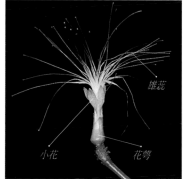

雄蕊

小花　花萼

特化之白花側面。

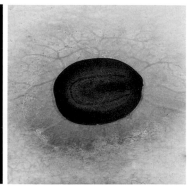

種子。

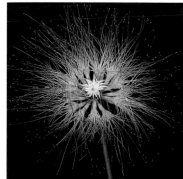

頭花中央有一朵醒目、特化之導引花冠，以吸引蟲媒來授粉。

先端一對羽片基部，具有腺體與小托葉。

半落葉性中、小喬木。

莢果長可至30公分。

分布　歸化種。原產舊熱帶地區。台灣廣泛分布於全島海拔約800公尺以下地區，見於林緣、路旁、雜木林等環境或公園、行道樹等用途。

| 科名　豆科　Leguminosae | 屬名　羊蹄甲屬　Bauhinia |
|---|---|
| 學名　*Bauhinia championii* (Benth.) Benth. | 繁殖方法　播種法，以春、秋季為宜。 |

## 菊花木

多年生大型攀緣性木質藤本植物。莖暗褐色，具皮孔，疏生短毛。小枝褐色，圓形，密生褐色短毛，具皮孔。幼枝綠色至淺紅褐色，具縱稜，密生金褐色細短毛。腋出2叉捲鬚，捲鬚密生金褐色細短毛。

- **葉**　互生。全緣，厚紙質。長卵形至卵形或闊卵形，長3～9公分，寬2.5～7.5公分。葉表綠色至暗綠色，無毛。葉背綠色，密生金褐色短毛。新葉由紅褐色轉為黃綠色，密被毛。
- **花**　總狀花序，頂生。小芯梗長1～1.2公分，密生細柔毛。在接近柄基1/3處，具有2枚長約1.5公釐密被毛之小苞片。花萼黃綠色至綠色，具花托，5深裂。裂片披針形，長約4.5公釐，基寬約1.7 公釐。萼外密生白色細短毛，內無毛。花瓣5枚，白色。橢圓形，長約4.7公釐，寬2～2.5公釐，瓣緣波狀。花徑約7公釐。有藥雄蕊3枚，離生，餘小（長1.8公釐）或缺。花絲淺綠色，長約7.5公釐，無毛。子房綠色，扁平，密生白色細柔毛，基部具有黃色花盤與花托。花柱綠色，無毛。柱頭綠色，鈍頭。花期為9～10月。
- **果**　莢果。扁平長橢圓形，長8～11公分，寬2～3公分。果表無毛，先端具線形之喙。熟時由綠轉褐。種子黑色至黑褐色，扁平卵圓形。長10～14公釐，寬8～12公釐。果期為11月至翌年1月。

葉長卵形至卵形或闊卵形

葉先端2裂，深0.5～2公分

新葉紅褐色，後轉為黃綠色

未熟果，扁平長橢圓形。

花白色。

2叉捲鬚。

大型攀緣性木質藤本，莖橫斷面似菊花之花紋，利用2叉捲鬚攀緣至樹灌層。

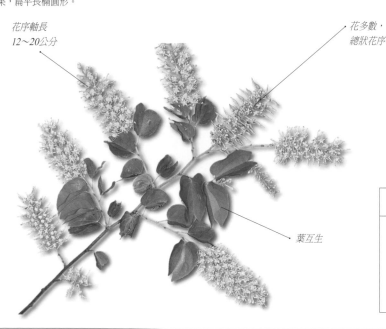

花序軸長12～20公分

花多數，總狀花序

葉互生

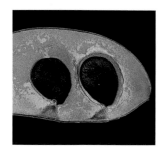

種子黑色至黑褐色，扁平卵圓形，長1～1.4公分。

| 飼育蝴蝶 |
|---|
| · 玳灰蝶（恆春小灰蝶）*Deudorix epijarbas menesicles*<br>· 鑽灰蝶（三尾小灰蝶）*Horaga onyx moltrechti*<br>· 細帶環蛺蝶（台灣三線蝶）*Neptis nata lutatia*<br>· 密紋波灰蝶 *Prosotas dubiosa asbolodes*<br>· 波灰蝶（姬波紋小灰蝶）*Prosotas nora formosana* |

分布　原生種。台灣廣泛分布於全島海拔約1,100公尺以下地區，見於路旁、灌叢內或林緣、開闊地等環境，族群在野外頗為常見。中國華南、印度、印尼等地區亦分布。

| 科名　豆科　Leguminosae | 屬名　蘇木屬　Caesalpinia |
|---|---|
| 學名　*Caesalpinia decapetala* (Roth) Alston | 繁殖方法　播種法，以秋季為宜。 |

## 雲實

多年生攀緣性木質藤本植物。全株密生錐狀棘刺或鉤刺，枝條圓形，密生細毛，具皮孔。小枝和幼枝近圓形，具5縱稜，密生細毛與鉤刺。

- **葉**　二回羽狀複葉。羽片對生，6～10對。小葉對生，6～12對。小葉橢圓形至倒卵狀橢圓形，長1.3～2.8公分，寬0.7～1.2公分。全緣，膜質。葉表綠至暗綠色，無毛至近無毛。葉背淺綠色，密生白色細短毛。

- **花**　總狀花序，頂生。花萼黃色，鐘形，5深裂。裂片橢圓形，長約1.1公分，寬約6公釐，兩面被白色細柔毛與緣毛。花瓣5枚，黃色。左右兩側4枚花瓣片倒卵形，微內曲，長約1.6公分，寬約1.4公分。頂中央一枚花瓣片較小，長約1.6公分，寬約1公分。上半部向上彎曲成近直角，表面分布紅色雲片狀小斑紋。花徑3～3.2公分。雄蕊10枚，離生，5長5短，著生於花托周圍上緣。花絲淺黃色，密生白色細絨毛。子房綠色，扁狀橢圓形，密生白色細柔毛。花柱淺黃色，無毛。柱頭凹陷。花期為3～4月。

- **果**　莢果。扁平倒卵形，長約5.3公分，寬約2.1公分。果表密生細微短毛，無刺，先端具短喙。熟時由綠轉褐。果柄長約2.5公分，被疏毛。種子黑褐色，橢圓形，散生斑紋。果期為5～6月。

二回羽狀複葉，羽片對生

小葉橢圓形至倒卵狀橢圓形

小葉對生，6～12對

小花15～40朵，總狀花序，頂生

小花多數15～40朵，總狀花序，頂生。

枝條圓形，密生錐狀棘刺或鉤刺與細毛。

未熟果，果柄長2.5公分。

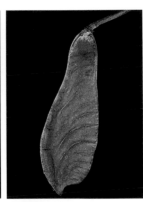

成熟莢果。

中央花瓣較小，分布紅色小斑紋

左右兩側花瓣較大

花特寫，花徑3～3.2公分

花柄長2～3公分。

種子。

| 飼育蝴蝶 |
|---|
| · 黃蝶（荷氏黃蝶）*Eurema hecabe* |

分布　原生種。台灣主要分布於全島海拔約500公尺以下地區，見於路旁、灌叢內或林緣、開闊地等環境。

| 科名 | 豆科　Leguminosae | 屬名　蘇木屬　Caesalpinia |
|---|---|---|
| 學名 | *Caesalpinia minax* Hance | 繁殖方法　播種法，以春、秋季為宜。 |

## 喙莢雲實

多年生攀緣性或匍地蔓性藤狀灌木。全株密生錐狀棘刺或鉤刺，鉤刺先端常為黃橙色。小枝條近圓形，密生棘刺與鉤刺，具小縱稜。新芽著生於，離腋12～15公釐處，密生細毛。

- **葉**　二回羽狀複葉，羽片對生，5～9對。小葉對生，6～12對。小葉長橢圓形，長3～5.3公分，寬1～2.2公分。全緣，紙質。葉表暗綠色，無毛（新芽被細毛）。葉背淺綠色，被淺黃褐色有光澤短毛。

- **花**　圓錐花序，頂生。苞片黃綠色，殼狀橢圓形，長約2公分，寬約9公釐。外密生白色細短毛，內無毛，頂端具1.5公釐小凸尖。花萼黃綠色，鐘形，5深裂。裂片長橢圓形，長約1.4公分，寬7～8.5公釐。萼外密生白色細絨毛，內無毛。花瓣5枚，淺綠白色。左右兩側4枚花瓣片倒卵形，4枚較大為淺綠白色，長約1.9公分，寬1.2～1.3公分，兩面被疏毛。頂中央一枚花瓣片較小，為深紅色且反捲。花徑約3.4公分。雄蕊10枚，離生，5長5短。花絲綠色，基半部密生白色細絨毛，餘無毛。花藥黑褐色。子房綠色，密生白色細絨毛。花柱綠色，密生白色細絨毛。柱頭凹陷。花期為2～3月。

- **果**　莢果。橢圓形，長9～11.5公分，寬4.5～5公分。果表密生針狀銳刺，先端具長約15公釐之長喙。熟時由綠轉褐至暗褐色。種子3～7粒，深藍色，橢圓形，平滑無毛，長約1.8公分，徑約1.2公分。

*二回羽狀複葉，羽片對生，5～9對*

*小葉對生，6～12對*

*小葉長橢圓形*

*羽片長30～70公分*

種子。

髓心白色，新芽離腋，腋上出。　未熟果。

花冠淺綠白色辦5枚，左右兩側4枚較大，中央一枚花瓣較小，為深紅色且反捲，花徑約3.4公分。

*花序軸密生白色短毛與短刺*

*花多數，20～50朵，圓錐花序，頂生*

*花柄長1.4～1.6公分*

多年生攀緣性或匍地蔓性藤狀灌木。

成熟莢果。

| 飼育蝴蝶 |
|---|
| ·亮色黃蝶（台灣黃蝶）*Eurema blanda arsakia* |
| ·黃蝶（荷氏黃蝶）*Eurema hecabe* |

分布　原生種。台灣廣泛分布於中、南部海拔約800公尺以下地區，見於路旁、灌叢內或林緣等環境。熱帶地區亦分布。

| 科名 豆科 Leguminosae | 屬名 木豆屬 Cajanus |
|---|---|
| 學名 *Cajanus cajan* (L.) Millsp. | 繁殖方法 播種法，全年皆宜。 |

# 木豆（樹豆）

常綠性直立灌木，株高1～2公尺。成熟莖圓形，褐色，具皮孔，無毛。小枝綠色，圓形，具細縱稜，密生淺灰白色短毛。幼枝灰綠色，方圓形，明顯具數縱稜，密生白色短絨毛。

- **葉** 三出複葉，互生。全緣，密生緣毛，厚紙質。頂小葉長橢圓狀披針形，長4～10公分，寬1～3公分。葉表深綠色，葉背淺綠白色；兩面密生白色細短毛與黃色腺點。側小脈相互連結成網狀。

- **花** 短總狀花序，腋生。花萼綠色，筒狀鐘形，5裂，披針形，上方2枚合生。萼外密生白褐色短毛。花冠蝶形。旗瓣：黃色，卵圓形，長約1.4公分，寬1.5～1.7公分。瓣基具有或無暗紅色斑紋或脈紋。翼瓣：黃色，長橢圓形，長約1.4公分，寬約4.5公釐。龍骨瓣：黃綠色，長橢圓狀，長約1.2公分，寬約5.5公釐。兩體雄蕊9+1。花絲白色，無毛。花藥黃色。子房綠色，密生淡褐色長柔毛。花柱黃綠色，無毛。柱頭，頭狀。花期為10～12月。

- **果** 莢果。扁狀長橢圓形，3～5節。長5～7.5公分，寬1～1.2公分。果表密生褐色短毛，種間凹陷，先端具長喙。熟時由綠轉褐，開裂。種子4～6粒。米色，卵形狀，長3.5～4.5公釐，寬約3.1公釐。果期為12至翌年3月。

花冠蝶形，黃色，花柄長1.2～1.5公分，密生白短毛。 花側面可見旗瓣基部之紅色條紋。

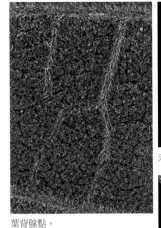

葉背腺點。

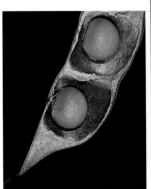

未熟果。

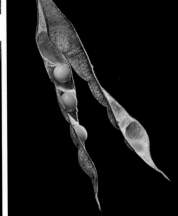

常綠性直立灌木

葉表深綠色，密生白色細絨毛與黃色腺點

頂小葉長橢圓狀披針形，長4～10公分，寬1～3公分

種子。

莢果開裂。

花枝。

| 飼育蝴蝶 |
|---|
| · 雅波灰蝶（琉璃波紋小灰蝶）*Jamides bochus formosanus* <br> · 豆波灰蝶（波紋小灰蝶）*Lampides boeticus* |

**分布** 歸化種。原產於印度，台灣於1965年所記錄之歸化植物。台灣廣泛分布於海約1,300公尺以下地區，見於林緣、路旁、山野或草生地、河床等環境。本種為原住民重要之民俗植物，故常栽培於部落附近。

| 科名 豆科　Leguminosae | 屬名 雞血藤屬　Callerya |
|---|---|
| 學名　*Callerya nitida* (Benth.) R. Geesink | 繁殖方法 播種法、壓條法、高壓法，全年皆宜。 |

## 光葉魚藤（雞血藤）

多年生常綠性木質藤本植物。成熟莖暗褐色，圓形，無毛，具皮孔。幼莖綠色，密生白色短絨毛。

- **葉** 奇數羽狀複葉，互生。小葉對生，3或5枚，常為5枚。頂小葉橢圓形至卵狀橢圓形，長7～12.5公分，寬3～4.5公分。全緣，葉緣略反捲，厚紙質至薄革質。葉表綠色至暗綠色，被白色疏短毛。葉背綠色，被疏短毛。
- **花** 圓錐狀花序，頂生。花萼粉紅色，鐘形，5淺裂。萼外密生白色短伏毛，具緣毛，萼內無毛。萼基具有2枚，長約4.2公釐，粉紅色小苞片，被毛，早落。花冠蝶形。旗瓣：粉紅色至淡紫色，橢圓形，長2.5～3.3公分，寬2～2.4公分，中央基半部具有黃色縱帶斑紋，表面無毛。瓣背白色，密生白色短柔毛。先端淺裂，深約3.5公釐。翼瓣：鮮紫色，長橢圓狀，長約1.8～2公分，寬約8公釐。龍骨瓣：鮮紫色，歪長橢圓狀，長約2公分，寬約7.5公釐。兩體雄蕊。花絲白色，無毛。花藥黃褐色。子房綠色，長約1.8公分，寬約2.2公釐，密生白色柔毛。花柱淺黃白色，無毛。柱頭頭狀，徑約0.6公釐。花期為7～10月。
- **果** 莢果。硬質，扁狀長橢圓形，長8～10公分，寬約1.5公分。基部楔形，先端銳形具喙。果表密生短絨毛。種子3～5粒，褐色，扁圓形，徑1.2～1.3公分。果期為11月至翌年2月。

葉基鈍

奇數羽狀複葉，互生

種子，褐色，扁圓形。

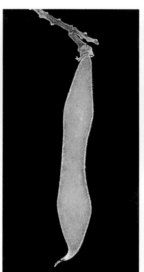

未熟果，果表密生短絨毛。

小葉托葉，線形，長約2.8公釐。

花特寫。

圓錐狀花序，頂生。

多年生常綠性木質藤本，在南投縣國姓鄉、魚池鄉、惠蓀林場、蓮華池等處族群頗多。

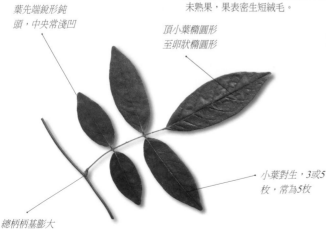

葉先端銳形鈍頭，中央常淺凹

頂小葉橢圓形至卵狀橢圓形

小葉對生，3或5枚，常為5枚

總柄柄基膨大

| 飼育蝴蝶 |
|---|
| ・靛色琉灰蝶（台灣琉璃小灰蝶） *Acytolepsis puspa myla*<br>・台灣銀灰蝶（台灣銀斑小灰蝶） *Curetis brunnea*<br>・雅波灰蝶（琉璃波紋小灰蝶） *Jamides bochus formosanus*<br>・豆環蛺蝶（琉球三線蝶） *Neptis hylas luculenta*<br>・雙尾蛺蝶（雙尾蝶） *Polyura eudamippus formosana* |

分布 原生種。台灣廣泛分布於中部海拔約300～1000公尺地區，見於林緣、路旁、曠野或灌叢內、雜木林內等環境。中國華南亦分布。

| 名 | 豆科 Leguminosae | 屬名 | 雞血藤屬 Callerya |
|---|---|---|---|
| 名 | *Callerya reticulata* (Benth.) Schot | 繁殖方法 | 播種法、壓條法、高壓法，全年皆宜。 |

## 老荊藤

多年生常綠性中、大型木質藤本植物。莖圓形，具攀緣、纏繞或匍地蔓性。外皮易剝落，褐色，無毛。小枝綠色，近無毛。幼莖和幼葉黃綠色，密生白色短毛。

- **葉** 奇數羽狀複葉，互生。小葉對生或近對生，5～11枚。頂小葉長橢圓形或倒披針形，長3～9.5公分，寬1.5～4.5公分。全緣，厚紙質。葉表綠色至暗綠色，葉背綠色；兩面無毛至近無毛。側小脈網狀連結。

- **花** 總狀花序，腋生。或圓錐狀花序，頂生。苞片綠色，卵形。長約2.5公釐，寬約1.5公釐，外被細毛，具緣毛，內無毛。花萼暗紅綠色，淺鐘形，淺5齒裂。萼外被白色疏毛，具緣毛，萼內無毛。萼基具有2枚，長約1.6公釐，暗紅色小苞片，被毛。花冠蝶形。旗瓣：闊卵形，深紅紫色，長1.2～1.3公分，寬1～1.1公分。瓣中央至瓣基具有長約6公釐，寬約3.5公釐之鮮黃色大斑紋，兩面無毛。翼瓣：長橢圓狀，深紅紫色，長約1.3公分，寬約6公釐。龍骨瓣：橢圓狀，鮮紫色，先端深紫黑色。長1公分，寬約6公釐。兩體雄蕊。花絲白色，長約1.4公分，無毛。子房淺黃綠色，無毛。花柱上揚淺紅白色，無毛。柱頭，頭狀。花期為4～9月。

- **果** 莢果。扁狀長線形，長12～15公分，寬約1.4公分。基部楔形，先端銳形至圓，具短喙。果表平滑無毛，密布小疣點。熟時由綠色轉為深褐色，不開裂。種子暗褐色，扁狀近圓形，長1～1.1公分。果期為11～12月。

頂小葉長橢圓形或倒披針形

小葉對生或近對生，5～11枚

奇數羽狀複葉，羽片互生

未熟果。

花萼暗紅綠色，淺鐘形

花柄長5～7公釐

花序軸可至35公分

花特寫。旗瓣中央至基部，具有鮮黃色大斑紋。

小葉托葉，線形，長約3公釐，被疏毛。

葉軸基部有一對錐狀腺體。

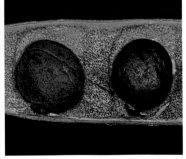

種子。

### 飼育蝴蝶

- 銀灰蝶（銀斑小灰蝶）*Curetis acuta formosana*
- 台灣銀灰蝶（台灣銀斑小灰蝶）*Curetis brunnea*
- 雅波灰蝶（琉璃波紋小灰蝶）*Jamides bochus formosanus*
- 小環蛺蝶（小三線蝶）*Neptis sappho formosana*
- 雙尾蛺蝶（雙尾蝶）*Polyura eudamippus formosana*

| 科名 | 豆科　Leguminosae | 屬名 | 粉撲花屬　Calliandra |
|---|---|---|---|
| 學名 | *Calliandra emerginata* (Humb. & Bonpl.) Benth. | 繁殖方法 | 播種法、扦插法、高壓法，以春季為宜。 |

## 紅粉撲花（凹葉紅合歡）

多年生半落葉性灌木，株高2～4公尺。小枝灰褐色，具皮孔，無毛。幼枝綠色，密生褐色短毛。

花約30朵，密集成頭狀

頭花展開徑5.5～6公分

總柄綠色，長3～3.4公分，被毛。

- **葉**　二出複葉。羽片一對，互生。每羽片小葉，2大1小共3對。小葉歪斜長橢圓形至倒卵形，長4～5.5公分，寬1.2～2.3公分。全緣，紙質。葉表黃綠色至暗綠色，無毛。葉背灰綠色，無毛。
- **花**　頭狀花序，腋生。苞片綠色，披針形，長約2公釐，外近無毛，具緣毛。花萼鮮紅紫色，鐘形，長約2.5公釐，頂寬約1.3公釐。先端5裂，裂片三角形，具緣毛。花鮮紅紫色至紅色。花冠漏斗形，鮮紅紫色，長約6公釐，頂徑約4公釐，無毛。先端5裂，銳形，深約2公釐。單朵雄蕊多數。花絲鮮紅紫色約20枚，長3～3.2公分，無毛。花藥暗紅紫色。子房淺綠色，長約0.8公釐，徑約0.4公釐，無毛。花柱鮮紅紫色，長約1.7公分，無毛。花期為5～7月。
- **果**　莢果，扁狀長橢圓形，長10～11公分，寬約0.7公分。熟時由綠轉褐，果柄長約1.8公分，果表平滑無毛。種子黑褐色，橢圓形，長約8公釐，寬約4公釐。

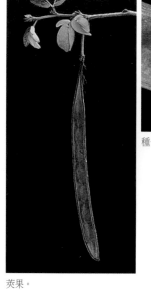

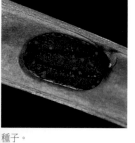

種子。

莢果。

小葉歪斜長橢圓形至倒卵形

本種花朵美豔，但不耐日曬。在烈日下，常呈現凋萎形態，而在蔭涼處或夜間一樣會繽紛綻放。

二回羽狀複葉，羽片一對，每羽片有2大1小共3枚小葉

1小

幼枝綠色，密生褐色短毛

2大

| 飼育蝴蝶 |
|---|
| · 靛色琉灰蝶（台灣琉璃小灰蝶）*Acytolepsis puspa myla*<br>· 亮色黃蝶（台灣黃蝶）*Eurema blanda arsakia* |

分布　栽培種。原產於美洲、瓜地馬拉、墨西哥。台灣於1969年引進栽培。全島普遍種植綠美化，主要做為景觀、盆栽、綠籬等園藝用途。

| 科名 | 豆科　Leguminosae | 屬名 | 粉撲花屬　Calliandra |
|---|---|---|---|
| 學名 | *Calliandra haematocephala* Hassk. | 繁殖方法 | 播種法、扦插法、高壓法，以春季為宜。 |

# 美洲合歡（紅合歡）

多年生灌木，株高2～4公尺。樹皮暗褐色。小枝褐色，具皮孔，密生白色短絨毛。幼枝橄欖黃，密生淺褐色短絨毛，具皮孔。

- **葉**　二出羽狀複葉。羽片一對。小葉對生至近對生，4～6對。小葉歪斜長橢圓狀披針形，長1.5～6.5公分，寬1～2.5公分（葉片由軸基往先端漸大片）。全緣，密生緣毛，紙質。葉表綠色至暗綠色，密生白色短毛。葉背綠色，密生淺褐色短毛。
- **花**　頭狀花序，腋生或頂生。苞片卵狀披針形，長約6公釐，外被淺褐色短毛，具緣毛。花萼筒狀，鐘形，長約4.5公釐，頂徑約2.5公釐。先端5淺裂，無毛。花鮮紅色。花冠漏斗形，鮮紅色，長0.9～1公分，頂徑約6公釐，具緣毛。先端5中裂，披針形，深約3.3公釐。單朵雄蕊多數，約40枚。花絲紅色，長約3.3公分，無毛。花藥紅黑色。子房淺粉紅色，無毛。花柱基部白色餘為紅色，長約2.6公分，無毛。柱頭鈍頭，紅色。花期為12月至翌年2月。
- **果**　莢果。扁狀長橢圓形，長8～14公分，寬1～1.3公分。熟時由綠轉為咖啡色，開裂。果表被疏短毛，兩側具圓縱稜，先端具2～3公釐之短喙。種子咖啡色，扁平，闊橢圓形。長0.8～1公分，寬6～7公釐。種皮散生斑紋。

小葉歪斜長徑圓狀披針形

二出羽狀複葉，羽片一對

小葉對生至近對生，4～6對

小葉葉片由羽軸基部往先端漸大片

新芽紅褐色，密被毛

總柄綠色，長4～4.5公分，密被毛。

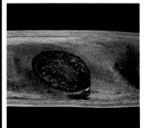

白花型，白絨球。

種子。

花約50朵，密生成頭狀。頭花展開徑7～9公分

多年生灌木，全島普遍種植綠美化，做為綠籬、景觀、盆栽等園藝用途。

莢果扁平，長8～14公分。

| 飼育蝴蝶 |
|---|
| · 靛色琉灰蝶（台灣琉璃小灰蝶）*Acytolepsis puspa myla* |
| · 亮色黃蝶（台灣黃蝶）*Eurema blanda arsakia* |

分布　栽培種。原產於毛里西亞島。台灣於1910年引進栽培。全島普遍種植綠美化，做為綠籬、景觀、盆栽等園藝用途。

| 科名 | 豆科 Leguminosae | | 屬名 | 擬大豆屬 Calopogonium |
|---|---|---|---|---|
| 學名 | *Calopogonium mucunoides* Desv. | | 繁殖方法 | 播種法、分株法，全年皆宜。 |

# 擬大豆（南美葛豆）

一年生纏繞性或匍匐性草質藤本植物。莖圓形，略硬質，分枝多，節處匍地時會生根。密生褐色粗毛。

- **葉** 三出複葉，互生。全緣，紙質。頂小葉卵形至闊卵形，長5～8.5公分，寬3.5～5.5公分。葉表暗綠色，密生淺褐白色短毛。葉背綠色，密生淺褐白色短毛。

- **花** 短總狀花序或總狀花序，腋生。花萼鐘形，5深裂，裂片線狀披針形。萼外密生褐色長粗毛與緣毛。萼基具有3枚線形之小苞片，被毛。花冠蝶形。旗瓣：橢圓形，淺紫色，長約9公釐，寬6～7公釐。表面中央基部具有鮮黃綠色斑紋，頂端微凹。翼瓣：長橢圓形，紫白色，長6～7公釐，寬約2.6公釐。龍骨瓣：狹長橢圓形，白色，長約5公釐，寬約1.7公釐。兩體雄蕊。花絲白色，無毛。花藥黃色。子房綠色，密被毛。花柱白色，被毛。柱頭，頭狀。花期為10～12月。

- **果** 莢果。扁平線形，長2.5～4公分，寬約6公釐。果表密生褐色長粗毛，兩面中央凹陷成縱溝，先端具有1公釐之短喙。熟時由綠轉褐。莢果總柄長3～9公分，密生褐色長粗毛。種子淺褐色，腎形，長3～3.7公釐，寬約3公釐，厚約1.5公釐。

辦基中央具有鮮黃綠色斑紋

翼瓣：長橢圓形

旗瓣：橢圓形，頂端微凹

龍骨瓣：狹長橢圓形

種子淺褐色，腎形

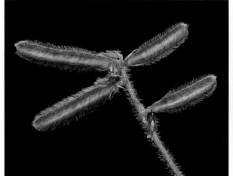

未熟果，密生褐色長粗毛。

一年生纏繞性或匍匐性草質藤本植物。

小葉葉柄，密被粗毛

三出複葉，互生

頂小葉卵形至闊卵形

莖圓形，密生褐色粗毛

總柄長4～10.5公分，密被褐色粗毛

| 飼育蝴蝶 |
|---|
| · 豆環蛺蝶（琉球三線蝶）*Neptis hylas luculenta* |

分布 歸化種。原產於南美洲地區。台灣主要分布於中、南部海拔約600公尺以下地區，見於路旁、荒野、林緣或草生地、河床等環境。

| 名 | 豆科　Leguminosae | 屬名　刀豆屬　Cancavalia |
|---|---|---|
| 名 | *Canavalia lineata* (Thunb. *ex* Murray) DC. | 繁殖方法　播種法，全年皆宜。 |

## 肥豬豆

多年生纏繞性或匐地蔓性草本植物。莖圓形，具韌性，被疏毛至無毛。幼莖密生白色短毛。

- **葉**　三出複葉，互生。全緣，具緣毛，紙質。頂小葉卵圓形或近圓形，長6～13公分，寬6～11.5公分。葉表暗綠色，葉背綠色，兩面被白色疏短毛。
- **花**　總狀花序，腋生。苞片卵形，長約1.3公釐，早落。花萼綠色，筒狀，長約1.5公分，徑約6公釐。先端二唇化，5裂。上唇2大片淺裂，下唇3小鋸齒裂。萼外被白色疏短毛。花冠蝶形，淺紫色至粉紅色或近白色。旗瓣：闊橢圓形，瓣緣常微反捲，長2.3～2.5公分，寬2.6～2.8公分，瓣基具有2枚黃綠色附屬物與2小角突。翼瓣：鐮形，長約2公分，寬約6公釐，中央小隆起。龍骨瓣：鐮形，長約2公分，寬約9公釐。雄蕊10枚。花絲白色，無毛。花藥米色。子房綠色，密生白色細柔毛，基部具有黃色腺體。花柱白色，彎曲，無毛。柱頭黃色，鈍頭。花期為全年不定期。
- **果**　莢果。扁狀長橢圓形，肥厚革質，腹脊略平。長5～15公分，寬3.5～4.5公分，厚2.2～3公分。果表被白色疏短毛，先端圓弧形，喙偏側著生於腹脊先端。熟時由綠轉褐。種子4～8粒。褐至咖啡色，橢圓形，長約1.9公分，寬約1.3公分。臍長1.25～1.35公分。

總柄長5～9公分

頂小葉卵圓形或近圓形

三出複葉

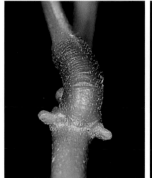

葉軸基部具一對腺體。

花紫色。

淺紫白色。

花白色。

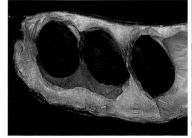

種子褐色至咖啡色，橢圓形。

多年生纏繞性或匐地蔓性草本植物。

未熟果。

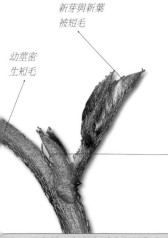

新芽與新葉被短毛

幼莖密生短毛

托葉披針形，被毛，長約6公釐，早落

| 飼育蝴蝶 |
|---|
| · 豆波灰蝶（波紋小灰蝶）*Lampides boeticus*<br>· 豆環蛺蝶（琉球三線蝶）*Neptis hylas luculenta* |

分布　原生種。台灣廣泛分布於全島海拔約800公尺以下地區，見於路旁、荒野、林緣或草生地、溪畔等環境。

| 科名 | 豆科 Leguminosae | 屬名 | 決明屬 Cassia |
|---|---|---|---|
| 學名 | *Cassia alata* L. | 繁殖方法 | 播種法，以春、秋為宜。 |

## 翼柄決明（翼軸決明，翅果鐵刀木）

常綠性灌木，株高2～4公尺。樹幹褐色。小枝圓形，綠色，被白色短毛，髓心白色。幼枝綠色，密生白色細毛。

- **葉** 一回偶數羽狀複葉。互生，基部葉片常較小，頂端較大片。小葉對生，10～20對。全緣，具緣毛，厚紙質。長橢圓形或長橢圓狀倒卵形，長4～11公分，寬2～5.5公分。葉表綠至暗綠色，被白色疏細毛至近無毛。葉背淺灰綠色，被白色疏細毛至近無毛。
- **花** 總狀花序，頂生。苞片黃色，闊橢圓形，長約1.9公分，寬約1.3公分。花萼黃色，橢圓形，5枚，長1.3～1.5公分，寬6～7公釐。花瓣5枚，鮮黃色。闊卵形，向內曲，長1.5～1.8公分，寬1.5～1.7公分。具葉脈狀脈紋，瓣緣細齒波狀緣。花徑2～2.4公分。雄蕊10枚，離生，不等長，退化雄蕊3枚。花絲淺黃色，無毛。花藥黃褐色。子房綠色，單一，扁平，中央凹陷成縱溝，密生細毛。花柱綠色，無毛。柱頭漸尖，鈍頭。花期為4～11月。
- **果** 莢果。長線形，具4翼。長7～14公分，寬約2.2公分。熟時由綠轉為深褐色。種子黑色，扁平，平滑無毛。卵狀三角形，長約6公釐，寬約5.5公釐，厚約2公釐。

小葉葉柄密生黃橙色小腺體，無小托葉。

常綠性灌木，廣泛栽培於公園、農園或學校、社區等綠美化景觀用途。

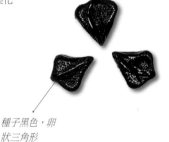

莢果，長線形，明顯具有4翼。

成熟莢果。

種子黑色，卵狀三角形

小葉對生，10～20對，基部葉片常較小，頂端較大片

一回偶數羽狀複葉，葉互生

葉基鈍圓，歪斜。

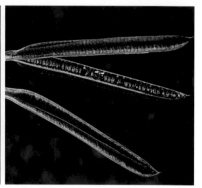

小花多數聚集，總狀花序，頂生

花徑2～2.4公分

花序軸長30～50公分

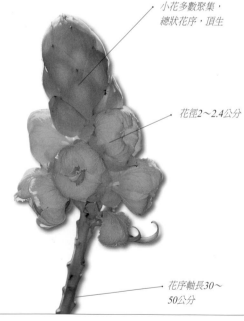

| 飼育蝴蝶 |
|---|
| · 遷粉蝶（淡黃蝶、銀紋淡黃蝶）*Catopsilia pomona*<br>· 細波遷粉蝶（水青粉蝶）*Catopsilia pyranthe*<br>· 黃蝶（荷氏黃蝶）*Eurema hecabe* |

**分布** 歸化種。原產於熱帶美洲地區。台灣於1909年引進栽培。台灣廣泛分布於約800公尺以下地區，見於林緣、路旁、開闊地等環境或公園、農園。多數為人工種植觀賞。

| 名 | 豆科　Leguminosae | 屬名　決明屬　Cassia |
|---|---|---|
| 名 | *Cassia bicapsularis* L. | 繁殖方法　播種法、扦插法，以春、秋季為宜。 |

## 金葉黃槐（雙莢槐）

常綠性灌木，株高1～3公尺。樹幹褐色。小枝圓形，綠色，中空。幼枝綠色，密生白色細絨毛。

- **葉**　一回偶數羽狀複葉，羽片互生。小葉對生，3～5對。全緣，紙質。卵形或倒卵形至長倒卵形，長1～3.5公分，寬1～2公分。葉表暗綠色，無毛，葉緣金黃色。葉背淺綠色，被疏短毛至無毛。

- **花**　總狀花序，腋生，聚集於枝端。苞片線形，長約4公釐，早落。花萼黃色，橢圓形，5枚，長約1公分，寬4～5.5公釐。花瓣5枚，鮮黃色。闊橢圓形至橢圓形，長約1.8公分，寬1～1.5公分。基出3或5脈，具脈紋。花徑3.5～4.5公分。雄蕊10枚，離生，不等長，退化雄蕊3枚。花絲鮮黃色，無毛。花藥咖啡色。子房綠色，密生白色柔毛。花柱綠色，無毛。柱頭漸尖，鈍頭。花期為9～11月。

- **果**　莢果。念珠狀長線形，長8～12公分，徑0.8～0.9公分。果表近無毛，熟時由綠轉褐色。

花瓣5枚，具有脈紋

退化雄蕊3枚

雄蕊10枚，離生

雌蕊

花藥

花萼

花柱，綠色

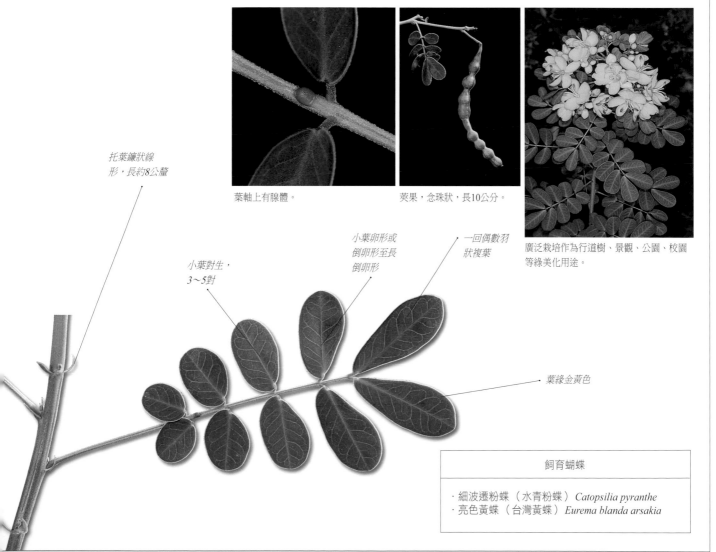

托葉鐮狀線形，長約8公釐

小葉對生，3～5對

小葉卵形或倒卵形至長倒卵形

一回偶數羽狀複葉

葉緣金黃色

葉軸上有腺體。

莢果，念珠狀，長10公分。

廣泛栽培作為行道樹、景觀、公園、校園等綠美化用途。

| 飼育蝴蝶 |
|---|
| · 細波遷粉蝶（水青粉蝶）*Catopsilia pyranthe*<br>· 亮色黃蝶（台灣黃蝶）*Eurema blanda arsakia* |

| 科名 | 豆科　Leguminosae | 屬名 | 決明屬　Cassia |
|---|---|---|---|
| 學名 | *Cassia fistula* L. | 繁殖方法 | 播種法，以春、秋季為宜。 |

## 阿勃勒（波斯皂莢）

落葉性中、小喬木，株高8～15公尺。樹皮灰褐色。小枝圓形，綠褐色，無毛，具皮孔。幼枝綠色，近無毛。

- **葉**　一回偶數羽狀複葉，互生。小葉對生或近對生，3～8對。全緣，紙質至厚紙質。長橢圓形至卵狀橢圓形，長9～22公分，寬3～9公分。葉表暗綠色，無毛。葉背淺綠色，無毛。
- **花**　總狀花序，成串懸垂，腋生。花序軸長50～95公分。花萼黃綠色，5枚。橢圓形，長1～1.1公分，寬約5.5公釐。花瓣5枚，鮮黃色，離生。闊橢圓形，具瓣柄，花徑5～7.5公分。雄蕊10枚，離生，不等長。3枚較長，4枚中等，3枚短小為退化雄蕊。花絲鮮黃色，彎曲，無毛。花藥淺褐色。子房綠色，無毛。花柱綠色，無毛。柱頭漸尖，鈍頭。花期為5～7月。
- **果**　莢果。長圓柱形，木質化。長30～60公分，徑1.8～2.3公分。熟時由綠轉為深褐色，不開裂。種子褐色，卵狀橢圓形，具光澤。長約9公釐，寬約7公釐，厚約4公釐。種間具有黑色黏稠物質，具有異味。

花序軸長50～95公分

花瓣具瓣柄

花柄長4～10.5公分

雄蕊10枚

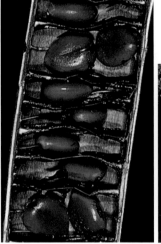

莢果。

播種時，必須將硬莢果敲開，再取出種子播種，因莢果不易腐爛、開裂。

花序成串懸垂。

阿勃勒的花，綻放在仲夏時節，一串串黃花，迎風款擺舞瀟瀟，落瓣飄零雨紛飛。所以又被稱為「黃金雨／Goldenshower」。

種子

葉背主脈明顯凸起

一回偶數羽狀複葉，小葉對生或近對生，3～8對

小葉長橢圓形至卵狀橢圓形

| 飼育蝴蝶 |
|---|
| · 靛色琉灰蝶（台灣琉璃小灰蝶）*Acytolepsis puspa myla* |
| · 遷粉蝶（淡黃蝶、銀紋淡黃蝶）*Catopsilia pomona* |
| · 細波遷粉蝶（水青粉蝶）*Catopsilia pyranthe* |
| · 黃裙遷粉蝶（大黃裙粉蝶）*Catopsilia scylla cornelia* |
| · 亮色黃蝶（台灣黃蝶）*Eurema blanda arsakia* |
| · 黃蝶（荷氏黃蝶）*Eurema hecabe* |
| · 雙尾蛺蝶（雙尾蝶）*Polyura eudamippus formosana* |

分布　栽培種。台灣於1945年引進栽培。廣泛栽培於濱海、平地至低海拔山區，做為行道樹、公園、校園景觀等綠美化用途。緬甸、斯里蘭卡、印度亦分布。

| 名 | 豆科　Leguminosae | 屬名　決明屬　Cassia |
|---|---|---|
| 名 | *Cassia occidentalis* (L.) Link | 繁殖方法　播種法，全年皆可。 |

# 望江南

一年生灌木狀草本植物，基部木質化，株高1～1.8公尺。小枝圓形，無毛。幼枝綠色，由扁圓狀至枝端近5圓稜，具5縱溝與紫褐色斑紋。

- **葉**　一回偶數羽狀複葉，互生。小葉對生，3～6對，常為5對。全緣，具緣毛，紙質。由基部漸往上而大片，卵形至卵狀披針形或橢圓狀披針形，長4～12公分，寬2～5公分。葉表綠至暗綠色，平滑無毛。葉背淺綠色，無毛。側脈8～12對。

- **花**　總狀花序，腋生。苞片披針形，帶綠之紅褐色，長1.2～1.3公分，無毛。花萼黃綠色，殼狀長橢圓形，長1～1.2公分，寬約4公釐，兩面無毛。花瓣5枚，鮮黃色，離生。不等寬，橢圓形至倒卵形，長1.6～1.7公分，寬0.8～1.2公分。明顯基出3脈，具脈紋。花徑2.5～3公分。雄蕊10枚。離生，不等長。退化雄蕊3枚。花絲鮮黃色，無毛。花藥褐色。子房綠色，密生白色細柔毛。花柱淺綠色，無毛。柱頭，鈍，下方具有一叢細毛。花期全年不定期。

- **果**　莢果。扁狀長線形至鐮形，先端銳形，長5.5～13公分，寬0.8～1公分。果表被白色疏短毛，熟時由綠轉褐。種子20～55粒，褐色，扁狀卵圓形，一端具有小突，長約5公釐，寬約4.4公釐。

花柄長0.9～1.5公分，密被毛。總狀花序，腋生。

望江南植株的管理、繁殖與栽培皆容易，可廣泛種植來誘蝶。

種子

成熟莢果。

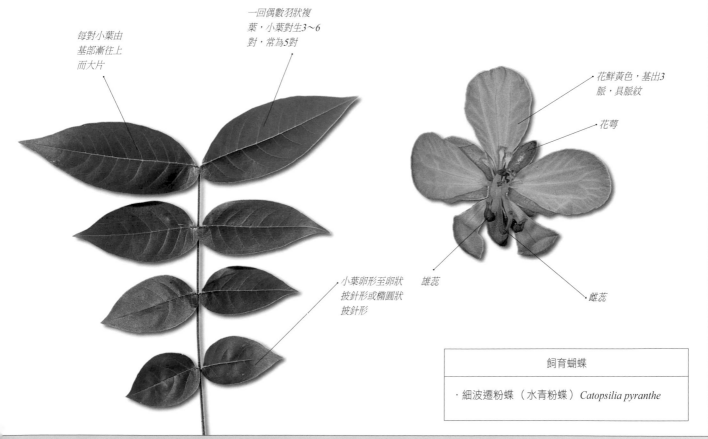

每對小葉由基部漸往上而大片

一回偶數羽狀複葉，小葉對生3～6對，常為5對

小葉卵形至卵狀披針形或橢圓狀披針形

花鮮黃色，基出3脈，具脈紋

花萼

雄蕊

雌蕊

| 飼育蝴蝶 |
|---|
| · 細波遷粉蝶（水青粉蝶）*Catopsilia pyranthe* |

布　歸化種。原產於熱帶美洲地區，台灣於1906年所記錄之歸化植物。廣泛分布於全島海拔約1,000公尺以下地區，見於林緣、路旁、開闊地或草生地、山坡地等環境。

| 科名 | 豆科　Leguminosae | 屬名 | 決明屬　Cassia |
|---|---|---|---|
| 學名 | *Cassia siamea* (Lam.) Irwin & Barneby | 繁殖方法 | 播種法，以春、秋為宜。 |

# 鐵刀木

半落葉性中、大喬木，株高8～18公尺。小枝圓形，暗褐色，具褐色皮
孔，無毛。幼枝綠色，密生白色細毛與淺黃白色皮孔。

- **葉**　一回偶數羽狀複葉，互生。小葉對生，9～12對。全緣，紙質。長
  橢圓形或卵狀長橢圓形，長4～9公分，寬1.5～2.7公分。葉表綠至暗綠
  色，平滑無毛或被疏細毛。葉背淺綠色，密生白色細短毛。
- **花**　圓錐花序，頂生。苞片基半部殼狀橢圓形，上半部隘縮成線形，長
  約9公釐，被細毛。花萼黃綠色，殼狀橢圓形，大小不一致。萼外密生
  白色細絨毛，內無毛。花瓣5枚，鮮黃色。卵圓形，長約1.3公分，寬約
  1.2公分。花徑3～3.5公分。雄蕊10枚。離生，不等長，退化雄蕊2～3
  枚。花絲鮮黃色，無毛。花藥褐色。子房黃綠色，密生白色細柔毛。花
  柱黃綠色，無毛。柱頭，鈍。花期為5～8月。
- **果**　莢果。扁平長線形，長15～28公分，寬約1.3公分。果表近無毛，
  先端銳形，具短喙。熟時由綠轉褐。種子咖啡色，扁平卵圓形，徑約8
  公釐。果期為10至翌年2月。

半落葉性中、大喬木，株高8～18公尺。

花徑3～3.5公分

雄雌蕊特寫。

種子

一回偶數羽
狀複葉

小葉對生，
9～12對

小葉長橢圓形或
卵狀長橢圓形

成熟莢果。

花特寫。

| 飼育蝴蝶 |
|---|
| ·遷粉蝶（淡黃蝶、銀紋淡黃蝶）*Catopsilia pomona*<br>·亮色黃蝶（台灣黃蝶）*Eurema blanda arsakia*<br>·黃蝶（荷氏黃蝶）*Eurema hecabe* |

**分布**　歸化種。台灣於1896年引進栽培。廣泛分布於平地至海拔約700公尺以下山區，見於林緣、路旁、開闊地、山坡地等環境或公園、行道樹做綠美化用
途，族群在野外頗為常見。中南半島、斯里蘭卡、印度、泰國等地區亦分布。

| 科名 豆科　Leguminosae | 屬名　決明屬　Cassia |
|---|---|
| 學名 *Cassia surattensis* Burm. f. | 繁殖方法　播種法、扦插法，以春、秋季為宜。 |

# 黃槐

常綠性小喬木，株高2～5公尺。樹幹褐色。小枝圓形，褐色，近無毛，髓心白色。幼枝綠色，密生白色短絨毛。

- **葉**　一回偶數羽狀複葉，互生。小葉對生，7～9對。全緣，具疏緣毛，紙質。橢圓形或長橢圓形，長3～5公分，寬1.5～2.2公分。葉表暗綠色，無毛。葉背淺綠色，被白色疏短毛。

- **花**　聚繖花序，腋生。花萼帶綠之黃色，5枚，3大2小。3大為殼狀橢圓形，長約9公釐，寬約7公釐。2小為橢圓形，長約7公釐，寬約4公釐。花瓣5枚，鮮黃色。闊橢圓形，長2～2.2 公分，寬1.2～1.7公分。基出3脈，具脈紋。花徑4.5～5公分。 雄蕊10枚，離生；不等長。花絲鮮黃色，無毛。花藥咖啡色，長約6 公釐。子房綠色，扁平；密生白色細柔毛。花柱黃綠色；無毛。柱頭漸尖，鈍頭。花期為5～9月。

- **果**　莢果。扁平長線形，長8～10公分，寬1.3～1.5公分。先端鈍圓，於中央具有5公釐小凸尖。果表被疏毛，熟時由黃綠色轉為深褐色，開裂。種子深褐色，橢圓形，長約6公釐。

雄蕊10枚，不等長　　　花萼5枚，3大2小

花特寫

小葉葉基具有直立腺體。

托葉。

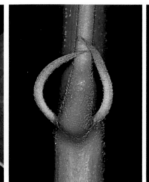

未熟果。

常綠性小喬木，廣泛栽培做為行道樹、景觀或公園、校園等綠美化用途。

小葉對生，7～9對

一回偶數羽狀複葉，互生

葉先端圓，中央微凹

葉基圓

種子

| 飼育蝴蝶 |
|---|
| · 遷粉蝶（淡黃蝶、銀紋淡黃蝶）*Catopsilia pomona*<br>· 細波遷粉蝶（水青粉蝶）*Catopsilia pyranthe*<br>· 黃裙遷粉蝶（大黃裙粉蝶）*Catopsilia scylla cornelia*<br>· 亮色黃蝶（台灣黃蝶）*Eurema blanda arsakia*<br>· 黃蝶（荷氏黃蝶）*Eurema hecabe* |

分布　歸化種。台灣於1903年引進栽培。廣泛分布於濱海、平地至低海拔山區，做為行道樹、景觀或公園、校園等綠美化用途。澳洲、斯里蘭卡、印度亦分布。

| 科名 | 豆科　Leguminosae | 屬名 | 決明屬　Cassia |
|---|---|---|---|
| 學名 | *Cassia tora* (L.) Roxb. | 繁殖方法 | 播種法，以春、秋為宜。 |

# 決明

一年生灌木狀草本植物，基部木質化，株高60～150公分。小枝圓形，綠色，被白色短絨毛。幼枝綠色，略方形，具深至淺縱溝紋與被白色細毛。

- **葉**　一回偶數羽狀複葉，葉互生。小葉對生，約3對。全緣，密生緣毛，紙質。倒卵形或倒卵狀長橢圓形，長2～6公分，寬1.5～3公分。葉表綠至暗綠色，平滑無毛。葉背淺綠色，密生白色短絨毛。

- **花**　總狀花序，腋生。花萼深黃綠色，5枚，3大2小。3大為殼狀闊橢圓形，長約8公釐，寬約6公釐。2小為橢圓形，長約5公釐，寬約3公釐。萼外密生白色細絨毛或近無毛。花瓣5枚，鮮黃色，離生。不等寬，橢圓形至倒卵形，長1～1.5公分，寬0.55～1.1公分。明顯基出3脈，具脈紋。花徑2～2.8公分。雄蕊10枚。離生，不等長。退化雄蕊3枚。花絲鮮黃色，無毛。花藥頂端內側具2孔。子房綠色，密生白色細柔毛。花柱黃綠色，被毛。柱頭，盤狀。花期全年不定期。

- **果**　莢果。方狀長線形或鐮形，長6～12公分，寬約0.4公分。熟時由綠轉褐至深褐色。種子咖啡色，方菱形，長5～6公釐，寬約2.7公釐。果期為11月至翌年1月。種子別稱「決明子」，經炒熱過，可做為茶飲。

一回偶數羽狀複葉，小葉對生，約3對

小葉倒卵形或倒卵狀長橢圓形

花鮮黃色，基出3脈，具脈紋

第1、2對小葉基部，具有長約2公釐之直立腺體

葉片為多種粉蝶之食草，可廣泛栽培來誘蝶繁殖復育。

未熟果。

種子

---

### 飼育蝴蝶

- ·遷粉蝶（淡黃蝶、銀紋淡黃蝶）*Catopsilia pomona*
- ·細波遷粉蝶（水青粉蝶）*Catopsilia pyranthe*
- ·黃裙遷粉蝶（大黃裙粉蝶）*Catopsilia scylla cornelia*
- ·島嶼黃蝶（江崎黃蝶）*Eurema alitha esakii*
- ·亮色黃蝶（台灣黃蝶）*Eurema blanda arsakia*
- ·黃蝶（荷氏黃蝶）*Eurema hecabe*

---

分布　歸化種。原產於熱帶及亞熱帶地區，台灣於1906年所記錄之歸化植物。廣泛分布於海拔約800公尺以下地區，見於林緣、路旁或開闊地、草生地等環境。

| 科名 | 豆科 Leguminosae | 屬名 | 山珠豆屬 Centrosema |
|---|---|---|---|
| 學名 | *Centrosema pubescens* Benth. | 繁殖方法 | 播種法，全年皆宜。 |

# 山珠豆

多年生纏繞性草質藤本植物。成熟莖綠褐色，扁圓形，具縱稜，分枝多，被淺褐色疏毛。小枝和幼莖，綠色，近圓形，密生褐色短毛。

- **葉** 三出複葉，互生。全緣，紙質。頂小葉橢圓形，長3～10公分，寬2～6.5公分。葉表綠至暗綠色，密生白色短毛，主、側脈微凸。葉背綠色，密生白色短毛，主、側脈明顯凸起，脈皆密被毛。側脈5～7對。葉基銳形至圓鈍，先端銳形。側小葉明顯小於頂小葉。

- **花** 總狀花序，腋生。苞片殼狀橢圓形，長約7公釐，密被毛與緣毛。花萼鐘形，5中裂，裂片線狀披針形。萼外被白色疏毛與緣毛。萼基具有2枚殼狀小苞片，被毛。花冠蝶形，粉紅色至淺藍紫色或白色。旗瓣：近圓形，長2.5～2.8公分，寬3～3.3公分。表面具有脈紋，瓣中央具有寬約4.2公釐淺黃色縱帶，縱帶周圍分布斜紋。頂端淺裂，深約0.6公釐。瓣背密生白色短柔毛。翼瓣：歪斜長橢圓形，長2.4～2.5公分，寬約6公釐。龍骨瓣：半圓形，內曲，長約1.9公分，寬約1.3公分。下緣密生白色緣毛。兩體雄蕊。花絲白色，無毛，在花絲中央具有一片長約1.1公分，寬約7公釐，先端淺裂之附屬物。花藥白色。子房扁線形，長約1.4公分，寬約1公釐。密生白色細短伏毛，兩側中央凹陷。花柱淺黃白色，無毛。柱頭扁平，密被白色細直毛。花期為4～7月或11月至翌年1月。

- **果** 莢果。扁平線形，長10～14公分，寬6～7公釐。果表密生白色細短毛，兩面中央凹陷成縱溝，先端具有1～1.3公分線形之長喙。熟時由綠轉褐，開裂。種子褐色，橢圓形，表面具有黑褐色斑紋。

多年生纏繞性草質藤本植物。

種子。

花白色。

未熟果。

三出複葉

葉先端銳形

葉基銳形至圓鈍

頂小葉橢圓形

側小葉明顯小於頂小葉

表面具脈紋

翼瓣：歪斜長橢圓形

旗瓣中央具有黃色斑紋

旗瓣：近圓形，頂端淺裂

龍骨瓣：半圓形，內曲

| 飼育蝴蝶 |
|---|
| ・豆環蛺蝶（琉球三線蝶）*Neptis hylas luculenta*<br>・白雅波灰蝶（小白波紋小灰蝶）*Jamides celeno* |

分布 歸化種。原產於南美洲地區，台灣於1955年引進栽培。廣泛分布於中、南部海拔約800公尺以下地區。見於路旁、荒野、林緣或草生地等環境，族群在野外頗為常見。

| 科名 | 豆科　Leguminosae | 屬名 | 假含羞草屬　Chamaecrista |
|---|---|---|---|
| 學名 | *Chamaecrista mimosoides* (L.) Greene | 繁殖方法 | 播種法、扦插法，以春、秋季為宜。 |

## 假含羞草（山扁豆）

多年生直立或斜臥性草本植物，基部木質化，株高60～130公分。莖圓形，被疏曲柔毛。幼枝綠色，密生白色曲柔毛。

- **葉**　一回偶數羽狀複葉。互生，披針形，基部較寬大漸往先端窄小。小葉對生，30～60對。全緣，膜質。小葉線形，長3～9公釐，寬1～2公釐。葉表綠至暗綠色。葉背淺綠色，兩面無毛，具疏緣毛。
- **花**　短總狀花序，腋生。苞片卵狀披針形，長約2.3公釐，寬約1.1公釐。外近無毛，內無毛。花柄長1～2公分，密被毛，在離萼基1.5～2公釐，具有2枚長約1.5公釐披針形之小苞片，被細毛。花萼黃色至紅褐色，鐘形。5深裂至基部，披針形，長6～7公釐，寬2.9公釐。萼外密生淺黃色曲柔毛與緣毛，內無毛。花瓣5枚，鮮黃色。卵圓形，長約7公釐，寬6～7公釐。雄蕊10枚，離生，不等長。花絲黃色，長3～4公釐，無毛。花藥褐色。子房淺綠色，扁平，密生白色長伏毛。花柱黃色，向內彎曲，無毛。柱頭凹陷，緣密被毛。花期為9月至翌年2月。
- **果**　莢果。扁平長線形，長4～5公分，寬5～5.5公釐。果表密生白色短直毛。果柄暗紅色，長1.5～2公分，密生白色曲柔毛。熟時由黃綠轉為深褐色，開裂，果皮螺旋狀。種子褐色，具光澤，略方形至長方形。長2.5～3公釐，寬約2公釐。

花萼披針形，長6～7公釐

花特寫。

花1～3朵聚集，半開狀至全開；花徑1.3～2公分。

雄蕊10枚

小葉線形

小葉對生，30～60對

一回偶數羽狀複葉，互生

成熟果。

多年生直立或斜臥性草本植物。

未熟果。

種子

飼育蝴蝶

· 星黃蝶 *Eurema brigitta hainana*
· 角翅黃蝶（端黑黃蝶）*Eurema laeta punctissima*

分布　歸化種。台灣於1906年所記錄之歸化植物。廣泛分布於海拔約1,200公尺以下地區，見於路旁、林緣或草生地等環境，族群在野外頗為常見。熱帶亞洲、澳洲地區亦分布。

| 名　豆科　Leguminosae | 屬名　假含羞草屬　Chamaecrista |
|---|---|
| 名　*Chamaecrista nictitans* (L.) Moench subsp. *patellaria* (Colladon) Irwin & Barneby | 繁殖方法　播種法，以春、秋季為宜。 |

## 大葉假含羞草

多年生直立或斜臥性灌木，株高80～150公分。莖圓形，近無毛。小枝紅褐色至綠色，被白色短絨毛。幼枝綠色，密生白色短絨毛。

- **葉**　一回偶數羽狀複葉。互生。披針形，基部較寬大漸往先端窄小。小葉對生，14～24對。全緣，具白色緣毛，膜質。小葉狹長橢圓形，長1～2.1公分，寬2.3～4.1公釐。葉表暗綠色，無毛。葉背淺灰綠色，無毛，主脈凸起，

- **花**　短總狀花序，腋生。苞片卵狀披針形，長約4公釐，寬約1.1公釐。外被疏毛與緣毛，內無毛。花柄長約8公釐，密生白色絨毛，在離萼基約2.5公釐，具有2枚長約4公釐披針形之小苞片，被細毛與緣毛。花萼黃綠色至綠色，鐘形。5深裂至基部，披針形，長約7公釐，寬約2.8公釐。萼外被白色絨毛與緣毛，內無毛。花瓣5枚，鮮黃色。卵圓形，長7～8公釐，寬5～6公釐。雄蕊10枚，離生，不等長。花絲鮮黃色基部為紅色，長3.1～5.5公釐，無毛。子房淺綠色，扁平，密生白色長柔毛。花柱黃綠色，向內彎曲，無毛。柱頭凹陷。花期為全年不定期。

- **果**　莢果。扁平長線形，長3～4.2公分，寬4～5公釐。果表被疏短絨毛。熟時由綠轉褐，開裂，果殼略螺旋狀。種子黑褐色至黑色，具光澤，略方形至長方形。長2.3～2.7公釐，寬2～2.2公釐。

一回偶數羽狀複葉，互生

種子

小葉狹長橢圓形

小葉對生，14～24對

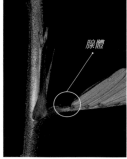

腺體

托葉披針形，在近軸基具有一枚暗紅色圓形腺體。

小花1～3朵聚集，半開狀至全開，花徑1.2～1.6公分。

莢果熟時由綠轉為褐色，開裂，果殼略螺旋狀。

多年生直立或斜臥性灌木。

| 飼育蝴蝶 |
|---|
| · 細波遷粉蝶（水青粉蝶）*Catopsilia pyranthe*<br>· 星黃蝶 *Eurema brigitta hainana*<br>· 角翅黃蝶（端黑黃蝶）*Eurema laeta punctissima* |

分布　歸化種。原產於熱帶亞洲地區，台灣於1977年所記錄之歸化植物。廣泛分布於海拔約1,200公尺以下地區，見於路旁、林緣或草生地等環境，族群在野外頗為常見。

| 科名 | 豆科　Leguminosae | 屬名 | 野百合屬　Crotalaria |
|---|---|---|---|
| 學名 | *Crotalaria bialata* Schrank | 繁殖方法 | 播種法，全年皆宜。 |

# 翼莖野百合

一年生直立草本植物，全株密生白色短絨毛，株高60～150公分。莖圓形，密生白色短絨毛，節間明顯具有翼片，單邊寬3～6公釐，翼片先端具有向外之銳角。兩面被白色短毛及密生白色緣毛。近基部幾無翼片。

- 葉　單葉，互生。全緣，密生緣毛，紙質至厚紙質。葉形變異大：從寬線形至狹長橢圓形或橢圓形至闊橢圓形，長2～7公分，寬1～4公分。葉表暗綠色，密生白色短毛。葉背淺灰綠色，密生白色短毛。
- 花　總狀花序，聚集於軸頂。苞片卵形，長3～4公釐，密被毛。花萼黃綠色，鐘形，5裂。二唇化，上方2枚合生先端淺裂，下方3枚先端合生。萼外密生白色短毛。萼基具有2枚長約3公釐卵形之小苞片，被毛。花冠蝶形。旗瓣：黃色，闊倒卵形，長約1.3公分，寬約1.2公分。翼瓣：黃色，橢圓形，長約1公分，寬約5公釐。龍骨瓣：淡綠色，鐮狀橢圓形，長約1公分，寬約5公釐，上緣密生白色緣毛。單體雄蕊10枚，5長5短。花絲淺綠色，無毛。花藥兩型，5箭形，5卵形。子房綠色，無毛。花柱綠色，內曲近90度，無毛。在柱頭下方內側具有一叢白色短絨毛。柱頭白色。花期為11月至翌年5月。
- 果　莢果。扁狀圓柱形，腹脊下凹成縱溝。長3～4公分，寬0.8～1公分。果表無毛，先端具有5～9公釐線形之喙。熟時由綠轉黑，開裂。種子50～60粒。種子深黑褐色，略腎形，具光澤，長2.5～3公釐，寬約2.3公釐。

未熟果，綠色。

成熟莢果，黑色。

種子

一年生直立草本植物，全株密生白色短絨毛。

*花序軸基部於離葉腋下方約5公釐之翼莖上抽出*

*葉先端銳形至鈍圓*

*花冠蝶形，黃色*

*花序軸長2.5～9公分，密被毛。*

*單葉，互生，全緣，密生白色緣毛*

*節間明顯具有翼片，翼片先端具有向外之銳角*

*葉基楔形至銳形*

*葉形變異大：從寬線形至狹長橢圓形或橢圓形至闊橢圓形*

| 飼育蝴蝶 |
|---|
| · 豆波灰蝶（波紋小灰蝶）*Lampides boeticus* |

分布　歸化種。原產於熱帶非洲、亞洲地區。台灣主要分布於中、南部海拔約1,200公尺以下地區，見於路旁、石縫、林緣或草生地、曠野處等環境。

| 科名 豆科　Leguminosae | 屬名　野百合屬　Crotalaria |
|---|---|
| 學名　*Crotalaria juncea* L. | 繁殖方法　播種法，全年皆宜。 |

# 太陽麻

一年生灌木狀直立草本植物，株高1～1.7公尺。全株密生白色絹毛，莖圓形，具8～13縱稜，稜上密生白色絹毛，髓心白色。

- **葉**　單葉，互生。全緣，具緣毛，厚紙質。線形至長橢圓形，長4～15公分，寬2～4.3公分。葉表綠至暗綠色，被白色短毛。葉背灰綠色，密生白色短毛。

- **花**　總狀花序，頂生。苞片披針形，長約5公釐，被毛。花萼黃綠色，鐘形，5深裂，在下方3枚裂片之先端合生。萼外密生白色短柔毛。萼基具有2枚長約3.5公釐線形之小苞片，被毛。花冠蝶形。旗瓣：鮮黃色，闊橢圓形，長約2.7公分，寬2.5～2.8公分。瓣基具有2枚紅褐色附屬物。翼瓣：鮮黃色，橢圓形，長約1.7公分，寬約1公分。龍骨瓣：黃色，卵狀橢圓形，長約1.8公分，寬約1公分。先端分布黑色小斑點，上、下緣皆密生白色緣毛，下緣合生。單體雄蕊10枚，5長5短。花絲淺綠色，無毛。花藥兩型，5箭形，5卵形。子房綠色，扁狀橢圓形，密生白色細柔毛。花柱綠色，內曲近90度，被白色細柔毛。柱頭白色，密被毛。花期為全年不定期。

- **果**　莢果。圓柱形，長2.5～3.5公分，徑1～1.3公分。果表密生白色絹毛，先端具有3公釐線形之喙。熟時由綠轉為褐。種子黑褐色，略腎形，具光澤，長6～7公釐，寬約4.5公釐，厚約2.3公釐。

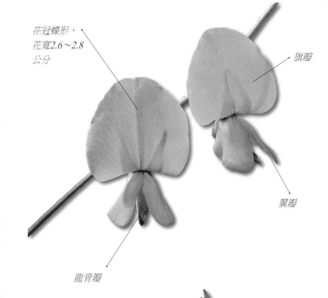

花冠蝶形，花寬2.6～2.8公分

旗瓣

翼瓣

龍骨瓣

種子

單葉，互生，全緣，線形至長橢圓形

莖具8～13縱稜，稜上密生白色絹毛

小花約十餘朵，總狀花序，頂生。花序軸長約20公分

花萼下3片，先端合生。　　未熟果。

熟果。

一年生灌木狀直立草本植物，主要做為綠肥栽培。

| 飼育蝴蝶 |
|---|
| ·雅波灰蝶（琉璃波紋小灰蝶）*Jamides bochus formosanus*<br>·豆波灰蝶（波紋小灰蝶）*Lampides boeticu* |

**分布**　栽培種。原產於印度。台灣廣泛應用於農田休耕，做為綠肥栽培，偶有歸化之現象。

| 科名 | 豆科　Leguminosae | 屬名 | 野百合屬　Crotalaria |
|---|---|---|---|
| 學名 | *Crotalaria micans* Link | 繁殖方法 | 播種法，全年皆宜。 |

# 黃豬屎豆

多年生灌木狀直立草本植物，基部木質化，株高1.5～2.5公尺。莖圓形，褐色，分枝多，被疏短毛。小枝和幼枝綠色，被白色細短毛。

- **葉**　三出複葉，互生。全緣，紙質。頂小葉長橢圓形至長橢圓狀披針形，長4～8公分，寬2～3公分。葉表綠至暗綠色，近無毛，葉背灰綠色，密生白色短毛。
- **花**　總狀花序，頂生。苞片線形，金褐色，長約1.1公分，密被毛。花萼黃綠色，鐘形，5中裂。萼外密生白色和金黃色短伏毛。花冠蝶形。旗瓣：黃色，卵圓形，長1.8～2.1公分，寬2.3～2.6公分。表面具有少許黑褐色斑紋，瓣基具有2枚附屬物。翼瓣：黃色，長橢圓形，長1.6～1.7公分，寬0.9～1公分。龍骨瓣：淡黃色，鐮狀橢圓形，長約1.3公分，寬約7.5公釐。上緣密生白色緣毛。單體雄蕊10枚，5長5短。花絲淺黃色，無毛。花藥兩型，5箭形，5卵形。子房淺黃綠色，扁長形，長約6公釐，具短子房柄，密生白色絨細毛。花柱淺黃綠色，內曲近90度，上緣密生白色細絨毛。柱頭淺綠白色，頭狀。花期為9月至翌年3月。
- **果**　莢果。扁狀圓柱形，長3.5～4.3公分，寬約1.6公分。果表被白色短毛，先端具有5～6公釐線形之喙。熟時由綠轉為黑褐色。種子8～14粒。淺褐色，腎形，具光澤，長約5.1公釐，寬約4公釐。

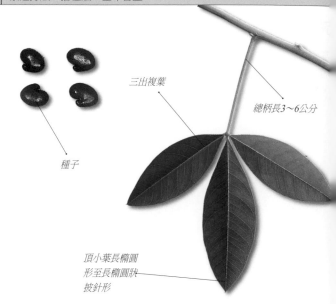

種子

三出複葉

總柄長3～6公分

頂小葉長橢圓形至長橢圓狀披針形

總狀花序，頂生

多年生灌木狀直立草本植物

三出複葉，互生

成熟莢果。

花約十餘朵，花柄長0.8～1公分，密生金褐色短毛。

旗瓣黃色，表面具有少許黑褐色斑紋；翼瓣外面有鱗片狀小斑紋。

未熟果。

| 飼育蝴蝶 |
|---|
| ·雅波灰蝶（琉璃波紋小灰蝶）*Jamides bochus formosanus*<br>·豆波灰蝶（波紋小灰蝶）*Lampides boeticus* |

**分布**　歸化種。台灣於1993年所記錄之歸化植物。廣泛分布於全島海拔約1,200公尺以下地區，見於路旁、林緣、曠野或草生地、河床等環境。印度、澳洲、菲律賓等地區亦分布。

| 名　豆科　Leguminosae | 屬名　野百合屬　Crotalaria |
|---|---|
| 名　*Crotalaria pallida* Ait. var. *obovata* (G. Don) Polhill | 繁殖方法　播種法、扦插法，以春季為宜。 |

# 黃野百合

常綠性灌木狀直立草本植物，株高1～1.8公尺。成熟莖近圓形，褐色，具皮孔，被疏短毛。小枝和幼枝綠色，圓形，密生白色向上短伏毛。

- **葉**　三出複葉，互生。全緣，紙質。頂小葉倒卵形至倒卵狀橢圓形，長4～8公分，寬3～5公分。葉表綠至暗綠色，無毛，主、側微凹，脈紋明顯。葉背灰綠色，密生白色短毛，主、側脈明顯凸起，脈皆被毛。

- **花**　總狀花序，頂生。苞片線形，長2.7～3公釐，被毛，早落。花萼綠色，筒狀鐘形，5中裂，三角狀披針形，長4～4.5公釐。萼外密生白色短伏毛。萼筒基部具有2枚長約1.7公釐之小苞片，被毛。花冠蝶形。旗瓣：黃色，闊橢圓形，長1.1～1.3公分，寬0.8～1.1公分。瓣背分布有紅褐色縱脈紋，瓣基具有2枚附屬物。翼瓣：黃色，長橢圓形，長約1.1公分，寬約3.2公釐。龍骨瓣：黃色，鐮狀橢圓形，長約1公分，寬約5.5公釐。外具有淺紅褐色條紋，上緣被緣毛，下緣合生。單體雄蕊10枚，5長5短。花絲淺綠色，無毛。花藥兩型，5箭形褐色，5卵形。子房綠色，扁狀長形，長約5.5公釐，具短柄，密生白色細柔毛。花柱淺綠色，內曲近90度，上緣密生白色細柔毛。柱頭深黃色，鈍頭。花期全年不定期。

- **果**　莢果。扁狀圓柱形，腹脊下凹成縱溝。長3.8～4.3公分，寬0.6～0.7公分。果表被白色短毛，先端具有5～7公釐線形之喙。熟時由綠色轉為淺褐色。種子44～48粒，淺褐色，腎形，具光澤，長約2.8公釐，寬約2.2公釐。

未熟果。

熟果。

花20～50朵

花柄長約5公釐

花冠蝶形

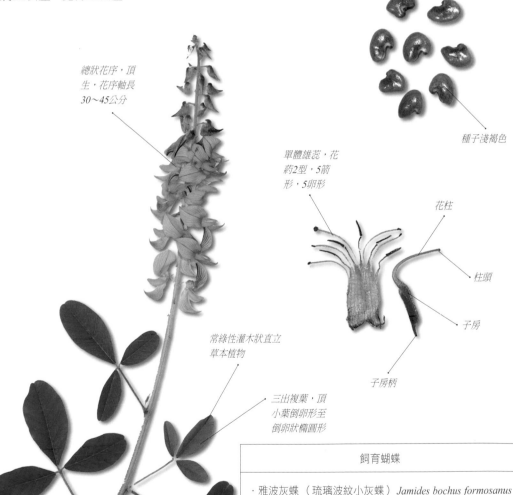

種子淺褐色

總狀花序，頂生，花序軸長30～45公分

單體雄蕊，花藥2型，5箭形，5卵形

花柱

柱頭

子房

子房柄

常綠性灌木狀直立草本植物

三出複葉，頂小葉倒卵形至倒卵狀橢圓形

| 飼育蝴蝶 |
|---|
| ·雅波灰蝶（琉璃波紋小灰蝶）*Jamides bochus formosanus*<br>·豆波灰蝶（波紋小灰蝶）*Lampides boeticus*<br>·細灰蝶（角紋小灰蝶）*Leptotes plinius* |

**分布**　歸化種。原產於熱帶非洲地區，台灣於1906年所記錄之歸化植物。廣泛分布於全島海拔約1,300公尺以下地區，見於路旁、山野或草生地、河床等環境，族群在野外頗為常見。

| 科名 | 豆科　Leguminosae | 屬名 | 野百合屬　Crotalaria |
| --- | --- | --- | --- |
| 學名 | *Crotalaria verrucosa* L. | 繁殖方法 | 播種法，以春、秋季為宜。 |

## 大葉野百合

一年生灌木狀直立草本植物，基部木質化近圓形，株高70～110公分。小枝和幼枝方形，綠色，分枝多，密生白色細短毛。

- **葉**　單葉，互生。全緣或波狀緣，厚紙質。卵形至闊卵形或卵狀橢圓形，長5～12.5公分，寬3～8公分。葉表綠色至暗綠色，被疏毛至密短毛，主、側微凹，脈紋明顯。葉背灰綠色，密生白色短毛，側脈5～7對。

- **花**　總狀花序，頂生。花序軸略三角形，具數縱稜。苞片披針形，長3.5～4.5公釐，密被細毛。花萼綠色，鐘形，5深裂。裂片披針形，上方2枚合生深裂約7公釐。萼外密生白色短毛，萼內無毛。花冠蝶形。旗瓣：表面紫色，背面色澤較淡帶黃綠之淺紫白色，兩面具有深紫色脈紋。卵圓形，長1.5～1.6公分，寬1.4～1.5公分，瓣基具有2枚淺白色附屬物。翼瓣：深紫色，長橢圓形，兩面具紫色脈紋。長約1.1公分，寬6～7公釐。龍骨瓣：黃綠色，卵狀橢圓形，長約1公分，寬約6公釐，下緣密生細緣毛。單體雄蕊10枚，5長5短。花絲綠色，基半部合生，無毛。花藥兩型，5箭形，5卵形。子房綠色，長橢圓形，長約7公釐，寬約2公釐，密生白色長柔毛。花柱綠色，內曲近90度，在柱頭下方上緣密生白色細柔毛。柱頭頭狀。花期為10月至翌年3月。

- **果**　莢果。略扁，筒狀圓柱形，腹脊下凹成縱溝，微內彎。長3～4公分，寬1～1.1公分。果表密生白色短毛，萼片宿存，先端具有6～7公釐線形之喙。熟時由綠轉黑。種子15～20粒。淺褐色，腎形，具光澤，長4～4.5公釐，寬約3.5公釐。

熟果。

未熟果。

葉柄基部具有2片半圓形之托葉。

一年生灌木狀直立草本植物。

花柄長4～5公釐，密被細毛，在柄中央具有小苞片

種子

花冠蝶形，兩面具有深紫色脈紋

| 飼育蝴蝶 |
| --- |
| · 雅波灰蝶（琉璃波紋小灰蝶）*Jamides bochus formosanus*<br>· 豆波灰蝶（波紋小灰蝶）*Lampides boeticus* |

分布　歸化種。原產於熱帶亞洲，台灣於1977年所記錄之歸化植物。台灣廣泛分布於中、南部拔約600公尺以下地區，見於路旁、曠野或草生地、林緣等環境。

| 名　豆科　Leguminosae | 屬名　野百合屬　Crotalaria |
|---|---|
| 名　*Crotalaria zanzibarica* Benth. | 繁殖方法　播種法，以春、秋季為宜。 |

## 南美豬屎豆（光萼野百合）

常綠性灌木狀直立草本植物，株高1～1.8公尺。莖圓形，褐色，分枝多，被疏短毛。小枝和幼枝綠色，圓形，密生白色細毛。

- 葉　三出複葉，互生。全緣，紙質。頂小葉長橢圓形至長橢狀披針形，長5～9公分，寬2～3公分。葉表綠至暗綠色，無毛，主、側微凹。葉背灰綠色，密生白色短毛。

- 花　總狀花序，頂生。苞片線形，長約2.2公釐，被毛，早落。花萼綠色，筒狀鐘形，5裂。上方2枚合生基裂，先端不裂。萼外平滑無毛。萼筒基部截平，具有2枚長約1.3公釐之小苞片，無毛。花冠蝶形。旗瓣：黃色，闊橢圓形，長1.3公分，寬1～1.3公分。瓣基具有2枚密生白細毛之附屬物。翼瓣：長橢圓形，長約1.2公釐，寬約5公釐。瓣基具有紅褐色斑紋。瓣外具有鱗片狀小斑紋。龍骨瓣：黃色，外面散生紅褐色斑紋，鐮狀橢圓形。長約1公分，寬約5公釐。上緣和下緣皆密生白色緣毛。單體雄蕊10枚，5長5短。花絲黃綠色，無毛。花藥兩型，5箭形，5卵形。子房綠色，扁狀，無毛，上緣密生白色密緣毛。花柱黃綠色，內曲近90度，在柱頭下方上緣密生白色細柔毛。柱頭鈍頭。花期為3～12月。

- 果　莢果。長圓柱形，長約4公分，徑約1.1公分。果表被白色短毛，先端具有5～7公釐線形之喙。熟時由綠色轉為黑褐色。種子40～50粒。淺褐色，腎形，具光澤，長約2.5公釐，寬約2.3公釐。

三出複葉，頂小葉長橢圓形至長橢狀披針形

小葉葉柄長約3公釐

總柄長4～5.5公分

花20～50朵，總狀花序，頂生

種子

在翼瓣基部有一枚紅褐色斑紋。（花側面）

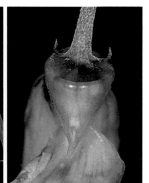

花萼鐘形無毛，花柄密生短毛，柄基具2小苞片。

未熟果。

本種花萼平滑無毛，故又名「光萼野百合」。

| 飼育蝴蝶 |
|---|
| · 豆波灰蝶（波紋小灰蝶）*Lampides boeticus* |

分布　歸化種。原產於南美洲地區，台灣於1965年所記錄之歸化植物。廣泛分布於全島海拔約1,300公尺以下地區，見於林緣、路旁、山野或草生地、河床等環境，族群在野外頗為常見。

| 科名 | 豆科　Leguminosae | 屬名　木山螞蝗屬　Dendrolobium |
|---|---|---|
| 學名 | *Dendrolobium triangulare* (Retz.) Schindl | 繁殖方法　播種法，全年皆宜。 |

## 假木豆

常綠性直立灌木，株高1～2.5公尺。成熟莖與小枝暗褐色，圓形，具皮孔。幼枝綠色，具三稜，密生白色絹毛。

- **葉**　三出複葉，互生。全緣，密生長緣毛，厚紙質，兩面脈紋明顯。頂小葉明顯比側小葉寬大約1／3，長橢圓形或倒卵狀長橢圓形，長6～10公分，寬3～5.5公分。葉表綠色，被細毛（幼葉密生白色細絹毛），側脈明顯凹陷。葉背淺綠色，密生白色細毛。側小葉明顯較小，長約5.2公分，寬約2.7公分。

- **花**　聚繖花序，腋生。苞片線狀披針形，長約3公釐，外被白色短毛，內無毛。花萼淺黃綠色，鐘形，5中裂，上方2枚合生微裂。萼外密生白色短毛，內近無毛。萼基具有2枚長約3公釐線狀披針形小苞片。小苞片被白色短毛，內無毛。花冠蝶形。旗瓣：白色，卵圓形，長約6公釐，寬約6.5公釐。兩面無毛，無斑紋，瓣背中央具稜。翼瓣：白色，長橢圓形，長約6公釐，寬約2.5公釐。龍骨瓣：白色，長橢圓狀，微內曲，長約6公釐，寬約3公釐。單體雄蕊10枚。花絲白色，無毛。花藥淺黃色。子房黃綠色，近無毛。花柱淺黃白色，無毛。柱頭：鈍頭。花期為7～10月。

- **果**　莢果。扁狀長橢圓形，2～6節，種間收縮。長1～2.2公分，寬約4公釐。果表密生白色絹毛，熟時由綠色轉為灰褐色，不開裂。種子黃褐色，橢圓形，長2.3～2.6公釐，寬約1.9公釐。果期為8月至翌年1月。

托葉長披針形，密被毛，略側生，長0.7～1.2公分。早落，常在節處留下托葉環狀痕。

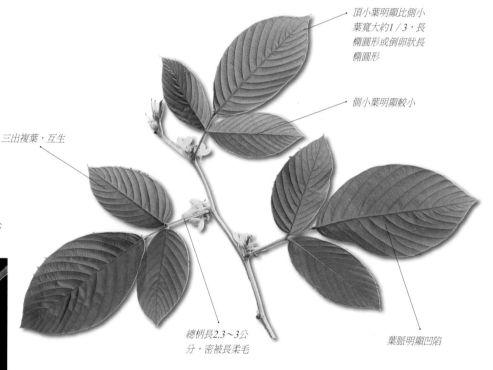

頂小葉明顯比側小葉寬大約1／3，長橢圓形或倒卵狀長橢圓形

側小葉明顯較小

三出複葉，互生

總柄長2.3～3公分，密被長柔毛

葉脈明顯凹陷

熟果。

未熟果，果表密生白色絹毛。

花側面

種子

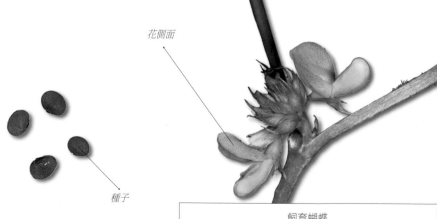

| 飼育蝴蝶 |
|---|
| · 豆環蛺蝶（琉球三線蝶）*Neptis hylas luculenta* |

分布　原生種。台灣主要分布於中、南部海拔約500公尺以下地區，見於荒野開闊地、灌叢林緣等環境。亞洲、非洲地區與中國華南亦分布。

| 科名 豆科　Leguminosae | 屬名　木山螞蝗屬　Dendrolobium |
|---|---|
| 學名 *Dendrolobium umbellatum* (L.) Benth. | 繁殖方法　播種法，以春、秋季為宜。 |

## 白木蘇花

常綠性直立灌木，株高1～3公尺。成熟莖與小枝暗褐色，圓形，具皮孔。幼枝綠色，近圓形，密生白色細柔毛。

- **葉**　三出複葉，互生。全緣，具緣毛至無毛，厚紙質。頂小葉闊橢圓形或卵狀長橢圓形，長4～8公分，寬3～5公分。葉表綠至暗綠色，無毛（幼葉密生白色細毛），脈紋明顯。葉背淺綠色，密生白色細毛。

- **花**　繖形花序，腋生。小苞片披針形，長約2公釐，被毛，早落。花萼淺黃綠色，筒狀鐘形，5中裂，上方2枚合生微裂。萼外密生白色細短伏毛，具緣毛，萼內近無毛。花冠蝶形，無斑紋。旗瓣：白色，近圓形，長約1公分，寬1～1.1公分。翼瓣：白色，長橢圓形，長約9.5公釐，寬約3.5公釐。龍骨瓣：白色，長橢圓狀，長約9公釐，寬約4公釐，於近基部有向外鼓起之空室。單體雄蕊10枚。花絲白色，無毛。花葯黃色。子房橄欖黃，密生白色細柔毛。花柱無毛。柱頭白色，盤狀細小。花期為7～9月。

- **果**　莢果。扁狀鐮形，2～5節，種間收縮。長1.3～3公分，寬約4.5公釐。果表密生白色短伏毛，熟時由綠轉為褐，不開裂。種子米黃色，腎形。長約3公釐，寬約2公釐。果期為8～10月。

頂小葉闊橢圓形或卵狀長橢圓形

三出複葉，互生

花9～11朵，繖形花序，腋生

花軸長1.2～2公分

成熟莢果，扁狀鐮形，2～5節。

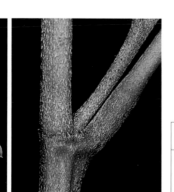

種子

常綠性直立灌木，株高1～3公尺。

幼枝密被毛，節處具環紋。

| 飼育蝴蝶 |
|---|
| ·青珈波灰蝶（淡青長尾波紋小灰蝶）*Catochrysops panormus exiguus*<br>·紫珈波灰蝶（紫長尾波紋小灰蝶）*Catochrysops strabo luzonensis*<br>·豆環蛺蝶（琉球三線蝶）*Neptis hylas luculenta* |

分布　原生種。台灣主要分布於屏東縣恆春半島，台東縣蘭嶼、綠島，海拔約500公尺以下地區，見於濱海、平地、荒野或灌叢內、林緣等環境。南洋群島亦分布。

| 科名 豆科 Leguminosae | 屬名 山螞蝗屬 Desmodium |
|---|---|
| 學名 *Desmodium caudatum* (Thunb. *ex* Murray) DC. | 繁殖方法 播種法，以春、秋季為宜。 |

# 小槐花（磨草）

常綠性灌木，株高80～140公分。樹皮褐色至黑褐色，無毛，散生皮孔。小枝褐色至綠褐色，分枝多，被白色疏毛或密細短毛。幼枝綠色，具稜，密生白色細短毛。

- **葉** 三出複葉，互生。全緣，葉緣微反捲，紙質。頂小葉披針形或長橢圓形，長5～10公分，寬1.5～3公分。側小葉葉基歪斜。葉表綠色，被細毛至近無毛，具光澤。葉背淺灰綠色，被白色疏短伏毛。
- **花** 總狀花序，腋生或頂生。苞片，山字形2深裂，兩側長約1.1公釐，中央長約2.8公釐，被細毛與緣毛。花萼黃綠色，鐘形，5深裂，上方2枚合生淺裂。萼外密生白色短伏毛與緣毛。萼基具有2枚長約1.2公釐線形之小苞片，被毛。花冠蝶形。旗瓣：淺黃綠色，橢圓形，長約6.2公釐，寬4～5公釐。基部具有不明顯綠色倒「Ｖ」狀之小斑紋。翼瓣：帶白淺黃綠色，長橢圓形，長4～5公釐，寬1.5～2公釐。龍骨瓣：帶白淺黃綠色，長橢圓形，長5～6公釐，寬約2.6公釐。兩體雄蕊。花絲白色，無毛。花藥米色。子房綠色，扁平，兩面近無毛，密生白色緣毛。花柱，無毛。柱頭，頭狀。花期為9～11月。
- **果** 莢果。扁狀長線形，4～6節，種間兩側收縮。長5～7公分，寬4～5公釐。果表密生鉤毛。熟時由綠轉為褐，節莢果易斷。種子橄欖黃，橢圓形。長5～6.5公釐，寬3～3.3公釐。
- **附記** 園藝廣泛栽培，做為民俗驅邪避凶等用途。

常綠性灌木，民間做為民俗驅邪避凶等用途。

花2～3朵聚集。總狀花序，腋生或　節莢果易斷，果表密生鉤毛。
頂生。

種子

三出複葉，頂小葉
披針形或長橢圓形

側小葉葉基歪斜

花序軸長
5～12公分

總柄兩側具狹翼

花柄長3～4公釐

| 飼育蝴蝶 |
|---|
| · 青珈波灰蝶（淡青長尾波紋小灰蝶）*Catochrysops panormus exiguus*<br>· 豆波灰蝶（波紋小灰蝶）*Lampides boeticus*<br>· 豆環蛺蝶（琉球三線蝶）*Neptis hylas luculenta* |

分布　原生種。台灣主要分布於全島低海拔荒野開闊地、灌叢林緣。日本、印度、馬來西亞亦分布。

| 名 | 豆科　Leguminosae | 屬名　山螞蝗屬　Desmodium |
|---|---|---|
| 名 | *Desmodium diffusum* DC. | 繁殖方法　播種法、壓條法，以春、秋季為宜。 |

# 散花山螞蝗

多年生平臥性半灌木，株高20～60公分。莖褐色，圓形，匍地平臥或斜上升，被毛。幼枝綠色，密生白色短柔毛。

- **葉**　三出複葉，互生。全緣，紙質。頂小葉明顯特大，約為側小葉2～3倍。卵形或闊橢圓形，長3～8公分，寬2.5～5.5公分。葉表綠色，被白色疏短毛。葉背淺綠色，密生白色短伏毛。

- **花**　總狀花序，腋生或頂生。苞片紅褐色，披針形，長約3.5公釐，密被毛。花萼紅褐色，鐘形，5裂，裂片三角形。上方2枚合生淺裂。萼外密生白色短毛，萼內無毛。花冠蝶形。旗瓣：淺紫白色至淺粉紅色，卵圓形，長5～6公釐，寬5～6公釐。翼瓣：淺紫白色至淺粉紅形，長約5公釐，寬約2公釐。龍骨瓣：淺紫白色至淺粉紅色，長橢圓形，長約5公釐，寬約2公釐。兩體雄蕊。花絲白色，無毛。花藥黃色。子房綠色，密生白色細毛。花柱淺黃綠色，無毛。柱頭，頭狀。花期為10～11月。

- **果**　莢果。扁狀長線形，5～7節，種間兩側收縮。長3～3.3公分，寬約2.3公釐。果表密生黏性鉤毛。熟時由綠轉為褐，節莢果易斷。種子橄欖黃，略橢圓形，長約2.3公釐，寬約1.4公釐。果期為10～11月。

頂小葉明顯特大，約為側小葉2～3倍，卵形或闊橢圓形

三出複葉

種子

多年生平臥性半灌木，節處易生不定根。

花2～4朵聚集，總狀花序，腋生或頂生。花序軸長7～30公分，密生短鉤毛。

未熟果，果表密生黏性鉤毛。

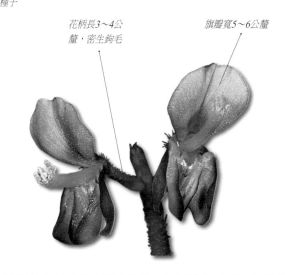

花柄長3～4公釐，密生鉤毛

旗瓣寬5～6公釐

| 飼育蝴蝶 |
|---|
| · 豆環蛺蝶（琉球三線蝶）*Neptis hylas luculenta* |

| 科名 | 豆科　Leguminosae | 屬名 | 山螞蝗屬　Desmodium |
|---|---|---|---|
| 學名 | *Desmodium gangeticum* (L.) DC. | 繁殖方法 | 播種法、扦插法，以春、秋季為宜。 |

## 大葉山螞蝗

常綠性灌木，基部木質化，株高100～160公分。小枝圓形，綠褐色，分枝多，無毛。幼枝綠色，方圓形，具5～6細縱稜，稜上密生淺褐白色短柔毛。

- **葉**　單葉，互生。全緣，具緣毛，紙質至厚紙質。長橢圓形或卵狀長橢圓形，長7～15公分，寬3.5～7公分。葉表綠色，被白色細毛。葉背淺綠白色，密生白色平貼伏毛。

- **花**　總狀花序，腋生、頂生，或圓錐花序，頂生。苞片綠色，披針形，長約3公釐，外被毛與緣毛。花萼帶紅之黃綠色或黃綠色，鐘形，5中裂，上方2枚合生淺裂，深約0.3公釐。萼外密生白色短毛與緣毛，內無毛。花冠蝶形，淡黃白色至淺黃綠色或紅紫色。旗瓣：闊倒卵形，長5～6公釐，寬5～6公釐。頂端微凹。翼瓣：長橢圓形，長約3.5公釐，寬約2公釐。龍骨瓣：鐮狀長橢圓形，長4～5公釐，寬約2公釐。兩體雄蕊。花絲白色，無毛。花藥淺橄欖黃。子房綠色，密生白色細柔毛。花柱淺綠色，無毛。柱頭，頭狀。花期為7～11月。

- **果**　莢果。扁狀長線形，4～8節，背縫線波狀緣。長1.5～2.6公分，寬約2.6公釐，先端具1.5～2公釐之短喙。熟時由綠轉為褐，節莢果易斷。種子褐色，腎形，長約3公釐，寬約2公釐。

未熟莢果。

白花側面。

成熟莢果。

單葉，互生，長橢圓形或卵狀長橢圓形

葉基圓形

葉柄長1.5～3公分，密被毛

葉先端銳形漸尖

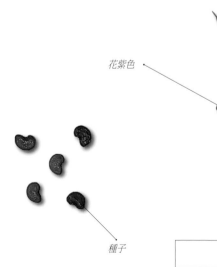

花序軸近方形，具數縱稜，長15～25公分，密被毛

花紫色

種子

| 飼育蝴蝶 |
|---|
| · 南方燕藍灰蝶（台灣燕小灰蝶）　*Everes lacturnus rileyi*<br>· 豆環蛺蝶（琉球三線蝶）　*Neptis hylas luculenta*<br>· 黑丸灰蝶（琉球黑星小灰蝶）　*Pithecops corvus cornix* |

分布　原生種。台灣廣泛分布於中、南部海拔約600公尺以下地區，見於荒野開闊地、灌叢林緣或路旁、草生地等環境。熱帶亞洲地區亦分布。

| 科名 | 豆科　Leguminosae | 屬名 | 山螞蝗屬　Desmodium |
|---|---|---|---|
| 學名 | *Desmodium heterocarpon* (L.) DC. var. *heterocarpon* | 繁殖方法 | 播種法、扦插法，以春、秋季為宜。 |

# 假地豆

多年生平臥性亞灌木，基部木質化，株高20～50公分。小枝圓形，褐色，匍地而生或斜上升，分枝多，近無毛。幼枝綠色，密生白色短伏毛。

- **葉**　三出複葉，互生。全緣，密生緣毛，紙質。頂小葉倒卵形至闊倒卵形或橢圓形，長1.5～4公分，寬1.5～2.5公分。葉表綠至暗綠色，分布有黃綠色斑紋或無斑紋，無毛（新葉密生白色伏毛）。葉背淺灰綠色，密生白色長伏毛。

- **花**　總狀花序，頂生。苞片卵形，長約6公釐，基寬約2公釐。兩面無毛，具緣毛，由綠色轉為褐色脫落。花萼黃綠色，鐘形，5深裂。裂片長三角形，深約3.3公釐，上方2枚合生微裂。萼外密生白色短伏毛與緣毛，內無毛。花冠蝶形。旗瓣：帶白淺藍紫色至淺藍紫色，闊卵圓形，長約5.3公釐，寬約5.3公釐。頂中央微凹，瓣基具有2枚長約1.8公釐淺紫白色至淺黃白色小斑紋。翼瓣：淺藍紫色，橢圓形，長約5.2公釐，寬約2.2公釐。龍骨瓣：帶白淺藍紫色，殼狀橢圓形，長約4公釐，寬約1.9公釐。兩體雄蕊。花絲白色，無毛。花藥淺黃色。子房略扁，綠色，兩側被白色短伏毛，上緣無毛。花柱向上內曲近90度，無毛。柱頭頭狀。花期為9～11月。

- **果**　莢果。扁狀長線形，4～6節，背縫線波狀緣。長0.8～2公分，寬2.7～3公釐。果表密生淺褐色鉤毛，先端具約1公釐之短喙。熟時由綠轉為褐，開裂。節莢果易斷。種子橄欖黃，腎形。長1.8～2公釐，寬1.5公釐。

花序軸長6～8公分，密生白色長直毛與鉤毛。

瓣基具有2枚小斑紋

小花2朵成對，稀疏。總狀花序，頂生。　　未熟果，果表密生淺褐色鉤毛。

種子

三出複葉，互生

頂小葉倒卵形至闊倒卵形或橢圓形

多年生平臥性亞灌木。

| 飼育蝴蝶 |
|---|
| ·豆環蛺蝶（琉球三線蝶）*Neptis hylas luculenta*<br>·南方燕藍灰蝶（台灣燕小灰蝶）*Everes lacturnus rileyi*<br>·折列藍灰蝶（小小灰蝶）*Zizina otis riukuensis* |

分布　原生種。台灣廣泛分布於中、南部海拔約1,200公尺以下地區，見於荒野開闊地、灌叢林緣、路旁或草生地、墓仔埔等環境。熱帶亞洲地區亦分布。

| 科名 | 豆科 Leguminosae | | 屬名 | 山螞蝗屬 Desmodium |
|---|---|---|---|---|
| 學名 | *Desmodium heterocarpon* (L.) DC. var. *strigosum* Meeuwen | | 繁殖方法 | 播種法、扦插法，以春、秋季為宜。 |

## 直立假地豆（直毛假地豆）

多年生直立性亞灌木，基部木質化，株高100～160公分。小枝圓形，分枝多，密生短毛。幼枝綠色，圓形，密生白色短毛。

- **葉** 三出複葉，互生。全緣，密生緣毛，紙質。頂小葉倒卵狀長橢圓形或長橢圓形，長2.5～5.5公分，寬1.5～3公分。葉表綠色，被白色短毛（新葉密被毛）及無斑紋。葉背淺灰綠色，密生白色短毛。

- **花** 總狀或圓錐花序，頂生。苞片狹長披針形，長約9～10公釐，被細毛與緣毛，由綠色轉為褐色脫落。花萼黃綠色，鐘形，5近深裂，上方2枚合生微裂。萼外密生白色細毛與長緣毛，內無毛。花冠蝶形。旗瓣：紫色，闊倒卵形，長5～6公釐，寬5～5.5公釐。頂中央微凹，瓣基具有2枚淺黃色小斑紋。翼瓣：鮮紫色，橢圓形，長4～5公釐，寬約2.7公釐。龍骨瓣：淺紫白色，長橢圓形，長約4公釐，寬約1.8公釐。兩體雄蕊。花絲白色，無毛。花藥淺黃色。子房略扁，帶黃之淺紅色，密生白色細毛。花柱淺綠色，向上內曲近90度，無毛。柱頭近平。花期為9～11月。

- **果** 莢果。扁狀長線形，4～8節，背縫線波狀緣。長1～1.7公分，寬約3公釐。果表密生淺褐色鉤毛，先端具約1公釐之短喙。熟時由綠轉為褐，開裂。節莢果易斷。種子橄欖黃，腎形，長約2公釐，寬約1.8公釐。

- **附記** 假地豆與直立假地豆，這兩種山螞蝗屬植物常易被混淆。最大辨識特徵：1.「假地豆」為平臥性，小花2朵成對，稀疏。總狀花序，頂生。花序軸長約6～8公分，密生白色長直毛與鉤毛。2.「直立假地豆」為直立性，小花2朵成對，圓錐花序，頂生。

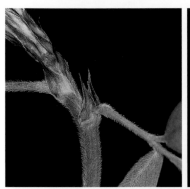

托葉狹長披針形，長1～1.1公分，被毛。

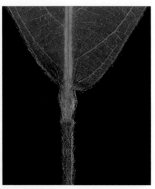

小葉托葉線形，長約7公釐，被細毛。

種子

三出複葉，互生

花序圓錐狀。

未熟果。

頂小葉倒卵狀長橢圓形或長橢圓形

多年生直立性亞灌木

瓣基具有2枚淺黃色小斑紋

花2朵成對，密聚成圓錐形

### 飼育蝴蝶

- 豆環蛺蝶（琉球三線蝶）*Neptis hylas luculenta*
- 南方燕藍灰蝶（台灣燕小灰蝶）*Everes lacturnus rileyi*

分布　原生種。台灣廣泛分布於中、南部海拔約600公尺以下地區，見於荒野開闊地、灌叢林緣、路旁或草生地、墓仔埔等環境。熱帶亞洲地區亦分布。

| 科名 | 豆科 | Leguminosae | 屬名 | 山螞蝗屬 | Desmodium |
| --- | --- | --- | --- | --- | --- |
| 學名 | *Desmodium intortum* (DC.) Urb. | | 繁殖方法 | 播種法、壓條法，全年皆宜。 | |

## 營多藤（南投山螞蝗）

多年生攀緣性或匍地蔓性草本植物。成熟莖圓鈍三角形，明顯具縱溝，密生粗鉤毛。小枝和幼枝，具縱溝，密生白色鉤毛。節處常具有紅褐色環斑。

- **葉**　三出複葉，互生。全緣，密生緣毛，薄紙質至紙質。頂小葉橢圓形至闊橢圓形或卵圓形至稀卵狀菱形，長3～8.5公分，寬2～6.5公分。葉表綠至暗綠色，被白色疏鉤毛，分布淺至深紅褐色小斑紋或無至稀疏斑紋。葉背淺灰綠色，密生白色短毛。

- **花**　總狀花序，腋生或頂生。新苞片闊卵形，長約7.5公釐，寬約3.5公釐，緊密覆瓦狀排列於花序軸軸頂。外密生白色細毛與緣毛，內無毛，早落。花萼紅綠色，鐘形，5中裂。上方2枚合生淺裂，最下一枚最長，約3.3公釐。萼外密生白色長柔毛，具緣毛，內無毛。花冠蝶形。旗瓣：淺紫色至淺藍紫色，倒卵形，長約1公分，寬約9公釐。頂端微凹，基部具有2枚鮮黃綠色之小斑紋。翼瓣：淺藍紫色，長橢圓形，長約1公分，寬約3.2公釐。龍骨瓣：帶淺藍之紫白色，橢圓形，下緣合生。長約6.5公釐，寬約3公釐。兩體雄蕊。花絲白色，無毛。花藥黃綠色。子房綠色，略扁平，密生白色細柔毛。花柱綠色，無毛。柱頭，近頭狀。花期為12月至翌年2月。

- **果**　莢果。扁狀長線形，7～10節，種間兩側收縮。長2.5～3.5公分，寬約5公釐。果表密生白色鉤毛。熟時由綠轉為褐，節莢果易斷。種子橄欖黃，腎形。長約3.2公釐，寬約2公釐。

旗瓣在基部具有2枚鮮黃綠色之小斑紋

種子

花序軸長20～22公分，密生白色鉤毛。

莖密生鉤毛，托葉三角形，基部常有紅褐色環紋。

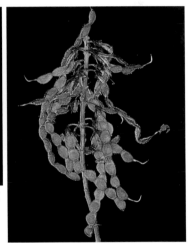

未熟果。

三出複葉

頂小葉橢圓形至闊橢圓形或卵圓形至稀卵狀菱形

總柄密生白色鉤毛，上表面具縱溝

葉表綠色至暗綠色，被白色疏鉤毛，分布淺至深紅褐色小斑紋或無至稀疏斑紋。

| 飼育蝴蝶 |
| --- |
| ・豆環蛺蝶（琉球三線蝶）　*Neptis hylas luculenta* |

**分布**　歸化種。台灣主要分布於中、南部海拔約800公尺以下地區，見於荒野開闊地、路旁、林緣等環境。熱帶美洲地區亦分布。

| 科名　豆科　Leguminosae | 屬名　山螞蝗屬　Desmodium |
|---|---|
| 學名　*Desmodium scorpiurus* (Sw.) Desv. | 繁殖方法　播種法，以春、秋季為宜。 |

## 蝦尾山螞蝗

多年生攀緣性或匍地蔓性草本植物。莖近方形，具數細縱稜，節間長4～8公分。密生白色鉤毛。

- 葉　三出複葉，互生。全緣，具緣毛，紙質。頂小葉卵圓形至闊卵圓形或橢圓形，長3～5.3公分，寬3～4公分。葉表綠色，被白色疏鉤毛，葉緣常具有淺綠白色有光澤之輪廓。葉背淺綠色至綠色，被白色疏鉤毛。
- 花　總狀花序，腋生或頂生。苞片披針形，長約2公釐，被細毛與緣毛。花萼黃綠色，鐘形，5中裂，上方2枚合生微裂。萼外密生白色短毛。花冠蝶形。旗瓣：鮮紫色，闊倒卵形，長約4公釐，寬約4公釐。頂中央微凹。在基部兩側，具有一對鮮黃綠色棒狀之小斑紋。瓣背淺黃白色至帶黃淺粉紅色，背中央具稜。兩面無毛。翼瓣：鮮紫色，殼狀橢圓形，長約3.7公釐，寬約2.2公釐。龍骨瓣：白色，鐮狀橢圓形，瓣緣紫色。長約3公釐，寬約2.1公釐。兩體雄蕊。花絲白色，無毛。花藥淺黃色。子房綠色，被白色細柔毛。花柱淺綠色，無毛。柱頭，鈍頭。花期為5～12月。
- 果　莢果，扁狀長線形，4～8節，種間兩側收縮。長2～4.5 公分，寬約2 公釐。果表密生白色鉤毛與腺毛。熟時由綠轉為褐，節莢果易斷。種子橄欖黃至紅褐色，橢圓形，長約3.6公釐，寬約1.4公釐。

*花冠蝶形*

旗瓣基部具有一對鮮黃綠色棒狀之小斑紋。

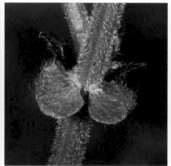

托葉扇形，合生或2裂；頂端具有線狀披針形之附屬物，被毛。

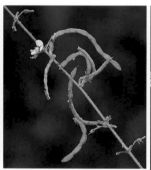

未熟果，果表密生白色鉤毛與腺毛。

多年生攀緣性或匍地蔓性草本植物。

頂小葉卵圓形至闊卵圓形或橢圓形

三出複葉，互生

近葉緣常具有斑紋

托葉

種子

| 飼育蝴蝶 |
|---|
| ·豆環蛺蝶（琉球三線蝶） *Neptis hylas luculenta* |

分布　歸化種。原產於熱帶美洲，台灣於1920年所記錄之歸化植物。廣泛分布於中、南部約600公尺以下地區，見於荒野開闊地、灌叢林緣、路旁或草生地、墓仔埔等環境，族群在野外頗為常見。

| 科名 豆科　Leguminosae | 屬名　山螞蝗屬　Desmodium |
|---|---|
| 學名 *Desmodium sequax* Wall. | 繁殖方法　播種法，以春、秋季為宜。 |

# 波葉山螞蝗

多年生直立性亞灌木，基部木質化，株高90～160公分。枝條圓形，分枝多，散生皮孔，疏生褐色短毛。幼枝綠色至紅褐色，圓形，密生淺褐色短柔毛。

- **葉**　三出複葉，互生。基半部全緣，上半部為波狀緣，密生緣毛，薄革質。頂小葉特大，卵狀菱形或菱形，長4～10公分，寬3～8公分。葉表綠色或暗綠色，密生淺褐白色短毛，脈紋明顯。葉背淺綠色，密生白色短毛。主、側脈明顯凸起。

- **花**　總狀花序或圓錐花序，腋生或頂生。苞片線形，長2～3公釐，被細毛。花萼淺紅色，鐘形，5裂。萼外被白色短毛，內無毛。花冠蝶形，淺藍紫色至紫色。旗瓣：紫色，闊倒卵形，長約7公釐，寬約6公釐。頂中央微凹。瓣基具有2枚橄欖黃色小斑紋。翼瓣：紫色，長橢圓形，長約7公釐，寬約2.5公釐。龍骨瓣：紫色，長橢圓形，長約7公釐，寬約2.5公釐。下緣合生，基部具有小錐狀附屬物。兩體雄蕊。花絲白色，無毛。花藥淺黃色。子房綠色，密生白色細柔毛。花柱淺綠色，無毛。柱頭淺綠色，鈍頭。花期為9～11月。

- **果**　莢果。扁狀長線形，8～13節，種間兩側收縮。長3～5公分，寬約3公釐。果表密生淺褐色短鉤毛，先端具約2公釐之短喙。熟時由綠轉為褐，節莢果易斷。種子橄欖黃，橢圓形，長約2公釐，寬約1.5公釐。

花腋生或頂生。

托葉。

未熟果。莢果密生鉤毛，可藉由動物黏著而至遠處繁衍後代。

種子

多年生直立性亞灌木。

旗瓣基有2枚小斑紋

三出複葉，互生

頂小葉特大，卵狀菱形或菱形

側小葉明顯較頂小葉小

小葉基半部全緣，上半部為波狀緣

| 飼育蝴蝶 |
|---|
| · 豆環蛺蝶（琉球三線蝶）*Neptis hylas luculenta*<br>· 菫彩燕灰蝶（淡紫小灰蝶）*Rapala caerulea liliacea*<br>· 霓彩燕灰蝶（平山小灰蝶）*Rapala nissa hirayamana*<br>· 雅波灰蝶（琉璃波紋小灰蝶）*Jamides bochus formosanus*<br>· 豆波灰蝶（波紋小灰蝶）*Lampides boeticus*<br>· 細灰蝶（角紋小灰蝶）*Leptotes plinius* |

分布　原生種。台灣廣泛分布於全島海拔約100～2,000公尺地區，見於荒野開闊地、灌叢林緣、路旁等環境，族群在野外頗為常見。熱帶亞洲地區，中國華中至華南亦分布。

| 科名 豆科　Leguminosae | 屬名　山螞蝗屬　Desmodium |
|---|---|
| 學名　*Desmodium uncinatum* DC. | 繁殖方法　播種法、壓條法，全年皆宜。 |

## 西班牙三葉草

多年生攀緣性或匍地蔓性草本植物，基部木質化。成熟莖方圓形，明顯具縱溝，分枝多，密生白色粗鉤毛和直毛，髓心白色。小枝和幼枝，具縱溝，密生白色鉤毛。

- **葉**　三出複葉，互生。全緣，密生長緣毛，薄紙質至紙質。頂小葉卵狀披針形，長4～10公分，寬2.5～4.5公分。葉表暗綠色，密生白色疏鉤毛，在葉表中肋兩側周圍，明顯分布有銀綠色大斑紋。葉背淺綠色，密生白色短伏毛。
- **花**　總狀花序，腋生或頂生。花萼鐘形，5中裂。上方2枚合生淺裂。萼外密生白色短毛，具緣毛，內無毛。花冠蝶形，粉紅色或白色。旗瓣：粉紅色，倒卵圓形，長約1.1公分，寬約1.1公分。頂端微凹。在瓣基具有2枚鮮黃綠色之小斑紋。翼瓣：粉紅色，長橢圓形，長約1.1公分，寬約4公釐。龍骨瓣：粉紅色，橢圓形，下緣合生。長約8.5公釐，寬約4.5公釐。兩體雄蕊。花絲白色，無毛。花藥綠色。子房綠色，密生白色長柔毛。花柱綠色，上半部無毛。柱頭，近頭狀。花期為10月至翌年2月
- **果**　莢果。扁狀長線形，6～10節，背縫線波狀緣。長3.5～5公分，寬5～6公釐。果表密生白色鉤毛。熟時由綠轉為褐，節莢果易斷。種子橄欖黃，腎形。長約4公釐，寬約2.8公釐。

莖密生白色粗鉤毛和直毛。

熟果。

多年生攀緣性或匍地蔓性草本植物，在南投縣魚池鄉、日月潭、霧社可見族群。

種子

葉表中肋兩側，明顯分布有銀綠色大斑紋

三出複葉，頂小葉卵狀披針形

花序軸長20～25公分，密生白色長腺毛

旗瓣基部具有2枚斑紋

托葉長三角形，長8～9公釐

| 飼育蝴蝶 |
|---|
| · 豆環蛺蝶（琉球三線蝶）*Neptis hylas luculenta* |

分布　歸化種。原產於熱帶美洲，台灣於1979年所記錄之歸化植物。台灣主要分布於中、南部海拔約1,200公尺以下地區，見於荒野開闊地、路旁或林緣等環境。熱帶美洲地區亦分布。

| 名 | 豆科 Leguminosae | 屬名 山黑扁豆屬 Dumasia |
| --- | --- | --- |
| 名 | *Dumasia villosa* DC. subsp. *bicolor* (Hayata) Ohashi & Tateishi | 播種法、壓條法，以春、秋季為宜。 |

# 台灣山黑扁豆 特有種

多年生纏繞性或匍匐性草質藤本植物。成熟莖圓形，近無毛。小枝被疏毛。幼莖綠色，密生淺褐色倒伏毛。

- **葉** 三出複葉，互生。全緣，密生緣毛，薄紙質。頂小葉卵形至闊卵形，長2.5～7公分，寬1.5～4.2公分。葉表綠至黃綠色，兩面密被白色伏毛。側脈平坦。葉背淺綠色，新芽密生淺褐色倒伏毛。
- **花** 總狀花序下垂，腋生。苞片線形，長約2公釐，被毛。花萼綠色，筒狀，先端淺5齒裂。萼外密生白色短柔毛。基部具有2枚，長約2公釐線形小苞片，小苞片被毛。花冠蝶形。旗瓣：黃色，卵圓形，長約6公釐，寬約6公釐。瓣基具有2枚附屬物。翼瓣：黃色，長橢圓形，長約6公釐，寬約2.8公釐。龍骨瓣：黃綠色，長橢圓狀，長約5公釐，寬約2.8公釐。兩體雄蕊。花絲白色，無毛。花藥黃色。子房黃綠色，密生白色長柔毛。花柱白色，無毛。柱頭鈍頭。花期為9～11月。
- **果** 莢果。橢圓形至長橢圓形，密集排列下垂。長1.4～2公分，寬約5公釐。果表密生白色短伏毛，先端具約2公釐之短喙。萼片宿存，熟時由綠轉為褐，開裂。種子1～2粒。藍色，卵形，長約5公釐，寬約4公釐。

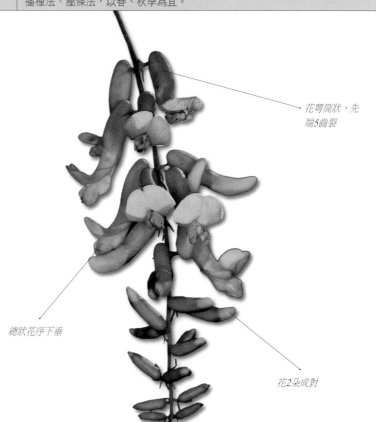

花萼筒狀，先端5齒裂

總狀花序下垂

花2朵成對

總柄長2～7.5公分

三出複葉，頂小葉卵形至闊卵形

花特寫。

未熟果。

在苗栗縣南庄、南投縣國姓鄉、仁愛鄉南豐村、溪頭、鹿谷、九份二山，嘉義縣一帶山區可見族群。

熟時開裂。種子藍色，卵形。

| 飼育蝴蝶 |
| --- |
| · 雙帶弄蝶（白紋弄蝶）*Lobocla bifasciata kodairai* <br> · 豆環蛺蝶（琉球三線蝶）*Neptis hylas luculenta* |

分布 特有種。台灣廣泛分布於全島海拔約500～1,600公尺地區，見於路旁、灌叢林緣或孟宗竹林下、樹林內等濕潤環境。

| 科名 | 豆科　Leguminosae | | 屬名　刺桐屬　Erythrina |
|---|---|---|---|
| 學名 | *Erythrina caffra* Thunb. | | 繁殖方法　播種法、扦插法、高壓法，以春、秋為宜。 |

# 火炬刺桐

落葉性灌木或喬木，株高3～6公尺。樹幹褐色，疏生黑色瘤狀棘刺。小枝綠褐色，皺皮，疏生瘤狀棘刺。幼枝綠色，密生金褐色短毛與散生白色皮孔。新生頂芽全密生褐色絨毛。

小枝疏生瘤狀棘刺

- **葉**　三出複葉，互生。全緣，薄革質。頂小葉寬卵形或卵狀菱形，長20～38公分，寬20～41公分。葉表暗綠色，無毛，主脈偶有銳刺。葉背淺綠色，無毛。側小葉卵狀披針形，葉基歪斜。小葉葉柄長1.5～1.8公分，基部具有綠色腺體。無小托葉。

- **花**　總狀花序，頂生。花朵由下往上向四方綻放，外觀像似一把豔紅之火炬，因而得名。花萼綠色，筒狀鐘形，5裂。徑約6公釐，筒長上方斜截狀，先端淺齒狀，下方一枚角狀突起。萼外被褐色短絨毛。花冠蝶形。旗瓣：向內對摺成長線形，鮮紅色，長6～7公分，寬6～7公釐。翼瓣：卵狀披針形，前半部為淺紅色，基半部為白色，長約7公釐，寬約3公釐。龍骨瓣：長橢圓形，粉紅色，長約2.7公分，寬約4.5公釐。兩體雄蕊。花絲淺黃白色，不等長，長4～4.7公分，無毛。花藥橄欖色。子房密生白色細柔毛。花柱長約4.6公分，無毛。柱頭，鈍頭。花期為2～3月。

- **果**　莢果。扁狀長線形，長19～26公分，寬1.2～1.3公分。果表密生細短毛，先端具約2公分之長喙。熟時由綠轉為褐，開裂。種子長橢圓形，暗褐色。長1.5～1.6公分，寬約8公釐。

三出複葉，互生

頂小葉寬卵形或卵狀菱形

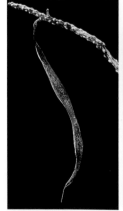

種子長橢圓形，暗褐色。

小葉葉柄長1.5～1.8公分，被毛；基部具有綠色腺體。

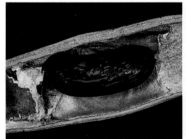

莢果。扁狀長線形，長19～26公分。

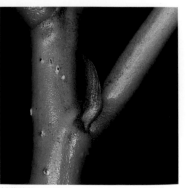

托葉鐮狀長橢圓形，長約1.4公分；被細毛，早落。

花序軸長12～30公分

總狀花序，頂生

旗瓣向內對摺成長線形，長6～7公分

| 飼育蝴蝶 |
|---|
| · 豆環蛺蝶（琉球三線蝶）*Neptis hylas luculenta* |

分布　栽培種。原產於非洲南部至東南部。台灣主要做為園藝景觀、行道樹或公園、校園綠美化等用途。

| 科名 豆科 Leguminosae | 屬名 佛來明豆屬 Flemingia |
|---|---|
| 學名 *Flemingia macrophylla* (Willd.) Kuntze *ex* Prain | 繁殖方法 播種法、扦插法，以春、秋為宜。 |

# 大葉佛來明豆（大葉千金拔、一條根）

常綠性直立灌木，株高2～4公尺。枝條褐色，圓形，被毛，具皮孔。幼枝黃綠色，具稜，密生淺褐色短柔毛。

- **葉** 三出複葉，互生。全緣，紙質。頂小葉長橢圓形，長10～22公分，寬6～12公分。葉表綠色，無毛，脈紋明顯。葉背淺綠色，無毛，散生黃橙色小腺點。小葉葉柄長3～4公釐，密生細毛。無小葉托葉。

- **花** 總狀花序或圓錐花序，頂生。苞片橄欖黃，卵狀披針形，長約4.5公釐，寬約2.5公釐。外密被短伏毛，具緣毛，內無毛。花萼綠色，鐘形，5深裂，裂片線狀披針形，最下方一最長。萼外密生白色短伏毛與黃色小腺點。萼內密生白色細毛。花冠蝶形。旗瓣：卵圓形，淡黃綠色底，表面密布帶紫紅色之縱脈紋，長約7.2公釐，寬約7.1公釐。瓣緣微內曲，頂中央淺裂。翼瓣：長橢圓形，帶紫粉紅色，上緣略波狀，長約6公釐，寬約2公釐。龍骨瓣：長橢圓形，淺黃綠色底先端暗紅色，長約5.5公釐，寬約2.7公釐。兩體雄蕊。花絲淺黃白色，無毛。花藥黃色。子房淺黃綠色，近橢圓形，長約2.4公釐，寬約1.1公釐，密生白色細柔毛。花柱先端彎曲，無毛，僅在基部與子房連接處被細毛。柱頭淺黃白色，頭狀。花期為4～5或9～10月。

- **果** 莢果。橢圓形，長約1.2公分，寬約7公釐。果表密生白色短柔毛。萼片宿存。熟時由綠轉為褐，開裂，內具2粒種子。種子近球形，黑色，徑約3公釐。果期11～12月。

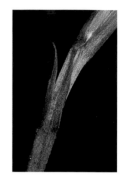

托葉側生，披針形；長約1.6公分，2深裂。

莢果熟時開裂，內具2粒黑色種子。

花特寫。

*總狀花序或圓錐花序，頂生*

*花側面*

*常綠性直立灌木。*

*三出複葉，互生*

*成熟莢果*

*側小葉葉基歪斜*

*頂小葉長橢圓形*

三出複葉，葉柄具有狹翼，葉脈脈紋明顯。

| 飼育蝴蝶 |
|---|
| · 豆環蛺蝶（琉球三線蝶） *Neptis hylas luculenta* |

分布 原生種。台灣廣泛分布於中、南部海拔約500公尺以下地區，見於林緣、路旁、開闊地等環境。中國華南、東印度、馬來西亞亦分布。

| 科名 | 豆科　Leguminosae | | 屬名　佛來明豆屬　Flemingia |
|---|---|---|---|
| 學名 | *Flemingia strobilifera* (L.) R. Br. *ex* W. T. Aiton | | 繁殖方法　播種法、扦插法，以春、秋為宜。 |

## 佛來明豆

常綠性直立灌木，株高1～1.7公尺。成熟莖暗褐色，圓形，近無毛，具皮孔。小枝綠褐色，密生白色短柔毛。幼莖橄欖黃，密生金褐色短柔毛。

- **葉**　單葉，互生。全緣，具緣毛，厚紙質。橢圓形至闊橢圓形或闊卵形，長6～16公分，寬4.5～10公分。葉表綠至暗綠色，密生白色細毛與紅褐色小腺點，脈紋明顯。葉背綠色，密生白色細毛與紅褐色小腺點。

- **花**　聚繖花序，被扁圓形之大苞片所包藏。苞片寬約2.4公分，高約1.8公分，兩面密生白色短毛與橙色小腺點。苞片具脈紋及3公釐之短柄。花萼鐘形，裂片線狀披針形，5深裂至近基部。萼外密生白色細短毛與橙色小腺點。小苞片線形，長約1.4公釐，密被毛。花冠蝶形。旗瓣：淡黃綠色，表面具有透明狀之縱脈紋，長約7公釐，寬約1公分。翼瓣：淡黃色，長橢圓形，長約5公釐，寬約2.2公釐。龍骨瓣：淡黃色，長橢圓狀，長約6.5公釐，寬約3公釐。兩體雄蕊。花絲白色，無毛。花藥米色。子房綠色，密生白色細柔毛與疏生橙色小腺點。花柱淺黃白色，無毛。柱頭白色，小鈍頭。花期為1～2月。

- **果**　莢果。橢圓形，長1～1.3公分，寬4～6.5公釐。果表密生白色短毛與黃橙色小腺點。萼片與苞片宿存，莢果隱藏在大苞片內。熟時由綠色轉為淺灰褐色，開裂，內具2粒種子。種子近球形，深褐色，徑3～3.3公釐。果期4～5月。

苞片

葉兩面密被細毛與小腺點

葉背主、側脈明顯凸起，脈皆密被金褐色短柔毛

莢果隱藏在大苞片內。

花4～5朵，聚繖花序，被扁圓形之大苞片所包藏。

膨大

葉柄長1.7～2.5公分，密被毛；葉基下方與柄基皆膨大。

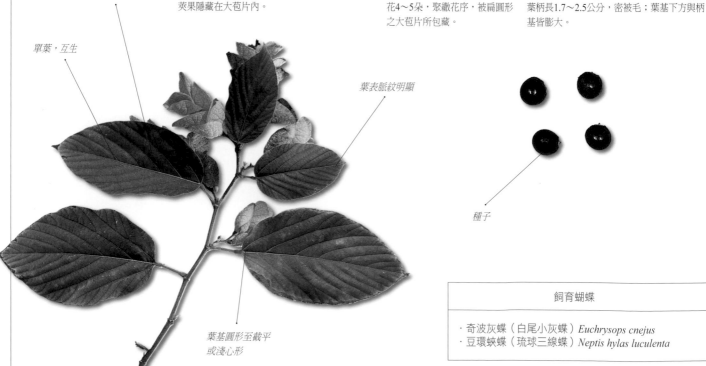

橢圓形至闊橢圓形或闊卵形

單葉，互生

葉表脈紋明顯

種子

葉基圓形至截平或淺心形

| 飼育蝴蝶 |
|---|
| · 奇波灰蝶（白尾小灰蝶）*Euchrysops cnejus*<br>· 豆環蛺蝶（琉球三線蝶）*Neptis hylas luculenta* |

分布　原生種。台灣主要分布於南部海拔約500公尺以下地區，見於林緣、路旁、開闊地等環境。東喜馬拉雅至南亞亦分布。

| 科名 豆科 Leguminosae | 屬名 乳豆屬 Galactia |
|---|---|
| 學名 *Galactia tenuiflora* (Klein *ex* Willd.) Wight & Arn. var. *villosa* (Wight & Arn.) Benth. | 繁殖方法 播種法、壓條法，以春、秋季為宜。 |

## 毛細花乳豆

• 一、二年生纏繞性或匍地蔓性草質藤本植物。成熟莖綠色至暗紅色，圓形，纖細，被白色疏短毛。幼莖密生白色細短伏毛。

• **葉** 三出複葉，互生。全緣，具緣毛，紙質。頂小葉橢圓形或闊倒披針形，長3～7.3公分，寬2～4.3公分。葉表綠色，被毛或近無毛（新葉密生細毛）。葉背淺灰綠色，密生白色細短伏毛。

• **花** 總狀花序，腋生。苞片三角形，長約1.5公釐，被毛。花萼黃綠色，鐘形，5中裂。裂片披針形，深約5公釐，上方2枚合生微裂。萼外密生白色短毛與緣毛，內無毛。萼基具有2枚，長約2公釐披針形之小苞片。花柄長約2～3公釐，被毛。花冠蝶形，淺紫色至鮮紫色。旗瓣：表面鮮紫色，闊倒卵形，長1～1.2公分，寬1～1.1公分。瓣基具有2×4公釐黃綠色長斑紋。瓣背淺紫白色至近白色，中線具稜。翼瓣：鮮紫色，長橢圓形，長約1公分，寬約5公釐。龍骨瓣：鮮紫色，長橢圓形，長約9公釐，寬約4公釐。兩體雄蕊。花絲白色，長0.9～1公分，無毛。花藥橄欖黃色。子房黃綠色，密生白色短柔毛。花柱淺黃綠色，基半部被毛，上半部無毛。柱頭漸尖，鈍頭。花期為5～12月。

• **果** 莢果。扁狀長橢圓形，下垂，長3～6公分，寬約6公釐。果表密生白色短伏毛，先端具4～6公釐之線形喙。萼片宿存，熟時由綠轉為褐，開裂。果柄長3～4公釐，被細毛。種子褐色，腎形，表面分布淺褐色細紋。長約5公釐，寬約3公釐。

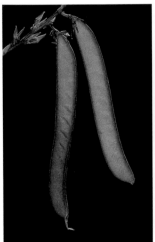
未熟果，果表密生白色短伏毛。

莢果熟時由綠色轉為褐色，開裂。

旗瓣瓣背淺紫白色至近白色，中線具稜。

在南投縣大同山、合作部落、盧山等處可見族群。

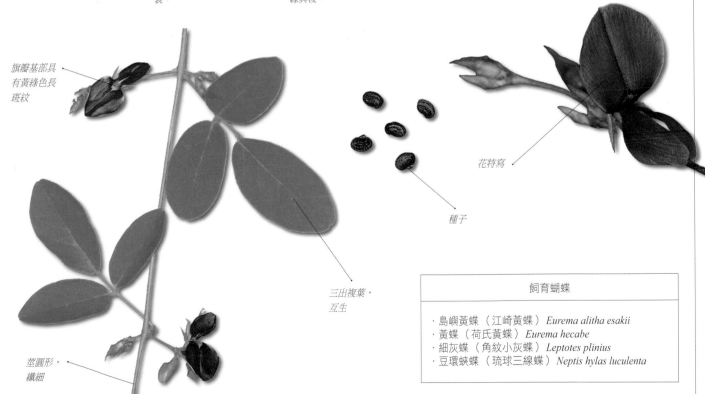

旗瓣基部具有黃綠色長斑紋

花特寫

種子

三出複葉，互生

莖圓形，纖細

| 飼育蝴蝶 |
|---|
| · 島嶼黃蝶（江崎黃蝶）*Eurema alitha esakii*<br>· 黃蝶（荷氏黃蝶）*Eurema hecabe*<br>· 細灰蝶（角紋小灰蝶）*Leptotes plinius*<br>· 豆環蛺蝶（琉球三線蝶）*Neptis hylas luculenta* |

• 分布 台灣特有種。台灣廣泛分布於中、南部海拔約1,300公尺以下地區，見於路旁、灌叢林緣或開闊地、山坡地等環境。

| 科名 豆科 Leguminosae | 屬名 大豆屬 Glycine |
|---|---|
| 學名 *Glycine max* (L.) Merr. | 繁殖方法 播種法，以春、秋季為宜。 |

# 大豆（青皮豆）

一年生直立性草本植物，基部木質化，株高40～80公分。莖圓形，分枝多，密生褐色粗毛。幼莖綠色，密生褐色粗毛。

- **葉** 三出複葉，互生。全緣，具緣毛，厚紙質。頂小葉披針形至闊披針形，長5～14公分，寬3～8公分。葉表暗綠色，密生褐色短毛。葉背淺綠色，密生褐色短毛。側小葉葉基歪斜。

- **花** 短總狀花序，腋生。苞片卵狀披針形，長約4公釐，外密被毛與緣毛，內無毛。花萼綠色，筒狀鐘形，先端5淺裂。長約4.5公釐，徑約1.7公釐。上方2枚合生，先端淺裂。萼外密生淺褐色長毛，萼內無毛。萼基具有2枚披針形之小苞片，長約3公釐，外密被毛與緣毛，內無毛。花冠蝶形，淺紫色或白色。旗瓣：卵圓形，紅紫色，長約6公釐，寬約7公釐。頂中央淺裂。瓣基具有深紫色小斑紋。翼瓣：橢圓形，淺紫色，長約5.5公釐，寬3公釐。瓣基具有附屬物。龍骨瓣：鐮狀闊橢圓形，深紫色，長約2.2公釐，寬約1.7公釐。瓣基具有附屬物。兩體雄蕊。花絲白色，無毛。花藥黃色。子房綠色，密生白色長柔毛。花柱黃綠色，無毛。柱頭，頭狀。花期為10至翌年3月。

- **果** 莢果。扁狀鐮形，長3～4公分，寬0.8～0.9公分。果表密生褐色粗毛。熟時由綠轉為褐。種子米黃色，長6～7公釐，寬5～6公釐。

未熟果。

成熟莢果。

種子米黃色。

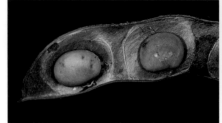
一年生直立性草本植物，基部木質化。

白色花正面與側面。

三出複葉，頂小葉披針形至闊披針形

葉基圓鈍，基出3脈

總柄長10～20公分，密生褐色粗毛

花3～5朵聚集，短總狀花序，腋生

花冠蝶形，淺紫色或白色

| 飼育蝴蝶 |
|---|
| · 豆環蛺蝶（琉球三線蝶） *Neptis hylas luculenta* |

分布 栽培種。台灣主要用於稻田休耕期間，做為栽培綠肥用途。

| 科 名 | 豆科　Leguminosae | 屬名　長柄山螞蝗屬　Hylodesmum |
|---|---|---|
| 學 名 | *Hylodesmum laterale* (Schindl.) H. Ohashi & R. R. Mill | 繁殖方法　播種法、分株法，以春、秋季為宜。 |

## 琉球山螞蝗

多年生草本植物，基部木質化，株高30～60公分。莖近圓形，深褐色，被白色疏短毛。幼枝綠色，具稜，密生白色短柔毛。

- **葉**　三出複葉，互生。全緣，厚紙質。頂小葉明顯特大，約為側小葉2倍。闊披針形或卵狀披針形，長6～12公分，寬2～4公分。葉表綠至暗綠色，無毛，具光澤。葉背淺綠色，被白色細短毛。側小脈葉基歪斜。

- **花**　總狀花序或圓錐花序，頂生。苞片卵形，長約2公釐，被毛，早落。花萼鐘形，不明顯5淺裂，具緣毛。萼外密生白色細短毛，內無毛。花冠蝶形。旗瓣：淺紅紫色至淺粉紅色或近白色，卵圓形，長約5公釐，寬5～6公釐。瓣基具有白色小斑紋。翼瓣：淺粉紅色，長橢圓形，長約5.2公釐，寬約2.2公釐。龍骨瓣：白色，橢圓形，長約4公釐，寬約2公釐。兩體雄蕊。花絲白色，無毛。花藥淺黃色。子房綠色，扁平，密生白色細柔毛。花柱，內曲，無毛。柱頭淺黃白色，頭狀。花期為9～11月。

- **果**　莢果。扁狀長線形，2～4節，背縫線圓鈍深波狀緣。長1.5～2.8公分，寬約5公釐。果表密生黏性鉤毛，先端具2～2.5公釐之喙。熟時由綠轉為褐，節莢果易斷。種子米色，卵狀三角形，長4～5公釐，寬約3公釐。果期為11～12月。

種子

在苗栗縣南庄神仙谷、南投縣國姓鄉、溪頭、鹿谷，嘉義縣奮起湖一帶山區可見族群。

總柄長2.5～5公分，被毛

三出複葉，互生

新芽和新葉常為黃褐色至紅褐色

頂小葉明顯特大，約為側小葉2倍，闊披針或卵狀披針形

花冠淺粉紅色

離基3出脈。小葉托葉線形，長2～3公釐。總柄長2.5～5公分。

總狀花序或圓錐花序，頂生。花序軸長15～27公分，被疏毛。

未熟果。扁狀長線形，2～4節，背縫線圓鈍深波狀緣。

花側面，花柄長約4公釐，被白色疏短毛。

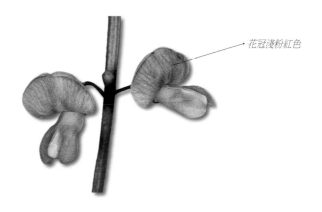

| 飼育蝴蝶 |
|---|
| ・黑丸灰蝶（琉球黑星小灰蝶）*Pithecops corvus cornix*<br>・藍丸灰蝶（烏來黑星小灰蝶）*Pithecops fulgens urai* |

分布　原生種。台灣廣泛分布於全島海拔約400～1,600公尺地區，見於灌叢林緣、路旁等濕潤環境。日本、琉球、中國亦分布。

| 科名 | 豆科　Leguminosae | 屬名 | 木藍屬　Indigofera |
|---|---|---|---|
| 學名 | *Indigofera hirsuta* L. | 繁殖方法 | 播種法，以春、秋季為宜。 |

## 毛木藍（毛馬棘）

一、二年生常綠性直立或蔓性草本植物，基部木質化，株高50～120公分。莖圓形，分枝多，密生淺褐色長柔毛。

- **葉**　奇數羽狀複葉，互生。小葉對生，5～7枚。小葉倒卵形至橢圓形，長2～3.5公分，寬1～2公分。全緣，具緣毛，紙質。葉表綠色，密生白色短毛。葉背淺綠色，密生白色短毛。

- **花**　總狀花序，腋生。苞片線形，長約5公釐，密生長柔毛。花萼鐘形，5深裂至基部，裂片長線形。萼外密生褐色長毛與長緣毛，內無毛。花冠蝶形。旗瓣：闊橢圓形，紅色，長約5公釐，寬約4.2公釐。基部具有紅白色小斑紋。瓣背密生白色細毛。翼瓣：長橢圓形，紅色，密生白色緣毛。長約5.5公釐，寬約2.5公釐。龍骨瓣：橢圓形，紅色。長約4公釐，寬約2.1公釐，下緣合生。上緣和下緣明顯密生紅色細緣毛。兩體雄蕊。花絲綠白色，無毛。花藥橄欖黃色。子房綠色，密生白色細毛。花柱淺黃綠色，無毛。柱頭淺黃綠色，頭狀。花期為3～12月。

- **果**　莢果。圓柱狀線形，密集排列下垂。長1～2.2公分，徑2.5～3公釐。果表密生褐色長毛，先端具約2公釐之短喙。萼片宿存，熟時由綠轉為褐。種子5～8粒。橄欖黃，表面密布細小凹洞，略四方形或長方形，長1.5～1.6公釐，寬1.2～1.4公釐。

旗瓣基部具有小斑紋

花特寫

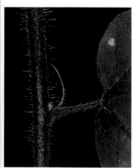

種子

小葉倒卵形至橢圓形

奇數羽狀複葉，羽片互生

小葉對生，5～7枚

未熟果。

托葉線形，長約1公分，密生長柔毛。

一、二年生常綠性直立或蔓性草本植物。

小花多數密集排列，總狀花序，腋生。花序軸長10～20公分，密被毛。

| 飼育蝴蝶 |
|---|
| · 東方晶灰蝶（台灣姬小灰蝶）*Freyeria putli formosanus* |

分布　原生種。台灣廣泛分布於全島海拔約1,200公尺以下地區，見於林緣、路旁或開闊地、山坡地等環境，族群在野外頗為常見。

| 名 | 豆科　Leguminosae | 屬名　木藍屬　Indigofera |
|---|---|---|
| 名 | *Indigofera nigrescens* Kurz *ex* Prain | 繁殖方法　播種法，以春、秋季為宜。 |

# 黑木藍

多年生常綠性灌木，株高1～2公尺。莖圓形，分枝多，具皮孔，被白色2叉伏毛。小枝和幼枝綠色，被白色2叉伏毛。

- **葉**　奇數羽狀複葉，互生。小葉對生或近對生，13～17枚。小葉橢圓形至闊橢圓形或近倒卵形，長1.2～3公分，寬0.8～1.8公分。全緣，紙質。葉表綠至暗綠色，被白色2叉伏毛。葉背淺灰綠色，密生白色2叉伏毛，具網脈。

- **花**　總狀花序，腋生。苞片綠色，線狀披針形，長約4公釐，被細白毛及緣毛，內無毛，早落。花萼綠色，鐘形，5中裂。萼外密生白色短毛，具緣毛，萼內無毛。花冠蝶形。旗瓣：卵圓形，表面淺紫色至淺粉紅色，長約4.4公釐，寬約3.5公釐。瓣緣內曲成三角狀，具緣毛，中央為淡黃色縱帶，基部具有白色細短毛，餘無毛。瓣背密生白色細絨毛。翼瓣：長橢圓形，淺紫色。長約5公釐，寬約1.6公釐。龍骨瓣：橢圓形，淺綠白色底帶有淺紫色。長約5公釐，寬約2公釐。下緣合生，上緣及先端具有白色細絨毛。基部具有小錐突之附屬物。兩體雄蕊。花絲淺綠色，無毛。花藥綠色。子房綠色，無毛。花柱綠色，無毛。柱頭，頭狀。花期為8～9月。

- **果**　莢果。圓柱狀線形，長2.5～3公分，徑2.2～2.5公釐。果表密生淺褐色短伏毛，先端具約0.8公釐之針狀喙。熟時由綠轉為黑褐色。種子深褐色，長方圓形，長約2.2公釐，寬約1.2公釐。果期為9～10月。

花序軸長8～18公分，被白色2叉伏毛。

莢果圓柱狀線形，長2.5～3公分。

種子

多年生常綠性灌木。

小葉對生或近對生，13～17枚

小葉橢圓形至闊橢圓形或近倒卵形

葉背密生，白色2叉伏毛

總狀花序，腋生

花柄長1.5～2公釐

旗瓣背面密被細絨毛

### 飼育蝴蝶

- 細灰蝶（角紋小灰蝶）*Leptotes plinius*
- 豆環蛺蝶（琉球三線蝶）*Neptis hylas luculenta*

分布　原生種。台灣主要分布於中、南部海拔約1,300公尺以下地區，見於林緣、路旁或開闊地、陡坡等環境。

| 科名 豆科 Leguminosae | | 屬名 木藍屬 Indigofera |
| --- | --- | --- |
| 學名 *Indigofera spicata* Forsk. | | 繁殖方法 播種法、扦插法、分株法，以春、秋季為宜。 |

# 穗花木藍

多年生常綠蔓性或平臥性草本植物，株高20～40公分。莖圓形，分枝多，近無毛。小枝紅褐色至綠褐色，細長，被白色2叉伏毛。幼枝綠色，扁狀圓形，略具稜，密生白色2叉伏毛。

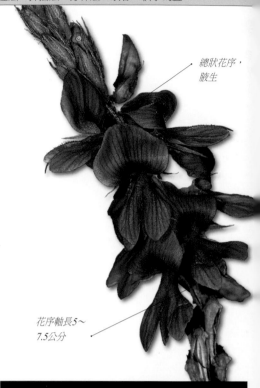

總狀花序，腋生

花序軸長5～7.5公分

- **葉** 奇數羽狀複葉，互生。小葉互生，7～11枚。小葉長橢圓形或倒披針形至倒卵形，長1～2.2公分，寬4～9公釐。全緣，具疏緣毛，紙質。葉表綠至暗綠色，無毛。葉背淺綠色，密生白色2叉伏毛。

- **花** 總狀花序，腋生。苞片白色，線狀披針形，長約3公釐，被毛，早落。花萼綠色，鐘形，5深裂，裂片線形，深約3.5公釐。萼外密生白色短伏毛，具緣毛，內無毛。花冠蝶形。旗瓣：闊卵圓形，長4.5～5公釐，寬約5公釐。表面紅色具脈紋，瓣基具有紅紫色圓形小斑紋。翼瓣：長橢圓形，紅色，基部內曲成管狀。長約5公釐，寬約2.6公釐。龍骨瓣：長橢圓形，紅色。長約4公釐，寬約1.8公釐。上緣密生紅色緣毛，下緣合生。基部具有小錐突之附屬物。兩體雄蕊。花絲黃綠色，不等長，無毛。花藥橄欖黃。子房綠色，近無毛。花柱綠色，無毛。柱頭，頭狀。花期全年不定期。盛花期約10至翌年2月。

- **果** 莢果。略扁，圓柱狀線形，微彎，長1.5～3公分，徑約2.2公釐。果表被白色疏短毛，先端具約2.5公釐之短喙。熟時由綠轉為褐或暗紅褐色。種子5～8粒，淺褐色，長方圓形，長約2.5公釐，徑約1.5公釐。果期為11至隔年4月。

種子

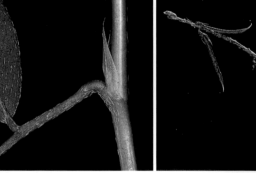

托葉淺綠白色，披針形，長8～9公釐，密被毛。

未熟果。

小葉長橢圓形或倒披針形至倒卵形

奇數羽狀複葉

小葉互生，7～11枚

葉背密生白色2叉伏毛

多年生常綠蔓性或平臥性草本植物。

| 飼育蝴蝶 |
| --- |
| · 東方晶灰蝶（台灣姬小灰蝶）*Freyeria putli formosanus*<br>· 雅波灰蝶（琉璃波紋小灰蝶）*Jamides bochus formosanus*<br>· 細灰蝶（角紋小灰蝶）*Leptotes plinius*<br>· 折列藍灰蝶（小小灰蝶）*Zizina otis riukuensis* |

分布 原生種。台灣廣泛分布於全島海拔1,000公尺以下地區，見於林緣、路旁、河岸或開闊地、山坡地、公園、墓仔埔等環境，族群在野外頗為常見。

| 科名 | 豆科 Leguminosae | 屬名 | 木藍屬 Indigofera |
|---|---|---|---|
| 名 | *Indigofera suffruticosa* Mill. | 繁殖方法 | 播種法，以春、秋季為宜。 |

# 野木藍

多年生常綠性直立灌木，株高1～2..5公尺。莖圓形，分枝多，密生白色2叉伏毛。幼枝淺綠白色，明顯具數縱稜，密生白色2叉伏毛。

- **葉** 奇數羽狀複葉，互生。小葉對生，9～15枚。小葉橢圓形或倒披針形，長1～3公分，寬0.7～1.2公分。全緣，紙質。葉表暗綠色，被白色2叉伏毛。葉背淺灰綠色，密生白色2叉伏毛。

- **花** 總狀花序，腋生。花萼綠色，淺鐘形，5裂。萼外密生白色短伏毛，具緣毛，內無毛。花冠蝶形。旗瓣：橢圓形，帶黃之粉紅色，長約4.5公釐，寬約3.8公釐。瓣基具有鮮黃綠色大斑紋。瓣背密生褐色短伏毛。翼瓣：長橢圓形，粉紅色。長約4.5公釐，寬約1.6公釐，疏生細毛及緣毛。龍骨瓣：橢圓形，黃綠色。長約2.8公釐，寬約1.8公釐。下緣合生，瓣外兩側密生褐色短伏毛及具緣毛。兩體雄蕊。花絲黃綠色，無毛。花藥淺褐色。子房綠色，近無毛。花柱無毛。柱頭，鈍頭。花期為7月至翌年3月。

- **果** 莢果。圓柱狀線形，彎曲成鐮形。長1～1.5公分，徑2.5～2.8公釐。果表密生白色短伏毛，先端具約1公釐之短喙。熟時由綠轉褐。種子3～5粒。褐色至黑褐色，略四方形或長方形，長1.8～2公釐，寬約1.8公釐。果期為8月至翌年4月。

未熟果。圓柱狀線形，彎曲成鐮形。

多年生常綠性直立灌木。

花序。

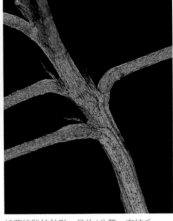
托葉線狀披針形，長約4公釐，密被毛。

花特寫

種子

小葉橢圓形或倒披針形

奇數羽狀複葉，互生

小葉對生，9～15枚

| 飼育蝴蝶 |
|---|
| ・細灰蝶（角紋小灰蝶）*Leptotes plinius* |

分布　原生種。台灣廣泛分布於全島海拔約1,200公尺以下地區，見於林緣、路旁或開闊地、山坡地、草生地、墓仔埔等環境，族群在野外頗為常見。

| 科名 豆科　Leguminosae | | 屬名　木藍屬　Indigofera |
|---|---|---|
| 學名 | *Indigofera venulosa* Champ. *ex* Benth. | 繁殖方法　播種法，以春、秋季為宜。 |

## 脈葉木藍

多年生灌木，株高1～2公尺。小枝灰褐色，圓形，分枝多，平滑無毛。幼枝綠色，無毛。

- **葉**　奇數羽狀複葉，互生。小葉對生，11～17枚。小葉卵形至卵狀披針形，長2～4公分，寬1～2公分。全緣，紙質。葉表暗綠色，無毛。葉背淺綠色，密布網脈與密生白色2叉伏毛。

- **花**　總狀花序，腋生。花萼綠色，淺鐘形，5裂。萼外被白色短毛，內無毛。花冠蝶形。旗瓣：闊橢圓形，帶淺紅紫色之白色至粉紅色，長1.1～1.3公分，寬7～7.8公釐。瓣基具有淺紅紫色放射狀橢圓形斑紋。瓣背密生白色細短毛。翼瓣：狹長橢圓形，紅紫色，具白色緣毛。長約12.5公釐，寬約3公釐。龍骨瓣：橢圓形，淺紅紫色。總長約12.5公釐，寬約4公釐。下緣合生，上緣密生絨毛。兩體雄蕊。花絲白色，無毛。花藥橄欖黃。子房綠色，無毛。花柱淺紅紫色，無毛。柱頭，頭狀，具細毛。花期為5～8月。

- **果**　莢果。圓柱狀線形。長4～4.8公分，徑約3.5公釐。果表平滑無毛，先端具約1公釐之短喙。熟時由綠轉為褐。種子黑色，鈍角梯形，長約1.3公釐。果期為7～9月。

花特寫。

小葉葉柄（2公釐）與小托葉（1.5公釐）。

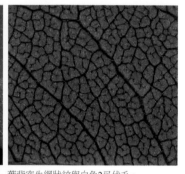

葉背密生網狀紋與白色2叉伏毛。

未熟果。圓柱狀線形。

花淺紫色

小葉對生，11～17枚

奇數羽狀複葉，互生

小葉卵形至卵狀披針形

花20～30朵，總狀花序，腋生

種子黑色。

### 飼育蝴蝶

- 琉灰蝶（琉璃小灰蝶）*Celastrina argiolus caphis*
- 雅波灰蝶（琉璃波紋小灰蝶）*Jamides bochus formosanus*
- 細灰蝶（角紋小灰蝶）*Leptotes plinius*
- 雙帶弄蝶（白紋弄蝶）*Lobocla bufasciata kodairai*

**分布**　原生種。台灣主要分布於全島海拔約600～1,600公尺地區，見於林緣、路旁或山壁、陡坡等環境。及中國地區。在南投縣蓮華池、南豐村，台中市八仙山，可見族群。

| 科名　豆科　Leguminosae | 屬名　鵲豆屬　Lablab |
|---|---|
| 學名　*Lablab purpureus* (L.) Sweet | 繁殖方法　播種法，以春、秋季為宜。 |

# 鵲豆

多年生纏繞性或匍地蔓性藤本植物。莖暗紅紫色，圓形，被白色粗毛。幼莖密生白色短粗毛。

- **葉**　三出複葉，互生。全緣，具緣毛，紙質。頂小葉闊卵形或菱形，長7～12公分，寬5～9公分。葉表綠色，密生白色細短毛。葉背淺綠色，被白色疏短毛。側小葉葉基歪斜不對稱。葉緣常呈現暗紅紫色輪廓。

- **花**　總狀花序，腋生。苞片殼狀橢圓形，長約3.2公釐，早落。花萼綠色，鐘形，5裂。上方兩枚合生，先端淺裂。萼基具有2枚長約5公釐橢圓形之小苞片。萼外被疏毛，齒緣密生緣毛。萼內無毛。花冠蝶形，白色或淺紫色至紫色。旗瓣：卵圓形，長約1.5公分，寬1.8～2公分。頂中央淺裂，基部具有2枚長約2.1公釐之片狀附屬物。翼瓣：闊橢圓形，長約1.4公分，寬9公釐。龍骨瓣：鐮形，長約1.3公分，寬約4公釐。上緣具白色細緣毛。兩體雄蕊。花絲白色，無毛。花藥淡黃色。子房綠色，扁平，密生白色細柔毛，基部具有白色花盤。花柱淺黃白色，柱頭下方有叢細柔毛。柱頭黃色，鈍頭。花期為全年不定期。

- **果**　莢果。扁狀長倒卵形，長5～7公分，寬2～2.2公分。果表淺綠色具暗紅紫色輪廓，無毛，先端具彎形之長喙。熟時由綠轉為褐。種子橢圓形，黑色，長約10公釐，寬約8公釐。

側小葉葉基歪斜不對稱

三出複葉，互生

頂小葉闊卵形或菱形

花3～5朵聚集，總狀花序，腋生

花序軸長40～60公分

未熟果。

鵲豆在盛花時期，常吸引雅波灰蝶、豆波灰蝶的雌蝶來產卵。

白鵲豆。

種子橢圓形，黑色。

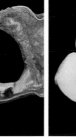

白色花。

| 飼育蝴蝶 |
|---|
| ・雅波灰蝶（琉璃波紋小灰蝶）　*Jamides bochus formosanus* |
| ・豆波灰蝶（波紋小灰蝶）　*Lampides boeticus* |

分布　歸化種。原產於熱帶非洲，台灣於1993年所記錄之歸化植物。廣泛分布於全島平地至海拔約1,000公尺以下地區，見於林緣、路旁、開闊地等環境或人為栽培。

| 科名 豆科　Leguminosae | 屬名 胡枝子屬　Lespedeza |
|---|---|
| 學名 *Lespedeza cuneata* G.Don. | 繁殖方法　播種法，以春、秋季為宜。 |

## 鐵掃帚

多年生直立性灌木，基部木質化；株高50～150公分。小枝綠色，圓形，分枝多；約具12條細縱稜，稜上密生白色短柔毛。幼枝黃綠色；密生白色細柔毛。

- **葉**　三出複葉，互生。全緣，膜質。頂小葉線狀倒披針形至倒披針形，長1～2.5公分，寬2～5公釐。葉表綠至暗綠色，無毛。葉背淺灰綠色，密生白色短伏毛。

- **花**　花2～5朵聚集，簇生於葉腋。苞片披針形，長約0.8公釐，密被細毛。花萼黃綠色，鐘形，5深裂。裂片披針形，長約3.3公釐，基寬約0.9公釐。萼外密生白色短伏毛與緣毛，內無毛。基部具有2枚，長約1公釐之披針形小苞片，密被細毛。花冠蝶形。旗瓣：闊橢圓形，淺黃白色，長5～6公釐，寬約5公釐。頂端微凹，基部具有鮮紫色斑紋。翼瓣：長橢圓形，淺黃白色，長4～5公釐，寬約2公釐。龍骨瓣：長橢圓形，淺黃白色，長5～6公釐，寬約2.5公釐。兩體雄蕊。花絲白色，長約5.5公釐，先端內曲，無毛。花藥鮮黃色。子房綠色，密生白色細柔毛。花柱淺綠色，基半部被細毛，上半部內曲無毛。柱頭，膨大。花期為6～9月。

- **果**　莢果。扁平，卵形，長約3公釐，寬約2公釐。果表密生白色短毛，先端具約1公釐之短喙。熟時由綠轉為褐，不開裂。種子1粒，橄欖黃，卵狀腎形，長約1.6公釐，寬約1.2公釐。果期為11～12月。

多年生直立性灌木。　　　　　　莢果種子單一。

在台中市的大肚山草生地可見較大族群。

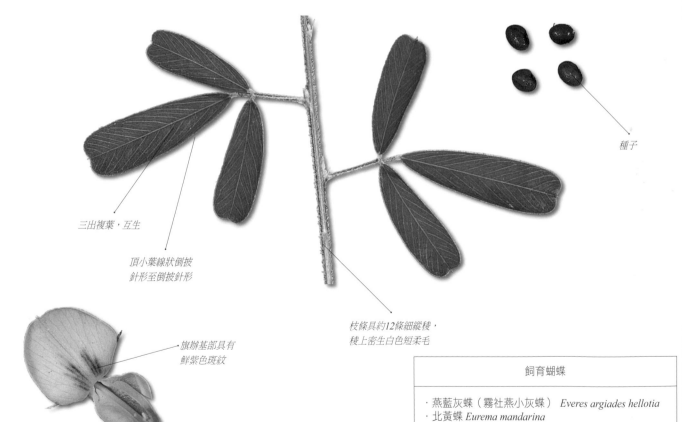

三出複葉，互生

頂小葉線狀倒披針形至倒披針形

枝條具約12條細縱稜，稜上密生白色短柔毛

種子

旗瓣基部具有鮮紫色斑紋

| 飼育蝴蝶 |
|---|
| · 燕藍灰蝶（霧社燕小灰蝶）　*Everes argiades hellotia* |
| · 北黃蝶　*Eurema mandarina* |
| · 菫彩燕灰蝶（淡紫小灰蝶）　*Rapala caerulea liliacea* |

分布　原生種。台灣廣泛分布於全島海拔約1,600公尺以下地區，見於林緣、路旁、山坡地或曠野、草生地、墓仔埔等環境。日本、韓國、中國與印度、澳洲等地區亦分布。

| 科名 豆科　Leguminosae | 屬名 胡枝子屬　Lespedeza |
|---|---|
| 學名 *Lespedeza thunbergii* (DC.) Nakai subsp. *formosa* (Vogel) H. Ohashi | 繁殖方法 播種法，以春季為宜。 |

# 毛胡枝子

多年生落葉性灌木，株高1～2公尺。小枝褐色，圓形，分枝多，被疏毛至無毛。幼枝黃綠色，方圓形，密生白色短伏毛。

- **葉** 三出複葉，互生。全緣，紙質。頂小葉橢圓形至闊橢圓形，長2～5公分，寬2～3.5公分。葉表綠色，無毛。葉背淺灰綠色，密生白色短伏毛。小脈為網脈。
- **花** 總狀花序，腋生。苞片披針形，長約1.5公釐，被毛。花萼黃綠色，鐘形，5裂，上方2枚合生。萼外密生白色細柔毛，內無毛。萼基具有2枚，長約2公釐之線形小苞片，被毛。花冠蝶形。旗瓣：闊橢圓形，紅紫色，長約1公分，寬約8公釐，頂端淺裂，瓣基具有深紅紫色條狀斑紋，瓣背為淺紅紫色。翼瓣：長橢圓形，鮮紅紫色，長約8公釐，寬約3公釐。龍骨瓣：長橢圓形，淺紫白色，長約9公釐，寬約4公釐。兩體雄蕊。花絲白色，無毛。花藥黃綠色。子房綠色，密生白色短柔毛。花柱綠色，無毛。柱頭，鈍頭。花期為10～12月。
- **果** 莢果。扁平，橢圓形。長1～1.3公分，寬約6公釐。果表密生白色短伏毛，先端具8～12公釐之長喙。熟時由綠轉為褐，不開裂。種子1粒，橄欖綠色，分布有灰藍紫色斑紋，卵狀腎形。長約3.6公釐，寬約2.7公釐。果期為11～12至隔年1月。

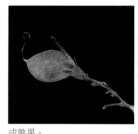

成熟果。

未熟果。

旗瓣基部具有深紅紫色條紋斑紋

多年生落葉性灌木，在苗栗縣之墓仔埔族群頗多。

葉先端圓或微凹

頂小葉橢圓形至闊橢圓形

三出複葉

托葉披針形，長約1.3公釐，被毛。

種子

飼育蝴蝶

- ·琉灰蝶（琉璃小灰蝶）*Celastrina argiolus caphis*
- ·北黃蝶 *Eurema mandarina*
- ·雅波灰蝶（琉璃波紋小灰蝶）*Jamides bochus formosanus*
- ·細灰蝶（角紋小灰蝶）*Leptotes plinius*
- ·波灰蝶（姬波紋小灰蝶）*Prosotas nora formosana*
- ·堇彩燕灰蝶（淡紫小灰蝶）*Rapala caerulea liliacea*
- ·霓彩燕灰蝶（平山小灰蝶）*Rapala nissa hirayamana*

分布 原生種。台灣廣泛分布於中、南部拔約200～1,600公尺地區，見於林緣、路旁、山坡地或曠野、草生地、墓仔埔等環境。

| 科名 豆科　Leguminosae | 屬名 賽芻豆屬　Macroptilium |
|---|---|
| 學名 *Macroptilium bracteatum* (Nees & Mart.) Marechal & Baudet | 繁殖方法 播種法，全年皆宜。 |

# 苞葉賽芻豆

一年生蔓性草本植物。莖圓形，實心，密生白色短毛。小枝和幼莖綠色，密生白色短毛。幼株直立性。

- **葉** 三出複葉，互生。全緣，厚紙質。頂小葉披針形或稜狀披針形，長3〜6公分，寬2.5〜4公分。葉表綠色至暗綠色，葉背淺綠色，皆密被毛。側小葉葉基歪斜。托葉披針形，長7〜8公釐，寬3〜4公釐，有時內捲成管狀，外密被毛及緣毛，內無毛。總柄長3〜4公分，密生白色短毛，上表面具縱溝。

- **花** 總狀花序聚集於軸頂，腋生。花序軸被白色短毛，於近基部具有一叢苞片，密被毛。長披針形，長約1公分，寬約1.5公釐，外密生白色短毛。花萼紅綠色，筒狀鐘形，長約5.2公釐，徑約3.1公釐，先端5淺裂。裂片三角形，上方2枚合生淺裂，下方3枚約1.7公釐，外密生白色短毛。花冠蝶形。旗瓣：卵圓形，淺紅褐至黃綠色，長約1.25公分，寬約1.25公分，瓣緣向內彎曲，頂中央淺裂。翼瓣：闊橢圓形，深紅紫至紫黑色，長約1.5公分，寬1.4〜1.5公分，兩片上下交錯。龍骨瓣：鐮形，淺紅紫色，強烈扭曲，下緣合生。長約9公釐，寬約2.5公釐。兩體雄蕊。花絲無毛。花藥黃色。子房綠色，密生白色細柔毛。花柱無毛，僅在柱頭下方上緣，具有一叢白色細柔毛。柱頭，近頭狀。花期全年不定期，10月至翌年3月皆有。

- **果** 莢果，萼片宿存。略扁，圓柱狀長線形。長6〜8公分，寬3.5〜4公釐。果表密生白色短毛，先端具約1.5公釐之短喙。熟時由綠轉為黑褐至黑色，開裂。種子10〜15粒。方狀橢圓形，褐至深褐色，長3〜3.6公釐，寬約2.5公釐。

- **附記** 本種是由陳志雄、王秋美於2012年所發表之新歸化種植物。

未熟果。　　　　　　　　　花側面。

托葉披針形。

近基部具有一叢苞片。

花序軸長15〜20
公分，於基部具
有一叢苞片

種子

翼瓣

旗瓣

三出複葉，互生

托葉

一年生纏繞性或蔓性草本植物。

| 飼育蝴蝶 |
|---|
| · 奇波灰蝶 (白尾小灰蝶) *Euchrysops cnejus*<br>· 白雅波灰蝶（小白波紋小灰蝶） *Jamides celeno*<br>· 豆波灰蝶（波紋小灰蝶） *Lampides boeticus* |

**分布** 歸化種。原產於南美洲，台灣於2012年所記錄之歸化植物。台灣分布於海拔約100公尺以下地區，目前發現於彰化市近郊八卦山山脈，見於路旁開闊地、山坡地等環境。

| 科名 | 豆科 Leguminosae | 屬名 | 賽芻豆屬 Macroptilium |
|---|---|---|---|
| 學名 | *Macroptilium lathyroides* (L.) Urban | 繁殖方法 | 播種法，全年皆宜。 |

## 寬翼豆

一年生直立或斜升性草本植物，基部木質化，株高80〜160公分。莖圓形，中空，具不明顯細縱稜，密生白色短伏毛。小枝、幼莖綠色，密被毛。

- **葉** 三出複葉，互生。全緣，紙質。頂小葉狹長橢圓形至闊橢圓形或披針形，長4〜8公分，寬2〜4公分。葉表綠至暗綠色，無毛。葉背淺綠色，密生白色短伏毛。側小葉葉基歪斜。

- **花** 小花2朵成對，總狀花序，腋生。花序軸中空，長約40〜52公分。花萼綠色，筒狀鐘形，長約7公釐，徑約2.6公釐。先端5淺裂，裂片三角形，深約1.5公釐。萼外密生白色短伏毛，萼內無毛。花冠蝶形。旗瓣：卵圓形，帶黃之淺紅褐色，長1.2〜1.3公分，寬1.2〜1.3公分。瓣緣向內彎曲，頂中央淺裂，深約1.5公釐。翼瓣：卵圓形，深紅褐色至紫黑色，長1.4〜1.6公分，寬1.4〜1.6公分。兩片上下交錯。龍骨瓣：鐮形，帶淺紅褐色之黃綠色，強烈扭曲，下緣合生。長約8公釐，寬約3公釐，基部2岔。兩體雄蕊。花絲淺黃綠色，無毛。花藥鮮黃色。子房綠色，密生白色細柔毛。花柱淺黃綠色，無毛，僅在柱頭下方上緣具有一叢白色細柔毛。柱頭，盤狀。花期為全年不定期。

- **果** 莢果。圓柱狀長線形，長7〜10.5公分，寬2.5〜3公釐。果表密生白色短伏毛，先端具約4公釐之喙。熟時由綠轉為褐，開裂，萼片宿存。種子15〜20粒。略長方形，褐色，長約3公釐，寬約2.2公釐。

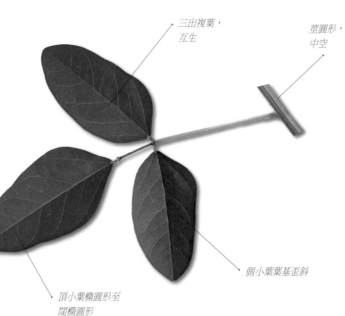

*三出複葉，互生*

*莖圓形，中空*

*側小葉葉基歪斜*

*頂小葉橢圓形至闊橢圓形*

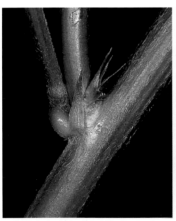

托葉線狀披針形，長8〜9公釐。

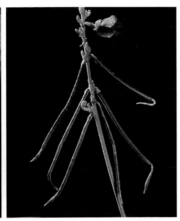

莢果圓柱狀長線形，熟時開裂。

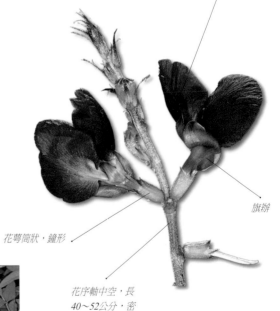

*翼瓣*

*旗瓣*

*花萼筒狀，鐘形*

*花序軸中空，長40〜52公分，密被毛*

種子褐色。

一年生直立或斜升性草本植物。

| 飼育蝴蝶 |
|---|
| · 豆波灰蝶（波紋小灰蝶）*Lampides boeticus* |

**分布** 歸化種。原產於新熱帶地區，台灣於1993年所記錄之歸化植物。廣泛分布於中、南部海拔約800公尺以下地區，見於林緣、路旁或開闊地、山坡地、墓仔埔等環境。

| 科名 | 豆科　Leguminosae | 屬名　含羞草屬　Mimosa |
|---|---|---|
| 學名 | *Mimosa diplotricha* C. Wright *ex* Sauvalle | 繁殖方法　播種法，以春、秋季為宜。 |

## 美洲含羞草

多年生攀緣性或蔓性至平臥性草本植物，基部木質化。莖具5稜，密生白色直毛，稜上密生鉤刺。

- 葉　二回羽狀複葉，互生。羽片5～9對，小葉對生，每一羽片20～26對。全緣，具緣毛，膜質。小葉線狀橢圓形，長3～5公釐，寬1.1～1.5公釐。葉表綠色，密生白色短毛，葉背淺綠色，密生白色短毛。

- 花　花多數密聚成頭狀花序，腋生。花萼鐘形，膜質透明白色，4淺裂。徑約0.3公釐，長約0.3～0.4公釐，萼外近無毛。花冠帶紅淺黃綠色，長漏斗形。長約1.7公釐，頂寬約0.8公釐。4中裂，裂片長橢圓形，外被白色細毛。雄蕊8枚。花絲淺紫色，長約5公釐。花藥黃褐色。子房淺黃綠色，橢圓形，長約0.9公釐，徑約0.4公釐，無毛。花柱淺紫色，無毛，長3.5～4公釐。柱頭，鈍頭。花期為全年不定期。

- 果　莢果。扁狀長橢圓形，3～5節。長1.7～2.2公分，寬約5公釐。果表密生褐色短毛與短鉤刺，先端具約2公釐之喙。莢果多數，35～45枚密聚。熟時由綠轉褐，開裂。種子卵形，褐色，長約3.5公釐，寬約2.5公釐。

未熟果。

花序。

花約50朵密聚成頭狀花序

總柄長7～9公釐

頭花徑1.2～1.5公分

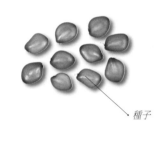

種子

莖具5稜，稜上密生鉤刺

葉片碰觸，會緩緩閉合

生性強健，常整片蔓生。

羽片5～9對

二回羽狀複葉，羽片互生

| 飼育蝴蝶 |
|---|
| ・波灰蝶（姬波紋小灰蝶）*Prosotas nora formosana* |

分布　歸化種。原產於熱帶美洲地區，台灣於1974年所記錄之歸化植物。廣泛分布於中、南部低海拔地區，路旁、林緣或荒野開闊地、墓仔埔、河岸等環境，是強勢外來入侵植物。

| 科名 豆科　Leguminosae | 屬名　血藤屬　Mucuna |
|---|---|
| 學名 *Mucuna pruriens* (L.) DC. var. *utilis* (Wall. *ex* Wight) Burck | 繁殖方法　播種法，以春、秋季為宜。 |

# 虎爪豆（黎豆）

一、二年生中型纏繞性木質藤本植物。莖圓形，褐色至暗褐色，具皮孔，近無毛，刻傷汁液為紅色。幼莖黃綠色，明顯具縱稜，密生白色短絨毛。

- **葉**　三出複葉，互生。全緣，紙質。頂小葉卵形至橢圓形，長8～22公分，寬7～16公分。側小葉葉基歪斜卵狀橢圓形，明顯比頂小葉大。葉表綠至暗綠色，被白色短毛。葉背淺灰綠色，被白色短毛，側脈至葉緣。新葉和幼葉兩面密生白短絨毛。

- **花**　總狀花序下垂，腋生。花萼淺黃綠色，花白或紫色，筒狀鐘形，徑約7公釐，5中裂，具緣毛。上方兩枚合生，最下方一枚最長約8公釐。萼外密生白色短伏毛，萼內密生白色細伏毛。萼基具有2枚瘤狀小苞片。花柄長約6～8公釐，密生白色短毛。花冠蝶形，具淡淡芳香。旗瓣：殼狀闊卵形，淡黃綠色。長2～2.2公分，寬1.8～2公分。翼瓣：長橢圓狀，淡黃綠色，長3.7～4公分，寬1.1～1.2公分。龍骨瓣：狹長橢圓狀，淡黃綠色，長3.5～4.2公分，寬約5公釐。兩體雄蕊。花絲白色，長3.8～4公分，先端離生，無毛。花藥橄欖。子房淺黃綠色，長約9公釐，密生白細柔毛。花柱淺綠白色，長約2.7～3.2公分，密生白細柔毛。柱頭，頭狀。花期為8～11月。

- **果**　莢果。扁狀長線形，長11～13公分，寬約2公分。基部楔形，先端銳圓，具短喙。果表密生橄欖黃短絨毛及具縱稜。熟時由綠轉為黑褐色，果殼木質化數月才會開裂。種子米白色，具淺花紋，橢圓形，長約1.8公分，寬約1.2公分。果期為10至翌年1月。

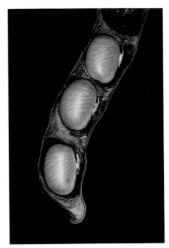

種子。

花序軸長10～30公分，下垂，花朵刻傷會分泌暗紅色汁液。

一、二年生中型纏繞性木質藤本植物。

成熟莢果，扁狀長線形，木質化。

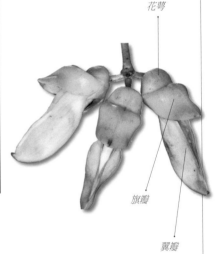

花萼

旗瓣

翼瓣

幼株時（10公分）葉表具有白斑紋。

頂小葉卵形至橢圓形

側小葉明顯比頂小葉大，葉基歪斜，卵狀橢圓形

三出複葉，互生

| 飼育蝴蝶 |
|---|
| ・豆環蛺蝶（琉球三線蝶）*Neptis hylas luculent* |

分布　歸化種。原產於熱帶地區，台灣於1910年引進栽培。於1993年所記錄之歸化植物。主要分布於中、南部海拔約500公尺以下地區，見於林緣、路旁、雜木林內等環境或人為栽培。

| 科名 豆科 Leguminosae | 屬名 爪哇大豆屬 Neonotonia |
|---|---|
| 學名 *Neonotonia wightii* (Wight & Arn.) Lackey | 繁殖方法 播種法、壓條法，以春、秋季為宜。 |

# 爪哇大豆

多年生纏繞性或匍地蔓性草本植物。全株密生褐色粗毛，莖具6縱稜。

- **葉** 三出複葉，互生。全緣，具緣毛，紙質。頂小葉倒卵形至闊倒卵形或卵菱形至橢圓形，長3～8公分，寬3～5公分。葉表綠色，密生白色短毛。葉背淺綠色，密生白色短毛。側小葉葉基歪斜不對稱。
- **花** 總狀花序，腋生。苞片線形，長約2.5公釐，被毛。花萼綠色，鐘形，5中裂。上方兩枚合生先端微裂，下方3裂。萼外密生褐色粗毛，內無毛。萼基具有2枚長約2公釐之線形之小苞片，被毛。花柄長約2公釐，密生白色短毛。花冠蝶形。旗瓣：卵圓形，白色，長約5公釐，寬約5公釐。在瓣片中央具有紅紫色斑紋，頂端微凹。翼瓣：橢圓形，白色，長約3.5公釐，寬1.6公釐。龍骨瓣：橢圓形，白色，長約4公釐，寬約2公釐。單體雄蕊10枚。花絲白色，無毛。花藥淡黃色。子房綠色，密生白色長柔毛。花柱淺黃綠色，無毛。柱頭，頭狀。花期為11月至翌年4月。
- **果** 莢果。略扁，長線形，3～6節，種間收縮。長2～2.7公分，寬約0.4公分。果表密生褐色粗毛，先端具0.6～1公釐之短喙。熟時由綠色轉為黑褐色，萼片宿存。種子腎形，褐色或深褐色，長約2.5公釐，寬約2.5公釐。果期為1～6月。

總柄密被褐色粗毛，上表面具縱溝

側小葉葉基歪斜不對稱

頂小葉倒卵形至闊倒卵形或卵菱形至橢圓形

旗瓣中央具有紅紫色斑紋

花寬約5公釐

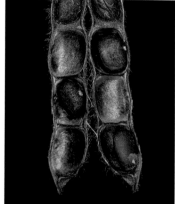

種子腎形，褐色或深褐色。

花約3朵聚集，總狀花序，腋生。花序軸長7～23公分，密生粗毛。　熟果 莢果黑褐色。

全株密生褐色粗毛，莖具6縱稜。

| 飼育蝴蝶 |
|---|
| · 豆環蛺蝶（琉球三線蝶） *Neptis hylas luculenta* |

分布　歸化種。原產於熱帶非洲地區、印度，台灣於1993年所記錄之歸化植物。廣泛分布於中、南部海拔約500公尺以下地區，見於路旁、林緣或開闊地、草生地、山坡地等環境。

| 名 | 豆科 Leguminosae | | 屬名 | 豆薯屬 Pachyrhizus |
| --- | --- | --- | --- | --- |
| 名 | *Pachyrhizus erosus* (L.) Urb. | | 繁殖方法 | 播種法，以春、秋季為宜。 |

## 豆薯

多年生纏繞性或匐地蔓性草本植物，具地下塊莖。莖綠褐色，圓形，被白色疏倒伏毛。小枝和幼莖綠色，圓形，密生白色倒伏毛。植株會休眠。

- 葉　三出複葉，互生。全緣或寬鋸齒波狀緣，具疏緣毛，紙質。頂小葉寬菱形至闊卵形，長6～17公分，寬6～20公分。葉表綠至暗綠色，被白色疏短毛。葉背淺綠色，被白色短毛。側小葉葉基歪斜不對稱。

- 花　小花4～8朵成簇，總狀花序排列，腋生。花萼綠色，筒狀鐘形，5中裂。上方兩枚合生先端微裂，下方3裂。萼外密生白色細毛，內無毛。萼基具有2枚長約2.4公釐早落性之小苞片，被毛。花冠蝶形。旗瓣：闊橢圓形，鮮藍紫色，長1.7～1.8公分，寬約1.7公分。頂中央微凹，基部具有鮮黃綠色斑紋。瓣基具有2枚附屬物。翼瓣：長橢圓形，鮮藍紫色，長約1.7～1.8公分，寬約6公釐。龍骨瓣：橢圓形，藍紫色，長約1.5公分，寬約7公釐。兩體雄蕊。花絲白色，無毛。花藥黃色。子房綠色，密生白色長毛，基部具有淺黃色腺體。花柱綠色，上緣被疏毛。柱頭，圓平頭。花期為8～11月。

- 果　莢果。扁狀長橢圓形，長10～12.5公分。4～10節，果表密生白色短伏毛，先端具約3公釐之鉤狀喙。熟時由綠轉為褐。種子褐色，扁狀方圓形，寬約9公釐，厚4.2～4.4公釐。果期為9～12月。種子含有豆薯酮，具毒性，不可食用。

小花4～8朵成簇，總狀花序排列。

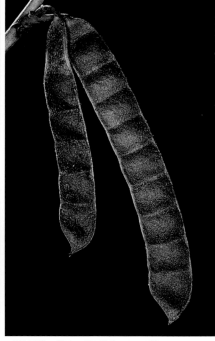

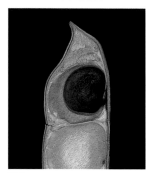

種子。

成熟莢果。長10～12.5公分，4～10節。

花冠蝶形

旗瓣基部具有
鮮黃綠色斑紋

三出複葉

側小葉葉基歪
斜不對稱

頂小葉寬菱形
至闊卵形

小葉全緣或寬
鋸齒波狀緣

多年生纏繞性，具地下塊莖，植株冬季會休眠。

| 飼育蝴蝶 |
| --- |
| · 豆波灰蝶（波紋小灰蝶）*Lampides boeticus* |

| 科名 | 豆科 Leguminosae | | 屬名 | 萊豆屬 Phaseolus |
|---|---|---|---|---|
| 學名 | *Phaseolus lunatus* L. | | 繁殖方法 | 播種法，以春、秋季為宜。 |

# 皇帝豆（萊豆）

多年生纏繞性或匍地蔓性草本植物。成熟莖褐色，圓形。小枝和幼莖綠色，圓形，密生白色短柔毛。

- **葉** 三出複葉，互生。全緣或略淺波狀緣，具緣毛，紙質。頂小葉卵狀披針形，長6～15公分，寬4～10.5公分。葉表綠至暗綠色，被白色疏短毛。葉背淺綠色，密生白色細短毛。側小葉葉基歪斜不對稱。
- **花** 總狀花序，腋生。花萼綠色，鐘形，5裂。上方兩枚合生先端淺裂，下方3裂。萼外密生白色短柔毛，內無毛。萼基具有2枚長約1.1公釐之小苞片。花冠蝶形。旗瓣：殼狀卵圓形，淺黃白色，長0.9～1.1公分，寬0.95～1.2公分，頂端淺凹。翼瓣：殼狀長橢圓形，白色，展開時長約1.1公分，寬約6.5公釐。龍骨瓣：白色，展開時長約1.1公分，寬約2.5公釐，上半部強烈扭曲成團。兩體雄蕊。花絲白色扭曲，無毛。花藥黃色。子房綠色，略扁，長約4公釐，寬約1公釐，密生白色細柔毛。花柱白色，無毛。柱頭，漸尖鈍頭，柱頭下方具有一叢細毛。花期全年不定期。
- **果** 莢果。略扁，長橢圓形，長8.5～11公分，寬2.1～2.3公分。果表被疏毛至密生短毛，先端具約5公釐之喙。熟時由綠轉褐，開裂。種子腎形，長2.1～2.3公分，寬約1.5公分，表面具有紅褐色斑紋。果期為11月至翌年4月。

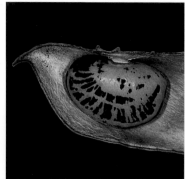

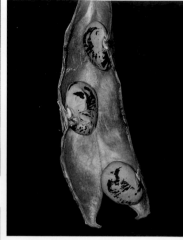

種子橢圓狀腎形，淺褐色，散生細斑紋。

熟時由綠色轉為褐色，開裂。

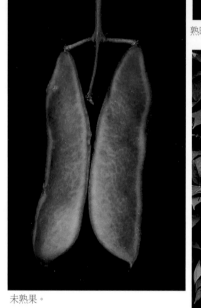

未熟果。

多年生纏繞性或匍地蔓性草本植物，嫩莢果、豆仁可烹調食用。

*三出複葉，互生*

*頂小葉卵狀披針形*

*側小葉葉基歪斜不對稱*

*花特寫*

*翼瓣*

*花柄長1～1.5公分，密被毛*

*花序軸長10～15公分，被短毛*

| 飼育蝴蝶 |
|---|
| ・豆環蛺蝶（琉球三線蝶）*Neptis hylas luculenta* |

分布　栽培種。原產於熱帶美洲地區。性喜溫暖氣候，不耐寒冷。台灣廣泛栽培於中、南部平地至低山地，做為農作物栽培。

| 科 名 | 豆科　Leguminosae | 屬名　排錢樹屬　Phyllodium |
|---|---|---|
| 學 名 | *Phyllodium pulchellum* (L.) Desv. | 繁殖方法　播種法、扦插法，以春、秋季為宜。 |

# 排錢樹

多年生灌木，株高1～2公尺。成熟莖暗褐色，圓形，具淺裂紋及散生皮孔。小枝褐色，圓形，被白色細短毛。幼枝淺黃綠色，具5縱稜，密生白色細短毛。

- **葉**　三出複葉，互生。全緣，厚紙質。頂小葉長橢圓形至闊橢圓形，長5～10公分，寬3～5公分。側小葉明顯較小。葉表綠至暗綠色，近無毛，脈紋明顯。葉背淺灰綠色，近無毛。

- **花**　花3～4朵，聚繖花序，被1～2.5公分之卵圓形至圓形，葉狀苞片所包覆。葉狀苞片兩面被疏短毛，具1～2公釐短柄，柄基中央具有一條5～6公釐綠色線形之附屬物和2枚披針形小苞片。葉狀苞片總狀或圓錐狀排列，腋生或頂生。花萼黃綠色，鐘形，5中裂。上方2枚合生先端微裂，下方3裂。萼基具有2枚0.6公釐之卵形小苞片。萼外密生白色短柔毛，內無毛。花冠蝶形。旗瓣：闊橢圓形，白色，長約4.7公釐，寬約3.8公釐。翼瓣：長橢圓形，白色，長約3.4公釐，寬約1.2公釐。龍骨瓣：長橢圓形，白色，長約4.2公釐，寬約2.1公釐。兩體雄蕊。花絲白色長約5.2公釐，無毛。花藥卵形，鮮黃色。子房綠色，略扁，被白色疏細毛。花柱淺綠色，無毛。柱頭白色，頭狀。花期為7～9月。

- **果**　莢果。扁狀線形，1～3節。長0.6～1.1公分，寬約3.5公釐。果表無毛，分布有龜裂狀細紋，先端具4～5公釐線形之喙。熟時由綠轉為褐，不開裂，被2片卵圓形葉狀苞片所包覆。種子腎形，米色，長約3公釐，寬約2.2公釐。果期為9～12月。

多年生灌木，中部在大度山、通霄鎮之草生地、墓仔埔可見族群。

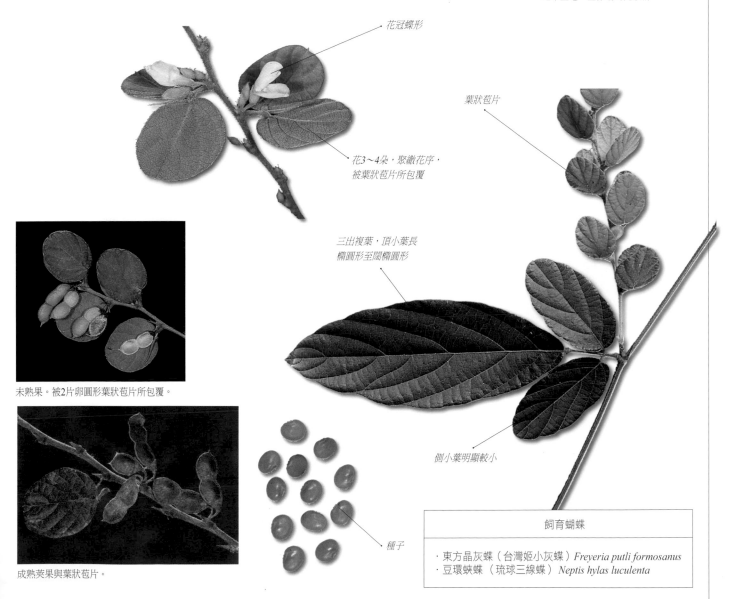

花冠蝶形

花3～4朵，聚繖花序，被葉狀苞片所包覆

葉狀苞片

三出複葉，頂小葉長橢圓形至闊橢圓形

側小葉明顯較小

未熟果。被2片卵圓形葉狀苞片所包覆。

成熟莢果與葉狀苞片。

種子

| 飼育蝴蝶 |
|---|
| ·東方晶灰蝶（台灣姬小灰蝶）*Freyeria putli formosanus*<br>·豆環蛺蝶（琉球三線蝶）*Neptis hylas luculenta* |

分布　原生種。台灣廣泛分布於中、南部海拔約500公尺以下地區，見於向陽之林緣、路旁、山坡地或草生地、墓仔埔等環境。澳洲、東南亞與印度、中國等區域亦分布。

| 科名　豆科　Leguminosae | 屬名　水黃皮屬　Pongamia |
|---|---|
| 學名　*Pongamia pinnata* (L.) Pierre | 繁殖方法　播種法，以春、秋季為宜。 |

# 水黃皮

常綠或半落葉性中、小喬木，株高5～15公尺。小枝灰褐色，圓形，分枝多，無毛，具淺褐色皮孔。幼枝深綠色，方圓形，略具縱稜，無毛，具淺褐色皮孔。

- 葉　奇數羽狀複葉，互生。全緣至波狀緣，薄革質。小葉對生，5～7枚（稀3）。卵形至闊卵形或長橢圓形，長6～11公分，寬3～6公分。葉表深綠色，具光澤，無毛。葉背綠色，無毛。
- 花　總狀花序，腋生。花萼紅褐色至綠褐色，淺鐘形，淺5齒裂。萼外密生褐色短毛，內無毛。萼基具有2枚，長約0.7公釐，褐色小苞片。花冠蝶形。旗瓣：闊橢圓形，淺紫色至粉紅色，長約1.4公分，寬1～1.2公分。頂端微裂。瓣基具有黃綠色斑紋。瓣背密生褐色短毛。翼瓣：長橢圓形，淺紫色，長約1.3公分，寬約5.5公釐，僅先端被褐色疏毛。龍骨瓣：殼狀長橢圓形，淺紫白色，長1.2公分，寬約4.5公釐，外密生褐色短毛。單體雄蕊10枚。花絲淺黃白色，不等長，2.3～3.5公釐之間，無毛。花藥淺褐色。子房黃綠色，膨大，密生褐色短柔毛。花柱黃綠色，被疏毛。柱頭，頭狀。花期為3～4月或10～12月。
- 果　莢果。扁平，歪倒卵形。長5.5～6.5公分，寬2.2～2.8公分。果表無毛，先端具約3公釐之尖喙。熟時由綠色轉為淺褐色，木質化，不開裂。種子1粒，稀2粒。淺黃橙色，卵圓狀腎形，長約1.8～2公分，寬1.4～1.8公分。

廣泛栽培用於綠美化。

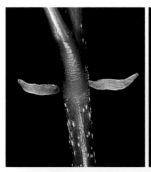

托葉線形，長約8公釐，無毛。

未熟果。

左：種子。右：成熟莢果。

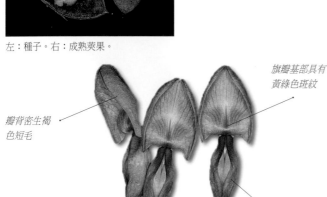

瓣背密生褐色短毛

旗瓣基部具有黃綠色斑紋

翼瓣

奇數羽狀複葉

小葉卵形至闊卵形或長橢圓形

| 飼育蝴蝶 |
|---|
| ·靛色琉灰蝶（台灣琉璃小灰蝶）*Acytolepsis puspa myla* |
| ·紫珈波灰蝶（紫長尾波紋小灰蝶）*Catochrysops strabo luzonensis* |
| ·尖翅絨弄蝶（沖繩絨毛弄蝶）*Hasora chromus* |
| ·雅波灰蝶（琉璃波紋小灰蝶）*Jamides bochus formosanus* |
| ·細灰蝶（角紋小灰蝶）*Leptotes plinius* |
| ·細帶環蛺蝶（台灣三線蝶）*Neptis nata lutatia* |

| 科名　豆科　Leguminosae | 屬名　四稜豆屬　Psophocarpus |
|---|---|
| 學名　*Psophocarpus tetragonolobus* (L.) DC. | 繁殖方法　播種法，以春、秋季為宜。 |

## 四稜豆（翼豆）

多年生纏繞性草本植物，基部木質化，具地下塊莖。莖綠色，圓形，近無毛，具10～18細縱稜。幼莖綠色，疏生白色短毛。

- **葉**　三出複葉，互生。全緣，紙質。頂小葉菱形至闊卵菱形，長7～13公分，寬6～11.5公分。葉表綠至暗綠色，無毛。葉背淺綠色，無毛。側小葉葉基歪斜。
- **花**　花約3朵成簇聚集，排列於花軸頂端。總狀花序，腋生。花萼綠色，筒狀鐘形，5裂。上方兩枚合生先端淺裂，下方3枚鋸齒裂。萼外平滑無毛。基部具有2枚長約5公釐，寬約4公釐之小苞片。花冠蝶形。旗瓣：寬卵圓形，淺藍紫色，長2.5～2.8公分，寬3.5～3.8公分。頂端淺凹，基部具有黃綠色小斑紋。瓣背淺黃綠色，中央具稜。翼瓣：橢圓形，淺藍紫色，長約2～2.3公分，寬1.4～1.7公分。龍骨瓣：鐮狀橢圓形，帶藍紫白色，長約2公分，寬約1.1公分。基部具一小錐突。兩體雄蕊。花絲白色，無毛。花藥褐色。子房綠色，扁平，兩側中央凹陷，下緣疏生白緣毛。花柱白色，無毛。柱頭頭狀；密生一叢白色絹毛。花期為10月至翌年2月。
- **果**　莢果。長線形，明顯具四稜翼片，稜緣呈現不規則鈍鋸齒緣。長10～18公分，寬1.5～2.5公分。果表平滑無毛，先端具約2公分之長喙。熟時由綠轉為褐。種子7～14粒，褐色，近腎形，長6.5～8.5公釐，寬6～7公釐。

未熟果。長線形，具四稜翼片，莢果可烹調食用。

托葉長橢圓形，盾狀著生，長約1.1公分。

多年生纏繞性草本植物，田間常見栽培供食用莢果。

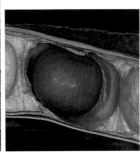

種子褐色。

側小葉葉基歪斜

三出複葉，頂小葉菱形至闊卵菱形

瓣背淺黃綠色

花冠蝶形。旗瓣基部具有黃綠色小斑紋

花序軸長10～23公分

| 飼育蝴蝶 |
|---|
| · 豆波灰蝶（波紋小灰蝶）*Lampides boeticus*<br>· 豆環蛺蝶（琉球三線蝶）*Neptis hylas luculenta* |

分布　栽培種。原產於東南亞、非洲地區。台灣廣泛栽培於中、南部平地至低山地，做為農作物栽培。

| 科名　豆科　Leguminosae | 屬名　葛藤屬　Pueraria |
|---|---|
| 學名　*Pueraria montana* (Lour.) Merr. | 繁殖方法　播種法、壓條法，以春、秋季為宜。 |

# 山葛（台灣葛藤）

多年生纏繞性或匍地蔓性藤本植物，具小塊莖。成熟莖灰褐色，圓形，具韌性，節處易生不定根。枝條綠色，密生褐色粗毛。幼莖綠色，密生白色倒長毛。

- 葉　三出複葉，互生。全緣，密生緣毛，紙質。頂小葉菱狀卵形或卵圓形至卵狀披針形，長8～20公分，寬6～16公分。葉表綠至暗綠色，被淺褐色短伏毛。葉背灰綠色，密生有光澤銀白色長伏毛。側小葉葉基歪斜不對稱。

- 花　花約2～3朵聚集，總狀花序，腋生。花萼橄欖黃，鐘形，5中裂。上方兩枚合生先端微裂，下方3裂。萼外密生褐色短伏毛，萼內被細毛。萼基具有2枚長約4公釐卵狀披針形之小苞片，兩面被毛。花冠蝶形。旗瓣：卵圓形，淺紫色，長0.9～1公分，寬0.9～1公分。頂端淺凹，中央具有淺黃色斑紋。翼瓣：長橢圓形，淺藍紫色，長1.2公分，寬約3公釐。龍骨瓣：鐮狀橢圓形，淺藍紫色，長約9公釐，寬約4.2公釐。單體雄蕊10枚。花絲白色，無毛。花藥黃色。子房綠色，密生淺褐白色短柔毛。花柱白色，無毛。柱頭，鈍頭。花期為10至翌年4月。

- 果　莢果。略扁，長線形，長4～8公分，寬0.7～0.9公分。果表密生金褐色粗毛，先端具約3公釐之喙。熟時由綠轉為褐。種子橢圓狀腎形，淺褐色，散生細斑紋。長4.8～5公釐，寬約3.3公釐。

旗瓣中央具有淺黃色斑紋

花序軸長20～25公分，密被褐毛

未熟果。果表密生金褐色粗毛。

族群在野外頗為常見，花與葉片皆可供蝴蝶幼蟲食用。

托葉長橢圓形，長約1公分，密被毛。盾狀著生。

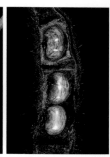

種子橢圓狀腎形，淺褐色，散生細斑紋。

側小葉葉基歪斜不對稱

三出複葉，頂小葉菱狀卵形或卵圓形至卵狀披針形

## 飼育蝴蝶

- 青珈波灰蝶（淡青長尾波紋小灰蝶）*Catochrysops panormus exiguus*
- 銀灰蝶（銀斑小灰蝶）*Curetis acuta formosana*
- 奇波灰蝶（白尾小灰蝶）*Euchrysops cnejus*
- 雅波灰蝶（琉璃波紋小灰蝶）*Jamides bochus formosanus*
- 豆波灰蝶（波紋小灰蝶）*Lampides boeticus*
- 豆環蛺蝶（琉球三線蝶）*Neptis hylas luculenta*
- 小環蛺蝶（小三線蝶）*Neptis sappho formosana*

分布　原生種。台灣廣泛分布於全島海拔約1,300公尺以下地區，見於林緣、路旁或草生地、墓仔埔、山坡地等環境，族群在野外頗為常見。韓國、日本、琉球與菲律賓、越南、中國華南等地區亦分布。

| 名 | 豆科 Leguminosae | 屬名 | 密子豆屬 Pycnospora |
|---|---|---|---|
| 名 | *Pycnospora lutescens* (Poir.) Schindl. | 繁殖方法 | 播種法，以春季為宜。 |

## 密子豆

多年生平臥性或斜升草本植物，基部木質化，株高20～40公分。成熟莖圓形，褐色，密生短絨毛。小枝與幼莖綠色，密生白色短絨毛。

- **葉** 三出複葉，互生。全緣，密生緣毛，葉緣微反捲，紙質。頂小葉倒卵形或橢圓形，長1.5～3.6公分，寬1.1～2.3公分。葉表黃綠至綠色，葉背淺綠色，皆密生白色短伏毛。

- **花** 總狀花序，頂生。苞片淺黃綠色，卵形，先端長線形。總長約5.5公釐，寬約2.9公釐。外密生白色長毛，內無毛。早落。花萼淺綠色，淺鐘形。5深裂，裂片披針形，上方兩枚合生先端淺裂，下方3枚深裂約2.3公釐。萼外密生白色長毛與緣毛，內無毛。花冠蝶形。旗瓣：卵圓形，淺紫色，長5.5公釐，寬約6.6公釐。頂端淺凹，基部具有2枚淺黃色斑紋。翼瓣：橢圓形，淺紫色，長約4.4公釐，寬約2.5公釐。龍骨瓣：橢圓形，白色，長約4公釐，寬約2.5公釐。兩體雄蕊。花絲白色，無毛。花藥淺褐色。子房扁平，綠色，密生白色長柔毛。花柱綠色，無毛。柱頭，頭狀。花期為9～10月。

- **果** 莢果，萼片宿存。橢圓形，長0.8～1.2公分，徑3.5～5公釐。果表密布橫向小凸紋及白色鉤毛。先端具約2公釐之喙。熟時由綠轉為黑色，不分節。種子約6～9粒。種子腎形，橄欖黃，長2～2.4公釐，寬1.2～1.5公釐。果期為9～11月。

旗瓣基部具有2枚淺黃色斑紋

花序軸長4～6公分

三出複葉，互生

種子

頂小葉倒卵形或橢圓形

總狀花序，頂生。

托葉長三角形，長約5.5公釐，密被毛，常宿存。

未熟果。果表密布橫向小凸紋及密生白色鉤毛。

多年生平臥性或斜上升草本植物，株高20～40公分。

| 飼育蝴蝶 |
|---|
| ・豆環蛺蝶（琉球三線蝶）*Neptis hylas luculenta* |

分布 原生種。台灣廣泛分布於全島平地至海拔約1,100公尺以下地區，見於林緣、路旁或草生地、墓仔埔、山坡地等環境。

| 科名 | 豆科　Leguminosae | 屬名　括根屬　Rhynchosia |
|---|---|---|
| 學名 | *Rhynchosia minima* (L.) DC. f. *nuda* (DC.) Ohashi & Tateishi | 繁殖方法　播種法、壓條法，以春、秋季為宜。 |

## 小葉括根

一年生纏繞性或匐地蔓性草本植物。莖方圓形，纖細，具細縱稜，被白色細短毛及疏生黃色小腺點。

- **葉**　三出複葉，互生。全緣，具緣毛，紙質。頂小葉倒卵形，長1～1.8公分，寬1～1.9公分。葉表暗綠色，被白色細短毛及疏生黃色小腺點。葉背淺綠色，密生白色細短毛及黃色小腺點。
- **花**　總狀花序，腋生。花序軸略五角形。花萼綠色，鐘形，5裂。上方兩枚合生先端淺裂，下方3枚深裂。萼外密生白色細短毛與黃色小腺點。花冠蝶形。旗瓣：倒卵形，黃色，瓣背具暗紅色脈紋及密布黃色小腺點，長6～7公釐，寬4～5公釐。翼瓣：長橢圓形，黃色，長約4公釐，寬約1.2公釐。龍骨瓣：長橢圓形，黃色，長約5.2公釐，寬約2.3公釐。兩體雄蕊。花絲白色，無毛。花藥黃色。子房綠色，密生白色細柔毛。花柱淺綠色，無毛。柱頭，頭狀。花期為1～7月或10～12月。
- **果**　莢果。扁平橢圓狀鐮形或微彎，長1～1.5公分，寬約5公釐。果表密生白色細短毛與疏生黃色小腺點。萼片宿存，先端具約1.5公釐之針狀喙。熟時由綠色轉為暗褐色，開裂，具1～3粒種子，常為2粒。種子略腎形，黑色，具光澤，長約3公釐，寬約2.5公釐。

三出複葉，頂小葉倒卵形

葉表暗綠色，被白色細短毛及疏生黃色小腺點

葉背淺綠色，密生白色細短毛及黃色小腺點

▲葉表　　▲葉背

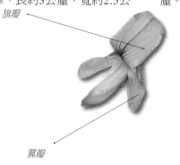

旗瓣

翼瓣

龍骨瓣

種子

花、葉、果皆被白色細短毛及疏生黃色小腺點，是本種重要辨識特徵。

未熟果。

成熟莢果。

| 飼育蝴蝶 |
|---|
| · 豆環蛺蝶（琉球三線蝶）*Neptis hylas luculenta* |

| 科名 | 豆科 Leguminosae | 屬名 | 括根屬 Rhynchosia |
|---|---|---|---|
| 學名 | *Rhynchosia volubilis* Lour. | 繁殖方法 | 播種法、壓條法，以春、秋季為宜。 |

## 鹿藿

多年生纏繞性或蔓性草本植物。莖圓形，分枝多，密生白色長柔毛與黃色小腺點。

- **葉** 三出複葉，互生。全緣，密生緣毛，紙質。頂小葉倒卵形，長3～8公分，寬3～5.5公分。葉表綠色，密生白色短毛。葉背綠色，密生白色短毛與黃色小腺點。

- **花** 總狀花序，腋生。苞片線形，長約1.5公釐，密被毛，早落。花萼綠色，筒狀鐘形，5近深裂，深約3公釐。上方兩枚合生先端淺裂。萼外密生白色柔毛與黃色小腺點及緣毛。萼內被白色細短毛。花冠蝶形。旗瓣：近圓形，黃色，長約6公釐，寬約6公釐。瓣基具有2枚淺黃綠色錐狀附屬物。翼瓣：長橢圓形，黃色，長約5.5公釐，寬約2.5公釐。龍骨瓣：長橢圓形，淺黃綠色，長約6.5公釐，寬約2.3公釐。兩體雄蕊。花絲白色，無毛。花藥黃橙色。子房黃綠色，略扁平，密生白色長柔毛與黃色腺點。花柱淺綠白色，無毛。柱頭，頭狀。花期為8～10月。

- **果** 莢果。卵形或闊橢圓形，長1～1.4公分，寬6.5～8公釐。果表密生淺褐色短毛與黃色小腺點。萼片宿存，先端具約1.5公釐之短喙。熟時由綠色轉為紅橙色至紅色，開裂。種子1～2粒。卵圓形，黑色，具光澤。長約4.2公釐，寬約3.5公釐。

花冠蝶形，黃色

花萼筒狀，鐘形

側小葉明顯較小，葉基歪斜

三出複葉，密生白色緣毛

花柄長3～4公釐

頂小葉倒卵形

總狀花序，腋生。

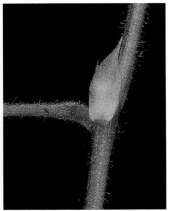

托葉卵狀披針形；長0.9～1.1公分。

熟時由綠色轉為紅橙色至紅色，開裂。種子常宿存。

莖、葉背和果，皆被毛與黃色小腺點。

飼育蝴蝶

· 細邊琉灰蝶（埔里琉璃小灰蝶）*Celastrina lavendularis himilcon*
· 豆環蛺蝶（琉球三線蝶）*Neptis hylas luculenta*
· 波灰蝶（姬波紋小灰蝶）*Prosotas nora formosana*

分布 歸化種。原產於中國、日本地區，台灣於1977年所記錄之歸化植物。廣泛分布於全島海拔約1,500公尺以下地區，見於向陽之林緣、路旁、草生地或基石埔、山坡地等環境。

| 科名　豆科　Leguminosae | 屬名　田菁屬　Sesbania |
| --- | --- |
| 學名　*Sesbania grandiflora* (L.) Pers. | 繁殖方法　播種法，全年皆可。 |

# 大花田菁

小喬木或灌木，株高2～6公尺。小枝圓形，褐色，無毛。幼枝圓形，綠色，被白色短毛。

- **葉**　偶數羽狀複葉，互生。小葉對生，8～16對。全緣，葉緣常具有深紅色輪廓，膜質。橢圓形至長橢圓形，長2～4.5公分，寬0.9～1.4公分。葉表暗綠色，無毛。葉背淺綠色，被白色疏短毛。

- **花**　花2～3朵下垂，短總狀花序，腋生。苞片披針形，長約8公釐，兩面被細毛。花萼綠色，筒狀鐘形，2裂。長約2公分，徑1～1.1公分。上方2枚合生，下方3枚合生。萼基具有2枚長6～8公釐之披針形小苞片，兩面被細毛，小苞片早落。花冠蝶形。旗瓣：闊橢圓形，淺黃白色或淺粉紅色，長6～6.5公分，寬3.5～6公分，頂中央淺裂。翼瓣：狹長橢圓形，長約6.2公分，寬2～2.5公分。龍骨瓣：鐮狀橢圓形，下緣合生，長約6公分，寬1.8～2公分。先端淺裂深約7公釐。兩體雄蕊。花絲長9～10公分，無毛。花藥長約3公釐。子房綠色，管狀，無毛。花柱綠色，無毛。柱頭，截平。花期全年不定期。

- **果**　莢果。扁狀長線形，下垂，長30～40公分，寬約0.7公分。果表平滑無毛，先端具約2公分之長喙。熟時由綠轉為淺褐色。種子26～36粒。褐色，腎狀橢圓形，長約5.5公釐，寬3.5～4公釐。

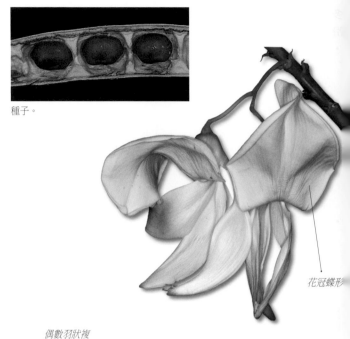

種子。

花冠蝶形

偶數羽狀複葉，互生

小葉橢圓形至長橢圓形

小葉對生，8～16對

紅花種，花寬約5.3公分。

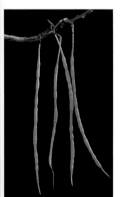

未熟果。扁狀長線形，下垂。

花苞。

小苞片。

| 飼育蝴蝶 |
| --- |
| · 黃蝶（荷氏黃蝶）*Eurema hecabe*<br>· 豆波灰蝶（波紋小灰蝶）*Lampides boeticus*<br>· 豆環蛺蝶（琉球三線蝶）*Neptis hylas luculenta* |

分布　歸化種。台灣於1910年引進栽培。主要分布於中、南部海拔約600公尺以下地區，見於林緣、路旁、開闊地等環境或人為栽培。澳洲、熱帶亞洲及其洲、西印度群島地區亦分布。

| 名 | 豆科　Leguminosae | 屬名　田菁屬　Sesbania |
|---|---|---|
| 名 | *Sesbania sesban* (L.) Merr. | 繁殖方法　播種法，全年皆可。 |

# 印度田菁

多年生灌木，基部木質化，株高2～3公尺。小枝圓形，綠色，平滑，無毛。幼枝近圓形，綠色，密生白色短毛。

- **葉**　偶數羽狀複葉，互生。小葉對生或近對生，20～36對。全緣，膜質。線狀橢圓形，長1～2.8公分，寬3～6公釐。葉表暗綠色，無毛。葉背淺綠色，被白色疏短毛。

- **花**　總狀花序，腋生。花萼綠色，鐘形，兩面無腺毛，5齒裂，齒緣具緣毛。萼基具有一對附屬物。花冠蝶形。旗瓣：卵圓形，黃色，長約1.1公分，寬約1.4公分。頂端淺凹，瓣緣常向後彎。瓣背常密布深紫黑色碎斑紋。翼瓣：橢圓形，黃色，長約1公分，寬約4.2公釐。龍骨瓣：歪橢圓形，淺黃色，長約7公釐，寬約5公釐。兩體雄蕊。花絲淺黃綠色，無毛。花藥橄欖黃色。子房黃綠色，略扁，無毛。花柱綠色，無毛。柱頭，頭狀。花期全年不定期。

- **果**　莢果。鐮狀長線形，下垂，長15～20公分，寬約3.2公釐。果表平滑無毛，先端漸尖。熟時由綠色轉為深褐色，開裂。種子28～35粒，褐色，橢圓形，長約3.5～4公釐，徑約2.1公釐。

偶數羽狀複葉，互生

小葉對生或近對生，20～36對

小葉線狀橢圓形

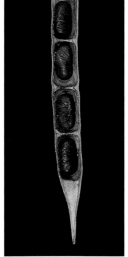

種子。

未熟果。鐮狀長線形，下垂。

翼瓣

旗瓣

花軸長5.5～7公分，被毛

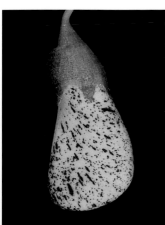

花萼平滑無毛，具緣毛。

多年生灌木，基部木質化，族群在野外頗為常見。

飼育蝴蝶

- 黃蝶（荷氏黃蝶）*Eurema hecabe*
- 白雅波灰蝶（小白波紋小灰蝶）*Jamides celeno*
- 豆波灰蝶（波紋小灰蝶）*Lampides boeticus*
- 細灰蝶（角紋小灰蝶）*Leptotes plinius*

分布　歸化種。原產於熱帶地區，台灣於1930年引進栽培。於1965年所記錄之歸化植物。廣泛分布於海拔約1,000公尺以下地區，見於濱海、林緣、路旁或開闊地、草生地、荒野等環境，族群在野外頗為常見。

| 科名 | 豆科　Leguminosae | | 屬名 | 苦參屬　Sophora |
|---|---|---|---|---|
| 學名 | *Sophora flavescens* Ait. | | 繁殖方法 | 播種法、分株法，以春、秋為宜。 |

# 苦參

多年生宿根性灌木，具有地下塊莖，株高1.5～2公尺。莖圓形，綠色，全株平滑無毛，被一層白色粉狀物質。

- **葉**　奇數羽狀複葉，互生。小葉對生或近對生，9～21枚。全緣，紙質。橢圓形或橢圓狀披針形，長3～6公分，寬1.5～2.5公分。葉表暗綠色，無毛至近無毛。葉背淺綠色，密生白色短毛。

- **花**　總狀花序，頂生。花萼黃綠色，筒狀鐘形，徑約5.5公釐，先端淺波狀5齒裂。萼外被白色短毛，內無毛。花冠蝶形。旗瓣：長筒狀半圓形，淡黃白色，長約1.4公分，寬約5公釐，先端向後彎曲，基部具有白色細緣毛。翼瓣：長橢圓狀，淡黃白色，長約1公分，寬約3公釐。龍骨瓣：長橢圓形，淡黃白色，長約1公分，寬約4公釐。單體雄蕊10枚。花絲白色。花藥咖啡色。子房黃綠色，基部具柄，被白色細伏毛。花柱，無毛。柱頭，略膨大。花期為2～3月。

- **果**　莢果。四稜狀長線形，長6～11.5公分。果表被細短毛，基部具有1～2.5公分之細長果梗，先端漸尖具1～2公分之長喙。熟時由綠色轉為深褐色，種子1～8粒。深褐色，橢圓形，長約6公釐，寬約4公釐，平滑無毛。果期為4～5月。

*奇數羽狀複葉，羽片互生*

*小葉對生或近對生，9～21枚，橢圓形或橢圓狀披針形*

*花萼筒狀，鐘形*

*旗瓣向後彎曲*

*花冠外觀似「J」形*

高溫期植株會枯萎休眠或生長遲滯；平地種植約在12月萌芽。

葉軸基部和托葉呈現深紅紫色。

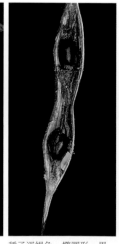

| 飼育蝴蝶 |
|---|
| ・細灰蝶（角紋小灰蝶）*Leptotes plinius*<br>・豆環蛺蝶（琉球三線蝶）*Neptis hylas luculenta* |

未熟果。

種子深褐色，橢圓形，果先端具1～2公分之長喙。

小花60～120朵，總狀花序，頂生。花序軸長15～30公分。

分布　原生種。台灣原生於海拔約1,300公尺以下地區，見於林緣、路旁、開闊地等乾燥環境，野外族群不普遍。東亞、中國亦分布。

| 科名　豆科　Leguminosae | 屬名　苦參屬　Sophora |
|---|---|
| 種名　*Sophora tomentosa* L. | 繁殖方法　播種法，以春、秋季為宜。 |

## 毛苦參

多年生灌木，基部木質化，株高1～2公尺。莖圓形，灰褐色，近無毛。小枝和幼枝綠白色，密生灰白色短絨毛。

- **葉**　奇數羽狀複葉，互生。小葉對生或近對生，11～19枚。全緣，葉緣反捲，薄革質。倒卵形或橢圓形，長2～5公分，寬1～2.3公分。葉表綠色，密生灰白色短絨毛。葉背淺綠白色，密生白色短絨毛。
- **花**　總狀花序，頂生。花梗基部具有2枚長約4公釐披針形小苞片，密被細毛。花萼灰綠色，淺鐘形，長約4.5公釐，徑約8公釐。淺5齒裂，微向內凹。萼外密生白色短柔毛，內無毛。花冠蝶形。旗瓣：闊橢圓形，鮮黃色，長約1.3公分，寬約1.15公分。瓣緣微向內凹，頂端淺裂。翼瓣：殼狀長橢圓形，鮮黃色，長約1.1公分，寬約5.5公釐。龍骨瓣：殼狀長橢圓形，鮮黃色，長約1公分，寬約5公釐。單體雄蕊10枚。花絲淺黃色，長1.3～1.4公分，無毛。花藥褐色。子房黃綠色，密被白色細伏毛，基部具短柄。花柱黃綠色，無毛。柱頭，鈍頭。花期為9～10月。
- **果**　莢果。念珠狀線形，1～8粒成串下垂，長6～15公分，徑約1公分。果表密生灰白色短絨毛，基部具有1.8～2.5公分細長果梗，先端漸尖具1～2公分之長喙。熟時由綠轉為深褐色，不開裂，種子1～8粒。褐色，近球形，徑6～8公釐，種皮凹凸不平。果期為11月至翌年1月。

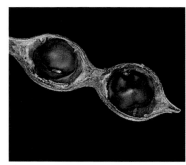
種子。

多年生灌木，主要分布於恆春半島。

花鮮黃色，花柄長5～7公釐。

未熟果。莢果念珠狀線形，1～8粒成串下垂。

花序軸長15～20公分，被疏毛
小葉對生或近對生，11～19枚
奇數羽狀複葉，互生
葉表密生灰白色短絨毛
倒卵形或橢圓形
小花多數聚集，總狀花序，頂生

| 飼育蝴蝶 |
|---|
| ・細灰蝶（角紋小灰蝶）*Leptotes plinius* |

分布　原生種。台灣主要分布於恆春半島及海拔約100公尺以下地區，見於濱海、平地林緣或路旁、開闊地等環境。中國廣東、海南島亦分布。

| 科名 | 豆科　Leguminosae | | 屬名　葫蘆茶屬　Tadehagi |
|---|---|---|---|
| 學名 | *Tadehagi triquetrum* (L.) H. Ohashi. subsp. *pseudotriquetrum* (DC.) H. Ohashi | | 繁殖方法　播種法、扦插法，以春季為宜。 |

## 葫蘆茶

多年生亞灌木，平臥性或斜升性，株高60～100公分。小枝三角形，綠色至紅褐色，稜上密生白色短毛。幼枝綠色，三角形，密生白色短毛。

- **葉**　單身複葉，互生。全緣，密生緣毛，厚紙質。長橢圓狀披針形或披針形，長5～6公分，寬2～4公分。葉表綠至暗綠色，密生白色短毛，羽狀脈明顯。葉背淺綠色，被白色疏短毛。

- **花**　總狀花序，頂生。花序軸三角形至扁圓形，具細縱稜。苞片兩型：柄基具有長約2公釐線形小苞片與一枚長約5～6公釐披針形總苞片。花萼鐘形，5中裂。上方兩枚合生先端淺裂。萼外被白色長毛與緣毛，內無毛。萼基具有2枚長約1.8公釐之披針形小苞片。花冠蝶形。旗瓣：闊卵圓形，紫色，長4～5公釐，寬約6公釐。頂中央微凹，基部分布有許多紅色小斑點。瓣背淺紫色。翼瓣：歪橢圓形，鮮紫色，長約4.3公釐，寬約2.3公釐。龍骨瓣：鐮狀橢圓形，淺紫白色，長約3.5公釐，寬約2.5公釐。兩體雄蕊。花絲白色，無毛。花藥黃色。子房綠色，被極細小白色短毛。花柱，內曲。基半部被細毛，餘無毛。柱頭，頭狀細小。花期為9～10月。

- **果**　莢果，萼片宿存。扁平，長橢圓狀線形，3～8節。長1.3～3公分，寬約6公釐。果表兩面無毛，具緣毛，先端具長3～4公釐之喙。背縫線圓齒波狀緣。熟時由綠轉為暗褐色。種子米黃色，腎形。長約2.3公釐，寬約1.7公釐。果期為11～12月。

旗瓣紫色

翼瓣鮮紫色

葉柄具翼片，長1.5～3公分，寬4～8公釐。翼片先端具有一對小突尖；托葉披針形。

未熟果。

成熟莢果。扁平，長橢圓狀線形，3～8節。

新葉常為黃綠色至紅褐色

長橢圓狀披針形或披針形

花序軸長13～30公分，被疏毛

單葉，互生

種子

| 飼育蝴蝶 |
|---|
| · 豆環蛺蝶（琉球三線蝶）*Neptis hylas luculenta* |

分布　原生種。台灣廣泛分布於中、南部海拔約100～1,300公尺地區，見於林緣、路旁、開闊地或墓仔埔、草生地等環境。亞洲南部亦分布。

| 名 | 豆科　Leguminosae | 屬名　灰毛豆屬　Tephrosia |
|---|---|---|
| 名 | *Tephrosia candida* (Roxb.) DC. | 繁殖方法　播種法，以春、秋為宜。 |

# 白花鐵富豆

多年生直立灌木，株高1.5～3公尺。小枝圓形，分枝多，具6～8小縱稜，密生有光澤白色短毛。幼枝近方形，明顯具深數縱稜，密生有光澤白色短毛。

- **葉**　奇數羽狀複葉，互生。小葉對生，11～25枚。全緣，具緣毛，紙質。長橢圓形，長5～7.5公分，寬1～2公分。葉表綠至暗綠色，無毛與無光澤。葉背淺綠色，密生有光澤白色短伏毛。

- **花**　總狀花序，頂生。苞片線形，長約3.5公釐，密被毛。花萼綠色，鐘形，齒狀5淺裂。萼外密生白色短伏毛，內無毛。花冠蝶形。旗瓣：闊橢圓形，白色，長約2.7公分，寬約2.8公分。頂端微凹，基部具有淺黃綠色小斑紋。背面密生短伏毛，中央具細稜。翼瓣：橢圓形，白色，長約2.6公分，寬1.3～1.4公分。龍骨瓣：鐮狀橢圓形，白色，長約2.2公分，寬約1.3公分。兩體雄蕊。花絲淺綠白色，無毛。花藥黃色。子房綠色，密生白色短伏毛。花柱上緣被白色直毛。柱頭，鈍頭。花期為9～11月。

- **果**　莢果，萼片宿存。扁平，長橢圓狀線形，長7～9公分，寬約7公釐。果表密生褐色短毛，先端具長約4公釐之喙。熟時由綠轉褐，開裂。種子深橄欖色，腎形，表面具褐色斑紋。長約5公釐，寬約3.5公釐。果期為1～3月。

多年生直立灌木，中部在魚池、埔里、日月潭、蓮華池一帶可見族群。

托葉線狀披針形；幼枝明　成熟莢果。
顯具縱稜。

種子深橄欖色，腎形；果先端具長約4公釐之喙。

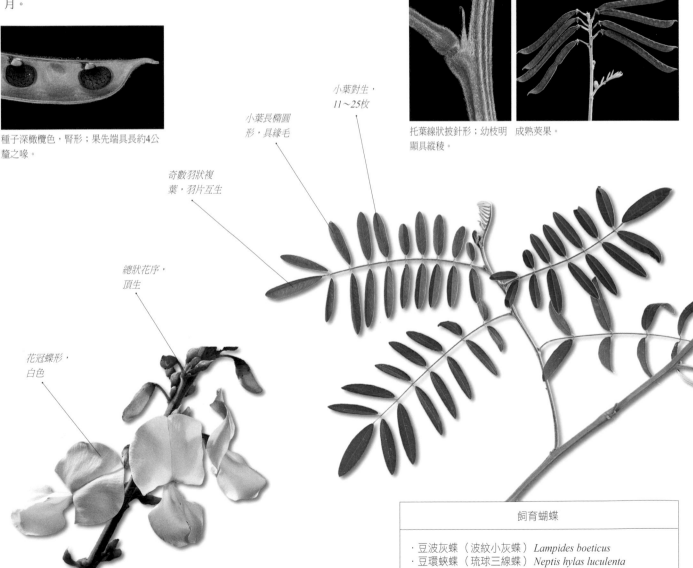

小葉對生，
11～25枚

小葉長橢圓形，具緣毛

奇數羽狀複葉，羽片互生

總狀花序，頂生

花冠蝶形，白色

| 飼育蝴蝶 |
|---|
| · 豆波灰蝶（波紋小灰蝶）　*Lampides boeticus*<br>· 豆環蛺蝶（琉球三線蝶）　*Neptis hylas luculenta* |

| 科名 | 豆科 | Leguminosae | | 屬名 | 豇豆屬 | Vigna |
| --- | --- | --- | --- | --- | --- | --- |
| 學名 | Vigna hosei (Craib) Backer | | | 繁殖方法 | 播種法、壓條法，全年皆可。 | |

## 和氏豇豆

多年生纏繞性或匍匐性草質藤本植物。莖圓形，纖細，徑約1～2公釐，被褐色疏毛，節處易生不定根。幼莖綠色，被褐色疏毛。

- **葉** 三出複葉，互生。全緣，具緣毛，薄紙質。頂小葉橢圓形至闊卵形，長3～7公分，寬1.5～4公分。葉表綠色。葉背淺綠色；兩面被白色疏短毛。側小葉葉基歪斜。

- **花** 總狀花序，腋生。花萼綠褐色，鐘形，5裂。上方2枚合生微裂。萼外被白色疏短毛，內無毛。萼基具有2枚長約1公釐，殼狀披針形小苞片，被細毛。花柄長約2.5公釐，密被細毛。花冠蝶形。旗瓣：闊卵圓形，黃色，長約9公釐，寬1～1.1公分。頂端淺凹，瓣基具有2枚小附屬物。翼瓣：橢圓形，黃色，長約7公釐，寬約5.5公釐。龍骨瓣：鐮狀橢圓形，淺黃色，長約6公釐，寬約3.5公釐。兩體雄蕊。花絲白色，無毛。花葯黃色。子房綠色，圓柱形，長約3公釐，密生白色細伏柔毛。花柱，無毛，僅在柱頭下方，密生一叢細柔毛。柱頭，頭狀。花期為全年不定期。

- **果** 莢果。橢圓形至長橢圓形，長0.9～2公分，徑約5公釐。果表被短毛，萼片宿存，先端具短喙。熟時由綠轉褐。種子褐色，卵狀微方形，長約5公釐，寬約3.5公釐。

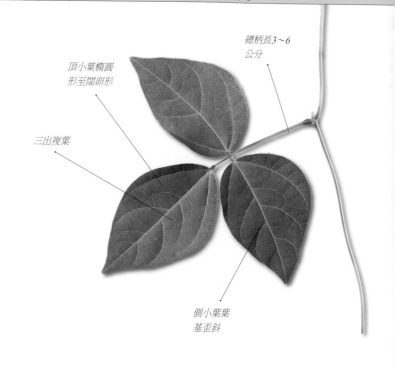

頂小葉橢圓形至闊卵形

總柄長3～6公分

三出複葉

側小葉葉基歪斜

旗瓣

翼瓣

多年生纏繞性或匍匐性草質藤本植物。

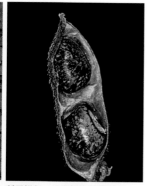

種子褐色，分布褐色斑紋。

莢果熟時由綠色轉為褐色。

花冠蝶形。花序軸長6～8公分，被疏毛。

托葉橢圓狀披針形，長約6公釐；小葉托葉披針形，長約1.5公釐。

飼育蝴蝶

· 豆環蛺蝶（琉球三線蝶）Neptis hylas luculenta

**分布** 原生種。台灣廣泛分布於全島海拔約100～800公尺地區，見於林緣、路旁或開闊地、山坡地等環境。

| 名 | 豆科　Leguminosae | 屬名　豇豆屬　Vigna |
|---|---|---|
| 名 | *Vigna luteola* (Jacq.) Benth. | 繁殖方法　播種法、壓條法，全年皆可。 |

## 長葉豇豆

多年生纏繞性或匍地蔓性草質藤本植物。莖圓形，中空，被白色疏倒伏毛。幼莖綠色，被白色倒伏毛。

- **葉**　三出複葉，互生。全緣，具疏緣毛，薄紙質。頂小葉披針形至卵狀披針形或長橢圓形，長3～8公分，寬1.5～4.5公分。葉表綠至暗綠色，葉背淺灰綠色，皆被白色疏短伏毛。側小葉葉基略歪斜。

- **花**　總狀花序，腋生。花序軸中空，軸頂密被毛由下漸為疏毛。花萼綠色，鐘形，5裂，深約1.8公釐。上方2枚合生微裂。萼外被白色疏短毛與緣毛，內無毛。花冠蝶形。旗瓣：闊卵圓形，黃色，長1.3～1.6公分，寬2.2～2.3公分。頂端淺凹，深約1.7～2公釐。瓣基無斑紋。翼瓣：闊橢圓形，黃色，長1.3～1.4公分，寬0.8～1公分。龍骨瓣：倒卵形，先端向上突起，淺黃綠色。長約1.1公分，寬約8公釐。兩體雄蕊。花絲白色，無毛。花藥黃色，橢圓形。子房綠色，密生白色絹毛。花柱內曲近90度，無毛，僅在柱頭下方密生一叢白毛。柱頭，漸尖鈍頭。花期全年不定期，盛花期為4～12月。

- **果**　莢果。圓柱狀線形，長5～6.5公分，徑5～6公釐。果表密生白色倒伏毛，先端具短喙。熟時由綠轉為暗褐色，開裂。種子黑褐色，橢圓形，長4.5～5公釐，徑3.2公釐，表面分布黑褐色斑紋。

花冠黃色，花序軸中空，長16～21公分。

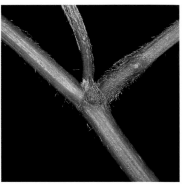

托葉卵形，長約3.4公釐。

果表密生白色倒伏毛，先端具短喙。

多年生纏繞性或匍地蔓性草質藤本植物。

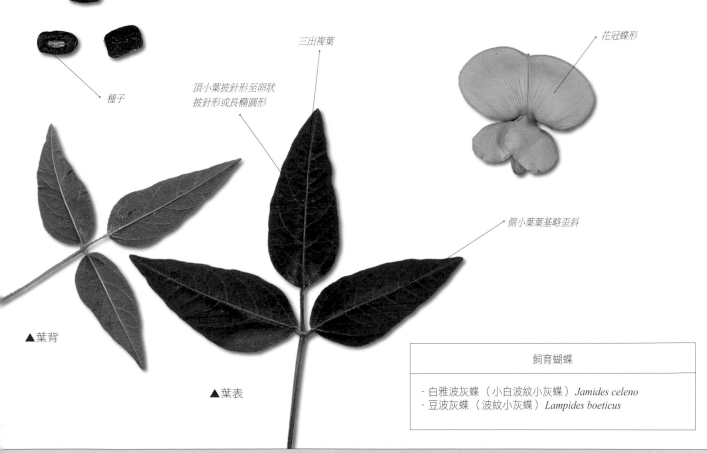

種子

三出複葉

頂小葉披針形至卵狀披針形或長橢圓形

花冠蝶形

側小葉葉基略歪斜

▲葉背

▲葉表

飼育蝴蝶

- 白雅波灰蝶（小白波紋小灰蝶）*Jamides celeno*
- 豆波灰蝶（波紋小灰蝶）*Lampides boeticus*

分布　原生種。台灣廣泛分布於全島海拔約100公尺以下地區，見於路旁、開闊地或海岸沙質地等環境或人為栽培做為藥用植物。

| 科名 | 豆科　Leguminosae | | 屬名 | 豇豆屬　Vigna |
| --- | --- | --- | --- | --- |
| 學名 | *Vigna reflexo-pilosa* Hayata | | 繁殖方法 | 播種法、分株法、壓條法，全年皆可。 |

# 曲毛豇豆

多年生纏繞性或匍地蔓性藤本植物。莖近圓形，略具稜，粗糙，分枝多，密生長粗毛。幼莖綠色，具縱稜，密生白色至淺褐色倒長粗毛。

- **葉**　三出複葉，互生。全緣，具緣毛，薄紙質至紙質。頂小葉菱狀卵形，長4.5～9公分，寬4.5～7公分。葉表綠至墨綠色，葉背淺綠色，皆密生白色短粗毛。側小葉葉基歪斜。
- **花**　總狀花序，腋生。花萼黃綠色，鐘形，5齒裂，深約1.4公釐。萼外被白色疏短毛與緣毛，內無毛。萼基具有2枚長3～3.8公釐，卵狀披針形小苞片。花冠蝶形。旗瓣：歪斜闊卵圓形，黃色，長約1.5公分，寬2公分。頂端淺凹，深約2.1公釐。翼瓣：歪斜扭曲，展開闊倒卵形，黃色，長約1.2公分，寬約1.3公分。龍骨瓣：鐮形扭曲，淺黃綠色，先端喙形狀。長約1.2公分，寬約4公釐，瓣基具有一枚長約4.2公釐錐突。兩體雄蕊。花絲白色，扭曲，無毛。花藥黃色。子房綠色，密生白色細柔毛。花柱扭曲，無毛，僅在柱頭下方，密生白色絨毛。柱頭漸尖。花期為9月至翌年2月。
- **果**　莢果。圓柱狀長線形，長5～8公分，徑3.5～4公釐。果表被淺褐色短毛，先端具喙。熟時由綠轉為深黑褐色。種子褐色，橢圓形，長4～4.5公釐，徑約2.5公釐，兩端圓鈍。

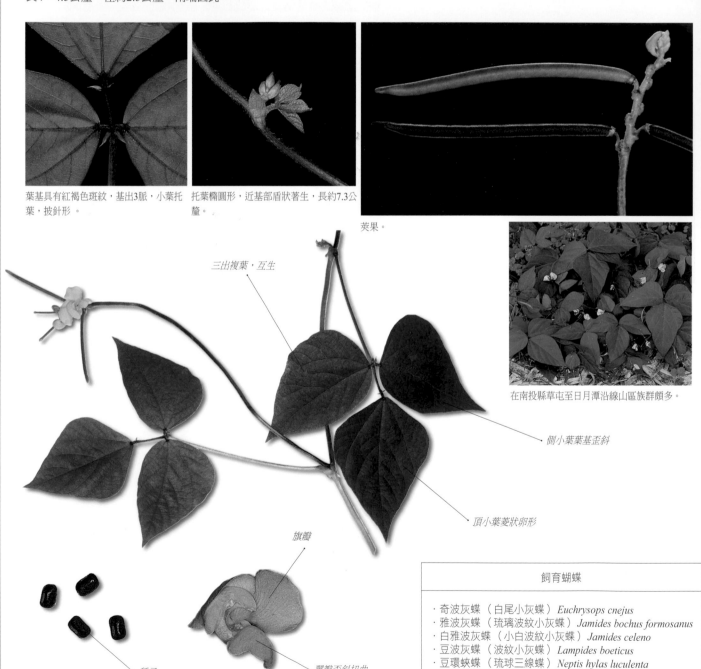

葉基具有紅褐色斑紋，基出3脈，小葉托葉，披針形。

托葉橢圓形，近基部盾狀著生，長約7.3公釐。

莢果。

在南投縣草屯至日月潭沿線山區族群頗多。

三出複葉，互生

側小葉葉基歪斜

頂小葉菱狀卵形

旗瓣

翼瓣歪斜扭曲

種子

| 飼育蝴蝶 |
| --- |
| · 奇波灰蝶（白尾小灰蝶）*Euchrysops cnejus*<br>· 雅波灰蝶（琉璃波紋小灰蝶）*Jamides bochus formosanus*<br>· 白雅波灰蝶（小白波紋小灰蝶）*Jamides celeno*<br>· 豆波灰蝶（波紋小灰蝶）*Lampides boeticus*<br>· 豆環蛺蝶（琉球三線蝶）*Neptis hylas luculenta* |

| 分布 | 原生種。台灣廣泛分布於全島海拔約200～1,100公尺地區，見於林緣、路旁或開闊地、山坡地等環境。 |
| --- | --- |

| 名 | 桑寄生科 Loranthaceae | 屬名 松寄生屬 Taxillus |
|---|---|---|
| 名 | *Taxillus liquidambaricolus* (Hayata) Hosok. | 繁殖方法 播種法，以春季為宜。 |

# 大葉桑寄生

多年生常綠寄生性，叢生狀灌木，株高1～1.4公尺，常在同一株樹木形成族群。成熟莖灰褐色，圓形，分枝多，散生皮孔。小枝綠色，略扁圓形至扁平，密被褐色星狀毛。新芽和新葉淺紅褐色至暗紅褐色，密生褐色星狀毛。

- 葉　葉對生。全緣，厚革質。長橢圓形至卵狀長橢圓形，長6～17公分，寬4～8公分。葉表綠至暗綠色，具光澤；葉背淺綠色，皆無毛。

- 花　聚繖花序，腋生。花萼紅褐色，圓筒狀與子房合生。萼外密生褐色星狀毛與小瘤突，長約4.5公釐，徑約3公釐。花冠筒略扁管狀，鮮紅色。筒長2.2～2.4公分，基寬約4公釐，頂寬6～8公釐，先端4裂。裂片線形，長6～8公釐，寬約1.8公釐，向後反捲。筒外被褐色星狀毛，筒內無毛。雄蕊4枚，鮮紅色，與花冠裂片成對，離生，長約7公釐，寬約0.8公釐。花藥線形，長4.6～5公釐。子房下位。花柱線形，無毛，長2.5～2.8公分，深紅色。柱頭深紅色，頭狀圓球形，徑約0.5公釐。花期為10～12月。

- 果　漿果。倒圓錐狀圓柱形，果頂近截平，長約1～1.1公分，徑5～6公釐。果表密布小瘤突與褐色細星狀毛，果柄長約5公釐，被星狀毛。熟時由綠轉為紅橙色。種子米白色，橢圓形，長7～8公釐，徑約3公釐，具有透明狀粘稠物質。果期12～2月。

聚繖花序，腋生

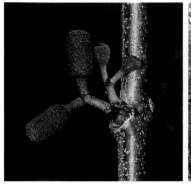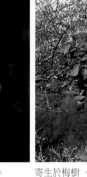

漿果。倒圓錐狀圓柱形，熟時紅橙色。

寄生於梅樹。

種子

新芽和新葉淺紅褐色至暗紅褐色，密生褐色星狀毛

葉對生，長橢圓形至卵狀長橢圓形

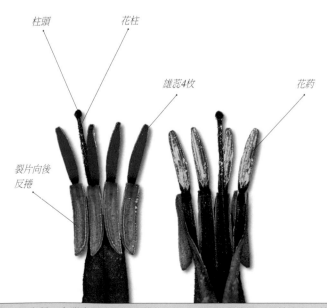

柱頭　　花柱

雄蕊4枚　　　花藥

裂片向後反捲

## 飼育蝴蝶

- 白豔粉蝶（紅紋粉蝶） *Delias hyparete luzonensis*
- 豔粉蝶（紅肩粉蝶） *Delias pasithoe curasena*
- 紅玉翠蛺蝶（閃電蝶） *Euthalia irrubescens fulguralis*
- 褐翅青灰蝶（褐底青小灰蝶） *Tajuria caeruela*
- 白腹青灰蝶（花蓮青小灰蝶） *Tajuria diaeus karenkonis*
- 漣紋青灰蝶（漣紋小灰蝶） *Tajuria illurgis tattaka*

分布　原生種。台灣廣泛分布於海拔約300～2,500公尺地區，見於路旁、林緣或樹林內之寄生處。常寄生於薔薇科、榆科、茶科或大戟科、金縷梅科、柿樹科等40～50種植物體上。中國華西至華南、泰國、越南等地區亦分布。

| 科名　桑寄生科　Loranthaceae | 屬名　松寄生屬　Taxillus |
|---|---|
| 學名　*Taxillus theifer* (Hayata) H. S. Kiu | 播種法　播種法，以春季為宜。 |

# 埔姜桑寄生　特有種

多年生常綠寄生性，叢生狀小灌木，株高50～100公分。枝條略懸垂性，分枝多。成熟莖褐色，圓形，密布皮孔，無毛。小枝褐色。幼莖綠色與新芽密生星狀毛。成熟葉片平滑無毛。花期時葉片明顯較小。

- **葉**　葉對生或近對生。全緣，薄革質。倒卵狀長橢圓形至倒披針形或匙形，長3～7公分，寬1～3公分。葉表黃綠色至綠色，葉背綠色，皆無毛。

- **花**　聚繖花序，腋生。花萼綠色，圓筒狀與子房合生。萼外密生白色星狀毛，長約3公釐，徑約2公釐。花冠管狀，黃橙至紅橙色。筒長約1.7公分，寬3～4公釐，先端4裂。裂片綠色，線形，長約5.3公釐，寬約1公釐，向後反捲。筒外近無毛，筒內無毛。雄蕊4枚，鮮紅色。與花冠裂片成對，離生，長5.5公釐，寬約0.6公釐。花藥線形，長約3.2～3.6公釐。子房下位。花柱線形，無毛，長2～2.2公分。柱頭深紅色，頭狀圓球形，徑約0.5公釐。花期為7～8月。

- **果**　漿果。圓筒形，長約1公分，徑約6公釐。果表密布小瘤突，熟時由綠色轉為紅橙色。種子淺粉紅色，橢圓形，長5～6公釐，徑約3公釐。具有透明狀粘稠物質。果期為12～2月。

- **附記**　本種與「李棟山桑寄生」極為相似，兩者差別在於花藥之長短。

花3～5朵，聚繖花序，腋生。　　　　漿果。

雄蕊4枚，鮮紅色與裂片綠色。　花藥與花冠特寫。（花冠正面）
（花冠背面）

果枝。

種子

花冠管狀，黃橙色至紅橙色

葉柄常為紅橙色，長4～7公釐

葉對生或近對生，全緣，倒卵狀長橢圓形至倒披針形或匙形

葉基楔形

葉先端圓形或鈍圓

| 飼育蝴蝶 |
|---|
| · 黃裙豔粉蝶（韋氏麻斑粉蝶）*Delias berinda wilemani* |
| · 白豔粉蝶（紅紋粉蝶）*Delias hyparete luzonensis* |
| · 豔粉蝶（紅肩粉蝶）*Delias pasithoe curasena* |
| · 紅玉翠蛺蝶（閃電蝶）*Euthalia irrubescens fulguralis* |

分布　台灣主要分布於海拔約100～1,100公尺地區，見於路旁、林緣或樹林內之寄生處。常寄生於朴樹、黃連木、賊仔樹、或無患子、台灣櫸、九芎等樹木體上。

| 科 名 桑寄生科　Loranthaceae | 屬名　松寄生屬　Taxillus |
|---|---|
| 學 名 *Taxillus tsaii* S.T. Chiu | 繁殖方法　播種法，以春季為宜。 |

# 蓮華池桑寄生　特有種

多年生常綠寄生性，叢生狀灌木，株高60～100公分，常在同一株樹木形成族群。成熟莖灰褐色，圓形，分枝多，散生皮孔。小枝綠色至紅褐色，被星狀毛。新芽和新葉淺黃白色至淺綠白色，密生橙褐色星狀毛。

- **葉**　葉對生或近對生。全緣，厚紙質至薄革質。橢圓形至長卵形，長5～9公分，寬2.5～5.5公分。葉表綠至黃橙色，具光澤，密生白色星狀毛。葉背淺灰綠色，無光澤，密生橙褐色星狀毛。

- **花**　聚繖花序，腋生。花萼綠色，圓筒狀與子房合生。萼外密生金褐色星狀毛與小瘤突，長約2.9公釐，徑約2.2公釐。花冠筒略扁管狀，鮮紅色。筒長1.3～1.8公釐，基寬約3公釐，頂寬4～5公釐，先端4裂。裂片線形，長5～7公釐，寬約1.4公釐，向後反捲。筒外被金褐色細星狀毛，筒內無毛。雄蕊4枚，深紫紅色。與花冠裂片成對。離生。長6公釐，寬約0.7公釐。花藥線形，長約4公釐。子房下位與花萼合生。花柱線形，無毛，長2～2.5公分。柱頭深紅色，頭狀圓球形。花期為2～5月。

- **果**　漿果。倒圓錐狀圓柱形，果頂近截平，長8～9公釐，徑4～5公釐。果表密布小瘤突與褐色細星毛。熟時由綠色轉為紅橙色。種子米白色，橢圓形，長約6公釐，徑約2.7公釐。具有透明狀粘稠物質。果期為6～8月。

- **附記**　本種係由邱少婷於1996年所發表，其種小名*tsaii*，係為感念蔡淑華博士對植物分類研究之貢獻，因而命名之。中文名「蓮華池桑寄生」，係因模式標本採自南投縣「蓮華池」。

花冠鮮紅色

花3～6朵，聚繖花序，腋生

花萼

葉對生或近對生，全緣，橢圓形至長卵形

花冠背面特寫。

多年生常綠寄生性，叢生狀灌木

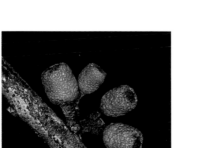

葉背密生橙褐色星狀毛

花冠與花藥特寫。（花冠正面）

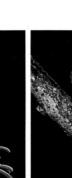

花序。　　　漿果。

### 飼育蝴蝶

- 白豔粉蝶（紅紋粉蝶）*Delias hyparete luzonensis*
- 豔粉蝶（紅肩粉蝶）*Delias pasithoe curasena*
- 紅玉翠蛺蝶（閃電蝶）*Euthalia irrubescens fulguralis*
- 褐翅青灰蝶（褐底青小灰蝶）*Tajuria caeruela*
- 白腹青灰蝶（花蓮青小灰蝶）*Tajuria diaeus karenkonis*
- 漣紋青灰蝶（漣紋小灰蝶）*Tajuria illurgis tattaka*

分布　台灣特有種。台灣主要分布於中、南部，低、中海拔山區。以南投縣蓮華池研究中心，寄生於油茶上的族群最大。常寄生於茶科、樟科或薔薇科、灰木科等樹木體上。

| 科名　桑寄生科　Loranthaceae | 屬名　槲寄生屬　Viscum |
|---|---|
| 學名　*Viscum articulatum* Burm. | 繁殖方法　播種法，以春季為宜。 |

## 槲櫟柿寄生

無正常葉寄生性，叢生狀小灌木，株高30～60公分。枝條懸垂性，分枝多。莖基部扁狀圓形，無毛。小枝綠色，扁平，寬3～7公釐，厚1～2公釐，末端常2至3分岔。具不明顯5～7淺縱稜，無毛，節間寬約1～4公分。

- 花　雌雄同株。花無柄，單生。花萼綠色，漏斗形，無毛，具緣毛，先端徑約1.7公釐。雄花：花冠鐘形，黃綠色，4中裂，裂片深約1公釐。花徑約2.5公釐，高約1.8公釐。無花絲。花藥多室，孔裂，褐色，橢圓形，長0.7公釐與裂片成對合生。花粉黃色。雌花：花冠，黃色，4裂。裂片三角形，長約0.7公釐，基寬約0.6公釐。花徑約1.2公釐。子房綠色下位，長約1.2公釐，徑約0.9公釐。無毛，先端截平。花柱短。柱頭圓錐形。花期為7～8月。

- 果　漿果，花萼宿存，橢圓形，長6.5～7.5公釐，徑4～5公釐。花柱宿存。熟時由綠轉為黃橙色。種子綠色，橢圓形，長5～6公釐，徑約3公釐。具有透明狀粘稠物質。果期為10～12月。

無正常葉，漿果與小枝特寫。

果枝。

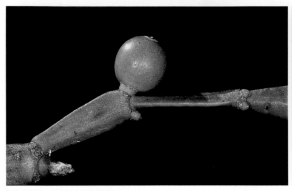

種子綠色，橢圓形

▲雄花

▲雄芯

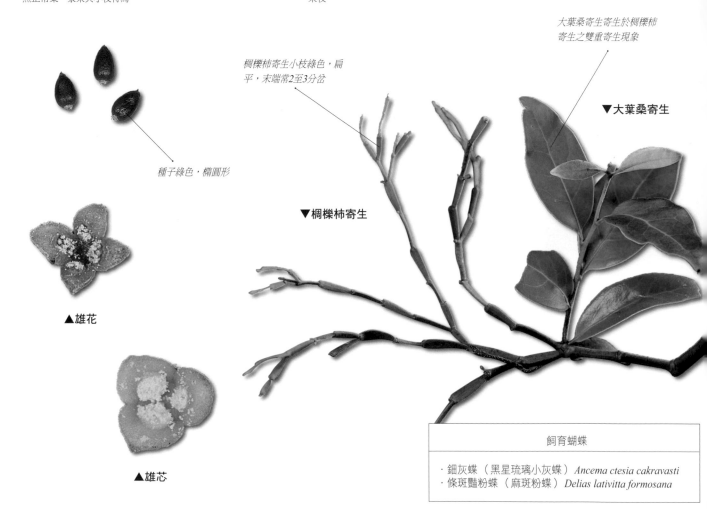

大葉桑寄生寄生於槲櫟柿寄生之雙重寄生現象

▼大葉桑寄生

槲櫟柿寄生小枝綠色，扁平，末端常2至3分岔

▼槲櫟柿寄生

| 飼育蝴蝶 |
|---|
| ·鈿灰蝶（黑星琉璃小灰蝶）*Ancema ctesia cakravasti*<br>·條斑豔粉蝶（麻斑粉蝶）*Delias lativitta formosana* |

分布　原生種。台灣廣泛分布於全島海拔約100～2,500公尺地區，見於路旁、林緣或樹林內之寄生處。常寄生於楓香、栓皮櫟或青剛櫟、樟科等樹木體上。澳洲、菲律賓與熱帶亞洲地區亦分布。

| 科名 木蘭科 Magnoliaceae | 屬名 烏心石屬 Michelia |
|---|---|
| 學名 *Michelia champaca* L. | 繁殖方法 播種法、高壓法、嫁接法,以春、秋季為宜。 |

# 黃玉蘭（金玉蘭）

常綠性中、小喬木,株高10～15公尺。小枝圓形,綠色,密布米白色皮孔與金黃色細毛。幼枝圓形,密生金黃色細短毛。腋芽綠色,被苞片狀托葉所包覆,外密生金黃色細毛,早落。脫落後明顯留下斜環狀托葉痕。

- **葉** 互生。全緣,厚紙質至薄革質。長橢圓形或卵狀長橢圓形,長18～25公分,寬6～9公分。葉表綠色,具光澤;葉背淺綠色,皆被細毛。
- **花** 花單生於葉腋,具芳香。苞片橄欖黃,殼狀橢圓形。長1.3～1.5公分,寬8～9公釐,密生金黃色細毛,內無毛。苞片脫落後宿存細環紋。花被片黃橙色,15枚,匙狀倒披針形。2輪:外輪長約5.4公分,內輪較小,無毛。花徑11～11.5公分。雄蕊60枚,離生。花絲米黃色,線形,微彎。長6～8公釐,無毛。花藥米黃色。心皮黃綠色,卵形。長約4公釐,徑約1.8公釐,密生金黃色細短毛。多數,約50枚,離生。花期為6～10月。
- **果** 蓇葖果。橢圓形,大小不一致,長1～2.2公分,徑1～1.2公分。果表密布小皺紋與米白色疣點,多數密聚。熟時由淺綠色轉為褐色,木質化,開裂。每個蓇葖果3～9粒種子。種子卵狀形,淺褐色至褐色,外具稜。長約6公釐,寬約4公釐。果期為5～7月。
- **附記** 同屬之「白玉蘭 *Michelia alba* DC.」及「含笑花 *Michelia figo* (Lour.) Spreng. 」,葉片皆為翠斑青鳳蝶（綠斑鳳蝶）,木蘭青鳳蝶（青斑鳳蝶）幼蟲之寄主植物。

白玉蘭。

含笑花枝（花苞）。

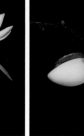
白玉蘭特寫。

含笑特寫。

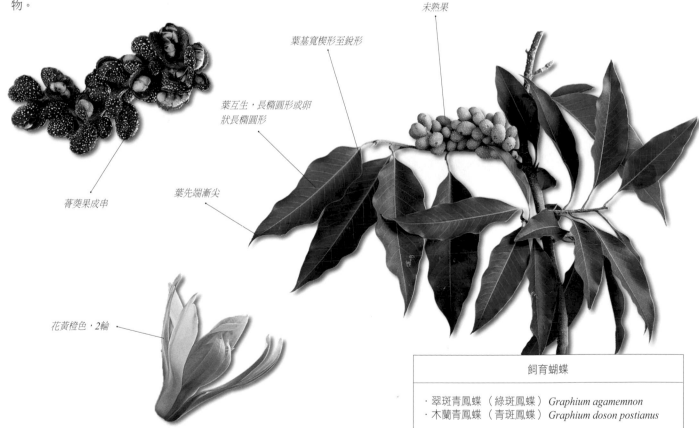

未熟果

葉基寬楔形至銳形

葉互生,長橢圓形或卵狀長橢圓形

蓇葖果成串

葉先端漸尖

花黃橙色,2輪

| 飼育蝴蝶 |
|---|
| · 翠斑青鳳蝶（綠斑鳳蝶） *Graphium agamemnon* |
| · 木蘭青鳳蝶（青斑鳳蝶） *Graphium doson postianus* |

分布 栽培種。台灣於1800年引進栽培。原產於喜馬拉雅山、印度或爪哇、中國華南等地區。台灣廣泛栽培於全島平地至低海拔山區,見於路旁、庭園或公園、校園等景觀用途。

| 科名　木蘭科　Magnoliaceae | 屬名　烏心石屬　Michelia |
|---|---|
| 學名　*Michelia compressa* (Maxim.) Sargent var. *formosana* Kaneh. | 繁殖方法　播種法，以春、秋季為宜。 |

## 台灣烏心石　特有變種

常綠性中、大喬木，株高10～20公尺。小枝圓形，綠色至綠褐色，被褐色細毛，具皮孔。幼枝扁圓形，密生金黃褐色細短毛。腋芽咖啡色，被苞片狀托葉所包覆，外密生金黃褐色細毛，早落。脫落後明顯留下環狀托葉痕。

- **葉**　互生。全緣，革質。披針形或長橢圓形，長4～11公分，寬1.5～4公分。葉表綠至暗綠色，具光澤，無毛。葉背淺灰綠色，被金黃色細毛。側脈8～10對。新芽兩面明顯密生金黃色細毛。
- **花**　花單一，腋生，具芳香。苞片橄欖黃，殼狀橢圓形。長1.3～1.5公分，寬8～9公釐，密生白色至金黃色細毛，內無毛。苞片脫落後宿存細環紋。花被片淺黃色，10～12枚，匙狀倒披針形。2輪：外輪長2～2.5公分，內輪較小。雄蕊20～26枚，離生。花絲淺黃白色，直立，扁狀線形。長4～5公釐，寬約1.1公釐，無毛。花藥淺黃白色，線形，直立。心皮橄欖黃，卵形。長約2公釐，寬約1.3公釐，密生白細毛。15～17枚，離生。穗狀聚集排列，基部具有長約3.2公釐之雌蕊柄。花期為11～12月。
- **果**　蓇葖果。圓形至橢圓形，長1～2.5公分，徑1.3～1.8公分。果表平滑無毛，散生白色斑點，多數密聚。熟時由淺綠轉為褐色，木質化，開裂。種子卵圓形至橢圓形，紅色，外具稜。長7～8.5公釐，寬6～8公釐。果期為5～7月。
- **附記**　本種和蘭嶼烏心石相似，但本種之葉片厚紙質，可與前者之革質區別。

花側面。

腋芽咖啡色。

上雌下雄蕊。

蓇葖果。（未熟果）

種子紅色，常宿存在蓇葖果上。

葉互生，全緣，倒披針形或長橢圓形

葉基楔形至銳形

花被片10～12枚，淺黃色，2輪

葉先端銳形鈍頭

| 飼育蝴蝶 |
|---|
| ・翠斑青鳳蝶（綠斑鳳蝶）*Graphium agamemnon*<br>・木蘭青鳳蝶（青斑鳳蝶）*Graphium doson postianus* |

分布　台灣廣泛分布於全島海拔約300～1,600公尺地區，見於路旁、林緣、樹林內、灌叢內等環境或公園、行道樹等綠美化用途。

| 科名 木蘭科 Magnoliaceae | 屬名 烏心石屬 Michelia |
|---|---|
| 學名 *Michelia compressa* (Maxim.) Sargent var. *lanyuensis* S. Y. Lu | 繁殖方法 播種法，以春、秋季為宜。 |

# 蘭嶼烏心石 特有變種

常綠性中、小喬木，株高10～15公尺。小枝圓形，褐色，無毛，具皮孔。幼枝綠色，近圓形，被黃褐色短毛。腋芽咖啡色，被苞片狀托葉所包覆，外密生金黃褐色短伏毛，早落。脫落後明顯留下環狀托葉痕。

- **葉** 互生。全緣，革質。橢圓形至闊橢圓形或闊倒卵形，長7～14公分，寬3.5～6.5公分。葉表綠至暗綠色，具光澤，被金褐色疏短毛至近無毛。葉背淺灰綠色，被金褐色疏短毛至近無毛。主脈明顯凸起被疏毛，側脈8～10對。新芽兩面明顯被金黃色短伏毛。

- **花** 花單一，腋生，具芳香。苞片褐色，殼狀橢圓形。長1.1～1.3公分，寬約8公釐，密生金褐色短伏毛，內無毛。苞片脫落後宿存細環紋。花被片淺黃白色，10～12枚，匙狀倒披針形。2輪：外輪長1.4～2.3公分，內輪較小。花展開4～4.5公分。雄蕊約30枚，離生。花絲淺黃白色，直立，扁狀線形。長約3.5公釐，寬約0.9公釐，無毛。花藥淺黃白色，線形，直立。心皮橄欖黃，卵形。長約1.5公釐，寬約1公釐，密生白細毛。約17枚，離生。穗狀聚集排列，基部具有長約3.6公釐之雌蕊柄。花期為11月至翌年1月。

- **果** 蓇葖果。圓形至橢圓形，長1.3～2.6公分，徑1.1～1.7公分。果表平滑無毛，散生淺褐色斑點，多數密聚。熟時由淺綠轉為褐色，木質化，開裂。種子扁狀卵形至卵圓形，紅色，外具稜。長8～9公釐，寬5.5～7公釐。果期為5～8月。

葉先端銳形鈍頭

葉互生，橢圓形或闊橢圓形或闊倒卵形

葉基楔形至銳形

花被片10～12枚，淺黃白色

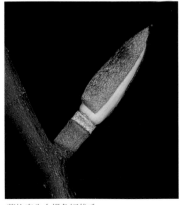

苞片密生金褐色短伏毛。

蓇葖果。（未熟果）

種子紅色，常宿存在蓇葖果上。

全島廣泛種植為綠美化景觀用途。

| 飼育蝴蝶 |
|---|
| · 翠斑青鳳蝶（綠斑鳳蝶）*Graphium agamemnon*<br>· 木蘭青鳳蝶（青斑鳳蝶）*Graphium doson postianus* |

分布 台灣原生於蘭嶼、綠島。現廣泛栽培於全島平地至低海拔山區，做為農園、公園或校園、行道樹等景觀用途。

| 科名　黃褥花科　Malpighiaceae | 屬名　猿尾藤屬　Hiptage |
|---|---|
| 學名　*Hiptage benghalensis* (L.) Kurz. | 繁殖方法　播種法、扦插法，以春、秋季為宜。 |

## 猿尾藤（風車藤）

多年生常綠攀緣性木質藤本或蔓性灌木。枝條褐色至綠褐色，圓形，具褐色皮孔。幼枝橄欖黃，散生褐色皮孔與密生白色貼伏毛。

- 葉　對生。薄革質至革質，全緣，葉緣微反捲。長橢圓形至卵狀披針形，長6～16公分，寬3～7公分。葉表綠至墨綠色，具光澤，無毛，主、側脈微凸，無毛。葉背淺綠色，無毛。側脈6～8對。新芽紅褐色。
- 花　總狀花序，腋生或頂生。小苞片褐色，卵狀三角形，長約1.3公釐，被褐色短毛。花萼橄欖色，5深裂。裂片橢圓形，先端圓。長約4.5公釐，寬約3.5公釐。萼外密生褐色短毛。在最上方具有一對長約4.5公釐，寬約2公釐之深紅色腺體。花瓣5枚，帶粉紅之白色，闊橢圓形，長約1.2公分，寬約1公分，邊緣絲裂狀。最上方一枚具有黃色斑紋。雄蕊10枚，最下方一枚最長且較大，花絲白色。子房3室，橄欖黃色，密生短毛，上方具有2枚淺紅色腺體。花期為3～4月。
- 果　翅果。具3翅，中央較大片，兩側較小片。果表無毛，熟時由綠轉褐，脫落。脫落時，隨風螺旋飄散四處。種子褐色，近球形，徑6～7公釐。

葉先端銳形至漸尖

葉基圓形至闊銳形

蟲癭，猿尾藤的葉片常會有蟲癭寄生，在野地初相逢的旅人，常會誤以為是他的果實而採擷。

翅果。具3翅：中央較大片，兩側較小片。

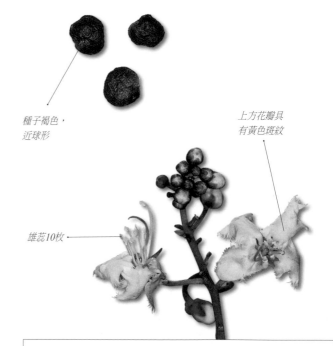

種子褐色，近球形

上方花瓣具有黃色斑紋

雄蕊10枚

新芽與花序。

### 飼育蝴蝶

- 靛色琉灰蝶（台灣琉璃小灰蝶）*Acytolepis puspa myla*
- 長翅弄蝶（淡綠弄蝶）*Badamia exclamationis*
- 橙翅傘弄蝶（鸞褐弄蝶）*Burara jaina formosana*
- 細邊琉灰蝶（埔里琉璃小灰蝶）*Celastrina lavendularis himilcon*

分布　原生種。台灣廣泛分布於全島海拔約1,400公尺以下地區，見於路旁、林緣、岩壁或開闊地、野溪旁、山坡地等環境，族群在野外頗為常見。馬來西亞、中國華南亦分布。

| 名 | 錦葵科　Malvaceae | 屬名　錦葵屬　Malva |
|---|---|---|
| 名 | *Malva neglecta* Wall. | 繁殖方法　播種法，以春或冬季為宜。 |

# 圓葉錦葵

一年生直立或平臥性草本植物，高20～80公分。莖近圓形，略具有縱溝，被白色短毛。

- **葉**　腎形至圓形5～6裂，長1～4.5公分，寬1～5公分。紙質，鋸齒緣，葉緣不明顯淺裂至5～6淺裂。葉表綠至暗綠色，密生白色短毛；葉背淺綠色，被白色短毛。

- **花**　花3～4朵聚集，腋生。花萼綠色，鐘形。5中裂，兩面被白色短毛及緣毛。萼外基部具有3枚，長約3.5公釐，寬約1.1公釐之線形副萼片。副萼片兩面被白色短毛及緣毛。花瓣5枚，白色至淺粉紅色，鐘形。花瓣闊倒卵狀橢圓形，長約9公釐，寬約5公釐，兩面無毛，頂端淺裂。雄蕊白色，基部合生成筒狀，先端花絲多數，離生，外密生白色短毛。子房綠色，扁圓形，外被疏毛至近無毛。心皮12～15枚。花期為5～9月。

- **果**　蒴果，萼片與副萼片宿存。扁圓形，徑6～7公釐，高2.2公釐。果表被白色疏短毛，熟時由綠轉褐色。分果片12～16枚，離生。長約1.9公釐，寬約1.6公釐。背脊密生白色細毛，無芒刺。種子黑色至深褐色，腎狀圓形。長約1.6公釐，寬約1.5公釐。

葉先端鋸齒狀銳尖

葉基心形至闊心形，基出7脈

葉腎形至圓形，鋸齒緣，葉緣不明顯淺裂至5～6淺裂

種子黑色至深褐色，腎狀圓形

蒴果，萼片與副萼片宿存。

未熟果側面。果具長柄，徑6～7公釐。

花瓣5枚，闊倒卵狀橢圓形，頂中央淺裂，花徑約1.2公分

副萼

| 飼育蝴蝶 |
|---|
| ·幻蛺蝶（琉球紫蛺蝶）*Hypolimnas bolina kezia*<br>·小紅蛺蝶（姬紅蛺蝶）*Vanessa cardui* |

分布　歸化種。台灣主要分布於海拔約1,000～2,000公尺地區，見於路旁、林緣或開闊地、山坡地等冷涼濕潤環境。在中部地區以阿里山或梨山至武陵農場為多見。歐洲、亞洲、中國華中一帶亦分布。

| 科名 錦葵科 Malvaceae | 屬名 賽葵屬 Malvastrum |
|---|---|
| 學名 *Malvastrum coromandelianum* (L.) Garcke | 繁殖方法 播種法、扦插法，以春、秋季為宜。 |

## 賽葵

多年生直立或平臥性草本植物，基部木質化，株高40～100公
分。成熟莖被疏毛。幼莖綠色，圓形，密生白色短伏毛。

- **葉** 互生。紙質，鋸齒緣，具緣毛。卵形至卵狀橢圓形或卵
  狀披針形，長3～7公分，寬1～4.5公分。葉表綠色，近無毛
  或疏毛，主、側脈明顯凹陷。葉背淺綠色，被疏毛。
- **花** 花單一，腋生。花萼綠色，鐘形。5裂，萼外被白色短
  毛與長緣毛。萼外基部具有3枚，長約7公釐，寬約1.3公釐
  之線形副萼片。副萼片兩面無毛及具長緣毛。花瓣5枚，
  淡黃色，離生。倒卵形，先端微凹，長約9公釐，寬約5公
  釐，無毛。單體雄蕊，黃色，基部合生成筒狀。先端花絲約
  20枚，離生。雄蕊筒黃色，筒長約1.8公釐，無毛。花絲淺
  黃色，無毛。子房綠色，卵圓形，徑約1.8公釐，密生白色
  直毛。花柱淺黃白色。花期全年不定期，盛花期4～12月。
- **果** 蒴果，萼片與副萼片宿存。扁圓形，徑約7公釐，高約
  3.2公釐。果表被白色短毛，熟時由綠轉褐，分果片12～15
  枚，褐色，扁腎形。長約3公釐，寬約2.4公釐。兩側密生短
  細毛，背脊密生白色長細毛，具3芒刺。種子深褐色，腎狀
  圓形。長約1.8公釐，寬約1.8公釐。

脈明顯凹陷

葉基圓形至楔
形，基出5脈

葉先端銳形

葉鈍鋸齒緣，卵形至
卵狀橢圓形或卵狀披
針形

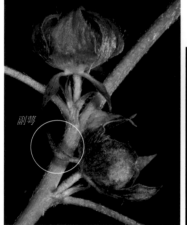

副萼

未熟果，基部可見副萼片。

蒴果熟時由綠轉褐，分果片12～15枚。

花瓣5枚，倒卵
形，先端微凹

花萼鐘形，5
裂。花徑1.6～
1.8公分。

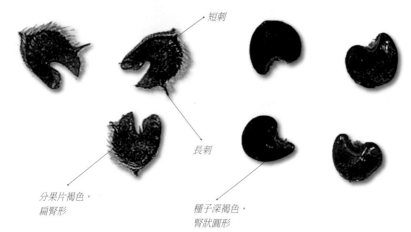

短刺

長刺

分果片褐色，
扁腎形

種子深褐色，
腎狀圓形

| 飼育蝴蝶 |
|---|
| · 幻蛺蝶（琉球紫蛺蝶）*Hypolimnas bolina kezia* |

**分布** 歸化種。原產於熱帶美洲地區，台灣於1938年所記錄之歸化植物。台灣廣泛分布於全島海拔約1,000公尺以下地區，見於路旁、林緣、河岸或向陽荒野
處、草生地等環境，族群在野外頗為常見。

| 科名　錦葵科　Malvaceae | 屬名　金午時花屬　Sida |
|---|---|
| 學名　*Sida acuta* Burm. f. | 繁殖方法　播種法、扦插法，以春、秋季為宜。 |

# 銳葉金午時花（細葉金午時花、黃花稔）

多年生直立草本或亞灌木，基部木質化，株高60～150公分。莖圓形，具皮孔，分枝多。小枝綠褐色，具不規則細縱溝紋與疏生白色星狀毛。幼枝綠色，被白色星狀毛。

- **葉**　互生。紙質，粗鋸齒緣，具緣毛。披針形至線狀披針形，長3～7公分，寬1～2.1公分。葉表綠至黃綠色，無毛或近無毛。葉背淺黃綠色，無毛。

- **花**　花單一，腋生。花萼綠色，鐘形，5裂。兩面無毛，具白色緣毛。花梗長4～7公釐，密生白色星狀毛。在中央至3/4處，具有環節。花瓣5枚，黃色。歪斜倒心形，長8～9公釐，寬約4.5公釐。單體雄蕊，鮮黃色，基部合生成筒狀，花絲30～35枚。雄蕊筒長約3.5公釐，筒外密生直毛。子房黃綠色，卵球形，基徑約1.7公釐。花柱淺黃橙色，6～7枚成束，先端離生，無毛。花期為全年不定期。

- **果**　蒴果，萼片宿存。卵球形，徑約5公釐。果表無毛，熟時由綠轉褐。心皮6～7枚。分果片長約2.8公釐，寬約2公釐，無毛。頂端開裂，具2芒刺，刺長約1公釐，芒刺無毛。種子暗褐色，三角狀卵形，長約2.1公釐，寬約1.8公釐。

- **附記**　台灣產金午時花屬共11種。唯外觀形態與葉形變異頗大，常易混淆及誤鑑定。主要以生殖器官之花和分果片形狀與數目及芒刺，做為鑑定依據。故將台灣產金午時花屬共約11種植物，收錄在本書內供參考。本種植物，「幻蛺蝶（琉球紫蛺蝶）*Hypolimnas bolina kezia*」幾乎不食用，飼育困難。

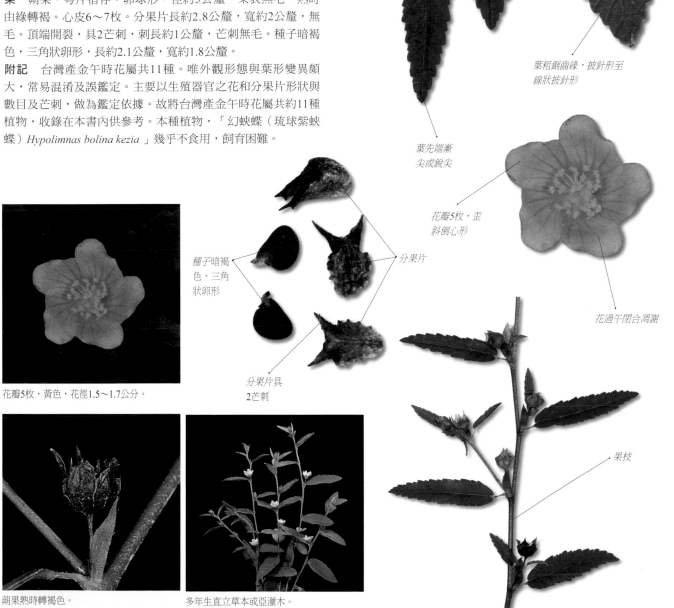

葉基圓形，基出3脈

葉粗鋸齒緣，披針形至線狀披針形

葉先端漸尖或銳尖

花瓣5枚，歪斜倒心形

花過午閉合凋謝

種子暗褐色，三角狀卵形

分果片

分果片具2芒刺

花瓣5枚，黃色，花徑1.5～1.7公分。

蒴果熟時轉褐色。

多年生直立草本或亞灌木。

果枝

分布　原生種。台灣廣泛分布於全島海拔約1,500公尺以下地區，見於路旁、林緣或向陽荒野處、草生地等環境，族群在野外頗為常見。熱帶與亞熱帶區域，印度、中南半島、中國華西至華南等亦分布。

| 科名　錦葵科　Malvaceae | 屬名　金午時花屬　Sida |
|---|---|
| 學名　*Sida alnifolia* L. | 繁殖方法　播種法、扦插法，以春、秋季為宜。 |

## 楬葉金午時花（楬葉黃花稔）

多年生直立草本或亞灌木，基部木質化，株高60～150公分。莖圓形，具皮孔。小枝綠褐色至暗紅色，密生白色星狀毛。

- **葉**　互生。紙質，鋸齒緣。闊橢圓形或卵形至卵圓形、倒卵形，長2.5～5公分，寬0.8～4.5公分。葉表綠至暗綠色，被白色疏星狀毛至近無毛；葉背淺灰綠色，密生白色星狀毛。側脈4～5對。

- **花**　花單一，腋生。花萼綠色，鐘形，5裂。萼外密生白色細星狀毛及緣毛，內無毛。花梗長4～18公釐，密生白色星狀毛。在花梗1／2至3／4處，具有環節。花瓣5枚，深黃色。歪斜倒心形。長9～10公釐，寬6～6.5公釐，離生。單體雄蕊，鮮黃色，基部合生成筒狀，花絲20～25枚，離生。雄蕊筒長約3.5公釐。花絲鮮黃色，被白色透明狀腺毛。子房淺綠色，半球形，徑約1.5公釐。子房頂被細毛，餘無毛。花柱淺黃色至黃色，6～8枚成束，先端離生，無腺毛。花期為全年不定期，盛花期3～11月。

- **果**　蒴果，萼片宿存。卵球形，徑約4～5 公釐。果表無毛，熟時由綠轉褐。心皮6～8枚，淺褐色。長約1.9公釐，外密生淺褐色短毛。頂端開裂，具2芒刺，刺長約1 公釐，芒刺被疏毛。種子黑色，三角狀卵形，長約1.8 公釐，寬約1.5 公釐。種子頂端之小突，被叢生褐色細短毛。種子易自分果片中脫離。

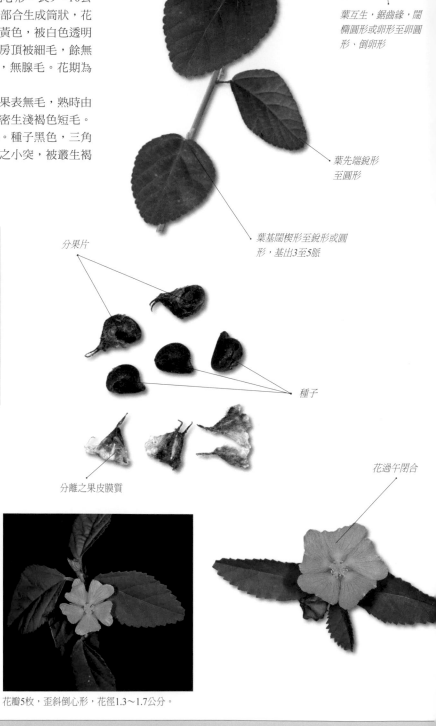

葉互生，鋸齒緣，闊橢圓形或卵形至卵圓形、倒卵形

葉先端銳形至圓形

葉基闊楔形至銳形或圓形，基出3至5脈

成熟果。在果柄1/2至1/3處具有關節。

單體雄蕊。

分果片

種子

分離之果皮膜質

花過午閉合

未熟果萼片宿存，密生白色星狀毛。

| 飼育蝴蝶 |
|---|
| · 幻蛺蝶（琉球紫蛺蝶）*Hypolimnas bolina kezia* |

花瓣5枚，歪斜倒心形，花徑1.3～1.7公分。

分布　原生種。台灣廣泛分布於全島海拔約1,400 公尺以下地區，見於路旁、林緣或向陽荒野處、草生地等環境，族群在野外頗為常見。中國、印度、越南等亦分布。

| 科 名 錦葵科　Malvaceae | 屬名　金午時花屬　Sida |
|---|---|
| 學 名 *Sida chinensis* Retz. | 繁殖方法　播種法、扦插法，以春、秋季為宜。 |

# 中華金午時花（中華黃花稔）

多年生直立草本或亞灌木，基部木質化，株高60～210公分。莖圓形，具皮孔，分枝多。小枝綠褐色至暗紅色，密生白色星狀毛。

- **葉**　互生。紙質，鋸齒緣。菱形至長橢圓狀披針形，長2～10公分，寬1.0～4.5公分。葉表綠至暗綠色，被白色星狀毛；葉背淺灰綠色，密生白色星狀毛。花期時葉片明顯較小。

- **花**　花單一，腋生。苞片線形，長約2公釐，兩面密生白色星狀毛及緣毛。花萼黃綠色，鐘形，5裂。萼外疏生白色細星狀毛，萼緣常為深紅色無緣毛。花梗長6～7公釐，密生白色細星狀毛。離萼基約3.5公釐之花梗處，具有環節。花瓣5枚，黃色。歪斜倒心形至倒卵狀。長7～7.5公釐，寬8.2～8.8公釐。單體雄蕊，鮮黃色，基部合生成筒狀。花絲33～38枚。雄蕊筒長約3.0公釐，外疏生透明狀腺毛和直毛共存。花絲鮮黃色。子房黃綠色，卵球形，基徑約1.4公釐，平滑無毛。花柱淺黃色，約8枚成束，先端離生，無腺毛。花期為全年不定期，盛花期約4～11月。

- **果**　蒴果，萼片宿存。扁球形，徑4～5公釐，高3.2～3.5公釐。熟時由綠轉褐。心皮8枚稀9枚，長約3公釐，寬約1.8公釐，無芒刺。種子深褐色，長約2.2公釐，寬約1.5公釐。

葉先端角狀銳形

葉鈍鋸齒緣，菱形至長橢圓狀披針形

葉基楔形，基出3至5脈

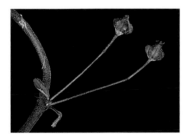

蒴果，萼片宿存，扁球形，具長柄。

中華金午時花是野外常見的植物，植株可至210公分。在潮濕地也可見其身影，只是多數人鮮少注意它的蹤影。

單體雄蕊特寫。

花瓣5枚，歪斜倒心形至倒卵狀

花過午閉合，有時開至下午3～4點，花徑1.3～1.6公分

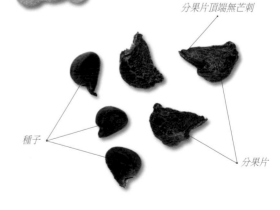

分果片頂端無芒刺

種子

分果片

| 飼育蝴蝶 |
|---|
| ·幻蛺蝶（琉球紫蛺蝶）*Hypolimnas bolina kezia* |

分布　原生種。台灣廣泛分布於全島海拔約1,600公尺以下地區，見於路旁、林緣或向陽荒野處、草生地等環境，族群在野外頗為常見。中國雲南、海南島等地亦分布。

| 科名　錦葵科Malvaceae | 屬名　金午時花屬　Sida |
|---|---|
| 學名　*Sida cordata* (Burm.f.) Borss. Waalk. | 繁殖方法　播種法、扦插法，以春、秋季為宜。 |

# 澎湖金午時花（長梗黃花稔）

多年生平臥性至斜升性亞灌木，株高10～40公分。莖圓形，淺灰至淺綠褐色，被淺褐白色疏長柔毛與分岔狀毛。幼枝綠色，纖細，密生白色長柔毛與分岔狀毛。

- **葉**　互生。紙質，鋸齒緣，具緣毛。心形或卵狀心形，長1～5公分，寬1～5公分。葉表綠至暗綠色，密生白色短毛；葉背淺綠色，密生白色分岔狀毛與分疏短毛。

- **花**　花單一，腋生。花萼綠色，鐘形，5裂。萼外密生白色長柔毛與星狀毛，內無毛。花梗長1.6～2.1公分，密生白色長柔毛。離萼基約1.8公分之花梗處，具有環節。花瓣5枚，黃色。倒淺心形，長約7公釐，寬約6.5公釐。單體雄蕊，鮮黃色，基部合生成筒狀。花絲約18枚，離生。雄蕊筒長約2.2公釐，外疏生透明狀白色短直毛。子房淺綠色，卵球形。徑約1.1公釐。花柱淺黃至黃色，5枚成束，先端離生，無毛。花期全年不定期，盛花期5～11月。

- **果**　蒴果，萼片宿存。扁球形，徑約3.5公釐，熟時由綠轉褐。心皮5枚，長約2.3公釐，寬約1.6公釐。黑褐色，頂端淺裂，具2小突，無芒刺。種子黑色，三角狀卵形，長約2.0公釐，寬約1.4公釐。

- **附記**　本種為平臥性，分果片頂端淺裂，具2小突，無芒刺，可與近似種區別。本種植物葉片，幻蛺蝶（琉球紫蛺蝶）不喜愛食用。

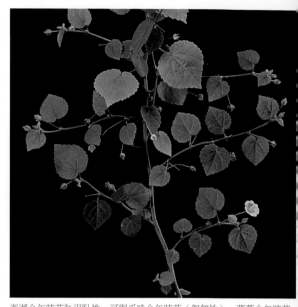

澎湖金午時花為平臥性，可與爪哇金午時花（匍匐性）、薄葉金午時花（直立性）區分。

種子

分果片頂端具2小突，無芒刺

花瓣5枚，倒淺心形，花徑1.1～1.2公分

蒴果，扁球形，熟時轉為褐色

葉柄密生白色短毛與分岔狀毛

葉鈍鋸齒緣，具白色緣毛，心形或卵狀心形

葉先端銳尖

葉基心形，掌狀基出7脈

托葉線形。

花萼綠色，鐘形，5裂。

| 飼育蝴蝶 |
|---|
| · 幻蛺蝶（琉球紫蛺蝶）*Hypolimnas bolina kezia* |

| 名 錦葵科 Malvaceae | 屬名 金午時花屬 Sida |
|---|---|
| 名 *Sida cordifolia* L. | 繁殖方法 播種法、扦插法，以春、秋季為宜。 |

## 圓葉金午時花（心葉黃花稔）

多年生直立草本或亞灌木，基部木質化，株高80～160公分。莖圓形，具皮孔，分枝多，密生淺褐色星狀毛與長直毛共存。小枝黃綠色，密生淺褐色星狀毛與長直毛。

- **葉** 互生，厚紙質，重鋸齒緣。心形至卵形或闊圓形。長2～6公分，寬1～4公分。葉表暗綠色，葉背淺灰綠色，皆密生白色星狀毛。

- **花** 花單1至3朵，聚集成聚繖狀，腋生。花萼黃綠色，鐘形，5裂。萼外密生白色長星狀毛，內無毛。花梗長7～12公釐，密生白色星狀毛及長柔毛。離萼基約1.5公釐之花梗處，具有環節。花瓣5枚，淺黃色，歪斜倒卵形，長約9公釐，寬7～8公釐。單體雄蕊，鮮黃色，基部合生成筒狀，先端花絲多數，離生。雄蕊筒長約3.0公釐，筒外密生透明直毛。子房卵球形，基徑約2.2公釐，高約2.5公釐，上半部密生白色細毛。花柱淺黃色，8～10枚成束，先端離生，無毛。花期全年不定期，盛花期約4～10月。

- **果** 蒴果，萼片宿存。卵球形，徑6～7公釐。果表無毛，熟時由黃綠轉為淺褐色。心皮8～10枚，淺褐色。長約2.8公釐，寬約2公釐，頂端開裂，具2芒刺，刺長約4公釐，伸出萼片外，芒刺密生倒粗毛。種子黑褐色，卵形，長約2.5公釐，寬約2公釐。

- **附記** 圓葉金午時花之植物葉片，被毛多且長，「幻蛺蝶（琉球紫蛺蝶）*Hypolimnas bolina kezia*」，幾乎不食用，飼育困難。

*花瓣5枚，歪斜倒卵形*

*花過午閉合。花徑1.6～1.9公分*

*刺長約4公釐，芒刺上密生倒粗毛*

*分果片具2芒刺*

*種子*

蒴果熟時由黃綠色轉為淺褐色，萼片宿存，芒刺伸出萼外。

圓葉金午時花喜生長在向陽原野等乾燥環境。

花單1～3朵聚繖狀。

*葉互生，重鋸齒緣，心形至卵形或闊圓形*

*葉基淺心形至心形，基出7脈*

*葉先端銳形或鋸齒狀近圓形*

分布 原生種。台灣廣泛分布於全島海拔約800公尺以下地區，見於濱海、路旁、林緣或向陽荒野處、草生地等環境。熱帶至亞熱帶區域，中國華中、華西等地區亦有分布。

| 科名 錦葵科 Malvaceae | 屬名 金午時花屬 Sida |
|---|---|
| 學名 *Sida insularis* Hatusima | 繁殖方法 播種法、扦插法，以春、秋季為宜。 |

## 恆春金午時花

多年生平臥性至斜上升小灌木，株高10～35公分。莖圓形，淺灰褐色，被疏毛。小枝圓形，綠褐色。幼枝綠色，皆被白色星狀毛。

- **葉** 互生。紙質至厚紙質，鋸齒緣至鈍鋸齒緣，具緣毛，葉形變異大。菱狀披針形或菱狀卵形、稀卵圓形，長約1～4公分，寬約1～2公分。葉表綠色至暗綠色，密生白色星狀毛。葉背淺灰綠色，密生白色星狀毛。

- **花** 花單一，腋生。花萼綠色，鐘形，5裂。萼外密生細小星狀毛，內無毛，萼緣常為暗紅色。花梗長7～8公釐，密生白色星狀毛。花瓣5枚，黃色。歪斜闊倒卵形，長1～1.1公分，寬8～9公釐。單體雄蕊，鮮黃色，基部合生成筒狀。花絲約40枚，離生。雄蕊筒長約3公釐，外密生透明白色短毛。子房淺綠色，卵球形，徑約1.9公釐，外被白色細毛。花柱鮮黃色，6～8枚成束，先端離生，無毛。花期為全年不定期，盛花期約5～12月。

- **果** 蒴果，萼片宿存。近球形，徑6～8公釐。熟時由綠轉褐。心皮6～8枚，長約3公釐，寬約2公釐。黑褐色，頂端開裂，具2芒刺，刺長約1.5～1.8公釐。種子黑色，三角狀卵形，長約2.2公釐，寬約1.7公釐。種子頂端凹陷成小突。

- **附記** 本種植株平臥性，分果片的刺突出果實外，可與金午時花（*S. rhombifolia*）區分。

葉基楔形至圓形，偶略歪斜，3或5脈

葉先端銳形

未熟果具長柄，托葉綠色，線形，長2.5～3公釐，密生星狀毛。

蒴果近球形，萼片宿存。

恆春金午時花的植株為平臥性，葉形變異大，在貧瘠野地很容易與菱葉金午時花相混。

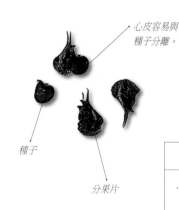

心皮容易與種子分離。

種子

分果片

花瓣5枚，歪斜闊倒卵形

花徑約1.8公分

| 飼育蝴蝶 |
|---|
| · 幻蛺蝶（琉球紫蛺蝶）*Hypolimnas bolina kezia* |

分布 原生種。台灣主要分布於全島海拔約100公尺以下地區，見於濱海、路旁或向陽荒野處、草生地等環境。中國、日本亦分布。

| 科名 錦葵科　Malvaceae | 屬名　金午時花屬　Sida |
|---|---|
| 學名 *Sida javensis* Cavar. | 繁殖方法　播種法、扦插法、分株法，以春、秋季為宜。 |

## 爪哇金午時花（爪哇黃花稔）

多年生匍匐性亞灌木，基部略木質化，株高5～30公分。莖、小枝和幼枝，圓形，綠色，皆密生白色長直柔毛與分岔狀小星狀毛。

- **葉**　互生。紙質，鋸齒緣，具白色緣毛。心形至闊心形或卵狀心形，長1～4公分，寬1～4.3公分。葉表綠至暗綠色，密生白色長毛。葉背淺綠色，密生白色直毛與星狀毛。
- **花**　花單一，腋生。花萼綠色，鐘形，5裂。萼外密生白色長柔毛與星狀毛，內無毛。花梗綠色，長1.6～2.3公分，密生白色長直柔毛與星狀毛。離萼基約5公釐之花梗處，具有環節。花瓣5枚，黃色。倒淺心形。長約7公釐，寬約6.5公釐。單體雄蕊，鮮黃色，基部合生成筒狀。花絲約18枚，離生。雄蕊筒長約2.2公釐，外疏生透明狀白色短直毛。子房淺綠色，卵球形。徑約1.1公釐，高約1.1公釐，無毛。花柱淺黃色至黃色，5枚成束，先端離生，無毛。花期全年不定期，盛花期5～11月。
- **果**　蒴果，萼片宿存。扁球形，徑約3.5公釐，高約2.8公釐。熟時由綠轉褐。心皮5枚，長約2.1公釐，寬約1.4公釐。褐色，頂端淺裂，具2芒刺，刺長約1.7公釐。種子黑褐色，三角狀卵形，長約1.8公釐，寬約1.4公釐。

葉基心形，掌狀基出7脈

葉鈍鋸齒緣，心形至闊心形或卵狀心形

葉先端銳形或圓鈍

▲澎湖金午時花葉形　　▲爪哇金午時花葉形

分果片頂端具2芒刺。

種子黑褐色，三角狀卵形

環節

葉互生

蒴果，扁球形

莖密生白色長直柔毛與分岔狀小星狀毛

花瓣5枚，黃色。倒淺心形，花徑1.1～1.2公分。

本種為台灣產金午時花屬中，唯一具有匍匐性的植物，可與其他同屬植物作區分。

花特寫。

| 飼育蝴蝶 |
|---|
| · 幻蛺蝶（琉球紫蛺蝶）*Hypolimnas bolina kezia* |

分布　原生種。台灣目前僅知分布於恆春半島濱海至平地，海拔約100公尺以下地區，見於濱海、路旁或向陽荒野處、草生地等環境。非洲、菲律賓、馬來西亞或印度尼西亞、中國亦分布。

| 科名　錦葵科　Malvaceae | 屬名　金午時花屬　Sida |
|---|---|
| 學名　*Sida mysorensis* Wight & Arn. | 繁殖方法　播種法、扦插法，以春、秋季為宜。 |

## 薄葉金午時花（粘毛黃花稔）

多年生亞灌木，基部木質化，株高40～160公分。莖圓形，具皮孔。小枝圓形，黃綠色，疏被腺毛。幼枝綠色，密生白色分岔狀毛、腺毛與長直毛。

- **葉**　互生。紙質，鋸齒緣，密生長緣毛。卵狀心形或淺心形，長3～7公分，寬2～5公分。葉表綠色，密生白色分岔狀毛、腺毛與長直毛；葉背淺灰綠色，密生白色分岔狀毛、腺毛。
- **花**　花單一，腋生。花萼黃綠色，鐘形，5裂。萼外密生白色長星狀毛，內無毛。花梗長5～7公釐，密生白色長星狀毛。離萼基約2公釐之花梗處，具有環節。花瓣5枚，黃色。卵狀倒心形，長約7公釐，寬約5.5公釐。單體雄蕊，鮮黃色，基部合生成筒狀。先端花絲約15枚，離生。雄蕊筒長約2.0公釐，外密生透明直毛。子房卵球形。徑約1.3公釐，無毛。花柱淺黃色，約5枚成束，先端離生，無毛。花期全年不定期，盛花期4～11月。
- **果**　蒴果，萼片宿存。卵球形，徑4～5公釐。熟時由綠轉為淺褐色。心皮5枚，暗褐色，長約2.4公釐，寬約1.5公釐。頂端開裂，具2突，被細毛。種子黑褐色，卵形狀，長約1.8公釐，寬約1.2公釐。
- **附記**　薄葉金午時花之植物葉片，被毛多且長，幻蛺蝶（琉球紫蛺蝶），幾乎不食用，飼育困難。

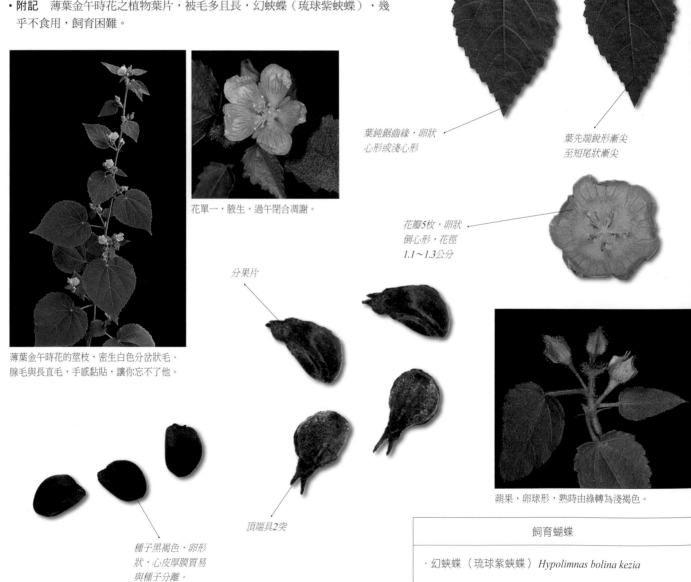

葉基淺心形至心形，掌狀基出7或9脈

葉鈍鋸齒緣，卵狀心形或淺心形

葉先端銳形漸尖至短尾狀漸尖

花瓣5枚，卵狀倒心形，花徑1.1～1.3公分

花單一，腋生，過午閉合凋謝。

分果片

薄葉金午時花的莖枝，密生白色分岔狀毛、腺毛與長直毛，手感黏貼，讓你忘不了他。

蒴果，卵球形，熟時由綠轉為淺褐色。

種子黑褐色，卵形狀，心皮厚膜質易與種子分離。

頂端具2突

| 飼育蝴蝶 |
|---|
| · 幻蛺蝶（琉球紫蛺蝶）*Hypolimnas bolina kezia* |

分布　原生種。台灣廣泛分布於中、南部海拔約800公尺以下地區，見於林緣、路旁或向陽荒野處、草生地等環境。中國、柬埔寨、越南或菲律賓、印度等地區亦分布。

| 名 | 錦葵科　Malvaceae | 屬名　金午時花屬　Sida |
| --- | --- | --- |
| 名 | *Sida rhombifolia* L. | 繁殖方法　播種法、扦插法，以春、秋季為宜。 |

## 菱葉金午時花（金午時花、白背黃花稔）

多年生直立草本或亞灌木，基部木質化，株高30～120公分。小枝圓形，綠褐色，具皮孔，被疏星狀毛。幼枝綠色至暗紅色，密生白色星狀毛。

- **葉**　互生。紙質，鋸齒緣。葉形變異大，狹橢圓形至披針形或長橢圓狀菱形至長橢圓狀披針形，長約2～6公分，寬約1～3.6公分。葉表綠色至暗綠色，密生不明顯白色星狀毛，葉背淺灰綠色，密生白色星狀毛。

- **花**　花單一，腋生。花萼綠色，鐘形，5裂。萼外密生細小星狀毛，內無毛。萼緣常為暗紅色。花梗長3～3.5公釐，密生白色星狀毛。離萼基約1公分之花梗處，具有環節。花瓣5枚，黃色，歪斜倒心形。長1～1.1公分，寬5～6公釐。基部常具有紅色斑紋，5枚成一輪紅圈紋。單體雄蕊，鮮黃色，基部合生成筒狀。花絲約25枚，離生。雄蕊筒長約3.5公釐，外密生透明腺毛。子房綠色，半球形，徑約1.9公釐。花柱黃色，9～10枚成束，先端離生，無毛。花期全年不定期，盛花期4～11月。

- **果**　蒴果，萼片宿存。近球形，徑6～7公釐。熟時由綠轉褐色。心皮8～11枚，黑色。長約2.4公釐，寬約1.8公釐。頂端開裂，具2芒刺，刺長0.7～1公釐。種子黑褐色，三角狀卵形，長約2.2公釐，寬約1.6公釐。種子頂端具小突。

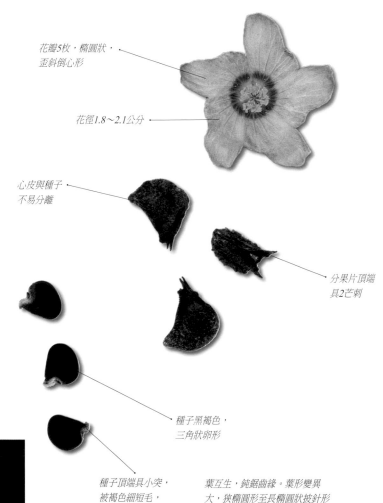

花瓣5枚，橢圓狀，歪斜倒心形

花徑1.8～2.1公分

心皮與種子不易分離

分果片頂端具2芒刺

種子黑褐色，三角狀卵形

種子頂端具小突，被褐色細短毛，

葉互生，鈍鋸齒緣。葉形變異大，狹橢圓形至長橢圓狀披針形

葉先端銳形或圓鈍

葉基楔形至闊楔形，離基3出脈

葉柄長2～2.5公釐，托葉綠色，線形，長4～6公釐。

外觀形態與中華金午時花、單芒金午時花相似，易混淆，辨識時主要以分果片為重點特徵。

花瓣基部常具有紅色斑紋，5枚成一輪，似太陽，是菱葉金午時花初相逢的印記。

蒴果，萼片宿存，近球形。果具長柄，柄具有節。

關節

| 飼育蝴蝶 |
| --- |
| ・幻蛺蝶（琉球紫蛺蝶）*Hypolimnas bolina kezia* |

| 科名　錦葵科　Malvaceae | 屬名　金午時花屬　Sida |
|---|---|
| 學名　*Sida rhombifolia* L. var. *maderensis* (Lowe) Lowe | 繁殖方法　播種法、扦插法，以春、秋季為宜。 |

# 單芒金午時花

多年生直立亞灌木，株高100～230公分。莖圓形，具皮孔，分枝多。小枝、幼枝綠褐色至暗紅色，被淺褐色星狀毛。

- **葉**　互生。紙質，鋸齒緣。披針形或長橢圓狀披針形至長橢圓狀菱形，長2～8.5公分，寬0.5～4.8公分。葉表綠至暗綠色，被白色星狀毛，葉背淺灰綠色，密生白色星狀毛。側脈5至8對。花期時葉片明顯較小。

- **花**　花單一，腋生。花萼黃綠色，鐘形，5裂。萼外密生白色細星狀毛。萼緣常為暗紅色，被疏緣毛，萼內無毛。花梗長2～2.5公分，密生白色細星狀毛。在花梗1／2至3／4處，具有環節。花瓣5枚，黃色。歪斜倒卵形至倒心形，長約9公釐，寬約7公釐。基部有時具紅色斑紋。單體雄蕊，鮮黃色，基部合生成筒狀。花絲約30枚，離生。雄蕊筒長約3公釐，外疏生透明直毛。子房綠色，半球形。徑約2公釐，平滑無毛。花柱淺黃色，8～12枚成束，先端離生，無毛。花期全年不定期，盛花期4～11月。

- **果**　蒴果，萼片宿存。卵球形，徑7～8公釐。熟時由綠轉淺褐色。心皮8～12枚，黑褐色。長約3.4公釐，寬約2.4公釐。頂端不開裂，單一芒刺，刺長約1.7公釐。種子黑褐色，長約2.2公釐，寬約1.8公釐。

- **附記**　本種是由林惠雯及曾彥學博士，於2012年所發表之台灣新紀錄種植物。

花瓣5枚，歪斜倒卵形至倒心形，花徑1.3～1.4公分

心皮頂端不開裂，單一芒刺，長約1.7公釐，刺無毛，是本種鑑定依據

葉基楔形至闊楔形，基出3至5脈

種子黑褐色

葉先端銳形漸尖或漸尖

葉互生，鈍鋸齒緣，披針形或長橢圓狀披針形至長橢圓狀菱形

未熟果。

單芒金午時花，其實在野外頗為常見，卻直到2012年才被發表為台灣新紀錄物種。

| 飼育蝴蝶 |
|---|
| ·幻蛺蝶（琉球紫蛺蝶）*Hypolimnas bolina kezia* |

分布　原生種。台灣廣泛分布於海拔約1,300公尺以下地區，見於林緣、路旁或向陽荒野處、草生地等環境。熱帶非洲亦分布。

| 科名　錦葵科　Malvaceae | 屬名　金午時花屬　Sida |
|---|---|
| 學名　*Sida spinosa* L. | 繁殖方法　播種法、扦插法，以春、秋季為宜。 |

# 刺金午時花

多年生直立亞灌木，基部木質化，株高50～90公分。莖圓形，具皮孔，被白色星狀毛。小枝、幼枝被白色星狀毛。

- **葉**　互生。紙質，粗鋸齒緣，具疏緣毛。披針形至線狀披針形，長2～5公分，寬0.7～2.1公分。葉表綠至黃綠色，葉背淺灰綠色，皆密生白色細星狀毛。

- **花**　花單一，腋生。花萼黃綠色，鐘形，5裂。外密生白色星狀毛，具緣毛。花梗長6～8公釐，密生白色星狀毛。離萼基約2公釐之花梗處，具有環節。花瓣5枚，黃色。歪斜狹長倒心形，長約8公釐，寬3～3.5公釐。單體雄蕊，鮮黃色，基部合生成筒狀。花絲約10枚，離生。雄蕊筒長約3公釐，外密生透明直腺毛。子房淺綠色，卵球形，徑約1.3公釐。花柱淺綠白色，5枚成束，先端離生，無毛。花期全年不定期，盛花期4～10月。

- **果**　蒴果，萼片宿存。卵球形，徑約5公釐。果表無毛，熟時由綠轉褐。心皮6～7枚，淺褐色。頂端開裂，具2芒刺。種子暗褐色，長約2公釐，寬約1.5公釐。

- **附記**　本種係於2010年由林惠雯、王秋美等人，所紀錄之新歸化植物。幻蛺蝶（琉球紫蛺蝶），不喜歡食用本種植物葉片或飼育困難。

葉基圓形，基出5脈

葉表主、側脈明顯下凹

葉背密生白色細星狀毛，主、側脈明顯凸起

葉粗鋸齒緣，披針形至線狀披針形

葉先端漸尖或銳尖

分果片頂端具2芒刺

種子

花瓣5枚，歪斜狹長倒心形，花徑1～1.2公分

果枝

錐突

柄基下方具有小錐突。

蒴果卵球形，萼片宿存。

多年生直立亞灌木。

| 飼育蝴蝶 |
|---|
| ・幻蛺蝶（琉球紫蛺蝶）*Hypolimnas bolina kezia* |

分布　歸化種。台灣主要分布於海拔約1,100公尺以下地區，見於濱海、路旁或向陽荒野處、草生地等環境。熱帶美洲，亞洲、非洲、大洋洲等亞熱帶區域亦分布。

| 科名 錦葵科　Malvaceae | 屬名 野棉花屬　Urena |
|---|---|
| 學名 *Urena lobata* L. | 繁殖方法 播種法、扦插法，以春、秋季為宜。 |

# 野棉花（虱母草、虱母子）

多年生小灌木，株高70～130公分。莖圓形，具
皮孔，被褐色星狀毛。

- **葉** 互生。紙質，掌狀3～5裂，粗鋸齒緣，
  具緣毛。葉形變異大，披針形至卵形、近圓形
  或卵圓形皆有。長2～10.5公分，寬1.5～10公
  分。葉表綠色至暗綠色，葉背淺綠色，皆密生
  白色細星狀毛。

- **花** 花單一或1～3朵，腋生。副萼片暗綠
  色，裂片5。披針形，長約8公釐，寬約1.7公
  釐。萼外密生白色星狀毛，萼內密生白色細
  毛。花萼黃綠色，鐘形，5深裂至近基部。裂
  片披針形，長約5公釐，寬約2公釐。萼外密
  生白色星狀毛與緣毛。花瓣5枚。花瓣倒卵
  形，長約1.4公分，寬約8公釐。花徑2～3公
  分。單體雄蕊，基部合生成筒狀。花絲約16
  枚，離生。雄蕊筒紅色，筒長約8公釐，無
  毛。子房綠色，卵球形，具5縱溝。徑約2.2公
  釐，高約1.9公釐，密生白色細毛，心皮5枚。
  花柱白色，長約11公釐，無毛。

- **果** 蒴果。扁球形，徑約0.9～1公分，高7～8
  公釐。果表面密生星狀毛與鉤刺。熟時由綠轉
  褐，萼片宿存。分果片5枚。長約3.7公釐，寬
  約2.5公釐，具刻紋。種子淺褐色，三角狀卵
  形。

葉基近圓形或心形至淺
心形，掌狀基出5或7脈

葉互生，掌狀3～5裂，
粗鋸齒緣，具緣毛。

葉先端銳尖

雄蕊基部合
生成筒狀

花瓣5枚，粉紅
色或白色

種子淺褐色，三角狀
卵形，密生細毛

花柱白色，長約1.1公分，無毛。先端10分叉，反捲。柱頭
鮮粉紅色，頭狀，密被毛。

蒴果表面密生星狀毛與鉤刺。

白色花。

葉形變異大。

| 飼育蝴蝶 |
|---|
| · 豆環蛺蝶（琉球三線蝶）　*Neptis hylas luculenta* |

分布 原生種。台灣廣泛分布於海拔約1,000公尺以下地區，見於路旁、向陽荒野處或林緣、灌叢內等環境。族群在野外頗為常見。

| 科名 | 錦葵科 Malvaceae | 屬名 | 野棉花屬 Urena |
|---|---|---|---|
| 學名 | *Urena procumbens* L. | 繁殖方法 | 播種法、扦插法，以春、秋季為宜。 |

# 梵天花

多年生直立灌木，株高70～120公分。莖圓形，具皮孔，被褐色星狀毛。

- **葉** 互生。紙質，掌狀3或5裂，鋸齒緣。葉形變異大，橢圓形或卵形至卵圓形。長2～5.5公分，寬1.5～4公分。葉表綠色至暗綠色，密生白色星狀毛與散生黃綠色斑紋；葉背淺綠色，密生白色細星狀毛。葉背在基部具有1枚膨大腺體狀構造。
- **花** 花1～3朵，腋生。副萼片暗綠色，5深裂。線狀披針形，長約5公釐，寬約1.7公釐。萼外密生白色星狀毛。花萼綠色，鐘形，5深裂至近基部。裂片披針形，長約7公釐，寬約2.6公釐。萼外密生白色星狀毛與緣毛。花瓣5枚，粉紅色或白色。花瓣倒卵形，長約1.9公分，寬約8公釐。花徑2.7～3公分。單體雄蕊，白色，基部合生成筒狀。筒長約1.3公分，被疏腺毛。子房綠色，近球形，具5縱溝。徑約2.6公釐，高約2公釐，密生白色細毛，心皮5枚。花柱白色，長約1.1公分，無毛。花期為9月至翌年2月。
- **果** 蒴果。扁球形，徑0.9～1公分，高6～7公釐。果表密生星狀毛與鉤刺。熟時由綠轉褐，萼片宿存。分果片5枚，長6～7公釐，寬約4.5公釐。種子褐色，三角狀卵形，長3.5～4公釐，寬3～3.5公釐。

葉基圓形或淺心形，掌狀基出5脈

葉表散生黃綠色斑紋

葉互生，掌狀3或5裂，鋸齒緣。葉形變異大，橢圓形或卵形至卵圓形

葉先端銳尖

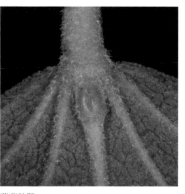

花瓣5枚，倒卵形

雄蕊白色，基部合生成筒狀

多年生直立灌木。

葉背腺體。

種子褐色，三角狀卵形，密生細毛

未熟果。

| 飼育蝴蝶 |
|---|
| ・豆環蛺蝶（琉球三線蝶） *Neptis hylas luculenta* |

分布　原生種。台灣廣泛分布於海拔約800公尺以下地區，見於路旁、向陽荒野處或林緣、灌叢內等環境。

| 科名 桑科 Moraceae | 屬名 水蛇麻屬 Fatoua |
|---|---|
| 學名 *Fatoua villosa* (Thunb.) Nakai | 繁殖方法 播種法，全年皆宜。 |

## 小蛇麻（水蛇麻）

一年生直立性草本植物，株高20～100公分。莖圓形，密生白色短絨毛，分枝少。小枝與幼枝纖細，密生白色短絨毛。

- 葉　互生。膜質，鈍鋸齒緣，密生白色緣毛。卵形或卵狀披針形，長2～11公分，寬1～6公分。葉表綠至暗綠色，略粗糙；葉背淺綠色，皆密生白色短毛。

- 花　雌雄同株，單性花。頭狀花序，腋生。苞片線形，長約1.6公釐，被細毛。雄花：花10～16朵聚集成頭狀，花被綠色，4枚，裂片殼狀卵形，密被細毛。雄蕊4枚，花徑展開約1.5公釐。花絲白色，長約1.2公釐，無毛。花藥白色。雌花：花被綠色，卵形，密被毛，裂片4枚，不展開，徑約1公釐。子房白色，卵球形，側生，長約0.5公釐，徑約0.3公釐，無毛。花柱長約1.8公釐，密生白色細毛。柱頭，漸尖。花期全年不定期。

- 果　瘦果。扁球形或卵形，長約1.2公釐，徑0.8～1公釐。隱藏於在宿存花被片中。熟時由綠轉為淺黃褐色，果表密布點狀斑紋。

葉先端銳形漸尖或鈍頭

葉鈍鋸齒緣

卵形或卵狀披針形

葉基截平至圓形或淺心形，基出3脈

葉柄長1～5.5公分，密被毛

一年生直立性草本植物，株高20～100公分。

▲ 雄花

▲ 雌花

 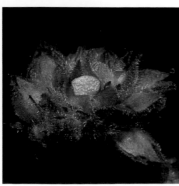

花10～16朵聚集成頭狀，頭狀花序，腋生。　瘦果。

| 飼育蝴蝶 |
|---|
| ‧幻蛺蝶（琉球紫蛺蝶）*Hypolimnas bolina kezia* |

分布　原生種。台灣廣泛分布於全島海拔約100～800公尺地區，見於林緣、路旁或陡坡、岩壁等濕潤環境。

| 科名　藍雪科　Plumbaginaceae | 屬名　烏面馬屬　Plumbago |
|---|---|
| *Plumbago zeylanica* L. | 繁殖方法　播種法，以春季為宜。 |

## 烏面馬

多年生小灌木或匍地蔓性植物，株高60～200公分。全株平滑無毛，基部木質化，分枝多，髓心白色。小枝綠色，圓形，具10～18縱稜，無毛。

- **葉**　互生。全緣或波狀緣，紙質。卵形至卵狀長橢圓形或稀橢圓形，長3～10公分，寬1.5～5公分。葉表綠色，無毛。葉背淺綠色，無毛。側脈4～6對。

- **花**　總狀花序，頂生或稀圓錐花序。苞片3枚（2短1長），無毛。花柄長約0.8公釐，被苞片包藏住，無毛。花萼綠色，管狀，長約1.2公分，徑約3公釐。深裂，萼外密生黏性腺體。花冠高杯狀。5裂，白色，筒長約2.4公分，花徑約1.5公分。雄蕊5枚。花絲白色，長1.7～1.8公分，無毛。花藥深紫色。子房黃綠色，無毛。花柱，長約2.3公分，無毛。柱頭，5裂。花期為12月至翌年4月。

- **果**　胞果，萼片宿存。長橢圓形，長約1.2公分，徑約3公釐。密生短錐狀黏性腺體。熟時由綠轉褐。種子褐色，砲彈形，長約7公釐，徑約1.8公釐。隱藏在胞果內。果期為12月至翌年4月。

- **附記**　同屬之栽培種「藍雪花 *Plumbago auriculata*」，原產於南非洲，台灣引進廣泛做為園藝觀賞栽培。「細灰蝶（角紋小灰蝶）*Leptotes plinius*」之幼蟲也會食用花苞與未熟果。

葉卵形至卵狀長橢圓形或稀橢圓形

葉柄略具翼，柄基抱莖

種子

細灰蝶僅選擇花苞與未熟果食用。

花萼外面密生黏性腺體。

花冠高杯狀，白色

花萼

花冠5裂

藍雪花。

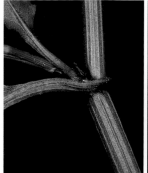

莖具數縱稜，節處有暗紅色環紋。

花序。

| 飼育蝴蝶 |
|---|
| ・細灰蝶（角紋小灰蝶）*Leptotes plinius*・ |

分布　歸化種。台灣於1978年所記錄之歸化植物。廣泛分布全島海拔約800公尺以下地區，見於林緣、路旁或山坡地等環境。歐洲、亞洲、非洲亦分布。

| 科名　蓼科　Polygonaceae | 屬名　蓼屬　Polygonum |
|---|---|
| 學名　*Polygonum chinense* L. | 繁殖方法　播種法、分株法、壓條法，全年皆宜。|

## 火炭母草

多年生蔓性或斜升性草本植物，匍地時易生根，株高20～80公分。莖圓形或近圓形，綠色至紅褐色，分枝多，光滑至疏毛（平地至低海拔）或被毛（海拔1,000～2,500公尺）。節處膨大，具有管狀膜質長葉鞘，葉鞘先端斜截形。

花被白色至淺粉紅色，瓣5枚

雄蕊8枚

- **葉**　互生。近全緣或細鋸齒波狀緣，紙質。寬卵形至卵狀長橢圓形，長5～11公分，寬3～6公分。葉表綠至暗綠色或紅褐色，近無毛或被毛，無斑紋或在高地常具有三角狀紅色斑紋。葉背淺綠色，被毛或無毛。

- **花**　圓錐或聚繖花序，頂生。苞片殼狀披針形，膜質，長3～3.2公釐，無毛。花被白色至淺粉紅色。瓣5枚，橢圓形，長約3.8公釐，寬約2公釐。半開狀，花徑4～5公釐。雄蕊8枚。花絲白色，無毛。花藥紫白色。子房淺黃綠色，長三角狀。長約1.5公釐，寬約0.5公釐，無毛。花柱白色，3裂。柱頭淺黃白色，頭狀。花期全年不定期。

- **果**　瘦果。略扁圓形，深藍黑色，長約4公釐，徑5～8公釐，最外層為透明狀肉質。熟時由綠轉為深藍黑色。種子黑色或褐色，卵狀三角形，長約3.2公釐，徑約2.2公釐。被肉質花被所包覆。

花序。

葉鞘膜質，長2.5～3.5公分，先端斜截形。

繁殖力強，野外常整片生長。

種子

寬卵形至卵狀長橢圓形

葉互生，近全緣或細鋸齒波狀緣

瘦果，最外層為透明狀肉質

葉表綠色至暗綠色或紅褐色，無斑紋或在高地常具有三角狀紅色斑紋

▲果

| 飼育蝴蝶 |
|---|
| ·紫日灰蝶（紅邊黃小灰蝶）*Heliophorus ila matsumurae* |

分布　原生種。台灣廣泛分布於全島海拔約2,500公尺以下地區，見於林緣、路旁或山坡地、果園等環境。

| 科名 | 馬齒莧科　Portulacaceae | 屬名 | 馬齒莧屬　Portulaca |
|---|---|---|---|
| 學名 | *Portulaca oleracea* L. | 繁殖方法 | 播種法、扦插法，全年皆宜。 |

## 馬齒莧（豬母乳）

一年生平臥性，肉質草本植物，株高10～35公分，根為淺根性。全株平滑無毛，分枝多。莖圓形，綠色至紅褐色，無毛。葉腋具稀疏白色短毛。

- **葉**　互生至對生或數枚叢生於莖頂。全緣，肉質。長橢圓狀倒卵形至倒披針形或匙形，長1～4公分，寬0.5～2.3公分。葉表綠至深紅紫色，葉背色澤較淡，皆無毛。

- **花**　花3～6朵聚集於莖頂，頂生或腋生。苞片近白色，卵狀披針形，膜質。長約5公釐，寬約2.5公釐，無毛。花萼綠色，2枚，龍骨瓣狀。長約5公釐，寬約3.5公釐，無毛。萼筒杯斗狀。花瓣4～6枚，黃色。橢圓形。長5～6公釐，寬約4公釐，先端淺凹深約1公釐。花徑0.8～1公分。雄蕊約23枚。花絲鮮黃色，長約2.5公釐，無毛。花藥黃色。子房與萼筒合生。花柱鮮黃色，長約2公釐，無毛。柱頭，5～7裂。花期全年不定期。

- **果**　蒴果。直立，橢圓形，蓋裂。長約7公釐，徑2.7～3公釐。果表無毛，熟時由綠轉褐。種子55～60粒。黑色，卵形。長約0.9公釐，寬約0.7公釐。果期全年不定期。

全緣，長橢圓狀倒卵形至倒披針形或匙形

葉互生至對生或數枚叢生於莖頂

葉表綠色至深紅紫色

葉先端圓形或有時中央微凹

葉基楔形

花朵於晴天早上綻放，近午漸凋謝。嫩莖及葉片可食。

未熟果。

熟果。

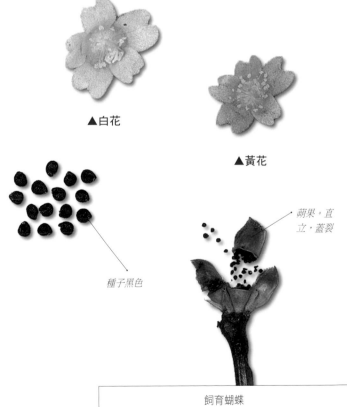

▲白花

▲黃花

蒴果。直立，蓋裂

種子黑色

| 飼育蝴蝶 |
|---|
| ・雌擬幻蛺蝶（雌紅紫蛺蝶）*Hypolimnas misippus* |

分布　歸化種。原產於泛熱帶地區，台灣於1932年所記錄之歸化植物。台灣廣泛分布於全島海拔約1,000公尺以下地區，見於林緣、路旁、公園或荒野、農田等環境。

| 科名 | 鼠李科 Rhamnaceae | 屬名 | 雀梅藤屬 Sageretia |
|---|---|---|---|
| 學名 | *Sageretia randaiensis* Hayata | 繁殖方法 | 播種法、壓條法，以春季為宜。 |

## 巒大雀梅藤　特有種

多年生常綠攀緣性木質藤本或蔓性灌木。枝條暗褐色，圓形，具細縱稜至無稜，無毛，髓心淺黃白色。小枝褐色，無毛，節處常具有鉤狀棘刺。刺長2.5～3.5公分，基寬5～6公釐。

- **葉**　互生或近對生。細鋸齒緣，紙質至厚紙質。長橢圓形或卵狀長橢圓形，長6～19公分，寬3.5～8公分。葉表暗綠色，具光澤，無毛，羽狀脈。葉背淺灰綠色，無毛。側脈7～9對。
- **花**　花多數，近無柄，圓錐花序頂生。小苞片黃綠色，三角形，長約1.5公釐，寬約1.1公釐。花萼黃綠色，卵形狀，徑約2.3公釐，高約2.2公釐。5中裂，半開狀，先端三角形，無毛。裂片內部中央具稜。花瓣5枚，白色，殼狀橢圓形。長約1.1公釐，無毛，包覆著雄蕊。雄蕊5枚，著生於裂片下凹處基部。花絲白色，長約0.9公釐，無毛，被白色殼狀花瓣所包覆。花葯褐色。子房綠色，卵形。徑約0.8公釐，無毛，2室。花柱短，2淺裂。柱頭白色。花期為9～10月。
- **果**　核果。近球形，長8～8.5公釐，徑7～7.6公釐。果表平滑無毛。熟時由綠轉褐。果柄長約2公釐。果期為11～12月。

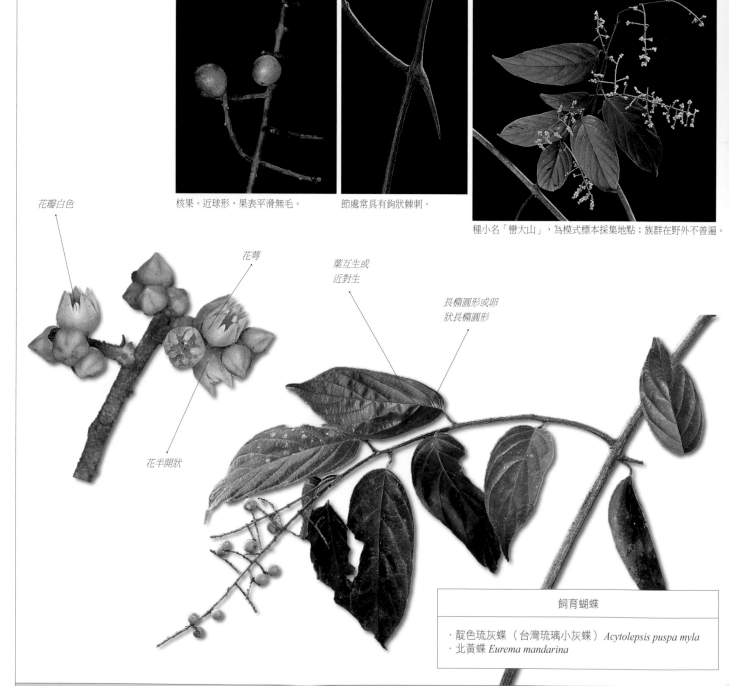

核果。近球形，果表平滑無毛。

節處常具有鉤狀棘刺。

種小名「巒大山」，為模式標本採集地點；族群在野外不普遍。

*花瓣白色*

*花萼*

*葉互生或近對生*

*長橢圓形或卵狀長橢圓形*

*花半開狀*

| 飼育蝴蝶 |
|---|
| · 靛色琉灰蝶（台灣琉璃小灰蝶）*Acytolepsis puspa myla*<br>· 北黃蝶 *Eurema mandarina* |

**分布**　台灣主要分布於中部、北部與東部，海拔約300～1,800公尺地區，見於林緣、路旁或樹林內、野溪畔等環境。

| 科名 鼠李科 Rhamnaceae | 屬名 翼核木屬 Ventilago |
|---|---|
| 學名 *Ventilago elegans* Hemsl. | 繁殖方法 播種法、壓條法，以春季為宜。 |

# 翼核木 特有種

多年生常綠中型攀緣性木質藤本。幼枝綠色，具淺縱稜，密生淺褐色細短絨毛。

- **葉** 互生。疏細鋸齒緣，齒端具有小凸尖，近葉基約1／3全緣，紙質。倒卵形或橢圓形，長1.5～3公分，寬1～1.5公分。葉表綠至暗綠色，具光澤，無毛。葉背綠色，無毛。側脈4～6對。

- **花** 花約2～5朵聚集，簇生於葉腋。花萼5裂，裂片三角形。長約1.6公釐，寬約1.6公釐，無毛。花被綠色，淺鐘狀5角形，徑約5公釐。花瓣5枚，淺綠色，闊倒卵形，向內曲，具短柄。長約1.1公釐，寬約1.1公釐，先端3淺裂，兩側較高中央較低。而花瓣片內曲扣住雄蕊。雄蕊5枚。花絲淺綠色，長約1公釐，無毛。花藥黃色。子房與花萼基部合生。花柱，長約1.5公釐，無毛，先端2淺裂。柱頭淡黃色，略膨大。花期為3～9月。

- **果** 翅果，萼片宿存。近球形，先端具舌狀扁平長翅。翅長約2.3公分，寬約6公釐。熟時由綠轉褐。果柄長約2公釐。種子褐色，卵形，徑約4.5～5公釐，厚約3.1公釐。果期為11～12月。

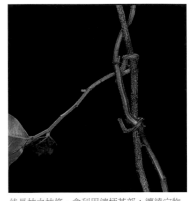

徒長枝之枝條，會利用總柄基部；纏繞它物1～3圈，借以攀緣而上。

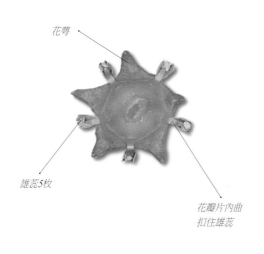

花萼

雄蕊5枚

花瓣片內曲扣住雄蕊

多年生常綠攀緣性木質藤本。

花2～5朵聚集，簇生於葉腋。

成熟翅果。

葉倒卵形或橢圓形

疏細鋸齒緣，齒端具有小凸尖，近葉基約1／3段為全緣

翅果，果實近球形，先端具舌狀扁平長翅

種子

| 飼育蝴蝶 |
|---|
| ·淡色黃蝶 *Eurema andersoni godana* |

分布 台灣主要分布於花蓮、臺東與屏東縣，海拔約500公尺以下地區，見於林緣、路旁或樹林內等環境。

| 科名 | 鼠李科　Rhamnaceae | 屬名 | 翼核木屬　Ventilago |
|---|---|---|---|
| 學名 | *Ventilago leiocarpa* Benth. | 繁殖方法 | 播種法、壓條法，以春季為宜。 |

# 光果翼核木

多年生常綠大型攀緣性木質藤本。小枝綠色，圓形，具約8縱稜，無毛。幼枝綠色，具縱稜，和幼葉柄皆被淺褐色細短絨毛。

- **葉**　互生。淺鋸齒緣，膜質。披針形至卵狀披針形或長橢圓形，長3〜10公分，寬2〜4.3公分。葉表黃綠色至暗綠色，具光澤，無毛。葉背黃綠色至綠色，無毛。側脈4〜6對。

- **花**　花約3〜7朵聚集，總狀排列，腋生。花萼5裂，裂片三角形。長約1.8公釐，寬約2公釐，近無毛。花被綠色，淺鐘狀5角形，徑約5公釐。花瓣5枚，淺綠色，闊倒卵形，向內曲，具短柄。長約1.2公釐，寬約1.2公釐，先端3淺裂，兩側較高中央較低。而花瓣片內曲扣住雄蕊。雄蕊5枚。花絲淺綠色，長約1公釐，無毛。花藥黃色。子房與花萼基部合生。花柱長約1.8公釐，無毛，先端2淺裂。柱頭淡黃色，略膨大。花期為2〜4月。

- **果**　翅果，萼片宿存。近球形，先端具舌狀扁平長翅。翅長2.8〜3.2公分，寬7〜8公釐。熟時由綠轉褐。果柄長約3公釐。種子淺褐色，近球形，徑約3.5公釐，厚約2公釐。果期為4〜6月。

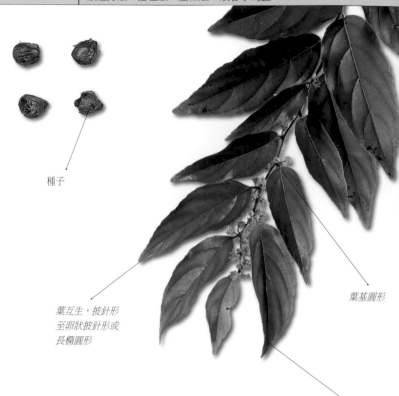

種子

葉互生，披針形至卵狀披針形或長橢圓形

葉基圓形

葉先端銳形漸尖

在中部彰化縣芬園鄉至社頭鄉，南投縣草屯、國姓鄉、魚池鄉等處可見較大族群。

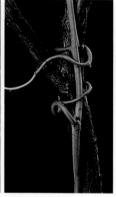

徒長枝條具有纏繞性。

花3〜7朵聚集，簇生於葉腋；或3〜5朵成簇，總狀排列，腋生。

未熟果。

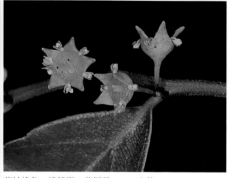

花被綠色，淺鐘形；花柄長2〜3.5公釐。

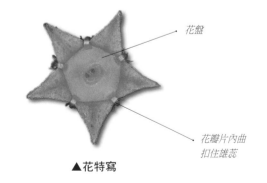

花盤

花瓣片內曲扣住雄蕊

▲花特寫

飼育蝴蝶

・淡色黃蝶 *Eurema andersoni godana*
・雙尾蛺蝶（雙尾蝶）*Polyura eudamippus formosana*

| 科 名 | 薔薇科　Rosaceae | 屬名　梅屬　Prunus |
|---|---|---|
| 學 名 | *Prunus spinulosa* Sieb. & Zucc. | 繁殖方法　播種法，以春季為宜。 |

## 刺葉桂櫻

常綠性喬木，株高5～8公尺。樹皮黑褐色，散生皮孔。小枝咖啡色，散生皮孔。幼枝綠色至紅褐色，被白色細短毛。

- **葉**　兩型：植株約140公分以下幼株型。長橢圓形，葉緣為波狀牙齒緣，齒端具長針狀銳刺，兩面無毛。成熟株：革質，長橢圓形，長5～10公分，寬1.5～3.5公分，兩面無毛。葉表暗綠色，具光澤。葉背淺綠色，主脈凸起。本種葉緣變異大，由幼株時期針狀牙齒緣至全緣。有針狀鋸齒緣至鋸齒緣、波狀牙齒緣或全緣。開花株為全緣。

- **花**　總狀花序，腋生。花萼筒狀鐘形，5淺裂，裂片三角形。萼外近無毛。花瓣5枚，白色，圓形。裂片寬2～3公釐。雄蕊約30枚，著生於萼筒頂緣內側。花絲白色不等長，長2.2～4公釐，無毛。雄蕊伸出花冠外，展開徑0.8～1.1公分。子房淺綠色，卵球形。長約1.8公釐，徑約1.1公釐，平滑無毛。花柱，長約2.5公釐，無毛。柱頭，頭狀。具有花盤。花期為7～10月。

- **果**　核果。橢圓形，長0.9～1.2公分，徑7～8公釐。果表無毛，宿存短花柱。熟時由綠轉為紫褐色。果核褐色，橢圓形，長約1.1公分，寬約6.5公釐。表面分布有網狀凹凸刻紋，側面具一淺縱溝。果期為9月～12月。

花序。

幼株時期之新芽與新葉。

未熟果。

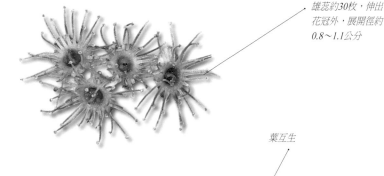

雄蕊約30枚，伸出花冠外，展開徑約0.8～1.1公分

核果

葉互生

先端漸尖鈍頭或短尾狀漸尖鈍頭

葉可分兩大類型，此為成熟株型：長橢圓形，全緣或波狀緣

靛色琉灰蝶之幼蟲僅食用新芽和嫩葉。

葉基楔形至銳形（有些歪斜）

| 飼育蝴蝶 |
|---|
| · 靛色琉灰蝶（台灣琉璃小灰蝶）*Acytolepsis puspa myla* |

| 科名　薔薇科　Rosaceae | 屬名　薔薇屬　Rosa |
| --- | --- |
| 學名　*Rosa chinensis* Jacq. | 繁殖方法　播種法、扦插法，以春季為宜。 |

# 月季（月季花）

多年生常綠直立性灌木，基部木質化，株高1～2公尺。莖圓形，平滑無毛，具長5～6公釐扁平三角形銳刺。

- **葉**　奇數羽狀複葉，羽片互生。小葉對生3～7枚。鋸齒緣，紙質。頂小葉橢圓形或披針形，長4～5公分，寬1.8～2.5公分。葉表暗綠色，葉背淺綠色，皆無毛。

- **花**　花重瓣，徑5～6公分。單一，頂生。花萼5裂，連生於萼筒先端。裂片長三角形，先端漸尖，向後反捲。長1.7～2.5公分，寬約3公釐。裂片全緣至淺羽狀裂，具緣毛與紅色腺體。萼內密生白色細柔毛，萼外平滑無毛。萼筒徑約3.5公釐，長約6公釐，無毛。花冠粉紅色至帶紫粉紅色（稀白色），具淡淡香味。雄蕊45～50枚，基部著生於花盤外圍。花盤淺黃色，徑約1.7公釐，高約1.3公釐。花絲淺黃白色，無毛，長3～5公釐。花藥黃褐色。子房與萼筒合生。心皮多數。花柱鮮紅色，無毛。柱頭黃褐色。花期為全年不定期。

- **果**　果上舉。萼片不宿存。橢圓形，長約1.8公分，徑1～1.2公分，果表無毛。熟時由綠轉為黃橙色。果柄長3～3.5公分，無毛。種子褐色，橢圓形，長約4公釐，寬約2公釐，被毛。

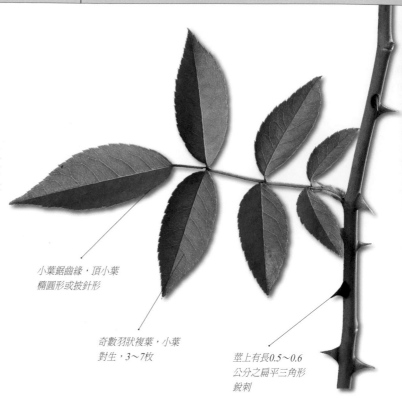

小葉鋸齒緣，頂小葉橢圓形或披針形

奇數羽狀複葉，小葉對生，3～7枚

莖上有長0.5～0.6公分之扁平三角形銳刺

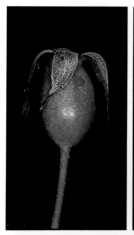
未熟果。

托葉合生。

種子

月季的花，在低光照時，花為白色

廣泛栽培用於景觀、盆栽觀賞、庭園等園藝用途。

| 飼育蝴蝶 |
| --- |
| ・靛色琉灰蝶（台灣琉璃小灰蝶）*Acytolepsis puspa myla* |

分布　栽培種。原產於中國。台灣於十七世紀，約1661年引進栽培。現廣泛栽培，主要用於景觀、盆栽觀賞、庭園等園藝用途。

| 科名 薔薇科 Rosaceae | 屬名 薔薇屬 Rosa |
|---|---|
| 學名 *Rosa cymosa* Tratt. | 繁殖方法 播種法、扦插法、分株法，以春季為宜。 |

## 小果薔薇

多年生常綠攀緣性灌木，基部木質化。莖圓形，平滑無毛，具褐色三角形銳刺或深紅褐色至綠褐色倒鉤刺。

- **葉** 奇數羽狀複葉，互生。小葉7枚（稀5）。鋸齒緣，紙質。頂小葉披針形，長3～6公分，寬1～2公分。托葉線形。葉表暗綠色，葉背淺綠色，皆無毛。

- **花** 聚繖花序，腋生。或圓錐狀聚繖花序，頂生。小苞片線形，長約5.5公釐，具腺齒緣，被毛，早落。花萼5裂，連生於萼筒先端。裂片卵狀披針形，先端漸尖，向後反捲。長7～8公釐，寬約3公釐。兩面密生白色細柔毛。萼筒徑約2.6公釐，長約2.8公釐，密被白色細柔毛。花瓣5枚，白色。倒心形或倒卵狀三角形至心形。花徑2.3～2.8公分。雄蕊約65枚，基部著生於花盤外圍。花絲淺黃色，無毛。內輪較短，長2.2～3公釐，外輪長約4.2公釐。子房與萼筒合生。花柱離生，10～12枚，長約1.6公釐，密生白色短柔毛。柱頭橄欖黃，頭狀膨大，被毛。花期為3～4月。

- **果** 果上舉，萼片不宿存。近球形，徑約5公釐，無毛。熟時由綠轉為深褐色。果柄長1.3～2公分，近無毛。種子褐色，5分果片，長約3.8公釐，寬約2公釐。

- **附記** 本種辨識特徵：小葉7枚（稀5）。托葉線形，長5～7公釐，邊緣具腺體與短毛。外無毛，內面密生有光澤絲毛，早落。果近球形，徑約5公釐。

花側面特寫。

托葉特寫。

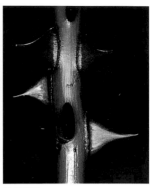

棘刺特寫。

果上舉，萼片不宿存。

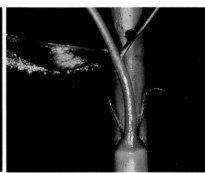

托葉。

種子

可替代小金櫻做為民俗植物用途。

頂小葉披針形

奇數羽狀複葉，小葉7枚

花瓣5枚，花徑2.3～2.8公分

| 飼育蝴蝶 |
|---|
| · 靛色琉灰蝶（台灣琉璃小灰蝶）*Acytolepsis puspa myla* |

| 科名 薔薇科 Rosaceae | 屬名 薔薇屬 Rosa |
|---|---|
| 學名 *Rosa taiwanensis* Nakai | 繁殖方法 播種法、扦插法、分株法,以春季為宜。 |

## 小金櫻(刺仔花)

多年生常綠攀緣性灌木,基部木質化。莖圓形,平滑無毛,具褐色倒鉤刺。小枝、幼枝綠色,無毛,密布細小白斑點,具刺狀倒鉤刺。

- **葉** 奇數羽狀複葉,互生。小葉5～7枚。鋸齒緣,厚紙質。頂小葉披針形,長1.5～3公分,寬1～1.8公分。葉表綠至黃綠色,無毛,主脈兩側常泛白。葉背淺灰綠色,無毛。
- **花** 圓錐狀聚繖花序,頂生。小苞片披針形,長2～3公釐,被毛。萼片5枚,連生於萼筒先端。裂片卵狀披針形,先端漸尖或具小凸尖,向後反捲。長8～9公釐,寬4～4.5公釐。萼外無毛,被疏深紅色小腺體,萼內密生白色短柔毛。萼筒徑約3.2公釐,長約3.5公釐,無毛。花瓣5枚,白色至白底帶粉紅色。倒心形或倒卵狀三角形至心形。花徑3.5～4公分。雄蕊105～110枚,基部著生於花盤外圍。花盤黃色,徑約2.2公釐,高約1.1公釐。花絲黃色,無毛,由內輪至外輪漸長,長2.5～8公釐。花藥黃橙色。子房與萼筒合生。花柱離生,密生白色短柔毛。柱頭淺黃色,瘤狀膨大。花期為3～4月。
- **果** 果上舉,萼片不宿存。近球形,徑約8公釐,無毛。熟時由綠轉為深褐色。果柄長1.1～1.7公分,無毛。種子褐色,約6粒,長3～4公釐,寬約2.7公釐。

▲花特寫

種子

托葉與葉柄合生,長5～6公釐,寬3～4公釐。

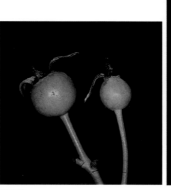

未熟果。

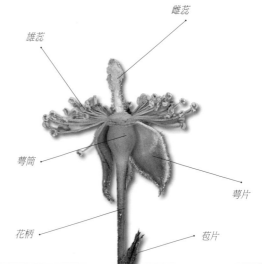

人為栽培頗多,做為民俗植物用途。

奇數羽狀複葉,互生

小葉5～7枚,鋸齒緣

頂小葉披針形

雌蕊

雄蕊

萼筒

花柄

萼片

苞片

### 飼育蝴蝶

· 靛色琉灰蝶(台灣琉璃小灰蝶)*Acytolepsis puspa myla*

分布 原生種。台灣廣泛分布於全島低、中海拔約2,000公尺以下地區,見於林緣、路旁或荒野、岩壁、陡坡等環境。

| 名 | 薔薇科　Rosaceae | 屬名　懸鉤子屬　Rubus |
|---|---|---|
| 名 | *Rubus alceifolius* Poir. | 繁殖方法　播種法，以春季為宜。 |

# 羽萼懸鉤子（新店懸鉤子、粗葉懸鉤子）

多年生攀緣性或蔓性灌木，基部木質化。莖圓形，密生淺褐色直柔毛，及疏生長2～5公釐深紅褐色鉤刺。節間寬6～14公分。幼枝綠色，密生絨毛狀長柔毛，及疏生長約2公釐深紅褐色鉤刺。

- **葉**　單葉，互生。心狀闊卵形或心狀圓形，長8～16公分，寬8～16公分。5～7淺裂，葉緣不規則鋸齒緣，厚紙質。葉表綠至暗綠色，密布小疣點之白色短柔毛。葉背淺綠白色，密生白色短絨毛。

- **花**　短總狀花序，腋生或頂生。苞片深羽狀剪裂，長1～1.5公分，裂片絲狀線形，密生長毛。花萼淺綠色，鐘形，5深裂。裂片卵狀披針形，剪裂緣，長0.9～1.1公分，基寬約6公釐。萼外密生淺褐色長伏毛，萼內密生白色短絲毛。花瓣5枚，白色，離生。花瓣片卵圓形，長約7.5公釐，寬約8.5公釐。兩面無毛。花徑1.6～2公分。雄蕊200～220枚，花絲白色，不等長，長2～4.2公釐，無毛。花藥黃色。雌蕊約90枚，離生。子房白色，卵球形。長約0.9公釐，徑約0.5公釐，無毛。花柱長約8公釐，無毛。柱頭，頭狀。花期為8～10月。

- **果**　聚合果，萼片宿存。約30粒小核果聚成卵圓形，徑1.3～1.5公分。花柱常宿存。熟時由綠轉為紅橙色至紅色。多漿汁，無毛。小核果長3.5公釐，寬約3公釐。種子紅色，長約2公釐，寬約1.5公釐。腎形或卵形，表面密布凹凸刻紋。果期為11～12月。

聚合果。熟時轉為紅橙色至紅色。　多年生攀緣性或蔓性灌木。

短總狀花序。　托葉深羽狀剪裂。

種子

花瓣5枚，白色

葉心狀闊卵形或心狀圓形

葉基深心形，基出掌狀5脈

5～7淺裂，葉緣不規則鋸齒狀

葉柄長3～8公分，密生白色直毛及疏生鉤刺

花單一或數朵，短總狀花序；腋生或頂生。

| 飼育蝴蝶 |
|---|
| · 白弄蝶 *Abraximorpha davidii ermasis* <br> · 斷線環蛺蝶（泰雅三線蝶）*Neptis soma tayalina* <br> · 閃灰蝶（嘉義小灰蝶）*Sinthusa chandrana kuyaniana* |

分布　原生種。台灣廣泛分布於中、北部海拔約1,000公尺以下地區，見於林緣、路旁或樹林內、灌叢內等環境。中國華南、華中地區亦分布。

| 科名　薔薇科　Rosaceae | 屬名　懸鉤子屬　Rubus |
|---|---|
| 學名　*Rubus formosensis* Kuntze | 繁殖方法　播種法，以春季為宜。 |

# 台灣懸鉤子

多年生直立或藤狀蔓性灌木，基部木質化，株高2～3公尺。莖圓形，被疏毛及疏生長1～2公釐直刺或近鉤刺。小枝帶灰黃綠色，密生淺黃褐色絨毛狀柔毛及疏生長0.5～1公釐直刺或鉤刺。幼枝綠白色，密生白色柔毛及疏細刺。

- **葉**　單葉，互生。闊卵形或近圓形，長5～12公分，寬5～11.5公分。3～5淺裂，葉緣不規則鋸齒緣，厚紙質。葉表綠至暗綠色，近無毛。新葉與幼葉葉表明顯密生白色短柔毛。葉背灰綠白色，密生淺黃褐色細絨毛。

- **花**　短總狀花序，腋生或頂生。苞片橢圓形，長1公分，寬7～8公釐，外密生淺褐白色伏毛，內無毛。花萼淺黃色，鐘形，5深裂。裂片卵狀披針形，長約9公釐，基寬約5公釐。萼外密生有光澤淺黃白色絲毛，萼內密生白色細毛。花瓣5枚，白色，離生。闊倒卵形，長約6公釐，寬5～6公釐。兩面無毛。花徑1.4～1.5公分。雄蕊約140枚。花絲不等長，長約1.7～4.1公釐，無毛。花藥淺黃色。雌蕊約80枚，離生。子房白色，卵球形。長約0.8公釐，徑約0.4公釐，無毛。花柱長約4.5公釐，無毛。柱頭頭狀。花期為6～8月。

- **果**　聚合果，與花托合生，萼片宿存。卵球形，徑1.2～1.4公分，高1～1.1公分。花柱常宿存。熟時由綠轉為紅橙至紅色。多漿汁，無毛。果期為10～11月。

多年生直立或
藤狀蔓性灌木

單葉，互生

托葉長橢圓形，長1.2～1.4公分，先端羽狀剪裂。

聚合果。熟時轉為紅橙色至紅色。

雌蕊約80枚　　　　　　雄蕊約140枚

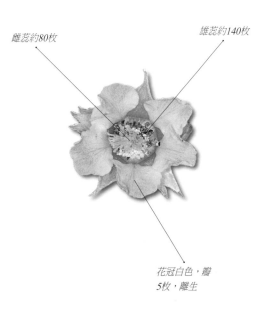

花冠白色，瓣
5枚，離生

花序與花。

新芽與紅色托葉。

| 飼育蝴蝶 |
|---|
| · 白弄蝶 *Abraximorpha davidii ermasis* |
| · 斷線環蛺蝶（泰雅三線蝶）*Neptis soma tayalina* |
| · 深山環蛺蝶（江崎三線蝶）*Neptis sylvana esakii* |
| · 閃灰蝶（嘉義小灰蝶）*Sinthusa chandrana kuyaniana* |

分布　原生種。台灣廣泛分布於全島海拔約2,700公尺以下地區，見於林緣、路旁或樹林內等環境，族群在野外頗為常見。中國華南亦分布。

| 科名 芸香科　Rutaceae | 屬名　四季橘屬　Citrofortunella |
|---|---|
| 學名 *Citrofortunella microcarpa* (Bunge) Wijnands | 繁殖方法　稼接法，以早春為宜。 |

# 四季橘

常綠性灌木，株高1～3公尺。小枝綠色，近圓形，無毛，具短刺。幼枝扁狀三稜，平滑無毛，近無刺。

- **葉**　互生。全緣至淺鋸齒緣，薄革質。橢圓形，長3.5～8公分，寬1.8～3.5公分。葉表黃綠至暗綠色，平滑無毛，密布黃色小腺點。葉背淺綠色，密布暗綠色腺點。

- **花**　花單一或數朵，腋生。花萼淺黃白色，5齒裂，裂片三角形。萼外密布腺點。花瓣5枚，白色，花徑2.5～3.3公分。花瓣長橢圓形，長約1.8公分，寬5～5.5公釐，具腺點。雄蕊20～23枚。花絲扁平，長0.8～1.1公分，不等長，無毛。花藥淡黃色。子房綠色，近球形，長約2.7公釐，徑約2.5公釐，密布腺點，無毛，基部具有花盤。花柱長約4公釐，無毛。柱頭，膨大。花期為全年，盛花期為3～6月。

- **果**　柑果。扁狀球形，徑2.8～4公分，高2.4～3公分。果表密布油點，果皮厚約2公釐，平滑無毛。熟時由綠轉為黃橙色，果頂中央淺下凹。果汁酸，通常不直接食用。種子淡黃色，橢圓形至卵狀橢圓形，長0.9～1公分，寬6～7公釐。果期全年不定期。

- **附記**　本種為金柑（*Fortunella japonica*）與柑橘（*Citrus reticulata*）之雜交種，常於春節時販售做為盆景。

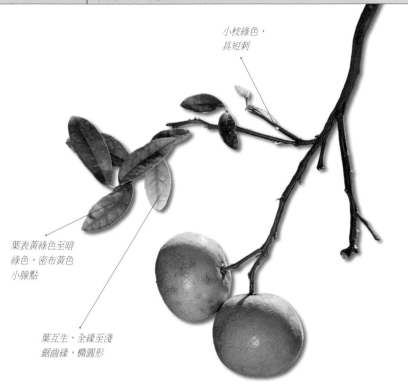

小枝綠色，具短刺

葉表黃綠色至暗綠色，密布黃色小腺點

葉互生，全緣至淺鋸齒緣，橢圓形

雄蕊20～23枚

花徑2.5～3.3公分

種子

雌雄蕊特寫。

花特寫。

未熟果。

農民廣泛大面積栽培做為經濟果樹。

### 飼育蝴蝶

- 翠鳳蝶（烏鴉鳳蝶）*Papilio bianor thrasymedes*
- 花鳳蝶（無尾鳳蝶）*Papilio demoleus*
- 大鳳蝶 *Papilio memnon heronus*
- 玉帶鳳蝶 *Papilio polytes polytes*
- 黑鳳蝶 *Papilio protenor protenor*
- 柑橘鳳蝶 *Papilio xuthus*

分布　栽培種&雜交種。原產中國華南、菲律賓。台灣全島廣泛栽培，做為園藝、景觀、盆栽觀賞、食用等用途。

| 科名 芸香科　Rutaceae | 屬名　柑橘屬　Citrus |
| --- | --- |
| 學名　*Citrus depressa* Hayata | 繁殖方法　播種法、稼接法，以早春為宜。 |

## 台灣香檬

常綠性灌木或小喬木，株高1.5～3公尺。小枝綠色，略三角狀，平滑無毛，具1～4公分長棘刺。新生幼枝扁狀三稜，平滑無毛，密佈腺點，無刺或具1～3公釐小刺。

- **葉**　互生。全緣至鈍鋸齒緣，薄革質。闊卵狀橢圓形至長橢圓形，長6～12公分，寬3～6公分。葉表黃綠至暗綠色，具光澤，密布黃綠色小腺點。葉背淺綠色，無光澤，密布小腺點。

- **花**　花單一或數朵，腋生。花萼黃綠色，盤狀5淺裂，深0.6～0.8公釐，兩面無毛，具緣毛。萼外密布黃綠色腺點，花萼寬4.5～5公釐。花徑3.2～3.5公分，具濃郁香味。花瓣5枚，白色，長橢圓形，長1.6～1.8公分，寬6～7公釐。雄蕊19～20枚。花絲扁平，長6～7公釐，相互連生，無毛。花藥鮮黃色。子房綠色，近球形，長約2.1公釐，徑約2公釐，無毛。基部具花盤。花柱長約6公釐，無毛。柱頭，頭狀。花期為2～3月。

- **果**　柑果。扁球形，徑2.5～4公分，高2～3.5公分。果表密布油點，果皮厚約1.5公釐。熟時由綠色轉為黃橙色，果頂中央明顯凹陷。果汁很酸，通常不直接食用。種子淡黃色，卵形，長0.9～1.2公分，徑5～6公釐。

- **附記**　種小名depressa為果實扁球形之意。葉片經搓揉，油點會散發一種濃郁的特殊香味，故名「台灣香檬」。

葉互生，全緣至鈍鋸齒緣，闊卵狀橢圓形至長橢圓形

常綠性灌木或小喬木

葉片經搓揉具有特殊香氣

雄蕊19～20枚

柱頭，頭狀

花徑3.2～3.5公分

種子

柑果。扁球形，果頂中央明顯凹陷。

小枝具1～4公分長棘刺。

| 飼育蝴蝶 |
| --- |
| · 翠鳳蝶（烏鴉鳳蝶）*Papilio bianor thrasymedes*<br>· 花鳳蝶（無尾鳳蝶）*Papilio demoleus*<br>· 大鳳蝶 *Papilio memnon heronus*<br>· 玉帶鳳蝶 *Papilio polytes polytes*<br>· 黑鳳蝶 *Papilio protenor protenor*<br>· 柑橘鳳蝶 *Papilio xuthus* |

分布　原生種。台灣主要分布於中、南部海拔約200～1,600公尺山區，見於路旁、林緣或灌叢、樹林內等環境。琉球地區亦分布。

| 科名 芸香科 Rutaceae | 屬名 柑橘屬 Citrus |
|---|---|
| 學名 *Citrus tachibana* (Makino) Tanaka | 繁殖方法 播種法、稼接法，以早春為宜。 |

# 橘柑

常綠性灌木或小喬木，株高2～4公尺。枝條近圓形，刺長
1～3公分。幼枝綠色，細長具稜，略三角狀，平滑無毛，
棘刺長3～5公釐。

- **葉** 互生。近全緣至淺鈍鋸齒緣，薄革質至革質。長橢圓
  形，長6～11公分，寬3～5公分。葉表黃綠色至暗綠色，
  具光澤，密布淡黃色小腺點。葉背綠色，無光澤，密布綠
  色小腺點。

- **花** 聚繖花序，腋生或頂生。花萼淺黃綠色，杯狀，徑
  3～4公釐，淺5齒裂，萼外密布小腺點。花朵常未全開，
  徑1.4～2公分，具芳香。花瓣5枚，白色，長橢圓形，長
  1.3～1.8公分，寬約5公釐。表面白色，瓣背白色帶淺粉
  紅色，未開之花苞常為帶紫粉紅色。雄蕊24～25枚。花
  絲扁平，長0.6～1.1公分，不等長相互連生，無毛。花藥
  黃色，長橢圓形。子房黃綠色，卵球形，長約2.1公釐，
  徑約2.3公釐，無毛。基部具有花盤。花柱長約5公釐，無
  毛。柱頭，頭狀膨大。花期為2～3月。

- **果** 柑果。球形，徑4～5.5公分。果表密布小油點，果皮
  厚約3公釐，平滑無毛。熟時由綠色轉為黃橙色，果頂中
  央明顯具有錐突。果汁很酸，通常不直接食用。種子淡黃
  色，橢圓形，長1～1.2公分，徑5～6公釐。

- **附記** 本種辨識特徵：柑果，球形。果頂中央明顯具有錐
  突，徑較大可與台灣香檬做區別。

葉表密布淡黃色小腺點

柑果，球形，果表密布凹陷小油點

果頂凸起

在彰化縣芬園鄉，南投縣、草屯、國姓鄉、九份二山，屏東縣等
地區，可見族群。

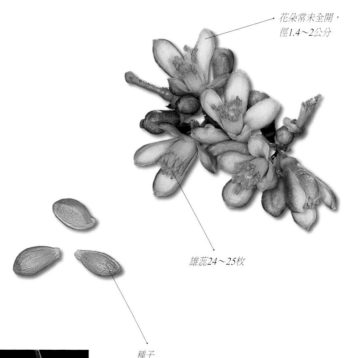

花朵常未全開，徑1.4～2公分

雄蕊24～25枚

種子

常綠性灌木或小喬木。

柑果，球形，果頂中央明顯具有錐突。

| 飼育蝴蝶 |
|---|
| · 翠鳳蝶（烏鴉鳳蝶）*Papilio bianor thrasymedes* |
| · 花鳳蝶（無尾鳳蝶）*Papilio demoleus* |
| · 大鳳蝶 *Papilio memnon heronus* |
| · 玉帶鳳蝶 *Papilio polytes polytes* |
| · 黑鳳蝶 *Papilio protenor protenor* |
| · 柑橘鳳蝶 *Papilio xuthus* |

| 科名 | 芸香科　Rutaceae | 屬名 | 黃皮果屬　Clausena |
|---|---|---|---|
| 學名 | *Clausena excavata* Burm. f. | 繁殖方法 | 播種法，以春、秋季為宜。 |

# 過山香

落葉性灌木或小喬木，全株具特殊濃郁香氣，株高2～5公尺。小枝圓形，灰褐色，被疏毛，具皮孔。幼莖綠色，圓形，密生白色短絨毛與綠色小腺體。

- **葉** 奇數羽狀複葉。小葉互生或對生，15～31枚。披針形至鐮刀形，長2～5.5公分，寬0.5～2公分。全緣或鈍鋸齒緣，具疏緣毛與腺體，膜質至紙質，兩面密布小腺點。葉表黃綠至綠色，近無毛。葉背淺綠色，無毛。

- **花** 聚繖狀圓錐花序，頂生。花萼4或5枚，綠色，闊卵形，長約0.8公釐。花瓣4或5枚，黃綠色或綠色。橢圓形，長3.5～4.5公釐，寬2.2～2.5公釐，花徑8～9公釐。雄蕊8枚。花絲長約2.6公釐。花藥卵狀，米白色。子房綠色，近球形，4～5室，長約1.4公釐，徑約1.3公釐，近無毛，基部具有花盤與短柄。花柱長約1公釐，無毛。柱頭，近頭狀。花期為3～5或7～9月。

- **果** 核果。橢圓形，肉質，長約1.4公分，徑約1公分。果表平滑無毛，熟時由綠色轉為半透明狀之粉紅色。種子淺綠色，橢圓形，長約1.1公分，徑約7公釐。

雌雄蕊特寫。

核果。橢圓形，肉質。

花瓣4或5片

種子

雌蕊

雄蕊

奇數羽狀複葉，小葉互生或對生，15～31枚

小葉披針形至鐮刀形

總葉柄柄基膨大

| 飼育蝴蝶 |
|---|
| · 花鳳蝶（無尾鳳蝶）*Papilio demoleus*<br>· 大白紋鳳蝶（台灣白紋鳳蝶）*Papilio nephelus chaonulus*<br>· 玉帶鳳蝶 *Papilio polytes polytes* |

分布　原生種。台灣主要分布於中、南部海拔約500公尺以下山區，見於路旁、林緣或灌叢、樹林內等環境。馬來西亞、中國華南、印度等地區亦分布。

| 科名 | 芸香科　Rutaceae | 屬名　山橘屬　Glycosmis |
|---|---|---|
| 學名 | *Glycosmis parviflora* (Sims) Kurz. var. *parviflora* | 繁殖方法　播種法，以春、秋季為宜。 |

# 山橘（圓果山橘）

常綠性灌木或小喬木，樹幹褐色至暗褐色，株高2～4公尺。小枝，圓形，平滑無毛或被疏毛。幼枝綠色，略扁，被深褐色疏短毛。芽鱗與新芽密生深褐色細短毛。

- **葉**　葉形變異大：從單葉至奇數羽狀複葉3～5枚均有。互生。全緣，厚紙質。長橢圓形或披針形至長橢圓狀披針形，長8～23公分，寬3～6.5公分。葉表黃綠色至暗綠色，葉背淺綠色，皆無毛，密布黃色小腺點。側脈10對。

- **花**　聚繖狀圓錐花序，腋生。苞片卵形狀，長約0.8公釐，外密生深褐色細毛。花萼淺黃綠色，5裂，裂片卵形，覆瓦狀排列。萼外被深褐色細毛及緣毛，內無毛。偶展開，花徑3～4公釐。花瓣5枚，白色至淡黃白色，花瓣橢圓形，長3.6～4.5公釐，寬2.3～2.5公釐。雄蕊10枚，等長。花絲扁平狀，長約2.3公釐，無毛。花藥淡黃色。子房白色，近球形，徑約1.1公釐，高約0.9公釐，無毛。花柱圓錐狀，長約1.5公釐，無毛。柱頭，鈍頭。花期全年不定期。

- **果**　漿果。近球形至球形，徑1～1.3公分，高0.8～1公分。果表平滑無毛，熟時由綠色轉為帶黃之粉紅色。種子單一或稀2粒，深橄欖綠色，近球形或稀半球形，徑7～8公釐，高6～7公釐。果期全年不定期。

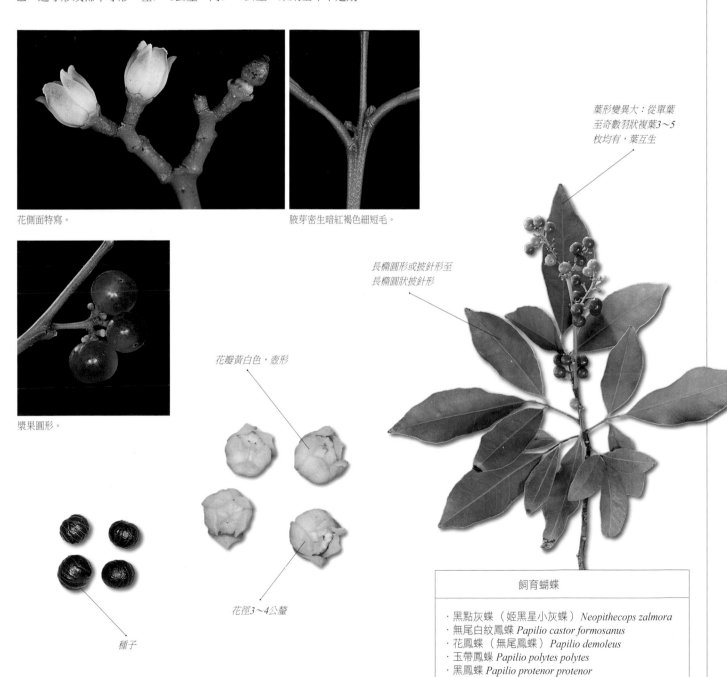

花側面特寫。

腋芽密生暗紅褐色細短毛。

漿果圓形。

花瓣黃白色，壺形

長橢圓形或披針形至長橢圓狀披針形

葉形變異大：從單葉至奇數羽狀複葉3～5枚均有，葉互生

花徑3～4公釐

種子

| 飼育蝴蝶 |
|---|
| · 黑點灰蝶（姬黑星小灰蝶）*Neopithecops zalmora*<br>· 無尾白紋鳳蝶 *Papilio castor formosanus*<br>· 花鳳蝶（無尾鳳蝶）*Papilio demoleus*<br>· 玉帶鳳蝶 *Papilio polytes polytes*<br>· 黑鳳蝶 *Papilio protenor protenor* |

分布　原生種。台灣廣泛分布於海拔約500公尺以下地區，見於路旁、林緣或灌叢、樹林內等林陰環境。馬來西亞、菲律賓、印度、中國華南亦分布。

| 科名 芸香科　Rutaceae | 屬名　山橘屬　Glycosmis |
|---|---|
| 學名　*Glycosmis parviflora* (Sims) Kurz. var. *erythrocarpa* (Hayata) T. C. Ho | 繁殖方法　播種法，以春、秋季為宜。本種植株生長緩慢。 |

# 長果山橘（石苓舅）

常綠性灌木或小喬木，樹幹褐色至暗褐色，株高2～5公尺。小枝圓形，無毛。幼枝暗綠色，圓形至近圓形，近無毛。芽鱗與新芽密生暗紅褐色細短毛。

- **葉**　葉形變異大：從單葉至奇數羽狀複葉3～5枚均有。互生。全緣，厚紙質。長橢圓形至闊橢圓形或披針形，長5～15公分，寬3～6.5公分。葉表黃綠至暗綠色，葉背淺綠色，皆無毛，在逆光下可見密布黃色小腺點。側脈8～10對。

- **花**　聚繖狀圓錐花序，腋生。花萼淺黃綠色，5裂，裂片卵形，覆瓦狀排列。萼外被褐色細毛。花瓣5枚，淡黃白色。離生，倒披針形，無毛，長約6公釐，寬2.3～2.5公釐。花徑0.8～1.1公分。雄蕊10枚，5長5短。花絲白色，扁平狀，無毛。花藥黃色。子房淺黃綠色，近球形，徑約1.1公釐，高約1公釐，無毛。花柱圓錐狀，長約1.4公釐，無毛。柱頭淺黃白色，頭狀。花期為2～4月或8～10月。

- **果**　漿果。長橢圓形，長1.5～1.8公分，徑0.8～1公分。果表無毛，熟時由綠轉為帶黃之粉紅色。種子單一，深橄欖綠色，橢圓形，長0.8～1.2公分，徑5～7公釐。果期為2～4月。

- **附記**　長果山橘與山橘，以往皆以「石苓舅」為名，2007年何東輯，台灣產芸香科植物之訂正，將其處理為「長果山橘與山橘」2變種。

花聚繖狀圓錐花序，腋生。　　　芽鱗與新芽密生暗紅褐色細短毛。

漿果，長橢圓形。　　　在南投縣草屯、國姓至埔里、九份二山一帶山區可見族群。

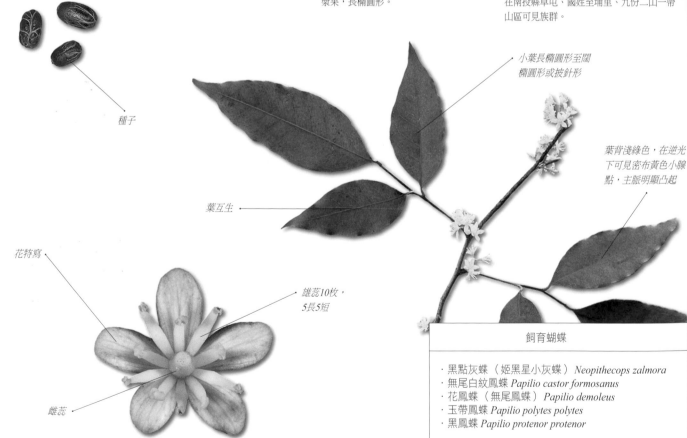

種子

花特寫

雌蕊

雄蕊10枚，5長5短

葉互生

小葉長橢圓形至闊橢圓形或披針形

葉背淺綠色，在逆光下可見密布黃色小腺點，主脈明顯凸起

## 飼育蝴蝶

- 黑點灰蝶（姬黑星小灰蝶）*Neopithecops zalmora*
- 無尾白紋鳳蝶 *Papilio castor formosanus*
- 花鳳蝶（無尾鳳蝶）*Papilio demoleus*
- 玉帶鳳蝶 *Papilio polytes polytes*
- 黑鳳蝶 *Papilio protenor protenor*

分布　原生種。台灣廣泛分布於海拔約200～1,300公尺山區，見於路旁、林緣或灌叢、樹林內等林蔭環境。

芸香科・**217**

| 科名 芸香科 Rutaceae | 屬名 山刈葉屬 Melicope |
|---|---|
| 學名 *Melicope pteleifolia* (Champ. *ex* Benth.) Hartley | 繁殖方法 播種法，以春、秋季為宜。 |

## 三叉虎（三腳鼈）

常綠性灌木或小喬木，樹幹褐色，株高
1.5～5公尺。小枝圓形，淺褐色，無毛。
幼枝綠色，在先端處扁平狀，平滑無毛。

- **葉** 三出複葉，對生。薄紙質至厚紙
質，全緣或波狀緣。頂小葉披針形至長
橢圓狀披針形，長7～19公分，寬2～
6公分。葉表綠至暗綠色，平滑無毛。
葉背綠色，平滑無毛，密布黃色小腺
點。側脈8～10對。

- **花** 圓錐狀聚繖花序，腋生。花萼黃綠
色，4裂，裂片卵形，長約1.1公釐。覆
瓦狀排列，無毛。花瓣4枚，黃白色。
殼狀橢圓形，長約2.7公釐，寬約1.3公
釐。雄蕊4枚。伸出花被外，徑約7公
釐。花絲長5～6公釐，無毛。花藥淡
黃白色。子房4室，黃綠色，近球形，
無毛。花柱圓柱狀，被細毛。柱頭，4
裂。花期為3～4月。

- **果** 蓇葖果。卵球形，長3.5～3.9公
釐，徑約3公釐。熟時由綠轉褐，開
裂。果柄長約4公釐。種子黑色，近球
形，長約2.4公釐，徑約2.5公釐，具光
澤。

三出複葉，對生，總
柄長4～8公分

側小葉葉
基歪斜

頂小葉披針
形至長橢圓
狀披針形

果枝。

果序（未熟果）。

花序。

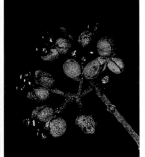

種子。

雄蕊4枚，伸
出花被外

| 飼育蝴蝶 |
|---|
| ・台灣琉璃翠鳳蝶（琉璃紋鳳蝶）*Papilio hermosanus*<br>・琉璃翠鳳蝶（大琉璃紋鳳蝶）*Papilio paris nakaharai* |

分布 原生種。台灣廣泛分布於中、北部海拔約1,000公尺以下地區，見於路旁、林緣、陡坡或灌叢、樹林內等環境。中國、中南半島亦分布。

| 科名 | 芸香科 Rutaceae | | 屬名 | 山刈葉屬 Melicope |
|---|---|---|---|---|
| 學名 | *Melicope semecarpifolia* (Merr.) Hartley | | 繁殖方法 | 播種法，以春、秋季為宜。 |

## 山刈葉（阿扁樹）

常綠性小喬木，樹幹褐色，株高3～6公尺。小枝圓形，灰褐色，無毛。幼枝綠色，明顯扁平狀，密生白色細柔毛。

- **葉**　三出複葉，對生。革質，全緣或波狀緣。頂小葉倒卵狀長橢圓形或倒披針形，長13～20公分，寬5～8公分。葉表深綠色，具光澤，無毛，脈紋明顯。葉背綠色，被疏毛至無毛，密布不明顯黃色小腺點。側脈10～14對。
- **花**　雌雄異株。聚繖花序，腋生。花萼綠色，4裂，裂片卵形，長約1公釐。萼外被細柔毛。花瓣4枚，淺黃白色。卵形，長約2.5公釐，寬約1.2公釐，平滑無毛。雄蕊4枚，伸出花瓣外，徑約3公釐。花絲白色，無毛。花藥淡黃色。子房4室，黃色，球形，徑約1.5公釐，被細柔毛。花柱圓柱狀，被細柔毛。柱頭，4裂。花期為9～12月。
- **果**　蓇葖果。略扁球形，徑4～5公釐，厚約3公釐。被白色疏短毛（未熟果果表密布黃色腺點與白色疏短毛）。熟時由綠轉褐，開裂。種子黑色，近球形，徑2.8～3公釐，具光澤。
- **別名**　本種幼枝綠色，明顯扁平狀，故又名「阿扁樹」。

幼枝扁平狀，密生細柔毛。　未熟果。　　　　　　　種子黑色。　　　　　　　花多數，聚繖花序；腋生。

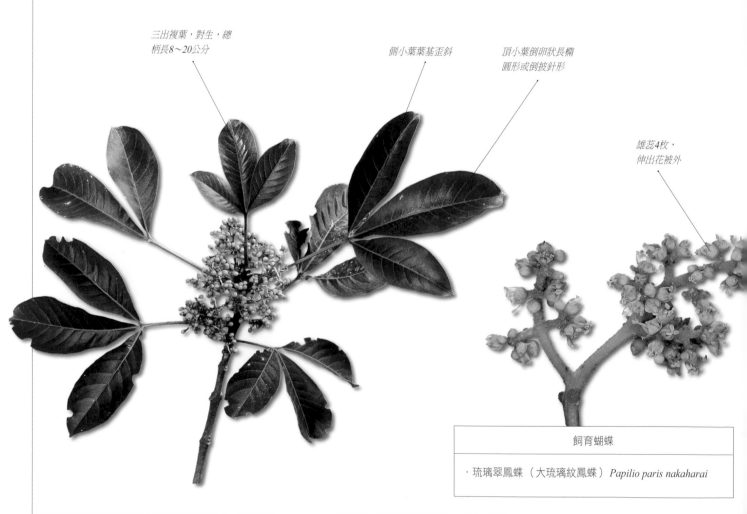

三出複葉，對生，總
柄長8～20公分

側小葉葉基歪斜

頂小葉倒卵狀長橢
圓形或倒披針形

雄蕊4枚，
伸出花被外

| 飼育蝴蝶 |
|---|
| · 琉璃翠鳳蝶（大琉璃紋鳳蝶）*Papilio paris nakaharai* |

分布　原生種。台灣主要分布於，南、北部海拔約800公尺以下地區，見於路旁、林緣或灌叢、樹林內等環境。

| 科名 | 芸香科　Rutaceae | 屬名 | 烏柑屬　Severinia |
|---|---|---|---|
| 學名 | *Severinia buxifolia* (Poir.) Tenore | 繁殖方法 | 播種法、扦插法，以春、秋季為宜。 |

# 烏柑仔

常綠性灌木，株高1～1.7公尺，全株分布硬質長棘刺。小枝綠色，圓形，被細毛，具有綠色長棘刺。幼枝綠色，被細毛。新葉與新芽常為黃綠色或紅褐色。

- **葉**　單葉，互生。全緣，革質。倒卵狀長橢圓形或長橢圓形，長2～3.5公分，寬1～2公分。葉表深綠色，無毛，脈紋明顯。葉背淺綠色，無毛，密生綠色小腺點，側脈於近葉緣相互連結。

- **花**　花單一或3～5朵聚集，簇生於葉腋。苞片三角形，長約0.6公釐，無毛。花萼綠色，5裂，裂片卵形，覆瓦狀排列，長約1.2公釐。萼外無毛。花瓣5枚，白色。長橢圓形，長5～5.5公釐，寬約2.7公釐，兩面無毛。花徑1～1.1公分。雄蕊10枚，離生，5長5短。花絲白色，扁平，無毛。長花絲長3.5公釐，短花絲長3公釐。花藥鮮黃色。子房黃色，球形，2室，徑約1.2公釐，無毛，基部具有花盤。花柱長約0.9公釐。柱頭圓柱狀，黃色，長約1公釐。花期為5～8月。

- **果**　漿果。球形或扁球形，徑約1公分。果表平滑無毛，熟時由綠轉為深紫黑色。果期為9～12月。種子近球形，綠色，徑約6公釐。

新芽。

漿果。

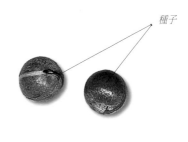
常綠性灌木，全株分布硬質長棘刺。

*花瓣5枚，白色*

*單葉，互生，倒卵狀長橢圓形或長橢圓圓形*

*莖具長刺*

*葉先端闊銳形或圓，中央淺凹*

*葉基銳形至圓形*

*種子*

| 飼育蝴蝶 |
|---|
| ·綺灰蝶（恆春琉璃小灰蝶）*Chilades laius koshuensis* |
| ·花鳳蝶（無尾鳳蝶）*Papilio demoleus* |
| ·玉帶鳳蝶 *Papilio polytes polytes* |
| ·柑橘鳳蝶 *Papilio xuthus* |

分布　原生種。台灣主要分布於蘭嶼、恆春半島及東南至西南部，海拔約300公尺以下地區，見於濱海礁岩、草生地或林緣、灌叢內等環境。馬來西亞、菲律賓或日本、中國華南等區域亦分布。

| 科名 芸香科　Rutaceae | 屬名 臭辣樹屬　Tetradium |
|---|---|
| 學名　*Tetradium glabrifolium* (Champ. *ex* Benth.) T. Hartley | 繁殖方法 播種法，以春、秋季為宜。 |

# 賊仔樹（臭辣樹）

半落葉性中、小喬木，株高6～18公尺。小枝褐色，圓形，無毛，具皮孔。幼枝綠色至暗紅色，密生細柔毛。

- **葉** 奇數羽狀複葉，對生。小葉對生，4～9對。全緣，紙質。卵狀長橢圓形或卵狀披針形，長3～12公分，寬2～4.5公分。葉表綠色至暗綠色，具光澤，無毛，脈紋明顯。葉背淺綠色，無毛。側脈10～16對。

- **花** 雌雄異株，單性花。圓錐狀聚繖花序，頂生。苞片卵形，長約0.8公釐，外密生白色細毛。花萼綠色，杯狀，5齒裂，裂片卵形。萼外被白色細毛，內無毛。雄花：花瓣淺黃白色，4～5枚。殼狀橢圓形，長約3.5公釐，寬約1.6公釐。雄蕊4～5枚，花絲長3～3.5公釐。基半部被長柔毛，花絲伸出花被外。花藥黃橙色。雌花：花瓣綠色，4～5枚。殼狀橢圓形，長約2.1公釐，寬約0.9公釐。子房綠色，近球形，徑約0.5公釐，高約0.4公釐，無毛。花柱黃綠色，極短。柱頭5岔，密被毛。不孕雄蕊4～5枚。花期為7～9月。

- **果** 蓇葖果。扁狀球形，長約6公釐，寬約3公釐。果表平滑無毛，熟時由綠轉褐，開裂。種子黑色，具光澤，近球形，長2.5～3公釐，徑1.5～2公釐。果期為9～11月。

小葉葉基歪斜

小葉對生，4～9對

小葉卵狀長橢圓形或卵狀披針形

奇數羽狀複葉，對生

單性花，左為雄蕊，右為退化雌蕊。　果序（未熟果）。

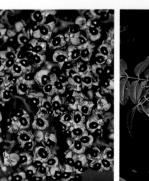

種子。

葉片可飼養十餘種種蝴蝶幼蟲，值得廣泛推廣種植。

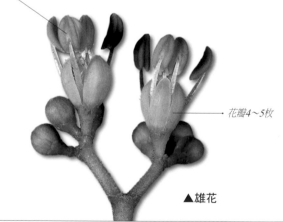

雄蕊伸出花被外

花瓣4～5枚

▲雄花

**飼育蝴蝶**

- 翠鳳蝶（烏鴉鳳蝶）*Papilio bianor thrasymedes*
- 翠鳳蝶 & 蘭嶼亞種（琉璃帶鳳蝶）*Papilio bianor kotoensis*
- 穹翠鳳蝶（台灣烏鴉鳳蝶）*Papilio dialis tatsuta*
- 白紋鳳蝶 *Papilio helenus fortunius*
- 雙環翠鳳蝶（雙環鳳蝶）*Papilio hopponis*
- 大白紋鳳蝶（台灣白紋鳳蝶）*Papilio nephelus chaonulus*
- 玉帶鳳蝶 *Papilio polytes polytes*
- 黑鳳蝶 *Papilio protenor protenor*
- 柑橘鳳蝶 *Papilio xuthus*
- 台灣颯弄蝶（台灣大白裙弄蝶）*Satarupa formosibia*
- 小紋颯弄蝶（大白裙弄蝶）*Satarupa majasra*

分布　原生種。台灣廣泛分布於海拔約1,600公尺以下地區，見於路旁、林緣或灌叢、樹林內等環境。菲律賓、中國華南等地區亦分布。

| ·名 | 芸香科　Rutaceae | 屬名　飛龍掌血屬　Toddalia |
|---|---|---|
| ·名 | *Toddalia asiatica* (L.) Lam. | 繁殖方法　播種法，壓條法，以春、秋季為宜。 |

## 飛龍掌血

常綠蔓性或攀緣性藤本灌木，全株疏生至密生鉤刺。小枝圓形，褐色，密生鉤刺，具皮孔，無毛。幼枝綠色，密生鏽色細柔毛與疏鉤刺。

- **葉**　三出複葉，互生。厚紙質至薄革質，鈍細鋸齒緣。頂小葉長橢圓形或披針形至倒披針形，長4～7公分，寬1.5～3公分。葉表綠至深綠色，具光澤，無毛。葉背淺綠色，無毛，密布黃白色小腺點。側脈8～12對。
- **花**　雌雄同株，單性花。圓錐狀花序，腋生。花萼綠色，5中裂，裂片卵形，深約0.5公釐。萼外被白色細毛與緣毛，內無毛。花瓣5枚，黃綠色。殼狀橢圓形，長約3公釐，寬約1.3公釐。花徑6～7公釐。雄花：雄蕊5枚。花絲長約3.7公釐，無毛。花絲伸出花被外。雌花：子房3～6室，卵球形。徑約1公釐，長約1.4公釐，無毛。花柱長約1.4公釐。柱頭鈍頭。花期為12月至翌年3月。
- **果**　漿果。近球形，徑0.8～1公分，高7～9公釐。果表無毛，密布腺點，熟時由綠轉為黃橙色。漿果汁液透明狀黏滑，內具約6粒種子。黑褐色，長約5.5公釐，寬約3.2公釐。果期為8～11月。

枝條圓形，褐色，具鉤刺

三出複葉，互生

總柄長1.5～3公分，被鏽色細毛

頂小葉長橢圓形或披針形至倒披針形

雄蕊5枚，伸出花被外

花徑6～7公釐

種子

漿果，近球形

常綠蔓性或攀緣性灌木，全株疏生至密生鉤刺。

花序。

果枝。漿果汁液透明狀黏滑，內具約6粒種子。

### 飼育蝴蝶

- 翠鳳蝶 & 蘭嶼亞種（琉璃帶鳳蝶）*Papilio bianor kotoensis*
- 白紋鳳蝶 *Papilio helenus fortunius*
- 台灣琉璃翠鳳蝶（琉璃紋鳳蝶）*Papilio hermosanus*
- 大白紋鳳蝶（台灣白紋鳳蝶）*Papilio nephelus chaonulus*
- 玉帶鳳蝶 *Papilio polytes polytes*
- 黑鳳蝶 *Papilio protenor protenor*
- 台灣鳳蝶 *Papilio thaiwanus*

分布　原生種。台灣廣泛分布於海拔約2,500公尺以下山區，見於路旁、林緣或灌叢、樹林內等環境，族群在野外頗為常見。菲律賓、印度、或錫蘭、中國華南等區域亦分布。

| 科名 | 芸香科 Rutaceae | 屬名 | 花椒屬 Zanthoxylum |
|---|---|---|---|
| 學名 | *Zanthoxylum ailanthoides* Sieb. & Zucc. | 繁殖方法 | 播種法，以春季為宜。種子須經低溫處理，喚醒休眠。 |

## 食茱萸（刺蔥、茱萸）

落葉性小喬木，株高3～8公尺，全株分布木質化瘤狀棘刺。老樹幹灰褐色至褐色，散生瘤狀棘刺。小枝、幼枝，圓形，無毛，密生小棘刺。

- **葉** 奇數羽狀複葉，互生，長35～75公分。小葉對生，7～15對。鈍鋸齒緣，紙質至厚紙質。披針狀長橢圓形至披針形，長7～15公分，寬4～5.5公分。葉表綠色至暗綠色，具光澤，無毛。葉背粉白色，無毛，密生小腺點。側脈20～25對，葉緣齒凹處具有淺黃色腺體狀之構造。新芽黃綠色，被疏毛。

- **花** 雌雄異株，單性花或雜性。苞片卵圓形，長約1公釐，近無毛。聚繖花序，頂生。花萼綠色，5裂，裂片卵圓形，長約1公釐，寬約1公釐。萼外無毛。雄花：花瓣5枚，淺綠色。殼狀橢圓形，長約2.3公釐，寬約1.1公釐。雄蕊5枚。花絲長約2.4公釐，無毛，花絲伸出花被外。花徑約4.5公釐。雌花：花瓣淺綠色，5枚。殼狀橢圓形，長約2.3公釐，寬約1.1公釐。子房卵球形，徑約1.5公釐，無毛。花柱極短。柱頭，3岔，無毛。花徑3～4.5公釐。花期為7～8月。

- **果** 蓇葖果。近球形，徑4～6公釐。果表無毛，密布小腺點。熟時由綠轉褐，開裂。種子黑色，卵形，徑約3公釐，具光澤。果期為9～11月。

小葉對生，7～15對

奇數羽狀複葉，互生

小葉披針狀長橢圓形至披針形

▲雌花

▲雄花

未熟果。

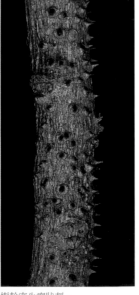

種子黑色，具光澤。

樹幹密生瘤狀刺。

葉片具有濃郁之特殊香氣，可用於炒蛋料理或其他料理。

| 飼育蝴蝶 |
|---|
| · 翠鳳蝶（烏鴉鳳蝶）*Papilio bianor thrasymedes* |
| · 翠鳳蝶 & 蘭嶼亞種（琉璃帶鳳蝶）*Papilio bianor kotoensis* |
| · 穹翠鳳蝶（台灣烏鴉鳳蝶）*Papilio dialis tatsuta* |
| · 白紋鳳蝶 *Papilio helenus fortunius* |
| · 雙環翠鳳蝶（雙環鳳蝶）*Papilio hopponis* |
| · 大白紋鳳蝶（台灣白紋鳳蝶）*Papilio nephelus chaonulus* |
| · 玉帶鳳蝶 *Papilio polytes polytes* |
| · 黑鳳蝶 *Papilio protenor protenor* |
| · 柑橘鳳蝶 *Papilio xuthus* |
| · 台灣颯弄蝶（台灣大白裙弄蝶）*Satarupa formosibia* |
| · 小紋颯弄蝶（大白裙弄蝶）*Satarupa majasra* |

分布 原生種。台灣廣泛分布於海拔約1600公尺以下地區，見於路旁、林緣或灌叢、樹林內等環境。及中國、日本、韓國或琉球、菲律賓等地區。

| 科名 芸香科　Rutaceae | 屬名 花椒屬　Zanthoxylum |
|---|---|
| 學名 *Zanthoxylum avicennae* ( Lam.) DC. | 繁殖方法　播種法，以春、秋季為宜。 |

## 狗花椒

小喬木，株高8～12公尺，全株分布木質化棘刺。老樹幹灰褐色至褐色，分布瘤狀棘刺。小枝褐色，圓形，無毛，具棘刺。幼枝綠色，具小棘刺。幼株時期或徒長枝條，則密生針狀長棘刺。

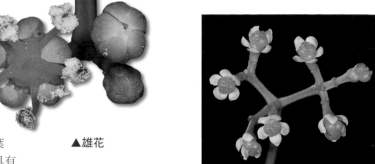

▲雄花

- **葉**　奇數羽狀複葉，互生。小葉對生或近對生，5～11對。全緣或上半部不明顯淺鋸齒緣，紙質至厚紙質。菱形或倒卵狀長橢圓形至長橢圓形，長2～6公分，寬1～2公分。葉表綠色至暗綠色，具光澤，無毛。葉背淺綠色，無毛，密生綠色小腺點。側脈6～8對，葉緣具有淺黃色腺體狀之構造。

- **花**　雌雄異株，單性花。聚繖狀圓錐花序，頂生。苞片卵形，長約0.5公釐，無毛。花萼綠色，5裂。裂片卵形，長約0.7公釐。萼外無毛。雄花：花瓣5枚，淺黃綠色。橢圓形，長1.8～2公釐，寬約0.9公釐。雄蕊5枚。花絲長約1.7公釐，無毛，花絲伸出花被外。小花柄長約2公釐。花徑3～4公釐。雌花：花瓣5枚，淺黃白色。殼狀橢圓形，長約2.5公釐，寬約1.7公釐。子房綠色，近球形，2室。徑約2公釐，密布小腺點，無毛。花柱長約0.2公釐。柱頭盤狀，2合生。小花花柄長3～4公釐，無毛。花徑4～5公釐。花期為7～9月。

- **果**　蓇葖果。卵球形，徑4～6公釐。果表平滑無毛，密布小腺點，熟時由綠轉褐，開裂。種子黑色，卵球形，徑3～4公釐，具光澤。果期為9～11月。

雌花。

雄株。

雌株。

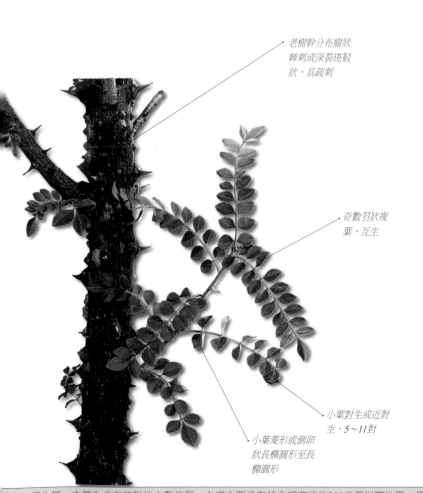

老樹幹分布瘤狀棘刺或深裂斑駁狀，具疏刺

奇數羽狀複葉，互生

小葉對生或近對生，5～11對

小葉菱形或倒卵狀長橢圓形至長橢圓形

蓇葖果與黑色種子。

| 飼育蝴蝶 |
|---|
| ・玉帶鳳蝶 *Papilio polytes polytes*<br>・柑橘鳳蝶 *Papilio xuthus* |

分布　原生種。本種為分布狹隘的少數族群，台灣主要分布於中部海拔約200公尺以下地區，見於路旁、林緣或灌叢、樹林內等環境。

| 科名 | 芸香科　Rutaceae | 屬名 | 花椒屬　Zanthoxylum |
|---|---|---|---|
| 學名 | *Zanthoxylum nitidum* (Roxb.) DC. | 繁殖方法 | 播種法，以春、秋季為宜。 |

## 雙面刺（崖椒）

常綠攀緣性木質藤本植物，全株分布鉤刺，老樹幹暗褐色，密布片狀瘤刺。小枝圓形，紅褐色，密生鉤刺，無毛。幼枝綠色，密生小鉤刺。

- **葉**　一回奇數羽狀複葉，互生。革質，全緣或有些鈍鋸齒緣。小葉對生，3～9枚。闊卵形或長橢圓形至披針形，長約5～11公分，寬3～6公分。葉表綠至深綠色，具光澤，無毛，主脈具鉤刺或無刺。葉背淺綠色，無毛，主脈凸起，具鉤刺。側脈8～10對。
- **花**　雌雄異株，單性花。繖房狀圓錐狀花序，腋生。苞片錐形，紅褐色，長約0.4公釐。花柄淺紅褐色，長1.5～2公釐，被細毛。花瓣4枚，帶紅之淺黃色至黃綠色。殼狀橢圓形，長2.7～3公釐，寬約2公釐。花徑4～5公釐。花萼淺紅褐色，4枚，裂片闊卵形，長約0.8公釐，兩面無毛。雄花：雄蕊4枚。花絲長3～4公釐，無毛，花絲伸出花冠外。雌花：子房綠色，心皮4枚，近球形，高約1.7公釐，徑約1.8公釐，無毛。花柱4合生，粗短，長約0.4公釐，無毛。柱頭頭狀，4淺裂。花期為3～4月。
- **果**　蓇葖果。球形，徑4～5公釐。果表無毛，密布腺點。熟時由綠轉褐，開裂。種子黑色，具光澤，徑約4公釐。果期為5～7月。

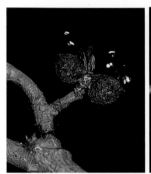

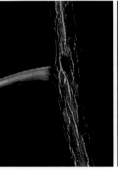

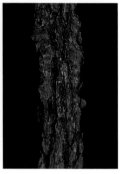

蓇葖果與黑色種子。　　莖具鉤刺。　　雄花。　　老樹幹暗褐色，密布片狀瘤刺。

▲雌花

| 飼育蝴蝶 |
|---|
| ·台灣琉璃翠鳳蝶（琉璃紋鳳蝶）*Papilio hermosanus*<br>·玉帶鳳蝶 *Papilio polytes polytes*<br>·黑鳳蝶 *Papilio protenor protenor*<br>·柑橘鳳蝶 *Papilio xuthus* |

小葉對生，3～9枚

小葉闊卵形或長橢圓形至披針形

一回奇數羽狀複葉，互生

主脈具鉤刺或無刺

常綠攀緣性木質藤本植物，全株分布鉤刺。

| 名 | 芸香科　Rutaceae | 屬名 | 花椒屬　Zanthoxylum |
|---|---|---|---|
| 名 | *Zanthoxylum simulans* Hance | 繁殖方法 | 播種法、扦插法、根萌發出小苗分株法，以春、秋季為宜。 |

# 刺花椒

常綠性灌木，株高1～2公尺，全株分布成對之木質化長棘刺。小枝暗褐色，圓形，無毛，具成對暗褐色長棘刺，刺長7～8公釐，棘刺著生在總柄基部兩側。幼枝綠色，被白色細短毛，具綠色小棘刺。

- **葉**　奇數羽狀複葉，互生。小葉對生，2～4對（稀5對），無柄或具1～2公釐短柄。鈍細鋸齒緣，紙質至厚紙質。橢圓形至長橢圓形或卵狀橢圓形，長2.5～6.5公分，寬1.5～3公分。葉表鮮綠至暗綠色，無毛，密布淡黃色小腺點及散生小棘刺。葉背淺綠色，近無毛與無刺，主脈明顯凸起具有小棘刺。側脈5～8對，葉緣齒凹處具有淺黃色腺體狀之構造。

- **花**　聚繖狀圓錐花序，頂生。雌雄異株，單性花。雄花：無花瓣。花被綠色，徑約2.5公釐。雄蕊5～8枚，花絲長1.5～2公釐，無毛；花絲伸出花被外，展開徑6～7公釐。小花柄長2～5公釐，無毛。雌花：無花瓣。子房近球形，徑0.9～1公釐，被腺點。花柱長0.9～1.1公釐，無毛。柱頭頭狀。花期為2～4月。

- **果**　菁葖果。卵球形，徑約4公釐。果表平滑無毛，密布小腺點。熟時由綠轉褐，開裂。種子黑色，卵球形，徑約3公釐，具光澤。果期為7～9月。

| 飼育蝴蝶 |
|---|
| ·玉帶鳳蝶 *Papilio polytes polytes*<br>·黑鳳蝶 *Papilio protenor protenor* |

雌花特寫。

菁葖果與黑色種子。

雄花花序。

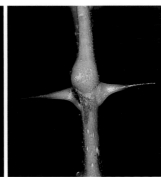

棘刺著生在總柄基部兩側。

奇數羽狀複葉，互生

小葉對生，2～4對

小葉橢圓形至長橢圓形或卵狀橢圓形

◀雄花

| 科名 | 清風藤科　Sabiaceae | 屬名 | 清風藤屬　Sabia |
|---|---|---|---|
| 學名 | *Sabia swinhoei* Hemsl. | 繁殖方法 | 播種法、高壓法、壓條法，以春、秋季為宜。 |

## 台灣清風藤

多年生常綠蔓性藤本植物。小枝綠色至暗綠色，圓形，被褐色短毛。幼莖綠色，密生白色短柔毛。在葉腋處明顯具有一叢，淺紅褐色芽鱗。

- **葉**　互生。全緣，葉緣微反捲，薄革質。長橢圓形，長6～11公分，寬2～4公分。葉表綠至暗綠色（幼葉黃綠色），具光澤，無毛，主、側脈明顯微凹。葉背灰綠色，密生白色短柔毛。側脈7～10對。
- **花**　聚繖花序，腋生。苞片白色，長約1公釐，被毛。花萼淺綠色，5深裂。裂片三角形，長約0.9公釐，被細毛與緣毛。花冠淺綠色，花徑0.9～1公分。花瓣5枚，披針形，長4～5公釐，寬約1.3公釐，無毛。雄蕊5枚。花絲長約1.5公釐，無毛。子房，球形，徑約0.7公釐，無毛。花柱圓錐形，長約0.9 公釐，無毛。柱頭鈍。花期為3～6月。
- **果**　核果。扁狀圓形，厚5.5～6公釐，徑7.5～8公釐。果表無毛，密布細小白點，具光澤，萼片宿存。熟時由深黃綠色轉為深藍綠色，單一或成對。果柄長3～4公釐，被短毛。核果汁液淺藍綠色。種子扁平近圓形，褐色，徑6.2～6.7公釐。果期為7～9月。

▼花枝

*花徑0.9～1公分*

*葉互生，長橢圓形*

*全緣，葉緣微反捲*

核果，扁狀圓形。

葉背與葉脈。

種子

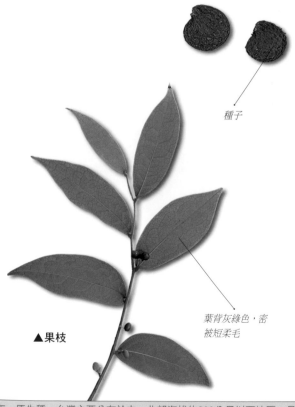

▲果枝

*葉背灰綠色，密被短柔毛*

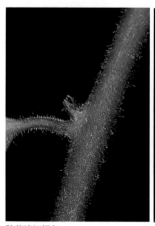

腋芽淺紅褐色。

聚繖花序，腋生。

| 飼育蝴蝶 |
|---|
| · 綠弄蝶（大綠弄蝶）*Choaspes benjaminii formosanus* <br> · 褐翅綠弄蝶 *Choaspes xanthopogon chrysopterus* |

分布　原生種。台灣主要分布於中、北部海拔約900公尺以下地區，見於林緣、路旁或樹林內等環境。及南亞地區。

| 科名 | 楊柳科　Salicaceae | 屬名　柳屬　Salix |
|---|---|---|
| 學名 | *Salix babylonica* L. | 繁殖方法　播種法、扦插法、高壓法，以春季為宜。 |

# 垂柳

落葉性中、小喬木，株高5～12公尺。樹皮暗褐色，具縱裂溝紋。小枝綠褐色，圓形，下垂，散生皮孔，無毛。幼枝黃綠色至綠色，下垂，被白色細柔毛。

- **葉**　互生。紙質，細鋸齒緣。線狀披針形或狹長鐮形，長6～17公分，寬0.7～2.3公分。葉表翠綠色至暗綠色，無毛。葉背灰白色至淺綠白色，無毛。
- **花**　雌雄異株，柔荑花序。雄花：苞片殼狀橢圓形。長約2公釐，寬約1.1公釐。外被白色長柔毛，內被毛，具緣毛。雄蕊2枚。花絲長約4公釐，無毛。基部具有黃色腺體。花藥黃色。花序長約1.5～3公分，密生白色短柔毛。雌花：苞片橢圓形，長約1.4公釐，寬約0.8公釐。兩面無毛，具緣毛。子房綠色，長卵形，無柄，基部具有腺體。長約3.5公釐，寬約0.9公釐，無毛。花柱極短，約0.5公釐。柱頭2分叉，密生柔毛。柔荑花序長1.3～1.8公分，腋生。花序軸密生白色短柔毛。花期為3～5月。
- **果**　蒴果。長卵形，長約4.5公釐，寬約1.3公釐。熟時由綠轉褐，縱裂。苞片宿存。種子橢圓形，具白色絹毛。果期為3～4月。

葉線狀披針形
或狹長鐮形

細鋸齒緣

葉背灰白色
至淺綠白色

雄株。

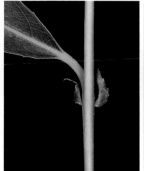

托葉。

雌花特寫。

▲雄花序

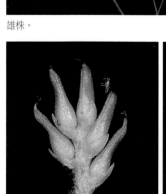

蒴果特寫。

雌花序。

飼育蝴蝶

- 黃襟蛺蝶（台灣黃斑蛺蝶）*Cupha erymanthis*
- 琺蛺蝶（紅擬豹斑蝶）*Phalanta phalantha*

分布　栽培種，原產於中國。台灣廣泛栽培於濕地、水溝旁、河岸、湖畔或公園、校園等環境，做為景觀用途。

| 科名　楊柳科　Salicaceae | 屬名　柳屬　Salix |
|---|---|
| 學名　*Salix kusanoi* (Hayata) C. K. Schneid. | 繁殖方法　播種法、扦插法、高壓法，以春季為宜。 |

# 水社柳　特有種

落葉性小喬木，株高4～8公尺。樹皮深褐色。小枝綠褐色至褐色，圓形，散生皮孔，無毛。幼枝綠色，密生白色短柔毛。新葉和新芽為黃綠色至紅褐色，密生白色短柔毛。

- **葉**　互生。厚紙質，細鋸齒緣。卵狀披針形或長橢圓狀披針形，長5～13公分，寬2～4.5公分。葉表綠至暗綠色，被金褐色短柔毛。葉背淺綠色，密生金褐色短柔毛。側脈10～16對。
- **花**　雌雄異株，葇荑花序。雄花：花序長3.5～6公分，密生白色短柔毛。雄蕊3～4枚。花絲長3～4公釐，無毛，基部具有黃色線體。苞片黃綠色，卵形。長約3公釐，寬約1.2公釐。外密生白色短柔毛，內無毛，具緣毛。雌花：子房長卵形。長約6公釐，寬約2.1公釐，無毛。花柱極短。柱頭2分叉。葇荑花序長7～10公分，腋生。花序軸密生短柔毛。苞片黃綠色，披針形。長約2.5公釐，寬約1.2公釐。兩面被白色細短毛，宿存。花期為1～3月。
- **果**　蒴果，苞片宿存。長卵形，長約6公釐，寬2.1～2.2公釐。熟時由綠轉褐，縱裂。果柄長約0.8公釐。種子扁平，長橢圓形。長約1.4公釐，徑約0.5公釐，具白色絹毛。果期為3～4月。

雄花序。

雌花序。

未熟果。

雌花特寫。

熟果開裂。

卵狀披針形或長橢圓狀披針形

新葉和新芽密生白色短柔毛

葉互生

細鋸齒緣

▲雄花特寫

| 飼育蝴蝶 |
|---|
| ·黃襟蛺蝶（台灣黃斑蛺蝶）*Cupha erymanthis*<br>·琺蛺蝶（紅擬豹斑蝶）*Phalanta phalantha* |

分布　特有種。台灣主要分布於全島海拔約800公尺以下地區，見於濕地、水溝旁、湖畔等環境。野外族群不多。

| 科名 楊柳科 Salicaceae | 屬名 柳屬 Salix |
|---|---|
| 學名 *Salix warburgii* Seemen | 繁殖方法 播種法、扦插法、高壓法，以春季為宜。 |

# 水柳　特有種

落葉性中、小喬木，株高5～13公尺。樹皮深褐色，具縱裂溝紋，植株具油質，易燃。小枝綠褐色，圓形，散生皮孔，無毛。幼枝綠色，被白色細柔毛。新葉和新芽為黃綠色至紅褐色，密生白色短柔毛。

- **葉** 互生。紙質至厚紙質，細鋸齒緣。卵狀披針形或長橢圓狀披針形，長6～16公分，寬1.5～3.3公分。葉表綠至暗綠色，無毛。葉背灰白色，明顯被一層白色臘質，無毛，側脈10～18對。

- **花** 雌雄異株，葇荑花序。雄花：苞片黃綠色，殼狀披針形。長約2公釐，寬約1.2公釐。外無毛，內被毛，具緣毛。花序長3～6.5公分，密生白色短柔毛。雄蕊4～5枚。花絲長2.5～3公釐，無毛，基部具有黃色腺體。雌花：苞片黃綠色，殼狀披針形，長約1.3公釐包覆子房柄。兩面無毛，具長緣毛。子房長卵形。長約2.5公釐，寬約0.8公釐，無毛。花柱極短。柱頭白色，2分叉。葇荑花序長3.5～5公分，腋生。花序軸密生短柔毛。花期為1～3月。

- **果** 蒴果，苞片宿存。長卵形，長約4公釐，寬約1.6公釐。熟時由綠轉褐，縱裂。果柄長約2公釐。種子綠色，橢圓形。長約1.4公釐，徑約0.5公釐，具白色絹毛。果期為3～4月。

葉背灰白色，明顯被一層白色臘質

▲水社柳　　　　　　　　▲水柳

蒴果開裂。

雌株的蒴果開裂。

托葉與葉基下方之腺體。

◀雄花特寫

| 飼育蝴蝶 |
|---|
| · 黃襟蛺蝶（台灣黃斑蛺蝶）*Cupha erymanthis* <br> · 琺蛺蝶（紅擬豹斑蝶）*Phalanta phalantha* |

分布 特有種。台灣廣泛分布於全島海拔約800公尺以下地區，見於濕地、水溝旁或廢耕農田、湖畔等環境。族群在野外頗為常見。

| 科名 虎耳草科　Saxifragaceae | 屬名 溲疏屬　Deutzia |
|---|---|
| 學名 *Deutzia pulchra* Vidal | 繁殖方法 播種法，以春、秋季為宜。 |

# 大葉溲疏

常綠性灌木或小喬木，株高2～4公尺。小枝褐色，圓形，中空。幼枝淺綠色，具稜，中空。小枝與幼枝密生圓形狀星狀毛。

- **葉**　對生。厚紙質至革質，疏細鋸齒緣至近全緣。卵狀長橢圓形，長6～12公分，寬3～6公分。葉表暗綠色，葉背淺綠色，兩面皆密生白色星狀毛。

- **花**　圓錐花序，頂生。苞片紅褐色，線形，長約3.3公釐，密生白色星狀毛。花萼灰綠色，鐘形，5裂，裂片三角狀卵形，長約2.3公釐，寬約3公釐。裂片外面與萼筒外面密生白色星狀毛，內無毛。花冠白色，半開狀，徑1～1.6公分。花瓣5枚，長橢圓狀，先端銳形。長1.4～1.5公分，寬4.5～5公釐。外密生白色星狀毛，內無毛。雄蕊10枚。花絲白色，扁平，長約1.1公分，寬約1.3公釐，無毛。花藥黃色。子房5室，與萼筒合生。花柱5枚，長約1.2公分，無毛。柱頭白色，膨大。花期為4～5月。

- **果**　蒴果。近球形，頂端截平，高約6公釐，徑約7公釐。果表密生圓形狀星狀毛，花柱宿存。熟時由綠轉褐。果期為6～8月。

花白色，半開狀

花序軸長8～12公分，密生星狀毛

葉對生

疏細鋸齒緣至近全緣

卵狀長橢圓

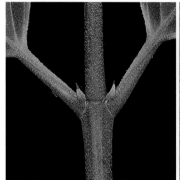

葉對生，小枝與幼枝密生圓形星狀毛。

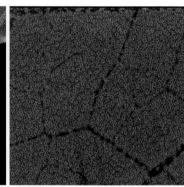

葉背密布星狀毛。

未熟果。

本種之星狀毛，中央為圓形，9～13枚分叉毛。可與其他植物做區別。

| 飼育蝴蝶 |
|---|
| · 靛色琉灰蝶（台灣琉璃小灰蝶）*Acytolepsis puspa myla* |
| · 斷線環蛺蝶（泰雅三線蝶）*Neptis soma tayalina* |
| · 菫彩燕灰蝶（淡紫小灰蝶）*Rapala caerulea liliacea* |

分布　原生種。台灣廣泛分布於全島海拔約600～2,850公尺地區，見於林緣、路旁或樹林內、山坡地等環境，族群在野外頗為常見。菲律賓亦分布。

| 科名 虎耳草科　Saxifragaceae | 屬名 鼠刺屬　Itea |
|---|---|
| 學名 *Itea parviflora* Hemsl. | 繁殖方法 播種法，以春季為宜。 |

# 小花鼠刺 特有種

多年生常綠性灌木或小喬木，株高3～5公尺。小枝褐色，圓形，具褐色皮孔，無毛。幼枝綠色，平滑無毛，新芽之腋芽為紅色，無毛。

- **葉** 互生。紙質至薄革質，鈍細鋸齒緣。披針形或長橢圓狀披針形，長約7～13公分，寬約2.5～6公分（成熟葉片為波狀鈍細鋸齒緣，新葉橄欖黃，近全緣至淺細鋸齒緣）。葉表暗綠色。葉背綠色，無光澤，無毛，脈紋明顯，側脈6～7對。

- **花** 總狀花序，腋生。花萼黃綠色，鐘形。5裂。裂片三角形，長約1公釐，基寬約0.9公釐，近無毛。花瓣5枚，白色。披針形，直立。長約2.1公釐，寬約1公釐。基部具有黃色腺體。花徑2～2.6公釐。雄蕊5枚。花絲長約2公釐，被白色細毛。花藥米白色。花絲與花萼裂片成對。子房2室，與萼筒合生。花柱圓錐形，長約2公釐，密生白細毛。柱頭，頭狀。花期為4～6月。

- **果** 蒴果。兩側略扁圓錐形，中央微凹，果頂鈍頭。長6～7公釐，寬約2公釐。果表被白色細柔毛，萼片宿存。熟時由綠轉褐，縱裂。種子褐色，長約2.3公釐，徑約0.3公釐。果期為6～8月。

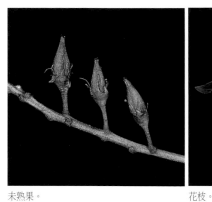

未熟果。

花枝。

種子

果枝。

葉互生，披針形或
長橢圓狀披針形

葉先端漸尖
或短凸尖

花白色

葉基楔形或銳
形至闊銳形

葉柄長1～1.6公釐

### 飼育蝴蝶

- 小鑽灰蝶（姬三尾小灰蝶）*Horaga albimacula triumphalis*
- 波灰蝶 （姬波紋小灰蝶）*Prosotas nora formosana*
- 霓彩燕灰蝶（平山小灰蝶）*Rapala nissa hirayamana*

分布 特有種。台灣廣泛分布於全島海拔約1,600公尺以下地區，見於林緣、路旁或岩壁、陡坡懸垂等環境。

| 科名 玄參科　Scrophulariaceae | 屬名　母草屬　Lindernia |
|---|---|
| 學名　*Lindernia anagallis* (Burm. f.) Pennell | 播種法　播種法、扦插法、分株法，全年皆宜。 |

## 定經草（心葉母草）

一年生濕生或陸生草本植物，株高10～35公分。莖方形，
無毛，匍匐性，分枝多，節間寬1.5～6公分，節處易生不
定根。

- **葉**　對生。鈍鋸齒緣，膜質。卵形至卵狀披針形或三角
  狀卵形，長0.7～3.5公分，寬0.6～1.2公分。葉表綠色，
  葉背淺綠色，皆無毛。羽狀脈，側脈3～4對。

- **花**　單一，腋生。花萼綠色，5深裂至基部。線
  狀披針形，長約4.5公釐，寬0.9～1.2公釐。兩面
  無毛，裂片外面中央無縱稜。花冠淺紫色至淺藍
  紫色、粉紅色或白色。筒狀，二唇形。上唇合生，
  先端2淺裂。下唇3裂，總寬7～8公釐。筒長約9公釐，
  筒外密生白色細腺毛。雄蕊共2對，二長二短，皆可孕。
  前一對雄蕊，花絲白色，長約3.5公釐，無毛。花絲基部
  具有長約0.7公釐管狀之附屬物。花藥白色。子房綠色，
  長卵形。長約2公釐，徑約1公釐，無毛。子房周圍被黃
  色直立花盤包覆約3／4之面積。花柱長約4公釐，無毛。
  柱頭扁平卵圓形，2岔，具細緣毛。花期為全年不定期。

- **果**　蒴果，萼片宿存。線狀圓柱形，先端漸尖，長0.9～
  1公分，寬2～2.5公釐。果表無毛。熟時由綠轉褐，開
  裂。種子淡褐色，橢圓形，長約0.35公釐，徑約0.2公
  釐。

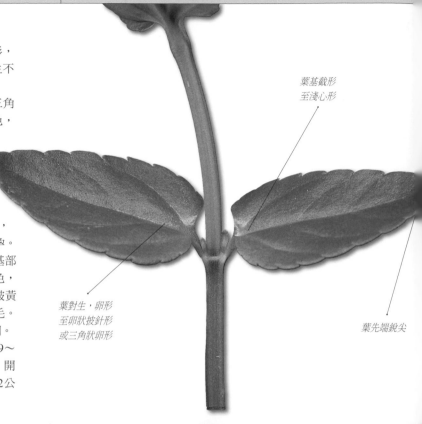

葉基截形
至淺心形

葉對生，卵形
至卵狀披針形
或三角狀卵形

葉先端銳尖

花單一，腋生。

未熟果。

白花型。

一年生濕生或陸生草本植物。

種子

花冠淺紫色至
淺藍紫色

| 飼育蝴蝶 |
|---|
| · 眼蛺蝶（孔雀蛺蝶）*Junonia almana* |

分布　原生種。台灣廣泛分布於全島海拔約800公尺以下地區，見於潮濕地、農耕地、田埂、溝渠等濕地環境。澳洲、亞洲等區域亦分布。

| 斗名　玄參科　Scrophulariaceae | 屬名　母草屬　Lindernia |
|---|---|
| 學名　*Lindernia antipoda* (L.) Alston | 繁殖方法　播種法、扦插法、分株法，全年皆宜。 |

# 泥花草

一年生濕生草本植物，株高10～30公分。莖方形，無毛，匍匐性，分枝多，節處易生不定根，走莖可至40公分。

- **葉**　對生。寬鈍鋸齒緣，膜質。倒披針形至倒卵狀長橢圓形，長1.5～4.5公分，寬0.6～1.5公分。葉表綠色，葉背淺綠色，無毛。羽狀脈，側脈4～5對。

- **花**　花單一腋生莖頂。小苞片，線狀披針形。花萼綠色，5深裂至基部，線狀披針形。長約5公釐，寬0.8～0.9公釐，兩面無毛，裂片外面中央無縱稜。花冠淺紫色、淺粉紅色或白色。筒狀，二唇形。上唇合生，先端2淺裂。下唇3裂，總寬約9公釐。筒長約9公釐，冠筒外密生白色細腺毛。雄蕊共2對，二長二短。前一對為不孕雄蕊，花絲黃色長約4公釐，先端棒狀向外彎曲。不具有附屬物。後一對為可孕雄蕊，花絲白色，長約1.8公釐，無毛。子房綠色，長卵形。長約1.8公釐，徑約1公釐，無毛。基部具有淺黃色花盤，直立，於側面未包覆子房。花柱長約5.2公釐，無毛。柱頭扁平倒錐形，2岔，具細緣毛。花期為全年不定期。

- **果**　蒴果，萼片宿存。線狀圓柱形，先端漸尖，長1～1.3公分，徑約1.3公釐。果表無毛。熟時由綠轉褐，開裂。種子淺褐色，橢圓形，長約0.35公釐，徑約0.2公釐。

白色花。

未熟果。

種子

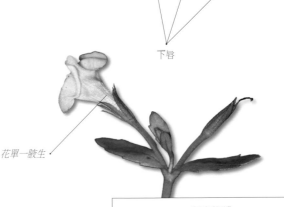
眼蛺蝶幼蟲常躲藏在植株下方休息。

葉基楔形，無葉柄

葉對生，倒披針形至倒卵狀長橢圓形

上唇

下唇

花單一腋生

| 飼育蝴蝶 |
|---|
| ・眼蛺蝶（孔雀蛺蝶）*Junonia almana* |

| 科名 | 玄參科　Scrophulariaceae | 屬名 | 母草屬　Lindernia |
|---|---|---|---|
| 學名 | *Lindernia ruellioides* (Colsm.) Pennell | 繁殖方法 | 播種法、扦插法、分株法，全年皆宜。 |

## 旱田草

多年生匍匐性草本植物，株高10～30公分。莖略方形，被疏細毛，分枝多。節處易生不定根成新株，幼莖近圓形。

- **葉**　對生。細鋸齒緣或銳鋸齒緣，而在近葉基處無鋸齒，膜質至薄紙質。倒披針形至長橢圓形，長3～6.5公分，寬1.5～2公分。葉表綠至暗綠色，葉背淺綠色，無毛。羽狀脈，側脈4～6對。

- **花**　總狀花序，頂生。苞片，線狀披針形，長約6公釐，兩面無毛。花萼綠色，5深裂至基部，線狀披針形。長7～8公釐，基寬約1.2公釐，兩面無毛，裂片外面中央無縱稜。花冠淺紫色，筒狀，二唇形。上唇合生，先端2淺裂。下唇3裂，寬8～9公釐。筒長1.2～1.3公分，筒外密生白色細腺毛。雄蕊共2對，二長二短。前一對為不孕雄蕊，花絲黃色長約2.5公釐，先端膨大向外彎曲。不具有附屬物。後一對為可孕雄蕊，花絲白色，長約2.1公釐，無毛。子房綠色，長卵形。長約2.2公釐，徑約1公釐，無毛。基部具有近白色花盤，直立，於子房側面包覆約1／3面積。花柱長約7公釐，無毛。柱頭扁平卵圓形，2岔，具細緣毛。花期為5～11月。

- **果**　蒴果，萼片宿存。線狀圓柱形，先端漸尖，長1.5～2公分，寬約1.5公釐。果表無毛。熟時由綠轉褐，開裂。種子褐色，橢圓形至卵狀橢圓形，長約0.55公釐，徑約0.35公釐。種皮密布網紋狀凹凸刻紋。

葉倒披針形至長橢圓形

細鋸齒緣或銳鋸齒緣，而在近葉基處無鋸齒

種子

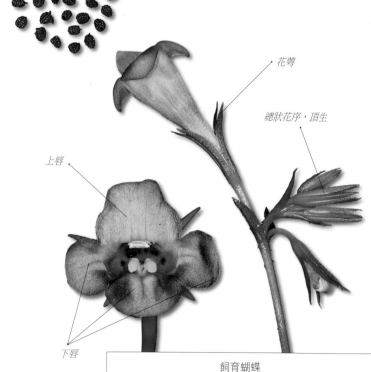

花萼

總狀花序，頂生

上唇

下唇

| 飼育蝴蝶 |
|---|
| · 眼蛺蝶（孔雀蛺蝶）*Junonia almana* |

未熟果。

在南投縣日月潭、鹿谷至溪頭沿線山區族群頗多。

分布　原生種。台灣廣泛分布於全島海拔約1,700公尺以下地區，見於路旁、林緣或竹林、樹林下等濕潤環境，族群在野外頗為常見。

| 科名　蕁麻科　Urticaceae | 屬名　苧麻屬　Boehmeria |
|---|---|
| 學名　*Boehmeria nivea* (L.) Gaudich. var. *nivea* | 繁殖方法　播種法、扦插法、分株法，全年皆宜。 |

# 苧麻

多年生常綠性直立灌木，具地下粗大根莖，株高2～5公尺。枝條圓形，深褐色，具皮孔，被白色剛毛。小枝綠褐色，幼枝綠色，密生白色剛毛。

- **葉**　互生。粗鈍鋸齒緣，齒深約5～8公釐，齒端具小突尖，厚紙質。卵圓形至寬卵圓形，長8～28公分，寬5～22公分。葉表綠至暗綠色，粗糙，被白色短粗毛。葉背灰白色，密生伏貼絲狀白色絨毛（幼葉與新葉之葉背為白色）。

- **花**　雌雄同株。雄花：圓錐花序，腋生。花被淺綠色，淺鐘形，4裂，裂片殼狀卵形。長約2公釐，外密生白色細毛。雄蕊4枚伸出花被外，徑約6公釐。花絲扁平，長約2.7公釐，無毛。花柄長約1公釐。雌花：苞片白色，卵形，長1.5～2公釐，寬約1.1公釐，外密被毛，內無毛。花被淺綠白色，橢圓形，2～4裂，長約0.8公釐，寬約0.5公釐。子房綠色，卵形，密生白細毛。長約0.8公釐，徑約0.5公釐。花柱毛刷狀，長約0.8公釐，密被毛。柱頭，漸尖。花期為6～11月。

- **果**　瘦果。細小，包藏於花被片中。褐色，橢圓形，長約1.2公釐，寬約0.7公釐，厚約0.25公釐。果表密被細毛。

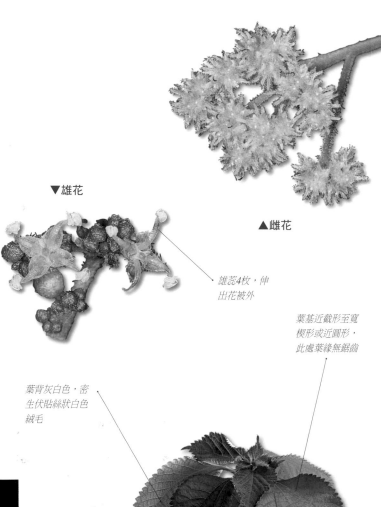

▼雄花

▲雌花

雄蕊4枚，伸出花被外

葉基近截形至寬楔形或近圓形，此處葉緣無鋸齒

葉背灰白色，密生伏貼絲狀白色絨毛

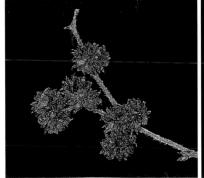

瘦果。

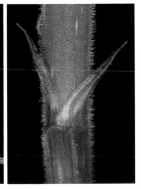

莖密生剛毛。

種子

葉卵圓形至寬卵圓形

葉先端長尾狀・漸尖

| 飼育蝴蝶 |
|---|
| ・苧麻珍蝶（細蝶）*Acraea issoria formosana*<br>・幻蛺蝶（琉球紫蛺蝶）*Hypolimnas bolina kezia*<br>・散紋盛蛺蝶（黃三線蝶）*Symbrenthia lilaea formosanus*<br>・寬紋黃三線蝶 *Symbrenthia lilaea lunicas*<br>・大紅蛺蝶（紅蛺蝶）*Vanessa indica* |

分布　歸化種。原產熱帶亞洲地區。台灣主要分布於中、南部海拔約900公尺以下地區，見於林緣、路旁、開闊地等環境或人為藥用栽培。

| 科名 蕁麻科 Urticaceae | 屬名 苧麻屬 Boehmeria |
|---|---|
| 學名 *Boehmeria nivea* (L.) Gaudich. var. *tenacissima* (Gaudich.) Miq. | 繁殖方法 播種法、扦插法、分株法，全年皆宜。 |

## 青苧麻

多年生常綠性直立灌木，具地下小塊莖，株高1～2.5公尺。枝條圓形，深褐色，具皮孔，被白色短絨毛。小枝綠褐色，幼枝綠色，密生白色短絨毛。

- **葉** 互生。鈍鋸齒緣，齒深1～2公釐，齒端具小突尖，厚紙質。卵形至卵狀披針形或闊卵形，長5～17公分，寬2～12公分。葉表綠至暗綠色，粗糙，被白色短粗毛。葉背灰白色至綠色，被白色絨毛與短伏毛。

- **花** 雌雄同株。圓錐花序，腋生。雄花：花被淺綠白色，淺鐘形，4裂，裂片殼狀卵形。長約1.7公釐，兩面無毛，具有不孕雌蕊，雌蕊周圍密生白色絨毛。雄蕊4枚伸出花被外，徑約5公釐。花絲淺綠色，扁平，長約2公釐，無毛。花藥白色。花柄長約0.8公釐。雌花：苞片白色，卵形，細小。花無柄。花被淺綠白色，披針形，2～4裂，長約0.8公釐，寬約0.5公釐。子房綠色，卵形，密生被細毛。長約0.6公釐，徑約0.4公釐。花柱毛刷狀，長約0.6公釐，密生白色細毛。柱頭，漸尖。花期為6～11月。

- **果** 瘦果。細小，包藏於花被片中。褐色，卵形，長約0.8公釐，寬約0.5公釐。果表密被細毛。

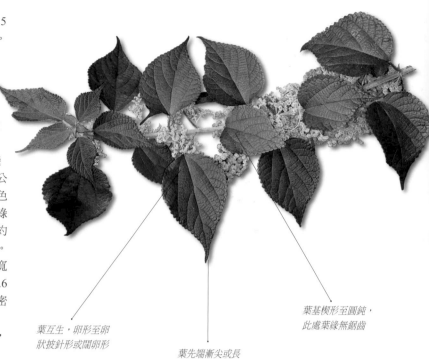

葉互生，卵形至卵狀披針形或闊卵形

葉先端漸尖或長尾狀漸尖

葉基楔形至圓鈍，此處葉緣無鋸齒

雌花序。

雌花特寫。

雄花特寫。

葉背灰白色至綠色

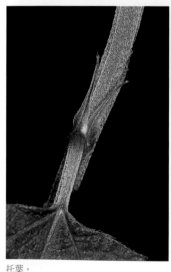

托葉。

瘦果。

| 飼育蝴蝶 |
|---|
| · 苧麻珍蝶（細蝶） *Acraea issoria formosana*<br>· 幻蛺蝶（琉球紫蛺蝶） *Hypolimnas bolina kezia*<br>· 豆環蛺蝶（琉球三線蝶） *Neptis hylas luculenta*<br>· 散紋盛蛺蝶（黃三線蝶） *Symbrenthia lilaea formosanus*<br>· 大紅蛺蝶（紅蛺蝶） *Vanessa indica*<br>· 寬紋黃三線蝶 *Symbrenthia lilaea lunicas* |

分布 原生種。台灣廣泛分布於全島海拔約2300公尺以下地區，見於林緣、路旁、開闊地或溪畔等環境。亞洲區域亦分布。

| 科名 蕁麻科 Urticaceae | 屬名 苧麻屬 Boehmeria |
|---|---|
| 學名 *Boehmeria pilosiuscula* (Blume) Hassk. | 繁殖方法 播種法、扦插法、分株法，以春、秋季為宜。 |

## 華南苧麻

多年生常綠小灌木，株高20～50公分。小枝圓形，深褐色，匍地或斜上升，被粗毛。幼枝綠色，密生白色絨毛。

- **葉** 對生。鋸齒緣，厚紙質。橢圓形至闊橢圓形或歪卵形，長3～11公分，寬1～6公分。葉表綠至暗綠色，粗糙，被粗毛。葉背淺綠色，密生白色短絨毛。
- **花** 雌雄同株。穗狀花序，腋生。雄花：花被淺綠白色，淺鐘形，4裂。外密生白色細毛。雄蕊4枚，伸出花被外，徑約3.5公釐。花絲扁平，長約1.1公釐，無毛。花藥白色。雌花：苞片三角形，長約2.7公釐，被毛。花被淺綠白色，長約0.9公釐，2～4裂。子房綠色，卵形，密生白色細毛。長約0.9公釐，徑約0.5公釐。花柱毛刷狀，長約1.1公釐，密生白色細毛。柱頭白色，漸尖。花期為9～12月。
- **果** 瘦果。細小，包藏於花被片中。淺褐色，橢圓形，長約0.7公釐，寬約0.4公釐。種子褐色，卵圓形。徑約0.7公釐。

▼雄花特寫

未熟果。

托葉。

雌花特寫。

瘦果

種子

葉基楔形至圓形，基出3脈

葉對生，橢圓形至闊橢圓形或歪卵形

葉先端銳尖、突尖或尾狀漸尖

多年生常綠小灌木，株高20～50公分。

| 飼育蝴蝶 |
|---|
| ・幻蛺蝶（琉球紫蛺蝶）*Hypolimnas bolina kezia*<br>・散紋盛蛺蝶（黃三線蝶）*Symbrenthia lilaea formosanus* |

分布 原生種。台灣廣泛分布於海拔約300～1,800公尺以下地區，見於林緣、路旁、岩壁或溪畔、樹林內等濕潤環境。

| 科名　蕁麻科　Urticaceae | 屬名　桑葉麻屬　Laportea |
|---|---|
| 學名　*Laportea aestuans* (L.) Chew | 繁殖方法　播種法，全年皆宜。 |

# 火燄桑葉麻

一年生常綠性直立草本植物，株高80～150公分。莖圓形，中空，密生白色直刺毛與腺毛。

- **葉**　互生。粗鋸齒緣，密生緣毛，厚紙質。卵狀披針形或卵形至闊卵形，長7～18公分，寬5～14公分。葉表綠色，密生白色直刺毛，脈紋明顯。葉背淺綠色，密生白色短毛，側脈4～5對。

- **花**　雌雄同株。聚繖狀圓錐花序，腋生。雄花：花被淺鐘形，4或5裂，裂片殼狀披針形。長約1.7公釐，寬約0.9公釐。雄蕊5枚，伸出花被外，徑3～4公釐。花絲淺綠白色，與裂片成對，扁平，長約1.8公釐，無毛。花藥白色。花柄長1.5～2.2公釐，無毛。雌花：花被綠色，卵形，4枚，2大2小，基部具一叢細毛。子房綠色，卵球形，徑0.3～0.4公釐，無毛。花柱毛刷狀，長約0.4公釐，密生白色細毛。柱頭，漸尖。花無柄。花期全年不定期。

- **果**　瘦果。細小，包藏於花被片中。褐色，扁狀卵形，長約0.9公釐，寬約0.5公釐。果柄長約1.8公釐，無毛。

- **附記**　本種是由許再文、蔣鎮宇、鐘年鈞，於2003年發表為「新歸化種」。

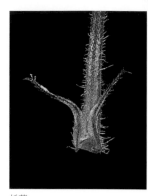

托葉。

雄花特寫。

雌花特寫。

種子

葉卵狀披針形或卵形至闊卵形

葉表主、側脈明顯凹陷

葉基心形或圓形，基出3脈

葉先端銳尖至漸尖

| 飼育蝴蝶 |
|---|
| · 幻蛺蝶（琉球紫蛺蝶）*Hypolimnas bolina kezia* |

分布　歸化種。台灣主要分布於中、南部及東部海拔約700公尺以下地區，見於林緣、路旁、開闊地等環境。

| 科名 蕁麻科 Urticaceae | 屬名 霧水葛屬 Pouzolzia |
|---|---|
| 學名 *Pouzolzia zeylanica* (L.) Benn. | 繁殖方法 播種法，全年皆可。 |

# 霧水葛

多年生平臥性或直立至斜上升草本植物，株高
10～40公分。根肥大。莖圓形，褐色，被粗毛。
幼莖綠色至紅褐色，密生白色短伏毛。

- 葉 對生或近對生。全緣，密生緣毛，薄紙質。
  披針形或卵形至闊卵形，長0.5～5.5公分，寬
  0.3～2.5公分。葉表綠色，具光澤；葉背淺綠
  色，無光澤，皆密生白色短柔毛。

- 花 雌雄同株。小花無柄，數朵簇生於葉腋。
  苞片闊卵狀披針形，被細毛與緣毛。雄花：花
  被綠色，4枚；殼狀橢圓形，長約1.6公釐，寬約
  0.8公釐。外密生白色細毛，內無毛。雄蕊4枚，
  伸出花被外；徑約2.5公釐。花絲淺綠白色，扁
  平；長約1.7公釐，無毛。花藥白色。花柄近無
  柄至長約0.8公釐。雌花：花被綠色，卵形，長
  約0.9公釐，徑約0.6公釐，密生白色細毛。裂片
  殼狀橢圓形，長約0.9公釐。子房卵形，長約0.5
  公釐，徑約0.3公釐，平滑無毛。花柱毛刷狀，
  長約2.1公釐，密被毛。柱頭漸尖。花期全年不
  定期。

- 果 瘦果。卵球形，長約1.6公釐，寬約1.4公
  釐，密生白色細毛。種子深褐色至黑色，卵球
  形，具光澤。長約1.2公釐，徑約0.8公釐，隱藏
  在宿存花被內。

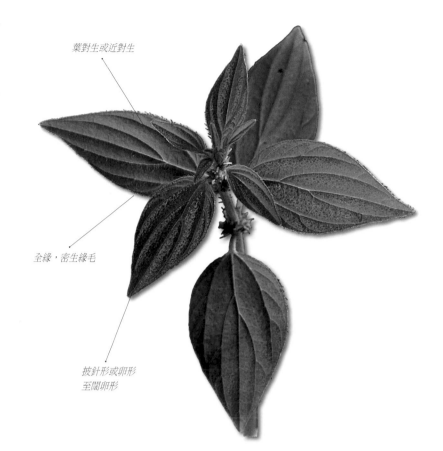

葉對生或近對生

全緣，密生緣毛

披針形或卵形
至闊卵形

瘦果。

雄花特寫。

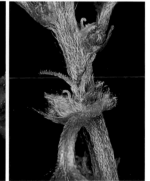

雌花特寫。

種子

繁殖力強，常見於鄉野牆縫、路旁。

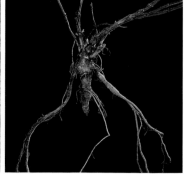

根部。

| 飼育蝴蝶 |
|---|
| · 幻蛺蝶（琉球紫蛺蝶）*Hypolimnas bolina kezia* |

分布 原生種。台灣廣泛分布於全島海拔約1,500公尺以下地區，見於草生地、林緣、路旁、水溝旁或牆縫、岩壁等環境。中國亦分布。

| 科名 馬鞭草科　Verbenaceae | 屬名 鴨舌癀屬　Phyla |
|---|---|
| 學名 *Phyla nodiflora* (L.) Greene | 繁殖方法 播種法、扦插法、分株法，全年皆宜。 |

# 鴨舌癀

多年生匍匐性或斜上升性草本植物，株高10～30公分。匍匐莖，扁狀方圓形，分枝多。莖密生白色2叉伏毛，節處易生不定根。

- 葉　對生。基半部全緣，上半部鋸齒緣，厚紙質。倒卵形至倒披針狀匙形，長2～5公分，寬0.8～2.4公分。葉表綠色，密生白色2叉伏毛。葉背綠色，密生白色2叉伏毛。

- 花　頭狀花序，腋生。苞片卵形，長3.5～4.5公釐，寬2.8～3.2公釐。外密生白色2叉伏毛，內無毛。花萼膜質近白色，2深裂。裂片殼狀披針形，長約1.3公釐，寬約0.4公釐，被細毛。花冠白色至淺紫色。二唇形，5裂。上唇2淺裂。下唇3裂，寬約2.4公釐。筒長約2公釐，內、外皆無毛。雄蕊4枚，2強。花絲白色，長約0.5公釐，無毛。花藥黃色。花無柄。子房2室，近球形。長約0.8公釐，徑約0.5公釐，無毛。花柱白色，長約0.5公釐，無毛。柱頭，頭狀。花期為4～10月。

- 果　核果。乾果狀，隱藏在苞片內。花萼與花冠筒宿存。種子2粒。熟時由白色轉為褐色。半橢圓形，長約1.3公釐，寬約0.9公釐，厚約0.7公釐。

花寬約2.4公釐，多數密聚成頭狀花序，腋生。頭花漸形成圓錐狀，徑8～9公釐，具長柄。

多年生匍匐性或斜上升性草本植物。

花果序。　　　核果。

葉對生

基半部全緣，上半部鋸齒緣

倒卵形至倒披針狀匙形

葉基楔形，無葉柄

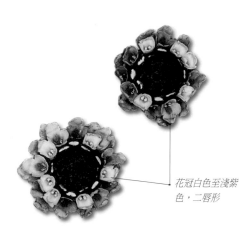

花冠白色至淺紫色，二唇形

---

飼育蝴蝶

· 眼蛺蝶（孔雀蛺蝶）*Junonia almana*
· 青眼蛺蝶（孔雀青蛺蝶）*Junonia orithya*

---

分布　原生種。台灣廣泛分布於全島海拔約100公尺以下地區，見於路旁、沙地、濕地等開闊處環境或人為藥用普遍栽培。

| 科名 董菜科 Violaceae | 屬名 董菜屬 Viola |
|---|---|
| 學名 *Viola adenothrix* Hayata | 繁殖方法 播種法、分株法，以春、秋季為宜。 |

## 喜岩董菜 　特有種

多年生草本植物，地下莖直立或斜上，株高10～16公分。
全株被短毛。基生葉成叢蓮座狀，具走莖，節處會生不定
根成分生苗。

- **葉** 紙質，淺圓齒緣。卵形至卵狀心形或橢圓形至橢圓
狀卵形，長2～5公分，寬1.5～3.8公分。葉表綠色，被
白色短毛。葉背淺灰綠色，被白色短毛。

- **花** 單一，腋生。苞片對生或互生，線狀披針形，長約7
公釐，被疏緣毛。花萼綠色至深紅色，5深裂，披針形，
長約4公釐，寬約1.5公釐，無緣毛。花瓣5枚，白色，
花徑1.5～2公分。上瓣：倒卵形，長0.9～1公分，寬5～
6公釐，基部具有黃綠色小斑紋。花瓣片有或無深紅色
脈紋。側瓣：橢圓狀倒卵形，長1.1～1.2公分，寬約4公
釐。基部具有黃綠色小斑紋，與具有乳頭狀白色鬚毛和
深紅色脈紋。基瓣（唇瓣）：白色，長約7公釐，寬約
3.2公釐，具有深紫色至深紅色脈紋。基部淺黃綠色，先
端白色，圓形或中央淺凹。花期為2～4月

- **果** 蒴果，萼片宿存。橢圓形或鈍三角狀橢圓形，長約7
公釐，徑約4公釐。果表平滑無毛。熟時3開裂。種子褐
色，卵圓形。

- **附記** 本種和另一變種「雪山董菜」十分相似，差別在
於本種之側花瓣基部有明顯乳頭狀白色鬚毛，而雪山
董菜則無。另雪山董菜之葉為厚紙質，分布海拔較高
（2,500～3,000公尺），亦與本種不同。

葉兩面皆被
白色短毛

葉淺圓齒緣，卵形
至卵狀心形或橢圓
形至橢圓狀卵形

花距黃綠色，
長約2.5公釐

側瓣基部
具有鬚毛

花柄長7～10
公分，被毛

托葉卵狀披針形，邊緣剪裂狀。

未熟果。

蒴果，熟時3開裂。

廣泛分布於中、高海拔山區。

| 飼育蝴蝶 |
|---|
| · 綠豹蛺蝶（綠豹斑蝶）*Argynnis paphia formosicola*<br>· 斐豹蛺蝶（黑端豹斑蝶）*Argyreus hyperbius* |

**分布** 台灣廣泛分布海拔約1,600～2,800公尺地區，見於路旁、林緣或岩壁上、陡坡上等濕潤環境。在南投縣杉林溪、梅峰至合歡山沿線，梨山沿線等地區族群頗多。

| 科名 | 堇菜科 Violaceae | 屬名 | 堇菜屬 Viola |
|------|------------------|------|--------------|
| 學名 | *Viola arcuata* Blume | 繁殖方法 | 播種法、分株法，以春、秋季為宜。 |

## 如意草（匍堇菜）

多年生匍匐性草本植物，地下莖直立或斜上，株高8～15公分。莖近圓形，分枝多，具綠色至紅褐色走莖，無毛，節處會生不定根成分生苗。

- **葉** 紙質，淺圓齒緣。葉形變異大：在不同生育地有：盾狀深心形至闊心形或近圓形至卵圓形，長2～4.5公分，寬2～4公分。葉表綠至深綠色，無毛，掌狀約7脈。葉背淺灰綠色，無毛。
- **花** 單一，腋生。小苞片對生或互生，線狀披針形，長4～5公釐，兩面無毛，具緣毛。花萼綠色，5深裂，披針形，長約4公釐，無毛。花瓣5枚，紫白色或淺紫色，花徑1.1～1.4公分。上瓣：橢圓狀倒卵形，長7～8公釐，寬3～4公釐。基部白色，先端圓形，無斑紋。側瓣：長橢圓形，長8～9公釐，寬3～3.3公釐。基部白色，先端淺裂或圓形，基半部具有紫色脈紋，基部具有白色鬚毛（稀無鬚毛）。基瓣（唇瓣）：長倒卵形，長6～7公釐，寬3～3.5公釐。基部淺綠色，先端淺裂，深約1.1公釐，具有紫色脈紋。花期為2～5月
- **果** 蒴果，萼片宿存。鈍三角狀橢圓形，綠色，長0.8～1公分，徑4～4.5公釐。果表無毛。熟時3開裂，種子15～18粒，黑色，球形，徑約0.9公釐。
- **附記** 1. 本種之葉形變異大，因不同生育地而有差異。2.側花瓣之鬚毛有無，亦因不同族群而有差異。

葉柄具縱溝，長2～13公分

葉形變異大，在不同生育地有：盾狀深心形至闊心形或近圓形至卵圓形

淺圓齒緣

在南投縣溪頭至杉林溪沿線、梨山沿線或大屯山、陽明山沿線等地區可見族群。

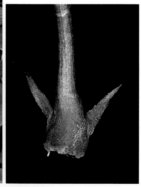

托葉披針形，長4～5公釐，無毛。

蒴果，鈍三角狀橢圓形，萼片宿存。

種子黑色，15～18粒；球形，徑約0.9公釐。

花瓣表面紫白色或淺紫色，瓣背近白色

側瓣有鬚毛

| 飼育蝴蝶 |
|----------|
| · 斐豹蛺蝶（黑端豹斑蝶）*Argyreus hyperbius* |

**分布** 原生種。台灣廣泛分布於中、北部海拔約100～2,000公尺地區，多見於溼潤環境之路旁、林緣或岩壁上等環境。

| 斗名 | 董菜科 Violaceae | 屬名 董菜屬 Viola |
|---|---|---|
| 學名 | *Viola betonicifolia* Sm. | 繁殖方法 播種法，以春、秋季為宜。 |

## 箭葉董菜

多年生草本植物，地下莖粗大，根為暗褐色。全株平滑無毛，株高約12～25公分。基生葉，無地上走莖。

- **葉** 紙質至厚紙質，寬淺鋸齒緣，基部常為粗鋸齒緣。葉形變異大，線狀披針形或長橢圓形，花期時常為狹三角狀披針形至三角狀披針形。長3～8公分，寬1～4公分。葉表綠色至暗綠色，葉背淺綠色，兩面無毛。
- **花** 單一，腋生。花萼綠色，5深裂。披針形，長6～8公釐。小苞片對生或互生，線狀披針形，長約0.6～1.1公分；花柄長7～20公分，皆無毛。花瓣5枚，淺紫色至紫色、粉紅色或白至淺紫白色，花徑2～2.3公分。上瓣：長橢圓形，先端圓形，長1.1～1.3公分，寬7～7.5公釐，具藍紫色脈紋，在基部具有白色鬚毛或少數無至疏鬚毛。側瓣：長橢圓形，先端圓形，長1.3～1.4公分，寬6～6.5公釐，具紫色脈紋，在基部明顯密生多數白色鬚毛。基瓣（唇瓣）：長倒卵形，先端圓或微凹、微凸，長約1.1～1.3公分，基寬約3公釐，先端寬約8公釐，具藍紫色脈紋。雄蕊5枚，密合著生於雌蕊周圍，無花絲。花藥白色，無緣毛，頂端具有黃橙色之附屬物。子房綠色，圓錐狀，長約3公釐，徑約1.2公釐，無毛。花柱長約2公釐，無毛。柱頭隱藏在柱頭內腔。花期為1～4月。
- **果** 蒴果，萼片宿存，鈍三角狀橢圓形或橢圓形，長0.9～1公分，徑約5公釐。果表平滑無毛。熟時3開裂，展開約2公分，種子約50粒，褐色，卵球形，長約1.3公釐，徑約1公釐。
- **附記** 本種近似於紫花地丁，但以四瓣具鬚毛而有別於後者。植株大小變異大，生育在林蔭營養地，植株高可至25公分。生育在旱地時，植株通常12～15公分。

白色花。

未熟果。

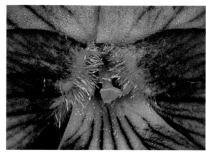
上瓣與側瓣皆有鬚毛。

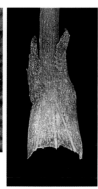
托葉約3/4與葉柄合生。

葉柄長6～17公分，狹翼寬1.5～2.5公釐

種子

花距淺黃綠色，長3～3.5公釐

| 飼育蝴蝶 |
|---|
| ·綠豹蛺蝶（綠豹斑蝶）*Argynnis paphia formosicola*<br>·斐豹蛺蝶（黑端豹斑蝶）*Argyreus hyperbius* |

分布 原生種。台灣主要分布於海拔約100~2,800公尺地區，見於路旁、林緣、墓仔埔或開闊地、陡坡、岩壁上等環境。

| 科名 | 菫菜科　Violaceae | 屬名 | 菫菜屬　Viola |
|---|---|---|---|
| 學名 | *Viola confusa* Champ. *ex* Benth. | 繁殖方法 | 播種法，以春、秋季為宜。 |

# 短毛菫菜

多年生草本植物，地下莖粗大，全株近無毛或被毛，株高10～18公分。基生葉，無地上走莖。

- **葉**　紙質，圓齒緣。三角狀卵形至卵形或鈍三角形，長4～7.5公分，寬1～4.5公分。葉表綠至暗綠色，無毛或被白色疏短毛。葉背淺綠色，無毛。
- **花**　自基部抽出，單一，腋生。小苞片對生或互生，線狀披針形，長0.8～1公分，近無毛。花萼綠色，5深裂。披針形，長約8公釐，兩面無毛。花瓣5枚，鮮藍紫色，花徑約2公分。上瓣：長倒卵形，先端圓形。長約1.3公分，寬約7.5公釐，具深藍紫色脈紋。側瓣：長倒卵形，先端圓形。長約1.3公分，寬7～7.5公釐，具有深藍紫色脈紋，在基部無白色鬚毛。基瓣（唇瓣）：長倒卵形，先端圓或微凹。長約1.3公分，寬約7.8公釐。基半部為淺紫白色，餘為鮮藍紫色，具脈紋。花期為12月至翌年5月。
- **果**　蒴果，萼片宿存。橢圓形，長0.9～1公分，徑約5.5公釐。果表平滑無毛。熟時3開裂，種子約55粒。種子褐色，卵球形，長約1.4公釐，徑約1.1公釐。
- **附記**　本種最大辨識特徵：花冠整體外觀，呈現平整姿態，花徑約2公分。花距暗藍紫色，長約7公釐。側瓣：在基部無白色鬚毛。本種近似於同屬之小菫菜，但本種之花距長於花梗，但後者常短於花梗。

托葉約3／4與葉柄合生。

短毛菫菜側瓣基部無此白色鬚毛。

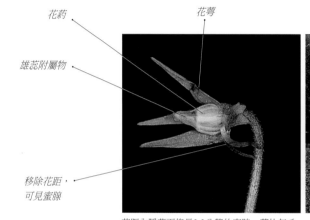

花藥　　花萼

雄蕊附屬物

移除花距，可見蜜腺

花距內隱藏兩條長3.3公釐的蜜腺，萼片無毛。　多年生草本植物。

熟時3開裂。

圓齒緣

花距長約7公釐，超出花梗

側瓣基部無鬚毛

三角狀卵形至卵形或鈍三角形

未熟果

| 飼育蝴蝶 |
|---|
| ・斐豹蛺蝶（黑端豹斑蝶）*Argyreus hyperbius* |

分布　原生種。台灣廣泛分布於全島海拔約100～2,300公尺地區，見於路旁、林緣或岩壁上、開闊地等環境。

| 科名 | 堇菜科　Violaceae | | 屬名 | 堇菜屬　Viola |
| --- | --- | --- | --- | --- |
| 學名 | *Viola diffusa* Ging. | | 繁殖方法 | 播種法、分株法，以春、秋季為宜。 |

# 茶匙黃

多年生草本植物，全株被白色直毛，株高10～20公分。具地上走莖，長20～28公分。基生葉成叢蓮座狀，分枝多，節處會生不定根成分生苗。

- **葉**　紙質，圓齒緣至鈍鋸齒狀圓齒緣，密生白色緣毛。卵形至闊卵形或橢圓形，長3～6公分，寬3～4.5公分。葉表深綠至暗綠色，葉背淺綠色，兩面密生白色直毛。
- **花**　自基部抽出，單一，腋生。小苞片對生或互生，線狀披針形，長0.7～1.1公分，被短毛，具緣毛。花萼綠色，5深裂。披針形，長約4.5公釐，寬約1.2公釐。具緣毛。花瓣5枚，淺紫色或淺紫白色，花徑1.1～1.5公分。上瓣：倒卵形，基部為黃綠色，先端圓形。側瓣：狹倒卵形，基部為黃綠色和具有2～3條鮮藍紫色脈紋。側瓣基部具有白色鬚毛。基瓣（唇瓣）：紫白色，長約6公釐，寬約3公釐，具有鮮藍紫色脈紋。基部淺黃綠色，先端淺紫色，銳形。花期為12月至翌年5月。
- **果**　蒴果。鈍三角狀橢圓形，長5～7公釐，徑約5公釐。果表平滑無毛，萼片被毛宿存。熟時3開裂，種子約50粒。種子褐色，卵形。長約1公釐，徑約0.7公釐。
- **附記**　辨識特徵：本種葉基淺心形、圓形或楔形，株高10～20公分，具地上走莖，長20～28公分。在側瓣：基部具有白色鬚毛。而「心葉茶匙黃」（*V. tenuis*）之葉基為心形，株高3～7公分。具地上走莖，長8～12公分。側瓣：基部無白色鬚毛或具有4～6根鬚毛。兩者明顯不同，可資區別。

基生葉叢生成蓮座狀

花柄長3～8公分

葉卵形至闊卵形或橢圓形

圓齒緣至鈍鋸齒狀圓齒緣，密生白色緣毛

花背面白色

花距黃綠色，長約2公釐

上瓣

側瓣

基瓣（唇瓣）

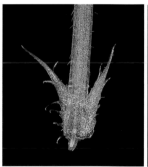

托葉披針形，長0.9～1.1公分；基部約4公釐合生，具剪裂狀緣毛。　未熟果。

熟時3開裂。

基生葉成叢蓮座狀，具地上走莖，長20～28公分。

| 飼育蝴蝶 |
| --- |
| · 斐豹蛺蝶（黑端豹斑蝶）*Argyreus hyperbius* |

分布　原生種。台灣廣泛分布於全島海拔約200～2,800公尺地區，常見於蔭涼岩壁、大石塊上或林緣、竹林路旁等環境。

| 科名 菫菜科 Violaceae | 屬名 菫菜屬 Viola |
|---|---|
| 學名 *Viola formosana* Hayata var. *formosana* | 繁殖方法 播種法、分株法,以春、秋季為宜。 |

## 台灣菫菜 特有種

多年生草本植物,全株被毛(有些族群全株近無毛),株高8～15公分。具暗紅紫色走莖,地上莖匍匐長6～16公分,基生葉成叢蓮座狀,節處會生不定根成分生苗。

- **葉** 紙質,圓齒緣至鈍鋸齒緣。心形至闊心形或卵狀心形,長3～4.5公分,寬2～3.5公分。葉表綠至深綠色,被白色疏毛。葉背暗紅紫色至帶綠色暗紅色或淺綠色,被白色短毛。
- **花** 自基部抽出,單一,腋生。小苞片對生或互生,線狀披針形,長4～6公釐,被毛或無毛,基部具細齒狀。花萼紅褐色,5深裂。披針形,長5～6公釐,被毛或無毛。花瓣5枚,白色至淺紫白色或紫色,花徑2～2.5公分。上瓣:橢圓狀倒卵形,先端圓形稀淺裂,無斑紋,長約1.2公分,寬5～5.2公釐。側瓣:橢圓狀倒卵形,先端圓形淺裂,長1.3～1.4公分,寬約6公釐。基半部具有紫色脈紋,基部無白色鬚毛。基瓣(唇瓣):闊倒卵形,先端淺裂,深2.5～3公釐。特大,明顯較上瓣與側瓣寬大,長約1.3公分,寬約8公釐。基半部具有紫色脈紋。花期為12月至翌年4月。
- **果** 蒴果,萼片宿存。鈍三角狀橢圓形或橢圓形,綠褐色至深紅褐色,長約8公釐,徑約5公釐。果表平滑無毛。熟時3開裂。種子褐色,卵形,長約1.1公釐,徑約0.7公釐。
- **附記** 本種與「川上氏菫菜」很相似。最大辨識特徵:台灣菫菜之葉基心形,先端常為圓鈍。而「川上氏菫菜」之葉形為三角狀心形至三角狀卵形,葉基心形,先端常銳形。

葉背主、側脈暗紅紫色,明顯凸起,脈上密生白色短毛

圓齒緣至鈍鋸齒緣

葉心形至闊心形或卵狀心形

▼紫花

▼白花

基瓣(唇瓣)特大,明顯較上瓣與側瓣寬大

熟時3開裂,種子褐色。

多年生草本植物,基生葉成叢蓮座狀,具走莖。

| 飼育蝴蝶 |
|---|
| · 綠豹蛺蝶(綠豹斑蝶)*Argynnis paphia formosicola*<br>· 斐豹蛺蝶(黑端豹斑蝶)*Argyreus hyperbius* |

分布 台灣廣泛分布於全島海拔約800～2,300公尺地區,常見於蔭涼岩壁、大石塊上或林緣、竹林路旁等環境。

| 科名 堇菜科 Violaceae | 屬名 堇菜屬 Viola |
|---|---|

學名 *Viola formosana* Hayata var. *stenopetala* (Hayata) J. C. Wang, T. C. Huang & T. Hashimoto ｜ 繁殖方法 播種法、分株法，以春、秋季為宜。

# 川上氏堇菜 　特有變種

多年生草本植物，全株被毛（有些族群全株近無毛），株高8～17公分。具暗紅紫色走莖，地上莖匍匐長6～20公分，基生葉成叢蓮座狀，節處會生不定根成分生苗。

- **葉** 紙質，圓齒緣至鈍鋸齒緣。三角狀心形至三角狀卵形，長3～4.5公分，寬2～3.5公分。葉表綠色至深綠色，被白色疏毛。葉背暗紅紫色至帶綠暗紅色或淺綠色，被白色短毛。

- **花** 自基部抽出，單一，腋生。小苞片對生或互生，線狀披針形，長4～6公釐，被毛或無毛，基部具細齒狀。花萼紅褐色，5深裂。披針形，長約5～6公釐，被毛或無毛。花瓣5枚，白色至淺紫白色或紫色，花徑2～2.5公分。上瓣：橢圓狀倒卵形，先端圓形稀淺裂，無斑紋，長約1.2公分，寬5～5.2公釐。側瓣：橢圓狀倒卵形，先端圓形淺裂，長1.3～1.4公分，寬約6公釐。基半部具有紫色脈紋，基部無白色鬚毛。基瓣（唇瓣）：闊倒卵形，先端淺裂，深2.5～3公釐。特大，明顯較上瓣與側瓣寬大，長約1.3公分，寬約8公釐。基半部具有紫色脈紋。花期為12月至翌年4月。

- **果** 蒴果，萼片宿存。鈍三角狀橢圓形或橢圓形，綠褐色至深紅褐色，長約8公釐，徑約5公釐。果表平滑無毛。熟時3開裂。種子褐色，卵形，長約1.1公釐，徑約0.7公釐。

▼白花

基瓣（唇瓣）特大，明顯較上瓣與側瓣寬大

圓齒緣至鈍鋸齒緣

葉三角狀心形至三角狀卵形

托葉披針形，邊緣略剪裂狀，具緣毛。

紫色花特寫。

葉背特寫。

未熟果。

雪山山脈、阿里山公路沿線，杉林溪沿線、翠峰、屯原等地區可見族群。

| 飼育蝴蝶 |
|---|
| ·綠豹蛺蝶（綠豹斑蝶）*Argynnis paphia formosicola*<br>·斐豹蛺蝶（黑端豹斑蝶）*Argyreus hyperbius* |

分布 台灣廣泛分布於中、南部海拔約1,000～2,300公尺地區。常見於蔭涼岩壁、大石塊上或林緣、竹林路旁等林蔭環境。

| 科名 堇菜科 Violaceae | 屬名 堇菜屬 Viola |
| --- | --- |
| 學名 *Viola grypoceras* A. Gray | 繁殖方法 播種法、分株法，以春季為宜。 |

## 紫花堇菜

多年生草本植物，全株平滑無毛，株高8～15公分。具綠色至暗紅紫色走莖，地上莖略硬質，分枝多，長8～25公分，節處會生不定根，基生葉成叢蓮座狀。

- **葉** 紙質，圓齒緣至鈍鋸齒緣。心形至闊心形或卵狀心形，長1.5～2.5公分，寬1～2公分。葉表深綠色，無毛。葉背綠色至帶綠暗紅紫色，無毛。

- **花** 自基部抽出，單一，腋生。小苞片對生或互生，線狀披針形，長4～5公釐，無毛。花萼綠色，5深裂。披針形，長約4～5公釐，無毛。花瓣5枚，紫色，花徑2～2.5公分。上瓣：紫色，橢圓狀倒卵形，先端圓形，無斑紋。長1.3～1.4公分，寬約6公釐。側瓣：紫色，橢圓狀倒卵形，先端圓形，長1.3～1.4公分，寬6～7公釐。基部為白色，無鬚毛。基瓣（唇瓣）：闊倒卵形，先端銳形圓鈍至圓形，中央稀淺裂。特大，明顯較上瓣與側瓣寬大，長約1.3公分，寬約1公分。基部為白色餘紫色，具有紫色淺脈紋。花期為1～4月。

- **果** 蒴果，萼片宿存。鈍三角狀橢圓形，綠色，長約8公釐，徑約5公釐。果表平滑無毛。熟時3開裂。種子褐色，卵形，長約1.1公釐，徑約0.7公釐。

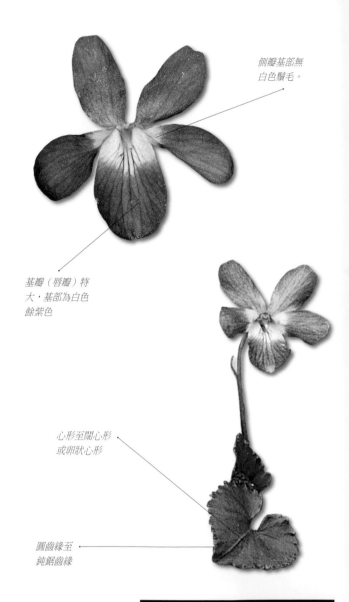

側瓣基部無白色鬚毛。

基瓣（唇瓣）特大，基部為白色餘紫色

心形至闊心形或卵狀心形

圓齒緣至鈍鋸齒緣

雪山山脈，梨山段台8線沿線至巴陵等地區可見族群。

未熟果。

托葉長0.6～1公分，邊緣剪裂狀。

花紫色，徑2～2.5公分。花距長5～6公釐。

| 飼育蝴蝶 |
| --- |
| · 斐豹蛺蝶（黑端豹斑蝶）*Argyreus hyperbius* |

分布 原生種。台灣廣泛分布於中、北部海拔約1,200～2,300公尺地區，常見於蔭涼岩壁、大石塊上或林緣，竹林路旁、陡坡上等環境。

| 斗名 董菜科　Violaceae | 屬名 董菜屬　Viola |
|---|---|
| 學名 *Viola inconspicua* Blume subsp. *nagasakiensis* (W. Becker) J. C. Wang & T. C. Huang | 繁殖方法 播種法，以春、秋季為宜。 |

## 小董菜

多年生草本植物，地下莖粗大，全株平滑無毛，株高4～18公分。基生葉，無地上走莖。

- **葉** 紙質，疏鋸齒緣。狹三角狀卵形至三角狀卵形，長3～7.5公分，寬1～3公分。葉表綠至暗綠色，葉背淺綠色皆無毛。
- **花** 自基部抽出，單一，腋生。小苞片對生或互生，線狀披針形，長約4公釐，無毛。花萼綠色，5深裂，披針形，無毛。花瓣5枚，紫色至深藍紫色，花徑約1.3公分。上瓣：長倒卵形，先端圓形，長約7公釐，寬約3公釐。具紫色脈紋。側瓣：長倒卵形，先端圓形，長約7公釐，寬約3公釐。具紫色脈紋，在基部具有白色鬚毛。基瓣（唇瓣）：長倒卵形，先端圓具小突或微凹。長約6公釐，寬約3.1公釐，約有3／4為淺紫白色，餘為紫色，具紫色脈紋。花期為12月至翌年4月。
- **果** 蒴果，萼片宿存。橢圓形，長約8公釐，徑約5公釐。果表平滑無毛。熟時3開裂，種子約43粒。種子淺褐色，卵形，長約1.2公釐，徑約0.9公釐。
- **附記** 本種最大辨識特徵：花冠整體外觀，呈現平整姿態，花徑約1.3公分。花距淺紫白或黃白色，長2.7～3公釐。側瓣：在基部具有白色鬚毛。生育在海拔1,000公尺以上的林蔭營養地，植株高12～18公分。生育在海拔1,000公尺以下的旱地時，植株通常約12公分以下。

花柄長4～13公分，常挺舉；花距淺紫白色或黃白色，長2.7～3公釐。花距短於花梗。

熟時3開裂，種子褐色。

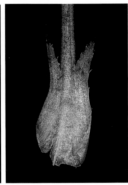

未熟果。

托葉約3／4與葉柄合生，總長1.2～1.4公分，無毛。

疏鋸齒緣

葉狹三角狀卵形至三角狀卵形

花瓣紫色至深藍紫色，花徑約1.3公分

側瓣基部具有白色鬚毛

多年生草本植物，植株大小差異大，株高4～18公分。

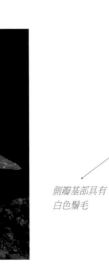

| 飼育蝴蝶 |
|---|
| · 斐豹蛺蝶（黑端豹斑蝶）*Argyreus hyperbius* · |

分布 原生種。台灣廣泛分布於海拔約1,600公尺以下地區，見於路旁、墓仔埔、林緣或開闊地、孟宗竹林下等環境，族群在野外頗為常見。

| 科名　菫菜科　Violaceae | 屬名　菫菜屬　Viola |
|---|---|
| 學名　*Viola mandshurica* W. Becker | 繁殖方法　播種法，以春、秋季為宜。 |

# 紫花地丁

多年生草本植物，地下莖粗大，根為暗褐色。全株平滑無毛，株高13～25公分。基生葉，無地上走莖。

- **葉**　紙質至厚紙質，寬淺鋸齒緣，基部常為粗鋸齒緣。葉形變異大：線狀披針形或長橢圓形，花期時常為狹三角狀披針形至三角狀披針形。長3～8公分，寬1～4公分。葉表綠至暗綠色，葉背淺綠色，皆無毛。

- **花**　自基部抽出，單一，腋生。小苞片對生或互生，線狀披針形，長約1～1.1公分，無毛。花萼綠色，5深裂。披針形，長0.8～1公分，無毛。花瓣5枚，紫色至深藍紫色，花徑2.5～3.5公分。上瓣：長倒卵形，先端圓形，長1.7～2公分，寬8～9公釐。具深藍紫色脈紋，基部分布少許白色斑紋。側瓣：長倒卵形，先端圓形，長2～2.2公分，寬7～8公釐。具紫色脈紋，基部分布少許白色斑紋，在基部明顯具有白色鬚毛。基瓣（唇瓣）：長倒卵形，先端圓或微凹。長約1.8公分，基寬約3公釐，先端寬約9公釐。基半部為白色，餘為鮮藍紫色，具鮮藍紫色脈紋。花期為3～5月。

- **果**　蒴果。鈍三角狀橢圓形或橢圓形，長1～1.2公分，徑5～6公釐。果表平滑無毛，萼片宿存，披針形。熟時3開裂，展開2.2～2.3公分，種子約50粒。種子褐色，卵形，長約1.8公釐，徑約1.3公釐。

- **附記**　本種最大辨識特徵：花大，花徑2.5～3.5公分。花距淺紫白色，長6.5～7公釐。側瓣：在基部明顯具有白色鬚毛。葉形變異大，植株高可至25公分，葉長可至11.5公分，葉寬可至7.5公分。

葉形變異大：線狀披針形或長橢圓形，花期時常為狹三角狀披針形至三角狀披針形

葉基楔形或截平、稀凹陷

葉柄6～17公分，無毛，狹翼寬1.5～2.5公釐。

熟時3開裂，種子褐色。

未熟果。

托葉約3／4與葉柄合生，總長1.2～1.4公分，無毛。

雪山山脈，南投縣翠峰至合歡山沿線，梨山台8線與屯原沿線等地區可見族群。

花徑2.5～3.5公分。花距淺紫白色，長6.5～7公釐。

側瓣基部具有白色鬚毛

| 飼育蝴蝶 |
|---|
| · 綠豹蛺蝶（綠豹斑蝶）*Argynnis paphia formosicola*<br>· 斐豹蛺蝶（黑端豹斑蝶）*Argyreus hyperbius* |

分布　原生種。台灣主要分布於海拔約1600～3,000公尺地區，見於路旁、林緣或開闊地、陡坡、岩壁上等環境。

| 斗名 | 菫菜科　Violaceae | 屬名　菫菜屬　Viola |
|---|---|---|
| 學名 | *Viola nagasawai* Makino & Hayata var. *nagasawai* | 繁殖方法　播種法、分株法，以春、秋季為宜。 |

# 台北菫菜　特有種

多年生草本植物，全株被白色直毛，株高10～16公分。具地上走莖，長8～15公分，分枝多，節處會生不定根。基生葉成叢蓮座狀。

- **葉**　紙質，圓齒緣至鈍鋸齒緣，密生緣毛。近心形至卵形或橢圓形，長2～5公分，寬1.5～4公分。葉表深綠色至暗綠色，被白色直毛。葉背淺綠色，被白色直毛。

- **花**　自基部抽出，單一，腋生。小苞片對生或互生，線狀披針形，長7～9公釐，具緣毛。花萼綠色，5深裂，披針形，長6～7公釐，具緣毛。花瓣5枚，表面淺藍紫色至白色。瓣背白色或灰紫白色，花徑1.7～2.5公分。上瓣：橢圓形，基部為黃綠色，先端圓形，長1～1.1公分，寬約5～6公釐。側瓣：狹倒卵形，基部為黃綠色和具有1～2條鮮藍紫色脈紋，先端圓形。長約1.2公分，寬約5公釐。側瓣基部無白色鬚毛。基瓣（唇瓣）：橢圓形，長約9公釐，寬約3公釐，白底具有鮮紫色脈紋。基部為黃綠色，先端紫色喙狀銳形。花期為3～6月。

- **果**　蒴果。橢圓形，長6～7公釐，徑5～6公釐。果表平滑無毛，萼片被毛宿存。熟時3開裂，種子約60粒，褐色，卵圓形，長約1.2公釐，徑約1.0公釐。

- **附記**　本種葉形為近心形至卵形或橢圓形，側瓣：基部無白色鬚毛。與相似種，台灣特有變種「普萊氏菫菜（***Viola nagasawai*** Makino & Hayata var. ***pricei*** (W. Becker) J. C. Wang & T. C. Huang」，葉為三角狀卵形至披針形，側瓣：基部具有白色鬚毛。兩者可資做區別。

葉兩面被白色直毛

葉近心形至卵形或橢圓形

葉背主、側脈明顯凸起，脈上被直毛

葉柄長7～13公分，被直毛

未熟果。

托葉披針形，長1.1～1.3公分，

熟時3開裂，種子褐色。

大屯山至陽明山或雪山山脈等地區可見族群。

側瓣基部無白色鬚毛

花距淺黃綠色或白色，長約2公釐

| 飼育蝴蝶 |
|---|
| · 斐豹蛺蝶（黑端豹斑蝶）*Argyreus hyperbius* |

**分布**　本種特產於台灣中、北部低、中海拔山區，以大屯山至陽明山或雪山山脈，路旁、林緣或陡坡、岩壁上等環境較為常見。

| 科名 菫菜科 Violaceae | 屬名 菫菜屬 Viola |
|---|---|
| 學名 *Viola shinchikuensis* Yamam. | 繁殖方法 播種法、分株法，以春、秋季為宜。 |

# 新竹菫菜 特有種

多年生草本植物，全株平滑無毛或近無毛，株高10～15公分。具暗紅紫色走莖，地上莖略硬質，長6～25公分。基生葉成叢蓮座狀，節處會生不定根成分生苗。

- **葉** 紙質，圓齒緣至鈍鋸齒緣。心形至闊心形或卵狀心形，長2～3.5公分，寬1.5～3公分。葉表暗綠色，被白色疏毛至近無毛。葉背暗紅紫色至暗綠暗紅色，無毛。

- **花** 自基部抽出，單一，腋生。小苞片對生或互生，線狀披針形，長約4～6公釐，無毛。花萼綠色，5深裂。披針形，長5～6公釐，兩面無毛，具細緣毛。花瓣5枚，表面淺紫色。瓣背近白色，花徑1.2～1.4公釐。上瓣：狹倒卵形，先端圓形，長8～9公釐，寬4.2～4.3公釐。基半部為淡黃色。側瓣：狹倒卵形，先端圓形，長8～9公釐，寬約4.5公釐。基半部為淡黃色，基部具有淺黃綠色小斑紋，與具有一叢淺黃白色鬚毛。基瓣（唇瓣）：長橢圓狀，先端銳形，長約7公釐，寬約2.5公釐。白色底具淺藍紫色脈紋。花期為1～4月。

- **果** 蒴果。近球形，長約6公釐，徑約5公釐。果表平滑無毛，萼片宿存，披針形，明顯高於果頂。熟時3開裂。種子褐色，卵圓形。

- **附記** 1.本種蒴果，近球形。明顯與其他菫菜屬之蒴果為橢圓形不同，可資做區別。2.本種之側瓣基部具有一叢淺黃白色鬚毛。

圓齒緣至鈍鋸齒緣

葉柄長1～9公分，無毛

葉心形至闊心形或卵狀心形

側瓣基部具有一叢淺黃白色鬚毛

花柄長4～8公分，無毛，花距淺黃綠色，長2.7公釐；花柱頂端上方密生白色小乳頭狀凸起。

托葉披針形，長6～7公釐，兩面無毛，邊緣剪裂狀。

蒴果，卵球形。

花正面與側面。

雪山山脈，南投縣梅蜂至合歡山沿線、梨山臺8線與屯原沿線、奧萬大等地區可見族群。

| 飼育蝴蝶 |
|---|
| · 綠豹蛺蝶（綠豹斑蝶）*Argynnis paphia formosicola*<br>· 斐豹蛺蝶（黑端豹斑蝶）*Argyreus hyperbius* |

分布 台灣主要分布於海拔約1,600～2,800公尺地區，見於路旁、林緣或開闊地、陡坡、岩壁上等環境。

| 科名 堇菜科 Violaceae | 屬名 堇菜屬 Viola |
|---|---|
| 學名 *Viola tenuis* Benth. | 繁殖方法 播種法、分株法，以春、秋季為宜。 |

# 心葉茶匙黃

多年生草本植物，地下莖纖細，徑1～3公釐，株高3～7公分。全株被白色直毛，具走莖，長8～12公分。基生葉成叢蓮座狀，節處會生不定根成分生苗。

- **葉** 紙質，圓齒緣至鈍鋸齒狀圓齒緣，密生白色緣毛。卵形至心形或橢圓形，長0.8～1.9公分，寬0.8～2公分。葉表深綠至暗綠色，葉背淺綠色，皆密生白色直毛。
- **花** 自基部抽出，單一，腋生。小苞片對生或互生，線狀披針形，長約6～7公釐，具疏齒狀緣毛。花萼綠色，5深裂，披針形。長約4.5公釐，寬約1.2公釐，具緣毛。花瓣5枚，淺紫白色，花徑1.1～1.2公分。上瓣：倒卵形，長7～8公釐，寬約4.5公釐。基部具有黃綠色小斑紋，先端圓形。側瓣：狹倒卵形，長8～9公釐，寬約4公釐。基部具有黃綠色小斑紋和2～3條鮮藍紫色脈紋。側瓣基部無白色鬚毛或具有4～6根疏鬚毛。基瓣（唇瓣）：紫白色，長約6公釐，寬約3公釐，具有鮮藍紫色脈紋。基部淺黃綠色，先端淺紫色，銳形或喙狀銳形。花期為3～4月。
- **果** 蒴果。卵球形，長約4公釐，徑約3.5公釐。果表平滑無毛，萼片宿存。熟時3開裂。種子褐色，卵圓形，表面具斑駁狀斑紋。長約1.2公釐，徑約0.8公釐。
- **附記** 本種地下莖纖細，徑1～3公釐，植株低矮，株高3～7公分，未超過10公分。側瓣：基部無白色鬚毛或具有4～6根疏鬚毛。可與「茶匙黃」明顯做區別。

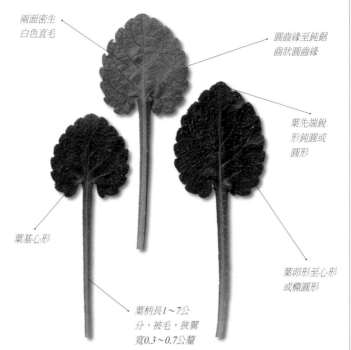

兩面密生白色直毛

圓齒緣至鈍鋸齒狀圓齒緣

葉先端銳形鈍圓或圓形

葉卵形至心形或橢圓形

葉基心形

葉柄長1～7公分，被毛，狹翼寬0.3～0.7公釐

側瓣基部無白色鬚毛或疏毛

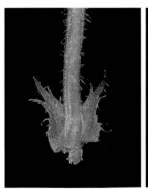

托葉披針形，長6～7公釐，具剪裂狀緣毛。

熟時3開裂，種子褐色。

南投縣梅峰至翠峰沿線、巴陵沿線可見族群。

花正面與側面；花柄長3～7公分，被白色直毛。

蒴果，卵球形。

| 飼育蝴蝶 |
|---|
| ・斐豹蛺蝶（黑端豹斑蝶）*Argyreus hyperbius* |

分布 原生種。台灣主要分布於海拔約1,600～2,500公尺地區，見於路旁、林緣或開闊地、陡坡、岩壁上等環境。

| 科名　菫菜科　Violaceae | 屬名　菫菜屬　Viola |
|---|---|
| 學名　*Viola hederacea* Labill. | 繁殖方法　分株法，以春、秋季為宜。 |

側瓣基部密生白色與
紫色鬚毛

## 腎葉菫（雄貓菫）

多年生匍匐性草本植物，全株平滑無毛，株高5～15公分。莖分枝多，節處會生
不定根。

- 葉　膜質，不規則寬細齒緣。腎形或近圓形，長1.5～3.5公分，寬1.5～3.5公
  分。兩面無毛。葉基深裂至中央，先端圓。葉柄長5～10公分。
- 花　花瓣5枚，白色，近基部為藍紫色。花徑1.5～2公分。側瓣：在基部密生
  白色與紫色鬚毛。基瓣（唇瓣）：卵圓形，藍紫色。長約1.1公分，寬約1公
  分，具有紫色脈紋。花柄長10～13公分。花期為3～7月。
- 果　未見結果。
- 附記　「三色菫、香菫菜、腎葉菫」三種植物皆為斐豹蛺蝶之寄主植物。雖然
  為栽培種，但當在台灣其他菫菜屬植物不易取得足夠食源時，是幼蟲很好的替
  代食材。

多年生匍匐性草本植物。

分布　栽培種。原產澳洲東至南部地區。喜愛濕潤環境。

| 科名　菫菜科　Violaceae | 屬名　菫菜屬　Viola |
|---|---|
| 學名　*Viola odorata* L. | 繁殖方法　播種法，以秋季為宜。 |

## 香菫菜

一年生草本植物，株高10～20公分。全株被疏毛或近無
毛，莖分枝多，基生葉成叢。

- 葉　紙質，圓齒緣。披針形至橢圓狀披針形，長2～4
  公分，寬1～2.5公分。葉基楔形至銳形，先端銳形至
  圓鈍。托葉葉狀，基半部剪裂緣。
- 花　花瓣5枚，色彩豐富絢爛，繽紛別緻。有黃、藍、
  紫、白、粉紅等顏色。花徑2.5～3.5公分。側瓣：在基
  部具有白色鬚毛。花距長約6公釐。花柄長約8公分。
  平地花期約12月至隔年1～4月。
- 果　蒴果。橢圓形，長約9公釐，徑約6公釐。果表平滑無
  毛。熟時3開裂。
- 附記　品系與花色眾多，台灣多為園藝雜交栽培種。花具
  香味，因而得名「香菫菜」。本種在平地高溫無法越夏。

葉披針形至橢
圓狀披針形

蒴果。　　香菫菜。　　▲花色豐富絢爛

分布　栽培種。原產地亞洲、北非、歐洲地區。

| 科名　菫菜科　Violaceae | 屬名　菫菜屬　Viola |
|---|---|
| 學名　*Viola ×wittorckiana* Gams. | 繁殖方法　播種法，以秋季為宜。 |

## 三色菫（貓臉花、人面花）

一、二年生草本植物，株高10～20公分。全株被疏毛或近無毛，莖分枝多，基生
葉成叢。

- 葉　紙質，鈍鋸齒緣。披針形至卵狀披針形或橢圓形，長2～4公分，寬3～6公
  分。葉基楔形至圓，先端銳形至圓鈍。托葉葉狀，剪裂緣。
- 花　花瓣5枚，色彩豐富絢爛，繽紛別緻。有黃、藍、紫、白、粉紅等顏色。主
  要以三種顏色混搭，所以稱為「三色菫」。花徑4～5公分。側瓣：在基部具有
  白色鬚毛。花距長約6公釐。花柄長10～15公分。平地花期為12月至翌年4月。
- 附記　品系與花色眾多，約近20種，台灣多為園藝雜交栽培種。由於外觀造型獨
  樹一格，像似貓臉或人面臉譜，故又名「貓臉花、人面花」。本種在平地高溫
  無法越夏。

莖分枝多，基
生葉成叢

分布　栽培種。原產歐洲、亞洲地區。

| 斗名 仙茅科 Hypoxidaceae | 屬名 船子草屬 Curculigo |
|---|---|
| 學名 *Curculigo capitulata* (Lour.) Kuntze | 繁殖方法 播種法、分株法，以春、秋季為宜。 |

## 船子草（大仙茅）

多年生叢生草本植物，具有地下塊莖，根莖粗厚，株高60～110公分。

- **葉** 基生葉叢生。狹長橢圓形，內曲彎垂，長40～90公分，寬8～14公分。全緣，紙質。葉表綠色，無毛，摺扇狀平行脈，10～14條，脈明顯凸起。葉背綠色，無毛，脈明顯凸起，脈密生淺褐色短絨毛。葉柄長30～60公分，V狀三角形，無毛。

- **花** 花多數，總狀密集排列成球形或圓錐形之頭狀花序。苞片淺綠色，披針形，長2～3公分。外被柔毛與密生褐色緣毛，內無毛，宿存。花被片6枚，鮮黃色。離生，長0.9～1公分，寬約4公釐。表面無毛，背面至花柄，密生淺褐色柔毛。雄蕊6枚。花絲鮮黃色，長約1公釐。花藥鮮黃色，直立，箭形，長約3.3公釐。子房下位，基部與花柄合生成筒狀，密生淺褐色柔毛。花柱線形，黃色，長約8公釐。柱頭頭狀，密被細毛。花期為4～7月。

- **果** 漿果。卵球形，長約1.4公分，徑約1.1公分。果表被褐色短毛，苞片宿存。種子黑色，卵形狀具稜，長1.5～1.7公釐，表面不平整。

花徑2～2.2公分

  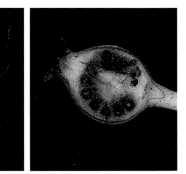

花序。花序軸扁平狀，長15～23公分，密被褐毛。

果序。

漿果特寫。

漿果剖面，種子黑色。

狹長橢圓形，內曲彎垂

葉摺扇狀

葉柄V狀三角形，長30～60公分

多年生叢生狀草本植物，株高60～110公分

花序自基部抽出

| 飼育蝴蝶 |
|---|
| · 串珠環蝶 *Faunis eumeus eumeus* |

分布 原生種。台灣廣泛分布於全島海拔約1,100公尺以下地區，常見於林蔭濕潤之路旁、林緣或孟宗竹林、樹林、灌叢內等環境。

| 科名　棕櫚科　Palmae | 屬名　黃椰子屬　Chrysalidocarpus |
|---|---|
| 學名　*Chrysalidocarpus lutescens* Wendl. | 繁殖方法　播種法、分株法，以春、秋季為宜。 |

# 黃椰子

多年生叢生植物，株高4～8公尺，徑5～10公分。桿圓形，綠色或黃綠色，平滑至略粗糙，無毛。具有淺褐色葉痕環節，節間寬3～15公分。新生桿莖，密被一層白色臘質。

- **葉**　叢生莖頂。老熟脫落，宿存葉痕環節。一回羽狀複葉，長1～2公尺，葉軸中肋表面具截平凸起。小葉線狀披針形，對生或互生，無柄。20～60對，長30～70公分，寬2～3公分。全緣，紙質至厚紙質。葉表黃綠至暗綠色，葉背淺綠色，皆無毛。

- **花**　雌雄同株。花被黃橙色，徑約5公釐。2輪，6枚。外輪較小。殼狀，中央具稜。內輪較大，卵形。雄花：花多數密集排列，肉穗花序，腋生。花序軸長約30～60公分，具分枝，近基部為扁狀三角形，無毛。雄蕊6枚。花絲白色，不等長，長3.5～4公釐，無毛。花藥黃褐色。雌花：子房卵球形，1室。花柱長約2.7公釐，無毛。柱頭白色。具退化雄蕊6枚。花期為5～7月。

- **果**　漿果。橢圓形，長1.6～1.8公分，徑1～1.2公分。果表無毛，熟時黃橙色至終為紫黑色。種子淺黃橙色，卵狀橢圓形，長約1.4公分，徑1～1.2公分，表面具網狀紋。果期為7～9月。

一回羽狀複葉，小葉20～60對

小葉線狀披針形

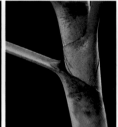

漿果。

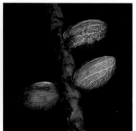

葉軸基部具有三角斑。

種子。

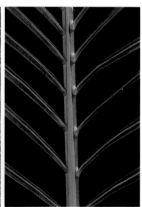

雄花▶

廣泛栽培做為綠美化景觀用途。

花序。

葉軸中央凸起。

| 飼育蝴蝶 |
|---|
| · 黑星弄蝶 *Suastus gremius* |
| · 藍紋鋸眼蝶（紫蛇目蝶）*Elymnias hypermnestra hainana* |
| · 串珠環蝶 *Faunis eumeus eumeus* |

分布　栽培種。原產於馬達加斯加。台灣於1989年引進栽培。現廣泛栽培於全島平地至低海拔山區，常見於路旁、林緣或校園、公園等環境，做為園藝景觀、盆景、行道樹等觀賞用途。

| 科名 菝葜科　Smilacaceae | 屬名 菝葜屬　Smilax |
|---|---|
| 學名 *Smilax china* L. | 繁殖方法　播種法、分株法，以春、秋季為宜。 |

# 菝葜

多年生常綠攀緣性，木質藤本植物。具有地下根莖，根莖
粗厚硬質。莖近圓形，綠色，平滑無毛，分枝多，散生鉤
刺。節間長3～8公分。

- **葉**　互生。革質，全緣。葉形變異大：在低海拔常為近
  圓形或卵狀橢圓形至闊卵形。中海拔常為橢圓形至長橢
  圓形，長3～7公分，寬3～6公分。葉表黃綠色、綠色
  或暗綠色，具光澤，無毛。葉背綠色，密布一層白色臘
  質，無毛。
- **花**　雌雄異株。雄花：花多數。繖形花序單一或2～
  3總狀排列，腋生。花被黃綠色，6枚。外3枚長橢圓
  形，反捲，長約5公釐，寬約2公釐。內3枚長橢圓形，
  長約5公釐，寬約1.2公釐。花絲長約3公釐，無毛。花
  藥白色。雌花：花被黃綠色，6枚。外3枚橢圓形，長
  約3.5公釐，寬約1.8公釐。內3枚卵狀橢圓形，長約3公
  釐，寬約2公釐。退化雄蕊3枚。子房綠色，橢圓形，
  長約2公釐，徑約1.3公釐，無毛。柱頭黃綠色，3分
  叉，被細毛。花期為2～4月。
- **果**　漿果。球形，徑約8公釐。未熟果果表密布一層白
  色臘質，無毛。熟時由綠轉紅色，最後為深褐色。種子
  紅褐色，橢圓形，長約4公釐。果期為8～11月。

葉形變異大：在低海拔
常為近圓形或卵狀橢圓
形至闊卵形，中海拔常
為橢圓形至長橢圓形

葉互生

捲鬚

雄花▶

◀雌花

花徑6.5～7
公釐

雄花花序。花柄長約1.2公分，總
柄長約1.5公分。

雌花花序。花柄長約0.4～0.8公分，總柄
長約1.2～1.5公分。

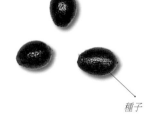

種子

葉柄長1～1.4公分，葉鞘長約0.6～
1公分，先端具有一對捲鬚。

未熟果。

成熟漿果紅色至深褐色。

| 飼育蝴蝶 |
|---|
| ・串珠環蝶　*Faunis eumeus eumeus* <br> ・琉璃蛺蝶　*Kaniska canace drilon* |

分布　原生種。台灣廣泛分布於全島海拔約2,000公尺以下地區，常見於荒野旱地、路旁、林緣或樹林、灌叢內、陡坡上等環境。中國、印度、菲律賓或日本、琉球亦分布。

| 科名　薑科　Zingiberaceae | 屬名　月桃屬　Alpinia |
|---|---|
| 學名　*Alpinia koshunensis* Hayata | 繁殖方法　播種法、分株法，全年皆宜。 |

## 恆春月桃　特有種

多年生叢生狀草本植物，具有粗厚地下肉質根莖，株高1.5～2.3公尺。

- **葉**　長橢圓形至長橢圓狀披針形，長40～60公分，寬8～14公分。全緣，密生長緣毛，厚革質，厚約0.5公釐。葉表暗綠色，具光澤，無毛。葉背淺綠色，無毛。無葉柄。具有長葉鞘，無毛。葉舌橢圓形，長1～1.3公分，厚革質，先端圓或2裂。外密生褐色短伏毛，內無毛。

- **花**　密錐花序，上舉，頂生。小苞片白色，殼狀闊橢圓形。長約2.1公分，兩面無毛，頂端粉紅色，3裂深約3～4公釐成3突尖。小苞片內常具一朵不開之花苞。花柄長1.8～2.3公分，無毛。花序軸上舉長15～23公分，無毛，僅在花朵節處密生白色短毛。花萼淺綠白色，筒狀。長1.6～1.8公分，兩面無毛，頂端3裂深裂4公釐，被疏毛。花冠白色。背瓣：白色，橢圓形，基半部與冠筒合生。總長約4.2公分，寬約1.8公分。側瓣：側瓣2枚，長橢圓形，基半部與冠筒合生，總長約3.6公分，寬約1公分。唇瓣：闊卵形，黃底紅紋，基部近截平，先端明顯具有2凸。總長約4.2公分，寬約3.4公分。中央具有寬約2.4公分之紅色縱帶。雄蕊1枚，藥室扣住花柱。花絲淺紅白色，扁平。總長約2.6公分，寬約3.3公釐。藥室白色，2室。子房綠色，球形，長約4公釐，徑約4公釐，密生白色短毛。花柱白色，側生。長約3.8公分，無毛。柱頭漏斗形，白色，密生白色細毛。花期為4～9月。

- **果**　蒴果。近球形，長1.7～2公分，徑2～2.5公分。果序軸上舉。果表被疏毛，具15～18縱稜。熟時由綠色轉為紅橙色或紅色，3裂。種子40～45粒。黑褐色，卵形狀，具5～6稜，長約4.5公釐，寬約3.5公釐。假種皮白色，膜質。果期為7～12月。

- **附記**　2009年由曾彥學等確認本種之存在。恆春月桃與月桃（*A. zerumbet*）外觀近似，但本種花朵較小，唇瓣先端明顯具有2凸。花、果序皆為上舉且無毛，僅在花朵節處密生白色短毛。葉厚革質，株高2.3公尺以下。藉此可與月桃做區別。

唇瓣黃底紅紋。

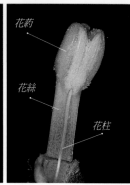

花藥

花絲

花柱

子房（綠色）　雄蕊。
與蜜腺（黃橙
色）。

恆春月桃與月桃外觀近似，但本種花朵較
小，唇瓣先端明顯具有2凸。

密錐花序，
上舉

葉長橢圓形至長
橢圓狀披針形

葉厚革質，厚約
0.5公釐

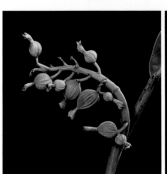

果序軸上舉。（未熟果）

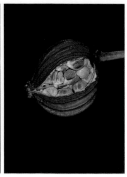

蒴果熟時3裂。

飼育蝴蝶

- 淡青雅波灰蝶（白波紋小灰蝶）*Jamides alecto dromicus*
- 袖弄蝶（黑弄蝶）*Notocrypta curvifascia*
- 薑弄蝶（大白紋弄蝶）*Udaspes folus*

分布　特有種。台灣目前僅知分布於恆春半島海拔約300公尺以下地區，常見於路旁、林緣或草生地、樹林內等環境。

| 科名 薑科 Zingiberaceae | 屬名 月桃屬 Alpinia |
|---|---|
| 學名 *Alpinia mesanthera* Hayata | 繁殖方法 播種法、分株法，全年皆宜。 |

## 角板山月桃 特有種

多年生叢生狀草本植物，具有粗厚地下肉質根莖，株高1.5～3公尺。

- **葉** 長橢圓形至長橢圓狀披針形，長60～90公分，寬6～12公分。全緣，密生緣毛，革質。葉表暗綠色，具光澤，無毛。葉背淺綠色，無毛，主脈明顯凸起，脈兩側密生淺褐色短絨毛。無葉柄。具有長葉鞘，無毛。葉舌橢圓形，長1.4～1.7公分，薄革質，先端圓形或2裂。外密生褐色短伏毛，內無毛。

- **花** 密錐花序，初開略下垂後漸上舉S形，頂生。苞片白色，殼狀闊橢圓形。長約2.6公分，兩面無毛。頂端褐色或粉紅色，中央具小突尖，被疏毛。小苞片內常具一朵不開之花苞。花萼白色，筒狀。長約2.1公分。萼外被白色疏毛，內無毛，頂端淺裂深3～4公釐成2～3突尖。花冠白色。背瓣：白色，橢圓形，基半部與冠筒合生。總長約4.7公分，寬約2公分。側瓣：側瓣2枚，長橢圓形，基半部與冠筒合生，總長約4.3公分，寬約0.8公分。唇瓣：闊卵形，黃底紅紋或白底紅紋，基部近截平。總長約4.9公分，寬約3.7公分。中央具有寬約1.8公分之縱帶。雄蕊1枚，藥室扣住花柱。花絲白色，扁平，基部與冠筒合生。總長約2.8公分，寬約3公釐，被細毛。藥室米白色，2室。子房，密生白色短毛。花柱白色，長約4公分，被疏毛。柱頭漏斗形，白色，密生細毛。花期為5～7月。

- **果** 蒴果。近球形，長1.3～1.7公分，徑1.2～1.5公分。幼果密生，熟果疏生淺褐色短毛，具18～20縱稜，果柄長約1～1.2公分。熟時3裂，由綠色轉為黃橙色或紅色。果序上舉S形。種子16～27粒。深橄欖黃，卵形狀，具5～6稜，長約4公釐，寬約4公釐。果期為6～11月。

- **附記** 本種為月桃與島田氏月桃天然雜交後代，其形態與特徵為此兩種之中間型，親本與月桃近緣。花序軸與果序上舉S形，是「角板山月桃」重要辨識特徵，藉此可與「月桃*A. zerumbet*」花果序下垂做區別。

白底紅紋型。（月桃與島田氏雜交種）

*Alpinia sp.* 疑似月桃和島田氏月桃雜交種。

果序上舉S形。　　熟時由綠色轉為黃橙色或紅色。

多年生叢生狀草本植物。花序軸初下垂後漸上舉S形，長15～25公分。

黃底紅紋型

具有長葉鞘

葉長橢圓形至長橢圓狀披針形

花序軸初下垂後漸上舉S型，長15～25公分

飼育蝴蝶

- 淡青雅波灰蝶（白波紋小灰蝶）*Jamides alecto dromicus*
- 袖弄蝶（黑弄蝶）*Notocrypta curvifascia*
- 薑弄蝶（大白紋弄蝶）*Udaspes folus*

分布 台灣廣泛分布於中、北部海拔約400～1,100公尺山區，見於路旁、林緣或野溪旁等濕潤環境。在南投縣：國姓鄉、中寮鄉山區族群頗多。

| 科名　薑科　Zingiberaceae | 屬名　月桃屬　Alpinia |
|---|---|
| 學名　*Alpinia oui* Y. H. Tseng & C. C. Wang, J. C. Wang & C. I. Peng | 繁殖方法　播種法、分株法，全年皆宜。 |

# 歐氏月桃　特有種

多年生叢生狀草本植物，具有粗厚地下
肉質根莖；株高約1～2.5公尺。

- **葉**　長橢圓形至長橢圓狀披針形，長
  40～85公分，寬10～17公分。全緣，
  具緣毛，革質。葉表暗綠色，無毛；
  葉背灰綠色，密生短柔毛，無葉柄。
  具長葉鞘，被疏毛。葉舌橢圓形，長
  約1～1.7公分。薄革質，先端圓或2
  裂。外密被毛，內無毛。
- **花**　密錐花序。花序軸初開下垂後漸
  漸往上舉，頂生，長15～25公分，
  密生短毛。花萼粉紅色，筒狀。長
  1.7～1.9公分。萼外被白色疏毛，內
  無毛，頂端粉紅色，3淺裂。小苞片白色，殼狀闊橢圓形，長約2.1
  公分，外面無毛。基部被疏毛，頂端粉紅色，被淺褐色短毛。小苞
  片內常具一朵不開之花苞，花柄長4～7公釐，密生褐色短毛。花
  冠白色。背瓣白色，橢圓形，基半部與冠筒合生。總長約4公分，
  寬約2公分。側瓣2枚，長橢圓形，基半部與冠筒合生，總長約3.4
  公分，寬約1公分。唇瓣闊卵形，黃底紅紋，基部闊楔形與冠筒合
  生，總長約4.3公分，寬約3.4公分。中央基1/2～2/3為紅色，先端
  1/3為黃色。雄蕊1枚，藥室扣住花柱。花絲扁平，長約2.4公分。
  藥室白色，2室。子房長4.4～4.6公釐，徑4.5～5公釐，密被毛。花
  柱長約3.2公分，無毛。柱頭漏斗形，密被毛。花期為3～5月。
- **果**　蒴果。卵球形，長1.4～1.8公分，徑1.3～1.7公分。果表具
  有縱稜與密生褐色短毛，果柄長5～8公釐，密生褐色短毛。熟時
  3裂，由綠轉紅橙或紅色。果序上舉，長25～30公分，密生褐色
  短毛。種子20～25粒，黑褐色，方卵形，具5～6稜，長3.7～ 4公
  釐， 寬3.8～4公釐。果期6～10月。

果序上舉，密生褐色短毛。

葉背灰綠色，
密生短柔毛

唇瓣黃底紅紋。

果柄長5～8公釐，密生褐色短毛。

果序上舉，長25～30公分。

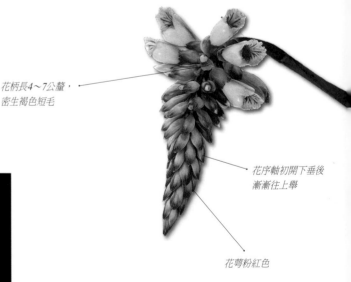

花柄長4～7公釐，
密生褐色短毛

花序軸初開下垂後
漸漸往上舉

花萼粉紅色

| 飼育蝴蝶 |
|---|
| ·淡青雅波灰蝶（白波紋小灰蝶）*Jamides alecto dromicus*<br>·袖弄蝶（黑弄蝶）*Notocrypta curvifascia*<br>·薑弄蝶（大白紋弄蝶）*Udaspes folus* |

分布　本種僅見於東部低海拔山區。

| 科名　薑科　Zingiberaceae | 屬名　月桃屬　Alpinia |
|---|---|
| 學名　*Alpinia shimadae* Hayata | 繁殖方法　播種法、分株法，全年皆宜。 |

# 島田氏月桃　**特有種**

多年生叢生狀草本植物，具有粗厚地下肉質根莖，株高1～2公尺。

- **葉**　長橢圓形至長橢圓狀披針形，長30～65公分，寬4～12公分。全緣，密生緣毛，革質。葉表暗綠色，具光澤，無毛。葉背淺綠色，無毛，主脈明顯凸起，密生白色至淺褐色短絨毛。無葉柄。葉舌橢圓形，長7～9公釐，薄革質，先端圓形或2裂。外密生褐色短絨毛與緣毛，內無毛。

- **花**　圓錐形穗狀花序，上舉，頂生。小苞片白色，殼狀闊橢圓形。長約1.6公分，外面基部與頂緣被毛，中央具小突尖，無緣毛。花萼白色，筒狀。長約1.3公分。萼外密生白色短毛，內無毛，頂端褐色，淺裂成2突尖，具緣毛。花冠白色。背瓣：白色，倒卵形，基半部與冠筒合生。總長約3.7公分，寬約2公分。側瓣：側瓣2枚，長橢圓形，基半部與冠筒合生，總長約3.3公分，寬約0.9公分。唇瓣：闊卵形，白底紅紋，基部楔形與冠筒合生。總長約3.8公分，寬約3.1公分。中央具有寬約1.1公分之磚紅色縱帶，縱帶先端約有1／2至1／3為放射狀縱脈紋。雄蕊1枚，藥室扣住花柱。花絲白色，扁平，基部與冠筒合生。總長約1.6公分，寬約3公釐，兩面被白色細毛與緣毛。藥室白色，2室。子房，密生白色短毛。花柱白色，側生。長約2.8公分，無毛。柱頭漏斗形，白色，密生白色細毛。花期為4～7月。

- **果**　蒴果。球形，徑1～1.4公分。果表密生淺褐色短毛，具不明顯多數細縱稜。果柄長約2公釐，密生淺褐色短毛。熟時3裂，由綠色轉為黃橙色或紅色。果序上舉。種子20～25粒，黑褐色，卵形狀，具數稜，長約5公釐，約4公釐。果期為6～12月。

- **附記**　外觀與普萊氏月桃（*A. pricei*）近似，唯本種具有小苞片，而普萊氏月桃無小苞片，兩者可藉此做區別。南投月桃（*A. nantoensis*）亦相似，唯其小苞片管狀，和島田氏之貝殼狀不同。

總苞

圓錐形穗狀花序，上舉

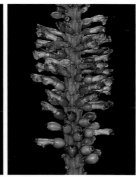

熟時由綠色轉為黃橙色或紅色。　　未熟果。

多年生叢生狀草本植物，株高1～2公尺。

唇瓣白底紅紋。

具有長約1.6公分的小苞片。

| 飼育蝴蝶 |
|---|
| · 淡青雅波灰蝶（白波紋小灰蝶）*Jamides alecto dromicus*<br>· 袖弄蝶（黑弄蝶）*Notocrypta curvifascia*<br>· 薑弄蝶（大白紋弄蝶）*Udaspes folus* |

**分布**　台灣廣泛分布於全島海拔約400～1,300公尺山區，常見於路旁、林緣或野溪旁、樹林內等濕潤環境，族群在野外頗為常見。在南投縣：鹿谷鄉、國姓鄉、中寮鄉、水里鄉、魚池鄉等山區，可見族群。

| 科名　薑科　Zingiberaceae | 屬名　月桃屬　Alpinia |
|---|---|
| 學名　*Alpinia zerumbet* (Pers.) B. L. Burtt & R. M. Smith | 繁殖方法　播種法、分株法，全年皆宜。 |

## 月桃（玉桃）

多年生叢生狀草本植物，具有粗厚地下肉質根莖，株高1.5～4公尺。

- **葉**　長橢圓形至長橢圓狀披針形，長40～75公分，寬10～18公分。全緣，密生緣毛，革質。葉表暗綠色，具光澤，無毛。葉背淺綠色，無毛，主脈明顯凸起，脈兩側密生白色短絨毛。無葉柄。具有長葉鞘，無毛。葉舌橢圓形，長1～1.3公分，薄革質，先端圓或2裂。外密生褐色短伏毛，內無毛。

- **花**　密錐花序，下垂，頂生。小苞片白色，殼狀闊橢圓形。長約2.3公分，兩面無毛，頂端粉紅色，3裂深5～9公釐。小苞片內常具一朵不開之花苞。花萼白色，筒狀。長2.3～2.5公分，兩面無毛，僅基部與頂緣被疏毛，頂端為粉紅色3淺裂。花冠白色。背瓣：白色，闊卵形，基半部與冠筒合生。總長4.5～4.8公分，寬約2.8公分。側瓣：側瓣2枚，長橢圓形，基半部與冠筒合生，總長4～4.2公分，寬約1.5公分。唇瓣：闊卵形，黃底紅紋，基部近截平。總長5.3～5.7公分，寬約4.3公分。中央具有寬2.5～2.7公分之紅色縱帶。雄蕊1枚，藥室扣住花柱。花絲白色，扁平，基部與冠筒合生。總長約3.4公分，寬3.6～4公釐。藥室白色，2室。子房黃綠色，球形，長約6公釐，徑約6公釐，密生白短毛。花柱白色，側生。長約4.4公分，無毛。柱頭漏斗形，白色，密生白細毛。花期為4～9月。

- **果**　蒴果。球形至橢圓形，長2～3公分，徑2～2.5公分。果序軸下垂。果表近無毛，明顯具縱稜。熟時由綠色轉為紅橙色或紅色，3裂。種子35～40粒。黑褐色，卵形，具5～6稜，長約4公釐，寬約4公釐。果期為7～12月。

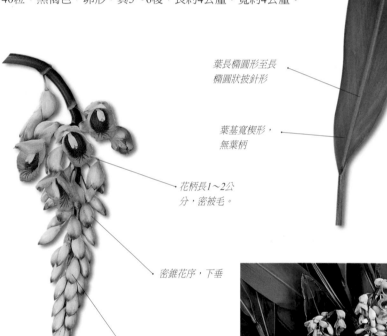

葉長橢圓形至長橢圓狀披針形

葉基寬楔形，無葉柄

花柄長1～2公分，密被毛。

密錐花序，下垂

花序軸長15～30公分

果序下垂。

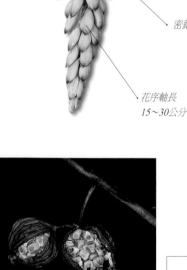

唇瓣黃底紅紋。

蒴果熟時3裂。

本種是台灣野外最常見的月桃。

| 飼育蝴蝶 |
|---|
| · 淡青雅波灰蝶（白波紋小灰蝶）*Jamides alecto dromicus*<br>· 袖弄蝶（黑弄蝶）*Notocrypta curvifascia*<br>· 薑弄蝶（大白紋弄蝶）*Udaspes folus* |

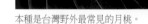

分布　原生種。台灣廣泛分布於全島海拔約1,200公尺以下地區，常見於路旁、林緣或野溪旁、樹林內等環境，族群在野外頗為常見。熱帶、亞熱帶地區亦分布。

| 科名 薑科 Zingiberaceae | 屬名 蝴蝶薑屬 Hedychium |
|---|---|
| 學名 *Hedychium coronarium* Koenig | 繁殖方法 播種法、分株法，全年皆宜。 |

# 野薑花（穗花山奈、蝴蝶薑）

多年生叢生狀草本植物，具有粗厚地下肉質根莖，株高1.3～2.5公尺。

- **葉** 互生。長橢圓形至長橢圓狀披針形，長30～50公分，寬5～9公分。全緣，薄革質。葉表綠至暗綠色，無毛。葉背淺灰綠色，被白色長貼毛。無葉柄。具有長葉鞘，被疏毛。葉舌橢圓狀披針形，長2.5～4.5公分，膜質，外密被淺褐色短毛，內無毛。

- **花** 穗狀花序，上舉，頂生。苞片綠色，殼狀闊卵形至殼狀長橢圓形。長5～6公分，寬3.5～4.3公分，兩面無毛，縱向覆瓦狀排列。花具香味，2～3朵聚集於苞片內。花萼膜質，淺綠白色。殼狀長三角形，展開長3～3.5公分，寬1.5～2.5公分，兩面無毛，隱藏在苞片內。花冠白色。花冠筒長8～9公分，徑約3公釐。管外無毛，管內密生白色細毛先端3裂。展開時為長橢圓狀披針形，長約4公分，寬約1公分。雄蕊1枚，藥室扣住花柱。花絲白色，長約3公分。花藥鮮黃色，2室。子房筒狀，長約4.5公釐，徑約3公釐，無毛。花柱白色，長12～12.4公分，無毛。柱頭漏斗形，黃綠色，密被毛。花期為5～10月。

- **果** 蒴果。黃橙色，橢圓形，長約4公分。熟時3裂，苞片宿存。種子鮮紅色，乾燥時為暗紅褐色，卵菱形，長約5公釐，徑約3公釐，表面不平整。

- **附記** 野薑花真正的花瓣片，內曲成管狀線形，其貌不揚。因而特化成3枚較大片且醒目的白色瓣片為「退化雄蕊」。退化雄蕊花瓣狀，長4～4.5公分，寬5～6公分，比真花瓣漂亮及醒目，借以吸引蟲媒來完成授粉。

植株性喜濕潤環境，花具芳香，農民栽培做為切花用途。

蒴果。

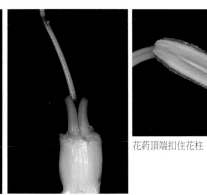

子房與蜜腺特寫。

花藥頂端扣住花柱。

種子

穗狀花序，上舉，頂生。

退化雄蕊4枚，花瓣狀

| 飼育蝴蝶 |
|---|
| ・淡青雅波灰蝶（白波紋小灰蝶）*Jamides alecto dromicus* |
| ・袖弄蝶（黑弄蝶）*Notocrypta curvifascia* |
| ・薑弄蝶（大白紋弄蝶）*Udaspes folus* |

**分布** 歸化種。原產於喜馬拉雅山、印度、馬來西亞等地區。台灣於1900年引進栽培，於1976年所記錄之歸化植物。廣泛分布於全島海拔約1,100公尺以下山區。常見於路旁、林緣或濕地、野溪旁、樹林下等潮濕地或水域處。

# 參考文獻

徐堉峰。1999。台灣蝶圖鑑第一卷＊南投縣；台灣省立鳳凰谷鳥園。
徐堉峰。2002。台灣蝶圖鑑第二卷＊南投縣；台灣國立鳳凰谷鳥園。
徐堉峰。2006。台灣蝶圖鑑第三卷＊南投縣；台灣國立鳳凰谷鳥園。
徐堉峰。2004。近郊蝴蝶＊台北市；聯經出版事業股份有限公司。
洪裕榮。2008。蝴蝶家族＊彰化縣；個人出版。
李俊延、王效岳、張玉珍。1988～1997。台灣蝶類圖說（一～四）＊台北市；台灣省立博物館。
林春吉。2004。彩蝶生態全記錄＊宜蘭縣壯圍鄉；綠世界出版社。
陳世輝。2008。東台灣歸化植物圖鑑＊花蓮市；國立花蓮教育大學。
林春吉。2008。台灣蝴蝶食草與蜜源植物大圖鑑（上、下）＊台北市；天下遠見出版股份有限公司。
林春吉、蘇錦平。2013。台灣蝴蝶大圖鑑＊宜蘭縣壯圍鄉；綠世界出版社。
徐堉峰。2013。台灣蝴蝶圖鑑（上、中、下）＊台中市；晨星出版有限公司。
張連浩。2001。金門地區之新記錄種蝶類～白傘弄蝶＊自然保育季刊第34期；台灣省特有生物研究保育中心。
何健鎔、張連浩。1998。南瀛彩蝶＊南投縣；台灣省特有生物研究保育中心。
太田昭雄、河原英介。1993。色彩與配色＊永和市；新形象出版事業有限公司。
楊遠波、劉和義、呂勝由、彭鏡毅、施炳霖、林讚標等。1997～2003。台灣維管束植物簡誌（二～五卷）＊行政院農業委員會。
呂福原、歐辰雄、呂金誠。1997～2001。台灣樹木解說（1-5）＊行政院農業委員會。
薛聰賢。2003～2007。台灣原生景觀植物圖鑑（1-5）＊彰化縣員林鎮；台灣普綠出版。
薛聰賢。1998～2005。台灣花卉實用圖鑑（1-15冊）＊彰化縣員林鎮；台灣普綠出版。
應紹舜。1992。台灣高等植物彩色圖誌（1-6卷）＊。
陳順德、胡大維。1976。台灣外來觀賞植物名錄。
賴明洲。1995。最新台灣園林觀賞植物名錄＊台北市；地景企業股份有限公司。
王震哲、陳志雄、呂長澤。2009。台灣植物誌Flora of Taiwan。龍膽科＊國立台灣師範大學。
台灣植物誌Flora of Taiwan。1994。第1卷＊台灣植物誌第2版編輯委員會。
台灣植物誌Flora of Taiwan。1996。第2卷＊台灣植物誌第2版編輯委員會。
台灣植物誌Flora of Taiwan。1993。第3卷＊台灣植物誌第2版編輯委員會。
台灣植物誌Flora of Taiwan。1998。第4卷＊台灣植物誌第2版編輯委員會。
台灣植物誌Flora of Taiwan。2000。第5卷＊台灣植物誌第2版編輯委員會。
台灣植物誌Flora of Taiwan。2003。第6卷＊國立台灣大學植物學系。
張碧員、呂勝由、傅惠苓、陳一銘。1994。台灣賞樹情報＊台北市；大樹文化事業股份有限公司。
張碧員、張蕙芬、呂勝由、傅惠苓、陳一銘。1997。台灣野花365天（春夏篇＆秋冬篇）＊台北市；大樹文化事業股份有限公司。
曾彥學、陳志輝、李麗華。1998。苗栗縣植物資源＊台灣省特有生物研究保育中心。
葉德銘等。2001。花研巧語～梅峰地區景觀草本花卉＊行政院農業委員會。
張永仁。2002。野花圖鑑＊台北市；遠流出版事業股份有限公司。
邱少婷、黃俊霖。2003。花的前世今生＊國立自然科學博物館。
鐘詩文、呂勝由、王志強、謝光普、楊勝任。2004。台灣產山柑科的～新記錄；毛瓣蝴蝶木＊Taiwania，49（4）：225-231。
中國植物志。2004。中國科學院中國植物志編輯委員會＊北京；科學出版社
曾彥學、劉靜榆等。2005。豐原野趣＊台中縣豐原市公所。
張永仁。2005。蝴蝶100＊台北市；遠流出版事業股份有限公司。
林文智。2004～2005。台灣的野花-低海拔篇1300種＊台北市；渡假出版社有限公司。
李松柏。2005。台灣水生植物地圖＊台中市；晨星出版有限公司。
自然保育季刊。2005。第51期＊台灣省特有生物研究保育中心。
袁秋英、蔣慕琰。2006。果園常見草本植物＊行政院農業委員會藥物毒物試驗所。
自然保育季刊。2006。第55期＊台灣省特有生物研究保育中心。
蝶季刊。2006-2010。春至冬季號＊台灣蝴蝶保育學會。

章錦瑜。2007。景觀樹木觀賞圖鑑＊台中市；晨星出版有限公司。
林有義、林柏昌。2008。蝴蝶食草圖鑑＊台中市；晨星出版有限公司。
詹家龍。2008。紫斑蝶＊台中市；晨星出版有限公司。
許再文、牟善傑、彭仁傑、何東輯。2001。台南縣市植物資源＊台灣省特有生物研究保育中心。
許再文、蔣鎮宇、彭仁傑。2005。臺灣爵床科的新歸化植物～小花寬葉馬偕花＊台灣省特有生物研究保育中心。
陳堃霖。1987。台灣產桑寄生科分類之研究＊國立中興大學。
王秋美。1988。台灣產鼠李科植物之分類研究＊國立中興大學。
劉思謙。1994。台灣產懸鉤子屬植物分類之研究＊國立中興大學。
何東輯。1996。台灣產芸香科植物之分類研究＊國立中興大學。
王光玉。1997。台灣產菝葜屬植物之分類研究＊國立中興大學。
張耀仁。2000。台灣產蘿藦屬植物之分類研究＊國立中興大學。
曾喜育。2004。台灣產榕屬植物之分類研究＊國立中興大學。
梁珆碩。2007。台灣產玄參科母草屬植物之分類研究＊國立中興大學。
蘇冠宇。2009。台灣產鷗蔓屬（蘿藦科）植物之分類研究＊國立中興大學。
趙建棣。2010。台灣產黃精族（百合科）植物之系統分類學研究＊國立中興大學。
林惠雯。2010。台灣金午時花屬（錦葵科）植物之系統分類學研究＊國立中興大學。
黃冠中。2010。台灣產玉葉金花屬之分類訂正＊東海大學生命科學系。
呂福原、歐辰雄、呂金誠、曾彥學、陳運造、祈豫生。2010。台灣樹木圖誌（三）國立中興大學森林學系。
何東輯。2007。台灣產芸香科植物之訂正＊特有生物研究9（2）：29-52。
曾彥學、劉靜榆、王志強、歐辰雄。2008。台灣新歸化樹種～陰香（樟科）＊林業研究季刊，30（3）：25-30。
Hiroyoshi Ohashi and Yu Iokawa。2007。台灣產豆科兔尾草屬植物之訂正＊Taiwania，52（2）：177-183。
黃怡靜、王震哲。2008。台灣新記錄植物～翅柄馬藍（爵床科）＊Taiwania，54（1）：93-96。
曾彥學、劉靜榆、古訓銘、王志強。2009。台灣產恆春月桃（薑科）再確認＊Taiwania，55（1）：67-71。
黃俊溢、胡哲明。2009。台灣產薔薇科懸鉤子屬植物訂正＊國立台灣大學生態學與演化生物學研究所＊Taiwania，54（4）：285-310。
徐堉峰、千葉秀幸、築山洋、羅易奎、陳建仁、王守民。2009。楚南仁博博士所記述弄蝶之整理＊SCI期刊「Zootaxa」第2202卷，第48-58頁。
林惠雯、曾彥學。2010。台灣金午時花屬（Sida L.）植物分果片外觀形態之分類學研究＊國立中興大學。
林惠雯、王秋美、曾彥學。2010。台灣新歸化錦葵科植物～刺金午時花＊林業研究季刊，32（2）：1-6。
趙建棣、洪裕榮、曾彥學。2010。台灣產牛皮消屬（蘿藦科）～新記錄種；毛白前＊Taiwania，55（3）：324-329。
曾彥學、趙建棣、林惠雯。2010。台灣特有種鷗蔓屬（蘿藦科）～新種；蘇氏鷗蔓＊Journal of Systematics and Evolution，49（2）：162。
曾彥學、趙建棣。2010。台灣特有種鷗蔓屬（蘿藦科）～新種；呂氏鷗蔓＊Annales Botanici Fennici，48（6）：515-518。
大橋廣好、黃增泉、大橋一晶。2010。台灣產之鴨腱藤屬植物＊Taiwania，55（1）：43-53。
徐光明、蔡進來、陳明義。2010。台灣產薯蕷屬植物親緣關係之研究＊台灣生物多樣性研究12（3）：291-302。
王震哲。1988。台灣堇菜屬之分類研究＊國立台灣大學。
楊國禎。1988。台灣柳屬植物之訂正＊國立台灣大學。
李瑞宗。1995。台灣芒屬植物之研究＊國立台灣大學。
楊正仲。1993。台灣月桃屬植物之分類研究＊國立台灣師範大學。
詹家龍。1997。兩種喜蟻性雀斑小灰蝶生態之研究＊國立台灣大學。
林鴻文。2000。台灣產佛甲草屬植物之分類研究＊國立台灣師範大學。
呂長澤。2001。台灣產細辛屬植物之分類研究＊國立台灣師範大學。
洪銘祥。2006。台灣產馬藍屬植物之分類研究＊國立台灣師範大學。
黃怡靜。2006。台灣產馬藍屬植物之分類研究＊國立台灣師範大學。
楊珺嵐。2008。台灣產馬兜鈴屬植物之分類研究＊國立台灣師範大學。
許媖素。2003。台灣產饅頭果屬植物（大戟科）之分類研究＊國立嘉義大學。
郭育妏。2006。台灣產月桃屬（薑科）植物分類與根莖精油分析之研究＊國立嘉義大學。
林德勳。2006。台灣產李亞科（薔薇科）之分類研究＊國立嘉義大學。
施炳霖。1995。台灣蕁麻科盤花麻族之分類研究＊國立中山大學。
廖俊奎。2000。台灣產薯蕷屬（薯蕷科）之分類研究＊國立中山大學。

# 中文名索引

**一畫**
一條根　139

**二畫**
人面花　254
十萬錯花　15

**三畫**
三叉虎　217
三色堇　254
三腳鱉　217
土肉桂　93
土密樹　72
大仙茅　255
大安水簑衣　18
大豆　142
大花田菁　166
大花蘆莉　26
大葉千金拔　139
大葉山螞蝗　130
大葉合歡　99
大葉佛來明豆　139
大葉桑寄生　175
大葉假含羞草　119
大葉野百合　124
大葉溲疏　230
大葉饅頭果　81
小果薔薇　207
小花鼠刺　231
小花寬葉馬偕花　15
小金櫻　208
小蛇麻　198
小堇菜　249
小獅子草　19
小葉括根　164
小團扇薺　67
小實孔雀豆　96
小槐花　128
小燈籠草　64
小錦蘭　31
山刈葉　218
山刺番荔枝　29
山芥菜　69
山扁豆　118
山胡椒　94
山珠豆　117
山葛　162
山漆莖　71
山橘　215
山鷗蔓　55
川上氏堇菜　247

**四畫**
中華金午時花　187
中華黃花稔　187
六捻仔　84
太陽麻　121
心葉母草　232
心葉茶匙黃　253
心葉黃花稔　189
月季　206
月季花　206
月桃　262

**五畫**
木豆　103
木薑子　94
毛木藍　144
毛白前　45
毛胡枝子　151
毛苦參　169
毛馬棘　144
毛細花乳豆　141
毛瓣蝴蝶木　59
水社柳　228
水柳　229
水蛇麻　198
水黃皮　160
水簑衣　17
火炬刺桐　138
火炭母草　200
火燄桑葉麻　238
爪哇大豆　156
爪哇金午時花　191
爪哇黃花稔　191
牛皮消　41

**五畫**
凹葉紅合歡　106
北美獨行菜　67
台北堇菜　251
台灣山黑扁豆　137
台灣牛皮消　43
台灣牛嬭菜　49
台灣白花藤　33
台灣白薇　43
台灣赤楊　57
台灣香檬　212
台灣烏心石　180
台灣馬兜鈴　36
台灣清風藤　226
台灣堇菜　246
台灣葛藤　162
台灣橙木　57
台灣懸鉤子　210
台灣鷗蔓　54
台灣鱗球花　22
四季橘　211
四稜豆　161
玉桃　262
瓜葉馬兜鈴　34
田皂角　98
白木蘇花　127
白花菜　60
白花鐵富豆　171
白背黃花稔　193
白首烏　42
白匏子　83
白葉仔　83
白薇　41
石苓舅　216

**六畫**
光果翼核木　204
光萼野百合　125
光葉魚藤　104
印尼肉桂　91
印度田菁　167

合萌　98
如意草　242
尖尾鳳　39
扛香藤　85
曲毛豇豆　174
曲莖馬藍　27
羊角菜　60
羊角藤　48
羽萼懸鉤子　209
老荊藤　105
耳葉馬兜鈴　37
西班牙三葉草　136

**七畫**
佛來明豆　140
卵葉饅頭果　77
卵葉鱗球花　24
呂氏鷗蔓　55
忍冬　62
旱田草　234
決明　116
秀柱花　90
角板山月桃　259
豆薯　157
赤血仔　74
赤道櫻草　14

**八畫**
刺仔花　208
刺花椒　225
刺金午時花　195
刺球花　95
刺葉桂櫻　205
刺蔥　222
和氏豇豆　172
定經草　232
披針葉饅頭果　76
武靴藤　48
波斯皂莢　112
波葉山螞蝗　135
泥花草　233
爬森藤　32
狗花椒　223
直毛假地豆　132
直立假地豆　132
肥豬豆　109
芙蓉蘭　50
虎爪豆　155
金午時花　193
金玉蘭　179
金合歡　95
金葉黃槐　111
長果山橘　216
長梗黃花稔　188
長葉豇豆　173
阿勃勒　112
阿扁樹　218
青木香　34
青皮豆　142
青苧麻　236

**九畫**
俄氏莿柊　89

匍菫菜　242
南投山螞蝗　133
南美葛豆　108
南美豬屎豆　125
垂柳　227
娃兒藤　52
恆春月桃　258
恆春金午時花　190
柳葉水簑衣　20
柳葉鱗球花　25
皇帝豆　158
相思豆　96
紅毛饅頭果　79
紅仔珠　71
紅合歡　107
紅花野牽牛　63
紅粉撲花　106
紅腺忍冬　61
美洲合萌　97
美洲合歡　107
美洲含羞草　154
苞葉賽芻豆　152
苦參　168
苧麻　235
風車藤　182
飛龍掌血　221
食茱萸　222
香菫菜　254

**十畫**
倒吊蓮　65
唐棉　47
埔姜桑寄生　176
島田氏月桃　261
栓皮櫟　88
海島鷗蔓　53
烏柑仔　219
烏面馬　199
烏桕　87
琉球山螞蝗　143
翅果鐵刀木　110
脈葉木藍　148
臭辣樹　220
茱萸　222
茶匙黃　245
釘頭果　47
馬利筋　39
馬告　94
馬齒莧　201
高士佛饅頭果　75

**十一畫**
假土肉桂　91
假木豆　126
假地豆　131
假含羞草　118
密子豆　163
崖椒　224
彩花馬兜鈴　35
排錢樹　159
敏感合萌　97
望江南　113
梵天花　197

疏花鷗蔓　56
粗葉懸鉤子　209
粗糠柴　84
粘毛黃花稔　192
細葉金午時花　185
細葉饅頭果　80
船子草　255
野木藍　147
野桐　82
野棉花　196
野薑花　263
陰香　91
鹿藿　165

**十二畫**
喙莢雲實　102
喜岩堇菜　241
單芒金午時花　194
散花山螞蝗　129
椆櫟柿寄生　178
港口馬兜鈴　38
短毛堇菜　244
紫花地丁　250
紫花堇菜　248
絡石　33
絨毛芙蓉蘭　50
腎葉堇　254
菊花木　100
菝葜　257
華他卡藤　46
華南苧麻　237
菱葉金午時花　193
菲律賓饅頭果　78
萊豆　158
雄貓堇　254
雲實　101
黃玉蘭　179
黃花稔　185
黃野百合　123
黃椰子　256
黃槐　115
黃豬屎豆　122
黑木藍　145

**十三畫**
圓果山橘　215
圓葉金午時花　189
圓葉錦葵　183
新竹堇菜　252
新店懸鉤子　209
猿尾藤　182
矮鱗球花　23
腺萼馬藍　28
葦草　58
葫蘆茶　170
葶藶　69
裡白忍冬　61
裡白饅頭果　73
賊仔樹　220
過山香　214

**十四畫**
橙葉金午時花　186
橙葉黃花稔　186

**十五畫**
寬翼豆　153

廣東葶藶　68
樟樹　92
歐氏月桃　260
澎湖金午時花　188
箭葉堇菜　243
蓮華池桑寄生　177
蝦尾山螞蝗　134
蟲母子　196
蟲母草　196
蝴蝶薑　263
豬母乳　201
銳葉金午時花　185
魯花樹　89
黎豆　155

**十六畫**
樹豆　103
橘柑　213
獨行菜　67
磨草　128
蓖麻　86
貓臉花　254
錦蘭　31
錫蘭饅頭果　81
鴨舌癀　240

**十七畫**
擬大豆　108
擬紅花野牽牛　63
濕生葶藶　70
營多藤　133
爵床　21
穗花山奈　263
穗花木藍　146
糞箕藤　85
翼豆　161
翼柄決明　110
翼核木　203
翼莖野百合　120
翼軸決明　110
薄葉牛皮消　42
薄葉金午時花　192
賽山藍　16
賽葵　184
隱鱗藤　40

**十八畫**
薺　66
薺菜　66
雙面刺　224
雙莢槐　111
雞血藤　104

**十九畫**
霧水葛　239
鵲豆　149

**二十畫**
蘇氏鷗蔓　51

**二十一畫**
蘭嶼牛皮消　44
蘭嶼烏心石　181
鐵刀木　114
鐵掃帚　150

**二十二畫**
戀大雀梅藤　202
鷗蔓　52

**二十四畫**
鷹爪花　30

# 學名索引

**A**

*Acacia farnesiana* (L.) Willd.　金合歡（刺球花）　95

*Adenanthera microsperma* L.　小實孔雀豆（相思豆）　96

*Aeschynomene americana* L.　敏感合萌（美洲合萌）　97

*Aeschynomene indica* L.　合萌（田皂角）　98

*Albizia lebbeck* (L.) Benth.　大葉合歡　99

*Alnus formosana* (Burkill *ex* Forbes & Hemsl.) Makino　台灣赤楊（台灣榿木）　57

*Alpinia koshunensis* Hayata　恆春月桃　258

*Alpinia mesanthera* Hayata　角板山月桃　259

*Alpinia oui* Y. H. Tseng & C. C. Wang, J. C. Wang & C. I. Peng　歐氏月桃　260

*Alpinia shimadae* Hayata　島田氏月桃　261

*Alpinia zerumbet* (Pers.) B. L. Burtt & R. M. Smith　月桃（玉桃）　262

*Annona montana* Macf.　山刺番荔枝　29

*Anodendron affine* (Hook. & Arn.) Druce　小錦蘭（錦蘭）　31

*Aristolochia cucurbitifolia* Hayata　瓜葉馬兜鈴（青木香）　34

*Aristolochia elegans* M. T. Mast.　彩花馬兜鈴　35

*Aristolochia shimadae* Hayata　台灣馬兜鈴　36

*Aristolochia tagala* Champ　耳葉馬兜鈴　37

*Aristolochia zollingeriana* Miq.　港口馬兜鈴　38

*Artabotrys uncinatus* (Lam.) Merr.　鷹爪花　30

*Asclepias curassavica* L.　尖尾鳳（馬利筋）　39

*Asystasia gangetica* (L.) T. Anderson　赤道櫻草　14

*Asystasia gangetica* (L.) T. Anderson subsp. *micrantha* (Nees) Ensermu小花寬葉馬偕花（十萬錯花）　15

**B**

*Bauhinia championii* (Benth.) Benth.　菊花木　100

*Blechum pyramidatum* (Lam.) Urb.　賽山藍　16

*Boehmeria nivea* (L.) Gaudich. var. *nivea*　苧麻　235

*Boehmeria nivea* (L.) Gaudich. var. *tenacissima* (Gaudich.) Miq　青苧麻　236

*Boehmeria pilosiuscula* (Blume) Hassk.　華南苧麻　237

*Breynia officinalis* Hemsl.　紅仔珠（山漆莖）　71

*Bridelia tomentosa* Blume　土密樹　72

**C**

*Caesalpinia decapetala* (Roth) Alston　雲實　101

*Caesalpinia minax* Hance　喙莢雲實　102

*Cajanus cajan* (L.) Millsp.　木豆（樹豆）　103

*Callerya nitida* (Benth.) R. Geesink　光葉魚藤（雞血藤）　104

*Callerya reticulata* (Benth.) Schot　老荊藤　105

*Calliandra emerginata* (Humb.& Bonpl.) Benth.　紅粉撲花（凹葉紅合歡）　106

*Calliandra haematocephala* Hassk.　美洲合歡（紅合歡）　107

*Calopogonium mucunoides* Desv.　擬大豆（南美葛豆）　108

*Canavalia lineata* (Thunb. *ex* Murray) DC.　肥豬豆　109

*Capparis sabiaefolia* Hook. f. & Thoms.　毛瓣蝴蝶木　59

*Capsella bursa-pastoris* (L.) Medic.　薺（薺菜）　66

*Cassia alata* L.　翼柄決明（翼軸決明，翅果鐵刀木）　110

*Cassia bicapsularis* L.　金葉黃槐（雙莢槐）　111

*Cassia fistula* L.　阿勃勒（波斯皂莢）　112

*Cassia occidentalis* (L.) Link　望江南　113

*Cassia siamea* (Lam.) Irwin & Barneby　鐵刀木　114

*Cassia surattensis* Burm. f.　黃槐　115

*Cassia tora* (L.) Roxb.　決明　116

*Centrosema pubescens* Benth.　山珠豆　117

*Chamaecrista mimosoides* (L.) Greene　假含羞草（山扁豆）　118

*Chamaecrista nictitans* (L.) Moench subsp. *patellaria* (Colladon) Irwin & Barneby　大葉假含羞草　119

*Chrysalidocarpus lutescens* Wendl.　黃椰子　256

*Cinnamomum burmannii* (Nees) Blume　陰香（假土肉桂、印尼肉桂）　91

*Cinnamomum camphora* (L.) Presl　樟樹　92

*Cinnamomum osmophloeum* Kanehira　土肉桂　93

*Citrofortunella microcarpa* (Bunge) Wijnands　四季橘　211

*Citrus depressa* Hayata　台灣香檬　212

*Citrus tachibana* (Makino) Tanaka　橘柑　213

*Clausena excavata* Burm. f.　過山香　214

*Cleome gynandra* L.　白花菜（羊角菜）　60

*Crotalaria bialata* Schrank　翼莖野百合　120

*Crotalaria juncea* L.　太陽麻　121

*Crotalaria micans* Link　黃豬屎豆　122

*Crotalaria pallida* Ait. var. *obovata* (G. Don) Polhill　黃野百合　123

*Crotalaria verrucosa* L.　大葉野百合　124

*Crotalaria zanzibarica* Benth　南美豬屎豆（光萼野百合）　125

*Cryptolepis sinensis* (Lour.) Merr.　隱鱗藤　40

*Curculigo capitulata* (Lour.) Kuntze　船子草（大仙茅）　255

*Cynanchum atratum* Bunge　牛皮消（白薇）　41

*Cynanchum boudieri* H. Lév. & Vaniot　薄葉牛皮消（白首烏）　42

*Cynanchum formosanum* (Maxim.) Hemsl. *ex* Forbes & Hemsl.　台灣牛皮消（台灣白薇）　43

*Cynanchum lanhsuense* Yamazaki　蘭嶼牛皮消　44

*Cynanchum mooreanum* Hemsl.　毛白前　45

**D**

*Dendrolobium triangulare* (Retz.) Schindl　假木豆　126

*Dendrolobium umbellatum* (L.) Benth.　白木蘇花　127

*Desmodium caudatum* (Thunb. *ex* Murray) DC.　小槐花（磨草）　128

*Desmodium diffusum* DC.　散花山螞蝗　129

*Desmodium gangeticum* (L.) DC.　大葉山螞蝗　130

*Desmodium heterocarpon* (L.) DC. var. *heterocarpon*　假地豆　131

*Desmodium heterocarpon* (L.) DC. var. *strigosum* Meeuwen　直立假地豆（直毛假地豆）　132

*Desmodium intortum* (DC.) Urb　營多藤（南投山螞蝗）　133

*Desmodium scorpiurus* (Sw.) Desv　蝦尾山螞蝗　134

*Desmodium sequax* Wall　波葉山螞蝗　135

*Desmodium uncinatum* DC.　西班牙三葉草　136

*Deutzia pulchra* Vidal　大葉溲疏　230

*Dregea volubilis* (L. f.) Benth.　華他卡藤　46

*Dumasia villosa* DC. subsp. *bicolor* (Hayata) Ohashi & Tateishi　台灣山黑扁豆　137

**E**

*Erythrina caffra* Thunb.　火炬刺桐　138

*Eustigma oblongifolium* Gardn. & Champ.　秀柱花　90

**F**

*Fatoua villosa* (Thunb.) Nakai　小蛇麻（水蛇麻）　198

*Flemingia macrophylla* (Willd.) Kuntze *ex* Prain　大葉佛來明豆（大葉千金拔、一條根）　139

*Flemingia strobilifera* (L.) R. Br. *ex* W. T. Aiton　佛來明豆　140

**G**

*Galactia tenuiflora* (Klein *ex* Willd.) Wight & Arn. var. *villosa* (Wight & Arn.) Benth.　毛細花乳豆　141

*Glochidion acuminatum* Muell.-Arg.　裡白饅頭果　73

*Glochidion hirsutum* (Roxb.) Voigt　赤血仔　74

*Glochidion kusukusense* Hayata　高士佛饅頭果　75

*Glochidion lanceolatum* Hayata　披針葉饅頭果　76

*Glochidion ovalifolium* F. Y. Lu & Y. S. Hsu　卵葉饅頭果　77

*Glochidion philippicum* (Cavan.) C. B. Rob.　菲律賓饅頭果　78

*Glochidion puberum* (L.) Hutch.　紅毛饅頭果　79

*Glochidion rubrum* Blume　細葉饅頭果　80

*Glochidion zeylanicum* (Gaertn.) A. Juss.　錫蘭饅頭果（大葉饅頭果）　81

*Glycine max (*L.) Merr.　大豆（青皮豆）　142

*Glycosmis parviflora* (Sims) Kurz. var. *erythrocarpa* (Hayata) T. C. Ho長果山橘（石苓舅）　216

*Glycosmis parviflora* (Sims) Kurz. var. *parviflora*　山橘（圓果山橘）　215

*Gomphocarpus fruticosus* (L.) R. Br.　釘頭果（唐棉）　47

*Gymnema sylvestre* (Retz.) Schultes　武靴藤（羊角藤）　48

**H**

*Hedychium coronarium* Koenig　野薑花（穗花山奈、蝴蝶薑）　263

*Hiptage benghalensis* (L.) Kurz.　猿尾藤（風車藤）　182

*Humulus scandens* (Lour.) Merr.　葎草　58

*Hygrophila lancea* (Thunb.) Miq.　水蓑衣　17

*Hygrophila pogonocalyx* Hayata　大安水蓑衣　18

*Hygrophila polysperma* T. Anders.　小獅子草　19

*Hygrophila salicifolia* (Vahl) Nees　柳葉水蓑衣　20

*Hylodesmum laterale* (Schindl.) H. Ohashi & R. R. Mill　琉球山螞蝗　143

**I**

*Indigofera hirsuta* L.　毛木藍（毛馬棘）　144

*Indigofera nigrescens* Kurz *ex* Prain　黑木藍　145

*Indigofera spicata* Forsk.　穗花木藍　146

*Indigofera suffruticosa* Mill.　野木藍　147

*Indigofera venulosa* Champ. *ex* Benth.　脈葉木藍　148

*Ipomoea leucantha* Jacq.　擬紅花野牽牛　63

*Ipomoea triloba* L.　紅花野牽牛　63

*Itea parviflora* Hemsl.　小花鼠刺　231

**J**

*Justicia procumbens* L.　爵床　21

**K**

*Kalanchoe gracilis* Hance　小燈籠草　64

*Kalanchoe spathulata* (Poir.) DC.　倒吊蓮　65

**L**

*Lablab purpureus* (L.) Sweet　鵲豆　149

*Laportea aestuans* (L.) Chew　火焱桑葉麻　238

*Lepidagathis formosensis* C.B.Clarke *ex* Hayata　台灣鱗球花　22

*Lepidagathis humilis* Merrill　矮鱗球花　23

*Lepidagathis inaequalis* C.B. Clarke *ex* Elmer　卵葉鱗球花　24

*Lepidagathis stenophylla* C.B.Clarke *ex* Hayata　柳葉鱗球花　25

*Lepidium virginicum* L.　獨行菜（北美獨行菜、小團扇薺）　67

*Lespedeza cuneata* G.Don.　鐵掃帚　150

*Lespedeza thunbergii* (DC.) Nakai subsp. *formosa* (Vogel) H. Ohashi　毛胡枝子　151

*Lindernia anagallis* (Burm. f.) Pennell　定經草（心葉母草）　232

*Lindernia antipoda* (L.) Alston　泥花草　233

*Lindernia ruellioides* (Colsm.) Pennell　旱田草　234

*Litsea cubeba* (Lour.) Pers.　山胡椒（木薑子、馬告（*Makauy*））　94

*Lonicera hypoglauca* Miq.　裡白忍冬（紅腺忍冬）　61

*Lonicera japonica* Thunb.　忍冬　62

**M**

*Macroptilium bracteatum* (Nees & Mart.) Marechal & Baudet　苞葉賽芻豆　152

*Macroptilium lathyroides* (L.) Urban　寬翼豆　153

*Mallotus japonicus* (Thunb.) Muell.-Arg.　野桐　82

*Mallotus paniculatus* (Lam.) Muell.-Arg.　白匏子（白葉仔）　83

*Mallotus philippensis* (Lam.) Muell.-Arg.　粗糠柴（六捻仔）　84

*Mallotus repandus* (Willd.) Muell.-Arg.　扛香藤（糞箕藤）　85

*Malva neglecta* Wall.　圓葉錦葵　183

*Malvastrum coromandelianum* (L.) Garcke　賽葵　184

*Marsdenia formosana* Masam.　台灣牛嬭菜　49

*Marsdenia tinctoria* R. Br.　絨毛芙蓉蘭（芙蓉蘭）　50

*Melicope pteleifolia* (Champ. *ex* Benth.) Hartley　三叉虎（三腳虌）　217

*Melicope semecarpifolia* (Merr.) Hartley　山刈葉（阿扁樹）　218

*Michelia champaca* L.　黃玉蘭（金玉蘭）　179

*Michelia compressa* (Maxim.) Sargent var. *formosana* Kaneh.　台灣烏心石　180

*Michelia compressa* (Maxim.) Sargent var. *lanyuensis* S. Y. Lu　蘭嶼烏心石　181

*Mimosa diplotricha* C. Wright *ex* Sauvalle　美洲含羞草　154

*Mucuna pruriens* (L.) DC. var. *utilis* (Wall. *ex* Wight) Burck　虎爪豆（黎豆）　155

**N**

*Neonotonia wightii* (Wight & Arn.) Lackey　爪哇大豆　156

**P**

*Pachyrhizus erosus* (L.) Urb.　豆薯　157

*Parsonia laevigata* (Moon) Alston　爬森藤　32

*Phaseolus lunatus* L.　皇帝豆（萊豆）　158

*Phyla nodiflora* (L.) Greene　鴨舌癀　240

*Phyllodium pulchellum* (L.) Desv.　排錢樹　159

*Plumbago zeylanica* L.　烏面馬　199

*Polygonum chinense* L.　火炭母草　200

*Pongamia pinnata* (L.) Pierre　水黃皮　160

*Portulaca oleracea* L.　馬齒莧（豬母乳）　201

*Pouzolzia zeylanica* (L.) Benn.　霧水葛　239

*Prunus spinulosa* Sieb. & Zucc.　刺葉桂櫻　205

*Psophocarpus tetragonolobus* (L.) DC.　四稜豆（翼豆）　161

*Pueraria montana* (Lour.) Merr.　山葛（台灣葛藤）　162

*Pycnospora lutescens* (Poir.) Schindl.　密子豆　163

**Q**

*Quercus variabilis* Blume　栓皮櫟　88

**R**

*Rhynchosia minima* (L.) DC. f. nuda (DC.) Ohashi & Tateishi　小葉括根　164

*Rhynchosia volubilis* Lour.　鹿藿　165

*Ricinus communis* L.　蓖麻　86

*Rorippa cantoniensis* (Lour.) Ohwi　廣東葶藶　68

*Rorippa indica* (L.) Hiern　葶藶（山芥菜）　69

*Rorippa palustris* (L.) Besser　濕生葶藶　70

*Rosa chinensis* Jacq.　月季（月季花）　206

*Rosa cymosa* Tratt.　小果薔薇　207

*Rosa taiwanensis* Nakai　小金櫻（刺仔花）　208

*Rubus alceifolius* Poir.　羽萼懸鉤子（新店懸鉤子、粗葉懸鉤子）　209

*Rubus formosensis* Kuntze　台灣懸鉤子　210

*Ruellia elegans* Poir.　大花蘆莉　26

**S**

*Sabia swinhoei* Hemsl.　台灣清風藤　226

*Sageretia randaiensis* Hayata　巒大雀梅藤　202

*Salix babylonica* L.　垂柳　227

*Salix kusanoi* (Hayata) C. K. Schneid　水社柳　228

*Salix warburgii* Seemen　水柳　229

*Sapium sebiferum* (L.) Roxb. 烏桕 87

*Scolopia oldhamii* Hance 魯花樹（俄氏莿柊） 89

*Sesbania grandiflora* (L.) Pers. 大花田菁 166

*Sesbania sesban* (L.) Merr. 印度田菁 167

*Severinia buxifolia* (Poir.) Tenore 烏柑仔 219

*Sida acuta* Burm. f. 銳葉金午時花（細葉金午時花、黃花稔） 185

*Sida alnifolia* L. 橙葉金午時花（橙葉黃花稔） 186

*Sida chinensis* Retz. 中華金午時花（中華黃花稔） 187

*Sida cordata* (Burm.f.) Borss. Waalk. 澎湖金午時花 （長梗黃花稔） 188

*Sida cordifolia* L. 圓葉金午時花（心葉黃花稔） 189

*Sida insularis* Hatusima 恆春金午時花 190

*Sida javensis* Cavar. 爪哇金午時花（爪哇黃花稔） 191

*Sida mysorensis* Wight & Arn. 薄葉金午時花（粘毛黃花稔） 192

*Sida rhombifolia* L. 菱葉金午時花（金午時花、白背黃花稔） 193

*Sida rhombifolia* L. var. *maderensis* (Lowe) Lowe 單芒金午時花 194

*Sida spinosa* L. 刺金午時花 195

*Smilax china* L. 菝葜 257

*Sophora flavescens* Ait. 苦參 168

*Sophora tomentosa* L. 毛苦參 169

*Strobilanthes flexicaulis* Hayata 曲莖馬藍 27

*Strobilanthes pentstemonoides* T. Anders. 腺萼馬藍 28

**T**

*Tadehagi triquetrum* (L.) H. Ohashi. subsp. *pseudotriquetrum* (DC.) H. Ohashi 葫蘆茶 170

*Taxillus liquidambaricolus* (Hayata) Hosok. 大葉桑寄生 175

*Taxillus theifer* (Hayata) H. S. Kiu 埔姜桑寄生 176

*Taxillus tsaii* S.T. Chiu 蓮華池桑寄生 177

*Tephrosia candida* (Roxb.) DC. 白花鐵富豆 171

*Tetradium glabrifolium* (Champ. *ex* Benth.) T. Hartley 賊仔樹（臭辣樹） 220

*Toddalia asiatica* (L.) Lam. 飛龍掌血 221

*Trachelospermum jasminoides* (Lindl.) Lemaire 絡石 （台灣白花藤） 33

*Tylophora sui* Y. H. Tseng & C. T. chao 蘇氏鷗蔓 51

**U**

*Urena lobata* L. 野棉花（蟲母草、蟲母子） 196

*Urena procumbens* L. 梵天花 197

**V**

*Ventilago elegans* Hemsl. 翼核木 203

*Ventilago leiocarpa* Benth. 光果翼核木 204

*Vigna hosei* (Craib) Backer 和氏豇豆 172

*Vigna luteola* (Jacq.) Benth. 長葉豇豆 173

*Vigna reflexo-pilosa* Hayata 曲毛豇豆 174

*Vincetoxicum hirsutum* (Wall.) Kuntze 鷗蔓（娃兒藤） 52

*Vincetoxicum iusalicola* (Tsiang & P. T. Li) Meve & Liede 海島鷗蔓 53

*Vincetoxicum koi* (Merr.) Meve & Liede 台灣鷗蔓 54

*Vincetoxicum lui* (Y. H. Tsiang & C. T. Chao) Meve & Liede 呂氏鷗蔓 （山鷗蔓） 55

*Vincetoxicum oshimae* (Hayata) Meve & Liede 疏花鷗蔓 56

*Viola* ×*wittorckiana* Gams. 三色菫（貓臉花、人面花） 254

*Viola adenothrix* Hayata 喜岩菫菜 241

*Viola arcuata* Blume 如意草（匐菫菜） 242

*Viola betonicifolia* Sm. 箭葉菫菜 243

*Viola confusa* Champ. *ex* Benth. 短毛菫菜 244

*Viola diffusa* Ging. 茶匙黃 245

*Viola formosana* Hayata var. *formosana* 台灣菫菜 246

*Viola formosana* Hayata var. *stenopetala* (Hayata) J. C. Wang, T. C. Huang & T. Hashimoto 川上氏菫菜 247

*Viola grypoceras* A. Gray 紫花菫菜 248

*Viola hederacea* Labill. 腎葉菫（雄貓菫） 254

*Viola inconspicua* Blume subsp. *nagasakiensis* (W. Becker) J. C. Wang & T. C. Huang 小菫菜 249

*Viola mandshurica* W. Becker 紫花地丁 250

*Viola nagasawai* Makino & Hayata var. *nagasawai* 台北菫菜 251

*Viola odorata* L. 香菫菜 254

*Viola shinchikuensis* Yamam. 新竹菫菜 252

*Viola tenuis* Benth. 心葉茶匙黃 253

*Viscum articulatum* Burm 榍櫟柿寄生 178

**Z**

*Zanthoxylum ailanthoides* Sieb. & Zucc. 食茱萸（刺蔥、茱萸） 222

*Zanthoxylum avicennae* (Lam.) DC. 狗花椒 223

*Zanthoxylum nitidum* (Roxb.) DC. 雙面刺（崖椒） 224

*Zanthoxylum simulans* Hance 刺花椒 225

# 台灣蝴蝶幼蟲食草（寄主植物）名錄
## Hostplants List of Taiwanese butterflies

## ★以植物科別／學名查詢

### 1.GYMNOSPERMA　裸子植物
Cycadaceae　蘇鐵科

**Cycas revoluta Thunb.　蘇鐵（栽培種）**
- *Acytolepis puspa myla*　靛色琉灰蝶（台灣琉璃小灰蝶）
  食新芽＆偶見食用
- *Chilades pandava peripatria*　蘇鐵綺灰蝶（東陸蘇鐵小灰蝶）
  食新芽

**Cycas taitungensis C. F. Shen et al.台東蘇鐵（台灣特有種）**
- *Acytolepis puspa myla*　靛色琉灰蝶（台灣琉璃小灰蝶）
  食新芽＆偶見食用
- *Chilades pandava peripatria*　蘇鐵綺灰蝶（東陸蘇鐵小灰蝶）
  食新芽

### 2.DICOTYLEDONS　雙子葉植物
Acanthaceae　爵床科

**Asystasia gangetica (L.) T. Anderson subsp. *micrantha* (Nees) Ensermu　小花寬葉馬偕花（歸化種）**
- *Hypolimnas bolina kezia*　幻蛺蝶（琉球紫蛺蝶）　食葉片
- *Zizula hylax*　迷你藍灰蝶（迷你小灰蝶）　食花苞、未熟果

**Asystasia gangetica (L.) T. Anderson　赤道櫻草（歸化種）**
- *Hypolimnas bolina kezia*　幻蛺蝶（琉球紫蛺蝶）　食葉片
- *Zizula hylax*　迷你藍灰蝶（迷你小灰蝶）　食花苞、未熟果

**Blechum pyramidatum (Lam.) Urb.　賽山藍（歸化種）**
- *Hypolimnas bolina kezia*　幻蛺蝶（琉球紫蛺蝶）　食葉片
- *Junonia almana*　眼蛺蝶（孔雀蛺蝶）　食葉片
- *Junonia iphita*　黯眼蛺蝶（黑擬蛺蝶）　食葉片
- *Kallima inachus formosana*　枯葉蝶　食葉片
- *Yoma sabina podium*　黃帶隱蛺蝶（黃帶枯葉蝶）　食葉片
- *Zizula hylax*　迷你藍灰蝶（迷你小灰蝶）　食花苞、未熟果

**Hemigraphis repanda (L.) H. G. Hallier　易生木（栽培種）**
- *Junonia almana*　眼蛺蝶（孔雀蛺蝶）　食葉片
- *Junonia iphita*　黯眼蛺蝶（黑擬蛺蝶）　食葉片
- *Junonia lemonias aenaria*　鱗紋眼蛺蝶（眼紋擬蛺蝶）　食葉片
- *Kallima inachus formosana*　枯葉蝶　食葉片

**Hygrophila sp.　宜蘭水蓑衣（原生種，水生植物）**
- *Hypolimnas bolina kezia*　幻蛺蝶（琉球紫蛺蝶）　食葉片
- *Junonia almana*　眼蛺蝶（孔雀蛺蝶）　食葉片
- *Kallima inachus formosana*　枯葉蝶　食葉片
- *Zizula hylax*　迷你藍灰蝶（迷你小灰蝶）　食花苞、未熟果

**Hygrophila difformis (Linn. f.) E. Hossain　異葉水蓑衣（歸化種，水生植物）**
- *Junonia almana*　眼蛺蝶（孔雀蛺蝶）　食葉片
- *Kallima inachus formosana*　枯葉蝶　食葉片
- *Zizula hylax*　迷你藍灰蝶（迷你小灰蝶）　食花苞、未熟果

**Hygrophila lancea (Thunb.) Miq.　水蓑衣（原生種，水生植物）**
- *Junonia almana*　眼蛺蝶（孔雀蛺蝶）　食葉片
- *Junonia iphita*　黯眼蛺蝶（黑擬蛺蝶）　食葉片
- *Kallima inachus formosana*　枯葉蝶　食葉片
- *Zizula hylax*　迷你藍灰蝶（迷你小灰蝶）　食花苞、未熟果

**Hygrophila pogonocalyx Hayata　大安水蓑衣（台灣特有種，水生植物）**
- *Hypolimnas bolina kezia*　幻蛺蝶（琉球紫蛺蝶）　食葉片
- *Junonia almana*　眼蛺蝶（孔雀蛺蝶）　食葉片
- *Junonia iphita*　黯眼蛺蝶（黑擬蛺蝶）　食葉片
- *Junonia lemonias aenaria*　鱗紋眼蛺蝶（眼紋擬蛺蝶）　食葉片
- *Kallima inachus formosana*　枯葉蝶　食葉片
- *Zizula hylax*　迷你藍灰蝶（迷你小灰蝶）　食花苞、未熟果

**Hygrophila polysperma T. Anders.　小獅子草（歸化種，水生植物）**
- *Hypolimnas bolina kezia*　幻蛺蝶（琉球紫蛺蝶）　食葉片
- *Junonia almana*　眼蛺蝶（孔雀蛺蝶）　食葉片
- *Kallima inachus formosana*　枯葉蝶　食葉片
- *Zizula hylax*　迷你藍灰蝶（迷你小灰蝶）　食花苞、未熟果

**Hygrophila salicifolia (Vahl) Nees　柳葉水蓑衣（原生種，水生植物）**
- *Junonia almana*　眼蛺蝶（孔雀蛺蝶）　食葉片
- *Junonia iphita*　黯眼蛺蝶（黑擬蛺蝶）　食葉片
- *Kallima inachus formosana*　枯葉蝶　食葉片
- *Zizula hylax*　迷你藍灰蝶（迷你小灰蝶）　食花苞、未熟果

**Justicia procumbens L.　爵床（原生種）**
- *Junonia orithya*　青眼蛺蝶（孔雀青蛺蝶）　食葉片

**Justicia procumbens L. var. *hayatae* (Yamam.) Ohwi　早田氏爵床（台灣特有變種）**
- *Junonia orithya*　青眼蛺蝶（孔雀青蛺蝶）　食葉片

**Lepidagathis formosensis C. B. Clarke *ex* Hayata　台灣鱗球花（原生種）**
- *Junonia lemonias aenaria*　鱗紋眼蛺蝶（眼紋擬蛺蝶）　食葉片
- *Kallima inachus formosana*　枯葉蝶　食葉片＆偶見食用

**Lepidagathis humilis Merrill　矮鱗球花（原生種）**
- *Junonia lemonias aenaria*　鱗紋眼蛺蝶（眼紋擬蛺蝶）　食葉片

**Lepidagathis inaequalis C. B. Clarke *ex* Elmer　卵葉鱗球花（外來種）**
- *Junonia lemonias aenaria*　鱗紋眼蛺蝶（眼紋擬蛺蝶）　食葉片

**Lepidagathis stenophylla C. B. Clarke *ex* Hayata　柳葉鱗球花（台灣特有種）**
- *Junonia lemonias aenaria*　鱗紋眼蛺蝶（眼紋擬蛺蝶）　食葉片

**Ruellia brittoniana Leonard　翠蘆莉（栽培種）**
- *Junonia almana*　眼蛺蝶（孔雀蛺蝶）　食葉片
- *Zizula hylax*　迷你藍灰蝶（迷你小灰蝶）　食花苞、未熟果

**Ruellia elegans Poir.　大花蘆莉（栽培種）**
- *Junonia almana*　眼蛺蝶（孔雀蛺蝶）　食葉片
- *Junonia iphita*　黯眼蛺蝶（黑擬蛺蝶）　食葉片
- *Junonia lemonias aenaria*　鱗紋眼蛺蝶（眼紋擬蛺蝶）　食葉片
- *Kallima inachus formosana*　枯葉蝶　食葉片
- *Zizula hylax*　迷你藍灰蝶（迷你小灰蝶）　食花苞、未熟果

**Ruellia repen (L.) Hassk.　蘆利草（原生種）**
- *Junonia almana*　眼蛺蝶（孔雀蛺蝶）　食葉片

· *Zizula hylax*　迷你藍灰蝶（迷你小灰蝶）　食花苞、未熟果

**Strobilanthes cusia (Nees) Kuntze　馬藍（原生種）**
· *Junonia iphita*　黯眼蛺蝶（黑擬蛺蝶）　食葉片
· *Kallima inachus formosana*　枯葉蝶　食葉片

**Strobilanthes flexicaulis Hayata　曲莖馬藍（原生種）**
· *Celaenorrhinus kurosawai*　黑澤星弄蝶（姬（小）黃紋弄蝶）　食葉片
· *Celaenorrhinus horishanus*　埔里星弄蝶（埔里（小）黃紋弄蝶）　食葉片
· *Celaenorrhinus maculosus taiwanus*　大流星弄蝶（大型黃紋弄蝶）　食葉片
· *Celaenorrhinus pulomaya formosanus*　尖翅星弄蝶（蓬萊（小）黃紋弄蝶）　食葉片
· *Celaenorrhinus ratna*　小星弄蝶（白鬚（小）黃紋弄蝶）　食葉片
· *Junonia almana*　眼蛺蝶（孔雀蛺蝶）　食葉片
· *Junonia iphita*　黯眼蛺蝶（黑擬蛺蝶）　食葉片
· *Kallima inachus formosana*　枯葉蝶　食葉片

**Strobilanthes formosanus S. Moore　台灣馬藍（台灣特有種）**
· *Celaenorrhinus horishanus*　埔里星弄蝶（埔里（小）黃紋弄蝶）　食葉片
· *Celaenorrhinus maculosus taiwanus*　大流星弄蝶（大型黃紋弄蝶）　食葉片
· *Celaenorrhinus pulomaya formosanus*　尖翅星弄蝶（蓬萊（小）黃紋弄蝶）　食葉片
· *Celaenorrhinus ratna*　小星弄蝶（白鬚（小）黃紋弄蝶）　食葉片
· *Junonia almanac*　眼蛺蝶（孔雀蛺蝶）　食葉片
· *Junonia iphita*　黯眼蛺蝶（黑擬蛺蝶）　食葉片
· *Junonia lemonias aenaria*　鱗紋眼蛺蝶（眼紋擬蛺蝶）　食葉片
· *Kullima inachus formosana*　枯葉蝶　食葉片

**Strobilanthes longespicatus Hayata　長穗馬藍（台灣特有種）**
· *Junonia iphita*　黯眼蛺蝶（黑擬蛺蝶）　食葉片
· *Kallima inachus formosana*　枯葉蝶　食葉片

**Strobilanthes wallichii Nees　翅柄馬藍（原生種）**
· *Junonia iphita*　黯眼蛺蝶（黑擬蛺蝶）　食葉片
· *Kallima inachus formosana*　枯葉蝶　食葉片

**Strobilanthes penstemonoides T. Anders.　腺萼馬藍（原生種）**
· *Junonia almanac*　眼蛺蝶（孔雀蛺蝶）　食葉片
· *Junonia iphita*　黯眼蛺蝶（黑擬蛺蝶）　食葉片
· *Junonia lemonias aenaria*　鱗紋眼蛺蝶（眼紋擬蛺蝶）　食葉片
· *Kallima inachus formosana*　枯葉蝶　食葉片

**Strobilanthes rankanensis Hayata　蘭嵌馬藍（台灣特有種）**
· *Celaenorrhinus horishanus*　埔里星弄蝶（埔里（小）黃紋弄蝶）　食葉片
· *Celaenorrhinus kurosawai*　黑澤星弄蝶（姬（小）黃紋弄蝶）　食葉片
· *Celaenorrhinus ratna*　小星弄蝶（白鬚（小）黃紋弄蝶）　食葉片
· *Junonia iphita*　黯眼蛺蝶（黑擬蛺蝶）　食葉片
· *Kallima inachus formosana*　枯葉蝶　食葉片

**Aceraceae　槭樹科**

**Acer albopurpurascens Hayata　樟葉槭（台灣特有種）**
· *Acytolepsis puspa myla*　靛色琉灰蝶（台灣琉璃小灰蝶）　食新芽、新葉與花苞
· *Celastrina lavendularis himilcon*　細邊琉灰蝶（埔里琉璃小灰蝶）　食新芽、新葉與花苞

· *Horaga albimacula triumphalis*　小鑽灰蝶（姬三尾小灰蝶）　食花苞與未熟果
· *Satyrium tanakai*　田中灑灰蝶（田中烏小灰蝶）　食新芽、新葉與花苞

**Acer morrisonense Hayata　台灣紅榨槭（台灣特有種）**
· *Acytolepsis puspa myla*　靛色琉灰蝶（台灣琉璃小灰蝶）　食新芽、新葉與花苞

**Acer serrulatum Hayata　青楓（台灣特有種）**
· *Neptis philyra splendens*　槭環蛺蝶（三線蝶）　食成熟葉片

**Amaranthaceae　莧科**

**Achyranthes aspera L. var. rubrofusca Hook. f.　紫莖牛膝（原生種）**
· *Pseudocoladenia dan sadakoe*　黃襟弄蝶（八仙山弄蝶）　食葉片

**Achyranthes bidentata Blume var. japonica Miq.　日本牛膝（原生種）**
· *Pseudocoladenia dan sadakoe*　黃襟弄蝶（八仙山弄蝶）　食葉片

**Amaranthus lividus L.　凹葉野莧菜（歸化種）**
· *Zizeeria karsandra*　莧藍灰蝶（台灣小灰蝶）　食新芽與新葉

**Amaranthus patulus Bertol　青莧（歸化種）**
· *Zizeeria karsandra*　莧藍灰蝶（台灣小灰蝶）　食新芽與新葉

**Amaranthus spinosus L.　刺莧（歸化種）**
· *Zizeeria karsandra*　莧藍灰蝶（台灣小灰蝶）　食新芽與新葉

**Amaranthus viridis L.　野莧菜（歸化種）**
· *Zizeeria karsandra*　莧藍灰蝶（台灣小灰蝶）　食新芽與新葉

**Anacardiaceae　漆樹科**

**Rhus javanica L. var. roxburghiana (DC.) Rehder & E. H. Wils.　羅氏鹽膚木（原生種）**
· *Spindasis kuyanianus*　蓬萊虎灰蝶（姬雙尾燕蝶）　食新芽、花苞並與舉尾蟻共生

**Annonaceae　番荔枝科**

**Annona atemoya Hort.　鳳梨釋迦（栽培種＆雜交種）**
· *Graphium agamemnon*　翠斑青鳳蝶（綠斑鳳蝶）　食新芽與新葉

**Annona montana Macf.　山刺番荔枝（栽培種）**
· *Graphium agamemnon*　翠斑青鳳蝶（綠斑鳳蝶）　食新芽與新葉

**Annona squamosa L.　番荔枝（釋迦）（栽培種）**
· *Graphium agamemnon*　翠斑青鳳蝶（綠斑鳳蝶）　食新芽與新葉

**Artabotrys uncinatus (Lam.) Merr.　鷹爪花（歸化種）**
· *Graphium agamemnon*　翠斑青鳳蝶（綠斑鳳蝶）　食新芽與新葉

**Goniothalamus amuyon (Blanco) Merr.　恆春哥納香（原生種）**
· *Graphium agamemnon*　翠斑青鳳蝶（綠斑鳳蝶）　食新芽與新葉

**Polyalthia longifolia (Sonn.) Thwaites　長葉暗羅（印度塔樹）（栽培種）**
· *Graphium agamemnon*　翠斑青鳳蝶（綠斑鳳蝶）　食新芽與新葉

**Apocynanceae　夾竹桃科**

*Anodendron affine* (Hook. & Arn.) Druce　小錦蘭（原生種）
- *Euploea mulciber barsine*　異紋紫斑蝶（端紫斑蝶）
食葉片與嫩莖

*Anodendron benthamiana* Hemsl.　大錦蘭（台灣特有種）
- *Euploea mulciber barsine*　異紋紫斑蝶（端紫斑蝶）
食葉片與嫩莖

*Cerbera manghas* L.　海檬果（原生種）
- *Euploea phaenareta juvia*　大紫斑蝶
（注：在台灣疑似已滅絕）　食葉片與嫩葉

*Ecdysanthera utilis* Hayata & Kawak.　乳藤（原生種）
- *Euploea mulciber barsine*　異紋紫斑蝶（端紫斑蝶）
食葉片與嫩莖

*Parsonia laevigata* (Moon) Alston　爬森藤（原生種）
- *Danaus chrysippus*　金斑蝶（樺斑蝶）
食葉片與嫩莖＆少見食用
- *Euploea mulciber barsine*　異紋紫斑蝶（端紫斑蝶）
食葉片與嫩莖
- *Idea leuconoe clara*　大白斑蝶（大笨蝶）　食葉片與嫩莖
- *Idea leuconoe kwashotoensis*　綠島大白斑蝶&綠島亞種
食葉片與嫩莖

*Strophanthus divaricatus* (Lour.) Hook. & Arn.
羊角拗（金門產，台灣引進栽培）
- *Euploea midamus*　藍點紫斑蝶　食葉片與嫩莖

*Trachelospermum formosanum* Y. C. Liu & C. H. Ou
台灣絡石（台灣特有種）
- *Euploea mulciber barsine*　異紋紫斑蝶（端紫斑蝶）
食葉片與嫩莖

*Trachelospermum gracilipes* Hook. f.　細梗絡石（原生種）
- *Euploea mulciber barsine*　異紋紫斑蝶（端紫斑蝶）
食葉片與嫩莖

*Trachelospermum jasminoides* (Lindl.) Lemaire
絡石（原生種）
- *Euploea mulciber barsine*　異紋紫斑蝶（端紫斑蝶）
食葉片與嫩莖

*Trachelospermum lanyuense* C. E. Chang
蘭嶼絡石（台灣特有種）
- *Euploea mulciber barsine*　異紋紫斑蝶（端紫斑蝶）
食葉片與嫩莖

**Asclepiadaceae　蘿藦科**

*Asclepias curassavica* L.　尖尾鳳（馬利筋）（歸化種）
- *Danaus chrysippus*　金斑蝶（樺斑蝶）　食全株各部位柔嫩組織
- *Danaus plexippus*　帝王斑蝶（大樺斑蝶）
（注：疑似在台灣已絕跡）　食葉片與嫩葉
- *Euploea eunice hobsoni*　圓翅紫斑蝶
食全株各部位柔嫩組織＆偶見食用
- *Euploea mulciber barsine*　異紋紫斑蝶（端紫斑蝶）
食全株各部位柔嫩組織＆偶見食用

*Asclepias curassavica* L. 'Flaviflora'　黃馬利筋（栽培種）
- *Danaus chrysippus*　金斑蝶（樺斑蝶）　食全株各部位柔嫩組織
- *Euploea eunice hobsoni*　圓翅紫斑蝶
食全株各部位柔嫩組織＆偶見食用

- *Euploea mulciber barsine*　異紋紫斑蝶（端紫斑蝶）
食全株各部位柔嫩組織＆偶見食用

*Cryptolepis sinensis* (Lour.) Merr.　隱鱗藤（原生種）
- *Euploea mulciber barsine*　異紋紫斑蝶（端紫斑蝶）
食葉片與嫩莖

*Cynanchum atratum* Bunge　牛皮消（白薇）（原生種）
- *Danaus chrysippus*　金斑蝶（樺斑蝶）　食葉片與嫩莖

*Cynanchum boudieri* H. Lév. & Vaniot　薄葉牛皮消（原生種）
- *Danaus chrysippus*　金斑蝶（樺斑蝶）　食葉片與嫩莖
- *Danaus genutia*　虎斑蝶（黑脈樺斑蝶）　食葉片與嫩莖
- *Parantica sita niphonica*　大絹斑蝶（青斑蝶）　食葉片與嫩莖
- *Parantica swinhoei*　斯氏絹斑蝶（小青斑蝶）　食葉片與嫩莖

*Cynanchum formosanum* (Maxim.) Hemsl. *ex* Forbes & Hemsl.
台灣牛皮消（台灣特有種）
- *Danaus chrysippus*　金斑蝶（樺斑蝶）　食葉片與嫩莖
- *Danaus genutia*　虎斑蝶（黑脈樺斑蝶）　食葉片與嫩莖
- *Parantica sita niphonica*　大絹斑蝶（青斑蝶）　食葉片與嫩莖
- *Parantica aglea maghaba*　絹斑蝶（姬小紋青斑蝶）
食葉片與嫩莖

*Cynanchum lanhsuense* Yamazaki
蘭嶼牛皮消（台灣特有種）
- *Danaus chrysippus*　金斑蝶（樺斑蝶）　食葉片與嫩莖
- *Danaus genutia*　虎斑蝶（黑脈樺斑蝶）　食葉片與嫩莖
- *Danaus melanippus edmondii*　白虎斑蝶（黑脈白斑蝶）
（注：偶產種）　食葉片與嫩莖
- *Parantica aglea maghaba*　絹斑蝶（姬小紋青斑蝶）
食葉片與嫩莖

*Cynanchum mooreanum* Hemsl.　毛白前（原生種）
- *Danaus chrysippus*　金斑蝶（樺斑蝶）　食葉片與嫩莖
- *Parantica aglea maghaba*　絹斑蝶（姬小紋青斑蝶）
食葉片與嫩莖

*Dregea volubilis* (L. f.) Benth.　華他卡藤（原生種）
- *Tirumala limniace*　淡紋青斑蝶　食葉片與嫩莖

*Gomphocarpus fruticosus* (L.) R. Br.　釘頭果（唐棉）（栽培種）
- *Danaus chrysippus*　金斑蝶（樺斑蝶）　食葉片與嫩莖
- *Danaus plexippus*　帝王斑蝶（大樺斑蝶）
（注：疑似在台灣已絕跡）　食葉片與嫩葉
- *Euploea mulciber barsine*　異紋紫斑蝶（端紫斑蝶）
食葉片與嫩莖＆偶見食用

*Gymnema sylvestre* (Retz.) Schultes　武靴藤（羊角藤）
（原生種）
- *Euploea sylvester swinhoei*　雙標紫斑蝶（斯氏紫斑蝶）
食葉片與嫩莖

*Heterostemma brownii* Hayata　布朗藤（台灣特有種）
- *Parantica aglea maghaba*　絹斑蝶（姬小紋青斑蝶）
食葉片與嫩莖
- *Tirumala septentrionis*　小紋青斑蝶　食葉片與嫩莖

*Hoya carnosa* (L.f.) R. Br.　毬蘭（原生種）
- *Parantica sita niphonica*　大絹斑蝶（青斑蝶）　食嫩葉片與嫩莖

*Jasminanthes mucronata* (Blanco) W.D. Stevens & P. T. Li
舌瓣花（原生種）
- *Euploea mulciber barsine*　異紋紫斑蝶（端紫斑蝶）
  食葉片與嫩莖

*Marsdenia formosana* Masam.　台灣牛嬭菜（原生種）
- *Danaus chrysippus*　金斑蝶（樺斑蝶）食葉片與嫩莖＆少見食用
- *Parantica sita niphonica*　大絹斑蝶（青斑蝶）　食葉片與嫩莖
- *Parantica swinhoei*　斯氏絹斑蝶（小青斑蝶）　食葉片與嫩莖

*Marsdenia tinctoria* R. Br.　絨毛芙蓉蘭（原生種）
- *Parantica swinhoei*　斯氏絹斑蝶（小青斑蝶）　食葉片與嫩莖

*Stapelia gigantea* N. E. Br.　魔星花（大犀角花）（栽培種）
- *Danaus chrysippus*　金斑蝶（樺斑蝶）
  食葉片柔嫩組織＆少見食用

*Tylophora sui* Y.H.Tseng & C. T. chao
蘇氏鷗蔓（台灣特有種）
- *Ideopsis similis*　旖斑蝶（琉球青斑蝶）　食葉片與嫩莖
- *Parantica swinhoei*　斯氏絹斑蝶（小青斑蝶）　食葉片與嫩莖
- *Parantica aglea maghaba*　絹斑蝶（姬小紋青斑蝶）
  食葉片與嫩莖

*Vincetoxicum iusalicola* (Tsiang & P. T. Li) Meve & Liede
海島鷗蔓（台灣特有種）
- *Ideopsis similis*　旖斑蝶（琉球青斑蝶）　食葉片與嫩莖
- *Parantica sita niphonica*　大絹斑蝶（青斑蝶）　食葉片與嫩莖
- *Parantica swinhoei*　斯氏絹斑蝶（小青斑蝶）　食葉片與嫩莖
- *Parantica aglea maghaba*　絹斑蝶（姬小紋青斑蝶）
  食葉片與嫩莖

*Vincetoxicum lui* (Y. H. Tsiang & C. T. Chao) Meve & Liede
呂氏鷗蔓（山鷗蔓）（台灣特有種）
- *Ideopsis similis*　旖斑蝶（琉球青斑蝶）　食葉片與嫩莖
- *Parantica sita niphonica*　大絹斑蝶（青斑蝶）　食葉片與嫩莖
- *Parantica swinhoei*　斯氏絹斑蝶（小青斑蝶）　食葉片與嫩莖
- *Parantica aglea maghaba*　絹斑蝶（姬小紋青斑蝶）
  食葉片與嫩莖

*Vincetoxicum oshimae* (Hayata) Meve & Liede
疏花鷗蔓（原生種）
- *Danaus chrysippus*　金斑蝶（樺斑蝶）　食葉片與嫩莖＆少見食用
- *Ideopsis similis*　旖斑蝶（琉球青斑蝶）　食葉片與嫩莖
- *Parantica sita niphonica*　大絹斑蝶（青斑蝶）食葉片與嫩莖
- *Parantica swinhoei*　斯氏絹斑蝶（小青斑蝶）　食葉片與嫩莖
- *Parantica aglea maghaba*　絹斑蝶（姬小紋青斑蝶）
  食葉片與嫩莖

*Vincetoxicum hirsutum* (Wall.) Kuntze
鷗蔓（娃兒藤）（原生種）
- *Ideopsis similis*　旖斑蝶（琉球青斑蝶）　食葉片與嫩莖
- *Parantica sita niphonica*　大絹斑蝶（青斑蝶）　食葉片與嫩莖
- *Parantica swinhoei*　斯氏絹斑蝶（小青斑蝶）　食葉片與嫩莖
- *Parantica aglea maghaba*　絹斑蝶（姬小紋青斑蝶）
  食葉片與嫩莖

*Vincetoxicum koi* (Merr.) Meve & Liede
台灣鷗蔓（台灣特有種）
- *Danaus chrysippus*　金斑蝶（樺斑蝶）
  食葉片與嫩莖＆偶見食用
- *Ideopsis similis*　旖斑蝶（琉球青斑蝶）　食葉片與嫩莖
- *Parantica sita niphonica*　大絹斑蝶（青斑蝶）　食葉片與嫩莖
- *Parantica swinhoei*　斯氏絹斑蝶（小青斑蝶）　食葉片與嫩莖

- *Parantica aglea maghaba*　絹斑蝶（姬小紋青斑蝶）
  食葉片與嫩莖

Aquifoliaceae　冬青科
*Ilex asprella* (Hook. & Arn.) Champ.　燈稱花（原生種）
- *Athyma asura baelia*　白圈帶蛺蝶（白圈三線蝶）　食葉片

*Ilex formosana* Maxim.　糊樗（原生種）
- *Athyma asura baelia*　白圈帶蛺蝶（白圈三線蝶）　食葉片

*Ilex hayataiana* Loes.　早田氏冬青（台灣特有種）
- *Athyma asura baelia*　白圈帶蛺蝶（白圈三線蝶）　食葉片

*Ilex micrococca* Maxim.　朱紅水木（原生種）
- *Athyma asura baelia*　白圈帶蛺蝶（白圈三線蝶）　食葉片

*Ilex uraiensis* Mori & Yamam.　烏來冬青（原生種）
- *Athyma asura baelia*　白圈帶蛺蝶（白圈三線蝶）　食葉片

Araliaceae　五加科
*Aralia bipinnata* Blanco　裡白楤木（原生種）
- *Celastrina lavendularis himilcon*　細邊琉灰蝶（埔里琉璃小灰蝶）
  食花、花苞與花序組織
- *Rapala nissa hirayamana*　霓彩燕灰蝶（平山小灰蝶）
  食花、花苞與花序組織

*Aralia decaisneana* Hance　鵲不踏（原生種）
- *Rapala nissa hirayamana*　霓彩燕灰蝶（平山小灰蝶）
  食花、花苞與花序組織

*Schefflera odorata* (Blanco) Merr. & Rolfe　鵝掌藤（原生種）
- *Burara gomata*　白傘弄蝶　食葉片

Aristolochiaceae　馬兜鈴科
*Aristolochia cucurbitifolia* Hayata　瓜葉馬兜鈴（台灣特有種）
- *Atrophaneura horishana*　曙鳳蝶　食全株各部位柔嫩組織
- *Byasa alcinous mansonensis*　麝鳳蝶（麝香鳳蝶）
  食全株各部位柔嫩組織
- *Byasa impediens febanus*　長尾麝鳳蝶（台灣麝香鳳蝶）
  食全株各部位柔嫩組織
- *Byasa polyeuctes termessus*　多姿麝鳳蝶（大紅紋鳳蝶）
  食全株各部位柔嫩組織
- *Pachliopta aristolochiae interposita*　紅珠鳳蝶（紅紋鳳蝶）
  食全株各部位柔嫩組織
- *Troides aeacus formosanus*　黃裳鳳蝶　食全株各部位柔嫩組織
- *Troides magellanus sonani*　珠光裳鳳蝶（珠光鳳蝶）
  食全株各部位柔嫩組織

*Aristolochia elegans* M. T. Mast.　彩花馬兜鈴（栽培種）
- *Byasa alcinous mansonensis*　麝鳳蝶（麝香鳳蝶）
  食全株各部位柔嫩組織
- *Byasa impediens febanus*　長尾麝鳳蝶（台灣麝香鳳蝶）
  食全株各部位柔嫩組織
- *Byasa polyeuctes termessus*　多姿麝鳳蝶（大紅紋鳳蝶）
  食全株各部位柔嫩組織
- *Pachliopta aristolochiae interposita*　紅珠鳳蝶（紅紋鳳蝶）
  食全株各部位柔嫩組織
- *Troides aeacus formosanus*　黃裳鳳蝶　食全株各部位柔嫩組織

*Aristolochia foveolata* Merr.　蜂窩馬兜鈴（原生種）
- *Atrophaneura horishana*　曙鳳蝶　食全株各部位柔嫩組織
- *Byasa alcinous mansonensis*　麝鳳蝶（麝香鳳蝶）
  食全株各部位柔嫩組織

- *Byasa impediens febanus* 長尾麝鳳蝶（台灣麝香鳳蝶）
食全株各部位柔嫩組織
- *Byasa polyeuctes termessus* 多姿麝鳳蝶（大紅紋鳳蝶）
食全株各部位柔嫩組織
- *Pachliopta aristolochiae interposita* 紅珠鳳蝶（紅紋鳳蝶）
食全株各部位柔嫩組織
- *Troides aeacus formosanus* 黃裳鳳蝶 食全株各部位柔嫩組織
- *Troides magellanus sonani* 珠光裳鳳蝶（珠光鳳蝶）
食全株各部位柔嫩組織

**Aristolochia gigantea Hook.** 巨花馬兜鈴（栽培種）
- *Byasa alcinous mansonensis* 麝鳳蝶（麝香鳳蝶）
食全株各部位柔嫩組織
- *Byasa impediens febanus* 長尾麝鳳蝶（台灣麝香鳳蝶）
食全株各部位柔嫩組織
- *Byasa polyeuctes termessus* 多姿麝鳳蝶（大紅紋鳳蝶）
食全株各部位柔嫩組織
- *Pachliopta aristolochiae interposita* 紅珠鳳蝶（紅紋鳳蝶）
食全株各部位柔嫩組織

**Aristolochia shimadae Hayata** 台灣馬兜鈴（原生種）
- *Atrophaneura horishana* 曙鳳蝶 食全株各部位柔嫩組織
- *Byasa alcinous mansonensis* 麝鳳蝶（麝香鳳蝶）
食全株各部位柔嫩組織
- *Byasa impediens febanus* 長尾麝鳳蝶（台灣麝香鳳蝶）
食全株各部位柔嫩組織
- *Byasa polyeuctes termessus* 多姿麝鳳蝶（大紅紋鳳蝶）
食全株各部位柔嫩組織
- *Pachliopta aristolochiae interposita* 紅珠鳳蝶（紅紋鳳蝶）
食全株各部位柔嫩組織
- *Troides aeacus formosanus* 黃裳鳳蝶 食全株各部位柔嫩組織
- *Troides magellanus sonani* 珠光裳鳳蝶（珠光鳳蝶）
食全株各部位柔嫩組織

**Aristolochia tagala Champ.** 耳葉馬兜鈴（栽培種）
- *Byasa alcinous mansonensis* 麝鳳蝶（麝香鳳蝶）
食全株各部位柔嫩組織
- *Byasa impediens febanus* 長尾麝鳳蝶（台灣麝香鳳蝶）
食全株各部位柔嫩組織
- *Byasa polyeuctes termessus* 多姿麝鳳蝶（大紅紋鳳蝶）
食全株各部位柔嫩組織
- *Pachliopta aristolochiae interposita* 紅珠鳳蝶（紅紋鳳蝶）
食全株各部位柔嫩組織
- *Troides aeacus formosanus* 黃裳鳳蝶 食全株各部位柔嫩組織
- *Troides magellanus sonani* 珠光裳鳳蝶（珠光鳳蝶）
食全株各部位柔嫩組織

**Aristolochia yujungiana C. T. Lu & J. C. Wang**
裕榮馬兜鈴（台灣特有種）
- *Atrophaneura horishana* 曙鳳蝶 食全株各部位柔嫩組織
- *Byasa alcinous mansonensis* 麝鳳蝶（麝香鳳蝶）
食全株各部位柔嫩組織
- *Byasa impediens febanus* 長尾麝鳳蝶（台灣麝香鳳蝶）
食全株各部位柔嫩組織
- *Byasa polyeuctes termessus* 多姿麝鳳蝶（大紅紋鳳蝶）
食全株各部位柔嫩組織
- *Pachliopta aristolochiae interposita* 紅珠鳳蝶（紅紋鳳蝶）
食全株各部位柔嫩組織
- *Troides aeacus formosanus* 黃裳鳳蝶 食全株各部位柔嫩組織
- *Troides magellanus sonani* 珠光裳鳳蝶（珠光鳳蝶）
食全株各部位柔嫩組織

**Aristolochia zollingeriana Miq.** 港口馬兜鈴（原生種）
- *Atrophaneura horishana* 曙鳳蝶 食全株各部位柔嫩組織

- *Byasa alcinous mansonensis* 麝鳳蝶（麝香鳳蝶）
食全株各部位柔嫩組織
- *Byasa impediens febanus* 長尾麝鳳蝶（台灣麝香鳳蝶）
食全株各部位柔嫩組織
- *Byasa polyeuctes termessus* 多姿麝鳳蝶（大紅紋鳳蝶）
食全株各部位柔嫩組織
- *Pachliopta aristolochiae interposita* 紅珠鳳蝶（紅紋鳳蝶）
食全株各部位柔嫩組織
- *Troides aeacus formosanus* 黃裳鳳蝶 食全株各部位柔嫩組織
- *Troides magellanus sonani* 珠光裳鳳蝶（珠光鳳蝶）
食全株各部位柔嫩組織

**Berberidaceae** 小蘗科
**Berberis brevisepala Hayata** 高山小蘗（台灣特有種）
- *Aporia agathon moltrechti* 流星絹粉蝶（高山粉蝶） 食葉片

**Berberis kawakamii Hayata** 台灣小蘗（台灣特有種）
- *Aporia agathon moltrechti* 流星絹粉蝶（高山粉蝶） 食葉片

**Berberis morrisonensis Hayata** 玉山小蘗（台灣特有種）
- *Aporia agathon moltrechti* 流星絹粉蝶（高山粉蝶） 食葉片

**Mahonia japonica (Thunb.) DC.** 十大功勞（原生種）
- *Aporia agathon moltrechti* 流星絹粉蝶（高山粉蝶） 食葉片

**Mahonia oiwakensis Hayata** 阿里山十大功勞（台灣特有種）
- *Aporia agathon moltrechti* 流星絹粉蝶（高山粉蝶） 食葉片
- *Aporia gigantea cheni* 截脈絹粉蝶 食葉片

**Betulaceae** 樺木科
**Alnus formosana (Burkill *ex* Forbes & Hemsl.) Makino**
台灣赤楊（原生種）
- *Neozephyrus taiwanus* 台灣橙翠灰蝶（寬邊綠小灰蝶）
食新芽與新葉

**Carpinus kawakamii Hayata** 阿里山千金榆（台灣特有種）
- *Cordelia comes wilemaniella* 珂灰蝶（台灣紅小灰蝶）
食新芽與新葉
- *Neptis philyroides sonani* 鑲紋環蛺蝶（楚南三線蝶）
食成熟葉片

**Bretschneideraceae** 鐘萼木科
**Bretschneidera sinensis Hemsl.** 鐘萼木（原生種）
- *Pieris canidia* 緣點白粉蝶（台灣紋白蝶） 食葉片
- *Talbotia naganum karumii* 飛龍白粉蝶（輕海紋白蝶） 食葉片

**Cannabaceae** 大麻科
**Humulus scandens (Lour.) Merr.** 葎草（原生種）
- *Everes argiades hellotia* 燕藍灰蝶（霧社燕小灰蝶）
食花苞與花序組織
- *Everes argiades diporides* 北方燕藍灰蝶（北方燕小灰蝶）
食花苞與花序組織
- *Polygonia c-aureum lunulata* 黃鉤蛺蝶（黃蛺蝶） 食葉片

**Capparaceae** 山柑科
**Capparis floribunda Wight** 多花山柑（原生種）
- *Appias lyncida eleonora* 異色尖粉蝶（台灣粉蝶）
食新芽與葉片
- *Hebomoia glaucippe formosana* 橙端粉蝶（端紅蝶）
食新芽與葉片

**Capparis lanceolaris DC.** 蘭嶼山柑（原生種）
- *Cepora aspasia olga* 黃裙脈粉蝶（黃裙粉蝶） 食新芽與葉片
- *Cepora nerissa cibyra* 黑脈粉蝶 食新芽與葉片

- *Hebomoia glaucippe formosana* 橙端粉蝶（端紅蝶）
  食新芽與葉片
- *Leptosia nina niobe* 纖粉蝶（黑點粉蝶） 食新芽與葉片

**Capparis micracantha DC. var. henryi (Matsum.) Jacobs**
小刺山柑（原生種）
- *Appias lyncida eleonora* 異色尖粉蝶（台灣粉蝶）
  食新芽與葉片
- *Cepora nadina eunama* 淡褐脈粉蝶（淡紫粉蝶）
  食新芽與葉片
- *Cepora nerissa cibyra* 黑脈粉蝶 食新芽與葉片
- *Hebomoia glaucippe formosana* 橙端粉蝶（端紅蝶）
  食新芽與葉片
- *Leptosia nina niobe* 纖粉蝶（黑點粉蝶） 食新芽與葉片

**Capparis sabiaefolia Hook. f. & Thoms.** 毛瓣蝴蝶木（原生種）
- *Appias lyncida eleonora* 異色尖粉蝶（台灣粉蝶）
  食新芽與葉片
- *Cepora nadina eunama* 淡褐脈粉蝶（淡紫粉蝶）
  食新芽與葉片
- *Cepora nerissa cibyra* 黑脈粉蝶 食新芽與葉片
- *Hebomoia glaucippe formosana* 橙端粉蝶（端紅蝶）
  食新芽與葉片
- *Ixias pyrene insignis* 異粉蝶（雌白黃蝶） 食新芽與葉片
- *Leptosia nina niobe* 纖粉蝶（黑點粉蝶） 食新芽與葉片
- *Prioneris thestylis formosana* 鋸粉蝶（斑粉蝶） 食新芽與葉片

**Capparis sikkimensis Kurz subsp. formosana (Hemsl.) Jacobs**
山柑（原生種）
- *Appias lyncida eleonora* 異色尖粉蝶（台灣粉蝶）
  食新芽與葉片
- *Cepora nadina eunama* 淡褐脈粉蝶（淡紫粉蝶）
  食新芽與葉片
- *Prioneris thestylis formosana* 鋸粉蝶（斑粉蝶） 食新芽與葉片
- *Hebomoia glaucippe formosana* 橙端粉蝶（端紅蝶）
  食新芽與葉片
- *Leptosia nina niobe* 纖粉蝶（黑點粉蝶） 食新芽與葉片

**Cleome gynandra L.** 白花菜（歸化種）
- *Appias olferna peducaea* 鑲邊尖粉蝶（八重山粉蝶）
  食新芽與葉片
- *Leptosia nina niobe* 纖粉蝶（黑點粉蝶） 食新芽與葉片
- *Pieris canidia* 緣點白粉蝶（台灣紋白蝶） 食新芽與葉片
- *Pieris rapae crucivora* 白粉蝶（紋白蝶） 食新芽與葉片

**Cleome rutidosperma DC.** 平伏莖白花菜（歸化種）
- *Appias olferna peducaea* 鑲邊尖粉蝶（八重山粉蝶）
  食新芽與葉片
- *Leptosia nina niobe* 纖粉蝶（黑點粉蝶） 食新芽與葉片
- *Pieris rapae crucivora* 白粉蝶（紋白蝶） 食新芽與葉片

**Cleome spinosa Jacq.** 西洋白花菜（醉蝶花）（栽培種）
- *Appias olferna peducaea* 鑲邊尖粉蝶（八重山粉蝶）
  食新芽與葉片
- *Hebomoia glaucippe formosana* 橙端粉蝶（端紅蝶）
  食新芽與葉片
- *Leptosia nina niobe* 纖粉蝶（黑點粉蝶） 食新芽與葉片
- *Pieris canidia* 緣點白粉蝶（台灣紋白蝶） 食新芽與葉片
- *Pieris rapae crucivora* 白粉蝶（紋白蝶） 食新芽與葉片

**Cleome viscosa L.** 向天黃（歸化種）
- *Appias olferna peducaea* 鑲邊尖粉蝶（八重山粉蝶）
  食新芽與葉片
- *Pieris canidia* 緣點白粉蝶（台灣紋白蝶） 食新芽與葉片

- *Pieris rapae crucivora* 白粉蝶（紋白蝶） 食新芽與葉片

**Crateva adansonii DC. subsp. formosensis Jacobs**
魚木（原生種）
- *Appias lyncida eleonora* 異色尖粉蝶（台灣粉蝶）
  食新芽與葉片
- *Appias olferna peducaea* 鑲邊尖粉蝶（八重山粉蝶）
  食新芽與葉片
- *Hebomoia glaucippe formosana* 橙端粉蝶（端紅蝶）
  食新芽與葉片
- *Leptosia nina niobe* 纖粉蝶（黑點粉蝶） 食新芽與葉片
- *Pieris rapae crucivora* 白粉蝶（紋白蝶） 食新芽與葉片

**Caprifoliaceae** 忍冬科
**Lonicera acuminata Wall.** 阿里山忍冬（原生種）
- *Limenitis sulpitia tricula* 殘眉線蛺蝶（台灣星三線蝶）
  食成熟葉片

**Lonicera hypoglauca Miq.** 裡白忍冬（紅腺忍冬）（原生種）
- *Limenitis sulpitia tricula* 殘眉線蛺蝶（台灣星三線蝶）
  食成熟葉片
- *Parasarpa dudu jinamitra* 紫俳蛺蝶（紫單帶蛺蝶）
  食成熟葉片

**Lonicera japonica Thunb.** 忍冬（金銀花）（原生種）
- *Limenitis sulpitia tricula* 殘眉線蛺蝶（台灣星三線蝶）
  食成熟葉片
- *Parasarpa dudu jinamitra* 紫俳蛺蝶（紫單帶蛺蝶）
  食成熟葉片

**Viburnum formosanum Hayata** 紅子莢蒾（原生種）
- *Athyma fortuna kodahirai* 幻紫帶蛺蝶（拉拉山三線蝶）
  食成熟葉片

**Viburnum luzonicum Rolfe** 呂宋莢蒾（原生種）
- *Athyma fortuna kodahirai* 幻紫帶蛺蝶（拉拉山三線蝶）
  食成熟葉片
- *Udara albocaerulea* 白斑嫵琉灰蝶（白斑琉璃小灰蝶）
  食花苞與花序組織

**Combretaceae** 使君子科
**Quisqualis indica L.** 使君子（栽培種）
- *Neptis nata lutatia* 細帶環蛺蝶（台灣三線蝶） 食成熟葉片

**Compositae** 菊科
**Artemisia indica Willd.** 艾（原生種）
- *Vanessa cardui* 小紅蛺蝶（姬紅蛺蝶） 食葉片

**Gnaphalium adnatum Wall. ex DC.** 紅面番（原生種）
- *Vanessa cardui* 小紅蛺蝶（姬紅蛺蝶） 食葉片

**Gnaphalium luteoalbum L. subsp. affine (D. Don) Koster**
鼠麴草（原生種）
- *Vanessa cardui* 小紅蛺蝶（姬紅蛺蝶） 食葉片

**Gnaphalium polycaulon Pers.** 多莖鼠麴草（原生種）
- *Vanessa cardui* 小紅蛺蝶（姬紅蛺蝶） 食葉片

**Synedrella nodiflora (L.) Gaertn.** 金腰箭（歸化種）
- *Hypolimnas bolina kezia* 幻蛺蝶（琉球紫蛺蝶）
  食葉片＆偶見食用

**Connaraceae　牛栓藤科**

*Rourea minor* (Gaertn.) Leenhouts　紅葉藤（原生種）
- *Nacaduba berenice leei*　熱帶娜波灰蝶（熱帶波紋小灰蝶）
  食新芽

**Convolvulaceae　旋花科**

*Ipomoea aquatica* Forssk.　甕菜（空心菜）
（歸化種，水生植物）
- *Hypolimnas bolina kezia*　幻蛺蝶（琉球紫蛺蝶）　食葉片

*Ipomoea batatas* (L.) Lam.　甘藷（歸化種）
- *Hypolimnas bolina kezia*　幻蛺蝶（琉球紫蛺蝶）　食葉片

*Ipomoea biflora* (L.) Pers.　白花牽牛（原生種）
- *Hypolimnas bolina kezia*　幻蛺蝶（琉球紫蛺蝶）　食葉片

*Ipomoea leucantha* Jacq.　擬紅花野牽牛（歸化種）
- *Hypolimnas bolina kezia*　幻蛺蝶（琉球紫蛺蝶）　食葉片

*Ipomoea littoralis* Blume　海牽牛（原生種）
- *Hypolimnas bolina kezia*　幻蛺蝶（琉球紫蛺蝶）　食葉片

*Ipomoea triloba* L.　紅花野牽牛（歸化種）
- *Hypolimnas bolina kezia*　幻蛺蝶（琉球紫蛺蝶）　食葉片

**Cornaceae　山茱萸科**

*Swida controversa* (Hemsl.) Soják　燈臺樹（原生種）
- *Celastrina sugitanii shirozui*　杉谷琉灰蝶（杉谷琉璃小灰蝶）
  食花、花苞與花序柔軟組織

**Crassulaceae　景天科**

*Bryophyllum pinnatum* (Lam.) Kurz　落地生根（歸化種）
- *Tongeia filicaudis mushanus*　密點玄灰蝶（霧社黑燕蝶）
  食葉片與嫩莖
- *Tongeia hainani*　台灣玄灰蝶（台灣黑燕蝶）
  食葉片與嫩莖

*Kalanchoe daigremontiana* (Barger) Hamet & Perrier
銳葉掌上珠
- *Tongeia hainani*　台灣玄灰蝶（台灣黑燕蝶）　食葉片與嫩莖

*Kalanchoe garambiensis* Kudo　鵝鑾鼻燈籠草（台灣特有種）
- *Tongeia hainani*　台灣玄灰蝶（台灣黑燕蝶）　食葉片與嫩莖

*Kalanchoe gracilis* Hance　小燈籠草（原生種）
- *Tongeia filicaudis mushanus*　密點玄灰蝶（霧社黑燕蝶）
  食葉片與嫩莖
- *Tongeia hainani*　台灣玄灰蝶（台灣黑燕蝶）　食葉片與嫩莖

*Kalanchoe spathulata* (Poir.) DC.　倒吊蓮（原生種）
- *Tongeia filicaudis mushanus*　密點玄灰蝶（霧社黑燕蝶）
  食葉片與嫩莖
- *Tongeia hainani*　台灣玄灰蝶（台灣黑燕蝶）　食葉片與嫩莖

*Sedum actinocarpum* Yamam.　星果佛甲草（台灣特有種）
- *Tongeia filicaudis mushanus*　密點玄灰蝶（霧社黑燕蝶）
  食葉片與嫩莖
- *Tongeia hainani*　台灣玄灰蝶（台灣黑燕蝶）　食葉片與嫩莖

*Sedum morrisonense* Hayata　玉山佛甲草（台灣特有種）
- *Tongeia filicaudis mushanus*　密點玄灰蝶（霧社黑燕蝶）
  食葉片與嫩莖

*Sedum stellariaefolium* Franch.　火焰草（原生種）
- *Tongeia filicaudis mushanus*　密點玄灰蝶（霧社黑燕蝶）
  食葉片與嫩莖

**Cruciferae　十字花科**

*Brassica alboglabra* Bail. var. *acephala* DC. 芥藍（栽培種）
- *Pieris rapae crucivora*　白粉蝶（紋白蝶）　食全株柔嫩組織

*Brassica campestris* L. var. *amplexicaulis* Makino
油菜（栽培種）
- *Pieris rapae crucivora*　白粉蝶（紋白蝶）　食全株柔嫩組織

*Brassica juncea* (L.) Czern.　芥菜（栽培種）
- *Pieris canidia*　緣點白粉蝶（台灣紋白蝶）　食全株柔嫩組織
- *Pieris rapae crucivora*　白粉蝶（紋白蝶）　食全株柔嫩組織

*Brassica oleracea* L. var. *capitata* DC.　甘藍（栽培種）
- *Pieris canidia*　緣點白粉蝶（台灣紋白蝶）　食全株柔嫩組織
- *Pieris rapae crucivora*　白粉蝶（紋白蝶）　食全株柔嫩組織

*Brassica pekinensis* Skeels　大白菜、結球白菜、卷心白
（栽培種）
- *Pieris canidia*　緣點白粉蝶（台灣紋白蝶）　食全株柔嫩組織
- *Pieris rapae crucivora*　白粉蝶（紋白蝶）　食全株柔嫩組織

*Capsella bursa-pastoris* (L.) Medic.　薺（原生種）
- *Pieris canidia*　緣點白粉蝶（台灣紋白蝶）　食全株柔嫩組織
- *Pieris rapae crucivora*　白粉蝶（紋白蝶）　食全株柔嫩組織

*Cardamine flexuosa* With.　蔊菜（歸化種，水生植物）
- *Pieris canidia*　緣點白粉蝶（台灣紋白蝶）　食全株柔嫩組織
- *Pieris rapae crucivora*　白粉蝶（紋白蝶）　食全株柔嫩組織

*Cardamine scutata* Thunb. var. *rotundiloba* (Hayata) T. S. Liu & S.
S. Ying　台灣碎米薺（台灣特有變種）
- *Pieris canidia*　緣點白粉蝶（台灣紋白蝶）　食全株柔嫩組織

*Cochlearia formosana* Hayata　台灣假山葵（台灣特有種）
- *Pieris canidia*　緣點白粉蝶（台灣紋白蝶）　食全株柔嫩組織
- *Pieris rapae crucivora*　白粉蝶（紋白蝶）　食全株柔嫩組織

*Coronopus didymus* (L.) Sm.　臭濱芥（臭薺）（歸化種）
- *Pieris canidia*　緣點白粉蝶（台灣紋白蝶）　食全株柔嫩組織
- *Pieris rapae crucivora*　白粉蝶（紋白蝶）　食全株柔嫩組織

*Lepidium bonariense* L.　南美獨行菜（歸化種）
- *Pieris canidia*　緣點白粉蝶（台灣紋白蝶）　食全株柔嫩組織
- *Pieris rapae crucivora*　白粉蝶（紋白蝶）　食全株柔嫩組織

*Lepidium virginicum* L.　獨行菜（歸化種）
- *Pieris canidia*　緣點白粉蝶（台灣紋白蝶）　食全株柔嫩組織
- *Pieris rapae crucivora*　白粉蝶（紋白蝶）　食全株柔嫩組織

*Nasturtium officinale* R. Br.　豆瓣菜（歸化種，水生植物）
- *Pieris canidia*　緣點白粉蝶（台灣紋白蝶）　食全株柔嫩組織
- *Pieris rapae crucivora*　白粉蝶（紋白蝶）　食全株柔嫩組織

*Raphanus sativus* L. form. *raphanistroides* Makino　濱萊菔（原生種）
- *Pieris rapae crucivora*　白粉蝶（紋白蝶）　食全株柔嫩組織

*Raphanus sativus* L. var. *acanthiformis* Nakai　蘿蔔（栽培種）
- *Pieris canidia*　緣點白粉蝶（台灣紋白蝶）　食全株柔嫩組織
- *Pieris rapae crucivora*　白粉蝶（紋白蝶）　食全株柔嫩組織

*Rorippa cantoniensis* (Lour.) Ohwi　廣東葶藶（原生種）
- *Pieris canidia*　緣點白粉蝶（台灣紋白蝶）　食全株柔嫩組織
- *Pieris rapae crucivora*　白粉蝶（紋白蝶）　食全株柔嫩組織

*Rorippa globosa* (Turcz.) Hayek　風花菜（原生種）
- *Pieris canidia*　緣點白粉蝶（台灣紋白蝶）　食全株柔嫩組織
- *Pieris rapae crucivora*　白粉蝶（紋白蝶）　食全株柔嫩組織

*Rorippa indica* (L.) Hiern　葶藶（原生種）
- *Pieris canidia*　緣點白粉蝶（台灣紋白蝶）　食全株柔嫩組織
- *Pieris rapae crucivora*　白粉蝶（紋白蝶）　食全株柔嫩組織

*Rorippa palustris* (L.) Besser　濕生葶藶（歸化種）
- *Pieris canidia*　緣點白粉蝶（台灣紋白蝶）　食全株柔嫩組織
- *Pieris rapae crucivora*　白粉蝶（紋白蝶）　食全株柔嫩組織

Ebenaceae 柿樹科
*Diospyros eriantha* Champ. ex Benth.　軟毛柿（原生種）
- *Deudorix epijarbas menesicles*　玳灰蝶（恆春小灰蝶）
  食果肉與種子

*Diospyros kaki* Thunb.　柿（柿仔、紅柿）（栽培種）
- *Deudorix epijarbas menesicles*　玳灰蝶（恆春小灰蝶）
  食果肉與種子

Elaeagnaceae　胡頹子科
*Elaeagnus thunbergii* Servais.　鄧氏胡頹子（台灣特有種）
- *Aporia genestieri insularis*　白絹粉蝶（深山粉蝶）　食葉片

Euphorbiaceae　大戟科
*Bischofia javanica* Blume　茄冬（原生種）
- *Prosotas nora formosana*　波灰蝶（姬波紋小灰蝶）
  食花苞與花序組織

*Bridelia balansae* Tutcher.　刺杜密（原生種）
- *Acytolepsis puspa myla*　靛色琉灰蝶（台灣琉璃小灰蝶）
  食新芽、新葉與花苞
- *Neptis nata lutatia*　細帶環蛺蝶（台灣三線蝶）　食成熟葉片
- *Rapala varuna formosana*　燕灰蝶（墾丁小灰蝶）
  食花苞與花序組織

*Bridelia tomentosa* Blume　土密樹（原生種）
- *Acytolepsis puspa myla*　靛色琉灰蝶（台灣琉璃小灰蝶）
  食新芽、新葉與花苞
- *Prosotas nora formosana*　波灰蝶（姬波紋小灰蝶）
  食花苞與花序組織

*Drypetes karapinensis* (Hayata) Pax　交力坪鐵色（台灣特有種）
- *Appias albina semperi*　尖粉蝶（尖翅粉蝶）　食新芽與新葉
- *Appias indra aristoxemus*　雲紋尖粉蝶（雲紋粉蝶）　食新芽與新葉
- *Appias paulina minato*　黃尖粉蝶（蘭嶼粉蝶）　食新芽與新葉

*Drypetes littoralis* (C. B. Rob.) Merr.　鐵色（原生種）
- *Appias albina semperi*　尖粉蝶（尖翅粉蝶）　食新芽與新葉
- *Appias indra aristoxemus*　雲紋尖粉蝶（雲紋粉蝶）
  食新芽與新葉
- *Appias paulina minato*　黃尖粉蝶（蘭嶼粉蝶）　食新芽與新葉

*Glochidion acuminatum* Muell.-Arg.　裡白饅頭果（原生種）
- *Acytolepsis puspa myla*　靛色琉灰蝶（台灣琉璃小灰蝶）
  食新芽、新葉與花苞
- *Athyma cama zoroastes*　雙色帶蛺蝶（台灣單帶蛺蝶）
  食成熟葉片
- *Athyma perius*　玄珠帶蛺蝶（白三線蝶）　食成熟葉片

*Glochidion hirsutum* (Roxb.) Voigt　赤血仔（原生種）
- *Acytolepsis puspa myla*　靛色琉灰蝶（台灣琉璃小灰蝶）
  食新芽、新葉與花苞
- *Athyma cama zoroastes*　雙色帶蛺蝶（台灣單帶蛺蝶）
  食成熟葉片
- *Athyma perius*　玄珠帶蛺蝶（白三線蝶）　食成熟葉片

*Glochidion kusukusense* Hayata　高士佛饅頭果（原生種）
- *Acytolepsis puspa myla*　靛色琉灰蝶（台灣琉璃小灰蝶）
  食新芽、新葉與花苞
- *Athyma cama zoroastes*　雙色帶蛺蝶（台灣單帶蛺蝶）
  食成熟葉片
- *Athyma perius*　玄珠帶蛺蝶（白三線蝶）　食成熟葉片

*Glochidion lanceolatum* Hayata　披針葉饅頭果（原生種）
- *Acytolepsis puspa myla*　靛色琉灰蝶（台灣琉璃小灰蝶）
  食新芽、新葉與花苞
- *Athyma cama zoroastes*　雙色帶蛺蝶（台灣單帶蛺蝶）
  食成熟葉片
- *Athyma perius*　玄珠帶蛺蝶（白三線蝶）　食成熟葉片

*Glochidion ovalifolium* F. Y. Lu & Y. S. Hsu
卵葉饅頭果（台灣特有種）
- *Athyma cama zoroastes*　雙色帶蛺蝶（台灣單帶蛺蝶）
  食成熟葉片
- *Acytolepsis puspa myla*　靛色琉灰蝶（台灣琉璃小灰蝶）
  食新芽、新葉與花苞
- *Athyma perius*　玄珠帶蛺蝶（白三線蝶）　食成熟葉片

*Glochidion philippicum* (Cavan.) C. B. Rob.
菲律賓饅頭果（原生種）
- *Acytolepsis puspa myla*　靛色琉灰蝶（台灣琉璃小灰蝶）
  食新芽、新葉與花苞
- *Athyma cama zoroastes*　雙色帶蛺蝶（台灣單帶蛺蝶）
  食成熟葉片
- *Athyma perius*　玄珠帶蛺蝶（白三線蝶）　食成熟葉片
- *Horaga albimacula triumphalis*　小鑽灰蝶（姬三尾小灰蝶）
  食花序與未熟果

*Glochidion puberum* (L.) Hutch　紅毛饅頭果（原生種）
- *Acytolepsis puspa myla*　靛色琉灰蝶（台灣琉璃小灰蝶）
  食新芽、新葉與花苞
- *Athyma cama zoroastes*　雙色帶蛺蝶（台灣單帶蛺蝶）
  食成熟葉片
- *Athyma perius*　玄珠帶蛺蝶（白三線蝶）　食成熟葉片

*Glochidion rubrum* Blume　細葉饅頭果（原生種）
- *Acytolepsis puspa myla*　靛色琉灰蝶（台灣琉璃小灰蝶）
  食新芽、新葉與花苞
- *Athyma cama zoroastes*　雙色帶蛺蝶（台灣單帶蛺蝶）
  食成熟葉片
- *Athyma perius*　玄珠帶蛺蝶（白三線蝶）　食成熟葉片
- *Horaga albimacula triumphalis*　小鑽灰蝶（姬三尾小灰蝶）
  食花序與未熟果
- *Spindasis lohita formosana*　虎灰蝶（台灣雙尾燕蝶）
  （注：需有蟻巢＆共生）

*Glochidion zeylanicum* (Gaertn.) A. Juss.
錫蘭饅頭果（原生種）
- *Acytolepsis puspa myla*　靛色琉灰蝶（台灣琉璃小灰蝶）
  食新芽、新葉與花苞
- *Athyma cama zoroastes*　雙色帶蛺蝶（台灣單帶蛺蝶）
  食成熟葉片
- *Athyma perius*　玄珠帶蛺蝶（白三線蝶）　食成熟葉片

*Liodendron formosanum* (Kaneh. & Sasaki) H. Keng
台灣假黃楊（台灣特有種）
- *Appias albina semperi* 尖粉蝶（尖翅粉蝶） 食新芽與新葉
- *Appias indra aristoxemus* 雲紋尖粉蝶（雲紋粉蝶）
食新芽與新葉
- *Appias paulina minato* 黃尖粉蝶（蘭嶼粉蝶） 食新芽與新葉

*Macaranga tanarius* (L.) Müll. Arg. 血桐（原生種）
- *Megisba malaya sikkima* 黑星灰蝶（台灣黑星小灰蝶）
食花、花苞與花序組織
- *Rapala nissa hirayamana* 霓彩燕灰蝶（平山小灰蝶）
食花、花苞與花序組織

*Mallotus japonicus* (Thunb.) Müll. Arg. 野桐（原生種）
- *Megisba malaya sikkima* 黑星灰蝶（台灣黑星小灰蝶）
食花、花苞與花序組織

*Mallotus paniculatus* (Lam.) Müll. Arg. 白匏子（原生種）
- *Megisba malaya sikkima* 黑星灰蝶（台灣黑星小灰蝶）
食花、花苞與花序組織

*Mallotus philippensis* (Lam.) Müll. Arg.
粗糠柴（六捻子）（原生種）
- *Euthalia formosana* 台灣翠蛺蝶（台灣綠蛺蝶） 食葉片
- *Megisba malaya sikkima* 黑星灰蝶（台灣黑星小灰蝶）
食花、花苞與花序組織

*Mallotus repandus* (Willd.) Müll. Arg. 扛香藤（原生種）
- *Mahathala ameria hainani* 凹翅紫灰蝶（凹翅紫小灰蝶）
食新芽與新葉
- *Megisba malaya sikkima* 黑星灰蝶（台灣黑星小灰蝶）
食花、花苞與花序組織

*Ricinus communis* L. 蓖麻（歸化種）
- *Ariadne ariadne pallidior* 波蛺蝶（樺蛺蝶、蓖麻蝶）
食新芽與新葉

*Sapium sebiferum* (L.) Roxb. 烏桕（歸化種）
- *Horaga albimacula triumphalis* 小鑽灰蝶（姬三尾小灰蝶）
食花、花苞與花序組織

**Fagaceae 殼斗科**

*Castanopsis cuspidata* (Thunb.) Schottky var. *carlesii* (Hemsl.)
Yamaz. 長尾尖葉櫧（卡氏櫧）（原生種）
- *Euaspa forsteri* 伏氏鉎灰蝶（伏氏綠小灰蝶）
食新芽與新葉

*Castanopsis formosana* (Skan) Hayata
台灣苦櫧（台灣栲）（原生種）
- *Arhopala bazalus turbata* 燕尾紫灰蝶（紫燕小灰蝶）
食新芽與新葉
- *Arhopala paramuta horishana* 暗色紫灰蝶（埔里紫小灰蝶）
食新芽與新葉
- *Prosotas nora formosana* 波灰蝶（姬波紋小灰蝶）
食花、花苞

*Castanopsis indica* (Roxb.) A.DC. 印度苦櫧（原生種）
- *Arhopala paramuta horishana* 暗色紫灰蝶（埔里紫小灰蝶）
食新芽與新葉
- *Nacaduba beroe asakusa* 南方娜波灰蝶（南方波紋小灰蝶）
食花、花苞

*Cyclobalanopsis gilva* (Blume) Oerst. 赤皮（原生種）
- *Arhopala ganesa formosana* 蔚青紫灰蝶（白底青小灰蝶）
食新芽與新葉
- *Arhopala japonica* 日本紫灰蝶（紫小灰蝶） 食新芽與新葉
- *Chrysozephyrus ataxus lingi* 白芒翠灰蝶（蓬萊綠小灰蝶）
食新芽
- *Chrysozephyrus splendidulus* 單線翠灰蝶（單帶綠小灰蝶）
食新芽與花序
- *Euthalia insulae* 窄帶翠蛺蝶 食葉片

*Cyclobalanopsis glauca* (Thunb.) Oerst. 青剛櫟（原生種）
- *Arhopala bazalus turbata* 燕尾紫灰蝶（紫燕小灰蝶）
食新芽與新葉
- *Abrota ganga formosana* 瑙蛺蝶（雄紅三線蝶） 食葉片
- *Acytolepis puspa myla* 靛色琉灰蝶（台灣琉璃小灰蝶）
食新芽、新葉與花苞
- *Arhopala birmana asakurae* 小紫灰蝶（朝倉小灰蝶）食新芽與新葉
- *Arhopala japonica* 日本紫灰蝶（紫小灰蝶） 食新芽
- *Chrysozephyrus disparatus pseudotaiwanus*
小翠灰蝶（台灣綠小灰蝶） 食新芽與新葉
- *Chrysozephyrus esakii* 碧翠灰蝶（江崎綠小灰蝶）
食新芽與新葉
- *Chrysozephyrus yuchingkinus* 清金翠灰蝶（清金綠小灰蝶）
食新芽與新葉
- *Euthalia formosana* 台灣翠蛺蝶（台灣綠蛺蝶） 食葉片
- *Euthalia insulae* 窄帶翠蛺蝶 食葉片
- *Japonica patungkoanui* 台灣焰灰蝶（紅小灰蝶） 食新芽與新葉
- *Leucantigius atayalicus* 瓏灰蝶（姬白小灰蝶） 食新芽與新葉
- *Ravenna nivea* 朗灰蝶（白小灰蝶） 食新芽與新葉
- *Sephisa chandra androdamas* 燦蛺蝶（黃斑蛺蝶） 食葉片
- *Udara dilecta* 嫵琉灰蝶（達邦琉璃小灰蝶） 食新芽與新葉

*Cyclobalanopsis longinux* (Hayata) Schottky
錐果櫟（台灣特有種）
- *Chrysozephyrus esakii* 碧翠灰蝶（江崎綠小灰蝶）
食新芽與新葉
- *Chrysozephyrus disparatus pseudotaiwanus*
小翠灰蝶（台灣綠小灰蝶） 食新芽與新葉
- *Chrysozephyrus rarasanus* 拉拉山翠灰蝶（拉拉山綠小灰蝶）
食新芽與新葉
- *Chrysozephyrus yuchingkinus* 清金翠灰蝶（清金綠小灰蝶）
食新芽與新葉
- *Euthalia formosana* 台灣翠蛺蝶（台灣綠蛺蝶） 食葉片
- *Euthalia insulae* 窄帶翠蛺蝶 食葉片
- *Euaspa milionia formosana* 鉎灰蝶（台灣單帶小灰蝶）
食新芽與新葉
- *Japonica patungkoanui* 台灣焰灰蝶（紅小灰蝶） 食新芽與新葉
- *Leucantigius atayalicus* 瓏灰蝶（姬白小灰蝶） 食新芽
- *Ravenna nivea* 朗灰蝶（白小灰蝶） 食新芽與新葉

*Cyclobalanopsis morii* (Hayata) Schottky
赤柯（森氏櫟）（台灣特有種）
- *Celatoxia marginata* 白紋琉灰蝶（白紋琉璃小灰蝶）
食新芽與新葉
- *Chrysozephyrus esakii* 碧翠灰蝶（江崎綠小灰蝶）
食新芽與新葉
- *Chrysozephyrus rarasanus* 拉拉山翠灰蝶（拉拉山綠小灰蝶）
食新芽與新葉
- *Sephisa chandra androdamas* 燦蛺蝶（黃斑蛺蝶） 食葉片

*Cyclobalanopsis pachyloma* (Seemen) Schottky
捲斗櫟（原生種）
- *Arhopala birmana asakurae* 小紫灰蝶（朝倉小灰蝶）
食新芽與新葉

- *Arhopala ganesa formosana* 蔚青紫灰蝶（白底青小灰蝶）
食新芽與新葉
- *Arhopala japonica* 日本紫灰蝶（紫小灰蝶） 食新芽與新葉
- *Callenya melaena shonen* 寬邊琉灰蝶（寬邊琉璃小灰蝶）
食新芽與新葉
- *Euthalia hebe kosempona* 連珠翠蛺蝶（甲仙綠蛺蝶） 食葉片

**Cyclobalanopsis sessilifolia (Blume) Schottky** **毽子櫟（原生種）**
- *Arhopala japonica* 日本紫灰蝶（紫小灰蝶） 食新芽與新葉
- *Chrysozephyrus disparatus pseudotaiwanus* 小翠灰蝶（台灣綠小灰蝶） 食新芽與新葉
- *Chrysozephyrus esakii* 碧翠灰蝶（江崎綠小灰蝶）
食新芽與新葉
- *Chrysozephyrus rarasanus* 拉拉山翠灰蝶（拉拉山綠小灰蝶）
食新芽與新葉
- *Chrysozephyrus yuchingkinus* 清金翠灰蝶（清金綠小灰蝶）
食新芽與新葉
- *Japonica patungkoanui* 台灣焰灰蝶（紅小灰蝶）
食新芽與新葉
- *Ravenna nivea* 朗灰蝶（白小灰蝶） 食新芽與新葉

**Cyclobalanopsis stenophylloides (Hayata) Kudo & Masam *ex* Kudo** **狹葉櫟（台灣特有種）**
- *Arhopala ganesa formosana* 蔚青紫灰蝶（白底青小灰蝶）
食新芽與新葉
- *Arhopala japonica* 日本紫灰蝶（紫小灰蝶） 食新芽與新葉
- *Chrysozephyrus esakii* 碧翠灰蝶（江崎綠小灰蝶）
食新芽與新葉
- *Chrysozephyrus disparatus pseudotaiwanus*
小翠灰蝶（台灣綠小灰蝶） 食新芽與新葉
- *Chrysozephyrus kabrua niitakanus* 黃閃翠灰蝶（玉山綠小灰蝶）
食新芽與新葉
- *Euthulia insulae* 窄帶翠蛺蝶 食葉片
- *Japonica patungkoanui* 台灣焰灰蝶（紅小灰蝶）食新芽與新葉
- *Ravenna nivea* 朗灰蝶（白小灰蝶） 食新芽與新葉
- *Teratozephyrus arisanus* 阿里山鐵灰蝶（阿里山長尾小灰蝶）
食新芽與新葉
- *Teratozephyrus yugaii* 台灣鐵灰蝶（玉山長尾小灰蝶）
食新芽與新葉
- *Udara dilecta* 嫵琉灰蝶（達邦琉璃小灰蝶） 食新芽與新葉
- *Wagimo insularis* 台灣線灰蝶（翅底三線小灰蝶）
食新芽與新葉

**Fagus hayatae Palib. *ex* Hayata**
**台灣水青岡（台灣山毛櫸）（原生種）**
- *Sibataniozephyrus kuafui* 夸父璀灰蝶（夸父綠小灰蝶）
食新芽與新葉

**Pasania formosana (Skan *ex* Forbes & Hemsl.) Schottky**
**台灣石櫟（台灣特有種）**
- *Arhopala bazalus turbata* 燕尾紫灰蝶（紫燕小灰蝶）
食新芽與新葉
- *Chrysozephyrus mushaellus* 霧社翠灰蝶（霧社綠小灰蝶）
食新芽與新葉

**Pasania hancei (Benth.) Schottky var. *ternaticupula* (Hayata) J. C. Liao** **三斗石櫟（台灣特有變種）**
- *Arhopala bazalus turbata* 燕尾紫灰蝶（紫燕小灰蝶）
食新芽與新葉

**Pasania harlandii (Hance) Oerst.** **短尾葉石櫟（原生種）**
- *Arhopala bazalus turbata* 燕尾紫灰蝶（紫燕小灰蝶）
食新芽與新葉

- *Chrysozephyrus mushaellus* 霧社翠灰蝶（霧社綠小灰蝶）
食新芽與新葉

**Pasania kawakamii (Hayata) Schottky**
**大葉石櫟（川上氏石櫟）（台灣特有種）**
- *Arhopala bazalus turbata* 燕尾紫灰蝶（紫燕小灰蝶）
食新芽與新葉
- *Celatoxia marginata* 白紋琉灰蝶（白紋琉璃小灰蝶）
食新芽與新葉
- *Chrysozephyrus disparatus pseudotaiwanus*
小翠灰蝶（台灣綠小灰蝶） 食新芽與新葉
- *Chrysozephyrus mushaellus* 霧社翠灰蝶（霧社綠小灰蝶）
食新芽與新葉

**Pasania konishii (Hayata) Schottky**
**油葉石櫟（小西氏石櫟）（台灣特有種）**
- *Acytolepsis puspa myla* 靛色琉灰蝶（台灣琉璃小灰蝶）食新芽
- *Chrysozephyrus disparatus pseudotaiwanus* 小翠灰蝶（台灣綠小灰蝶） 食新芽與新葉

**Quercus acutissima Carruth.** **麻櫟（原生種）**
- *Acytolepsis puspa myla* 靛色琉灰蝶（台灣琉璃小灰蝶）
食新芽、新葉與花苞

**Quercus aliena Blume var. *acutiserrata* Maxim. *ex* Wenzig**
**孛孛櫟（槲櫟）（原生種）**
- *Acytolepsis puspa myla* 靛色琉灰蝶（台灣琉璃小灰蝶）
食新芽、新葉

**Quercus dentata Thunb.** **槲樹（原生種）**
- *Acytolepsis puspa myla* 靛色琉灰蝶（台灣琉璃小灰蝶）
食新芽、新葉與花苞
- *Antigius jinpingi* 錦平折線灰蝶（注：推測食性應與巴氏折線灰蝶同） 食新芽與新葉

**Quercus spinosa David *ex* Franch** **高山櫟（原生種）**
- *Teratozephyrus elatus* 高山鐵灰蝶 食新芽與新葉

**Quercus tatakaensis Tomiya** **銳葉高山櫟（台灣特有種）**
- *Celatoxia marginata* 白紋琉灰蝶（白紋琉璃小灰蝶）
食新芽與新葉
- *Rapala nissa hirayamana* 霓彩燕灰蝶（平山小灰蝶）
食花、花苞與花序組織
- *Teratozephyrus elatus* 高山鐵灰蝶 食新芽與新葉

**Quercus variabilis Blume** **栓皮櫟（原生種）**
- *Antigius attilia obsoletus* 折線灰蝶（青灰蝶、淡青小灰蝶）
食新芽與新葉
- *Chrysozephyrus esakii* 碧翠灰蝶（江崎綠小灰蝶）
食新芽與新葉

**Flacourtiaceae** 大風子科
**Scolopia oldhamii Hance** **魯花樹（原生種）**
- *Cupha erymanthis* 黃襟蛺蝶（台灣黃斑蛺蝶） 食新芽與新葉
- *Phalanta phalantha* 琺蛺蝶（紅擬豹斑蝶） 食新芽與新葉

**Gesneriaceae** 苦苣苔科
**Lysionotus pauciflorus Maxim. var. *pauciflorus***
**石吊蘭（台灣石吊蘭）（原生種）**
- *Shijimia moorei taiwana* 森灰蝶（台灣棋石小灰蝶）
食花序與花苞

*Lysionotus pauciflorus* Maxim. var. *ikedae* (Hatus.) W. T. Wang
蘭嶼石吊蘭（台灣特有變種）
- *Shijimia moorei taiwana*　森灰蝶（台灣棋石小灰蝶）
　食花序與花苞

## Hamamelidaceae　金縷梅科
*Eustigma oblongifolium* Gardn. & Champ.　秀柱花（原生種）
- *Abrota ganga formosana*　瑙蛺蝶（雄紅三線蝶）　食葉片

*Sycopsis sinensis* Oliv.　水絲梨（原生種）
- *Iratsume orsedice suzukii*　珠灰蝶（黑底小灰蝶）　食新芽與新葉

## Juglandaceae　胡桃科
*Juglans cathayensis* Dode　野核桃（原生種）
- *Araragi enthea morisonensis*　墨點灰蝶（長尾小灰蝶）
　食新芽與新葉

## Labiatae　唇形科
*Salvia arisanensis* Hayata　阿里山紫花鼠尾草（台灣特有種）
- *Shijimia moorei taiwana*　森灰蝶（台灣棋石小灰蝶）
　食花、花苞與花序組織

*Salvia formosana* (Murata) Yamaz.
台灣紫花鼠尾草（台灣特有種）
- *Shijimia moorei taiwana*　森灰蝶（台灣棋石小灰蝶）
　食花、花苞與花序組織

## Lauraceae　樟科
*Cinnamomum burmannii* (Nees) Blume
陰香（印尼肉桂）（歸化種）
*Graphium sarpedon connectens*　青鳳蝶（青帶鳳蝶）　食葉片
*Seseria formosana*　台灣瑟弄蝶（大黑星弄蝶）　食葉片

*Cinnamomum camphora* (L.) Presl　樟樹（原生種）
- *Chilasa agestor matsumurae*　斑鳳蝶　食葉片
- *Chilasa epycides melanoleucus*　黃星斑鳳蝶（黃星鳳蝶）
　食葉片
- *Graphium cloanthus kuge*　寬帶青鳳蝶（寬青帶鳳蝶）　食葉片
- *Graphium sarpedon connectens*　青鳳蝶（青帶鳳蝶）　食葉片
- *Neptis taiwana*　蓬萊環蛺蝶（埔里三線蝶）　食葉片
- *Pazala eurous asakurae*　劍鳳蝶（升天鳳蝶）　食葉片
- *Papilio thaiwanus*　台灣鳳蝶　食葉片
- *Seseria formosana*　台灣瑟弄蝶（大黑星弄蝶）　食葉片

*Cinnamomum cassia* J. Presl　肉桂（栽培種）
- *Graphium sarpedon connectens*　青鳳蝶（青帶鳳蝶）　食葉片
- *Seseria formosana*　台灣瑟弄蝶（大黑星弄蝶）　食葉片

*Cinnamomum insulari-montanum* Hayata
台灣肉桂（台灣特有種）
- *Graphium sarpedon connectens*　青鳳蝶（青帶鳳蝶）　食葉片
- *Seseria formosana*　台灣瑟弄蝶（大黑星弄蝶）　食葉片

*Cinnamomum kanehirae* Hayata　牛樟（台灣特有種）
- *Graphium sarpedon connectens*　青鳳蝶（青帶鳳蝶）　食葉片
- *Papilio thaiwanus*　台灣鳳蝶　食葉片
- *Seseria formosana*　台灣瑟弄蝶（大黑星弄蝶）　食葉片

*Cinnamomum kotoense* Kaneh. & Sasaki
蘭嶼肉桂（台灣特有種）
- *Graphium sarpedon connectens*　青鳳蝶（青帶鳳蝶）　食葉片
- *Seseria formosana*　台灣瑟弄蝶（大黑星弄蝶）　食葉片

*Cinnamomum macrostemon* Hayata　胡氏肉桂（台灣特有種）
- *Chilasa agestor matsumurae*　斑鳳蝶　食葉片
- *Graphium sarpedon connectens*　青鳳蝶（青帶鳳蝶）　食葉片
- *Graphium cloanthus kuge*　寬帶青鳳蝶（寬青帶鳳蝶）　食葉片
- *Pazala eurous asakurae*　劍鳳蝶（升天鳳蝶）　食葉片
- *Seseria formosana*　台灣瑟弄蝶（大黑星弄蝶）　食葉片

*Cinnamomum osmophloeum* Kaneh.　土肉桂（台灣特有種）
- *Chilasa agestor matsumurae*　斑鳳蝶　食葉片
- *Graphium sarpedon connectens*　青鳳蝶（青帶鳳蝶）　食葉片
- *Graphium cloanthus kuge*　寬帶青鳳蝶（寬青帶鳳蝶）　食葉片
- *Pazala eurous asakurae*　劍鳳蝶（升天鳳蝶）　食葉片
- *Seseria formosana*　台灣瑟弄蝶（大黑星弄蝶）　食葉片

*Cinnamomum reticulatum* Hayata　土樟（台灣特有種）
- *Graphium sarpedon connectens*　青鳳蝶（青帶鳳蝶）　食葉片

*Cinnamomum subavenium* Miq.　香桂（原生種）
- *Graphium sarpedon connectens*　青鳳蝶（青帶鳳蝶）　食葉片

*Cinnamomum verum* J. Presl　錫蘭肉桂（栽培種）
- *Graphium sarpedon connectens*　青鳳蝶（青帶鳳蝶）　食葉片
- *Seseria formosana*　台灣瑟弄蝶（大黑星弄蝶）　食葉片

*Lindera akoensis* Hayata　內苳子（台灣特有種）
- *Seseria formosana*　台灣瑟弄蝶（大黑星弄蝶）　食葉片

*Lindera glauca* (Siebold & Zucc.) Blume　白葉釣樟（原生種）
- *Graphium sarpedon connectens*　青鳳蝶（青帶鳳蝶）　食葉片

*Lindera megaphylla* Hemsl.　大香葉樹（大葉釣樟）（原生種）
- *Chilasa epycides melanoleucus*　黃星斑鳳蝶（黃星鳳蝶）
　食葉片
- *Graphium sarpedon connectens*　青鳳蝶（青帶鳳蝶）　食葉片
- *Seseria formosana*　台灣瑟弄蝶（大黑星弄蝶）　食葉片

*Litsea acuminata* (Blume) Kurata　長葉木薑子（原生種）
- *Neptis taiwana*　蓬萊環蛺蝶（埔里三線蝶）　食葉片

*Litsea cubeba* (Lour.) Pers.　山胡椒（原生種）
- *Chilasa epycides melanoleucus*　黃星斑鳳蝶（黃星鳳蝶）
　食葉片
- *Seseria formosana*　台灣瑟弄蝶（大黑星弄蝶）　食葉片

*Litsea hypophaea* Hayata
小梗木薑子（黃肉樹）（台灣特有種）
- *Graphium sarpedon connectens*　青鳳蝶（青帶鳳蝶）　食葉片
- *Neptis taiwana*　蓬萊環蛺蝶（埔里三線蝶）　食葉片
- *Seseria formosana*　台灣瑟弄蝶（大黑星弄蝶）　食葉片

*Litsea glutinosa* (Lour.) C. B. Rob. 潺槁樹（潺槁木薑子）
（金門產，台灣引進栽培）
- *Chilasa clytia*　大斑鳳蝶（黃邊鳳蝶）　食葉片

*Machilus japonica* Siebold & Zucc. var. *japonica*
假長葉楠（日本楨楠）（原生種）
- *Neptis taiwana*　蓬萊環蛺蝶（埔里三線蝶）　食葉片
- *Seseria formosana*　台灣瑟弄蝶（大黑星弄蝶）　食葉片

*Machilus japonica* Siebold. & Zucc. var. *kusanoi* (Hayata) J. C.
Liao　大葉楠（台灣特有變種）
- *Chilasa agestor matsumurae*　斑鳳蝶　食葉片
- *Graphium sarpedon connectens*　青鳳蝶（青帶鳳蝶）　食葉片
- *Seseria formosana*　台灣瑟弄蝶（大黑星弄蝶）　食葉片

**Machilus thunbergii Siebold & Zucc.**
豬腳楠（紅楠）（原生種）
- *Chilasa agestor matsumurae* 斑鳳蝶　食葉片
- *Graphium cloanthus kuge* 寬帶青鳳蝶（寬青帶鳳蝶）　食葉片
- *Graphium sarpedon connectens* 青鳳蝶（青帶鳳蝶）　食葉片
- *Neptis taiwana* 蓬萊環蛺蝶（埔里三線蝶）　食葉片
- *Seseria formosana* 台灣瑟弄蝶（大黑星弄蝶）　食葉片

**Machilus zuihoensis Hayata**　香楠（台灣特有種）
- *Chilasa agestor matsumurae* 斑鳳蝶　食葉片
- *Graphium cloanthus kuge* 寬帶青鳳蝶（寬青帶鳳蝶）　食葉片
- *Graphium sarpedon connectens* 青鳳蝶（青帶鳳蝶）　食葉片
- *Seseria formosana* 台灣瑟弄蝶（大黑星弄蝶）　食葉片

**Machilus zuihoensis Hayata var. mushaensis (F. Y. Lu) Y. C. Liu**
青葉楠（台灣特有變種）
- *Graphium cloanthus kuge* 寬帶青鳳蝶（寬青帶鳳蝶）食葉片
- *Graphium sarpedon connectens* 青鳳蝶（青帶鳳蝶）　食葉片
- *Pazala eurous asakurae* 劍鳳蝶（升天鳳蝶）　食葉片
- *Pazala timur chungianus* 黑尾劍鳳蝶（木生鳳蝶）　食葉片

**Phoebe formosana (Hayata) Hayata**　台灣雅楠（原生種）
- *Neptis taiwana* 蓬萊環蛺蝶（埔里三線蝶）　食葉片
- *Seseria formosana* 台灣瑟弄蝶（大黑星弄蝶）　食葉片

**Sassafras randaiense (Hayata) Rehder**　台灣檫樹（台灣特有種）
- *Agehana maraho* 台灣寬尾鳳蝶（寬尾鳳蝶）　食葉片
- *Graphium sarpedon connectens* 青鳳蝶（青帶鳳蝶）　食葉片
- *Seseria formosana* 台灣瑟弄蝶（大黑星弄蝶）　食葉片

**Leguminosae 豆科**

**Acacia caesia (L.) Willd.**　藤相思樹（原生種）
- *Pantoporia hordonia rihodona* 金環蛺蝶（金三線蝶）　食葉片

**Acacia auriculiformis A Cunn.**　耳莢相思樹（歸化種）
- *Prosotas nora formosana* 波灰蝶（姬波紋小灰蝶）　食花、花苞

**Acacia confusa Merr.**　相思樹（原生種）
- *Prosotas dudiosa asbolodes* 密紋波灰蝶　食花、花苞
- *Prosotas nora formosana* 波灰蝶（姬波紋小灰蝶）
　食花、花苞
- *Rapala varuna formosana* 燕灰蝶（墾丁小灰蝶）　食花、花苞

**Acacia farnesiana (L.) Willd.**　金合歡（歸化種）
- *Prosotas dudiosa asbolodes* 密紋波灰蝶　食花、花苞
- *Prosotas nora formosana* 波灰蝶（姬波紋小灰蝶）　食花、花苞

**Adenanthera microsperma L.**　小實孔雀豆（栽培種）
- *Prosotas nora formosana* 波灰蝶（姬波紋小灰蝶）　食花、花苞

**Aeschynomene americana L.**　敏感合萌（歸化種）
- *Eurema alitha esakii* 島嶼黃蝶（江崎黃蝶）　食葉片
- *Eurema hecabe* 黃蝶（荷氏黃蝶）　食葉片

**Aeschynomene indica L.**　合萌（原生種）
- *Eurema hecabe* 黃蝶（荷氏黃蝶）　食葉片

**Albizia falcataria (L.) Fosberg**　麻六甲合歡（栽培種）
- *Eurema blanda arsakia* 亮色黃蝶（台灣黃蝶）　食葉片

**Albizia julibrissin Durazz.**　合歡（原生種）
- *Amblopala avidiena y-fasciata* 尖灰蝶（歪紋小灰蝶）
　食花、花苞
- *Eurema blanda arsakia* 亮色黃蝶（台灣黃蝶）　食葉片

**Eurema hecabe** 黃蝶（荷氏黃蝶）　食葉片
**Eurema mandarina** 北黃蝶　食葉片
**Pantoporia hordonia rihodona** 金環蛺蝶（金三線蝶）　食葉片
**Polyura narcaea meghaduta** 小雙尾蛺蝶（姬雙尾蝶）　食葉片
**Prosotas nora formosana** 波灰蝶（姬波紋小灰蝶）　食花、花苞

**Albizia lebbeck (L.) Benth.**　大葉合歡（原生種）
- *Eurema blanda arsakia* 亮色黃蝶（台灣黃蝶）　食葉片
- *Eurema hecabe* 黃蝶（荷氏黃蝶）　食葉片
- *Prosotas dudiosa asbolodes* 密紋波灰蝶　食花、花苞
- *Prosotas nora formosana* 波灰蝶（姬波紋小灰蝶）　食花、花苞

**Alysicarpus vaginalis (L.) DC.**　煉莢豆（山地豆）（歸化種）
- *Neptis sappho formosana* 小環蛺蝶（小三線蝶）　食成熟葉片
- *Zizina otis riukuensis* 折列藍灰蝶（小小灰蝶）
　食新芽、花苞與花序組織

**Archidendron lucidum (Benth.) I. Nielsen**　頷垂豆（原生種）
- *Eurema blanda arsakia* 亮色黃蝶（台灣黃蝶）　食葉片
- *Polyura eudamippus formosana* 雙尾蛺蝶（雙尾蝶）　食葉片
- *Polyura narcaea meghaduta* 小雙尾蛺蝶（姬雙尾蝶）　食葉片

**Bauhinia championii (Benth.) Benth.**　菊花木（原生種）
- *Deudorix epijarbas menesicles* 玳灰蝶（恆春小灰蝶）
　食果肉、種子
- *Horaga onyx moltrechti* 鑽灰蝶（三尾小灰蝶）
　食花、花苞與未熟果
- *Neptis nata lutatia* 細帶環蛺蝶（台灣三線蝶）　食成熟葉片
- *Prosotas dudiosa asbolodes* 密紋波灰蝶　食花、花苞
- *Prosotas nora formosana* 波灰蝶（姬波紋小灰蝶）　食花、花苞

**Caesalpinia bonduc (L.) Roxb.**　老虎心（原生種）
- *Eurema blanda arsakia* 亮色黃蝶（台灣黃蝶）　食葉片

**Caesalpinia crista L.**　搭肉刺（原生種）
- *Eurema blanda arsakia* 亮色黃蝶（台灣黃蝶）　食葉片
- *Eurema hecabe* 黃蝶（荷氏黃蝶）　食葉片＆偶見食用

**Caesalpinia decapetala (Roth) Alston**　雲實（原生種）
- *Eurema hecabe* 黃蝶（荷氏黃蝶）　食葉片

**Caesalpinia minax Hance**　喙莢雲實（原生種）
- *Eurema blanda arsakia* 亮色黃蝶（台灣黃蝶）　食葉片
- *Eurema hecabe* 黃蝶（荷氏黃蝶）　食葉片＆偶見食用

**Cajanus cajan (L.) Millsp.**　木豆（樹豆）（栽培種）
- *Lampides boeticus* 豆波灰蝶（波紋小灰蝶）　食花、未熟果
- *Jamides bochus formosanus* 雅波灰蝶（琉璃波紋小灰蝶）
　食花、未熟果

**Callerya nitida (Benth.) R. Geesink**　光葉魚藤（原生種）
- *Acytolepis puspa myla* 靛色琉灰蝶（台灣琉璃小灰蝶）
　食新芽、新葉與花苞
- *Curetis brunnea* 台灣銀灰蝶（台灣銀斑小灰蝶）
　食新芽與花序
- *Jamides bochus formosanus* 雅波灰蝶（琉璃波紋小灰蝶）
　食花、花苞與未熟果
- *Neptis hylas lulculenta* 豆環蛺蝶（琉球三線蝶）
　食成熟葉片＆偶見食用
- *Polyura eudamippus formosana* 雙尾蛺蝶（雙尾蝶）
　食成熟葉片

**Callerya reticulata (Benth.) Schot**　老荊藤（原生種）
- *Curetis acuta formosana* 銀灰蝶（銀斑小灰蝶）　食新芽與花序

- *Curetis brunnea*　台灣銀灰蝶（台灣銀斑小灰蝶）　食新芽與花序
- *Jamides bochus formosanus*　雅波灰蝶（琉璃波紋小灰蝶）
  食花、花苞與未熟果
- *Neptis sappho formosana*　小環蛺蝶（小三線蝶）　食成熟葉片
- *Polyura eudamippus formosana*　雙尾蛺蝶（雙尾蝶）　食葉片

### *Calliandra emerginata* (Humb. & Bonpl.) Benth.
### 紅粉撲花（栽培種）
- *Acytolepis puspa myla*　靛色琉灰蝶（台灣琉璃小灰蝶）
  食新芽、新葉與花苞
- *Eurema blanda arsakia*　亮色黃蝶（台灣黃蝶）　食葉片

### *Calliandra haematocephala* Hassk.　美洲合歡（栽培種）
- *Acytolepis puspa myla*　靛色琉灰蝶（台灣琉璃小灰蝶）
  食新芽、新葉與花苞
- *Eurema blanda arsakia*　亮色黃蝶（台灣黃蝶）　食葉片

### *Calopogonium mucunoides* Desv.
### 擬大豆（南美葛豆）（歸化種）
- *Neptis hylas lulculenta*　豆環蛺蝶（琉球三線蝶）　食成熟葉片

### *Canavalia gladiata* (Jacq.) DC.　刀豆（白鳳豆）（栽培種）
注：種皮為白色。
- *Neptis hylas lulculenta*　豆環蛺蝶（琉球三線蝶）　食成熟葉片

### *Canavalia lineata* (Thunb. *ex* Murray) DC.　肥豬豆（原生種）
- *Euchrysops cnejus*　奇波灰蝶（白尾小灰蝶）
  食花、花苞與未熟果
- *Lampides boeticus*　豆波灰蝶（波紋小灰蝶）
  食花、花苞與未熟果
- *Neptis hylas lulculenta*　豆環蛺蝶（琉球三線蝶）　食成熟葉片

### *Canavalia ensiformis* (L.) DC.　關刀豆（歸化種）
注：種皮為紅色。
- *Neptis hylas lulculenta*　豆環蛺蝶（琉球三線蝶）　食成熟葉片

### *Canavalia rosea* (Sw.) DC.　濱刀豆（原生種）
- *Jamides celeno*　白雅波灰蝶（小白波紋小灰蝶）
  食花、花苞與未熟果
- *Lampides boeticus*　豆波灰蝶（波紋小灰蝶）
  食花、花苞與未熟果
- *Jamides bochus formosanus*　雅波灰蝶（琉璃波紋小灰蝶）
  食花、花苞與未熟果

### *Cassia alata* L.　翼柄決明（歸化種）
- *Acytolepis puspa myla*　靛色琉灰蝶（台灣琉璃小灰蝶）
  食新芽＆偶見食用
- *Catopsilia pomona*　遷粉蝶（淡黃蝶）　食葉片
- *Catopsilia pyranthe*　細波遷粉蝶（水青粉蝶）　食葉片
- *Catopsilia scylla cornelia*　黃裙遷粉蝶（大黃裙粉蝶）食葉片
- *Eurema hecabe*　黃蝶（荷氏黃蝶）　食葉片

### *Cassia bicapsularis* L.　金葉黃槐（雙莢決明）（栽培種）
- *Catopsilia pyranthe*　細波遷粉蝶（水青粉蝶）　食葉片
- *Eurema blanda arsakia*　亮色黃蝶（台灣黃蝶）　食葉片

### *Cassia javanica* L.　爪哇決明（爪哇旃那）（栽培種）
- *Catopsilia pyranthe*　細波遷粉蝶（水青粉蝶）　食葉片
- *Catopsilia pomona*　遷粉蝶（淡黃蝶）　食葉片
- *Eurema blanda arsakia*　亮色黃蝶（台灣黃蝶）　食葉片

### *Cassia fistula* L.　阿勃勒（栽培種）
- *Acytolepis puspa myla*　靛色琉灰蝶（台灣琉璃小灰蝶）
  食新芽、新葉與花苞＆偶見食用

- *Catopsilia pomona*　遷粉蝶（淡黃蝶）　食葉片
- *Catopsilia pyranthe*　細波遷粉蝶（水青粉蝶）　食葉片
- *Catopsilia scylla cornelia*　黃裙遷粉蝶（大黃裙粉蝶）食葉片
- *Eurema blanda arsakia*　亮色黃蝶（台灣黃蝶）　食葉片
- *Eurema hecabe*　黃蝶（荷氏黃蝶）　食葉片
- *Polyura eudamippus formosana*　雙尾蛺蝶（雙尾蝶）食葉片

### *Cassia hirsuta* (L.) Irwin & Barneby　毛決明（歸化種）
- *Catopsilia pyranthe*　細波遷粉蝶（水青粉蝶）　食葉片＆偶見食用

### *Cassia occidentalis* (L.) Link　望江南（歸化種）
- *Catopsilia pyranthe*　細波遷粉蝶（水青粉蝶）　食葉片

### *Cassia siamea* (Lam.) Irwin & Barneby　鐵刀木（原生種）
- *Catopsilia pomona*　遷粉蝶（淡黃蝶）　食葉片
- *Eurema blanda arsakia*　亮色黃蝶（台灣黃蝶）　食葉片
- *Eurema hecabe*　黃蝶（荷氏黃蝶）　食葉片

### *Cassia tora* (L.) Roxb.　決明（歸化種）
- *Catopsilia pomona*　遷粉蝶（淡黃蝶）　食葉片
- *Catopsilia pyranthe*　細波遷粉蝶（水青粉蝶）　食葉片
- *Catopsilia scylla cornelia*　黃裙遷粉蝶（大黃裙粉蝶）　食葉片
- *Eurema alitha esakii*　島嶼黃蝶（江崎黃蝶）　食葉片
- *Eurema blanda arsakia*　亮色黃蝶（台灣黃蝶）　食葉片
- *Eurema hecabe*　黃蝶（荷氏黃蝶）　食葉片

### *Cassia surattensis* Burm. f.　黃槐（栽培種）
- *Catopsilia pomona*　遷粉蝶（淡黃蝶）　食葉片
- *Catopsilia pyranthe*　細波遷粉蝶（水青粉蝶）　食葉片
- *Catopsilia scylla cornelia*　黃裙遷粉蝶（大黃裙粉蝶）　食葉片
- *Eurema blanda arsakia*　亮色黃蝶（台灣黃蝶）　食葉片
- *Eurema hecabe*　黃蝶（荷氏黃蝶）　食葉片＆偶見食用

### *Centrosema pubescens* Benth.　山珠豆（歸化種）
- *Neptis hylas lulculenta*　豆環蛺蝶（琉球三線蝶）　食成熟葉片
- *Jamides celeno*　白雅波灰蝶（小白波紋小灰蝶）
  食花、花苞與未熟＆偶見食用

### *Chamaecrista mimosoides* (L.) Greene　假含羞草（歸化種）
- *Eurema brigitta hainana*　星黃蝶　食葉片
- *Eurema laeta punctissima*　角翅黃蝶（端黑黃蝶）　食葉片

### *Chamaecrista nictitans* (L.) Moench subsp. *Patellarie* (DC.*et* Collad) H. S. Irwin & Barneby var. *glabrata* (Vogel) H. S. Irwin & Barneby　大葉假含羞草（歸化種）
- *Catopsilia pyranthe*　細波遷粉蝶（水青粉蝶）　食葉片
- *Eurema brigitta hainana*　星黃蝶　食葉片
- *Eurema laeta punctissima*　角翅黃蝶（端黑黃蝶）　食葉片

### *Christia campanulata* (Benth.) Thoth.　蝙蝠草（原生種）
- *Neptis hylas lulculenta*　豆環蛺蝶（琉球三線蝶）　食成熟葉片

### *Christia obcordata* (Poir.) Bakh. f. *ex* Meeuwen
### 舖地蝙蝠草（歸化種）
- *Neptis hylas lulculenta*　豆環蛺蝶（琉球三線蝶）　食成熟葉片

### *Codariocalyx motorius* (Houtt.) H. Ohashi　鐘萼豆（原生種）
- *Everes lacturnus rileyi*　南方燕藍灰蝶（台灣燕小灰蝶）
  食新芽、花苞與花序組織
- *Neptis hylas lulculenta*　豆環蛺蝶（琉球三線蝶）　食成熟葉片

### *Crotalaria bialata* Schrank　翼莖野百合（歸化種）
- *Lampides boeticus*　豆波灰蝶（波紋小灰蝶）
  食花、花苞與未熟果

***Crotalaria juncea* L.　太陽麻（栽培種）**
- *Jamides bochus formosanus*　雅波灰蝶（琉璃波紋小灰蝶）
  食花、花苞與未熟果
- *Lampides boeticus*　豆波灰蝶（波紋小灰蝶）
  食花、花苞與未熟果

***Crotalaria micans* Link　黃豬屎豆（歸化種）**
- *Jamides bochus formosanus*　雅波灰蝶（琉璃波紋小灰蝶）
  食花、花苞與未熟果
- *Lampides boeticus*　豆波灰蝶（波紋小灰蝶）　食花、花苞與未熟果

***Crotalaria pallida* Aiton. var. *obovata* (G. Don) Polhill**
**黃野百合（歸化種）**
- *Jamides bochus formosanus*　雅波灰蝶（琉璃波紋小灰蝶）
  食花、花苞與未熟果
- *Lampides boeticus*　豆波灰蝶（波紋小灰蝶）
  食花、花苞與未熟果
- *Leptotes plinius*　細灰蝶（角紋小灰蝶）　食花、花苞與未熟果

***Crotalaria verrucosa* L.　大葉野百合（歸化種）**
- *Leptotes plinius*　細灰蝶（角紋小灰蝶）　食花、花苞與未熟果
- *Lampides boeticus*　豆波灰蝶（波紋小灰蝶）
  食花、花苞與未熟果

***Crotalaria zanzibarica* Benth.　南美豬屎豆（歸化種）**
- *Lampides boeticus*　豆波灰蝶（波紋小灰蝶）
  食花、花苞與未熟果

***Dalbergia sissoo* DC.　印度黃檀（歸化種）**
- *Neptis nata lutatia*　細帶環蛺蝶（台灣三線蝶）　食成熟葉片

***Dendrolobium triangulare* (Retz.) Schindl　假木豆（原生種）**
- *Neptis hylas lulculenta*　豆環蛺蝶（琉球三線蝶）　食成熟葉片

***Dendrolobium umbellatum* (L.) Benth.　白木蘇花（原生種）**
- *Catochrysops panormus exiguus*　青珈波灰蝶（淡青長尾波紋小灰蝶）　食花序組織
- *Catochrysops strabo luzonensis*　紫珈波灰蝶（紫長尾波紋小灰蝶）
  食花序組織
- *Neptis hylas lulculenta*　豆環蛺蝶（琉球三線蝶）　食成熟葉片

***Derris canarensis* (Dalzell) Baker　蘭嶼魚藤（原生種）**
- *Hasora mixta limata*　南風絨弄蝶　食葉片

***Derris elliptica* Benth.　毛魚藤（歸化種）**
- *Jamides bochus formosanus*　雅波灰蝶（琉璃波紋小灰蝶）
  食花、花苞與未熟果
- *Hasora badra*　鐵色絨弄蝶（鐵色絨毛弄蝶）　食葉片

***Derris laxiflora* Benth.　疏花魚藤（台灣特有種）**
- *Curetis acuta formosana*　銀灰蝶（銀斑小灰蝶）食新芽與花序
- *Curetis brunnea*　台灣銀灰蝶（台灣銀斑小灰蝶）
  食新芽與花序
- *Hasora badra*　鐵色絨弄蝶（鐵色絨毛弄蝶）　食葉片
- *Hasora taminatus vairacana*　圓翅絨弄蝶（台灣絨毛弄蝶）
  食葉片
- *Polyura eudamippus formosana*　雙尾蛺蝶（雙尾蝶）　食葉片
- *Prosotas nora formosana*　波灰蝶（姬波紋小灰蝶）　食花、花苞

***Desmodium caudatum* (Thunb. *ex* Murray) DC.**
**小槐花（抹草）（原生種）**
- *Catochrysops panormus exiguus*　青珈波灰蝶（淡青長尾波紋小灰蝶）　食花序組織

***Lampides boeticus*　豆波灰蝶（波紋小灰蝶）**

- *Lampides boeticus*　豆波灰蝶（波紋小灰蝶）
  食花、花苞與未熟果
- *Neptis hylas lulculenta*　豆環蛺蝶（琉球三線蝶）　食成熟葉片

***Desmodium diffusum* DC.　散花山螞蝗（原生種）**
- *Neptis hylas lulculenta*　豆環蛺蝶（琉球三線蝶）　食成熟葉片

***Desmodium gangeticum* (L.) DC.　大葉山螞蝗（原生種）**
- *Everes lacturnus rileyi*　南方燕藍灰蝶（台灣燕小灰蝶）
  食新芽、花苞與花序組織
- *Neptis hylas lulculenta*　豆環蛺蝶（琉球三線蝶）　食成熟葉片
- *Pithecops corvus cornix*　黑丸灰蝶（琉球黑星小灰蝶）
  食新芽與花序柔軟組織

***Desmodium gracillimum* Hemsl.　細葉山螞蝗（台灣特有種）**
- *Neptis hylas lulculenta*　豆環蛺蝶（琉球三線蝶）　食成熟葉片

***Desmodium heterocarpon* (L.) DC.　假地豆（原生種）**
- *Everes lacturnus rileyi*　南方燕藍灰蝶（台灣燕小灰蝶）
  食新芽、花苞與花序組織
- *Neptis hylas lulculenta*　豆環蛺蝶（琉球三線蝶）　食成熟葉片
- *Zizina otis riukuensis*　折列藍灰蝶（小小灰蝶）
  食新芽、花苞與花序組織

***Desmodium heterocarpon* (L.) DC. var. *strigosum* Meeuwen**
**直立假地豆（直毛假地豆）（原生種）**
- *Everes lacturnus rileyi*　南方燕藍灰蝶（台灣燕小灰蝶）
  食新芽、花苞與花序組織
- *Neptis hylas lulculenta*　豆環蛺蝶（琉球三線蝶）
  食成熟葉片&較不愛食用

***Desmodium heterophyllum* (Willd.) DC.　變葉山螞蝗（原生種）**
- *Neptis hylas lulculenta*　豆環蛺蝶（琉球三線蝶）　食成熟葉片

***Desmodium intortum* (DC.) Urb.　營多藤（歸化種）**
- *Neptis hylas lulculenta*　豆環蛺蝶（琉球三線蝶）　食成熟葉片

***Desmodium laxiflorum* DC.　疏花山螞蝗（原生種）**
- *Neptis hylas lulculenta*　豆環蛺蝶（琉球三線蝶）　食成熟葉片

***Desmodium scorpiurus* (Sw.) Desv.　蝦尾山螞蝗（歸化種）**
- *Neptis hylas lulculenta*　豆環蛺蝶（琉球三線蝶）　食成熟葉片

***Desmodium sequax* Wall.　波葉山螞蝗（原生種）**
- *Jamides bochus formosanus*　雅波灰蝶（琉璃波紋小灰蝶）
  食花、花苞與未熟果
- *Lampides boeticus*　豆波灰蝶（波紋小灰蝶）
  食花、花苞與未熟果
- *Leptotes plinius*　細灰蝶（角紋小灰蝶）
  食花、花苞與未熟果
- *Neptis hylas lulculenta*　豆環蛺蝶（琉球三線蝶）　食成熟葉片
- *Rapala caerulea liliacea*　董彩燕灰蝶（淡紫小灰蝶）
  食花、花苞與未熟果
- *Rapala nissa hirayamana*　霓彩燕灰蝶（平山小灰蝶）
  食花、花苞與未熟果

***Desmodium triflorum* (L.) DC.　蠅翼草（原生種）**
- *Zizina otis riukuensis*　折列藍灰蝶（小小灰蝶）
  食新芽、花苞與花序組織

***Desmodium uncinatum* DC.　西班牙三葉草（歸化種）**
- *Neptis hylas lulculenta*　豆環蛺蝶（琉球三線蝶）　食成熟葉片

***Desmodium velutinum* (Willd.) DC.　絨毛葉山螞蝗（原生種）**
・*Neptis hylas lulculenta*　豆環蛺蝶（琉球三線蝶）　食成熟葉片

***Desmodium zonatum* Miq.　單葉拿身草（原生種）**
・*Neptis hylas lulculenta*　豆環蛺蝶（琉球三線蝶）　食成熟葉片

***Dolichos trilobus* L. var. *kosyunensis* (Hosok.) H. Ohashi & Tateishi　三裂葉扁豆（台灣特有變種）**
・*Jamides celeno*　白雅波灰蝶（小白波紋小灰蝶）
　食花、花苞與未熟果

***Dumasia miaoliensis* Y.C. Liu & F.Y. Lu　苗栗野豇豆（台灣特有種）**
・*Lobocla bifasciata kodairai*　雙帶弄蝶（白紋弄蝶）　食葉片
・*Neptis hylas lulculenta*　豆環蛺蝶（琉球三線蝶）　食成熟葉片

***Dumasia villosa* DC. subsp. *bicolor* (Hayata) H. Ohashi & Tateishi　台灣山黑扁豆（台灣特有種）**
・*Lobocla bifasciata kodairai*　雙帶弄蝶（白紋弄蝶）　食葉片
・*Neptis hylas lulculenta*　豆環蛺蝶（琉球三線蝶）　食成熟葉片

***Entada phaseoloides* (L.) Merr. subsp. *phaseoloides*　鴨腱藤（恆春鴨腱藤）（原生種）**
・*Eurema blanda arsakia*　亮色黃蝶（台灣黃蝶）　食葉片
・*Eurema hecabe*　黃蝶（荷氏黃蝶）　食葉片
・*Prosotas nora formosana*　波灰蝶（姬波紋小灰蝶）　食花、花苞

***Entada phaseoloides* (L.) Merr. subsp. *tonkinensis* (Gagnep.) H. Ohashi　越南鴨腱藤（原生種）**
・*Eurema blanda arsakia*　亮色黃蝶（台灣黃蝶）　食葉片
・*Eurema hecabe*　黃蝶（荷氏黃蝶）　食葉片
・*Nacaduba pactolus hainani*　暗色娜波灰蝶（黑波紋小灰蝶）
　食柔軟組織
・*Prosotas nora formosana*　波灰蝶（姬波紋小灰蝶）　食花、花苞

***Entada rheedei* Spreng.　厚殼鴨腱藤（原生種）**
・*Eurema blanda arsakia*　亮色黃蝶（台灣黃蝶）　食葉片
・*Eurema hecabe*　黃蝶（荷氏黃蝶）　食葉片
・*Prosotas nora formosana*　波灰蝶（姬波紋小灰蝶）　食花、花苞

***Erythrina caffra* Thunb.　火炬刺桐（栽培種）**
・*Neptis hylas lulculenta*　豆環蛺蝶（琉球三線蝶）　食成熟葉片

***Erythrina variegata* L.　刺桐（栽培種）**
・*Neptis hylas lulculenta*　豆環蛺蝶（琉球三線蝶）　食成熟葉片

***Flemingia macrophylla* (Willd.) Kuntze *ex* Prain　大葉佛來明豆（原生種）**
・*Neptis hylas lulculenta*　豆環蛺蝶（琉球三線蝶）　食成熟葉片

***Flemingia strobilifera* (L.) R. Br. *ex* W. T. Aiton　佛來明豆（原生種）**
・*Catochrysops panormus exiguus*
　青珈波灰蝶（淡青長尾波紋小灰蝶）　食花、花苞
・*Neptis hylas lulculenta*　豆環蛺蝶（琉球三線蝶）　食新葉片

***Galactia tenuiflora* (Klein *ex* Willd.) Wight & Arn. var. *tentiflora*　細花乳豆（原生種）**
・*Eurema alitha esakii*　島嶼黃蝶（江崎黃蝶）　食葉片、新葉
・*Neptis hylas lulculenta*　豆環蛺蝶（琉球三線蝶）　食成熟葉片

***Galactia tenuiflora* (Klein *ex* Willd.) Wight & Arn. var. *villosa* (Wight & Arn.) Benth.　毛細花乳豆（台灣特有變種）**
・*Eurema alitha esakii*　島嶼黃蝶（江崎黃蝶）　食葉片

・*Eurema hecabe*　黃蝶（荷氏黃蝶）　食葉片＆偶見食用
・*Leptotes plinius*　細灰蝶（角紋小灰蝶）　食花、花苞與未熟果
・*Neptis hylas lulculenta*　豆環蛺蝶（琉球三線蝶）　食成熟葉片

***Gleditsia rolfei* Vidal　恆春皂莢（台灣特有種）**
・*Eurema blanda arsakia*　亮色黃蝶（台灣黃蝶）　食葉片

***Glycine max* (L.) Merr.　大豆（青皮豆）（栽培種）**
・*Neptis hylas lulculenta*　豆環蛺蝶（琉球三線蝶）　食成熟葉片

***Glycine tomentella* Hayata　闊葉大豆（原生種）**
・*Leptotes plinius*　細灰蝶（角紋小灰蝶）　食花、花苞與未熟果

***Hylodesmum laterale* (Schindl.) H. Ohashi & R. R. Mill　琉球山螞蝗（原生種）**
・*Pithecops corvus cornix*　黑丸灰蝶（琉球黑星小灰蝶）
　食新芽與花序柔軟組織
・*Pithecops fulgens urai*　藍丸灰蝶（烏來黑星小灰蝶）
　食新芽與花序柔軟組織

***Hylodesmum leptopus* (A. Gray *ex* Benth.) H. Ohashi & R. R. Mill　細梗山螞蝗（原生種）**
・*Pithecops corvus cornix*　黑丸灰蝶（琉球黑星小灰蝶）
　食新芽與花序柔軟組織
・*Pithecops fulgens urai*　藍丸灰蝶（烏來黑星小灰蝶）
　食新芽與花序柔軟組織

***Indigofera hirsuta* L.　毛木藍（原生種）**
・*Freyeria putli formosanus*　東方晶灰蝶（台灣姬小灰蝶）
　食花序柔軟組織

***Indigofera nigrescens* Kurz *ex* Prain　黑木藍（原生種）**
・*Leptotes plinius*　細灰蝶（角紋小灰蝶）　食花、花苞與未熟果
・*Neptis hylas lulculenta*　豆環蛺蝶（琉球三線蝶）　食成熟葉片

***Indigofera ramulosissima* Hosok　太魯閣木藍（台灣特有種）**
・*Freyeria putli formosanus*　東方晶灰蝶（台灣姬小灰蝶）
　食花序柔軟組織

***Indigofera spicata* Forssk.　穗花木藍（原生種）**
・*Freyeria putli formosanus*　東方晶灰蝶（台灣姬小灰蝶）
　食花序柔軟組織
・*Jamides bochus formosanus*　雅波灰蝶（琉璃波紋小灰蝶）
　食花、花苞與未熟果
・*Leptotes plinius*　細灰蝶（角紋小灰蝶）　食花、花苞與未熟果
・*Zizina otis riukuensis*　折列藍灰蝶（小小灰蝶）
　食新芽、花苞與花序組織

***Indigofera suffruticosa* Mill.　野木藍（原生種）**
・*Leptotes plinius*　細灰蝶（角紋小灰蝶）　食花、花苞與未熟果

***Indigofera taiwaniana* T. C. Huang & M. J. Wu　台灣木藍（台灣特有種）**
・*Freyeria putli formosanus*　東方晶灰蝶（台灣姬小灰蝶）
　食花序柔軟組織

***Indigofera trifoliata* L.　三葉木藍（原生種）**
・*Freyeria putli formosanus*　東方晶灰蝶（台灣姬小灰蝶）
　食花序柔軟組織
・*Zizina otis riukuensis*　折列藍灰蝶（小小灰蝶）
　食新芽、花苞與花序組織

*Indigofera venulosa* Champ. *ex* Benth.　脈葉木藍（原生種）
- *Celastrina argiolus caphis*　琉灰蝶（琉璃小灰蝶）
食新芽、花苞與花序組織
- *Jamides bochus formosanus*　雅波灰蝶（琉璃波紋小灰蝶）
食花、花苞與未熟果
- *Leptotes plinius*　細灰蝶（角紋小灰蝶）　食花、花苞與未熟果
- *Lobocla bifasciata kodairai*　雙帶弄蝶（白紋弄蝶）　食葉片

*Indigofera zollingeriana* Miq.　蘭嶼木藍（原生種）
- *Freyeria putli formosanus*　東方晶灰蝶（台灣姬小灰蝶）
食花序柔軟組織
- *Zizina otis riukuensis*　折列藍灰蝶（小小灰蝶）
食新芽、花苞與花序組織

*Lablab purpureus* (L.) Sweet　鵲豆（歸化種）
- *Jamides bochus formosanus*　雅波灰蝶（琉璃波紋小灰蝶）
食花、花苞與未熟果
- *Lampides boeticus*　豆波灰蝶（波紋小灰蝶）
食花、花苞與未熟果
- *Neptis hylas lulculenta*　豆環蛺蝶（琉球三線蝶）
食成熟葉片&偶見食用

*Lespedeza cuneata* G.Don.　鐵掃帚（原生種）
- *Eurema mandarina*　北黃蝶　食新芽與新葉
- *Everes argiades hellotia*　燕藍灰蝶（霧社燕小灰蝶）
食花苞與花序組織
- *Rapala caerulea liliacea*　堇彩燕灰蝶（淡紫小灰蝶）
食花、花苞與未熟果

*Lespedeza bicolor* Turcz.　胡枝子（原生種）
- *Leptotes plinius*　細灰蝶（角紋小灰蝶）　食花、花苞與未熟果
- *Prosotas nora formosana*　波灰蝶（姬波紋小灰蝶）　食花、花苞
- *Rapala nissa hirayamana*　霓彩燕灰蝶（平山小灰蝶）
食花、花苞與花序組織

*Lespedeza formosa* (Vog.) Koehne　美麗胡枝子（栽培種）
- *Eurema hecabe*　黃蝶（荷氏黃蝶）　食葉片&偶見食用
- *Leptotes plinius*　細灰蝶（角紋小灰蝶）　食花、花苞與未熟果
- *Neptis hylas lulculenta*　豆環蛺蝶（琉球三線蝶）　食成熟葉片

*Lespedeza thunbergii* (DC.) Nakai subsp. *formosa* (Vogel) H. Ohashi　毛胡枝子（原生種）
- *Celastrina argiolus caphis*　琉灰蝶（琉璃小灰蝶）　食花、花苞
- *Eurema mandarina*　北黃蝶　食葉片
- *Jamides bochus formosanus*　雅波灰蝶（琉璃波紋小灰蝶）
食花、花苞與未熟果
- *Leptotes plinius*　細灰蝶（角紋小灰蝶）　食花、花苞與未熟果
- *Neptis sappho formosana*　小環蛺蝶（小三線蝶）　食成熟葉片
- *Prosotas nora formosana*　波灰蝶（姬波紋小灰蝶）食花、花苞
- *Rapala caerulea liliacea*　堇彩燕灰蝶（淡紫小灰蝶）
食花、花苞與未熟果
- *Rapala nissa hirayamana*　霓彩燕灰蝶（平山小灰蝶）
食花、花苞與花序組織

*Maackia taiwanensis* Hoshi & H. Ohashi
台灣馬鞍樹（島槐）（台灣特有種）
- *Jamides bochus formosanus*　雅波灰蝶（琉璃波紋小灰蝶）
食花、花苞與未熟果

*Macroptilium atropurpureum* (DC.) Urb.　賽芻豆（歸化種）
- *Euchrysops cnejus*　奇波灰蝶（白尾小灰蝶）
食花、花苞與未熟果
- *Lampides boeticus*　豆波灰蝶（波紋小灰蝶）
食花、花苞與未熟果

*Jamides celeno*　白雅波灰蝶（小白波紋小灰蝶）
食花、花苞與未熟果

*Macroptilium bracteatum* (Nees & Mart.) Marechal & Baudet
苞葉賽芻豆（歸化種）
- *Euchrysops cnejus*　奇波灰蝶（白尾小灰蝶）
食花、花苞與未熟果
- *Lampides boeticus*　豆波灰蝶（波紋小灰蝶）　食葉片
- *Jamides celeno*　白雅波灰蝶（小白波紋小灰蝶）　食葉片

*Macroptilium lathyroides* (L.) Urb.　寬翼豆（歸化種）
- *Lampides boeticus*　豆波灰蝶（波紋小灰蝶）
食花、花苞與未熟果

*Medicago lupulina* L.　天藍苜蓿（歸化種）
- *Colias erate formosana*　紋黃蝶　食葉片

*Melilotus indicus* (L.) All.　印度草木樨（歸化種）
- *Colias erate formosana*　紋黃蝶　食葉片

*Melilotus officinalia* (L.) Pall. subsp. *suaveolens* (Ledeb.)
木樨（歸化種）
- *Colias erate formosana*　紋黃蝶　食葉片

*Millettia pachycarpa* Benth.　台灣魚藤（蕗藤）（原生種）
- *Acytolepsis puspa myla*　靛色琉灰蝶（台灣琉璃小灰蝶）
食新芽、新葉與花苞
- *Curetis acuta formosana*　銀灰蝶（銀斑小灰蝶）　食新芽與花序
- *Curetis brunnea*　台灣銀灰蝶（台灣銀斑小灰蝶）　食新芽與花序
- *Hasora badra*　鐵色絨弄蝶（鐵色絨毛弄蝶）　食葉片
- *Hasora taminatus vairacana*　圓翅絨弄蝶（台灣絨毛弄蝶）
食葉片
- *Polyura eudamippus formosana*　雙尾蛺蝶（雙尾蝶）食葉片

*Mimosa diplotricha* C. Wright *ex* Sauvalle
美洲含羞草（歸化種）
- *Prosotas nora formosana*　波灰蝶（姬波紋小灰蝶）
食花、花苞

*Mucuna macrocarpa* Wall.　血藤（原生種）
- *Neptis hylas lulculenta*　豆環蛺蝶（琉球三線蝶）
食成熟葉片&偶見食用

*Mucuna pruriens* (L.) DC. var. *utilis* (Wall. *ex* Wight) Burck
虎爪豆（歸化種）
- *Neptis hylas lulculenta*　豆環蛺蝶（琉球三線蝶）　食成熟葉片

*Neonotonia wightii* (Wight & Arn.) Lackey　爪哇大豆（歸化種）
- *Neptis hylas lulculenta*　豆環蛺蝶（琉球三線蝶）　食成熟葉片

*Ormosia formosana* Kaneh.　台灣紅豆樹（台灣特有種）
- *Hasora anura taiwana*　無尾絨弄蝶（無尾絨毛弄蝶）　食葉片

*Ormocarpum cochinchinesis* (Lour.) Merr.　濱槐（原生種）
- *Catopsilia pyranthe*　細波遷粉蝶（水青粉蝶）　食葉片
- *Jamides bochus formosanus*　雅波灰蝶（琉璃波紋小灰蝶）
食花、花苞與未熟果

*Pachyrhizus erosus* (L.) Urb.　豆薯（栽培種）
- *Lampides boeticus*　豆波灰蝶（波紋小灰蝶）
食花、花苞與未熟果

*Peltophorum pterocarpum* (DC) Baker *ex* Henye
盾柱木（栽培種）
- *Acytolepsis puspa myla*　靛色琉灰蝶（台灣琉璃小灰蝶）
食新芽、新葉與花苞
- *Eurema blanda arsakia*　亮色黃蝶（台灣黃蝶）　食葉片
- *Horaga albimacula triumphali*　小鑽灰蝶（姬三尾小灰蝶）
食花、花苞與未熟果

*Phaseolus lunatus* L.　皇帝豆（萊豆）（栽培種）
- *Neptis hylas lulculenta*　豆環蛺蝶（琉球三線蝶）　食成熟葉

*Phaseolus radiatus* L. var. *aurea* Prain　赤小豆（歸化種）
- *Lampides boeticus*　豆波灰蝶（波紋小灰蝶）
食花、花苞與未熟果

*Phaseolus vulgaris* L.　菜豆（四季豆）（栽培種）
- *Lampides boeticus*　豆波灰蝶（波紋小灰蝶）
食花、花苞與未熟果
- *Neptis hylas lulculenta*　豆環蛺蝶（琉球三線蝶）　食成熟葉片

*Phyllodium pulchellum* (L.) Desv.　排錢樹（原生種）
- *Freyeria putli formosanus*　東方晶灰蝶（台灣姬小灰蝶）
食花序柔軟組織
- *Neptis hylas lulculenta*　豆環蛺蝶（琉球三線蝶）　食成熟葉片

*Pisum sativum* L.　豌豆（荷蘭豆）（栽培種）
- *Lampides boeticus*　豆波灰蝶（波紋小灰蝶）
食花、花苞與未熟果
- *Leptotes plinius*　細灰蝶（角紋小灰蝶）　食花、花苞與未熟果

*Pithecellobium dulce* (Roxb.) Benth.　金龜樹（栽培種）
- *Eurema hecabe*　黃蝶（荷氏黃蝶）　食葉片
- *Prosotas dudiosa asbolodes*　密紋波灰蝶　食花、花苞

*Pongamia pinnata* (L.) Pierre　水黃皮（原生種）
- *Acytolepsis puspa myla*　靛色琉灰蝶（台灣琉璃小灰蝶）
食新芽、新葉與花苞
- *Catochrysops strabo luzonensis*　紫珈波灰蝶（紫長尾波紋小灰蝶）
食花序組織
- *Hasora chromus*　尖翅絨弄蝶（沖繩絨毛弄蝶）　食葉片
- *Jamides bochus formosanus*　雅波灰蝶（琉璃波紋小灰蝶）
食花、花苞與未熟果
- *Leptotes plinius*　細灰蝶（角紋小灰蝶）　食花、未熟果
- *Neptis nata lutatia*　細帶環蛺蝶（台灣三線蝶）
食成熟葉片&偶見食用

*Psophocarpus tetragonolobus* (L.) DC.
四稜豆（翼豆）（栽培種）
- *Lampides boeticus*　豆波灰蝶（波紋小灰蝶）
食花、花苞與未熟果
- *Neptis hylas lulculenta*　豆環蛺蝶（琉球三線蝶）　食成熟葉片

*Pterocarpus vidalianus* Roxb.　菲律賓紫檀（栽培種）
- *Neptis nata lutatia*　細帶環蛺蝶（台灣三線蝶）　食成熟葉片

*Pueraria lobata* (Willd.) Ohwi subsp. *thomsonii* (Benth.) Ohashi &
Tateishi　大葛藤（原生種）
- *Catochrysops panormus exiguu*
青珈波灰蝶（淡青長尾波紋小灰蝶）　食花、花苞
- *Jamides bochus formosanus*
雅波灰蝶（琉璃波紋小灰蝶）　食花、花苞與未熟果
- *Lampides boeticus*
豆波灰蝶（波紋小灰蝶）　食花、花苞與未熟果
- *Neptis hylas lulculenta*　豆環蛺蝶（琉球三線蝶）　食成熟葉片

*Pueraria montana* (Lour.) Merr.　山葛（原生種）
- *Catochrysops panormus exiguus*
青珈波灰蝶（淡青長尾波紋小灰蝶）　食花、花苞
- *Curetis acuta formosana*　銀灰蝶（銀斑小灰蝶）食新芽與花序

- *Euchrysops cnejus*　奇波灰蝶（白尾小灰蝶）
食花、花苞與未熟果
- *Jamides bochus formosanus*　雅波灰蝶（琉璃波紋小灰蝶）
食花、花苞與未熟果
- *Lampides boeticus*　豆波灰蝶（波紋小灰蝶）
食花、花苞與未熟果
- *Neptis hylas lulculenta*　豆環蛺蝶（琉球三線蝶）　食成熟葉片
- *Neptis sappho formosana*　小環蛺蝶（小三線蝶）　食成熟葉片

*Pycnospora lutescens* (Poir.) Schindl.　密子豆（原生種）
- *Neptis hylas lulculenta*　豆環蛺蝶（琉球三線蝶）　食成熟葉片

*Rhynchosia minima* (L.) DC. f. *nuda* (DC.) Ohashi & Tateishi
小葉括根（原生種）
- *Neptis hylas lulculenta*　豆環蛺蝶（琉球三線蝶）　食成熟葉片

*Rhynchosia rothii* Benth. *ex* Aitch.　絨葉括根（原生種）
- *Prosotas nora formosana*　波灰蝶（姬波紋小灰蝶）
食花與花苞

*Rhynchosia volubilis* Lour.　鹿藿（歸化種）
- *Celastrina lavendularis himilcon*　細邊琉灰蝶（埔里琉璃小灰蝶）
食花與花苞
- *Neptis hylas lulculenta*　豆環蛺蝶（琉球三線蝶）　食成熟葉片
- *Prosotas nora formosana*　波灰蝶（姬波紋小灰蝶）
食花、花&偶見食用

*Samanea saman* Merr.　雨豆樹（栽培種）
- *Prosotas dudiosa asbolodes*　密紋波灰蝶　食花、花苞

*Sesbania cannabiana* (Retz.) Poir.　田菁（歸化種）
- *Eurema hecabe*　黃蝶（荷氏黃蝶）　食葉片
- *Jamides celeno*　白雅波灰蝶（小白波紋小灰蝶）
食花、花苞與未熟果
- *Lampides boeticus*　豆波灰蝶（波紋小灰蝶）
食花、花苞與未熟果
- *Leptotes plinius*　細灰蝶（角紋小灰蝶）　食花、花苞與未熟果

*Sesbania grandiflora* (L.) Pers.　大花田菁（歸化種）
- *Eurema hecabe*　黃蝶（荷氏黃蝶）　食葉片
- *Lampides boeticus*　豆波灰蝶（波紋小灰蝶）
食花、花苞與未熟果
- *Neptis hylas lulculenta*　豆環蛺蝶（琉球三線蝶）　食成熟葉片

*Sesbania sesban* (L.) Merr.　印度田菁（歸化種）
- *Eurema hecabe*　黃蝶（荷氏黃蝶）　食葉片
- *Jamides celeno*　白雅波灰蝶（小白波紋小灰蝶）
食花、花苞與未熟果
- *Lampides boeticus*　豆波灰蝶（波紋小灰蝶）
食花、花苞與未熟果
- *Leptotes plinius*　細灰蝶（角紋小灰蝶）　食花、花苞與未熟果

*Sophora flavescens* Aiton.　苦參（原生種）
- *Leptotes plinius*　細灰蝶（角紋小灰蝶）　食花、花苞與未熟果
- *Neptis hylas lulculenta*　豆環蛺蝶（琉球三線蝶）
食成熟葉片&偶見食用

*Sophora tomentosa* L.　毛苦參（原生種）
- *Leptotes plinius*　細灰蝶（角紋小灰蝶）　食花、花苞與未熟果

**Tadehagi triquetrum (L.) H.Ohashi. subsp. *pseudotriquetrum* (DC.) H. Ohashi**　葫蘆茶（原生種）
- *Neptis hylas lulculenta*　豆環蛺蝶（琉球三線蝶）　食成熟葉片

**Tephrosia candida (Roxb.) DC.**　白花鐵富豆（歸化種）
- *Lampides boeticus*　豆波灰蝶（波紋小灰蝶）
  食花、花苞與未熟果&偶見食用
- *Neptis hylas lulculenta*　豆環蛺蝶（琉球三線蝶）　食成熟葉片

**Tephrosia obovata Merr.**　台灣灰毛豆（原生種）
- *Leptotes plinius*　細灰蝶（角紋小灰蝶）　食花、花苞與未熟果

**Trifolium repens L.**　菽草（白花三葉草）（歸化種）
- *Colias erate formosana*　紋黃蝶　食葉片

**Uraria neglecta Prain.**　圓葉兔尾草（原生種）
- *Neptis hylas lulculenta*　豆環蛺蝶（琉球三線蝶）　食新葉片

**Uraria crinita (L.) Desv. *ex* DC.**　兔尾草（原生種）
- *Neptis hylas lulculenta*　豆環蛺蝶（琉球三線蝶）　食成熟葉片

**Vigna hosei (Craib) Backer**　和氏豇豆（原生種）
- *Neptis hylas lulculenta*　豆環蛺蝶（琉球三線蝶）
  食葉片&偶見食用

**Vigna luteola (Jacq. ) Benth.**　長葉豇豆（原生種）
- *Jamides celeno*　白雅波灰蝶（小白波紋小灰蝶）
  食花、花苞與未熟果
- *Lampides boeticus*　豆波灰蝶（波紋小灰蝶）
  食花、花苞與未熟果

**Vigna marina (Burm. ) Merr.**　濱豇豆（原生種）
- *Euchrysops cnejus*　奇波灰蝶（白尾小灰蝶）
  食花、花苞與未熟果
- *Lampides boeticus*　豆波灰蝶（波紋小灰蝶）
  食花、花苞與未熟果
- *Jamides bochus formosanus*　雅波灰蝶（琉璃波紋小灰蝶）
  食花、花苞與未熟果

**Vigna reflexo-pilosa Hayata**　曲毛豇豆（原生種）
- *Euchrysops cnejus*　奇波灰蝶（白尾小灰蝶）
  食花、花苞與未熟果
- *Jamides bochus formosanus*　雅波灰蝶（琉璃波紋小灰蝶）
  食花、花苞與未熟果
- *Jamides celeno*　白雅波灰蝶（小白波紋小灰蝶）
  食花、花苞與未熟果
- *Lampides boeticus*　豆波灰蝶（波紋小灰蝶）
  食花、花苞與未熟果
- *Neptis hylas lulculenta*　豆環蛺蝶（琉球三線蝶）　食成熟葉片

**Wisteria floribunda (Willd.) DC.**　多花紫藤（日本紫藤）（栽培種）
- *Acytolepsis puspa myla*　靛色琉灰蝶（台灣琉璃小灰蝶）
  食新芽、新葉與花苞
- *Curetis acuta formosana*　銀灰蝶（銀斑小灰蝶）食新芽與花序
- *Jamides bochus formosanus*　雅波灰蝶（琉璃波紋小灰蝶）
  食花、花苞與未熟果
- *Neptis hylas lulculenta*　豆環蛺蝶（琉球三線蝶）　食成熟葉片

**Loranthaceae**　桑寄生科
**Loranthus delavayi Tiegh.**
桷樹桑寄生（大葉檞寄生）（原生種）
- *Delias berinda wilemani*　黃裙豔粉蝶（韋氏麻斑粉蝶）　食葉片
- *Tajuria diaeus karenkonis*　白腹青灰蝶（花蓮青小灰蝶）
  食新芽、新葉與花序

**Loranthus kaoi (J. M. Chao) H. S. Kiu**
高氏桑寄生（台灣特有種）
- *Tajuria diaeus karenkonis*　白腹青灰蝶（花蓮青小灰蝶）
  食新芽、新葉與花序
- *Tajuria illurgis tattaka*　漣紋青灰蝶（漣紋小灰蝶）
  食新芽與新葉

**Taxillus limprichtii (Grüning) H. S. Kiu**　木蘭桑寄生（原生種）
- *Delias pasithoe curasena*　豔粉蝶（紅肩粉蝶）　食葉片
- *Tajuria illurgis tattaka*　漣紋青灰蝶（漣紋小灰蝶）　食新芽與新葉
  與花序

**Taxillus liquidambaricolus (Hayata) Hosok**
大葉桑寄生（原生種）
- *Delias hyparete luzonensis*　白豔粉蝶（紅紋粉蝶）　食葉片
- *Delias pasithoe curasena*　豔粉蝶（紅肩粉蝶）　食葉片
- *Euthalia irrubescens fulguralis*　紅玉翠蛺蝶（閃電蝶）　食葉片
- *Tajuria diaeus karenkonis*　白腹青灰蝶（花蓮青小灰蝶）
  食新芽、新葉與花序
- *Tajuria caeruela*　褐翅青灰蝶（褐底青小灰蝶）　食新芽與新葉
- *Tajuria illurgis tattaka*　漣紋青灰蝶（漣紋小灰蝶）
  食新芽與新葉與花序

**Taxillus lonicerifolius (Hayata) S. T. Chiu**
忍冬葉桑寄生（原生種）
- *Delias berinda wilemani*　黃裙豔粉蝶（韋氏麻斑粉蝶）　食葉片
- *Delias hyparete luzonensis*　白豔粉蝶（紅紋粉蝶）　食葉片
- *Delias pasithoe curasena*　豔粉蝶（紅肩粉蝶）　食葉片
- *Tajuria caeruela*　褐翅青灰蝶（褐底青小灰蝶）
  食新芽與新葉、花苞
- *Tajuria diaeus karenkonis*　白腹青灰蝶（花蓮青小灰蝶）
  食新芽、新葉與花序
- *Tajuria illurgis tattaka*　漣紋青灰蝶（漣紋小灰蝶）
  食新芽與新葉

**Taxillus matsudae (Hayata) Danser**　松寄生（原生種）
- *Tajuria diaeus karenkonis*　白腹青灰蝶（花蓮青小灰蝶）
  食新芽、新葉與花序

**Taxillus pseudochinensis (Yamam.) Danser**
恆春桑寄生（台灣特有種）
- *Delias pasithoe curasena*　豔粉蝶（紅肩粉蝶）　食葉片

**Taxillus rhododendricoles (Hayata) S. T. Chiu**
杜鵑桑寄生（台灣特有種）
- *Delias berinda wilemani*　黃裙豔粉蝶（韋氏麻斑粉蝶）　食葉片
- *Delias hyparete luzonensis*　白豔粉蝶（紅紋粉蝶）　食葉片
- *Delias pasithoe curasena*　豔粉蝶（紅肩粉蝶）　食葉片
- *Tajuria caeruela*　褐翅青灰蝶（褐底青小灰蝶）　食新芽與新葉
- *Tajuria diaeus karenkonis*　白腹青灰蝶（花蓮青小灰蝶）
  食新芽、新葉與花序
- *Tajuria illurgis tattaka*　漣紋青灰蝶（漣紋小灰蝶）　食新芽與新葉

**Taxillus ritozanensis (Hayata) S. T. Chiu**
李棟山桑寄生（台灣特有種）
- *Delias hyparete luzonensis*　白豔粉蝶（紅紋粉蝶）　食葉片
- *Delias pasithoe curasena*　豔粉蝶（紅肩粉蝶）　食葉片
- *Tajuria caeruela*　褐翅青灰蝶（褐底青小灰蝶）
  食新芽與新葉、花苞
- *Tajuria diaeus karenkonis*　白腹青灰蝶（花蓮青小灰蝶）
  食新芽、新葉與花序
- *Tajuria illurgis tattaka*　漣紋青灰蝶（漣紋小灰蝶）
  食新芽與新葉與花序

*Taxillus theifer* (Hayata) H. S. Kiu　埔姜桑寄生（台灣特有種）
- *Delias berinda wilemani*　黃裙豔粉蝶（韋氏麻斑粉蝶）　食葉片
- *Delias hyparete luzonensis*　白豔粉蝶（紅紋粉蝶）　食葉片
- *Delias pasithoe curasena*　豔粉蝶（紅肩粉蝶）　食葉片
- *Euthalia irrubescens fulguralis*　紅玉翠蛺蝶（閃電蝶）　食葉片

*Taxillus tsaii* S. T. Chiu　蓮華池寄生（台灣特有種）
- *Delias hyparete luzonensis*　白豔粉蝶（紅紋粉蝶）　食葉片
- *Delias pasithoe curasena*　豔粉蝶（紅肩粉蝶）　食葉片
- *Euthalia irrubescens fulguralis*　紅玉翠蛺蝶（閃電蝶）　食葉片
- *Tajuria caeruela*　褐翅青灰蝶（褐底青小灰蝶）
  食新芽與新葉、花苞
- *Tajuria diaeus karenkonis*　白腹青灰蝶（花蓮青小灰蝶）
  食新芽、新葉與花序
- *Tajuria illurgis tattaka*　漣紋青灰蝶（漣紋小灰蝶）
  食新芽與新葉與花序

*Viscum alniformosanae* Hayata　台灣槲寄生（原生種）
- *Delias lativitta formosana*　條斑豔粉蝶（麻斑粉蝶）　食葉片

*Viscum articulatum* Burm.　椆櫟柿寄生（原生種）
- *Ancema ctesia cakravasti*　鈿灰蝶（黑星琉璃小灰蝶）
  食新芽、嫩葉與嫩莖
- *Delias lativitta formosana*　條斑豔粉蝶（麻斑粉蝶）　食葉片

Lythraceae　千屈菜科
*Lagerstroemia speciosa* (L.) Pers.　大花紫薇（栽培種）
- *Horaga albimacula triumphalis*　小鑽灰蝶（姬三尾小灰蝶）
  食花與花苞

*Lagerstroemia subcostata* Koehne　九芎（原生種）
- *Rapala nissa hirayamana*　霓彩燕灰蝶（平山小灰蝶）
  食花、花苞與花序組織
- *Rapala takasagonis*　高砂燕灰蝶（高砂小灰蝶）
  食花、花苞與花序組織
- *Rapala varuna formosana*　燕灰蝶（墾丁小灰蝶）
  食花、花苞與花序組織

Magnoliaceae　木蘭科
*Michelia alba* DC.　白玉蘭（栽培種）
- *Graphium agamemnon*　翠斑青鳳蝶（綠斑鳳蝶）　食新芽與新葉
- *Graphium doson postianus*　木蘭青鳳蝶（青斑鳳蝶）
  食新芽與新葉

*Michelia champaca* L.　黃玉蘭（栽培種）
- *Graphium agamemnon*　翠斑青鳳蝶（綠斑鳳蝶）　食新芽與新葉
- *Graphium doson postianus*　木蘭青鳳蝶（青斑鳳蝶）
  食新芽與新葉

*Michelia compressa* (Maxim.) Sargent
烏心石（栽培種＆日本產）
- *Graphium agamemnon*　翠斑青鳳蝶（綠斑鳳蝶）　食新芽與新葉
- *Graphium doson postianus*　木蘭青鳳蝶（青斑鳳蝶）
  食新芽與新葉

*Michelia compressa* (Maxim.) Sargent var. *formosana* Kaneh.
台灣烏心石（台灣特有變種）
- *Graphium agamemnon*　翠斑青鳳蝶（綠斑鳳蝶）　食新芽與新葉
- *Graphium doson postianus*　木蘭青鳳蝶（青斑鳳蝶）
  食新芽與新葉

*Michelia compressa* (Maxim.) Sargent var. *lanyuensis* S. Y. Lu
蘭嶼烏心石（台灣特有變種）
- *Graphium agamemnon*　翠斑青鳳蝶（綠斑鳳蝶）　食新芽與新葉

- *Graphium doson postianus*　木蘭青鳳蝶（青斑鳳蝶）
  食新芽與新葉

*Michelia figo* (Lour.) Spreng.　含笑花（栽培種）
- *Graphium agamemnon*　翠斑青鳳蝶（綠斑鳳蝶）　食新芽與新葉
- *Graphium doson postianus*　木蘭青鳳蝶（青斑鳳蝶）
  食新芽與新葉

*Michelia pilifera* Bakh. f.　南洋含笑花（栽培種）
- *Graphium agamemnon*　翠斑青鳳蝶（綠斑鳳蝶）　食新芽與新葉
- *Graphium doson postianus*　木蘭青鳳蝶（青斑鳳蝶）
  食新芽與新葉

Malpighiaceae　黃褥花科
*Hiptage benghalensis* (L.) Kurz.　猿尾藤（原生種）
- *Acytolepis puspa myla*　靛色琉灰蝶（台灣琉璃小灰蝶）
  食新芽、新葉與花苞
- *Badamia exclamationis*　長翅弄蝶（淡綠弄蝶）　食新芽與新葉
- *Burara jaina formosana*　橙翅傘弄蝶（鸞褐弄蝶）　食新芽與新葉
- *Celastrina lavendularis himilcon*　細邊琉灰蝶（埔里琉璃小灰蝶）
  食新芽與新葉

*Malpighia glabra* L.　黃褥花（西印度櫻桃）（栽培種）
- *Badamia exclamationis*　長翅弄蝶（淡綠弄蝶）　食新芽與新葉

Malvaceae　錦葵科
*Malva neglecta* Wall.　圓葉錦葵（歸化種）
- *Hypolimnas bolina kezia*　幻蛺蝶（琉球紫蛺蝶）　食新芽與新葉
- *Vanessa cardui*　小紅蛺蝶（姬紅蛺蝶）　食新芽與新葉

*Malva sinensis* Cav.　華錦葵（歸化種）
- *Vanessa cardui*　小紅蛺蝶（姬紅蛺蝶）　食新芽與新葉

*Malvastrum coromandelianum* (L.) Garcke　賽葵（歸化種）
- *Hypolimnas bolina kezia*　幻蛺蝶（琉球紫蛺蝶）　食新芽與新葉

*Sida alnifolia* Linn.　檟葉金午時花（檟葉黃花稔）（原生種）
- *Hypolimnas bolina kezia*　幻蛺蝶（琉球紫蛺蝶）　食新芽與新葉

*Sida chinensis* Retz.
中華金午時花（中華黃花稔）（原生種）
- *Hypolimnas bolina kezia*　幻蛺蝶（琉球紫蛺蝶）　食新芽與新葉

*Sida cortata* (Burm. f.) Borss
澎湖金午時花（長梗黃花稔）（原生種）
- *Hypolimnas bolina kezia*　幻蛺蝶（琉球紫蛺蝶）　食新芽與新葉

*Sida insularis* Hatusima　恆春金午時花（原生種）
- *Hypolimnas bolina kezia*　幻蛺蝶（琉球紫蛺蝶）　食新芽與新葉

*Sida javensis* Cau　爪哇金午時花（爪哇黃花稔）（原生種）
- *Hypolimnas bolina kezia*　幻蛺蝶（琉球紫蛺蝶）　食新芽與新葉

*Sida rhombifolia* L. var *rhombifolia*
菱葉金午時花（金午時花）（歸化種）
- *Hypolimnas bolina kezia*　幻蛺蝶（琉球紫蛺蝶）　食新芽與新葉

*Sida rhombifolia* L. var. *maderensis* (Lowe) Lowe
單芒金午時花（原生種）
- *Hypolimnas bolina kezia*　幻蛺蝶（琉球紫蛺蝶）　食新芽與新葉

*Urena lobata* L.　野棉花（原生種）
- *Neptis hylas lulculenta*　豆環蛺蝶（琉球三線蝶）　食成熟葉片

*Urena procumbens* **L.** 梵天花（原生種）
- *Neptis hylas lulculenta* 豆環蛺蝶（琉球三線蝶） 食成熟葉片

**Molluginaceae** 粟米草科
*Glinus oppositifolius* **(L.) DC.** 假繁縷（原生種）
- *Zizeeria karsandra* 莧藍灰蝶（台灣小灰蝶） 食新芽與新葉

**Moraceae** 桑科
*Fatoua villosa* **(Thunb.) Nakai** 小蛇麻（原生種）
- *Hypolimnas bolina kezia* 幻蛺蝶（琉球紫蛺蝶） 食葉片

*Ficus ampelas* **Burm. f.** 金氏榕（原生種）
- *Cyrestis thyodamas formosana* 網絲蛺蝶（石牆蝶）
  食新芽與新葉
- *Euploea eunice hobsoni* 圓翅紫斑蝶 食新芽與新葉
- *Euploea mulciber barsine* 異紋紫斑蝶（端紫斑蝶）
  食新芽與新葉

*Ficus benjamina* **L.** 白榕（原生種）
- *Euploea eunice hobsoni* 圓翅紫斑蝶 食新芽與新葉

*Ficus carica* **Linn.** 無花果（栽培種）
- *Cyrestis thyodamas formosana* 網絲蛺蝶（石牆蝶）
  食新芽與新葉

*Ficus caulocarpa* **(Miq.) Miq.** 大葉雀榕（大葉赤榕）
（原生種）
- *Cyrestis thyodamas formosana* 網絲蛺蝶（石牆蝶）
  食新芽與新葉
- *Euploea eunice hobsoni* 圓翅紫斑蝶 食新芽與新葉

*Ficus erecta* **Thunb. var.** *erecta* 假枇杷（原生種）
- *Cyrestis thyodamas formosana* 網絲蛺蝶（石牆蝶）
  食新芽與新葉
- *Euploea mulciber barsine* 異紋紫斑蝶（端紫斑蝶）
  食新芽與新葉

*Ficus erecta* **Thunb.var.** *beecheyana* **(Hook. & Arn.) King.**
牛奶榕（原生種）
- *Cyrestis thyodamas formosana* 網絲蛺蝶（石牆蝶）
  食新芽與新葉
- *Euploea mulciber barsine* 異紋紫斑蝶（端紫斑蝶）
  食新芽與新葉

*Ficus elastica* **Roxb.** *ex* **Hornem.** 印度橡膠樹（緬樹）
（栽培種）
- *Cyrestis thyodamas formosana* 網絲蛺蝶（石牆蝶）
  食新芽與新葉
- *Euploea eunice hobsoni* 圓翅紫斑蝶 食新芽與新葉

*Ficus elastica* **Roxb. var.** *variegata* **Hort.** *ex* **L. H. Bailey**
斑葉印度橡膠樹（栽培種）
- *Cyrestis thyodamas formosana* 網絲蛺蝶（石牆蝶）
  食新芽與新葉

*Ficus fistulosa* **Reinw.** *ex* **Blume**
豬母乳（水同木、大冇樹）（原生種）
- *Cyrestis thyodamas formosana* 網絲蛺蝶（石牆蝶）
  食新芽與新葉
- *Euploea mulciber barsine* 異紋紫斑蝶（端紫斑蝶）
  食新芽與新葉

*Ficus formosana* **Maxim.** 天仙果（台灣榕）（原生種）
- *Cyrestis thyodamas formosana* 網絲蛺蝶（石牆蝶）
  食新芽與新葉
- *Euploea eunice hobsoni* 圓翅紫斑蝶 食新芽與新葉
- *Euploea mulciber barsine* 異紋紫斑蝶（端紫斑蝶）
  食新芽與新葉

*Ficus formosana* **Maxim. f.** *shimadae* **Hayata**
細葉天仙果（細葉台灣榕）（原生種）
- *Cyrestis thyodamas formosana* 網絲蛺蝶（石牆蝶）
  食新芽與新葉
- *Euploea eunice hobsoni* 圓翅紫斑蝶 食新芽與新葉
- *Euploea mulciber barsine* 異紋紫斑蝶（端紫斑蝶）
  食新芽與新葉

*Ficus irisana* **Elmer.** 澀葉榕（糙葉榕）（原生種）
- *Cyrestis thyodamas formosana* 網絲蛺蝶（石牆蝶）
  食新芽與新葉
- *Euploea eunice hobsoni* 圓翅紫斑蝶 食新芽與新葉
- *Euploea mulciber barsine* 異紋紫斑蝶（端紫斑蝶）
  食新芽與新葉

*Ficus microcarpa* **L. f.** 榕樹（正榕）（栽培種）
- *Cyrestis thyodamas formosana* 網絲蛺蝶（石牆蝶）
  食新芽與新葉
- *Euploea eunice hobsoni* 圓翅紫斑蝶 食新芽與新葉
- *Euploea mulciber barsine* 異紋紫斑蝶（端紫斑蝶）
  食新芽與新葉

*Ficus nervosa* **Heyne** *ex* **Roth.** 九重吹（九丁榕）（原生種）
- *Cyrestis thyodamas formosana* 網絲蛺蝶（石牆蝶）
  食新芽與新葉
- *Euploea eunice hobsoni* 圓翅紫斑蝶 食新芽與新葉
- *Euploea mulciber barsine* 異紋紫斑蝶（端紫斑蝶）
  食新芽與新葉

*Ficus pumila* **L.** 薜荔（原生種）
- *Cyrestis thyodamas formosana* 網絲蛺蝶（石牆蝶）
  食新芽與新葉
- *Euploea eunice hobsoni* 圓翅紫斑蝶 食新芽與新葉
- *Euploea mulciber barsine* 異紋紫斑蝶（端紫斑蝶）
  食新芽與新葉

*Ficus sarmentosa* **Buch.-Ham.** *ex* **Sm. var.** *nipponica* **(Franch. & Sav.) Corner** 珍珠蓮（日本珍珠蓮）（原生種）
- *Cyrestis thyodamas formosana* 網絲蛺蝶（石牆蝶）
  食新芽與新葉
- *Euploea eunice hobsoni* 圓翅紫斑蝶 食新芽與新葉
- *Euploea mulciber barsine* 異紋紫斑蝶（端紫斑蝶）
  食新芽與新葉

*Ficus sarmentosa* **Buch.-Ham.** *ex* **Sm. var.** *henryi* **(King ex D. Oliv) Corner** 阿里山珍珠蓮（原生種）
- *Cyrestis thyodamas formosana* 網絲蛺蝶（石牆蝶）
  食新芽與新葉
- *Euploea eunice hobsoni* 圓翅紫斑蝶 食新芽與新葉
- *Euploea mulciber barsine* 異紋紫斑蝶（端紫斑蝶）
  食新芽與新葉

*Ficus septica* **Burm. f.** 大冇榕（稜果榕）（原生種）
- *Cyrestis thyodamas formosana* 網絲蛺蝶（石牆蝶）
  食新芽與新葉
- *Euploea mulciber barsine* 異紋紫斑蝶（端紫斑蝶）
  食新芽與新葉

***Ficus superba* (Miq.) Miq. var. *japonica* Miq.　雀榕（原生種）**
- *Cyrestis thyodamas formosana*　網絲蛺蝶（石牆蝶）
　食新芽與新葉
- *Euploea eunice hobsoni*　圓翅紫斑蝶　食新芽與新葉

***Ficus tannoensis* Hayata f. *tannoensis*　濱榕（台灣特有種）**
- *Cyrestis thyodamas tannoensis*　網絲蛺蝶（石牆蝶）
　食新芽與新葉
- *Euploea mulciber barsine*　異紋紫斑蝶（端紫斑蝶）
　食新芽與新葉

***Ficus tannoensis* Hayata f. *rhombifolia* Hayata 菱葉濱榕（台灣特有種）**
- *Cyrestis thyodamas formosana*　網絲蛺蝶（石牆蝶）
　食新芽與新葉

***Ficus tinctoria* Forst. f.　山豬枷（斯氏榕）（原生種）**
- *Cyrestis thyodamas formosana*　網絲蛺蝶（石牆蝶）
　食新芽與新葉

***Ficus variegata* Blume var. *garciae* (Elm.) Corner 幹花榕（原生種）**
- *Euploea eunice hobsoni*　圓翅紫斑蝶　食新芽與新葉

***Ficus virgata* Reinw. *ex* Blume.　白肉榕（原生種）**
- *Cyrestis thyodamas formosana*　網絲蛺蝶（石牆蝶）
　食新芽與新葉
- *Euploea eunice hobsoni*　圓翅紫斑蝶　食新芽與新葉
- *Euploea mulciber barsine*　異紋紫斑蝶（端紫斑蝶）
　食新芽與新葉

***Malaisia scandens* (Lour.) Planch.　盤龍木（原生種）**
- *Euploea tulliolus koxinga*　小紫斑蝶　食新芽與嫩莖

***Morus australis* Poir.　小葉桑（原生種）**
- *Calinaga buddha formosana*　絹蛺蝶（黃頸蛺蝶）
　食新芽與新葉

**Myrsinaceae　紫金牛科**

***Ardisia crenata* Sims　硃砂根（萬兩金）（原生種）**
- *Nacaduba kurava therasia*　大娜波灰蝶（埔里波紋小灰蝶）
　食新芽與新葉

***Ardisia elliptica* Thunb.　蘭嶼紫金牛（蘭嶼樹杞）（原生種）**
- *Nacaduba kurava therasia*　大娜波灰蝶（埔里波紋小灰蝶）
　食新芽與新葉

***Ardisia quinquegona* Blume　小葉樹杞（原生種）**
- *Nacaduba kurava therasia*　大娜波灰蝶（埔里波紋小灰蝶）
　食新芽與新葉

***Ardisia sieboldii* Miq.　樹杞（原生種）**
- *Nacaduba kurava therasia*　大娜波灰蝶（埔里波紋小灰蝶）
　食新芽與新葉

***Ardisia squamulosa* Presl　春不老（栽培種）**
- *Nacaduba kurava therasia*　大娜波灰蝶（埔里波紋小灰蝶）
　食新芽與新葉

***Embelia lenticellata* Hayata　賽山椒（台灣特有種）**
- *Abisara burnii etymander*　白點褐蜆蝶（阿里山小灰蛺蝶）
　食新芽與新葉
- *Nacaduba kurava therasia*　大娜波灰蝶（埔里波紋小灰蝶）
　食新芽與新葉

***Maesa perlaria* (Lour.) Merr. var. *formosana*（Mez）Yuen P. Yang 台灣山桂花（原生種）**
- *Nacaduba kurava therasia*　大娜波灰蝶（埔里波紋小灰蝶）
　食新葉&偶見食用

***Myrsine africana* L.　小葉鐵仔（原生種）**
- *Abisara burnii etymander*　白點褐蜆蝶（阿里山小灰蛺蝶）
　食新芽與新葉
- *Dodona eugenes formosana*
　銀紋尾蜆蝶&北台灣亞種（台灣小灰蛺蝶）　食新芽與新葉
- *Dodona eugenes esakii*
　銀紋尾蜆蝶&中／南台灣亞種（江崎小灰蛺蝶）　食新芽與新葉

***Myrsine seguinii* H. Lév.　大明橘（原生種）**
- *Dodona eugenes formosana*
　銀紋尾蜆蝶&北台灣亞種（台灣小灰蛺蝶）　食新芽與新葉

**Oleaceae　木犀科**
***Fraxinus insularis* Hemsl.　台灣梣（原生種）**
- *Ussuriana michaelis takarana*　赭灰蝶（寶島小灰蝶）
　食新芽與新葉

**Oxalidaceae　酢醬草科**
***Oxalis corniculata* L.　酢醬草（黃花酢醬草）（原生種）**
- *Zizeeria maha okinawana*　藍灰蝶（沖繩小灰蝶）　食葉片

**Piperaceae　胡椒科**
***Piper kawakamii* Hayata　恆春風藤（川上氏胡椒）（原生種）**
- *Graphium agamemnon*　翠斑青鳳蝶（綠斑鳳蝶）食新芽與新葉

***Piper betle* L.　荖藤（荖葉）（歸化種）**
- *Graphium agamemnon*　翠斑青鳳蝶（綠斑鳳蝶）　食新芽與新葉

***Piper kadsura* (Choisy) Ohwi　風藤（原生種）**
- *Rapala takasagonis*　高砂燕灰蝶（高砂小灰蝶）
　食花、花苞與花序組織

**Plantaginaceae　車前草科**
***Plantago asiatica* L.　車前草（原生種）**
- *Hypolimnas misippus*　雌擬幻蛺蝶（雌紅紫蛺蝶）　偶見食用
- *Shijimia moorei taiwana*　森灰蝶（台灣棋石小灰蝶）
　食花序與花苞

***Plantago major* L.　大車前草（原生種）**
- *Hypolimnas misippus*　雌擬幻蛺蝶（雌紅紫蛺蝶）　偶見食用
- *Shijimia moorei taiwana*　森灰蝶（台灣棋石小灰蝶）
　食花序與花苞

**Plumbaginaceae　藍雪科**
***Plumbago auriculata* Lam.　藍雪花（栽培種）**
- *Leptotes plinius*　細灰蝶（角紋小灰蝶）　食花、花苞與未熟果

***Plumbago zeylanica* L.　烏面馬（歸化種）**
- *Leptotes plinius*　細灰蝶（角紋小灰蝶）　食花、花苞與未熟果

**Polygonaceae　蓼科**
***Polygonum chinense* L.　火炭母草（原生種）**
- *Heliophorus ila matsumurae*　紫日灰蝶（紅邊黃小灰蝶）
　食新芽與新葉

***Polygonum plebeium* R. Br.　節花路蓼（假萹蓄）（歸化種）**
- *Zizeeria karsandra*　莧藍灰蝶（台灣小灰蝶）　食新芽與新葉

**Portulacaceae　馬齒莧科**

***Portulaca oleracea* L.　馬齒莧（歸化種）**
- *Hypolimnas misippus*　雌擬幻蛺蝶（雌紅紫蛺蝶）食葉片與嫩莖

**Proteaceae　山龍眼科**

***Helicia formosana* Hemsl.　山龍眼（原生種）**
- *Deudorix epijarbas menesicles*　玳灰蝶（恆春小灰蝶）
  食果肉與種子

***Helicia rengetiensis* Masam.　蓮花池山龍眼（台灣特有種）**
- *Deudorix epijarbas menesicles*　玳灰蝶（恆春小灰蝶）
  食果肉與種子

**Rhamnaceae　鼠李科**

***Rhamnus formosana* Matsum.　桶鉤藤（台灣特有種）**
- *Eurema mandarina*　北黃蝶　食新芽與新葉
- *Gonepteryx amintha formosana*　圓翅鉤粉蝶（紅點粉蝶）
  食新芽與新葉
- *Horaga albimacula triumphalis*　小鑽灰蝶（姬三尾小灰蝶）
  食花、花苞與花序柔軟組織
- *Horaga onyx moltrechti*　鑽灰蝶（三尾小灰蝶）
  食花、花苞與花序柔軟組織
- *Megisba malaya sikkima*　黑星灰蝶（台灣黑星小灰蝶）
  食花、花苞與花序柔軟組織
- *Neptis soma tayalina*　斷線環蛺蝶（泰雅三線蝶）食成熟葉片
- *Rapala varuna formosana*　燕灰蝶（墾丁小灰蝶）
  食花、花苞與花序柔軟組織

***Rhamnus nakaharae* (Hayata) Hayata
中原氏鼠李（台灣特有種）**
- *Eurema mandarina*　北黃蝶　食新芽與新葉
- *Gonepteryx taiwana*　台灣鉤粉蝶（小紅點粉蝶）食新芽與新葉

***Rhamnus parvifolia* Bunge　小葉鼠李（原生種）**
- *Eurema mandarina*　北黃蝶　食新芽與新葉
- *Gonepteryx taiwana*　台灣鉤粉蝶（小紅點粉蝶）
  食新芽與新葉
- *Polyura eudamippus formosana*　雙尾蛺蝶（雙尾蝶）食葉片
- *Satyrium eximium mushanum*　秀灑灰蝶（霧社烏小灰蝶）
  食新芽與新葉

***Sageretia randaiensis* Hayata　巒大雀梅藤（台灣特有種）**
- *Acytolepsis puspa myla*　靛色琉灰蝶（台灣琉璃小灰蝶）
  食新芽與新葉
- *Eurema mandarina*　北黃蝶　食新芽與新葉

***Sageretia thea* (Osbeck) Johnst.　雀梅藤（原生種）**
- *Acytolepsis puspa myla*　靛色琉灰蝶（台灣琉璃小灰蝶）
  食新芽與新葉

***Ventilago elegans* Hemsl.　翼核木（台灣特有種）**
- *Eurema andersoni godana*　淡色黃蝶　食新芽與新葉

***Ventilago leiocarpa* Benth.　光果翼核木（原生種）**
- *Eurema andersoni godana*　淡色黃蝶　食新芽與新葉
- *Polyura eudamippus formosana*　雙尾蛺蝶（雙尾蝶）　食葉片

**Rosaceae　薔薇科**

***Prinsepia scandens* Hayata
台灣扁核木（假皂莢）（台灣特有種）**
- *Celastrina oreas arisana*　大紫琉灰蝶（阿里山琉璃小灰蝶）
  食新芽與新葉

***Prunus campanulata* Maxim.　山櫻花（原生種）**
- *Acytolepsis puspa myla*　靛色琉灰蝶（台灣琉璃小灰蝶）
  食新芽與新葉
- *Chrysozephyrus nishikaze*　西風翠灰蝶（西風綠小灰蝶）
  食新芽與花苞
- *Horaga albimacula triumphalis*　小鑽灰蝶（姬三尾小灰蝶）
  食花、花苞與花序柔軟組織

***Prunus persica* Stokes　桃（栽培種）**
- *Acytolepsis puspa myla*　靛色琉灰蝶（台灣琉璃小灰蝶）
  食新芽與新葉

***Prunus phaeosticta* (Hance) Maxim.
墨點櫻桃（黑星櫻）（原生種）**
- *Polyura eudamippus formosana*　雙尾蛺蝶（雙尾蝶）
  食葉片&偶見食用

***Prunus spinulosa* Sieb. & Zucc.　刺葉桂櫻（原生種）**
- *Acytolepsis puspa myla*　靛色琉灰蝶（台灣琉璃小灰蝶）
  食新芽與新葉

***Prunus taiwaniana* Hayata
霧社山櫻花（霧社櫻）（台灣特有種）**
- *Acytolepsis puspa myla*　靛色琉灰蝶（台灣琉璃小灰蝶）
  食新芽與新葉

***Prunus transarisanensis* Hayata
阿里山櫻花（太平山櫻、山白櫻）（台灣特有種）**
- *Acytolepsis puspa myla*　靛色琉灰蝶（台灣琉璃小灰蝶）
  食新芽與新葉

***Rosa* sp.　薔薇（栽培種）**
- *Acytolepsis puspa myla*　靛色琉灰蝶（台灣琉璃小灰蝶）
  食新芽與新葉

***Rosa bracteata* Wendl.　琉球野薔薇（原生種）**
- *Acytolepsis puspa myla*　靛色琉灰蝶（台灣琉璃小灰蝶）
  食新芽與新葉

***Rosa chinensis* Jacq.　月季（栽培種）**
- *Acytolepsis puspa myla*　靛色琉灰蝶（台灣琉璃小灰蝶）
  食新芽與新葉

***Rosa cymosa* Tratt.　小果薔薇（原生種）**
- *Acytolepsis puspa myla*　靛色琉灰蝶（台灣琉璃小灰蝶）
  食新芽與新葉

***Rosa rugosa* Thunb.　玫瑰（栽培種）**
- *Acytolepsis puspa myla*　靛色琉灰蝶（台灣琉璃小灰蝶）
  食新芽與新葉

***Rosa taiwanensis* Nakai　小金櫻（原生種）**
- *Acytolepsis puspa myla*　靛色琉灰蝶（台灣琉璃小灰蝶）
  食新芽與新葉

***Rubus alceifolius* Poir.　羽萼懸鉤子（粗葉懸鉤子）（原生種）**
- *Abraximorpha davidii ermasis*　白弄蝶　食葉片
- *Neptis soma tayalina*　斷線環蛺蝶（泰雅三線蝶）　食成熟葉片
- *Sinthusa chandrana kuyaniana*　閃灰蝶（嘉義小灰蝶）
  食新芽、花與花苞

***Rubus corchorifolius* L. f.　變葉懸鉤子（原生種）**
- *Abraximorpha davidii ermasis*　白弄蝶　食葉片

**Rubus formosensis Kuntze　台灣懸鉤子（原生種）**
- *Abraximorpha davidii ermasis*　白弄蝶　食葉片
- *Neptis soma tayalina*　斷線環蛺蝶（泰雅三線蝶）　食成熟葉片
- *Neptis sylvana esakii*　深山環蛺蝶（江崎三線蝶）　食成熟葉片
- *Sinthusa chandrana kuyaniana*　閃灰蝶（嘉義小灰蝶）
食新芽、花與花苞

**Rubus fraxinifolius Poir.　橙葉懸鉤子（原生種）**
- *Abraximorpha davidii ermasis*　白弄蝶　食葉片

**Rubus incanus Sasaki ex T.–S. Liu & T.–Y. Yang
白絨懸鉤子（原生種）**
- *Abraximorpha davidii ermasis*　白弄蝶　食葉片

**Rubus lambertianus ser. var. lambertianus　高粱泡（原生種）**
- *Neptis soma tayalina*　斷線環蛺蝶（泰雅三線蝶）
食成熟葉片
- *Abraximorpha davidii ermasis*　白弄蝶　食葉片

**Rubus × parvifraxinifolius Hayata
小桴葉懸鉤子（台灣特有種）**
- *Abraximorpha davidii ermasis*　白弄蝶　食葉片

**Rubus rolfei S. Vidal　高山懸鉤子（原生種）**
- *Sinthusa chandrana kuyaniana*　閃灰蝶（嘉義小灰蝶）
食新芽、花與花苞

**Rubus swinhoei Hance var. swinhoei　斯氏懸鉤子（原生種）**
- *Abraximorpha davidii ermasis*　白弄蝶　食葉片

**Rubus trianthus Focke　苦懸鉤子（原生種）**
- *Abraximorpha davidii ermasis*　白弄蝶　食葉片

**Spiraea prunifolia Sieb. & Zucc. var. pseudoprunifolia (Hayata) H.
L. Li　笑靨花（台灣特有變種）**
- *Fixsenia watarii*　渡氏烏灰蝶（渡氏烏小灰蝶）　食新芽與新葉
- *Neptis pryeri jucundita*　黑星環蛺蝶（星點三線蝶）　食葉片

## Rubiaceae　茜草科
**Cephalanthus naucleoides DC.　風箱樹（原生種，水生植物）**
- *Athyma selenophora laela*　異紋帶蛺蝶（小單帶蛺蝶）
食成熟葉片

**Gardenia jasminoides Ellis　山黃梔（原生種）**
- *Artipe eryx horiella*　綠灰蝶（綠底小灰蝶）　食未熟果

**Mussaenda formosanum (Matsum.) T. Y. Aleck Yang & K. C.
Huang　寶島玉葉金花（台灣特有種）**
- *Athyma selenophora laela*　異紋帶蛺蝶（小單帶蛺蝶）
食成熟葉片

**Mussaenda parviforas Miq.　玉葉金花（原生種）**
- *Athyma selenophora laela*　異紋帶蛺蝶（小單帶蛺蝶）
食成熟葉片

**Mussaenda pubescens W. T. Aiton　毛玉葉金花（水社玉葉金花）
（原生種）**

- *Athyma selenophora laela*　異紋帶蛺蝶（小單帶蛺蝶）
食成熟葉片

**Mussaenda taihokuensis Masam.　台北玉葉金花（台灣特有種）**
- *Athyma selenophora laela*　異紋帶蛺蝶（小單帶蛺蝶）
食成熟葉片

**Mussaenda taiwaniana Kaneh.　台灣玉葉金花（台灣特有種）**
- *Athyma selenophora laela*　異紋帶蛺蝶（小單帶蛺蝶）
食成熟葉片

**Uncaria hirsuta Havil.　台灣鉤藤（原生種）**
- *Athyma selenophora laela*　異紋帶蛺蝶（小單帶蛺蝶）
食成熟葉片

**Uncaria rhynchophylla (Miq.) Miq. & Havil.　嘴葉鉤藤（鉤藤）
（原生種）**
- *Athyma selenophora laela*　異紋帶蛺蝶（小單帶蛺蝶）
食成熟葉片

**Wendlandia formosana Cowan　水金京（原生種）**
- *Athyma selenophora laela*　異紋帶蛺蝶（小單帶蛺蝶）
食成熟葉片

**Wendlandia luzoniensis Dc.　呂宋水錦樹（原生種）**
- *Athyma selenophora laela*　異紋帶蛺蝶（小單帶蛺蝶）
食成熟葉片

**Wendlandia uvariifolia Hance　水錦樹（原生種）**
- *Athyma selenophora laela*　異紋帶蛺蝶（小單帶蛺蝶）
食成熟葉片

## Rutaceae　芸香科
**Citrofortunella microcarpa (Bunge) Wijnands
四季橘（栽培種＆雜交種）**
- *Papilio bianor thrasymedes*　翠鳳蝶（烏鴉鳳蝶）　食新芽與新葉
- *Papilio demoleus*　花鳳蝶（無尾鳳蝶）　食新芽與新葉
- *Papilio memnon heronus*　大鳳蝶　食新芽與新葉
- *Papilio polytes polytes*　玉帶鳳蝶　食新芽與新葉
- *Papilio protenor protenor*　黑鳳蝶　食新芽與新葉
- *Papilio xuthus*　柑橘鳳蝶　食新芽與新葉

**Citrus aurantium L.　酸橙（來母）（原生種）**
- *Papilio bianor thrasymedes*　翠鳳蝶（烏鴉鳳蝶）　食新芽與新葉
- *Papilio demoleus*　花鳳蝶（無尾鳳蝶）　食新芽與新葉
- *Papilio memnon heronus*　大鳳蝶　食新芽與新葉
- *Papilio polytes polytes*　玉帶鳳蝶　食新芽與新葉
- *Papilio protenor protenor*　黑鳳蝶　食新芽與新葉
- *Papilio xuthus*　柑橘鳳蝶　食新芽與新葉

**Citrus depressa Hayata　台灣香檬（原生種）**
- *Papilio bianor thrasymedes*　翠鳳蝶（烏鴉鳳蝶）　食新芽與新葉
- *Papilio demoleus*　花鳳蝶（無尾鳳蝶）　食新芽與新葉
- *Papilio memnon heronus*　大鳳蝶　食新芽與新葉
- *Papilio polytes polytes*　玉帶鳳蝶　食新芽與新葉
- *Papilio protenor protenor*　黑鳳蝶　食新芽與新葉
- *Papilio xuthus*　柑橘鳳蝶　食新芽與新葉

**Citrus hybrida 'Perfume'　香水檸檬（栽培種，雜交種）**
- *Papilio bianor thrasymedes*　翠鳳蝶（烏鴉鳳蝶）
食新芽與新葉
- *Papilio demoleus*　花鳳蝶（無尾鳳蝶）　食新芽與新葉
- *Papilio memnon heronus*　大鳳蝶　食新芽與新葉
- *Papilio polytes polytes*　玉帶鳳蝶　食新芽與新葉
- *Papilio protenor protenor*　黑鳳蝶　食新芽與新葉
- *Papilio xuthus*　柑橘鳳蝶　食新芽與新葉

**Citrus hystrix DC.　馬蜂橙（癩瘋柑）（栽培種）**
- *Papilio demoleus*　花鳳蝶（無尾鳳蝶）　食新芽與新葉
- *Papilio memnon heronus*　大鳳蝶　食新芽與新葉
- *Papilio polytes polytes*　玉帶鳳蝶　食新芽與新葉

- *Papilio protenor protenor* 黑鳳蝶 食新芽與新葉
- *Papilio xuthus* 柑橘鳳蝶 食新芽與新葉

### *Citrus limon* (L.) Burm. f. 檸檬（栽培種）
- *Papilio bianor thrasymedes* 翠鳳蝶（烏鴉鳳蝶） 食新芽與新葉
- *Papilio demoleus* 花鳳蝶（無尾鳳蝶） 食新芽與新葉
- *Papilio memnon heronus* 大鳳蝶 食新芽與新葉
- *Papilio polytes polytes* 玉帶鳳蝶 食新芽與新葉
- *Papilio protenor protenor* 黑鳳蝶 食新芽與新葉
- *Papilio xuthus* 柑橘鳳蝶 食新芽與新葉

### *Citrus maxima* (Burm.) Merr. 柚（栽培種）
- *Papilio bianor thrasymedes* 翠鳳蝶（烏鴉鳳蝶） 食新芽與新葉
- *Papilio demoleus* 花鳳蝶（無尾鳳蝶） 食新芽與新葉
- *Papilio memnon heronus* 大鳳蝶 食新芽與新葉
- *Papilio polytes polytes* 玉帶鳳蝶 食新芽與新葉
- *Papilio protenor protenor* 黑鳳蝶 食新芽與新葉
- *Papilio thaiwanus* 台灣鳳蝶 食新芽與新葉
- *Papilio xuthus* 柑橘鳳蝶 食新芽與新葉

### *Citrus medica* L. var. *medica* 枸櫞（香櫞）（栽培種）
- *Papilio demoleus* 花鳳蝶（無尾鳳蝶） 食新芽與新葉
- *Papilio polytes polite* 玉帶鳳蝶 食新芽與新葉
- *Papilio protenor protenor* 黑鳳蝶 食新芽與新葉

### *Citrus medica* L. var. *sarcodactylis* Swingle 佛手柑（栽培種）
- *Papilio demoleus* 花鳳蝶（無尾鳳蝶） 食新芽與新葉
- *Papilio memnon heronus* 大鳳蝶 食新芽與新葉
- *Papilio polytes polytes* 玉帶鳳蝶 食新芽與新葉
- *Papilio protenor protenor* 黑鳳蝶 食新芽與新葉
- *Papilio xuthus* 柑橘鳳蝶 食新芽與新葉

### *Citrus reticulata* Blanco 椪柑（柑橘）（栽培種）
- *Papilio demoleus* 花鳳蝶（無尾鳳蝶） 食新芽與新葉
- *Papilio memnon heronus* 大鳳蝶 食新芽與新葉
- *Papilio polytes polytes* 玉帶鳳蝶 食新芽與新葉
- *Papilio protenor protenor* 黑鳳蝶 食新芽與新葉
- *Papilio thaiwanus* 台灣鳳蝶 食新芽與新葉
- *Papilio xuthus* 柑橘鳳蝶 食新芽與新葉

### *Citrus sinensis* (L.) Osb. 甜橙（柳丁）（栽培種）
- *Papilio bianor thrasymedes* 翠鳳蝶（烏鴉鳳蝶） 食新芽與新葉
- *Papilio demoleus* 花鳳蝶（無尾鳳蝶） 食新芽與新葉
- *Papilio memnon heronus* 大鳳蝶 食新芽與新葉
- *Papilio polytes polytes* 玉帶鳳蝶 食新芽與新葉
- *Papilio protenor protenor* 黑鳳蝶 食新芽與新葉
- *Papilio xuthus* 柑橘鳳蝶 食新芽與新葉

### *Citrus tachibana* (Makino) Tanaka 橘柑（原生種）
- *Papilio bianor thrasymedes* 翠鳳蝶（烏鴉鳳蝶） 食新芽與新葉
- *Papilio demoleus* 花鳳蝶（無尾鳳蝶） 食新芽與新葉
- *Papilio memnon heronus* 大鳳蝶 食新芽與新葉
- *Papilio polytes polytes* 玉帶鳳蝶 食新芽與新葉
- *Papilio protenor protenor* 黑鳳蝶 食新芽與新葉
- *Papilio xuthus* 柑橘鳳蝶 食新芽與新葉

### *Citrus taiwanica* Tanaka & Shimada 南庄橙（台灣特有種）
- *Papilio bianor thrasymedes* 翠鳳蝶（烏鴉鳳蝶） 食新芽與新葉
- *Papilio demoleus* 花鳳蝶（無尾鳳蝶） 食新芽與新葉
- *Papilio memnon heronus* 大鳳蝶 食新芽與新葉
- *Papilio polytes polytes* 玉帶鳳蝶 食新芽與新葉
- *Papilio protenor protenor* 黑鳳蝶 食新芽與新葉
- *Papilio xuthus* 柑橘鳳蝶 食新芽與新葉

### *Citrus* × *tangelo* J. lngram & H. E. Moore 'Murcott' 茂谷柑（栽培種&雜交種）
- *Papilio bianor thrasymedes* 翠鳳蝶（烏鴉鳳蝶）食新芽與新葉
- *Papilio demoleus* 花鳳蝶（無尾鳳蝶） 食新芽與新葉
- *Papilio memnon heronus* 大鳳蝶 食新芽與新葉
- *Papilio polytes polytes* 玉帶鳳蝶 食新芽與新葉
- *Papilio protenor protenor* 黑鳳蝶 食新芽與新葉
- *Papilio xuthus* 柑橘鳳蝶 食新芽與新葉

### *Clausena excavata* Burm. f. 過山香（原生種）
- *Papilio demoleus* 花鳳蝶（無尾鳳蝶） 食新芽與新葉
- *Papilio nephelus chaonulus* 大白紋鳳蝶（台灣白紋鳳蝶） 食新芽與新葉
- *Papilio polytes polytes* 玉帶鳳蝶 食新芽與新葉

### *Clausena lansium* (Lour.) skeels 黃皮（黃皮果）（栽培種）
- *Papilio memnon heronus* 大鳳蝶 食新芽與新葉

### *Feronia limonia* (L.) Swingle 木蘋果（栽培種）
- *Papilio demoleus* 花鳳蝶（無尾鳳蝶） 食新芽與新葉
- *Papilio polytes polytes* 玉帶鳳蝶 食新芽與新葉
- *Papilio xuthus* 柑橘鳳蝶 食新芽與新葉

### *Fortunella hindsii* (Champ. *ex.* Benth) Swingle 金豆柑（栽培種）
- *Papilio demoleus* 花鳳蝶（無尾鳳蝶） 食新芽與新葉
- *Papilio memnon heronus* 大鳳蝶 食新芽與新葉
- *Papilio polytes polytes* 玉帶鳳蝶 食新芽與新葉
- *Papilio protenor protenor* 黑鳳蝶 食新芽與新葉
- *Papilio xuthus* 柑橘鳳蝶 食新芽與新葉

### *Fortunella margarita* (Loue.) Swingle 金棗（栽培種）
- *Papilio bianor thrasymedes* 翠鳳蝶（烏鴉鳳蝶） 食新芽與新葉
- *Papilio demoleus* 花鳳蝶（無尾鳳蝶） 食新芽與新葉
- *Papilio memnon heronus* 大鳳蝶 食新芽與新葉
- *Papilio polytes polytes* 玉帶鳳蝶 食新芽與新葉
- *Papilio protenor protenor* 黑鳳蝶 食新芽與新葉
- *Papilio xuthus* 柑橘鳳蝶 食新芽與新葉

### *Glycosmis parviflora* (Sims) Kurz. var. *parviflora* 山橘（圓果山橘）（原生種）
- *Neopithecops zalmora* 黑點灰蝶（姬黑星小灰蝶） 食新芽
- *Papilio castor formosanus* 無尾白紋鳳蝶 食新芽與新葉
- *Papilio demoleus* 花鳳蝶（無尾鳳蝶） 食新芽與新葉
- *Papilio polytes polytes* 玉帶鳳蝶 食新芽與新葉
- *Papilio protenor protenor* 黑鳳蝶 食新芽與新葉

### *Glycosmis parviflora* (Sims) Kurz. var. *erythrocarpa* (Hayata) T. C. Ho 長果山橘（石苓舅）（原生種）
- *Neopithecops zalmora* 黑點灰蝶（姬黑星小灰蝶） 食新芽
- *Papilio castor formosanus* 無尾白紋鳳蝶 食新芽與新葉
- *Papilio demoleus* 花鳳蝶（無尾鳳蝶） 食新芽與新葉
- *Papilio polytes polytes* 玉帶鳳蝶 食新芽與新葉
- *Papilio protenor protenor* 黑鳳蝶 食新芽與新葉

### *Melicope pteleifolia* (Champ. *ex* Benth.) Hartley 三叉虎（三腳虌）（原生種）
- *Papilio hermosanus* 台灣琉璃翠鳳蝶（琉璃紋鳳蝶） 食新芽與新葉
- *Papilio paris nakaharai* 琉璃翠鳳蝶（大琉璃紋鳳蝶） 食新芽與新葉

***Melicope semecarpifolia* (Merr.) Hartley　山刈葉（原生種）**
- *Papilio paris nakaharai*　琉璃翠鳳蝶（大琉璃紋鳳蝶）
  食新芽與新葉

***Murraya euchrestifolia* Hayata　山黃皮（原生種）**
- *Papilio protenor protenor*　黑鳳蝶　食新芽與新葉
- *Papilio polytes polytes*　玉帶鳳蝶　食新芽與新葉

***Phellodendron amurense* Rupr.　黃蘗（原生種）**
- *Papilio protenor protenor*　黑鳳蝶　食新芽與新葉

***Poncirus trifoliata* Rafin.　枸橘（枳殼）（栽培種）**
- *Papilio demoleus*　花鳳蝶（無尾鳳蝶）　食新芽與新葉
- *Papilio polytes polite*　玉帶鳳蝶　食新芽與新葉
- *Papilio protenor protenor*　黑鳳蝶　食新芽與新葉

***Severinia buxifolia* (Poir.) Tenore　烏柑仔（原生種）**
- *Chilades laius koshuensis*　綺灰蝶（恆春琉璃小灰蝶）
  食新芽與新葉
- *Papilio demoleus*　花鳳蝶（無尾鳳蝶）　食新芽與新葉
- *Papilio polytes polytes*　玉帶鳳蝶　食新芽與新葉
- *Papilio xuthus*　柑橘鳳蝶　食新芽與新葉

***Skimmia japonica* Thunb. subsp. *distincte-venulosa* (Hay.) T. C. Ho var. *distincte-venulosa*　阿里山茵芋（台灣特有變種）**
- *Papilio protenor protenor*　黑鳳蝶　食新芽與新葉

***Skimmia japonica* Thunb. subsp. *distincte-venulosa* (Hay.) T. C. Ho var. *orthoclada.* (Hay.) T. C. Ho 台灣茵芋（原生種）（注：台灣無產深紅茵芋）**
- *Papilio protenor protenor*　黑鳳蝶　食新芽與新葉

***Tetradium glabrifolium* (Champ. *ex* Benth.) T. Hartley 賊仔樹（臭辣樹）（原生種）**
- *Papilio bianor kotoensis*　翠鳳蝶＆蘭嶼亞種（琉璃帶鳳蝶）
  食新芽與新葉
- *Papilio bianor thrasymedes*　翠鳳蝶（烏鴉鳳蝶）食新芽與新葉
- *Papilio dialis tatsuta*　穹翠鳳蝶（台灣烏鴉鳳蝶）　食新芽與新葉
- *Papilio helenus fortunius*　白紋鳳蝶　食新芽與新葉
- *Papilio hopponis*　雙環翠鳳蝶（雙環鳳蝶）　食新芽與新葉
- *Papilio nephelus chaonulus*　大白紋鳳蝶（台灣白紋鳳蝶）
  食新芽與新葉
- *Papilio polytes polytes*　玉帶鳳蝶　食新芽與新葉
- *Papilio protenor protenor*　黑鳳蝶　食新芽與新葉
- *Papilio xuthus*　柑橘鳳蝶　食新芽與新葉
- *Satarupa majasra*　小紋颯弄蝶（大白裙弄蝶）　食葉片與新葉
- *Satarupa formosibia*　台灣颯弄蝶（台灣大白裙弄蝶）
  食葉片與新葉

***Tetradium ruticarpum*（A. Juss.）T. Hartley 吳茱萸（原生種）**
- *Papilio helenus fortunius*　白紋鳳蝶　食新芽與新葉
- *Papilio nephelus chaonulus*　大白紋鳳蝶（台灣白紋鳳蝶）
  食新芽與新葉
- *Satarupa majasra*　小紋颯弄蝶（大白裙弄蝶）　食葉片與新葉

***Toddalia asiatica* (L.) Lam.　飛龍掌血（小黃肉樹）（原生種）**
- *Papilio bianor kotoensis*　翠鳳蝶＆蘭嶼亞種（琉璃帶鳳蝶）
  食新芽與新葉
- *Papilio helenus fortunius*　白紋鳳蝶　食新芽與新葉
- *Papilio hermosanus*　台灣琉璃翠鳳蝶（琉璃紋鳳蝶）
  食新芽與新葉
- *Papilio nephelus chaonulus*　大白紋鳳蝶（台灣白紋鳳蝶）
  食新芽與新葉

- *Papilio polytes polytes*　玉帶鳳蝶　食新芽與新葉
- *Papilio protenor protenor*　黑鳳蝶　食新芽與新葉
- *Papilio thaiwanus*　台灣鳳蝶　食新芽與新葉

***Triphasia trifolia* P. Wilson　錦橘果（栽培種）**
- *Chilades laius koshuensis*　綺灰蝶（恆春琉璃小灰蝶）
  食新芽與新葉

***Zanthoxylum ailanthoides* Sieb. & Zucc.　食茱萸（原生種）**
- *Papilio bianor kotoensis*　翠鳳蝶＆蘭嶼亞種（琉璃帶鳳蝶）
  食新芽與新葉
- *Papilio bianor thrasymedes*　翠鳳蝶（烏鴉鳳蝶）　食新芽與新葉
- *Papilio dialis tatsuta*　穹翠鳳蝶（台灣烏鴉鳳蝶）　食新芽與新葉
- *Papilio helenus fortunius*　白紋鳳蝶　食新芽與新葉
- *Papilio hopponis*　雙環翠鳳蝶（雙環鳳蝶）　食新芽與新葉
- *Papilio nephelus chaonulus*　大白紋鳳蝶（台灣白紋鳳蝶）
  食新芽與新葉
- *Papilio polytes polytes*　玉帶鳳蝶　食新芽與新葉
- *Papilio protenor protenor*　黑鳳蝶　食新芽與新葉
- *Papilio xuthus*　柑橘鳳蝶　食新芽與新葉
- *Satarupa formosibia*　台灣颯弄蝶（台灣大白裙弄蝶）
  食葉片與新葉
- *Satarupa majasra*　小紋颯弄蝶（大白裙弄蝶）食葉片與新葉

***Zanthoxylum avicennae* (Lam.) DC.　狗花椒（原生種）**
- *Papilio xuthus*　柑橘鳳蝶　食新芽與新葉
- *Papilio polytes polytes*　玉帶鳳蝶　食新芽與新葉＆偶見食用

***Zanthoxylum integrifoliolum* (Merr.) Merr. 蘭嶼花椒（蘭嶼崖椒）（原生種）**
- *Papilio protenor protenor*　黑鳳蝶　食新芽與新葉

***Zanthoxylum nitidum* (Roxb.) DC.　雙面刺（崖椒）（原生種）**
- *Papilio hermosanus*　台灣琉璃翠鳳蝶（琉璃紋鳳蝶）
  食新芽與新葉＆少見食用
- *Papilio polytes polytes*　玉帶鳳蝶　食新芽與新葉
- *Papilio protenor protenor*　黑鳳蝶　食新芽與新葉
- *Papilio xuthus*　柑橘鳳蝶　食新芽與新葉

***Zanthoxylum piperitum* DC. var. *inerme* Makino 胡椒木（栽培種）**
- *Papilio demoleus*　花鳳蝶（無尾鳳蝶）
  食新芽與新葉＆偶見食用
- *Papilio polytes polytes*　玉帶鳳蝶　食新芽與新葉
- *Papilio protenor protenor*　黑鳳蝶　食新芽與新葉
- *Papilio xuthus*　柑橘鳳蝶　食新芽與新葉

***Zanthoxylum scandens* Blume　藤花椒（藤崖椒）（原生種）**
- *Papilio demoleus*　花鳳蝶（無尾鳳蝶）　食新芽與新葉
- *Papilio polytes polytes*　玉帶鳳蝶　食新芽與新葉
- *Papilio protenor protenor*　黑鳳蝶　食新芽與新葉
- *Papilio xuthus*　柑橘鳳蝶　食新芽與新葉

***Zanthoxylum schinifolium* Sieb. & Zucc. 翼柄花椒（翼柄崖椒）（原生種）**
- *Papilio protenor protenor*　黑鳳蝶　食新芽與新葉
- *Papilio xuthus*　柑橘鳳蝶　食新芽與新葉

***Zanthoxylum simulans* Hance　刺花椒（原生種）**
- *Papilio protenor protenor*　黑鳳蝶　食新芽與新葉
- *Papilio polytes polytes*　玉帶鳳蝶　食新芽與新葉

**Sabiaceae** 清風藤科
***Meliosma callicarpifolia* Hayata** 紫珠葉泡花樹（原生種）
- *Choaspes benjaminii formosanus* 綠弄蝶（大綠弄蝶）
  食新芽與新葉

***Meliosma rhoifolia* Maxim.** 山豬肉（原生種）
- *Acytolepsis puspa myla* 靛色琉灰蝶（台灣琉璃小灰蝶）
  食新芽與新葉
- *Choaspes benjaminii formosanus* 綠弄蝶（大綠弄蝶）
  食新芽與新葉
- *Dichorragia nesimachus formosanus* 流星蛺蝶 食新芽與新葉
- *Horaga onyx moltrechti* 鑽灰蝶（三尾小灰蝶）
  食花、花苞與花序組織
- *Spindasis lohita formosana* 虎灰蝶（台灣雙尾燕蝶）
  注：需有蟻巢＆共生。

***Meliosma rigida* Siebold. & Zucc.** 筆羅子（原生種）
- *Acytolepsis puspa myla* 靛色琉灰蝶（台灣琉璃小灰蝶）
  食新芽與新葉
- *Choaspes benjaminii formosanus* 綠弄蝶（大綠弄蝶）
  食新芽與新葉
- *Dichorragia nesimachus formosanus* 流星蛺蝶
  食新芽與新葉

***Meliosma squamulata* Hance** 綠樟（原生種）
- *Choaspes benjaminii formosanus* 綠弄蝶（大綠弄蝶）
  食新芽與新葉

***Sabia swinhoei* Hemsl.** 台灣清風藤（原生種）
- *Choaspes xanthopogon chrysopterus* 褐翅綠弄蝶 食新芽與新葉
- *Choaspes benjaminii formosanus* 綠弄蝶（大綠弄蝶）
  食新芽與新葉

***Sabia transarisanensis* Hayata** 阿里山清風藤（台灣特有種）
- *Choaspes xanthopogon chrysopterus* 褐翅綠弄蝶 食新芽與新葉
- *Choaspes benjaminii formosanus* 綠弄蝶（大綠弄蝶）
  食新芽與新葉
- *Neptis soma tayalina* 斷線環蛺蝶（泰雅三線蝶）食成熟葉片

**Salicaceae** 楊柳科
***Salix babylonica* L.** 垂柳（栽培種，水生植物）
- *Cupha erymanthis* 黃襟蛺蝶（台灣黃斑蛺蝶） 食新芽與新葉
- *Phalanta phalantha* 琺蛺蝶（紅擬豹斑蝶） 食新芽與新葉

***Salix kusanoi* (Hayata) C. K. Schneid.** 水社柳
（台灣特有種，水生植物）
- *Cupha erymanthis* 黃襟蛺蝶（台灣黃斑蛺蝶） 食新芽與新葉
- *Phalanta phalantha* 琺蛺蝶（紅擬豹斑蝶） 食新芽與新葉

***Salix warburgii* Seemen** 水柳（台灣特有種，水生植物）
- *Cupha erymanthis* 黃襟蛺蝶（台灣黃斑蛺蝶） 食新芽與新葉
- *Phalanta phalantha* 琺蛺蝶（紅擬豹斑蝶） 食新芽與新葉

**Santalaceae** 檀香科
***Santalum album* L.** 檀香（栽培種）
- *Delias pasithoe curasena* 豔粉蝶（紅肩粉蝶）
  食葉片＆少見食用

**Sapindaceae** 無患子科
***Allophylus timorensis* (DC.) Blume** 止宮樹（原生種）
- *Megisba malaya sikkima* 黑星灰蝶（台灣黑星小灰蝶）
  食花、花苞與花序組織

***Euphoria longana* Lam.** 龍眼（歸化種）
- *Acytolepis puspa myla* 靛色琉灰蝶（台灣琉璃小灰蝶）
  食新芽及花苞
- *Deudorix epijarbas menesicles* 玳灰蝶（恆春小灰蝶）
  食果肉與種子
- *Horaga albimacula triumphalis* 小鑽灰蝶（姬三尾小灰蝶）
  食花苞與花序組織
- *Horaga onyx moltrechti* 鑽灰蝶（三尾小灰蝶） 食花苞與花序組織

***Eurycorymbus cavaleriei* (H. Lév.) Rehder & Hand.-Mazz.**
賽欒華（原生種）
- *Celastrina lavendularis himilcon* 細邊琉灰蝶（埔里琉璃小灰蝶）
  食花序組織
- *Rapala takasagonis* 高砂燕灰蝶（高砂小灰蝶）
  食花、花苞與花序組織

***Litchi chinensis* Sonn.** 荔枝（栽培種）
- *Deudorix epijarbas menesicles* 玳灰蝶（恆春小灰蝶）
  食果肉與種子

***Pometia pinnata* J.R. Forst. & G. Forst.** 番龍眼（原生種）
- *Nacaduba berenice leei* 熱帶娜波灰蝶（熱帶波紋小灰蝶）
  食新葉、新芽

***Sapindus mukorossii* Gaertn.** 無患子（原生種）
- *Acytolepis puspa myla* 靛色琉灰蝶（台灣琉璃小灰蝶）
  食新芽與新葉＆偶見食用
- *Deudorix epijarbas menesicles* 玳灰蝶（恆春小灰蝶）
  食果肉與種子
- *Satyrium formosanum* 台灣灑灰蝶（蓬萊烏小灰蝶） 食新芽
- *Rapala varuna formosana* 燕灰蝶（墾丁小灰蝶） 食花序組織

**Saxifragaceae** 虎耳草科
***Deutzia pulchra* Vidal** 大葉溲疏（原生種）
- *Acytolepis puspa myla* 靛色琉灰蝶（台灣琉璃小灰蝶）
  食新芽及花苞
- *Neptis soma tayalina* 斷線環蛺蝶（泰雅三線蝶） 食成熟葉片
- *Rapala caerulea liliacea* 菫彩燕灰蝶（淡紫小灰蝶）
  食花、花苞與未熟果

***Itea oldhamii* C. K. Schneid.** 鼠刺（原生種）
- *Horaga albimacula triumphalis* 小鑽灰蝶（姬三尾小灰蝶）
  食花苞與花序組織
- *Prosotas nora formosana* 波灰蝶（姬波紋小灰蝶）
  食花序組織
- *Rapala nissa hirayamana* 霓彩燕灰蝶（平山小灰蝶）
  食花、花苞與花序組織

***Itea parviflora* Hemsl.** 小花鼠刺（台灣特有種）
- *Horaga albimacula triumphalis* 小鑽灰蝶（姬三尾小灰蝶）
  食花苞與花序組織
- *Prosotas nora formosana* 波灰蝶（姬波紋小灰蝶）
  食花序組織
- *Rapala nissa hirayamana* 霓彩燕灰蝶（平山小灰蝶）
  食花、花苞與花序組織

**Scrophulariacea** 玄參科
***Lindernia anagallis* (Burm. f.) Pennell** 定經草（心葉母草）
（原生種，水生植物）
- *Junonia almana* 眼蛺蝶（孔雀蛺蝶）
  全株柔軟組織＆偶見食用

*Lindernia antipoda* (L.) Alston　泥花草（原生種，水生植物）
- *Junonia almana*　眼蛺蝶（孔雀蛺蝶）　全株柔軟組織

*Lindernia ciliata* (Colsm.) Pennell　水丁黃（原生種，水生植物）
- *Junonia almana*　眼蛺蝶（孔雀蛺蝶）　全株柔軟組織

*Lindernia ruellioides* (Colsm.) Pennell　旱田草（原生種）
- *Junonia almana*　眼蛺蝶（孔雀蛺蝶）　全株柔軟組織

### Symplocaceae　灰木科
*Symplocos caudata* Wall. *ex* G. Don　尾葉灰木（原生種）
- *Horaga rarasana*　拉拉山饅灰蝶（拉拉山三尾小灰蝶）
  食新芽與新葉

### Theaceae　茶科
*Camellia brevistyla* (Hayata) Cohen.-Stuart　短柱山茶（原生種）
- *Deudorix rapaloides*　淡黑玳灰蝶（淡黑小灰蝶）　食花與花苞、未熟果

*Gordonia axillaris* (Roxb.) Dietr.　大頭茶（原生種）
- *Deudorix rapaloides*　淡黑玳灰蝶（淡黑小灰蝶）　食花與花苞、未熟果

### Tropaeolaceae　金蓮花科
*Tropaeolum majus* L.　金蓮花（栽培種）
- *Pieris rapae crucivora*　白粉蝶（紋白蝶）
  食新芽與新葉&偶見食用

### Ulmaceae　榆科
*Aphananthe aspera* (Thunb.) Planch.　糙葉樹（原生種）
- *Neptis hylas luculenta*　豆環蛺蝶（琉球三線蝶）
  食成熟葉片&偶見食用
- *Neptis sappho formosana*　小環蛺蝶（小三線蝶）　食成熟葉片
- *Neptis soma tayalina*　斷線環蛺蝶（泰雅三線蝶）　食成熟葉片

*Celtis biondii* Pamp.　沙楠子樹（原生種）
- *Chitoria chrysolora*　金鎧蛺蝶（台灣小紫蛺蝶）　食成熟葉片
- *Helcyra plesseni*　普氏白蛺蝶（國姓小紫蛺蝶）　食成熟葉片
- *Helcyra superba takamukui*　白蛺蝶　食成熟葉片
- *Hestina assimilis formosana*　紅斑脈蛺蝶（紅星斑蛺蝶）
  食成熟葉片
- *Libythea lepita formosana*　東方喙蝶（長鬚蝶）　食新芽與新葉
- *Timelaea albescens formosana*　白裳貓蛺蝶（豹紋蝶）
  食新芽與新葉

*Celtis formosana* Hayata　石朴（台灣朴樹）（台灣特有種）
- *Acytolepsis puspa myla*　靛色琉灰蝶（台灣琉璃小灰蝶）
  食新芽&偶見食用
- *Chitoria chrysolora*　金鎧蛺蝶（台灣小紫蛺蝶）　食成熟葉片
- *Chitoria ulupi arakii*　武鎧蛺蝶（蓬萊小紫蛺蝶）　食成熟葉片
- *Helcyra superba takamukui*　白蛺蝶　食成熟葉片&人工飼育
- *Hestina assimilis formosana*　紅斑脈蛺蝶（紅星斑蛺蝶）
  食成熟葉片
- *Libythea lepita formosana*　東方喙蝶（長鬚蝶）　食新芽與新葉
- *Neptis nata lutatia*　細帶環蛺蝶（台灣三線蝶）
  食成熟葉片&偶見食用
- *Neptis soma tayalina*　斷線環蛺蝶（泰雅三線蝶）　食成熟葉片
- *Nymphalis xanthomelas formosana*　緋蛺蝶　食葉片
- *Polyura narcaea meghaduta*　小雙尾蛺蝶（姬雙尾蝶）
  食葉片&偶見食用
- *Sasakia charonda formosana*　大紫蛺蝶　食葉片
- *Timelaea albescens formosana*　白裳貓蛺蝶（豹紋蝶）
  食新芽與新葉

*Celtis sinensis* Pers.　朴樹（原生種）
- *Chitoria chrysolora*　金鎧蛺蝶（台灣小紫蛺蝶）　食成熟葉片
- *Chitoria ulupi arakii*　武鎧蛺蝶（蓬萊小紫蛺蝶）　食成熟葉片
- *Hestina assimilis formosana*　紅斑脈蛺蝶（紅星斑蛺蝶）
  食成熟葉片
- *Helcyra superba takamukui*　白蛺蝶　食成熟葉片&人工飼育
- *Libythea lepita formosana*　東方喙蝶（長鬚蝶）　食新芽與新葉
- *Neptis nata lutatia*　細帶環蛺蝶（台灣三線蝶）
  食成熟葉片&偶見食用
- *Neptis soma tayalina*　斷線環蛺蝶（泰雅三線蝶）　食成熟葉片
- *Sasakia charonda formosana*　大紫蛺蝶　食葉片
- *Timelaea albescens formosana*　白裳貓蛺蝶（豹紋蝶）
  食新芽與新葉

*Trema orientalis* (L.) Blume　山黃麻（原生種）
- *Megisba malaya sikkima*　黑星灰蝶（台灣黑星小灰蝶）
  食花、花苞與花序組織
- *Neptis hylas luculenta*　豆環蛺蝶（琉球三線蝶）
  食成熟葉片&偶見食用
- *Neptis nata lutatia*　細帶環蛺蝶（台灣三線蝶）　食成熟葉片
- *Polyura narcaea meghaduta*　小雙尾蛺蝶（姬雙尾蝶）　食葉片
- *Rapala nissa hirayamana*　霓彩燕灰蝶（平山小灰蝶）
  食花、花苞與花序組織
- *Rapala varuna formosana*　燕灰蝶（墾丁小灰蝶）
  食花、花苞與花序組織

*Ulmus uyematsui* Hayata　阿里山榆（台灣特有種）
- *Neptis soma tayalina*　斷線環蛺蝶（泰雅三線蝶）　食成熟葉片
- *Polygonia c-album asakurai*　突尾鉤蛺蝶（白鐮紋蛺蝶）　食葉片

*Zelkova serrata* (Thunb.) Makino　櫸樹（原生種）
- *Neptis hylas lulculenta*　豆環蛺蝶（琉球三線蝶）
  食成熟葉片&偶見食用
- *Neptis nata lutatia*　細帶環蛺蝶（台灣三線蝶）　食成熟葉片
- *Neptis soma tayalina*　斷線環蛺蝶（泰雅三線蝶）　食成熟葉片
- *Nymphalis xanthomelas formosana*　緋蛺蝶　食葉片
- *Polygonia c-album asakurai*　突尾鉤蛺蝶（白鐮紋蛺蝶）　食葉片
- *Polyura eudamippus formosana*　雙尾蛺蝶（雙尾蝶）　食葉片
- *Satyrium austrinum*　南方灑灰蝶（白底烏小灰蝶）　食新芽與新葉

### Umbelliferae　繖形科
*Peucedanum formosanum* Hayata　台灣前胡（台灣特有種）
- *Papilio machaon sylvinus*　黃鳳蝶　食新芽與新葉

### Urticaceae　蕁麻科
*Boehmeria densiflora* Hook. & Arn.　密花苧麻（木苧麻）（原生種）
- *Acraea issoria formosana*　苧麻珍蝶（細蝶）　食新芽與新葉
- *Symbrenthia hypselis scatinia*　花豹盛蛺蝶（姬黃三線蝶）
  食新芽與新葉
- *Symbrenthia lilaea formosanus*　散紋盛蛺蝶（黃三線蝶）
  食新芽與新葉

*Boehmeria nivea* (L.) Gaudich. var. *nivea*　苧麻（歸化種）
- *Acraea issoria formosana*　苧麻珍蝶（細蝶）　食新芽與新葉
- *Hypolimnas bolina kezia*　幻蛺蝶（琉球紫蛺蝶）食新芽與新葉
- *Symbrenthia lilaea formosanus*　散紋盛蛺蝶（黃三線蝶）
  食新芽與新葉
- *Symbrenthia lilaea lunicas*　寬紋黃三線蝶　食新芽與新葉
- *Vanessa indica*　大紅蛺蝶（紅蛺蝶）　食新芽與新葉

*Boehmeria nivea* (L.) Gaudich. var. *tenacissima*（Gaudich.）Miq.　青苧麻（原生種）
- *Acraea issoria formosana*　苧麻珍蝶（細蝶）　食新芽與新葉

- *Hypolimnas bolina kezia* 幻蛺蝶（琉球紫蛺蝶） 食新芽與新葉
- *Neptis hylas lulculenta* 豆環蛺蝶（琉球三線蝶）
食成熟葉片&少見食用
- *Symbrenthia lilaea formosanus* 散紋盛蛺蝶（黃三線蝶）
食新芽與新葉
- *Symbrenthia lilaea lunicas* 寬紋黃三線蝶 食新芽與新葉
- *Vanessa indica* 大紅蛺蝶（紅蛺蝶） 食新芽與新葉

**Boehmeria pilosiuscula (Blume) Hassk.** 華南苧麻（原生種）
- *Hypolimnas bolina kezia* 幻蛺蝶（琉球紫蛺蝶） 食新芽與新葉
- *Symbrenthia lilaea formosanus* 散紋盛蛺蝶（黃三線蝶）
食新芽與新葉

**Debregeasia orientalis C. J. Chen** 水麻（原生種）
- *Acraea issoria formosana* 苧麻珍蝶（細蝶） 食新芽與新葉
- *Symbrenthia hypselis scatinia* 花豹盛蛺蝶（姬黃三線蝶）
食新芽與新葉
- *Symbrenthia lilaea formosanus* 散紋盛蛺蝶（黃三線蝶）
食新芽與新葉

**Elatostema lineolatum Wight var. majus Wedd.**
冷清草（原生種）
- *Symbrenthia hypselis scatinia* 花豹盛蛺蝶（姬黃三線蝶）
食新芽與新葉
- *Symbrenthia lilaea formosanus* 散紋盛蛺蝶（黃三線蝶）
食新芽與新葉

**Elatostema platyphylloides B. L. Shih & Yuen P. Yang**
闊葉樓梯草（原生種）
- *Symbrenthia hypselis scatinia* 花豹盛蛺蝶（姬黃三線蝶）
食新芽與新葉

**Girardinia diversifolia (Link) Friis** 蠍子草（原生種）
- *Vanessa indica* 大紅蛺蝶（紅蛺蝶） 食新芽與新葉

**Gonostegia hirta (Blume) Miq.** 糯米糰（原生種）
- *Acraea issoria formosana* 苧麻珍蝶（細蝶） 食新芽與新葉
- *Hypolimnas bolina kezia* 幻蛺蝶（琉球紫蛺蝶） 食新芽與新葉

**Laportea aestuans (L.) Chew** 火荬桑葉麻（歸化種）
- *Hypolimnas bolina kezia* 幻蛺蝶（琉球紫蛺蝶）
食新芽與新葉

**Oreocnide pedunculata (Shirai) Masam.** 長梗紫麻（原生種）
- *Symbrenthia lilaea formosanus* 散紋盛蛺蝶（黃三線蝶）
食新芽與新葉

**Pellionia radicans (Siebold. & Zucc.) Wedd.**
赤車使者（原生種）
- *Symbrenthia hypselis scatinia* 花豹盛蛺蝶（姬黃二線蝶）
食新芽與新葉

**Pipturus arborescens (Link) C. B. Rob.** 落尾麻（原生種）
- *Catopyrops ancyra almora* 曲波灰蝶（曲波紋小灰蝶）
食花、花序與未熟果
- *Hypolimnas anomala* 端紫幻蛺蝶（八重山紫蛺蝶）
食新芽與新葉&偶產種

**Pouzolzia elegans Wedd.** 水雞油（原生種）
- *Acraea issoria formosana* 苧麻珍蝶（細蝶） 食新芽與新葉
- *Symbrenthia lilaea formosanus* 散紋盛蛺蝶（黃三線蝶）
食新芽與新葉
- *Symbrenthia hypselis scatinia* 花豹盛蛺蝶（姬黃三線蝶）
食新芽與新葉

**Pouzolzia zeylanica (L.) Benn.** 霧水葛（原生種）
- *Hypolimnas bolina kezia* 幻蛺蝶（琉球紫蛺蝶）
食全株柔軟組織

**Urtica thunbergiana Siebold. & Zucc.** 咬人貓（原生種）
- *Vanessa indica* 大紅蛺蝶（紅蛺蝶） 食新芽與新葉

**Verbenaceae 馬鞭草科**
**Callicarpa formosana Rolfe** 杜虹花（原生種）
- *Neptis nata lutatia* 細帶環蛺蝶（台灣三線蝶） 食成熟葉片

**Lantana camara 'Mista'** 橙紅馬纓丹（歸化種）
- *Zizula hylax* 迷你藍灰蝶（迷你小灰蝶） 食花、花苞

**Lantana montevidensis (Spreng.) Briq.** 小葉馬纓丹（栽培種）
- *Zizula hylax* 迷你藍灰蝶（迷你小灰蝶） 食花、花苞

**Phyla nodiflora (L.) Greene** 鴨舌癀（原生種）
- *Junonia almana* 眼蛺蝶（孔雀蛺蝶） 食新芽與新葉
- *Junonia orithya* 青眼蛺蝶（孔雀青蛺蝶） 食新芽與新葉

**Violaceae 菫菜科**
**Viola adenothrix Hayata var. adenothrix**
喜岩菫菜（台灣特有種）
- *Argynnis paphia formosicola* 綠豹蛺蝶（綠豹斑蝶）
食全株柔嫩組織
- *Argyreus hyperbius* 斐豹蛺蝶（黑端豹斑蝶） 食全株柔嫩組織

**Viola adenothrix Hayata var. tsugitakaensis (Masam.) J. C. Wang
& T. C. Huang** 雪山菫菜（台灣特有變種）
- *Argynnis paphia formosicola* 綠豹蛺蝶（綠豹斑蝶）
食全株柔嫩組織
- *Argyreus hyperbius* 斐豹蛺蝶（黑端豹斑蝶） 食全株柔嫩組織

**Viola arcuata Blume** 如意草（原生種）
- *Argyreus hyperbius* 斐豹蛺蝶（黑端豹斑蝶） 食全株柔嫩組織

**Viola betonicifolia Sm.** 箭葉菫菜（原生種）
- *Argynnis paphia formosicola* 綠豹蛺蝶（綠豹斑蝶）
食全株柔嫩組織
- *Argyreus hyperbius* 斐豹蛺蝶（黑端豹斑蝶） 食全株柔嫩組織

**Viola biflora L.** 雙黃花菫菜（原生種）
- *Argyreus hyperbius* 斐豹蛺蝶（黑端豹斑蝶） 食全株柔嫩組織

**Viola confusa Champ. ex Benth.** 短毛菫菜（原生種）
- *Argyreus hyperbius* 斐豹蛺蝶（黑端豹斑蝶） 食全株柔嫩組織

**Viola diffusa Ging.** 茶匙黃（原生種）
- *Argyreus hyperbius* 斐豹蛺蝶（黑端豹斑蝶） 食全株柔嫩組織

**Viola formosana Hayata var. formosera**
台灣菫菜（台灣特有種）
- *Argynnis paphia formosicola* 綠豹蛺蝶（綠豹斑蝶）
食全株柔嫩組織
- *Argyreus hyperbius* 斐豹蛺蝶（黑端豹斑蝶） 食全株柔嫩組織

**Viola formosana Hayata var. stenopetala (Hayata) J. C. Wang, T. C.
Huang & T. Hashim** 川上氏菫菜（台灣特有變種）
- *Argynnis paphia formosicola* 綠豹蛺蝶（綠豹斑蝶）
食全株柔嫩組織
- *Argyreus hyperbius* 斐豹蛺蝶（黑端豹斑蝶） 食全株柔嫩組織

**Viola grypoceras A. Gray** 紫花菫菜（原生種）
- *Argyreus hyperbius* 斐豹蛺蝶（黑端豹斑蝶） 食全株柔嫩組織

*Viola inconspicua* Blume subsp. *nagasakiensis* (W. Becker) J. C. Wang & T. C. Huang　小菫菜（原生種）
- *Argyreus hyperbius*　斐豹蛺蝶（黑端豹斑蝶）　食全株柔嫩組織

*Viola kwangtungensis* Melch.　廣東菫菜（原生種）
- *Argynnis paphia formosicola*　綠豹蛺蝶（綠豹斑蝶）　食全株柔嫩組織
- *Argyreus hyperbius hyperbius*　斐豹蛺蝶（黑端豹斑蝶）　食全株柔嫩組織

*Viola mandshurica* W. Becker　紫花地丁（原生種）
- *Argynnis paphia formosicola*　綠豹蛺蝶（綠豹斑蝶）　食全株柔嫩組織
- *Argyreus hyperbius*　斐豹蛺蝶（黑端豹斑蝶）　食全株柔嫩組織

*Viola nagasawae* Makino & Hayata var. *nagasawae*　台北菫菜（台灣特有種）
- *Argyreus hyperbius*　斐豹蛺蝶（黑端豹斑蝶）　食全株柔嫩組織

*Viola nagasawae* Makino & Hayata var. *pricei* (W. Becker) J. C. Wang & T. C. Huang　普萊氏菫菜（台灣特有變種）
- *Argyreus hyperbius*　斐豹蛺蝶（黑端豹斑蝶）　食全株柔嫩組織

*Viola obtusa*（Makino）Makino var. *tsuifengensis* T. Hashim.　翠峰菫菜（台灣特有變種）
- *Argyreus hyperbius*　斐豹蛺蝶（黑端豹斑蝶）　食全株柔嫩組織

*Viola senzanensis* Hayata　尖山菫菜（台灣特有種）
- *Argynnis paphia formosicola*　綠豹蛺蝶（綠豹斑蝶）　食全株柔嫩組織
- *Argyreus hyperbius*　斐豹蛺蝶（黑端豹斑蝶）　食全株柔嫩組織

*Viola shinchikuensis* Yamam.　新竹菫菜（台灣特有種）
- *Argynnis paphia formosicola*　綠豹蛺蝶（綠豹斑蝶）　食全株柔嫩組織
- *Argyreus hyperbius*　斐豹蛺蝶（黑端豹斑蝶）　食全株柔嫩組織

*Viola tenuis* Benth.　心葉茶匙黃（原生種）
- *Argyreus hyperbius*　斐豹蛺蝶（黑端豹斑蝶）　食全株柔嫩組織

*Viola yedoensis* Makino　野路菫（原生種）
- *Argyreus hyperbius*　斐豹蛺蝶（黑端豹斑蝶）　食全株柔嫩組織

*Viola* × *wittrockiana* Gams.　三色菫（栽培種）
- *Argyreus hyperbius*　斐豹蛺蝶（黑端豹斑蝶）　食全株柔嫩組織

*Viola odorata* L.　香菫菜（栽培種）
- *Argyreus hyperbius*　斐豹蛺蝶（黑端豹斑蝶）　食全株柔嫩組織

*Viola hederacea* Labill.　腎葉菫（栽培種）
- *Argyreus hyperbius*　斐豹蛺蝶（黑端豹斑蝶）　食全株柔嫩組織

**Zygophyllaceae**　蒺藜科
*Tribulus taiwanense* T. C. Huang & T. H. Hsieh　台灣蒺藜（台灣特有種）
- *Zizeeria karsandra*　莧藍灰蝶（台灣小灰蝶）　食新芽與新葉、未熟果

*Tribulus terrestris* L.　蒺藜（原生種）
- *Zizeeria karsandra*　莧藍灰蝶（台灣小灰蝶）　食新芽與新葉、未熟果

## 3. MONOCOTYLEDONS 單子葉植物
**Cyperaceae**　莎草科
*Carex baccans* Nees　紅果薹（原生種）
- *Lethe butleri periscelis*　巴氏黛眼蝶（台灣黑蔭蝶）　食葉片

**Dioscoreaceae**　薯蕷科
*Dioscorea alata* L.　大薯（田薯）（栽培種）
- *Daimio tethys niitakana*　玉帶弄蝶　食葉片
- *Tagiades cohaerens*　白裙弄蝶　食葉片
- *Tagiades trebellius martinus*　熱帶白裙弄蝶（蘭嶼白裙弄蝶）　食葉片

*Dioscorea collettii* Hook. f.　華南薯蕷（原生種）
- *Daimio tethys niitakana*　玉帶弄蝶　食葉片
- *Tagiades cohaerens*　白裙弄蝶　食葉片
- *Tagiades trebellius martinus*　熱帶白裙弄蝶（蘭嶼白裙弄蝶）　食葉片

*Dioscorea doryphora* Hance　戟葉田薯（恆春山藥）（台灣特有種）
- *Daimio tethys niitakana*　玉帶弄蝶　食葉片
- *Tagiades cohaerens*　白裙弄蝶　食葉片
- *Tagiades rebellius martinus*　熱帶白裙弄蝶（蘭嶼白裙弄蝶）　食葉片

*Dioscorea japonica* Thunb.　日本薯蕷（山薯）（原生種）
- *Daimio tethys niitakana*　玉帶弄蝶　食葉片
- *Tagiades cohaerens*　白裙弄蝶　食葉片
- *Tagiades rebellius martinus*　熱帶白裙弄蝶（蘭嶼白裙弄蝶）　食葉片

*Dioscorea japonica* Thunb. var. *pseudojaponica* (Hayata) Yamam.　基隆野山藥（原生種）
- *Daimio tethys niitakana*　玉帶弄蝶　食葉片
- *Tagiades cohaerens*　白裙弄蝶　食葉片
- *Tagiades rebellius martinus*　熱帶白裙弄蝶（蘭嶼白裙弄蝶）　食葉片

*Dioscorea cirrhosa* Lour.　裡白葉薯榔（原生種）
- *Daimio tethys niitakana*　玉帶弄蝶　食葉片
- *Tagiades cohaerens*　白裙弄蝶　食葉片
- *Tagiades rebellius martinus*　熱帶白裙弄蝶（蘭嶼白裙弄蝶）　食葉片

**Gramineae**　禾本科
*Arundo donax* L.　蘆竹（原生種）
- *Polytremis eltola tappana*　啐紋孔弄蝶（達邦褐弄蝶）　食葉片

*Arundo formosana* Hack.　台灣蘆竹（原生種）
- *Aeromachus inachus formosana*　弧弄蝶（星褐弄蝶）　食葉片
- *Caltoris cahira austeni*　黯弄蝶（黑紋弄蝶）　食葉片
- *Isoteinon lamprospilus formosanus*　白斑弄蝶（狹翅弄蝶）　食葉片
- *Melanitis phedima polishana*　森林暮眼蝶（黑樹蔭蝶）　食葉片
- *Polytremis eltola tappana*　啐紋孔弄蝶（達邦褐弄蝶）　食葉片
- *Telicota colon hayashikeii*　熱帶橙斑弄蝶（熱帶紅弄蝶）　食葉片

*Brachiaria mutica* (Forssk.) Stapf　巴拉草（歸化種）
- *Borbo cinnara*　禾弄蝶（台灣單帶弄蝶）　食葉片
- *Melanitis leda*　暮眼蝶（樹蔭蝶）　食葉片
- *Pelopidas agna*　尖翅褐弄蝶　食葉片
- *Ypthima baldus zodina*　小波眼蝶（小波紋蛇目蝶）　食葉片
- *Ypthima wenlungi*　文龍波眼蝶　食葉片

*Brachypodium kawakamii* Hayata　川上氏短柄草（台灣特有種）
- *Minois nagasawae*　永澤蛇眼蝶（永澤蛇目蝶）　食葉片
- *Ochlodes niitakanus*　台灣赭弄蝶（玉山黃斑弄蝶）　食葉片
- *Ochlodes bouddha yuckingkinus*　菩提赭弄蝶（雪山黃斑弄蝶）　食葉片
- *Ypthima akragas*　白帶波眼蝶（台灣小波紋蛇目蝶）　食葉片
- *Ypthima conjuncta yamanakai*　白漪波眼蝶（山中波紋蛇目蝶）　食葉片
- *Ypthima esakii*　江崎波眼蝶（江崎波紋蛇目蝶）　食葉片
- *Ypthima formosana*　寶島波眼蝶（大波紋蛇目蝶）　食葉片
- *Ypthima okurai*　大藏波眼蝶（大藏波紋蛇目蝶）　食葉片
- *Ypthima praenubila kanonis*　巨波眼蝶&北台灣亞種（鹿野波紋蛇目蝶）　食葉片
- *Ypthima praenubila neobilia*　巨波眼蝶&中台灣亞種（鹿野波紋蛇目蝶）　食葉片
- *Ypthima tappana*　達邦波眼蝶（達邦波紋蛇目蝶）　食葉片

*Cenchrus echinatus* L.　蒺藜草（歸化種）
- *Borbo cinnara*　禾弄蝶（台灣單帶弄蝶）　食葉片

*Cyrtococcum accrescens* (Trin.) Stapf　散穗弓果黍（原生種）
- *Lethe verma cintamani*　玉帶黛眼蝶（白帶黑蔭蝶）　食葉片

*Cyrtococcum patens* (L.) A. Camus　弓果黍（原生種）
- *Ypthima formosana*　寶島波眼蝶（大波紋蛇目蝶）　食葉片
- *Ypthima baldus zodina*　小波眼蝶（小波紋蛇目蝶）　食葉片

*Digitaria ciliaris* (Retz.) Koeler.　升馬唐（原生種）
- *Borbo cinnara*　禾弄蝶（台灣單帶弄蝶）　食葉片

*Digitaria fauriei* Ohwi　佛歐里馬唐（台灣特有種）
- *Borbo cinnara*　禾弄蝶（台灣單帶弄蝶）　食葉片

*Digitaria henryi* Rendle　亨利馬唐（原生種）
- *Borbo cinnara*　禾弄蝶（台灣單帶弄蝶）　食葉片

*Digitaria heterantha* (Hook. f.) Merr.　粗穗馬唐（原生種）
- *Borbo cinnara*　禾弄蝶（台灣單帶弄蝶）　食葉片

*Digitaria ischaemum* (Schreb.) Schreb. *ex* Muhl.　止血馬唐（原生種）
- *Borbo cinnara*　禾弄蝶（台灣單帶弄蝶）　食葉片

*Digitaria leptalea* Ohwi var. *reticulmis* Ohwi　叢立馬唐（原生種）
- *Borbo cinnara*　禾弄蝶（台灣單帶弄蝶）　食葉片

*Digitaria magna* (Honda) Tuyama　大絨馬唐（台灣特有種）
- *Borbo cinnara*　禾弄蝶（台灣單帶弄蝶）　食葉片

*Digitaria mollicoma* (Kunth) Henrard　絨馬唐（台灣特有種）
- *Borbo cinnara*　禾弄蝶（台灣單帶弄蝶）　食葉片

*Digitaria radicosa* (J. Presl) Miq.　小馬唐（原生種）
- *Borbo cinnara*　禾弄蝶（台灣單帶弄蝶）　食葉片
- *Mycalesis zonata*　切翅眉眼蝶（切翅單環蝶）　食葉片
- *Parnara bada*　小稻弄蝶（姬單帶弄蝶）　食葉片
- *Ypthima baldus zodina*　小波眼蝶（小波紋蛇目蝶）　食葉片
- *Ypthima formosana*　寶島波眼蝶（大波紋蛇目蝶）　食葉片

*Digitaria radicosa* (J. Presl) Miq. var. *hirsuta* (Ohwi) C. C. Hsu　毛馬唐（原生種）
- *Borbo cinnara*　禾弄蝶（台灣單帶弄蝶）　食葉片
- *Potanthus confucius angustatus*　黃斑弄蝶（台灣黃斑弄蝶）　食葉片

- *Potanthus motzui*　墨子黃斑弄蝶（細帶黃斑弄蝶）　食葉片

*Digitaria sanguinalis* (L.) Scop.　馬唐（歸化種）
- *Borbo cinnara*　禾弄蝶（台灣單帶弄蝶）　食葉片
- *Mycalesis zonata*　切翅眉眼蝶（切翅單環蝶）　食葉片
- *Parnara bada*　小稻弄蝶（姬單帶弄蝶）　食葉片
- *Potanthus confucius angustatus*　黃斑弄蝶（台灣黃斑弄蝶）　食葉片
- *Ypthima baldus zodina*　小波眼蝶（小波紋蛇目蝶）　食葉片
- *Ypthima formosana*　寶島波眼蝶（大波紋蛇目蝶）　食葉片

*Digitaria sericea* (Honda) Honda　絹毛馬唐（台灣特有種）
- *Borbo cinnara*　禾弄蝶（台灣單帶弄蝶）　食葉片

*Digitaria setigera* Roth　短穎馬唐（原生種）
- *Borbo cinnara*　禾弄蝶（台灣單帶弄蝶）　食葉片
- *Mycalesis zonata*　切翅眉眼蝶（切翅單環蝶）　食葉片
- *Parnara bada*　小稻弄蝶（姬單帶弄蝶）　食葉片
- *Ypthima baldus zodina*　小波眼蝶（小波紋蛇目蝶）　食葉片
- *Ypthima formosana*　寶島波眼蝶（大波紋蛇目蝶）　食葉片

*Digitaria violascens* Link　紫果馬唐（原生種）
- *Borbo cinnara*　禾弄蝶（台灣單帶弄蝶）　食葉片
- *Mycalesis zonata*　切翅眉眼蝶（切翅單環蝶）　食葉片
- *Parnara bada*　小稻弄蝶（姬單帶弄蝶）　食葉片
- *Ypthima baldus zodina*　小波眼蝶（小波紋蛇目蝶）　食葉片
- *Ypthima formosana*　寶島波眼蝶（大波紋蛇目蝶）　食葉片

*Echinochloa crus-galli* (L.) P. Beauv.　稗（原生種，水生植物）
- *Borbo cinnara*　禾弄蝶（台灣單帶弄蝶）　食葉片
- *Pelopidas agna*　尖翅褐弄蝶　食葉片
- *Parnara bada*　小稻弄蝶（姬單帶弄蝶）　食葉片
- *Parnara guttata*　稻弄蝶（單帶弄蝶）　食葉片

*Eleusine indica* (L.) Gaertn.　牛筋草（原生種）
- *Borbo cinnara*　禾弄蝶（台灣單帶弄蝶）　食葉片
- *Parnara bada*　小稻弄蝶（姬單帶弄蝶）　食葉片
- *Pelopidas mathias oberthueri*　褐弄蝶　食葉片

*Hygroryza aristata* (Retz.) Nees *ex* Wight & Arn.　水禾（原生種，水生植物）
- *Borbo cinnara*　禾弄蝶（台灣單帶弄蝶）　食葉片

*Imperata cylindrica* (L.) P. Beauv. var. *major* (Nees) C. E. Hubb. *ex* Hubb. & Vaughan　白茅（原生種）
- *Isoteinon lamprospilus formosanus*　白斑弄蝶（狹翅弄蝶）　食葉片
- *Mycalesis francisca formosana*　眉眼蝶（小蛇目蝶）　食葉片
- *Potanthus confucius angustatus*　黃斑弄蝶（台灣黃斑弄蝶）　食葉片

*Isachne globosa* (Thunb.) Kuntze　柳葉箬（原生種）
- *Borbo cinnara*　禾弄蝶（台灣單帶弄蝶）　食葉片
- *Melanitis leda*　暮眼蝶（樹蔭蝶）　食葉片
- *Melanitis phedima polishana*　森林暮眼蝶（黑樹蔭蝶）　食葉片
- *Mycalesis francisca formosana*　眉眼蝶（小蛇目蝶）　食葉片
- *Mycalesis zonata*　切翅眉眼蝶（切翅單環蝶）　食葉片
- *Polytremis eltola tappana*　啐紋孔弄蝶（達邦褐弄蝶）　食葉片
- *Potanthus confucius angustatus*　黃斑弄蝶（台灣黃斑弄蝶）　食葉片
- *Parnara guttata*　稻弄蝶（單帶弄蝶）　食葉片
- *Ypthima baldus zodina*　小波眼蝶（小波紋蛇目蝶）　食葉片
- *Ypthima formosana*　寶島波眼蝶（大波紋蛇目蝶）　食葉片
- *Ypthima multistriata*　密紋波眼蝶（台灣波紋蛇目蝶）　食葉片
- *Ypthima wenlungi*　文龍波眼蝶　食葉片

**Ischaemum crassipes (Steud.) Thell.  鴨嘴草（原生種）**
- *Pelopidas agna*  尖翅褐弄蝶  食葉片

**Ischaemum indicum (Houtt.) Merr.  印度鴨嘴草（原生種）**
- *Pelopidas agna*  尖翅褐弄蝶  食葉片
- *Potanthus confucius angustatus*  黃斑弄蝶（台灣黃斑弄蝶）  食葉片
- *Pseudoborbo bevani*  假禾弄蝶（小紋褐弄蝶）  食葉片

**Leersia hexandra Sw.  李氏禾（原生種，水生植物）**
- *Ampittia dioscorides etura*  小黃星弄蝶（小黃斑弄蝶）  食葉片
- *Borbo cinnara*  禾弄蝶（台灣單帶弄蝶）  食葉片
- *Lethe rohria daemoniaca*  波紋黛眼蝶（波紋玉帶蔭蝶）  食葉片
- *Melanitis leda*  暮眼蝶（樹蔭蝶）  食葉片
- *Melanitis phedima polishana*  森林暮眼蝶（黑樹蔭蝶）  食葉片
- *Parnara bada*  小稻弄蝶（姬單帶弄蝶）  食葉片
- *Ypthima formosana*  寶島波眼蝶（大波紋蛇目蝶）  食葉片
- *Ypthima multistriata*  密紋波眼蝶（台灣波紋蛇目蝶）  食葉片

**Microstegium ciliatum (Trin.) A. Camus  剛莠竹（原生種）**
- *Caltoris cahira austeni*  黯弄蝶（黑紋弄蝶）  食葉片
- *Potanthus motzui*  墨子黃斑弄蝶（細帶黃斑弄蝶）  食葉片
- *Pseudoborbo bevani*  假禾弄蝶（小紋褐弄蝶）  食葉片
- *Ypthima formosana*  寶島波眼蝶（大波紋蛇目蝶）  食葉片
- *Ypthima tappana*  達邦波眼蝶（達邦波紋蛇目蝶）  食葉片
- *Ypthima multistriata*  密紋波眼蝶（台灣波紋蛇目蝶）  食葉片
- *Ypthima baldus zodina*  小波眼蝶（小波紋蛇目蝶）  食葉片

**Microstegium geniculatum (Hayata) Honda  曲膝莠竹（台灣特有種）**
- *Ochlodes niitakanus*  台灣赭弄蝶（玉山黃斑弄蝶）  食葉片

**Miscanthus floridulus (Labill.) Warb. ex Schum. & Laut.  五節芒（原生種）**
- *Ampittia virgata myakei*  黃星弄蝶（狹翅黃星弄蝶）  食葉片
- *Isoteinon lamprospilus formosanus*  白斑弄蝶（狹翅弄蝶）  食葉片
- *Lethe chandica ratnacri*  曲紋黛眼蝶（雌褐蔭蝶）  食葉片
- *Lethe rohria daemoniaca*  波紋黛眼蝶（波紋玉帶蔭蝶）  食葉片
- *Mycalesis gotama nanda*  稻眉眼蝶（姬蛇目蝶）  食葉片
- *Neope bremeri taiwana*  布氏蔭眼蝶（台灣黃斑蔭蝶）  食葉片
- *Pelopidas agna*  尖翅褐弄蝶  食葉片
- *Pelopidas conjuncta*  巨褐弄蝶（台灣大褐弄蝶）  食葉片
- *Polytremis lubricans kuyaniana*  黃紋孔弄蝶（黃紋褐弄蝶）  食葉片
- *Potanthus confucius angustatus*  黃斑弄蝶（台灣黃斑弄蝶）  食葉片
- *Potanthus motzui*  墨子黃斑弄蝶（細帶黃斑弄蝶）  食葉片
- *Stichophthalma howqua formosana*  箭環蝶（環紋蝶）  食葉片
- *Telicota colon hayashikeii*  熱帶橙斑弄蝶（熱帶紅弄蝶）  食葉片
- *Ypthima formosana*  寶島波眼蝶（大波紋蛇目蝶）  食葉片

**Miscanthus sinensis Anders. var. sinensis  芒（原生種）**
- *Ampittia virgata myakei*  黃星弄蝶（狹翅黃星弄蝶）  食葉片
- *Borbo cinnara*  禾弄蝶（台灣單帶弄蝶）  食葉片
- *Isoteinon lamprospilus formosanus*  白斑弄蝶（狹翅弄蝶）  食葉片
- *Lethe chandica ratnacri*  曲紋黛眼蝶（雌褐蔭蝶）  食葉片
- *Lethe mataja*  台灣黛眼蝶（大玉帶黑蔭蝶）  食葉片
- *Lethe rohria daemoniaca*  波紋黛眼蝶（波紋玉帶蔭蝶）  食葉片
- *Melanitis phedima polishana*  森林暮眼蝶（黑樹蔭蝶）  食葉片
- *Mycalesis francisca formosana*  眉眼蝶（小蛇目蝶）  食葉片

**Neope bremeri taiwana**  布氏蔭眼蝶（台灣黃斑蔭蝶）  食葉片
- *Neope armandii lacticolora*  白斑蔭眼蝶（白色黃斑蔭蝶）  食葉片
- *Parnara kiraizana*  奇萊孔弄蝶（奇萊褐弄蝶）  食葉片
- *Pelopidas sinensis*  中華褐弄蝶  食葉片
- *Pelopidas mathias oberthueri*  褐弄蝶  食葉片
- *Pelopidas conjuncta*  巨褐弄蝶（台灣大褐弄蝶）  食葉片
- *Polytremis theca asahinai*  短紋孔弄蝶（大褐弄蝶）  食葉片
- *Polytremis lubricans kuyaniana*  黃紋孔弄蝶（黃紋褐弄蝶）  食葉片
- *Potanthus confucius angustatus*  黃斑弄蝶（台灣黃斑弄蝶）  食葉片
- *Pseudoborbo bevani*  假禾弄蝶（小紋褐弄蝶）  食葉片
- *Stichophthalma howqua formosana*  箭環蝶（環紋蝶）  食葉片
- *Ypthima praenubila kanonis*  巨波眼蝶&北台灣亞種（鹿野波紋蛇目蝶）  食葉片
- *Zophoessa dura neoclides*  大幽眼蝶（白尾黑蔭蝶）  食葉片

**Miscanthus sinensis Anders. var. formosanus Hack.  台灣芒（原生種）**
- *Ampittia virgata myakei*  黃星弄蝶（狹翅黃星弄蝶）  食葉片
- *Isoteinon lamprospilus formosanus*  白斑弄蝶（狹翅弄蝶）  食葉片
- *Pelopidas sinensis*  中華褐弄蝶  食葉片

**Miscanthus sinensis Anders. var. glaber (Nakai) Lee  白背芒（原生種）**
- *Ampittia virgata myakei*  黃星弄蝶（狹翅黃星弄蝶）  食葉片
- *Lethe mataja*  台灣黛眼蝶（大玉帶黑蔭蝶）  食葉片
- *Lethe chandica ratnacri*  曲紋黛眼蝶（雌褐蔭蝶）  食葉片
- *Isoteinon lamprospilus formosanus*  白斑弄蝶（狹翅弄蝶）  食葉片
- *Melanitis phedima polishana*  森林暮眼蝶（黑樹蔭蝶）食葉片
- *Mycalesis gotama nanda*  稻眉眼蝶（姬蛇目蝶）  食葉片
- *Neope bremeri taiwana*  布氏蔭眼蝶（台灣黃斑蔭蝶）  食葉片
- *Pelopidas agna*  尖翅褐弄蝶  食葉片
- *Pelopidas conjuncta*  巨褐弄蝶（台灣大褐弄蝶）  食葉片
- *Polytremis lubricans kuyaniana*  黃紋孔弄蝶（黃紋褐弄蝶）  食葉片
- *Potanthus confucius angustatus*  黃斑弄蝶（台灣黃斑弄蝶）  食葉片
- *Ypthima multistriata*  密紋波眼蝶（台灣波紋蛇目蝶）  食葉片
- *Zophoessa dura neoclides*  大幽眼蝶（白尾黑蔭蝶）  食葉片

**Oplismenus compositus (L.) P. Beauv.  竹葉草（原生種）**
- *Borbo cinnara*  禾弄蝶（台灣單帶弄蝶）  食葉片
- *Melanitis leda*  暮眼蝶（樹蔭蝶）  食葉片
- *Melanitis phedima polishana*  森林暮眼蝶（黑樹蔭蝶）  食葉片
- *Mycalesis zonata*  切翅眉眼蝶（切翅單環蝶）  食葉片
- *Mycalesis gotama nanda*  稻眉眼蝶（姬蛇目蝶）  食葉片
- *Mycalesis francisca formosana*  眉眼蝶（小蛇目蝶）  食葉片
- *Ypthima akragas*  白帶波眼蝶（台灣小波紋蛇目蝶）  食葉片
- *Ypthima baldus zodina*  小波眼蝶（小波紋蛇目蝶）  食葉片
- *Ypthima formosana*  寶島波眼蝶（大波紋蛇目蝶）  食葉片

**Oplismenus hirtellus (L.) P. Beauv.  求米草（原生種）**
- *Isoteinon lamprospilus formosanus*  白斑弄蝶（狹翅弄蝶）  食葉片
- *Mycalesis sangaica mara*  淺色眉眼蝶（單環蝶）  食葉片
- *Mycalesis suavolens kagina*  罕眉眼蝶（嘉義小蛇目蝶）  食葉片
- *Mycalesis zonata*  切翅眉眼蝶（切翅單環蝶）  食葉片

- *Palaeonympha opalina macrophthalmia*　古眼蝶（銀蛇目蝶）食葉片
- *Ypthima akragas*　白帶波眼蝶（台灣小波紋蛇目蝶）　食葉片
- *Ypthima angustipennis*　狹翅波眼蝶　食葉片
- *Ypthima baldus zodina*　小波眼蝶（小波紋蛇目蝶）　食葉片
- *Ypthima formosana*　寶島波眼蝶（大波紋蛇目蝶）　食葉片
- *Ypthima tappana*　達邦波眼蝶（達邦波紋蛇目蝶）　食葉片

**Oryza sativa** L.　稻（栽培種，水生植物）
- *Borbo cinnara*　禾弄蝶（台灣單帶弄蝶）　食葉片
- *Melanitis leda*　暮眼蝶（樹蔭蝶）　食葉片
- *Melanitis phedima polishana*　森林暮眼蝶（黑樹蔭蝶）食葉片
- *Parnara bada*　小稻弄蝶（姬單帶弄蝶）　食葉片
- *Parnara guttata*　稻弄蝶（單帶弄蝶）　食葉片
- *Pelopidas agna*　尖翅褐弄蝶　食葉片

**Panicum maximum** Jacq.　大黍（歸化種）
- *Borbo cinnara*　禾弄蝶（台灣單帶弄蝶）　食葉片
- *Isoteinon lamprospilus formosanus*　白斑弄蝶（狹翅弄蝶）食葉片
- *Melanitis leda*　暮眼蝶（樹蔭蝶）　食葉片
- *Melanitis phedima polishana*　森林暮眼蝶（黑樹蔭蝶）　食葉片
- *Mycalesis zonata*　切翅眉眼蝶（切翅單環蝶）　食葉片
- *Mycalesis gotama nanda*　稻眉眼蝶（姬蛇目蝶）　食葉片
- *Mycalesis perseus blasius*　曲斑眉眼蝶（無紋蛇目蝶）　食葉片
- *Pelopidas agna*　尖翅褐弄蝶　食葉片
- *Parnara bada*　小稻弄蝶（姬單帶弄蝶）　食葉片
- *Potanthus confucius angustatus*　黃斑弄蝶（台灣黃斑弄蝶）食葉片
- *Ypthima baldus zodina*　小波眼蝶（小波紋蛇目蝶）　食葉片
- *Ypthima formosana*　寶島波眼蝶（大波紋蛇目蝶）　食葉片
- *Ypthima wenlungi*　文龍波眼蝶　食葉片

**Panicum repens** L.　舖地黍（歸化種）
- *Borbo cinnara*　禾弄蝶（台灣單帶弄蝶）　食葉片
- *Parnara guttata*　稻弄蝶（單帶弄蝶）　食葉片
- *Telicota ohara formosana*　寬邊橙斑弄蝶（竹紅弄蝶）　食葉片

**Paspalum conjugatum** Bergius　兩耳草（原生種）
- *Borbo cinnara*　禾弄蝶（台灣單帶弄蝶）　食葉片
- *Melanitis leda*　暮眼蝶（樹蔭蝶）　食葉片
- *Melanitis phedima polishana*　森林暮眼蝶（黑樹蔭蝶）　食葉片
- *Mycalesis zonata*　切翅眉眼蝶（切翅單環蝶）　食葉片
- *Pelopidas agna*　尖翅褐弄蝶　食葉片
- *Potanthus confucius angustatus*　黃斑弄蝶（台灣黃斑弄蝶）食葉片
- *Ypthima baldus zodina*　小波眼蝶（小波紋蛇目蝶）　食葉片
- *Ypthima formosana*　寶島波眼蝶（大波紋蛇目蝶）　食葉片
- *Ypthima multistriata*　密紋波眼蝶（台灣波紋蛇目蝶）　食葉片
- *Ypthima wenlungi*　文龍波眼蝶　食葉片

**Paspalum distichum** L.　雙穗雀稗（原生種）
- *Borbo cinnara*　禾弄蝶（台灣單帶弄蝶）　食葉片

**Paspalum scrobiculatum** L.　鴨姆草（原生種）
- *Pelopidas agna*　尖翅褐弄蝶　食葉片

**Pennisetum polystachion** (L.) Schult.　牧地狼尾草（歸化種）
- *Borbo cinnara*　禾弄蝶（台灣單帶弄蝶）　食葉片

**Pennisetum purpureum** Schumach.　象草（歸化種）
- *Borbo cinnara*　禾弄蝶（台灣單帶弄蝶）　食葉片
- *Melanitis leda*　暮眼蝶（樹蔭蝶）　食葉片

- *Melanitis phedima polishana*　森林暮眼蝶（黑樹蔭蝶）食葉片
- *Parnara bada*　小稻弄蝶（姬單帶弄蝶）　食葉片
- *Pelopidas agna*　尖翅褐弄蝶　食葉片
- *Pelopidas conjuncta*　巨褐弄蝶（台灣大褐弄蝶）　食葉片
- *Pelopidas sinensis*　中華褐弄蝶　食葉片
- *Potanthus confucius angustatus*　黃斑弄蝶（台灣黃斑弄蝶）食葉片
- *Potanthus motzui*　墨子黃斑弄蝶（細帶黃斑弄蝶）　食葉片
- *Telicota colon hayashikeii*　熱帶橙斑弄蝶（熱帶紅弄蝶）食葉片
- *Telicota ohara formosana*　寬邊橙斑弄蝶（竹紅弄蝶）　食葉片

**Phragmites australis** (Cav.) Trin. *ex* Steud.　蘆葦（原生種，水生植物）
- *Telicota colon hayashikeii*　熱帶橙斑弄蝶（熱帶紅弄蝶）　食葉片

**Phragmites vallatoria** (L.) Veldkamp　開卡蘆（原生種，水生植物）
- *Caltoris bromus yanuca*　變紋黯弄蝶（無紋弄蝶）　食葉片
- *Lethe rohria daemoniaca*　波紋黛眼蝶（波紋玉帶蔭蝶）食葉片
- *Telicota colon hayashikeii*　熱帶橙斑弄蝶（熱帶紅弄蝶）食葉片

**Poa annua** L.　早熟禾（原生種）
- *Minois nagasawae*　永澤蛇眼蝶（永澤蛇目蝶）　食葉片
- *Ypthima akragas*　白帶波眼蝶（台灣小波紋蛇目蝶）　食葉片
- *Ypthima baldus zodina*　小波眼蝶（小波紋蛇目蝶）　食葉片
- *Ypthima esakii*　江崎波眼蝶（江崎波紋蛇目蝶）　食葉片
- *Ypthima okurai*　大藏波眼蝶（大藏波紋蛇目蝶）　食葉片

**Saccharum sinensis** Roxb.　甘蔗（栽培種）
- *Isoteinon lamprospilus formosanus*　白斑弄蝶（狹翅弄蝶）食葉片
- *Telicota colon hayashikeii*　熱帶橙斑弄蝶（熱帶紅弄蝶）食葉片

**Setaria palmifolia** (J. König.) Stapf　棕葉狗尾草（颱風草）（歸化種）
- *Borbo cinnara*　禾弄蝶（台灣單帶弄蝶）　食葉片
- *Melanitis leda*　暮眼蝶（樹蔭蝶）　食葉片
- *Melanitis phedima polishana*　森林暮眼蝶（黑樹蔭蝶）　食葉片
- *Mycalesis francisca formosana*　眉眼蝶（小蛇目蝶）　食葉片
- *Mycalesis gotama nanda*　稻眉眼蝶（姬蛇目蝶）　食葉片
- *Mycalesis sangaica mara*　淺色眉眼蝶（單環蝶）　食葉片
- *Mycalesis zonata*　切翅眉眼蝶（切翅單環蝶）　食葉片
- *Polytremis eltola tappana*　啐紋孔弄蝶（達邦褐弄蝶）食葉片
- *Potanthus confucius angustatus*　黃斑弄蝶（台灣黃斑弄蝶）食葉片
- *Potanthus motzui*　墨子黃斑弄蝶（細帶黃斑弄蝶）　食葉片
- *Telicota ohara formosana*　寬邊橙斑弄蝶（竹紅弄蝶）　食葉片
- *Ypthima baldus zodina*　小波眼蝶（小波紋蛇目蝶）　食葉片
- *Ypthima formosana*　寶島波眼蝶（大波紋蛇目蝶）　食葉片
- *Ypthima multistriata*　密紋波眼蝶（台灣波紋蛇目蝶）　食葉片

**Setaria verticillata** (L.) P. Beauv.　倒刺狗尾草（歸化種）
- *Borbo cinnara*　禾弄蝶（台灣單帶弄蝶）　食葉片
- *Parnara bada*　小稻弄蝶（姬單帶弄蝶）　食葉片

**Zea mays** L.　玉蜀黍（玉米）（栽培種）
- *Borbo cinnara*　禾弄蝶（台灣單帶弄蝶）　食葉片

**Zizania latifolia** (Griseb.) Turcz. *ex* Stapf　茭白筍（菰）（栽培種，水生植物）
- *Borbo cinnara*　禾弄蝶（台灣單帶弄蝶）　食葉片

- *Melanitis leda*　暮眼蝶（樹蔭蝶）　食幼葉片
- *Melanitis phedima polishana*　森林暮眼蝶（黑樹蔭蝶）　食葉片
- *Telicota colon hayashikeii*　熱帶橙斑弄蝶（熱帶紅弄蝶）　食葉片

**Bamboos　竹**

***Bambusa multiplex* (Lour.) Raeusch　蓬萊竹（原生種）**
- *Discophora sondaica tulliana*　方環蝶（鳳眼方環蝶）　食葉片
- *Penthema formosanum*　台灣斑眼蝶（白條斑蔭蝶）　食葉片

***Bambusa oldhamii* Munro　綠竹（栽培種）**
- *Discophora sondaica tulliana*　方環蝶（鳳眼方環蝶）　食葉片
- *Lethe chandica ratnacri*　曲紋黛眼蝶（雌褐蔭蝶）　食葉片
- *Lethe europa pavida*　長紋黛眼蝶（玉帶蔭蝶）　食葉片
- *Neope muirheadi nagasawae*　褐翅蔭眼蝶（永澤黃斑蔭蝶）　食葉片
- *Penthema formosanum*　台灣斑眼蝶（白條斑蔭蝶）　食葉片
- *Stichophthalma howqua formosana*　箭環蝶（環紋蝶）　食葉片
- *Telicota bambusae horisha*　竹橙斑弄蝶（埔里紅弄蝶）　食葉片

***Bambusa stenostachya* Hackel　刺竹（原生種）**
- *Discophora sondaica tulliana*　方環蝶（鳳眼方環蝶）　食葉片
- *Lethe europa pavida*　長紋黛眼蝶（玉帶蔭蝶）　食葉片
- *Neope muirheadi nagasawae*　褐翅蔭眼蝶（永澤黃斑蔭蝶）　食葉片
- *Penthema formosanum*　台灣斑眼蝶（白條斑蔭蝶）　食葉片
- *Telicota bambusae horisha*　竹橙斑弄蝶（埔里紅弄蝶）　食葉片

***Bambusa ventricosa* McClure　葫蘆竹（佛竹）（栽培種）**
- *Caltoris cahira austeni*　黯弄蝶（黑紋弄蝶）　食葉片
- *Discophora sondaica tulliana*　方環蝶（鳳眼方環蝶）　食葉片
- *Lethe europa pavida*　長紋黛眼蝶（玉帶蔭蝶）　食葉片
- *Neope muirheadi nagasawae*　褐翅蔭眼蝶（永澤黃斑蔭蝶）　食葉片
- *Penthema formosanum*　台灣斑眼蝶（白條斑蔭蝶）　食葉片
- *Telicota bambusae horisha*　竹橙斑弄蝶（埔里紅弄蝶）　食葉片

***Bambusa vulgaris* Schrad. *ex* Wendl. var. *striata* (Loddiges) Gamble　金絲竹（原生種）**
- *Discophora sondaica tulliana*　方環蝶（鳳眼方環蝶）　食葉片
- *Lethe europa pavida*　長紋黛眼蝶（玉帶蔭蝶）　食葉片
- *Neope muirheadi nagasawae*　褐翅蔭眼蝶（永澤黃斑蔭蝶）　食葉片
- *Penthema formosanum*　台灣斑眼蝶（白條斑蔭蝶）　食葉片
- *Telicota bambusae horisha*　竹橙斑弄蝶（埔里紅弄蝶）　食葉片

***Dendrocalamus latiflorus* Munro　麻竹（歸化種）**
- *Discophora sondaica tulliana*　方環蝶（鳳眼方環蝶）　食葉片
- *Lethe chandica ratnacri*　曲紋黛眼蝶（雌褐蔭蝶）　食葉片
- *Lethe europa pavida*　長紋黛眼蝶（玉帶蔭蝶）　食葉片
- *Neope muirheadi nagasawae*　褐翅蔭眼蝶（永澤黃斑蔭蝶）　食葉片
- *Penthema formosanum*　台灣斑眼蝶（白條斑蔭蝶）　食葉片
- *Stichophthalma howqua formosana*　箭環蝶（環紋蝶）　食葉片
- *Telicota bambusae horisha*　竹橙斑弄蝶（埔里紅弄蝶）食葉片

***Phyllostachys makinoi* Hayata　桂竹（台灣特有種）**
- *Discophora sondaica tulliana*　方環蝶（鳳眼方環蝶）　食葉片
- *Lethe bojonia*　大深山黛眼蝶（波氏蔭蝶）　食葉片
- *Lethe chandica ratnacri*　曲紋黛眼蝶（雌褐蔭蝶）　食葉片
- *Lethe europa pavida*　長紋黛眼蝶（玉帶蔭蝶）　食葉片
- *Lethe insana formosana*　深山黛眼蝶（深山玉帶蔭蝶）食葉片
- *Lethe mataja*　台灣黛眼蝶（大玉帶黑蔭蝶）　食葉片
- *Stichophthalma howqua formosana*　箭環蝶（環紋蝶）　食葉片
- *Neope bremeri taiwana*　布氏蔭眼蝶（台灣黃斑蔭蝶）　食葉片

- *Neope muirheadi nagasawae*　褐翅蔭眼蝶（永澤黃斑蔭蝶）　食葉片
- *Penthema formosanum*　台灣斑眼蝶（白條斑蔭蝶）　食葉片
- *Telicota bambusae horisha*　竹橙斑弄蝶（埔里紅弄蝶）　食葉片

***Phyllostachys pubescens* Mazel *ex* H. de Leh.　孟宗竹（歸化種）**
- *Lethe europa pavida*　長紋黛眼蝶（玉帶蔭蝶）　食葉片
- *Neope muirheadi nagasawae*　褐翅蔭眼蝶（永澤黃斑蔭蝶）　食葉片
- *Penthema formosanum*　台灣斑眼蝶（白條斑蔭蝶）　食葉片
- *Stichophthalma howqua formosana*　箭環蝶（環紋蝶）　食葉片
- *Telicota bambusae horisha*　竹橙斑弄蝶（埔里紅弄蝶）　食葉片

***Pseudosasa usawai* (Hayata) Makino & Nemoto　包籜箭竹（包籜矢竹）（台灣特有種）**
- *Lethe chandica ratnacri*　曲紋黛眼蝶（雌褐蔭蝶）　食葉片

***Sinobambusa kunishii* (Hayata) Nakai　台灣矢竹（台灣特有種）**
- *Lethe chandica ratnacri*　曲紋黛眼蝶（雌褐蔭蝶）　食葉片
- *Zophoessa dura neoclides*　大幽眼蝶（白尾黑蔭蝶）　食葉片

***Sinobambusa tootsik* (Makino) Makino　唐竹（栽培種）**
- *Caltoris cahira austeni*　黯弄蝶（黑紋弄蝶）　食葉片

***Yushania niitakayamensis* (Hayata) Keng f.　玉山箭竹（原生種）**
- *Caltoris cahira austeni*　黯弄蝶（黑紋弄蝶）　食葉片
- *Lethe chandica ratnacri*　曲紋黛眼蝶（雌褐蔭蝶）　食葉片
- *Lethe christophi hanako*　柯氏黛眼蝶（深山蔭蝶）　食葉片
- *Lethe insana formosana*　深山黛眼蝶（深山玉帶蔭蝶）　食葉片
- *Lethe mataja*　台灣黛眼蝶（大玉帶黑蔭蝶）　食葉片
- *Lethe gemina zaitha*　攣斑黛眼蝶（阿里山褐蔭蝶）　食葉片
- *Neope bremeri taiwana*　布氏蔭眼蝶（台灣黃斑蔭蝶）　食葉片
- *Neope pulaha didia*　黃斑蔭眼蝶（阿里山黃斑蔭蝶）　食葉片
- *Zophoessa dura neoclides*　大幽眼蝶（白尾黑蔭蝶）　食葉片
- *Zophoessa niitakana*　玉山幽眼蝶（玉山蔭蝶）　食葉片
- *Zophoessa siderea kanoi*　圓翅幽眼蝶（鹿野黑蔭蝶）　食葉片

**Hypoxidaceae　仙茅科**
***Curculigo capitulata* (Lour.) Kuntze　船子草（船仔草）（原生種）**
- *Faunis eumeus eumeus*　串珠環蝶　食葉片

**Liliaceae　百合科**
***Tricyrtis formosana* Baker　台灣油點草（台灣特有種）**
- *Kaniska canace drilon*　琉璃蛺蝶　食葉片&少見食用

**Musaceae　芭蕉科**
***Musa* × *sapientum* L.　烹調蕉（栽培種）**
- *Erionota torus*　蕉弄蝶（香蕉弄蝶）　食葉片

***Musa basjoo* Sieb. var. *basjoo*　日本香蕉（粉蕉）（栽培種）**
- *Erionota torus*　蕉弄蝶（香蕉弄蝶）　食葉片

***Musa basjoo* Sieb. var. *formosana* (Warb.) S. S. Ying　台灣芭蕉（台灣特有變種）**
- *Erionota torus*　蕉弄蝶（香蕉弄蝶）　食葉片

***Musa insularimontana* Hayata　蘭嶼芭蕉（台灣特有種）**
- *Erionota torus*　蕉弄蝶（香蕉弄蝶）　食葉片

***Musa sapientum* L.　香蕉（栽培種）**
- *Erionota torus*　蕉弄蝶（香蕉弄蝶）　食葉片

Orchidaceae　蘭科
*Dendrobium moniliforme* (L.) Sw.　石斛（原生種）
· *Hypolycaena kina inari*　蘭灰蝶（雙尾琉璃小灰蝶）
　食花、花序與葉之柔軟組織

*Papilionanthe teres* (Roxb.) Schltr.　尖葉萬代蘭（原生種）
· *Hypolycaena kina inari*　蘭灰蝶（雙尾琉璃小灰蝶）
　食花、花序與葉之柔軟組織

*Liparis elliptica* Wight　扁球羊耳蒜（原生種）
· *Hypolycaena kina inari*　蘭灰蝶（雙尾琉璃小灰蝶）
　食花、花序與葉之柔軟組織

*Liparis nakaharae* Hayata
長葉羊耳蒜（虎頭石）（台灣特有種）
· *Hypolycaena kina inari*　蘭灰蝶（雙尾琉璃小灰蝶）
　食花、花序與葉之柔軟組織

*Phalaenopsis celebensis* H. R. Sweet　蝴蝶蘭（栽培種）
· *Hypolycaena kina inari*　蘭灰蝶（雙尾琉璃小灰蝶）
　食花、花序與葉之柔軟組織

*Thrixspermum formosanum* (Hayata) Schltr.
台灣風蘭（原生種）
· *Hypolycaena kina inari*　蘭灰蝶（雙尾琉璃小灰蝶）
　食花、花序與葉之柔軟組織

Palmae　棕櫚科
*Areca catechu* L.　檳榔（栽培種）
· *Elymnias hypermnestra hainana*　藍紋鋸眼蝶（紫蛇目蝶）
　食葉片
· *Suastus gremius*　黑星弄蝶　食葉片

*Arenga tremula* (Blanco) Becc.　山棕（原生種）
· *Elymnias hypermnestra hainana*　藍紋鋸眼蝶（紫蛇目蝶）
　食葉片
· *Faunis eumeus eumeus*　串珠環蝶　食葉片
· *Suastus gremius*　黑星弄蝶　食葉片

*Calamus quiquesetinervius* Burret　黃藤（台灣特有種）
· *Elymnias hypermnestra hainana*　藍紋鋸眼蝶（紫蛇目蝶）
　食葉片
· *Suastus gremius*　黑星弄蝶　食葉片

*Caryota mitis* Lour.　叢立孔雀椰子（酒椰子）（栽培種）
· *Suastus gremius*　黑星弄蝶　食葉片

*Caryota urens* L.　孔雀椰子（栽培種）
· *Suastus gremius*　黑星弄蝶　食葉片

*Chrysalidocarpus lutescens* Wendl.　黃椰子（栽培種）
· *Elymnias hypermnestra hainana*　藍紋鋸眼蝶（紫蛇目蝶）
　食葉片
· *Faunis eumeus eumeus*　串珠環蝶　食葉片
· *Suastus gremius*　黑星弄蝶　食葉片

*Cocos nucifera* L.　可可椰子（椰子）（栽培種）
· *Elymnias hypermnestra hainana*　藍紋鋸眼蝶（紫蛇目蝶）
　食葉片

*Hyophorbe lagenicaulis* (Bailey) H.E. Moore
酒瓶椰子（栽培種）
· *Elymnias hypermnestra hainana*　藍紋鋸眼蝶（紫蛇目蝶）
　食葉片
· *Suastus gremius*　黑星弄蝶　食葉片

*Hyophorbe verschaffelti* Wendl.　棍棒椰子（栽培種）
· *Elymnias hypermnestra hainana*　藍紋鋸眼蝶（紫蛇目蝶）
　食葉片
· *Suastus gremius*　黑星弄蝶　食葉片

*Livistona chinensis* R. Br. var. *subglobosa* (Mart.) Becc.
蒲葵（原生種）
· *Elymnias hypermnestra hainana*　藍紋鋸眼蝶（紫蛇目蝶）
　食葉片
· *Suastus gremius*　黑星弄蝶　食葉片

*Livistona rotundifolia* (Lam.) Mart.　圓葉蒲葵（栽培種）
· *Elymnias hypermnestra hainana*　藍紋鋸眼蝶（紫蛇目蝶）
　食葉片
· *Suastus gremius*　黑星弄蝶　食葉片

*Phoenix canariensis* Chaub.　加拿列海棗（栽培種）
· *Suastus gremius*　黑星弄蝶　食葉片

*Phoenix dactylifera* Linn.　海棗（栽培種）
· *Elymnias hypermnestra hainana*　藍紋鋸眼蝶（紫蛇目蝶）
　食葉片
· *Suastus gremius*　黑星弄蝶　食葉片

*Phoenix hanceana* Naudin　台灣海棗（原生種）
· *Elymnias hypermnestra hainana*　藍紋鋸眼蝶（紫蛇目蝶）
　食葉片
· *Faunis eumeus eumeus*　串珠環蝶　食葉片
· *Suastus gremius*　黑星弄蝶　食葉片

*Phoenix roebelinii* O' Brien　羅比親王海棗（栽培種）
· *Elymnias hypermnestra hainana*　藍紋鋸眼蝶（紫蛇目蝶）
　食葉片
· *Suastus gremius*　黑星弄蝶　食葉片

*Ptychosperma angustifolium* Blume　射葉椰子（栽培種）
· *Elymnias hypermnestra hainana*　藍紋鋸眼蝶（紫蛇目蝶）
　食葉片

*Ptychosperma elegans* (R. Br.) Blume　海桃椰子（栽培種）
· *Elymnias hypermnestra hainana*　藍紋鋸眼蝶（紫蛇目蝶）
　食葉片

*Rhapis humilis* Blume　棕竹
· *Elymnias hypermnestra hainana*　藍紋鋸眼蝶（紫蛇目蝶）
　食葉片
· *Suastus gremius*　黑星弄蝶　食葉片

*Rhapis excelsa* (Thunb.) Henry *ex* Rehder　觀音棕竹（栽培種）
· *Elymnias hypermnestra hainana*　藍紋鋸眼蝶（紫蛇目蝶）
　食葉片
· *Faunis eumeus eumeus*　串珠環蝶　食葉片
· *Suastus gremius*　黑星弄蝶　食葉片

*Roystonea regia* (H. B. K.) O. F. Cook　大王椰子（栽培種）
· *Elymnias hypermnestra hainana*　藍紋鋸眼蝶（紫蛇目蝶）
　食葉片
· *Suastus gremius*　黑星弄蝶　食葉片

*Washingtonia filifera* (Lindl. *ex* Andre) Wendl.
華盛頓椰子（栽培種）
· *Suastus gremius*　黑星弄蝶　食葉片

*Washingtonia robusta* Wendl.　壯幹棕櫚（栽培種）
· *Suastus gremius*　黑星弄蝶　食葉片

**Smilacaceae 菝葜科**
*Heterosmilax japonica* Kunth
平柄土茯苓（平柄菝葜）（原生種）
· *Faunis eumeus eumeus*　串珠環蝶　食葉片

*Smilax bracteata* C. Presl　假菝葜（原生種）
· *Kaniska canace drilon*　琉璃蛺蝶　食新葉與成熟葉

*Smilax bracteata* C. Presl var. *verruculosa* (Merr.) T. Koyama
糙莖菝葜（原生種）
· *Kaniska canace drilon*　琉璃蛺蝶　食新葉與成熟葉

*Smilax china* L.　菝葜（原生種）
· *Faunis eumeus eumeus*　串珠環蝶　食葉片
· *Kaniska canace drilon*　琉璃蛺蝶　食新葉與成熟葉

*Smilax corbularia* Kunth　裡白菝葜（原生種）
· *Kaniska canace drilon*　琉璃蛺蝶　食新葉與成熟葉

*Smilax elongato-umbellata* Hayata　細葉菝葜（原生種）
· *Kaniska canace drilon*　琉璃蛺蝶　食新葉與成熟葉

*Smilax glabra* Wright　光滑菝葜（禹餘糧）（原生種）
· *Kaniska canace drilon*　琉璃蛺蝶　食新葉與成熟葉

*Smilax lanceifolia* Roxb.　台灣菝葜（台灣土茯苓）（原生種）
· *Faunis eumeus eumeus*　串珠環蝶　食葉片

*Smilax ocreata* A. DC.　耳葉菝葜（原生種）
· *Kaniska canace drilon*　琉璃蛺蝶　食新葉與成熟葉

*Smilax riparia* A. DC. 大武牛尾菜（烏蘇里山馬薯）（原生種）
· *Kaniska canace drilon*　琉璃蛺蝶　食新葉與成熟葉

**Zingiberaceae 薑科**
*Alpinia flabellata* Ridl.　呂宋月桃（原生種）
· *Notocrypta feisthamelii alinkara*
　連紋袖弄蝶＆菲律賓亞種（菲律賓連紋黑弄蝶）　食葉片

*Alpinia formosana* K. Schum.　台灣月桃（原生種）
· *Notocrypta curvifascia*　袖弄蝶（黑弄蝶）　食葉片
· *Udaspes folus*　薑弄蝶（大白紋弄蝶）　食葉片

*Alpinia* × *ilanensis* S.C.Liu & J. C.Wang
宜蘭月桃（台灣特有種）
· *Notocrypta curvifascia*　袖弄蝶（黑弄蝶）　食葉片
· *Udaspes folus*　薑弄蝶（大白紋弄蝶）　食葉片

*Alpinia japonica* (Thunb.) Miq.　日本月桃（山薑）（原生種）
· *Notocrypta arisana*　連紋袖弄蝶（阿里山黑弄蝶）　食葉片
· *Udaspes folus*　薑弄蝶（大白紋弄蝶）　食葉片

*Alpinia kusshakuensis* Hayata　屈尺月桃（台灣特有種）
· *Jamides alecto dromicus*　淡青雅波灰蝶（白波紋小灰蝶）
　食花苞與花序柔性組織
· *Notocrypta curvifascia*　袖弄蝶（黑弄蝶）　食葉片
· *Udaspes folus*　薑弄蝶（大白紋弄蝶）　食葉片

*Alpinia mesanthera* Hayata　角板山月桃（台灣特有種）
· *Jamides alecto dromicus*　淡青雅波灰蝶（白波紋小灰蝶）
　食花苞與花序柔性組織
· *Notocrypta curvifascia*　袖弄蝶（黑弄蝶）　食葉片
· *Udaspes folus*　薑弄蝶（大白紋弄蝶）　食葉片

*Alpinia nantoensis* F. Y. Lu & Y. W. Kuo
南投月桃（台灣特有種）
· *Jamides alecto dromicus*　淡青雅波灰蝶（白波紋小灰蝶）
　食花苞與花序柔性組織
· *Notocrypta curvifascia*　袖弄蝶（黑弄蝶）　食葉片
· *Udaspes folus*　薑弄蝶（大白紋弄蝶）　食葉片

*Alpinia oui* Y. H. Tseng & C. C. Wang, J. C. Wang & C. I. Peng
歐氏月桃（台灣特有種）
· *Jamides alecto dromicus*　淡青雅波灰蝶（白波紋小灰蝶）
　食花苞與花序柔性組織
· *Notocrypta curvifascia*　袖弄蝶（黑弄蝶）　食葉片
· *Udaspes folus*　薑弄蝶（大白紋弄蝶）　食葉片

*Alpinia pricei* Hayata　普萊氏月桃（台灣特有種）
· *Jamides alecto dromicus*　淡青雅波灰蝶（白波紋小灰蝶）
　食花苞與花序柔性組織
· *Notocrypta curvifascia*　袖弄蝶（黑弄蝶）　食葉片
· *Udaspes folus*　薑弄蝶（大白紋弄蝶）　食葉片

*Alpinia pricei* Hayata var. *sessiliflora* (kitam.) J. J. Yang & J. C.
Wang　阿里山月桃（台灣特有變種）
· *Notocrypta curvifascia*　袖弄蝶（黑弄蝶）　食葉片
· *Udaspes folus*　薑弄蝶（大白紋弄蝶）　食葉片

*Alpinia shimadae* Hayata　島田氏月桃（台灣特有種）
· *Jamides alecto dromicus*　淡青雅波灰蝶（白波紋小灰蝶）
　食花苞與花序柔性組織
· *Notocrypta curvifascia*　袖弄蝶（黑弄蝶）　食葉片
· *Udaspes folus*　薑弄蝶（大白紋弄蝶）　食葉片

*Alpinia shimadae* Hayata var. *kawakamii* (Hayata) J. J. Yang & J.
C. Wang　川上氏月桃（台灣特有變種）
· *Jamides alecto dromicus*　淡青雅波灰蝶（白波紋小灰蝶）
　食花苞與花序柔性組織
· *Notocrypta curvifascia*　袖弄蝶（黑弄蝶）　食葉片
· *Udaspes folus*　薑弄蝶（大白紋弄蝶）　食葉片

*Alpinia tonrokuensis* Hayata　屯鹿月桃（台灣特有種）
· *Jamides alecto dromicus*　淡青雅波灰蝶（白波紋小灰蝶）
　食花苞與花序柔性組織
· *Notocrypta curvifascia*　袖弄蝶（黑弄蝶）　食葉片
· *Udaspes folus*　薑弄蝶（大白紋弄蝶）　食葉片

*Alpinia uraiensis* Hayata　烏來月桃（台灣特有種）
· *Notocrypta curvifascia*　袖弄蝶（黑弄蝶）　食葉片
· *Udaspes folus*　薑弄蝶（大白紋弄蝶）　食葉片

*Alpinia intermedia* var. *oblongifolia* (Hayata) F. Y. Lu & Y. W.
Kuocomb.　橢圓葉月桃（台灣特有變種）
· *Notocrypta curvifascia*　袖弄蝶（黑弄蝶）　食葉片
· *Udaspes folus*　薑弄蝶（大白紋弄蝶）　食葉片

*Alpinia zerumbet* (Pers.) B. L. Burtt & R. M. Sm.
月桃（原生種）
· *Jamides alecto dromicus*　淡青雅波灰蝶（白波紋小灰蝶）
　食花苞與花序柔性組織
· *Notocrypta curvifascia*　袖弄蝶（黑弄蝶）　食葉片
· *Udaspes folus*　薑弄蝶（大白紋弄蝶）　食葉片

*Alpinia koshunensis* Hayata　恆春月桃（台灣特有種）
・*Jamides alecto dromicus*　淡青雅波灰蝶（白波紋小灰蝶）
食花苞與花序柔性組織
・*Notocrypta curvifascia*　袖弄蝶（黑弄蝶）　食葉片
・*Udaspes folus*　薑弄蝶（大白紋弄蝶）　食葉片

*Curcuma domestica* Valet　薑黃（鬱金、乙金）（栽培種）
・*Notocrypta curvifascia*　袖弄蝶（黑弄蝶）　食葉片
・*Udaspes folus*　薑弄蝶（大白紋弄蝶）　食葉片

*Hedychium coronarium* Koenig　野薑花（穗花山奈）
（歸化種，水生植物）
・*Jamides alecto dromicus*　淡青雅波灰蝶（白波紋小灰蝶）
食花苞與花序柔性組織
・*Mycalesis kagina*　嘉義眉眼蝶　食葉片
・*Notocrypta curvifascia*　袖弄蝶（黑弄蝶）　食葉片
・*Udaspes folus*　薑弄蝶（大白紋弄蝶）　食葉片

*Zingiber kawagoii* Hayata　三奈（台灣特有種）
・*Mycalesis kagina*　嘉義眉眼蝶　食葉片
・*Notocrypta curvifascia*　袖弄蝶（黑弄蝶）　食葉片

*Zingiber oligophyllum* K. Schum.　少葉薑
・*Mycalesis kagina*　嘉義眉眼蝶　食葉片

*Zingiber shuanglongensis* C. L. Yeh & S. W. Chung　雙龍薑
・*Mycalesis kagina*　嘉義眉眼蝶　食葉片

*Zingiber zerumbet* (L.) Roscoe & Sm.　薑花（球薑）（栽培種）
・*Jamides alecto dromicus*　淡青雅波灰蝶（白波紋小灰蝶）
食花苞與花序柔性組織
・*Mycalesis kagina*　嘉義眉眼蝶　食葉片
・*Notocrypta curvifascia*　袖弄蝶（黑弄蝶）　食葉片

★Malvaceae　錦葵科
*Sida acuta* Burm. f.　銳葉金午時花（細葉金午時花）
（原生種）
・*Hypolimnas bolina kezia*　幻蛺蝶（琉球紫蛺蝶）　幾乎不食用

*Sida cordifolia* L.　圓葉金午時花（心葉黃花稔）（原生種）
・*Hypolimnas bolina kezia*　幻蛺蝶（琉球紫蛺蝶）
飼育困難或不食用

*Sida mysorensis* Wight & Arn.　薄葉金午時花（粘毛黃花稔）
（原生種）
・*Hypolimnas bolina kezia*　幻蛺蝶（琉球紫蛺蝶）　幾乎不食用

*Sida spinosa* L.　刺金午時花（歸化種）
・*Hypolimnas bolina kezia*　幻蛺蝶（琉球紫蛺蝶）　飼育困難

★Euphorbiaceae　大戟科
*Breynia officinalis* Hemsl.　紅仔珠（原生種）
・*Eurema hecabe*　黃蝶（荷氏黃蝶）
少見利用或不食

★Smilacaceae　菝葜科
*Heterosmilax japonica* Kunth　平柄土茯苓（平柄菝葜）
（原生種）
・*Kaniska canace drilon*　琉璃蛺蝶　不食用＆飼育困難

★Labiatae　唇形科
*Clinopodium chinense* (Benth.) Kuntze　風輪菜（原生種）
・*Phengaris atroguttata formosana*
青雀斑灰蝶（淡青雀斑小灰蝶＆幼蟲與蟻類共生並食幼蟻）

*Clinopodium gracile* (Benth.) Kuntze　光風輪（塔花）
（原生種）
・*Phengaris atroguttata formosana*
青雀斑灰蝶（淡青雀斑小灰蝶＆幼蟲與蟻類共生並食幼蟻）

*Clinopodium laxiflorum* (Hayata) Mori　疏花光風輪（疏花塔花）（台灣特有種）
・*Phengaris atroguttata formosana*
青雀斑灰蝶（淡青雀斑小灰蝶＆幼蟲與蟻類共生並食幼蟻）

*Melissa axillaris* Bakh. f.　蜜蜂花（蜂草）（原生種）
・*Phengaris atroguttata formosana*
青雀斑灰蝶（淡青雀斑小灰蝶＆幼蟲與蟻類共生並食幼蟻）

*Rabdosia lasiocarpa* (Hayata) Hara　毛果延命草（原生種）
・*Phengaris atroguttata formosana*　青雀斑灰蝶（淡青雀斑小灰蝶＆
幼蟲與蟻類共生並食幼蟻)

★Gentianaceae　龍膽科
*Tripterospermum taiwanense* (Masamune) Satake　台灣肺形草
（台灣特有種）
・*Phengaris daitozana*
白雀斑灰蝶（白雀斑小灰蝶＆幼蟲與蟻類共生並食幼蟻）

## ★肉食性

### Aphididae　蚜科

**Melanaphis　屬之蚜蟲**
- *Taraka hamada thalaba*　蚜灰蝶（棋石小灰蝶）　肉食性

### Hormaphidae　扁蚜科

**Astegopteryx bambusifoliae　竹葉扁蚜**
- *Taraka hamada thalaba*　蚜灰蝶（棋石小灰蝶）　肉食性

**Pseudoregma bambusicola　竹莖扁蚜**
- *Taraka hamada thalaba*　蚜灰蝶（棋石小灰蝶）　肉食性

### Coccidae　介殼蟲科

**Coccus formicarii　蟻台硬介殼蟲**
- *Catapaecilma major moltrechti*　三尾灰蝶（銀帶三尾小灰蝶）
  肉食性

**Saissetia oleae　工莃硬介殼蟲**
- *Catapaecilma major moltrechti*　三尾灰蝶（銀帶三尾小灰蝶）
  肉食性

### Pseudococcidae　粉介殼蟲科

**Dysmicoccus brevipes　鳳梨嫡粉介殼蟲**
- *Spalgis epius dilama*　熙灰蝶（白紋黑小灰蝶）　肉食性

**Phenacoccus madeirensis　美地綿粉介殼蟲**
- *Spalgis epius dilama*　熙灰蝶（白紋黑小灰蝶）　肉食性

**Planococcus macarangae　血桐粉蚧（野桐臀粉蚧）**
- *Spalgis epius dilama*　熙灰蝶（白紋黑小灰蝶）　肉食性

**Planococcus citri　桔臀紋粉介殼蟲**
- *Catapaecilma major moltrechti*　三尾灰蝶（銀帶三尾小灰蝶）
  肉食性

**Planococcus krauhniae　臀紋粉介殼蟲**
- *Catapaecilma major moltrechti*　三尾灰蝶（銀帶三尾小灰蝶）
  肉食性

**Planococcus minor　太平洋臀紋粉介殼蟲**
- *Catapaecilma major moltrechti*　三尾灰蝶（銀帶三尾小灰蝶）
  肉食性

### Kerriidae　膠介殼蟲科

**Kerria lacca subsp. lacca　紫膠介殼蟲**
- *Catapaecilma major moltrechti*　三尾灰蝶（銀帶三尾小灰蝶）
  肉食性

## 【後記】

1. 本名錄可供蝶友或昆蟲與植物愛好者，迅速查閱82科別，788種植物，了解食草植物與蝴蝶幼蟲食性；省略自我找尋、摸索之時間，迅速瞭解幼蟲與植物間之關係，以利野外探索、觀察蝴蝶生態之美。

2. 本名錄的植物學名與中文名稱，採用「*2003 FLORA OF TAIWAN*（《台灣植物誌 第2版》）*volume SIX*」為主，台灣維管束植物簡誌為輔。2003年之後，在*FLORA OF TAIWAN*內，無記錄之植物，則採用新發表、新訂正之學名。蝴蝶之中文名稱，新舊並列，讓使用者對照。而蝴蝶之中名和學名，採用蝴蝶分類專家，徐堉峰教授其著作：《台灣蝶圖鑑 第3卷 *Butterflies of Taiwan*》。

   本名錄資料之收集，特別感謝國立自然科學博物館植物分類專家：王秋美博士、陳志雄博士，提供最新植物資訊與協助製作及指導。國立中興大學森林系研究所趙建棣，友情校對。國立台灣師範大學生命科學系徐堉峰教授，提供最新蝴蝶訊息與寄主植物資訊。謹致謝忱。

3. 本書所謂之水生植物採用廣義的定義，包括濕生性植物。

4. 本名錄參考可靠文獻之彙整，如有謬誤懇請不吝給予指正，或提供遺漏植物，以建立更完整的食草蝶訊，謝謝。

# ★以蝴蝶中文名查食草

## 三畫

**大白紋鳳蝶**　*Papilio nephelus chaonulus*
過山香　*Clausena excavata* Burm. f.
賊仔樹（臭辣樹）　*Tetradium glabrifolium* (Champ. *ex* Benth.) T. Hartley
吳茱萸　*Tetradium ruticarpum* (A. Juss.) T. Hartley
飛龍掌血（小黃肉樹）　*Toddalia asiatica*（L.）Lam.
食茱萸　*Zanthoxylum ailanthoides* Sieb. & Zucc.

**大白斑蝶**　*Idea leuconoe clara*
爬森藤　*Parsonia laevigata* (Moon) Alston

**大幽眼蝶**　*Zophoessa dura neoclides*
白背芒　*Miscanthus sinensis* Anders. var. *glaber* (Nakai) Lee
芒　*Miscanthus sinensis* Anders.
台灣矢竹　*Sinobambusa kunishii* (Hayata) Nakai
玉山箭竹　*Yushania niitakayamensis* (Hayata) Keng f.

**大流星弄蝶**　*Celaenorrhinus maculosus taiwanus*
台灣馬藍　*Strobilanthes formosanus* S. Moore
曲莖馬藍　*Strobilanthes flexicaulis* Hayata

**大紅蛺蝶**　*Vanessa indica*
青苧麻　*Boehmeria nivea* (L.) Gaudich. var. *tenacissima* (Gaudich.) Miq.
咬人貓　*Urtica thunbergiana* Siebold. & Zucc.
苧麻　*Boehmeria nivea* (L.) Gaud. var. *niver*
蠍子草　*Girardinia diversifolia* (Link) Friis

**大娜波灰蝶**　*Nacaduba kurava therasia*
小葉樹杞　*Ardisia quinquegona* Blume
台灣山桂花　*Maesa perlaria* (Lour.) Merr. var. *formosana* (Mez) Yuen P. Yang
春不老　*Ardisia squamulosa* Presl
硃砂根（萬兩金）　*Ardisia crenata* Sims
樹杞　*Ardisia sieboldii* Miq.
賽山椒　*Embelia lenticellata* Hayata
蘭嶼紫金牛（蘭嶼樹杞）　*Ardisia elliptica* Thunb

**大深山黛眼蝶**　*Lethe bojonia*
桂竹　*Phyllostachys makinoi* Hayata

**大斑鳳蝶**　*Chilasa clytia*
潺槁樹（潺槁木薑子）　*Litsea glutinosa* (Lour.) C. B. Rob.

**大紫琉灰蝶**　*Celastrina oreas arisana*
台灣扁核木（假皂莢）　*Prinsepia scandens* Hayata

**大紫斑蝶**　*Euploea phaenareta juvia*
海檬果　*Cerbera manghas* L.

**大紫蛺蝶**　*Sasakia charonda formosana*
石朴（台灣朴樹）　*Celtis formosana* Hayata
朴樹　*Celtis sinensis* Pers.

**大絹斑蝶**　*Parantica sita niphonica*
台灣牛皮消　*Cynanchum formosanum* (Maxim.) Hemsl. *ex* Forbes & Hemsl.
台灣牛嬭菜　*Marsdenia formosana* Masam.
台灣鷗蔓　*Vincetoxicum koi* (Merr.) Meve & Liede
呂氏鷗蔓（山鷗蔓）　*Vincetoxicum lui* (Y. H. Tsiang & C. T. Chao) Meve & Liede
海島鷗蔓　*Vincetoxicum iusalicola* (Tsiang & P. T. Li) Meve & Liede
毬蘭　*Hoya carnosa* (L.f.) R. Br.
疏花鷗蔓　*Vincetoxicum oshimae* (Hayata) Meve & Liede
薄葉牛皮消　*Cynanchum boudieri* H. Lév. & Vaniot
鷗蔓（娃兒藤）　*Vincetoxicum hirsutum* (Wall.) Kuntze

**大鳳蝶**　*Papilio memnon heronus*
台灣香檬　*Citrus depressa* Hayata
四季橘＆雜交種　*Citrofortunella microcarpa* (Bunge) Wijnands
佛手柑　*Citrus medica* L. var. *sarcodactylis* Swingle
金豆柑　*Fortunella hindsii* (Champ. *ex* Benth) Swingle
金棗　*Fortunella margarita* (Loue.) Swingle
南庄橙　*Citrus taiwanica* Tanaka & Shimada
柚　*Citrus maxima* (Burm.) Merr.
茂谷柑（栽培種＆雜交種）　*Citrus × tangelo* J. Ingram & H. E. Moore 'Murcott'
香水檸檬　*Citrus hybrida* 'Perfume'
馬蜂橙（痲瘋柑）　*Citrus hystrix* DC.
甜橙（柳丁）　*Citrus sinensis* (L.) Osb.
椪柑（柑橘）　*Citrus reticulata* Blanco
黃皮（黃皮果）　*Clausena lansium* (Lour.) skeels
酸橙（來母）　*Citrus aurantium* L.
橘柑　*Citrus tachibana* (Makino) Tanaka
檸檬　*Citrus limon* (L.) Burm. f.

**大藏波眼蝶**　*Ypthima okurai*
川上氏短柄草　*Brachypodium kawakamii* Hayata
早熟禾　*Poa annua* L.

**小波眼蝶**　*Ypthima baldus zodina*
大黍　*Panicum maximum* Jacq.
小馬唐　*Digitaria radicosa* (J. Presl) Miq.
弓果黍　*Cyrtococcum patens* (L.) A. Camus
巴拉草　*Brachiaria mutica* (Forssk.) Stapf
早熟禾　*Poa annua* L.
竹葉草　*Oplismenus compositus* (L.) P. Beauv.
求米草　*Oplismenus hirtellus* (L.) P. Beauv.
兩耳草　*Paspalum conjugatum* Bergius
柳葉箬　*Isachne globosa* (Thunb.) Kuntze
剛莠竹　*Microstegium ciliatum* (Trin.) A. Camus
馬唐　*Digitaria sanguinalis* (L.) Scop.
棕葉狗尾草（颱風草）　*Setaria palmifolia* (J. König.) Stapf
短穎馬唐　*Digitaria setigera* Roth
紫果馬唐　*Digitaria violascens* Link

**小星弄蝶**　*Celaenorrhinus ratna*
台灣馬藍　*Strobilanthes formosanus* S. Moore
曲莖馬藍　*Strobilanthes flexicaulis* Hayata
蘭嵌馬藍　*Strobilanthes rankanensis* Hayata

**小紅蛺蝶**　*Vanessa cardui*
圓葉錦葵　*Malva neglecta* Wall.
多莖鼠麴草　*Gnaphalium polycaulon* Pers.
艾　*Artemisia indica* Willd.
紅面番　*Gnaphalium adnatum* Wall. *ex* DC.
華錦葵　*Malva sinensis* Cav.
鼠麴草　*Gnaphalium luteoalbum* L. subsp. *affine* (D. Don) Koster

**小紋青斑蝶**　*Tirumala septentrionis*
布朗藤　*Heterostemma brownii* Hayata

**小紋颯弄蝶**　*Satarupa majasra*
吳茱萸　*Tetradium ruticarpum* (A. Juss.) T. Hartley
食茱萸　*Zanthoxylum ailanthoides* Sieb. & Zucc.
賊仔樹（臭辣樹）　*Tetradium glabrifolium* (Champ. *ex* Benth.) T.

Hartley

**小紫灰蝶** *Arhopala birmana asakurae*
青剛櫟　*Cyclobalanopsis glauca* (Thunb.) Oerst.
捲斗櫟　*Cyclobalanopsis pachyloma* (Seemen) Schottky

**小紫斑蝶** *Euploea tulliolus koxinga*
盤龍木　*Malaisia scandens* (Lour.) Planch.

**小黃星弄蝶** *Ampittia dioscorides etura*
李氏禾　*Leersia hexandra* Sw.

**小翠灰蝶** *Chrysozephyrus disparatus pseudotaiwanus*
大葉石櫟（川上氏石櫟）　*Pasania kawakamii* (Hayata) Schottky
油葉石櫟（小西氏石櫟）　*Pasania konishii* (Hayata) Schottky
青剛櫟　*Cyclobalanopsis glauca* (Thunb.) Oerst.
狹葉櫟　*Cyclobalanopsis stenophylloides* (Hayata) Kudo & Masam *ex*
Kudo
槮子櫟　*Cyclobalanopsis sessilifolia* (Blume) Schottky
錐果櫟　*Cyclobalanopsis longinux* (Hayata) Schottky

**小稻弄蝶** *Parnara bada*
大黍　*Panicum maximum* Jacq.
小馬唐　*Digitaria radicosa* (J. Presl) Miq.
牛筋草　*Eleusine indica* (L.) Gaert
李氏禾　*Leersia hexandra* Sw.
倒刺狗尾草　*Setaria verticillata* (L.) P. Beauv.
馬唐　*Digitaria sanguinalis* (L.) Scop.
紫果馬唐　*Digitaria violascens* Link
象草　*Pennisetum purpureum* Schumach.
稗　*Echinochloa crus-galli* (L.) P. Beauv.
稻　*Oryza sativa* L.

**小環蛺蝶** *Neptis sappho formosana*
山葛　*Pueraria montana* (Lour.) Merr.
毛胡枝子　*Lespedeza thunbergii* (DC.) Nakai subsp. *formosa* (Vogel)
H. Ohashi
老荊藤　*Callerya reticulata* (Benth.) Schot
煉莢豆（山地豆）　*Alysicarpus vaginalis* (L.) DC.
糙葉樹　*Aphananthe aspera* (Thunb.) Planch.

**小雙尾蛺蝶** *Polyura narcaea meghaduta*
山黃麻　*Trema orientalis* (L.) Blume
石朴（台灣朴樹）　*Celtis formosana* Hayata
合歡　*Albizia julibrissin* Durazz.
頷垂豆　*Archidendron lucidum* (Benth.) I. Nielsen

**小鑽灰蝶** *Horaga albimacula triumphalis*
大花紫薇　*Lagerstroemia speciosa* (L.) Pers.
小花鼠刺　*Itea parviflora* Hemsl.
山櫻花　*Prunus campanulata* Maxim.
盾柱木　*Peltophorum pterocarpum* (DC) Baker *ex* Henye
烏木臼　*Sapium sebiferum* (L.) Roxb.
桶鉤藤　*Rhamnus formosana* Matsum.
細葉饅頭果　*Glochidion rubrum* Blume
菲律賓饅頭果　*Glochidion philippicum* (Cavan.) C. B. Rob.
鼠刺　*Itea oldhamii* C. K. Schneid.
樟葉槭　*Acer albopurpurascens* Hayata
龍眼　*Euphoria longana* Lam

**四畫**
**中華褐弄蝶** *Pelopidas sinensis*
台灣芒　*Miscanthus sinensis* Anders. var. *formosanus* Hack.
芒　*Miscanthus sinensis* Anders. var. *sinensis*
象草　*Pennisetum purpureum* Schumach.

**切翅眉眼蝶** *Mycalesis zonata*
大黍　*Panicum maximum* Jacq.
小馬唐　*Digitaria radicosa* (J. Presl) Miq.
竹葉草　*Oplismenus compositus* (L.) P. Beauv.
求米草　*Oplismenus hirtellus* (L.) P. Beauv.
兩耳草　*Paspalum conjugatum* Bergius
柳葉箬　*Isachne globosa* (Thunb.) Kuntze
馬唐　*Digitaria sanguinalis* (L.) Scop.
棕葉狗尾草（颱風草）　*Setaria palmifolia* (J. König.) Stapf
短穎馬唐　*Digitaria setigera* Roth
紫果馬唐　*Digitaria violascens* Link

**巴氏黛眼蝶** *Lethe butleri periscelis*
紅果薹　*Carex baccans* Nees

**幻紫帶蛺蝶** *Athyma fortuna kodahirai*
呂宋莢　*Viburnum luzonicum* Rolfe
紅子莢　*Viburnum formosanum* Hayata

**幻蛺蝶** *Hypolimnas bolina kezia*
大安水簑衣　*Hygrophila pogonocalyx* Hayata
小花寬葉馬偕花　*Asystasia gangetica* (L.) T. Anderson subsp.
*micrantha* (Nees) Ensermu
小蛇麻　*Fatoua villosa* (Thunb.) Nakai
小獅子草　*Hygrophila polysperma* T. Anders.
中華金午時花（中華黃花稔）　*Sida chinensis* Retz.
火燄桑葉麻　*Laportea aestuans* (L.) Chew
爪哇金午時花（爪哇黃花稔）　*Sida javensis* Cavan.
甘藷　*Ipomoea batatas* (L.) Lam.
白花牽牛　*Ipomoea biflora* (L.) Pers.
赤道櫻草　*Asystasia gangetica* (L.) T. Anderson
宜蘭水簑衣　*Hygrophila* sp.
金腰箭　*Synedrella nodiflora* (L.) Gaertn.
青苧麻　*Boehmeria nivea* (L.) Gaudich. var. *tenacissima* (Gaudich.)
Miq.
恆春金午時花　*Sida insularis* Hatusima
紅花野牽牛　*Ipomoea triloba* L.
苧麻　*Boehmeria nivea* (L.) Gaud.
海牽牛　*Ipomoea littoralis* Blume
單芒金午時花　*Sida rhombifolia* L. var. *maderensis*
華南苧麻　*Boehmeria pilosiuscula* (Blume) Hassk.
菱葉金午時花（金午時花）　*Sida rhombifolia* L.
圓葉錦葵　*Malva neglecta* Wall.
橙葉金午時花（橙葉黃花稔）　*Sida alnifolia* Linn.
澎湖金午時花（長梗黃花稔）　*Sida cortata* (Burm. f.) Borss
擬紅花野牽牛　*Ipomoea leucantha* Jacq.
賽山藍　*Blechum pyramidatum* (Lam.) Urb.
賽葵　*Malvastrum coromandelianum* (L.) Garcke
甕菜（空心菜）　*Ipomoea aquatica* Forssk.
霧水葛　*Pouzolzia zeylanica* (L.) Benn.
糯米糰　*Gonostegia hirta* (Blume) Miq.

**文龍波眼蝶** *Ypthima wenlungi*
大黍　*Panicum maximum* Jacq.
巴拉草　*Brachiaria mutica* (Forssk.) Stapf
兩耳草　*Paspalum conjugatum* Bergius
柳葉箬　*Isachne globosa* (Thunb.) Kuntze

**方環蝶** *Discophora sondaica tulliana*
刺竹　*Bambusa stenostachya* Hackel
金絲竹　*Bambusa vulgaris* Schrad. *ex* Wendl. var. *striata* (Loddiges)
Gamble
桂竹　*Phyllostachys makinoi* Hayata

麻竹　*Dendrocalamus latiflorus* Munro
葫蘆竹（佛竹）　*Bambusa ventricosa* McClure
綠竹　*Bambusa oldhamii* Munro
蓬萊竹　*Bambusa multiplex* (Lour.) Raeusch

**日本紫灰蝶　*Arhopala japonica***
赤皮　*Cyclobalanopsis gilva* (Blume) Oerst.
青剛櫟　*Cyclobalanopsis glauca* (Thunb.) Oerst.
狹葉櫟　*Cyclobalanopsis stenophylloides* (Hayata) Kudo & Masam *ex*
　　Kudo
捲斗櫟　*Cyclobalanopsis pachyloma* (Seemen) Schottky
毽子櫟　*Cyclobalanopsis sessilifolia* (Blume) Schottky

**木蘭青鳳蝶　*Graphium doson postianus***
台灣烏心石　*Michelia compressa* (Maxim.) Sargent var. *formosana*
　　Kaneh.
白玉蘭　*Michelia alba* DC.
含笑花　*Michelia figo* (Lour.) Spreng.
南洋含笑花　*Michelia pilifera* Bakh. f.
烏心石　*Michelia compressa* (Maxim.) Sargent
黃玉蘭　*Michelia champaca* L.
蘭嶼烏心石　*Michelia compressa* (Maxim.) Sargent var. *lanyuensis* S.
　　Y. Lu

**五畫**
**凹翅紫灰蝶　*Mahathala ameria hainani***
扛香藤　*Mallotus repandus* (Willd.) Müll. Arg.

**北方燕藍灰蝶　*Everes argiades diporides***
葎草　*Humulus scandens* (Lour.) Merr.

**北黃蝶　*Eurema mandarina***
小葉鼠李　*Rhamnus parvifolia* Bunge
中原氏鼠李　*Rhamnus nakaharae* (Hayata) Hayata
毛胡枝子　*Lespedeza thunbergii* (DC.) Nakai subsp. *formosa* (Vogel)
　　H. Ohashi
合歡　*Albizia julibrissin* Durazz.
桶鈎藤　*Rhamnus formosana* Matsum.
鐵掃帚　*Lespedeza cuneata* G.Don.
彎大雀梅藤　*Sageretia randaiensis* Hayata

**古眼蝶　*Palaeonympha opalina macrophthalmia***
求米草　*Oplismenus hirtellus* (L.) P. Beauv.

**台灣玄灰蝶　*Tongeia hainani***
小燈籠草　*Kalanchoe gracilis* Hance
星果佛甲草　*Sedum actinocarpum* Yamam.
倒吊蓮　*Kalanchoe spathulata* (Poir.) DC.
落地生根　*Bryophyllum pinnatum* (Lam.) Kurz
銳葉掌上珠　*Kalanchoe daigremontiana* (Barger) Hamet & Perrier
鵝鑾鼻燈籠草　*Kalanchoe garambiensis* Kudo

**台灣琉璃翠鳳蝶　*Papilio hermosanus***
三叉虎（三腳虌）　*Melicope pteleifolia* (Champ. *ex* Benth.) Hartley
飛龍掌血（小黃肉樹）　*Toddalia asiatica* (L.) Lam.
雙面刺（崖椒）　*Zanthoxylum nitidum* (Roxb.) DC.

**台灣斑眼蝶　*Penthema formosanum***
刺竹　*Bambusa stenostachya* Hackel
孟宗竹　*Phyllostachys pubescens* Mazel *ex* H. de Leh.
金絲竹　*Bambusa vulgaris* Schrad. *ex* Wendl. var. *striata* (Loddiges)
　　Gamble
桂竹　*Phyllostachys makinoi* Hayata
麻竹　*Dendrocalamus latiflorus* Munro
葫蘆竹（佛竹）　*Bambusa ventricosa* McClure

綠竹　*Bambusa oldhamii* Munro
蓬萊竹　*Bambusa multiplex* (Lour.) Raeusch

**台灣焰灰蝶　*Japonica patungkoanui***
青剛櫟　*Cyclobalanopsis glauca* (Thunb.) Oerst.
狹葉櫟　*Cyclobalanopsis stenophylloides* (Hayata) Kudo & Masam *ex*
　　Kudo
毽子櫟　*Cyclobalanopsis sessilifolia* (Blume) Schottky
錐果櫟　*Cyclobalanopsis longinux* (Hayata) Schottky

**台灣瑟弄蝶　*Seseria formosana***
土肉桂　*Cinnamomum osmophloeum* Kaneh.
大香葉樹（大葉釣樟）　*Lindera megaphylla* Hemsl.
大葉楠　*Machilus japonica* Siebold. & Zucc. var. *kusanoi* (Hayata) J.
　　C. Liao
小梗木薑子（黃肉樹）　*Litsea hypophaea* Hayata
山胡椒　*Litsea cubeba* (Lour.) Pers.
內苳子　*Lindera akoensis* Hayata
牛樟　*Cinnamomum kanehirae* Hayata
台灣肉桂　*Cinnamomum insulari-montanum* Hayata
台灣雅楠　*Phoebe formosana* (Hayata) Hayata
台灣擦樹　*Sassafras randaiense* (Hayata) Rehder
肉桂　*Cinnamomum cassia* J. Presl
胡氏肉桂　*Cinnamomum macrostemon* Hayata
香楠　*Machilus zuihoensis* Hayata
假長葉楠（日本禎楠）　*Machilus japonica* Siebold & Zucc.
陰香（印尼肉桂）　*Cinnamomum burmannii* (Nees) Blume
樟樹　*Cinnamomum camphora* (L.) Presl
豬腳楠（紅楠）　*Machilus thunbergii* Siebold & Zucc.
錫蘭肉桂　*Cinnamomum verum* J. Presl
蘭嶼肉桂　*Cinnamomum kotoense* Kaneh. & Sasaki

**台灣鉤粉蝶　*Gonepteryx taiwana***
小葉鼠李　*Rhamnus parvifolia* Bunge
中原氏鼠李　*Rhamnus nakaharae* (Hayata) Hayata

**台灣檀翠灰蝶　*Neozephyrus taiwanus***
台灣赤楊　*Alnus formosana* (Burkill *ex* Forbes & Hemsl.) Makino

**台灣翠蛺蝶　*Euthalia formosana***
青剛櫟　*Cyclobalanopsis glauca* (Thunb.) Oerst.
粗糠柴（六捻子）　*Mallotus philippensis* (Lam.) Müll. Arg.
錐果櫟　*Cyclobalanopsis longinux* (Hayata) Schottky

**台灣銀灰蝶　*Curetis brunnea***
台灣魚藤（蔴藤）　*Millettia pachycarpa* Benth.
光葉魚藤　*Callerya nitida* (Benth.) R. Geesink
老荊藤　*Callerya reticulata* (Benth.) Schot
疏花魚藤　*Derris laxiflora* Benth.

**台灣颯弄蝶　*Satarupa formosibia***
食茱萸　*Zanthoxylum ailanthoides* Sieb. & Zucc.
賊仔樹（臭辣樹）　*Tetradium glabrifolium* (Champ. *ex* Benth.) T.
　　Hartley

**台灣鳳蝶　*Papilio thaiwanus***
牛樟　*Cinnamomum kanehirae* Hayata
柚　*Citrus maxima* (Burm.) Merr.
飛龍掌血（小黃肉樹）　*Toddalia asiatica* (L.) Lam.
椪柑（柑橘）　*Citrus reticulata* Blanco
樟樹　*Cinnamomum camphora* (L.) Presl

**台灣寬尾鳳蝶　*Agehana maraho***
台灣擦樹　*Sassafras randaiense* (Hayata) Rehder

**台灣綠灰蝶　*Wagimo insularis***

狹葉櫟　*Cyclobalanopsis stenophylloides* (Hayata) Kudo & Masam *ex* Kudo

### 台灣赭弄蝶　*Ochlodes niitakanus*
川上氏短柄草　*Brachypodium kawakamii* Hayata
曲膝秀竹　*Microstegium geniculatum* (Hayata) Honda

### 台灣黛眼蝶　*Lethe mataja*
玉山箭竹　*Yushania niitakayamensis* (Hayata) Keng f.
白背芒　*Miscanthus sinensis* Anders. var. *glaber* (Nakai) Lee
芒　*Miscanthus sinensis* Anders. var. *sinensis*
桂竹　*Phyllostachys makinoi* Hayata

### 台灣鐵灰蝶　*Teratozephyrus yugaii*
狹葉櫟　*Cyclobalanopsis stenophylloides* (Hayata) Kudo & Masam *ex* Kudo

### 台灣灑灰蝶　*Satyrium formosanum*
無患子　*Sapindus mukorossii* Gaertn.

### 巨波眼蝶＆北台灣亞種　*Ypthima praenubila kanonis*
川上氏短柄草　*Brachypodium kawakamii* Hayata
芒　*Miscanthus sinensis* Anders. var. *sinensis*

### 巨褐弄蝶　*Pelopidas conjuncta*
五節芒　*Miscanthus floridulus* (Labill.) Warb. *ex* Schum. & Laut.
白背芒　*Miscanthus sinensis* Anders. var. *glaber* (Nakai) Lee
芒　*Miscanthus sinensis* Anders. var. *sinernsis*
象草　*Pennisetum purpureum* Schumach.

### 布氏蔭眼蝶　*Neope bremeri taiwana*
五節芒　*Miscanthus floridulus* (Labill.) Warb. *ex* Schum. & Laut.
玉山箭竹　*Yushania niitakayamensis* (Hayata) Keng f.
白背芒　*Miscanthus sinensis* Anders. var. *glaber* (Nakai) Lee
芒　*Miscanthus sinensis* Anders. var. *sinensis*
桂竹　*Phyllostachys makinoi* Hayata

### 永澤蛇眼蝶　*Minois nagasawae*
川上氏短柄草　*Brachypodium kawakamii* Hayata
早熟禾　*Poa annua* L.

### 玄珠帶蛺蝶　*Athyma perius*
卵葉饅頭果　*Glochidion ovalifolium* F. Y. Lu & Y. S. Hsu
赤血仔　*Glochidion hirsutum* (Roxb.) Voigt
披針葉饅頭果　*Glochidion lanceolatum* Hayata.
紅毛饅頭果　*Glochidion puberum* (L.) Hutch
高士佛饅頭果　*Glochidion kusukusense* Hayata
細葉饅頭果　*Glochidion rubrum* Blume
菲律賓饅頭果　*Glochidion philippicum* (Cavan.) C. B. Rob.
裡白饅頭果　*Glochidion acuminatum* Muell.-Arg.
錫蘭饅頭果　*Glochidion zeylanicum* (Gaertn.) A. Juss.

### 玉山幽眼蝶　*Zophoessa niitakana*
玉山箭竹　*Yushania niitakayamensis* (Hayata) Keng f.

### 玉帶弄蝶　*Daimio tethys niitakana*
大薯（田薯）　*Dioscorea alata* L.
日本薯蕷（山薯）　*Dioscorea japonica* Thunb.
基隆野山藥　*Dioscorea japonica* Thunb. var. *pseudojaponica* (Hayata) Yamam.
戟葉田薯（恆春山藥）　*Dioscorea doryphora* Hance
華南薯蕷　*Dioscorea collettii* Hook. f.
裡白葉薯榔　*Dioscorea cirrhosa* Lour.

### 玉帶鳳蝶　*Papilio polytes polytes*
山橘（圓果山橘）　*Glycosmis parviflora* (Sims) Kurz. var. *parviflora*
山黃皮　*Murraya euchrestifolia* Hayata

木蘋果　*Feronia limonia* (L.) Swingle
台灣香檬　*Citrus depressa* Hayata
四季橘＆雜交種　*Citrofortunella microcarpa* (Bunge) Wijnands
佛手柑　*Citrus medica* L. var. *sarcodactylis* Swingle
刺花椒　*Zanthoxylum simulans* Hance
狗花椒　*Zanthoxylum avicennae* (Lam.) DC.
金豆柑　*Fortunella hindsii* (Champ. ex Benth) Swingle
金棗　*Fortunella margarita* (Loue.) Swingle
長果山橘（石苓舅）　*Glycosmis parviflora* (Sims) Kurz. var. *erythrocarpa* (Hayata) T. C. Ho
南庄橙　*Citrus taiwanica* Tanaka & Shimada
枸橘（枳殼）　*Poncirus trifoliata* Rafin.
枸櫞（香櫞）　*Citrus medica* L.
柚　*Citrus maxima* (Burm.) Merr.
胡椒木　*Zanthoxylum piperitum* DC. var. *inerme* Makino
茂谷柑（栽培種＆雜交種）　*Citrus* × *tangelo* J. Ingram & H. E. Moore ‘Murcott’
飛龍掌血（小黃肉樹）　*Toddalia asiatica* (L.) Lam.
食茱萸　*Zanthoxylum ailanthoides* Sieb. & Zucc.
香水檸檬　*Citrus hybrida* ‘Perfume’
烏柑仔　*Severinia buxifolia* (Poir.) Tenore
馬蜂橙（癲瘋柑）　*Citrus hystrix* DC.
甜橙（柳丁）　*Citrus sinensis* (L.) Osb.
椪柑（柑橘）　*Citrus reticulata* Blanco
賊仔樹（臭辣樹）　*Tetradium glabrifolium* (Champ. ex Benth.) T. Hartley
過山香　*Clausena excavata* Burm. f.
酸橙（來母）　*Citrus aurantium* L.
橘柑　*Citrus tachibana* (Makino) Tanaka
檸檬　*Citrus limon* (L.) Burm. f.
雙面刺（崖椒）　*Zanthoxylum nitidum* (Roxb.) DC.
藤花椒（藤崖椒）　*Zanthoxylum scandens* Blume

### 玉帶黛眼蝶　*Lethe verma cintamani*
散穗弓果黍　*Cyrtococcum accrescens* (Trin.) Stapf

### 田中灑灰蝶　*Satyrium tanakai*
樟葉槭　*Acer albopurpurascens* Hayata

### 白弄蝶　*Abraximorpha davidii ermasis*
小梣葉懸鉤子　*Rubus* × *parvifraxinifolius* Hayata
台灣懸鉤子　*Rubus formosensis* Kuntze
白絨懸鉤子　*Rubus incanus* Sasaki ex T.–S. Liu & T.–Y. Yang
羽萼懸鉤子（粗葉懸鉤子）　*Rubus alceifolius* Poir.
苦懸鉤子　*Rubus trianthus* Focke
高粱泡　*Rubus lambertianus* Ser. var. *lambertianus*
斯氏懸鉤子　*Rubus swinhoei* Hance var. *swinhoei*
檆葉懸鉤子　*Rubus fraxinifolius* Poir.
變葉懸鉤子　*Rubus corchorifolius* L. f.

### 白芒翠灰蝶　*Chrysozephyrus ataxus lingi*
赤皮　*Cyclobalanopsis gilva* (Blume) Oerst.

### 白虎斑蝶　*Danaus melanippus edmondii*
蘭嶼牛皮消　*Cynanchum lanhsuense* Yamazaki

### 白粉蝶　*Pieris rapae crucivora*
大白菜、結球白菜、卷心白　*Brassica pekinensis* Skeels
台灣假山葵　*Cochlearia formosana* Hayata
平伏莖白花菜　*Cleome rutidosperma* DC.
甘藍　*Brassica oleracea* L. var. *capitata* DC.
白花菜　*Cleome gynandra* L.
向天黃　*Cleome viscosa* L.
西洋白花菜（醉蝶花）　*Cleome spinosa* Jacq.
豆瓣菜　*Nasturtium officinale* R. Br.
油菜　*Brassica campestris* L. var. *amplexicaulis* Makino

芥菜　*Brassica juncea* (L.) Czern.
芥藍　*Brassica alboglabra* Bail. var. *acephala* DC.
金蓮花　*Tropaeolum majus* L.
南美獨行菜　*Lepidium bonariense* L.
風花菜　*Rorippa globosa* (Turcz.) Hayek
臭濱芥（臭薺）　*Coronopus didymus* (L.) Sm.
魚木　*Crateva adansonii* DC. subsp. *formosensis* Jacobs
葶藶　*Rorippa indica* (L.) Hiern
廣東葶藶　*Rorippa cantoniensis* (Lour.) Ohwi
蔊菜　*Cardamine flexuosa* With.
獨行菜　*Lepidium virginicum* L.
濕生葶藶　*Rorippa palustris* (L.) Besser
濱萊菔　*Raphanus sativus* L. form. *raphanistroides* Makino
薺　*Capsella bursa-pastoris* (L.) Medic.
蘿蔔　*Raphanus sativus* L. var. *acanthiformis* Nakai

**白紋琉灰蝶　*Celatoxia marginata***
大葉石櫟（川上氏石櫟）　*Pasania kawakamii* (Hayata) Schottky
赤柯（森氏櫟）　*Cyclobalanopsis morii* (Hayata) Schottky
銳葉高山櫟　*Quercus tatakaensis* Tomiya

**白紋鳳蝶　*Papilio helenus fortunius***
吳茱萸　*Tetradium ruticarpum* (A. Juss.) T. Hartley
飛龍掌血（小黃肉樹）　*Toddalia asiatica* (L.) Lam.
食茱萸　*Zanthoxylum ailanthoides* Sieb. & Zucc.
賊仔樹（臭辣樹）　*Tetradium glabrifolium* (Champ. *ex* Benth.) T. Hartley

**白圈帶蛺蝶　*Athyma asura baelia***
早田氏冬青　*Ilex hayataiana* Loes.
朱紅水木　*Ilex micrococca* Maxim.
烏來冬青　*Ilex uraiensis* Mori & Yamam.
糊樗　*Ilex formosana* Maxim.
燈稱花　*Ilex asprella* (Hook. & Arn.) Champ.

**白帶波眼蝶　*Ypthima akragas***
川上氏短柄草　*Brachypodium kawakamii* Hayata
早熟禾　*Poa annua* L.
竹葉草　*Oplismenus compositus* (L.) P. Beauv.
求米草　*Oplismenus hirtellus* (L.) P. Beauv.

**白雀斑灰蝶　*Phengaris daitozana***
台灣肺形草　*Tripterospermum taiwanense* (Masamune) Satake

**白傘弄蝶　*Burara gomata***
鵝掌藤　*Schefflera odorata* (Blanco) Merr. & Rolfe

**白斑弄蝶　*Isoteinon lamprospilus formosanus***
大黍　*Panicum maximum* Jacq.
五節芒　*Miscanthus floridulus* (Labill.) Warb. *ex* Schum. & Laut.
台灣芒　*Miscanthus sinensis* Anders. var. *formosanus* Hack.
台灣蘆竹　*Arundo formosana* Hack.
甘蔗　*Saccharum sinensis* Roxb.
白背芒　*Miscanthus sinensis* Anders. var. *glaber* (Nakai) Lee
白茅　*Imperata cylindrica* (L.) P. Beauv. var. *major* (Nees) C. E. Hubb. *ex* Hubb. & Vaughan
求米草　*Oplismenus hirtellus* (L.) P. Beauv.
芒　*Miscanthus sinensis* Anders. var. *sinensis*

**白斑嫵琉灰蝶　*Udara albocaerulea***
呂宋莢　*Viburnum luzonicum* Rolfe

**白斑蔭眼蝶　*Neope armandii lacticolora***
芒　*Miscanthus sinensis* Anders. var. *sinensis*

**白雅波灰蝶　*Jamides celeno***
三裂葉扁豆　*Dolichos trilobus* L. var. *kosyunensis* (Hosok.) H. Ohashi & Tateishi
山珠豆　*Centrosema pubescens* Benth.
田菁　*Sesbania cannabiana* (Retz.) Poir.
印度田菁　*Sesbania sesban* (L.) Merr.
曲毛豇豆　*Vigna reflexo-pilosa* Hayata
長葉豇豆　*Vigna luteola* (Jacq.) Benth.
苞葉賽芻豆　*Macroptilium bracteatum* (Nees & Mart.) Marechal & Baudet
濱刀豆　*Canavalia rosea* (Sw.) DC.
賽芻豆　*Macroptilium atropurpureum* (DC.) Urb.

**白絹粉蝶　*Aporia genestieri insularis***
鄧氏胡頹子　*Elaeagnus thunbergii* Servais.

**白腹青灰蝶　*Tajuria diaeus karenkonis***
大葉桑寄生　*Taxillus liquidambaricolus* (Hayata) Hosok
忍冬葉桑寄生　*Taxillus lonicerifolius* (Hayata) S. T. Chiu
李棟山桑寄生　*Taxillus ritozanensis* (Hayata) S. T. Chiu
杜鵑桑寄生　*Taxillus rhododendricoliue* (Hayata) S. T. Chiu
松寄生　*Taxillus matsudae* (Hayata) Danser
高氏桑寄生　*Loranthus kaoi* (J. M. Chao) H. S. Kiu
楓樹桑寄生（大葉橙寄生）　*Loranthus delavayi* Tiegh.
蓮華池寄生　*Taxillus tsaii* S. T. Chiu

**白蛺蝶　*Helcyra superba takamukui***
石朴（台灣朴樹）　*Celtis formosana* Hayata
朴樹　*Celtis sinensis* Pers.
沙楠子樹　*Celtis biondii* Pamp.

**白裙弄蝶　*Tagiades cohaerens***
大薯（田薯）　*Dioscorea alata* L.
日本薯蕷（山薯）　*Dioscorea japonica* Thunb.
基隆野山藥　*Dioscorea japonica* Thunb. var. *pseudojaponica* (Hayata) Yamam.
戟葉田薯（恆春山藥）　*Dioscorea doryphora* Hance
華南薯蕷　*Dioscorea collettii* Hook. f.
裡白葉薯榔　*Dioscorea cirrhosa* Lour.

**白漪波眼蝶　*Ypthima conjuncta yamanakai***
川上氏短柄草　*Brachypodium kawakamii* Hayata

**白裳貓蛺蝶　*Timelaea albescens formosana***
石朴（台灣朴樹）　*Celtis formosana* Hayata
朴樹　*Celtis sinensis* Pers.
沙楠子樹　*Celtis biondii* Pamp.

**白點褐蜆蝶　*Abisara burnii etymander***
小葉鐵仔　*Myrsine africana* L.
賽山椒　*Embelia lenticellata* Hayata

**白豔粉蝶　*Delias hyparete luzonensis***
大葉桑寄生　*Taxillus liquidambaricolus* (Hayata) Hosok
忍冬葉桑寄生　*Taxillus lonicerifolius* (Hayata) S. T. Chiu
李棟山桑寄生　*Taxillus ritozanensis* (Hayata) S. T. Chiu
杜鵑桑寄生　*Taxillus rhododendricoliue* (Hayata) S. T. Chiu
埔姜桑寄生　*Taxillus theifer* (Hayata) H. S. Kiu
蓮華池寄生　*Taxillus tsaii* S. T. Chiu

**禾弄蝶　*Borbo cinnara***
大絨馬唐　*Digitaria magna* (Honda) Tuyama
大黍　*Panicum maximum* Jacq.

小馬唐　*Digitaria radicosa* (J. Presl) Miq.
升馬唐　*Digitaria ciliaris* (Retz.) Koeler.
巴拉草　*Brachiaria mutica* (Forssk.) Stapf
止血馬唐　*Digitaria ischaemum* (Schreb.) Schreb. *ex* Muhl.
毛馬唐　*Digitaria radicosa* (J. Presl) Miq. var. *hirsuta* (Ohwi) C. C. Hsu
水禾　*Hygroryza aristata* (Retz.) Nees *ex* Wight & Arn.
牛筋草　*Eleusine indica* (L.) Gaertn.
玉蜀黍（玉米）　*Zea mays* L.
竹葉草　*Oplismenus compositus* (L.) P. Beauv.
亨利馬唐　*Digitaria henryi* Rendle
佛歐里馬唐　*Digitaria fauriei* Ohwi
李氏禾　*Leersia hexandra* Sw.
芒　*Miscanthus sinensis* Anders. var. *sinensis*
兩耳草　*Paspalum conjugatum* Bergius
牧地狼尾草　*Pennisetum polystachion* (L.) Schult.
柳葉箬　*Isachne globosa* (Thunb.) Kuntze
倒刺狗尾草　*Setaria verticillata* (L.) P. Beauv.
茭白筍（菰）　*Zizania latifolia* (Griseb.) Turcz. *ex* Stapf
馬唐　*Digitaria sanguinalis* (L.) Scop.
粗穗馬唐　*Digitaria heterantha* (Hook. f.) Merr.
棕葉狗尾草（颱風草）　*Setaria palmifolia* (J. König.) Stapf
短穎馬唐　*Digitaria setigera* Roth
紫果馬唐　*Digitaria violascens* Link
絨馬唐　*Digitaria mollicoma* (Kunth) Henrard
象草　*Pennisetum purpureum* Schumach.
稗　*Echinochloa crus-galli* (L.) P. Beauv.
絹毛馬唐　*Digitaria sericea* (Honda) Honda
蒺藜草　*Cenchrus echinatus* L.
稻　*Oryza sativa* L.
舖地黍　*Panicum repens* L.
叢立馬唐　*Digitaria leptalea* Ohwi var. *reticulmis* Ohwi
雙穗雀稗　*Paspalum distichum* L.

**六畫**
**伏氏鋩灰蝶　*Euaspa forsteri***
長尾尖葉櫧（卡氏櫧）　*Castanopsis cuspidata* (Thunb.) Schottky var. *carlesii* (Hemsl.) Yamaz.

**多姿麝鳳蝶　*Byasa polyeuctes termessus***
裕榮馬兜鈴　*Aristolochia yujungiana* C. T. Lu & J. C. Wang
台灣馬兜鈴　*Aristolochia shimadai* Hayata
巨花馬兜鈴　*Aristolochia gigantea* Hook.
瓜葉馬兜鈴　*Aristolochia cucurbitifolia* Hayata
耳葉馬兜鈴　*Aristolochia tagala* Champ.
彩花馬兜鈴　*Aristolochia elegans* M. T. Mast.
港口馬兜鈴　*Aristolochia zollingeriana* Miq.
蜂窩馬兜鈴　*Aristolochia foveolata* Merr.

**夸父璀灰蝶　*Sibataniozephyrus kuafui***
台灣水青岡（台灣山毛櫸）　*Fagus hayatae* Palib. *ex* Hayata

**尖灰蝶　*Amblopala avidiena y-fasciata***
合歡　*Albizia julibrissin* Durazz.

**尖粉蝶　*Appias albina semperi***
台灣假黃楊　*Liodendron formosanum* (Kaneh. & Sasaki) H. Keng
交力坪鐵色　*Drypetes karapinensis* (Hayata) Pax
鐵色　*Drypetes littoralis* (C. B. Rob.) Merr.

**尖翅星弄蝶　*Celaenorrhinus pulomaya formosanus***
台灣馬藍　*Strobilanthes formosanus* S. Moore
曲莖馬藍　*Strobilanthes flexicaulis* Hayata

**尖翅絨弄蝶　*Hasora chromus***

水黃皮　*Pongamia pinnata* (L.) Pierre

**尖翅褐弄蝶　*Pelopidas agna***
大黍　*Panicum maximum* Jacq.
五節芒　*Miscanthus floridulus* (Labill.) Warb. *ex* Schum. & Laut.
巴拉草　*Brachiaria mutica* (Forssk.) Stapf
白背芒　*Miscanthus sinensis* Anders. var. *glaber* (Nakai) Lee
印度鴨嘴草　*Ischaemum indicum* (Houtt.) Merr.
兩耳草　*Paspalum conjugatum* Bergius
象草　*Pennisetum purpureum* Schumach.
稗　*Echinochloa crus-galli* (L.) P. Beauv.
稻　*Oryza sativa* L.
鴨姆草　*Paspalum scrobiculatum* L.
鴨嘴草　*Ischaemum crassipes* (Steud.) Thell.

**曲波灰蝶　*Catopyrops ancyra almora***
落尾麻　*Pipturus arborescens* (Link) C. B. Rob.

**曲紋黛眼蝶　*Lethe chandica ratnacri***
五節芒　*Miscanthus floridulus* (Labill.) Warb. *ex* Schum. & Laut.
包籜箭竹（包籜矢竹）　*Pseudosasa usawai* (Hayata) Makino & Nemoto
台灣矢竹　*Sinobambusa kunishii* (Hayata) Nakai
玉山箭竹　*Yushania niitakayamensis* (Hayata) Keng f.
白背芒　*Miscanthus sinensis* Anders. var. *glaber* (Nakai) Lee
芒　*Miscanthus sinensis* Anders. var. *sinensis*
桂竹　*Phyllostachys makinoi* Hayata
麻竹　*Dendrocalamus latiflorus* Munro
綠竹　*Bambusa oldhamii* Munro

**曲斑眉眼蝶　*Mycalesis perseus blasius***
大黍　*Panicum maximum* Jacq.

**江崎波眼蝶　*Ypthima esakii***
川上氏短柄草　*Brachypodium kawakamii* Hayata
早熟禾　*Poa annua* L.

**竹橙斑弄蝶　*Telicota bambusae horisha***
刺竹　*Bambusa stenostachya* Hackel
孟宗竹　*Phyllostachys pubescens* Mazel *ex* H. de Leh.
金絲竹　*Bambusa vulgaris* Schrad. *ex* Wendl. var. *striata* (Loddiges) Gamble
桂竹　*Phyllostachys makinoi* Hayata
麻竹　*Dendrocalamus latiflorus* Munro
葫蘆竹（佛竹）　*Bambusa ventricosa* McClure
綠竹　*Bambusa oldhamii* Munro

**西風翠灰蝶　*Chrysozephyrus nishikaze***
山櫻花　*Prunus campanulata* Maxim.

**七畫**
**串珠環蝶　*Faunis eumeus eumeus***
山棕　*Arenga tremula* (Blanco) Becc.
台灣海棗　*Phoenix hanceana* Naudin
台灣菝葜（台灣土茯苓）　*Smilax lanceifolia* Roxb.
平柄土茯苓（平柄菝葜）　*Heterosmilax japonica* Kunth
船子草（船仔草）　*Curculigo capitulata* (Lour.) Kuntze
菝葜　*Smilax china* L.
黃椰子　*Chrysalidocarpus lutescens* Wendl.
觀音棕竹　*Rhapis excelsa* (Thunb.) Henry *ex* Rehder

**折列藍灰蝶　*Zizina otis riukuensis***
三葉木藍　*Indigofera trifoliata* L.
假地豆　*Desmodium heterocarpon* (L.) DC.
煉莢豆（山地豆）　*Alysicarpus vaginalis* (L.) DC.
穗花木藍　*Indigofera spicata* Forssk.

蠅翼草　*Desmodium triflorum* (L.) DC.
蘭嶼木藍　*Indigofera zollingeriana* Miq.

**折線灰蝶　*Antigius attilia obsoletus***
栓皮櫟　*Quercus variabilis* Blume

**杉谷琉灰蝶　*Celastrina sugitanii shirozui***
燈台樹　*Swida controversa* (Hemsl.) Soják

**秀瀾灰蝶　*Satyrium eximium mushanum***
小葉鼠李　*Rhamnus parvifolia* Bunge

**罕眉眼蝶　*Mycalesis suavolens kagina***
求米草　*Oplismenus hirtellus* (L.) P. Beauv.

**角翅黃蝶　*Eurema laeta punctissima***
大葉假含羞草　*Chamaecrista nictitans* (L.) Moench subsp. *patellaria* (DC.*et* Collad) H. S. Irwin & Bar neby var. *glabrata* (Vogel) H. S. Irwin & Barneby
假含羞草　*Chamaecrista mimosoides* (L.) Greene

**豆波灰蝶　*Lampides boeticus***
大花田菁　*Sesbania grandiflora* (L.) Pers.
大葉野百合　*Crotalaria verrucosa* L.
大葛藤　*Pueraria lobata* (Willd.) Ohwi subsp. *thomsonii* (Benth.) Ohashi & Tateishi
小槐花（抹草）　*Desmodium caudatum* (Thunb. *ex* Murray) DC.
山葛　*Pueraria montana* (Lour.) Merr.
太陽麻　*Crotalaria juncea* L.
木豆（樹豆）　*Cajanus cajan* (L.) Millsp.
四稜豆（翼豆）　*Psophocarpus tetragonolobus* (L.) DC.
田菁　*Sesbania cannabiana* (Retz.) Poir.
白花鐵富豆　*Tephrosia candida* (Roxb.) DC.
印度田菁　*Sesbania sesban* (L.) Merr.
曲毛豇豆　*Vigna reflexo-pilosa* Hayata
豆薯　*Pachyrhizus erosus* (L.) Urb.
赤小豆　*Phaseolus radiatus* L. var. *aurea* Prain
波葉山螞蝗　*Desmodium sequax* Wall.
肥豬豆　*Canavalia lineata* (Thunb. *ex* Murray) DC.
長葉豇豆　*Vigna luteola* (Jacq.) Benth.
南美豬屎豆　*Crotalaria zanzibarica* Benth.
苞葉賽芻豆　*Macroptilium bracteatum* (Nees & Mart.) Marechal & Baudet
菜豆（四季豆）　*Phaseolus vulgaris* L.
黃野百合　*Crotalaria pallida* Aiton. var. *obovata* (G. Don) Polhill
黃豬屎豆　*Crotalaria micans* Link
寬翼豆　*Macroptilium lathyroides* (L.) Urb
豌豆（荷蘭豆）　*Pisum sativum* L.
濱刀豆　*Canavalia rosea* (Sw.) DC.
濱豇豆　*Vigna marina* (Burm.) Merr.
翼莖野百合　*Crotalaria bialata* Schrank
賽芻豆　*Macroptilium atropurpureum* (DC.) Urb.
鵲豆　*Lablab purpureus* (L.) Sweet

**豆環蛺蝶　*Neptis hylas luculenta***
刀豆（白鳳豆）　*Canavalia gladiata* (Jacq.) DC.
大豆（青皮豆）　*Glycine max* (L.) Merr.
大花田菁　*Sesbania grandiflora* (L.) Pers.
大葉山螞蝗　*Desmodium gangeticum* (L.) DC.
大葉佛來明豆　*Flemingia macrophylla* (Willd.) Kuntze *ex* Prain
大葛藤　*Pueraria lobata* (Willd.) Ohwi subsp. *thomsonii* (Benth.) Ohashi & Tateishi
小葉括根　*Rhynchosia minima* (L.) DC. f. *nuda* (DC.) Ohashi & Tateishi
小槐花（抹草）　*Desmodium caudatum* (Thunb. *ex* Murray) DC.
山珠豆　*Centrosema pubescens* Benth.

山黃麻　*Trema orientalis* (L.) Blume
山葛　*Pueraria montana* (Lour.) Merr.
毛細花乳豆　*Galactia tenuiflora* (Klein *ex* Willd.) Wight & Arn. var. *villosa* (Wight & Arn.) Benth.
火炬刺桐　*Erythrina caffra* Thunb.
爪哇大豆　*Neonotonia wightii* (Wight & Arn.) Lackey
台灣山黑扁豆　*Dumasia villosa* DC. subsp. *bicolor* (Hayata) H. Ohashi & Tateishi
四稜豆（翼豆）　*Psophocarpus tetragonolobus* (L.) DC.
白木蘇花　*Dendrolobium umbellatum* (L.) Benth.
白花鐵富豆　*Tephrosia candida* (Roxb.) DC.
光葉魚藤　*Callerya nitida* (Benth.) R. Geesink
多花紫藤（日本紫藤）　*Wisteria floribunda* (Willd.) DC.
曲毛豇豆　*Vigna reflexo-pilosa* Hayata
血藤　*Mucuna macrocarpa* Wall.
西班牙三葉草　*Desmodium uncinatum* DC.
佛來明豆　*Flemingia strobilifera* (L.) R. Br. *ex* W. T. Aiton
兔尾草　*Uraria crinita* (L.) Desv. *ex* DC.
刺桐　*Erythrina variegata* L.
和氏豇豆　*Vigna hosei* (Craib) Backer
波葉山螞蝗　*Desmodium sequax* Wall.
直立假地豆（直毛假地豆）　*Desmodium heterocarpon* (L.) DC. var. *strigosum* Meeuwen
肥豬豆　*Canavalia lineata* (Thunb. *ex* Murray) DC.
虎爪豆　*Mucuna pruriens* (L.) DC. var. *utilis* (Wall. *ex* Wight) Burck
青苧麻　*Boehmeria nivea* (L.) Gaudich. var. *tenacissima* (Gaudich.) Miq.
皇帝豆（萊豆）　*Phaseolus lunatus* L.
美麗胡枝子　*Lespedeza formosa* (Vog.) Koehne
苗栗野豇豆　*Dumasia miaoliensis* Y.C. Liu & F.Y. Lu
苦參　*Sophora flavescens* Aiton.
假木豆　*Dendrolobium triangulare* (Retz.) Schindl
假地豆　*Desmodium heterocarpon* (L.) DC.
密子豆　*Pycnospora lutescens* (Poir.) Schindl.
排錢樹　*Phyllodium pulchellum* (L.) Desv.
梵天花　*Urena procumbens* L.
疏花山螞蝗　*Desmodium laxiflorum* DC.
細花乳豆　*Galactia tenuiflora* (Klein *ex* Willd.) Wight & Arn.
細葉山螞蝗　*Desmodium gracillimum* Hemsl.
野棉花　*Urena lobata* L.
鹿藿　*Rhynchosia volubilis* Lour.
單葉拿身草　*Desmodium zonatum* Miq.
散花山螞蝗　*Desmodium diffusum* DC.
絨毛葉山螞蝗　*Desmodium velutinum* (Willd.) DC.
菜豆（四季豆）　*Phaseolus vulgaris* L.
黑木藍　*Indigofera nigrescens* Kurz *ex* Prain
圓葉兔尾草　*Uraria neglecta* Prain.
葫蘆茶　*Tadehagi triquetrum* (L.) H.Ohashi. subsp. *pseudotriquetrum* (DC.) H. Ohashi
舖地蝙蝠草　*Christia obcordata* (Poir.) Bakh. f. *ex* Meeuwen
蝙蝠草　*Christia campanulata* (Benth.) Thoth.
蝦尾山螞蝗　*Desmodium scorpiurus* (Sw.) Desv.
擬大豆（南美葛豆）　*Calopogonium mucunoides* Desv.
營多藤　*Desmodium intortum* (DC.) Urb.
糙葉樹　*Aphananthe aspera* (Thunb.) Planch.
關刀豆　*Canavalia ensiformis* (L.) DC.
鵲豆　*Lablab purpureus* (L.) Sweet
鐘萼豆　*Codariocalyx motorius* (Houtt.) H. Ohashi
櫸樹　*Zelkova serrata* (Thunb.) Makino
變葉山螞蝗　*Desmodium heterophyllum* (Willd.) DC.

**八畫**
**奇波灰蝶　*Euchrysops cnejus***
山葛　*Pueraria montana* (Lour.) Merr.
曲毛豇豆　*Vigna reflexo-pilosa* Hayata

佛來明豆　*Flemingia strobilifera* (L.) R. Br. *ex* W. T. Aiton
肥豬豆　*Canavalia lineata* (Thunb. *ex* Murray) DC.
苞葉賽芻豆　*Macroptilium bracteatum* (Nees & Mart.) Marechal & Baudet
濱豇豆　*Vigna marina* (Burm.) Merr.
賽芻豆　*Macroptilium atropurpureum* (DC.) Urb.

**奇萊孔弄蝶　*Parnara kiraizana***
芒　*Miscanthus sinensis* Anders. var. *sinensis*

**弧弄蝶　*Aeromachus inachus* formosana**
台灣蘆竹　*Arundo formosana* Hack.

**拉拉山翠灰蝶　*Chrysozephyrus rarasanus***
赤柯（森氏櫟）　*Cyclobalanopsis morii* (Hayata) Schottky
錐子櫟　*Cyclobalanopsis sessilifolia* (Blume) Schottky
錐果櫟　*Cyclobalanopsis longinux* (Hayata) Schottky

**拉拉山鑽灰蝶　*Horaga rarasana***
尾葉灰木　*Symplocos caudate* Wall. *ex* G. Don

**東方喙蝶　*Libythea lepita formosana***
石朴（台灣朴樹）　*Celtis formosana* Hayata
朴樹　*Celtis sinensis* Pers.
沙楠子樹　*Celtis biondii* Pamp.

**東方晶灰蝶　*Freyeria putli formosanus***
三葉木藍　*Indigofera trifoliata* L.
太魯閣木藍　*Indigofera ramulosissima* Hosok
毛木藍　*Indigofera hirsuta* L.
台灣木藍　*Indigofera taiwaniana* T. C. Huang & M. J. Wu
排錢樹　*Phyllodium pulchellum* (L.) Desv.
穗花木藍　*Indigofera spicata* Forssk.
蘭嶼木藍　*Indigofera zollingeriana* Miq.

**武鎧蛺蝶　*Chitoria ulupi arakii***
石朴（台灣朴樹）　*Celtis formosana* Hayata
朴樹　*Celtis sinensis* Pers.

**波灰蝶　*Prosotas nora formosana***
土密樹　*Bridelia tomentosa* Blume
大葉合歡　*Albizia lebbeck* (L.) Benth.
小花鼠刺　*Itea parviflora* Hemsl.
鴨腱藤（恆春鴨腱藤）　*Entada phaseoloides* Merr. subsp. *phaseoloides*
小實孔雀豆　*Adenanthera microsperma* L.
毛胡枝子　*Lespedeza thunbergii* (DC.) Nakai subsp. *formosa* (Vogel) H. Ohashi
台灣苦櫧（台灣栲）　*Castanopsis formosana* (Skan) Hayata
合歡　*Albizia julibrissin* Durazz.
耳莢相思樹　*Acacia auriculiformis* A Cunn.
金合歡　*Acacia farnesiana* (L.) Willd.
厚殼鴨腱藤　*Entada rheedei* Spreng.
相思樹　*Acacia confusa* Merr.
美洲含羞草　*Mimosa diplotricha* C. Wright *ex* Sauvalle
胡枝子　*Lespedeza bicolor* Turcz.
茄冬　*Bischofia javanica* Blume
疏花魚藤　*Derris laxiflora* Benth.
鹿藿　*Rhynchosia volubilis* Lour.
絨葉括根　*Rhynchosia rothii* Benth. *ex* Aitch.
菊花木　*Bauhinia championii* (Benth.) Benth.
越南鴨腱藤　*Entada phaseoloides* Merr. subsp. *tonkinensis* (Gagnep.) H. Ohashi
鼠刺　*Itea oldhamii* C. K. Schneid.

**波紋黛眼蝶　*Lethe rohria daemoniaca***
五節芒　*Miscanthus floridulus* (Labill.) Warb. *ex* Schum. & Laut.
李氏禾　*Leersia hexandra* Sw.
芒　*Miscanthus sinensis* Anders. var. *sinensis*
開卡蘆　*Phragmites vallatoria* (L.) Veldkamp

**波蛺蝶　*Ariadne ariadne pallidior***
蓖麻　*Ricinus communis* L.

**穹翠鳳蝶　*Papilio dialis tatsuta***
食茱萸　*Zanthoxylum ailanthoides* Sieb. & Zucc.
賊仔樹（臭辣樹）　*Tetradium glabrifolium* (Champ. *ex* Benth.) T. Hartley

**花豹盛蛺蝶　*Symbrenthia hypselis scatinia***
水麻　*Debregeasia orientalis* C. J. Chen
水雞油　*Pouzolzia elegans* Wedd.
冷清草　*Elatostema lineolatum* Wight var. *majus* Wedd.
赤車使者　*Pellionia radicans* (Siebold. & Zucc.) Wedd.
密花苧麻（木苧麻）　*Boehmeria densiflora* Hook. & Arn.
闊葉樓梯草　*Elatostema platyphylloides* B. L. Shih & Yuen P. Yang

**花鳳蝶　*Papilio demoleus***
山橘（圓果山橘）　*Glycosmis parviflora* (Sims) Kurz. var. *parviflora*
木蘋果　*Feronia limona* (L.) Swingle
台灣香檬　*Citrus depressa* Hayata
四季橘＆雜交種　*Citrofortunella microcarpa* (Bunge) Wijnands
佛手柑　*Citrus medica* L. var. *sarcodactylis* Swingle
金豆柑　*Fortunella hindsii* (Champ. *ex* Benth) Swingle
金棗　*Fortunella margarita* (Loue.) Swingle
長果山橘（石苓舅）　*Glycosmis parviflora* (Sims) Kurz. var. *erythrocarpa* (Hayata) T. C. Ho
南庄橙　*Citrus taiwanica* Tanaka & Shimada
枸橘（枳殼）　*Poncirus trifoliata* Rafin.
枸櫞（香櫞）　*Citrus medica* L.
柚　*Citrus maxima* (Burm.) Merr.
胡椒木　*Zanthoxylum piperitum* DC. var. *inerme* Makino
茂谷柑（栽培種＆雜交種）　*Citrus* × *tangelo* J. Ingram & H. E. Moore ‘Murcott’
香水檸檬　*Citrus hybrida* ‘Perfume’
烏柑仔　*Severinia buxifolia* (Poir.) Tenore
馬蜂橙（瘋瘋柑）　*Citrus hystrix* DC.
甜橙（柳丁）　*Citrus sinensis* (L.) Osb.
椪柑（柑橘）　*Citrus reticulata* Blanco
過山香　*Clausena excavata* Burm. f.
酸橙（來母）　*Citrus aurantium* L.
橘柑　*Citrus tachibana* (Makino) Tanaka
檸檬　*Citrus limon* (L.) Burm. f.
藤花椒（藤崖椒）　*Zanthoxylum scandens* Blume

**虎灰蝶　*Spindasis lohita formosana***
山豬肉　*Meliosma rhoifolia* Maxim.
細葉饅頭果　*Glochidion rubrum* Blume

**虎斑蝶　*Danaus genutia***
台灣牛皮消　*Cynanchum formosanum* (Maxim.) Hemsl. *ex* Forbes & Hemsl.
薄葉牛皮消　*Cynanchum boudieri* H. Lév. & Vaniot
蘭嶼牛皮消　*Cynanchum lanhsuense* Yamazaki

**金斑蝶　*Danaus chrysippus***
毛白前　*Cynanchum mooreanum* Hemsl.
牛皮消（白薇）　*Cynanchum atratum* Bunge
台灣牛皮消　*Cynanchum formosanum* (Maxim.) Hemsl. *ex* Forbes & Hemsl.

台灣牛嬭菜　*Marsdenia formosana* Masam.
台灣鷗蔓　*Vincetoxicum koi* (Merr.) Meve & Liede
尖尾鳳（馬利筋）　*Asclepias curassavica* L.
爬森藤　*Parsonia laevigata* (Moon) Alston
釘頭果（唐棉）　*Gomphocarpus fruticosus* (L.) R. Br.
疏花鷗蔓　*Vincetoxicum oshimae* (Hayata) Meve & Liede
黃馬利筋　*Asclepias curassavica* L. 'Flaviflora'
薄葉牛皮消　*Cynanchum boudieri* H. Lév. & Vaniot
蘭嶼牛皮消　*Cynanchum lanhsuense* Yamazaki
魔星花（大犀角花）　*Stapelia gigantea* N. E. Br.

**金環蛺蝶　*Pantoporia hordonia rihodona***
藤相思樹　*Acacia caesia* (L.) Willd.
合歡　*Albizia julibrissin* Durazz.

**金鎧蛺蝶　*Chitoria chrysolora***
石朴（台灣朴樹）　*Celtis formosana* Hayata
朴樹　*Celtis sinensis* Pers.
沙楠子樹　*Celtis biondii* Pamp.

**長尾麝鳳蝶　*Byasa impediens febanus***
裕榮馬兜鈴　*Aristolochia yujungiana* C. T. Lu & J. C. Wang
台灣馬兜鈴　*Aristolochia shimadai* Hayata
巨花馬兜鈴　*Aristolochia gigantea* Hook.
瓜葉馬兜鈴　*Aristolochia cucurbitifolia* Hayata
耳葉馬兜鈴　*Aristolochia tagala* Champ.
彩花馬兜鈴　*Aristolochia elegans* M. T. Mast.
港口馬兜鈴　*Aristolochia zollingeriana* Miq.
蜂窩馬兜鈴　*Aristolochia foveolata* Merr.

**長紋黛眼蝶　*Lethe europa pavida***
刺竹　*Bambusa stenostachya* Hackel
孟宗竹　*Phyllostachys pubescens* Mazel *ex* H. de Leh.
金絲竹　*Bambusa vulgaris* Schrad. *ex* Wendl. var. *striata* (Loddiges) Gamble
桂竹　*Phyllostachys makinoi* Hayata
麻竹　*Dendrocalamus latiflorus* Munro
葫蘆竹（佛竹）　*Bambusa ventricosa* McClure
綠竹　*Bambusa oldhamii* Munro

**長翅弄蝶　*Badamia exclamationis***
黃褥花（西印度櫻桃）　*Malpighia glabra* L.
猿尾藤　*Hiptage benghalensis* (L.) Kurz.

**阿里山鐵灰蝶　*Teratozephyrus arisanus***
狹葉櫟　*Cyclobalanopsis stenophylloides* (Hayata) Kudo & Masam *ex* Kudo

**青珈波灰蝶　*Catochrysops panormus exiguu***
大葛藤　*Pueraria lobata* (Willd.) Ohwi subsp. *thomsonii* (Benth.) Ohashi & Tateishi
小槐花（抹草）　*Desmodium caudatum* (Thunb. *ex* Murray) DC.
山葛　*Pueraria montana* (Lour.) Merr.
白木蘇花　*Dendrolobium umbellatum* (L.) Benth.
佛來明豆　*Flemingia strobilifera* (L.) R. Br. *ex* W. T. Aiton

**青眼蛺蝶　*Junonia orithya***
早田氏爵床　*Justicia procumbens* L. var. *hayatae* (Yamam.) Ohwi
鴨舌　*Phyla nodiflora* (L.) Greene
爵床　*Justicia procumbens* L.

**青雀斑灰蝶　*Phengaris atroguttata formosana***
毛果延命草　*Rabdosia lasiocarpa* (Hayata) Hara

**青鳳蝶　*Graphium sarpedon connectens***

土肉桂　*Cinnamomum osmophloeum* Kaneh.
土樟　*Cinnamomum reticulatum* Hayata
大香葉樹（大葉釣樟）　*Lindera megaphylla* Hemsl.
大葉楠　*Machilus japonica* Siebold. & Zucc. var. *kusanoi* (Hayata) J. C. Liao
小梗木薑子（黃肉樹）　*Litsea hypophaea* Hayata
牛樟　*Cinnamomum kanehirae* Hayata
台灣肉桂　*Cinnamomum insulari-montanum* Hayata
台灣擦樹　*Sassafras randaiense* (Hayata) Rehder
白葉釣樟　*Lindera glauca* (Siebold & Zucc.) Blume
肉桂　*Cinnamomum cassia* J. Presl
青葉楠　*Machilus zuihoensis* Hayata var. *mushaensis* (F. Y. Lu) Y. C. Liu
胡氏肉桂　*Cinnamomum macrostemon* Hayata
香桂　*Cinnamomum subavenium* Miq.
香楠　*Machilus zuihoensis* Hayata
陰香（印尼肉桂）　*Cinnamomum burmannii* (Nees) Blume
樟樹　*Cinnamomum camphora* (L.) Presl
豬腳楠（紅楠）　*Machilus thunbergii* Siebold & Zucc.
錫蘭肉桂　*Cinnamomum verum* J. Presl
蘭嶼肉桂　*Cinnamomum kotoense* Kaneh. & Sasaki

## 九畫

**亮色黃蝶　*Eurema blanda arsakia***
大葉合歡　*Albizia lebbeck* (L.) Benth.
爪哇決明（爪哇旃那）　*Cassia javanica* L.
合歡　*Albizia julibrissin* Durazz.
老虎心　*Caesalpinia bonduc* (L.) Roxb.
決明　*Cassia tora* (L.) Roxb.
金葉黃槐（雙莢決明）　*Cassia bicapsularis* L.
阿勃勒　*Cassia fistula* L.
厚殼鴨腱藤　*Entada rheedei* Spreng.
恆春皂莢　*Gleditsia rolfei* Vidal
盾柱木　*Peltophorum pterocarpum* (DC) Baker *ex* Henye
紅粉撲花　*Calliandra emerginata* (Humb. & Bonpl.) Benth.
美洲合歡　*Calliandra haematocephala* Hassk.
麻六甲合歡　*Albizia falcataria* (L.) Fosberg
喙莢雲實　*Caesalpinia minax* Hance
越南鴨腱藤　*Entada phaseoloides* subsp. *tonkinensis* (Gagnep.) H .Ohashi
黃槐　*Cassia surattensis* Burm. f.
搭肉刺　*Caesalpinia crista* L.
頷垂豆　*Archidendron lucidum* (Benth.) I. Nielsen
鴨腱藤（恆春鴨腱藤）　*Entada phaseoloides* Merr. subsp. *phaseoloides*
鐵刀木　*Cassia siamea* (Lam.) Irwin & Barneby

**南方娜波灰蝶　*Nacaduba beroe asakusa***
印度苦櫧　*Castanopsis indica* (Roxb.) A.DC.

**南方燕藍灰蝶　*Everes lacturnus rileyi***
大葉山螞蝗　*Desmodium gangeticum* (L.) DC.
直立假地豆（直毛假地豆）　*Desmodium heterocarpon* (L.) DC. var. *strigosum* Meeuwen
假地豆　*Desmodium heterocarpon* (L.) DC.
鐘萼豆　*Codariocalyx motorius* (Houtt.) H. Ohashi

**南方灑灰蝶　*Satyrium austrinum***
櫸樹　*Zelkova serrata* (Thunb.) Makino

**南風絨弄蝶　*Hasora mixta limata***
蘭嶼魚藤　*Derris canarensis* (Dalzell) Baker

**帝王斑蝶　*Danaus plexippus***
尖尾鳳（馬利筋）　*Asclepias curassavica* L.

釘頭果（唐棉）　*Gomphocarpus fruticosus* (L.) R. Br.

**星黃蝶　*Eurema brigitta hainana***
大葉假含羞草　*Chamaecrista nictitans* (L.) Moench subsp. *patellaria* (DC.*et* Collad) H. S. Irwin & Barneby var. *glabrata* (Vogel) H. S. Irwin & Barneby
假含羞草　*Chamaecrista mimosoides* (L.) Greene

**枯葉蝶　*Kallima inachus formosana***
大安水簑衣　*Hygrophila pogonocalyx* Hayata
大花蘆莉　*Ruellia elegans* Poir.
小獅子草　*Hygrophila polysperma* T. Anders.
水簑衣　*Hygrophila lancea* (Thunb.) Miq.
台灣馬藍　*Strobilanthes formosanus* S. Moore
台灣鱗球花　*Lepidagathis formosensis* C. B. Clarke *ex* Hayata
曲莖馬藍　*Strobilanthes flexicaulis* Hayata
宜蘭水簑衣　*Hygrophila* sp.
易生木　*Hemigraphis repanda* (L.) H. G. Hallier
長穗馬藍　*Strobilanthes longespicatus* Hayata
柳葉水簑衣　*Hygrophila salicifolia* (Vahl) Nees
翅柄馬藍　*Strobilanthes wallichii* Nees
馬藍　*Strobilanthes cusia* (Nees) Kuntze
異葉水簑衣　*Hygrophila difformis* (Linn. f.) E. Hossain
腺萼馬藍　*Strobilanthes penstemonoides* T. Anders.
賽山藍　*Blechum pyramidatum* (Lam.) Urb.
蘭嵌馬藍　*Strobilanthes rankanensis* Hayata

**柑橘鳳蝶　*Papilio xuthus***
木蘋果　*Feronia limonia* (L.) Swingle
台灣香檬　*Citrus depressa* Hayata
四季橘＆雜交種　*Citrofortunella microcarpa* (Bunge) Wijnands
佛手柑　*Citrus medica* L. var. *sarcodactylis* Swingle
狗花椒　*Zanthoxylum avicennae* (Lam.) DC.
金豆柑　*Fortunella hindsii* (Champ. *ex* Benth) Swingle
金棗　*Fortunella margarita* (Loue.) Swingle
南庄橙　*Citrus taiwanica* Tanaka & Shimada
柚　*Citrus maxima* (Burm.) Merr.
胡椒木　*Zanthoxylum piperitum* DC. var. *inerme* Makino
茂谷柑（栽培種＆雜交種）　*Citrus* × *tangelo* J. Ingram & H. E. Moore 'Murcott'
食茱萸　*Zanthoxylum ailanthoides* Sieb. & Zucc.
香水檸檬　*Citrus hybrida* 'Perfume'
烏柑仔　*Severinia buxifolia* (Poir.) Tenore
馬蜂橙（瘋瘋柑）　*Citrus hystrix* DC.
甜橙（柳丁）　*Citrus sinensis* (L.) Osb.
椪柑（柑橘）　*Citrus reticulata* Blanco
賊仔樹（臭辣樹）　*Tetradium glabrifolium* (Champ. *ex* Benth.) T. Hartley
酸橙（來母）　*Citrus aurantium* L.
橘柑　*Citrus tachibana* (Makino) Tanaka
翼柄花椒（翼柄崖椒）　*Zanthoxylum schinifolium* Sieb. & Zucc.
檸檬　*Citrus limon* (L.) Burm. f.
雙面刺（崖椒）　*Zanthoxylum nitidum* (Roxb.) DC.
藤花椒（藤崖椒）　*Zanthoxylum scandens* Blume

**柯氏黛眼蝶　*Lethe christophi hanako***
玉山箭竹　*Yushania niitakayamensis* (Hayata) Keng f.

**流星絹粉蝶　*Aporia agathon moltrechti***
十大功勞　*Mahonia japonica* (Thunb.) DC.
台灣小蘗　*Berberis kawakamii* Hayata
玉山小蘗　*Berberis morrisonensis* Hayata
阿里山十大功勞　*Mahonia oiwakensis* Hayata
高山小蘗　*Berberis brevisepala* Hayata

**流星蛺蝶　*Dichorragia nesimachus formosanus***
山豬肉　*Meliosma rhoifolia* Maxim.
筆羅子　*Meliosma rigida* Siebold. & Zucc.

**玳灰蝶　*Deudorix epijarbas menesicles***
山龍眼　*Helicia formosana* Hemsl.
柿（柿仔、紅柿）　*Diospyros kaki* Thunb.
荔枝　*Litchi chinensis* Sonn.
軟毛柿　*Diospyros eriantha* Champ. *ex* Benth.
無患子　*Sapindus mukorossii* Gaertn.
菊花木　*Bauhinia championii* (Benth.) Benth.
蓮花池山龍眼　*Helicia rengetiensis* Masam.
龍眼　*Euphoria longana* Lam.

**珂灰蝶　*Cordelia comes wilemaniella***
阿里山千金榆　*Carpinus kawakamii* Hayata

**眉眼蝶　*Mycalesis francisca formosana***
白茅　*Imperata cylindrica* (L.) P. Beauv. var. *major* (Nees) C. E. Hubb. *ex* Hubb. & Vaughan
竹葉草　*Oplismenus compositus* (L.) P. Beauv.
芒　*Miscanthus sinensis* Anders. var. *sinensis*
柳葉箬　*Isachne globosa* (Thunb.) Kuntze
棕葉狗尾草（颱風草）　*Setaria palmifolia* (J. König.) Stapf

**突尾鉤蛺蝶　*Polygonia c-album asakurai***
阿里山榆　*Ulmus uyematsui* Hayata
櫸樹　*Zelkova serrata* (Thunb.) Makino

**紅玉翠蛺蝶　*Euthalia irrubescens fulguralis***
大葉桑寄生　*Taxillus liquidambaricolus* (Hayata) Hosok
埔姜桑寄生　*Taxillus theifer* (Hayata) H. S. Kiu
蓮華池桑寄生　*Taxillus tsaii* S. T. Chiu

**紅珠鳳蝶　*Pachliopta aristolochiae interposita***
裕榮馬兜鈴　*Aristolochia yujungiana* C. T. Lu & J. C. Wang
台灣馬兜鈴　*Aristolochia shimadai* Hayata
巨花馬兜鈴　*Aristolochia gigantea* Hook.
瓜葉馬兜鈴　*Aristolochia cucurbitifolia* Hayata
耳葉馬兜鈴　*Aristolochia tagala* Champ.
彩花馬兜鈴　*Aristolochia elegans* M. T. Mast.
港口馬兜鈴　*Aristolochia zollingeriana* Miq.
蜂窩馬兜鈴　*Aristolochia foveolata* Merr.

**紅斑脈蛺蝶　*Hestina assimilis formosana***
石朴（台灣朴樹）　*Celtis formosana* Hayata
朴樹　*Celtis sinensis* Pers.
沙楠子樹　*Celtis biondii* Pamp.

**苧麻珍蝶　*Acraea issoria formosana***
水麻　*Debregeasia orientalis* C. J. Chen
水雞油　*Pouzolzia elegans* Wedd.
青苧麻　*Boehmeria nivea* (L.) Gaudich. var. *tenacissima* (Gaudich.) Miq.
苧麻　*Boehmeria nivea* (L.) Gaud.
密花苧麻（木苧麻）　*Boehmeria densiflora* Hook. & Arn.
糯米糰　*Gonostegia hirta* (Blume) Miq.

**飛龍白粉蝶　*Talbotia naganum karumii***
鐘萼木　*Bretschneidera sinensis* Hemsl.

**十畫**
**埔里星弄蝶　*Celaenorrhinus horishanus***
台灣馬藍　*Strobilanthes formosanus* S. Moore
曲莖馬藍　*Strobilanthes flexicaulis* Hayata

蘭嵌馬藍　*Strobilanthes rankanensis* Hayata

**島嶼黃蝶　*Eurema alitha esakii***
毛細花乳豆　*Galactia tenuiflora* (Klein *ex* Willd.) Wight & Arn. var. *villosa* (Wight & Arn.) Benth.
決明　*Cassia tora* (L.) Roxb.
敏感合萌　*Aeschynomene americana* L.
細花乳豆　*Galactia tenuiflora* (Klein *ex* Willd.) Wight & Arn.

**朗灰蝶　*Ravenna nivea***
青剛櫟　*Cyclobalanopsis glauca* (Thunb.) Oerst.
狹葉櫟　*Cyclobalanopsis stenophylloides* (Hayata) Kudo & Masam *ex* Kudo
碇子櫟　*Cyclobalanopsis sessilifolia* (Blume) Schottky
錐果櫟　*Cyclobalanopsis longinux* (Hayata) Schottky

**狹翅波眼蝶　*Ypthima angustipennis***
求米草　*Oplismenus hirtellus* (L.) P. Beauv.

**珠光鳳蝶　*Troides magellanus sonani***
裕榮馬兜鈴　*Aristolochia yujungiana* C. T. Lu & J. C. Wang
台灣馬兜鈴　*Aristolochia shimadai* Hayata
瓜葉馬兜鈴　*Aristolochia cucurbitifolia* Hayata
耳葉馬兜鈴　*Aristolochia tagala* Champ.
港口馬兜鈴　*Aristolochia zollingeriana* Miq.
蜂窩馬兜鈴　*Aristolochia foveolata* Merr.

**珠灰蝶　*Iratsume orsedice suzukii***
水絲梨　*Sycopsis sinensis* Oliv.

**琉灰蝶　*Celastrina argiolus caphis***
毛胡枝子　*Lespedeza thunbergii* (DC.) Nakai subsp. *formosa* (Vogel) H. Ohashi
脈葉木藍　*Indigofera venulosa* Champ. *ex* Benth.

**琉璃蛺蝶　*Kaniska canace drilon***
大武牛尾菜（烏蘇里山馬薯）　*Smilax riparia* A. DC.
台灣油點草　*Tricyrtis formosana* Baker
光滑菝葜（禹餘糧）　*Smilax glabra* Wright
耳葉菝葜　*Smilax ocreata* A. DC.
假菝葜　*Smilax bracteata* C. Presl
細葉菝葜　*Smilax elongato-umbellata* Hayata
菝葜　*Smilax china* L.
裡白菝葜　*Smilax corbularia* Kunth
糙莖菝葜　*Smilax bracteata* C. Presl var. *verruculosa* (Merr.) T. Koyama

**琉璃翠鳳蝶　*Papilio paris nakaharai***
三叉虎（三腳鱉）　*Melicope pteleifolia* (Champ. *ex* Benth.) Hartley
山刈葉　*Melicope semecarpifolia* (Merr.) Hartley

**窄帶翠蛺蝶　*Euthalia insulae***
赤皮　*Cyclobalanopsis gilva* (Blume) Oerst.
青剛櫟　*Cyclobalanopsis glauca* (Thunb.) Oerst.
狹葉櫟　*Cyclobalanopsis stenophylloides* (Hayata) Kudo & Masam *ex* Kudo
錐果櫟　*Cyclobalanopsis longinux* (Hayata) Schottky

**紋黃蝶　*Colias erate formosana***
天藍苜蓿　*Medicago lupulina* L.
印度草木樨　*Melilotus indicus* (L.) All.
草木樨　*Melilotus officinalia* (L.) Pall. subsp. *suaveolens* (Ledeb.)
菽草（白花三葉草）　*Trifolium repens* L.

**迷你藍灰蝶　*Zizula hylax***

大安水簑衣　*Hygrophila pogonocalyx* Hayata
大花蘆莉　*Ruellia elegans* Poir.
小花寬葉馬偕花　*Asystasia gangetica* (L.) T. Anderson subsp. *micrantha* (Nees) Ensermu
小獅子草　*Hygrophila polysperma* T. Anders.
小葉馬纓丹　*Lantana montevidensis* (Spreng.) Briq.
水簑衣　*Hygrophila lancea* (Thunb.) Miq.
赤道櫻草　*Asystasia gangetica* (L.) T. Anderson
宜蘭水簑衣　*Hygrophila* sp.
柳葉水簑衣　*Hygrophila salicifolia* (Vahl) Nees
異葉水簑衣　*Hygrophila difformis* (Linn. f.) E. Hossain
翠蘆莉　*Ruellia brittoniana* Leonard
橙紅馬纓丹　*Lantana camara* 'Mista'
賽山藍　*Blechum pyramidatum* (Lam.) Urb.
蘆利草　*Ruellia repen* (L.) Hassk.

**閃灰蝶　*Sinthusa chandrana kuyaniana***
台灣懸鉤子　*Rubus formosensis* Kuntze
羽萼懸鉤子（粗葉懸鉤子）　*Rubus alceifolius* Poir.
高山懸鉤子　*Rubus rolfei* S. Vidal

**高山鐵灰蝶　*Teratozephyrus elatus***
高山櫟　*Quercus spinosa* David *ex* Franch
銳葉高山櫟　*Quercus tatakaensis* Tomiya

**高砂燕灰蝶　*Rapala takasagonis***
九芎　*Lagerstroemia subcostata* Koehne
風藤　*Piper kadsura* (Choisy) Ohwi
賽欒華　*Eurycorymbus cavaleriei* (H. Lév.) Rehder & Hand.-Mazz.

**十一畫**

**假禾弄蝶　*Pseudoborbo bevani***
印度鴨嘴草　*Ischaemum indicum* (Houtt.) Merr.
芒　*Miscanthus sinensis* Anders. var. *sinensis*
剛莠竹　*Microstegium ciliatum* (Trin.) A. Camus

**啐紋孔弄蝶　*Polytremis eltola tappana***
台灣蘆竹　*Arundo formosana* Hack.
柳葉箬　*Isachne globosa* (Thunb.) Kuntze
棕葉狗尾草（颱風草）　*Setaria palmifolia* (J. König.) Stapf
蘆竹　*Arundo donax* L.

**菫彩燕灰蝶　*Rapala caerulea liliacea***
大葉溲疏　*Deutzia pulchra* Vidal
毛胡枝子　*Lespedeza thunbergii* (DC.) Nakai subsp. *formosa* (Vogel) H. Ohashi
波葉山螞蝗　*Desmodium sequax* Wall.
鐵掃帚　*Lespedeza cuneata* G.Don.

**密紋波灰蝶　*Prosotas dudiosa asbolodes***
大葉合歡　*Albizia lebbeck* (L.) Benth.
金合歡　*Acacia farnesiana* (L.) Willd.
金龜樹　*Pithecellobium dulce* (Roxb.) Benth.
雨豆樹　*Samanea saman* Merr.
相思樹　*Acacia confusa* Merr.
菊花木　*Bauhinia championii* (Benth.) Benth.

**密紋波眼蝶　*Ypthima multistriata***
白背芒　*Miscanthus sinensis* Anders. var. *glaber* (Nakai) Lee
李氏禾　*Leersia hexandra* Sw.
兩耳草　*Paspalum conjugatum* Bergius
柳葉箬　*Isachne globosa* (Thunb.) Kuntze
剛莠竹　*Microstegium ciliatum* (Trin.) A. Camus
棕葉狗尾草（颱風草）　*Setaria palmifolia* (J. König.) Stapf

**密點玄灰蝶　Tongeia filicaudis mushanus**
小燈籠草　Kalanchoe gracilis Hance
火焰草　Sedum stellariaefolium Franch.
玉山佛甲草　Sedum morrisonense Hayata
星果佛甲草　Sedum actinocarpum Yamam.
倒吊蓮　Kalanchoe spathulata (Poir.) DC.
落地生根　Bryophyllum pinnatum (Lam.) Kurz

**條斑豔粉蝶　Delias lativitta formosana**
台灣槲寄生　Viscum alniformosanae Hayata
楓櫟柿寄生　Viscum articulatum Burm.

**淡色黃蝶　Eurema andersoni godana**
光果翼核木　Ventilago leiocarpa Benth.
翼核木　Ventilago elegans Hemsl.

**淡青雅波灰蝶　Jamides alecto dromicus**
川上氏月桃　Alpinia shimadae Hayata var. kawakamii (Hayata) J. J. Yang & J. C. Wang
屯鹿月桃　Alpinia tonrokuensis Hayata
月桃　Alpinia zerumbet (Pers.) B. L. Burtt & R. M. Sm.
角板山月桃　Alpinia mesanthera Hayata
屈尺月桃　Alpinia kusshakuensis Hayata
南投月桃　Alpinia nantoensis F. Y. Lu & Y. W. Kuo
恆春月桃　Alpinia koshunensis Hayata
島田氏月桃　Alpinia shimadae Hayata
野薑花（穗花山奈）　Hedychium coronarium Koenig
普萊氏月桃　Alpinia pricei Hayata
歐氏月桃　Alpinia oui Y. H. Tseng & C. C. Wang, J. C. Wang & C. I. Peng
薑花（球薑）　Zingiber zerumbet (L.) Roscoe & Sm.

**淡紋青斑蝶　Tirumala limniace**
華他卡藤　Dregea volubilis (L. f.) Benth.

**淡黑玳灰蝶　Deudorix rapaloides**
大頭茶　Gordonia axillaris (Roxb.) Dietr.
短柱山茶　Camellia brevistyla (Hayata) Cohen.-Stuart

**淡褐脈粉蝶　Cepora nadina eunama**
小刺山柑　Capparis micracantha DC. var. henryi (Matsum.) Jacobs
山柑　Capparis sikkimensis Kurz subsp. formosana (Hemsl.) Jacobs
毛瓣蝴蝶木　Capparis sabiaefolia Hook. f. & Thoms.

**深山環蛺蝶　Neptis sylvana esakii**
台灣懸鉤子　Rubus formosensis Kuntze

**深山黛眼蝶　Lethe insana formosana**
玉山箭竹　Yushania niitakayamensis (Hayata) Keng f.
桂竹　Phyllostachys makinoi Hayata

**淺色眉眼蝶　Mycalesis sangaica mara**
求米草　Oplismenus hirtellus (L.) P. Beauv.
棕葉狗尾草（颱風草）　Setaria palmifolia (J. König.) Stapf

**清金翠灰蝶　Chrysozephyrus yuchingkinus**
青剛櫟　Cyclobalanopsis glauca (Thunb.) Oerst.
毽子櫟　Cyclobalanopsis sessilifolia (Blume) Schottky
錐果櫟　Cyclobalanopsis longinux (Hayata) Schottky

**異色尖粉蝶　Appias lyncida eleonora**
小刺山柑　Capparis micracantha DC. var. henryi (Matsum.) Jacobs
山柑　Capparis sikkimensis Kurz subsp. formosana (Hemsl.) Jacobs
毛瓣蝴蝶木　Capparis sabiaefolia Hook. f. & Thoms.
多花山柑　Capparis floribunda Wight

魚木　Crateva adansonii DC. subsp. formosensis Jacobs

**異粉蝶　Ixias pyrene insignis**
毛瓣蝴蝶木　Capparis sabiaefolia Hook. f. & Thoms.

**異紋帶蛺蝶　Athyma selenophora laela**
毛玉葉金花（水社玉葉金花）　Mussaenda pubescens W. T. Aiton
水金京　Wendlandia formosana Cowan
水錦樹　Wendlandia uvariifolia Hance
台北玉葉金花　Mussaenda taihokuensis Masam.
台灣玉葉金花　Mussaenda taiwaniana Kaneh.
台灣鉤藤　Uncaria hirsuta Havil.
玉葉金花　Mussaenda parviforas Miq.
呂宋水錦樹　Wendlandia luzoniensis Dc.
風箱樹　Cephalanthus naucleoides DC.
嘴葉鉤藤（鉤藤）　Uncaria rhynchophylla (Miq.) Miq. & Havil.
寶島玉葉金花　Mussaenda formosanum (Matsum.) T. Y. Aleck Yang & K. C. Huang

**異紋紫斑蝶　Euploea mulciber barsine**
阿里山珍珠蓮　Ficus sarmentosa Buch.-Ham. ex Sm. var. henryi (King ex D. Oliv) Corner
九重吹（九丁榕）　Ficus nervosa Heyne ex Roth.
大冇榕（稜果榕）　Ficus septica Burm. f.
大錦蘭　Anodendron benthamiana Hemsl.
小錦蘭　Anodendron affine (Hook. & Arn.) Druce
天仙果（台灣榕）　Ficus formosana Maxim.
牛奶榕　Ficus erecta Thunb.var. beecheyana (Hook.& Arn.) King.
台灣絡石　Trachelospermum formosanum Y. C. Liu & C. H. Ou
白肉榕　Ficus virgata Reinw. ex Blume.
尖尾鳳（馬利筋）　Asclepias curassavica L.
舌瓣花　Jasminanthes mucronata (Blanco) W.D. Stevens & P. T. Li
乳藤　Ecdysanthera utilis Hayata & Kawak.
爬森藤　Parsonia laevigata (Moon) Alston
金氏榕　Ficus ampelas Burm. f.
珍珠蓮（日本珍珠蓮）　Ficus sarmentosa Buch.-Ham. ex Sm. var. nipponica (Franch. & Sav.) Corner
釘頭果（唐棉）　Gomphocarpus fruticosus (L.) R. Br.
假枇杷　Ficus erecta Thunb.
細梗絡石　Trachelospermum gracilipes Hook. f.
細葉天仙果（細葉台灣榕）　Ficus formosana Maxim. f. shimadae Hayata
絡石　Trachelospermum jasminoides (Lindl.) Lemaire
黃馬利筋　Asclepias curassavica L. ‘Flaviflora’
榕樹（正榕）　Ficus microcarpa L. f.
豬母乳（水同木、大冇樹）　Ficus fistulosa Reinw. ex Blume
澀葉榕（糙葉榕）　Ficus irisana Elmer.
濱榕　Ficus tannoensis Hayata
薜荔　Ficus pumila L.
隱鱗藤　Cryptolepis sinensis (Lour.) Merr.
蘭嶼絡石　Trachelospermum lanyuense C. E. Chang

**眼蛺蝶　Junonia almana**
大安水簑衣　Hygrophila pogonocalyx Hayata
大花蘆莉　Ruellia elegans Poir.
小獅子草　Hygrophila polysperma T. Anders.
水丁黃　Lindernia ciliata (Colsm.) Pennell
水簑衣　Hygrophila lancea (Thunb.) Miq.
台灣馬藍　Strobilanthes formosanus S. Moore
曲莖馬藍　Strobilanthes flexicaulis Hayata
旱田草　Lindernia ruellioides (Colsm.) Pennell
定經草（心葉母草）　Lindernia anagallis (Burm. f.) Pennell
宜蘭水簑衣　Hygrophila sp.
易生木　Hemigraphis repanda (L.) H. G. Hallier
泥花草　Lindernia antipoda (L.) Alston

柳葉水簑衣　*Hygrophila salicifolia* (Vahl) Nees
異葉水簑衣　*Hygrophila difformis* (Linn. f.) E. Hossain
腺萼馬藍　*Strobilanthes penstemonoides* T. Anders.
翠蘆莉　*Ruellia brittoniana* Leonard
鴨舌　*Phyla nodiflora* (L.) Greene
賽山藍　*Blechum pyramidatum* (Lam.) Urb.
蘆利草　*Ruellia repen* (L.) Hassk.

**細灰蝶　*Leptotes plinius***
大葉野百合　*Crotalaria verrucosa* L.
毛胡枝子　*Lespedeza thunbergii* (DC.) Nakai subsp. *formosa* (Vogel) H. Ohashi
毛苦參　*Sophora tomentosa* L.
毛細花乳豆　*Galactia tenuiflora* (Klein *ex* Willd.) Wight & Arn. var. *villosa* (Wight & Arn.) Benth.
水黃皮　*Pongamia pinnata* (L.) Pierre
台灣灰毛豆　*Tephrosia obovata* Merr.
田菁　*Sesbania cannabiana* (Retz.) Poir.
印度田菁　*Sesbania sesban* (L.) Merr.
波葉山螞蝗　*Desmodium sequax* Wall.
美麗胡枝子　*Lespedeza formosa* (Vog.) Koehne
胡枝子　*Lespedeza bicolor* Turcz.
苦參　*Sophora flavescens* Aiton.
烏面馬　*Plumbago zeylanica* L.
脈葉木藍　*Indigofera venulosa* Champ. *ex* Benth.
野木藍　*Indigofera suffruticosa* Mill.
黃野百合　*Crotalaria pallida* Aiton. var. *obovata* (G. Don) Polhill
黑木藍　*Indigofera nigrescens* Kurz *ex* Prain
豌豆（荷蘭豆）　*Pisum sativum* L.
穗花木藍　*Indigofera spicata* Forssk.
藍雪花　*Plumbago auriculata* Lam.
闊葉大豆　*Glycine tomentella* Hayata

**細波遷粉蝶　*Catopsilia pyranthe***
大葉假含羞草　*Chamaecrista nictitans* (L.) Moench subsp. *patellaria* (DC.*et* Collad) H. S. Irwin & Barneby var. *glabrata* (Vogel) H. S. Irwin & Barneby
毛決明　*Cassia hirsuta* (L.) Irwin & Barneby
爪哇決明（爪哇旃那）　*Cassia javanica* L.
決明　*Cassia tora* (L.) Roxb.
金葉黃槐（雙莢決明）　*Cassia bicapsularis* L.
阿勃勒　*Cassia fistula* L.
望江南　*Cassia occidentalis* (L.) Link
黃槐　*Cassia surattensis* Burm. f.
濱槐　*Ormocarpum cochinchinesis* (Lour.) Merr.
翼柄決明　*Cassia alata* L.

**細帶環蛺蝶　*Neptis nata lutatia***
山黃麻　*Trema orientalis* (L.) Blume
水黃皮　*Pongamia pinnata* (L.) Pierre
石朴（台灣朴樹）　*Celtis formosana* Hayata
印度黃檀　*Dalbergia sissoo* DC.
朴樹　*Celtis sinensis* Pers.
杜虹花　*Callicarpa formosana* Rolfe
使君子　*Quisqualis indica* L.
菊花木　*Bauhinia championii* (Benth.) Benth.
菲律賓紫檀　*Pterocarpus vidalianus* Roxb.
欅樹　*Zelkova serrata* (Thunb.) Makino
刺杜密　*Bridelia balansae* Tutcher.

**細邊琉灰蝶　*Celastrina lavendularis himilcon***
鹿藿　*Rhynchosia volubilis* Lour.
猿尾藤　*Hiptage benghalensis* (L.) Kurz.
裡白楤木　*Aralia bipinnata* Blanco
樟葉槭　*Acer albopurpurascens* Hayata

賽欒華　*Eurycorymbus cavaleriei* (H. Lév.) Rehder & Hand.-Mazz.

**莧藍灰蝶　*Zizeeria karsandra***
凹葉野莧菜　*Amaranthus lividus* L.
台灣蒺藜（大花蒺藜）　*Tribulus taiwanense* T. C. Huang & T. H. Hsieh
刺莧　*Amaranthus spinosus* L.
青莧　*Amaranthus patulus* Bertol
假繁縷　*Glinus oppositifolius* (L.) DC.
野莧菜　*Amaranthus viridis* L.
節花路蓼（假萹蓄）　*Polygonum plebeium* R. Br.
蒺藜　*Tribulus terrestris* L.

**袖弄蝶　*Notocrypta curvifascia***
川上氏月桃　*Alpinia shimadae* Hayata var. *kawakamii* (Hayata) J. J. Yang & J. C. Wang
三奈　*Zingiber kawagoii* Hayata
屯鹿月桃　*Alpinia tonrokuensis* Hayata
月桃　*Alpinia zerumbet* (Pers.) B. L. Burtt & R. M. Sm.
台灣月桃　*Alpinia formosana* K. Schum.
角板山月桃　*Alpinia mesanthera* Hayata
宜蘭月桃　*Alpinia* × *ilanensis* S. C. Liu & J. C. Wang
屈尺月桃　*Alpinia kusshakuensis* Hayata
阿里山月桃　*Alpinia pricei* Hayata var. *sessiliflora* (kitam.) J. J. Yang & J. C. Wang
南投月桃　*Alpinia nantoensis* F. Y. Lu & Y. W. Kuo
恆春月桃　*Alpinia koshunensis* Hayata
島田氏月桃　*Alpinia shimadae* Hayata
烏來月桃　*Alpinia uraiensis* Hayata
普萊氏月桃　*Alpinia pricei* Hayata
歐氏月桃　*Alpinia oui* Y. H. Tseng & C. C. Wang, J. C. Wang & C. I. Peng
橢圓葉月桃　*Alpinia intermedia* Gagnep. var. *oblongifolia* (Hayata) F. Y. Lu & Y. W. Kuocomb.
薑花（球薑）　*Zingiber zerumbet* (L.) Roscoe & Sm.
薑黃（鬱金、乙金）　*Curcuma domestica* Valet
野薑花（穗花山奈）　*Hedychium coronarium* Koenig

**連珠翠蛺蝶　*Euthalia hebe kosempona***
捲斗櫟　*Cyclobalanopsis pachyloma* (Seemen) Schottky

**連紋袖弄蝶　*Notocrypta arisana***
日本月桃（山薑）　*Alpinia japonica* (Thunb.) Miq.

**連紋袖弄蝶＆菲律賓亞種　*Notocrypta feisthamelii alinkara***
呂宋月桃　*Alpinia flabellata* Ridl.

**十二畫**
**單線翠灰蝶　*Chrysozephyrus splendidulus***
赤皮　*Cyclobalanopsis gilva* (Blume) Oerst.

**散紋盛蛺蝶　*Symbrenthia lilaea formosanus***
水麻　*Debregeasia orientalis* C. J. Chen
水雞油　*Pouzolzia elegans* Wedd.
冷清草　*Elatostema lineolatum* Wight var. *majus* Wedd.
長梗紫麻　*Oreocnide pedunculata* (Shirai) Masam.
青苧麻　*Boehmeria nivea* (L.) Gaudich. var. *tenacissima* (Gaudich.) Miq.
苧麻　*Boehmeria nivea* (L.) Gaud.
密花苧麻（木苧麻）　*Boehmeria densiflora* Hook. & Arn.
華南苧麻　*Boehmeria pilosiuscula* (Blume) Hassk.

**斐豹蛺蝶　*Argyreus hyperbius***
三色堇　*Viola* × *wittrockiana* Gams.

小菫菜　*Viola inconspicua* Blume subsp. *nagasakiensis* (W. Becker) J. C. Wang & T. C. Huang
川上氏菫菜　*Viola formosana* Hayata var. *stenopetala* (Hayata) J. C. Wang, T. C. Huang & T. Hashimoto
心葉茶匙黃　*Viola tenuis* Benth.
台北菫菜　*Viola nagasawae* Makino & Hayata var. *nagasawae*
台灣菫菜　*Viola formosana* Hayata
如意草　*Viola arcuata* Blume
尖山菫菜　*Viola senzanensis* Hayata
香菫菜　*Viola odorata* L.
茶匙黃　*Viola diffusa* Ging.
野路菫　*Viola yedoensis* Makino
雪山菫菜　*Viola adenothrix* Hayata var. *tsugitakaensis* (Masam.) J. C. Wang & T. C. Huang
喜岩菫菜　*Viola adenothrix* Hayata
普萊氏菫菜　*Viola nagasawae* Makino & Hayata var. *pricei* (W. Becker) J. C. Wang & T. C. Huang
短毛菫菜　*Viola confusa* Champ. *ex* Benth.
紫花地丁　*Viola mandshurica* W. Becker
紫花菫菜　*Viola grypoceras* A. Gray
腎葉菫　*Viola hederacea* Labill.
新竹菫菜　*Viola shinchikuensis* Yamam.
翠峰菫菜　*Viola obtusa* (Makino) Makino var. *tsuifengensis* T. Hashim.
箭葉菫菜　*Viola betonicifolia* Sm.
雙黃花菫菜　*Viola biflora* L.
廣東菫菜　*Viola kwangtungensis* Melch.

**斑鳳蝶　*Chilasa agestor matsumurae***
土肉桂　*Cinnamomum osmophloeum* Kaneh.
大葉楠　*Machilus japonica* Siebold. & Zucc. var. *kusanoi* (Hayata) J. C. Liao
胡氏肉桂　*Cinnamomum macrostemon* Hayata
香楠　*Machilus zuihoensis* Hayata
樟樹　*Cinnamomum camphora* (L.) Presl
豬腳楠（紅楠）　*Machilus thunbergii* Siebold & Zucc.

**斯氏絹斑蝶　*Parantica swinhoei***
台灣牛嬭菜　*Marsdenia formosana* Masam.
台灣鷗蔓　*Vincetoxicum koi* (Merr.) Meve & Liede
呂氏鷗蔓（山鷗蔓）　*Vincetoxicum lui* (Y. H. Tsiang & C. T. Chao) Meve & Liede
海島鷗蔓　*Vincetoxicum iusalicola* (Tsiang & P. T. Li) Meve & Liede
疏花鷗蔓　*Vincetoxicum oshimae* (Hayata) Meve & Liede
絨毛芙蓉蘭　*Marsdenia tinctoria* R. Br.
薄葉牛皮消　*Cynanchum boudieri* H. Lév. & Vaniot
蘇氏鷗蔓　*Tylophora sui* Y. H. Tseng & C. T. Chao
鷗蔓（娃兒藤）　*Vincetoxicum hirsutum* (Wall.) Kuntze

**普氏白蛺蝶　*Helcyra plesseni***
沙楠子樹　*Celtis biondii* Pamp.

**森灰蝶　*Shijimia moorei taiwana***
大車前草　*Plantago major* L.
台灣紫花鼠尾草　*Salvia formosana* (Murata) Yamaz.
石吊蘭（台灣石吊蘭）　*Lysionotus pauciflorus* Maxim.
車前草　*Plantago asiatica* L.
阿里山紫花鼠尾草　*Salvia arisanensis* Hayata
蘭嶼石吊蘭　*Lysionotus pauciflorus* Maxim. var. *ikedae* (Hatus.) W. T. Wang

**森林暮眼蝶　*Melanitis phedima polishana***
大黍　*Panicum maximum* Jacq.
台灣蘆竹　*Arundo formosana* Hack.
白背芒　*Miscanthus sinensis* Anders. var. *glaber* (Nakai) Lee

竹葉草　*Oplismenus compositus* (L.) P. Beauv.
李氏禾　*Leersia hexandra* Sw.
芒　*Miscanthus sinensis* Anders. var. *sinensis*
兩耳草　*Paspalum conjugatum* Bergius
柳葉箬　*Isachne globosa* (Thunb.) Kuntze
菱白筍（菰）　*Zizania latifolia* (Griseb.) Turcz. *ex* Stapf
棕葉狗尾草（颱風草）　*Setaria palmifolia* (J. König.) Stapf
象草　*Pennisetum purpureum* Schumach.
稻　*Oryza sativa* L.

**殘眉線蛺蝶　*Limenitis sulpitia tricula***
忍冬（金銀花）　*Lonicera japonica* Thunb.
阿里山忍冬　*Lonicera acuminata* Wall.
裡白忍冬（紅腺忍冬）　*Lonicera hypoglauca* Miq.

**渡氏烏灰蝶　*Fixsenia watarii***
笑靨花　*Spiraea prunifolia* Sieb. & Zucc. var. *pseudoprunifolia* (Hayata) H. L. Li

**無尾白紋鳳蝶　*Papilio castor formosanus***
山橘（圓果山橘）　*Glycosmis parviflora* (Sims) Kurz. var. *parviflora*
長果山橘（石苓舅）　*Glycosmis parviflora* (Sims) Kurz. var. *erythrocarpa* (Hayata) T. C. Ho

**無尾絨弄蝶　*Hasora anura taiwana***
台灣紅豆樹　*Ormosia formosana* Kaneh.

**琺蛺蝶　*Phalanta phalantha***
水社柳　*Salix kusanoi* (Hayata) C. K. Schneid.
水柳　*Salix warburgii* Seemen
垂柳　*Salix babylonica* L.
魯花樹　*Scolopia oldhamii* Hance

**短紋孔弄蝶　*Polytremis theca asahinai***
芒　*Miscanthus sinensis* Anders. var. *sinensis*

**紫日灰蝶　*Heliophorus ila matsumurae***
火炭母草　*Polygonum chinense* L.

**紫珈波灰蝶　*Catochrysops strabo luzonensis***
水黃皮　*Pongamia pinnata* (L.) Pierre
白木蘇花　*Dendrolobium umbellatum* (L.) Benth.

**紫俳蛺蝶　*Parasarpa dudu jinamitra***
忍冬（金銀花）　*Lonicera japonica* Thunb.
裡白忍冬（紅腺忍冬）　*Lonicera hypoglauca* Miq.

**菩提赭弄蝶　*Ochlodes bouddha yuckingkinus***
川上氏短柄草　*Brachypodium kawakamii* Hayata

**雅波灰蝶　*Jamides bochus formosanus***
大葛藤　*Pueraria lobata* (Willd.) Ohwi subsp. *thomsonii* (Benth.) Ohashi & Tateishi
山葛　*Pueraria montana* (Lour.) Merr.
太陽麻　*Crotalaria juncea* L.
木豆（樹豆）　*Cajanus cajan* (L.) Millsp.
毛胡枝子　*Lespedeza thunbergii* (DC.) Nakai subsp. *formosa* (Vogel) H. Ohashi
毛魚藤　*Derris elliptica* Benth.
水黃皮　*Pongamia pinnata* (L.) Pierre
台灣馬鞍樹（島槐）　*Maackia taiwanensis* Hoshi & H. Ohashi
光葉魚藤　*Callerya nitida* (Benth.) R. Geesink
多花紫藤（日本紫藤）　*Wisteria floribunda* (Willd.) DC.
曲毛豇豆　*Vigna reflexo-pilosa* Hayata
老荊藤　*Callerya reticulata* (Benth.) Schot

波葉山螞蝗　*Desmodium sequax* Wall.
脈葉木藍　*Indigofera venulosa* Champ. *ex* Benth.
黃野百合　*Crotalaria pallida* Aiton. var. *obovata* (G. Don) Polhill
黃豬屎豆　*Crotalaria micans* Link
濱刀豆　*Canavalia rosea* (Sw.) DC.
濱豇豆　*Vigna marina* (Burm.) Merr.
濱槐　*Ormocarpum cochinchinesis* (Lour.) Merr.
穗花木藍　*Indigofera spicata* Forssk.
鵲豆　*Lablab purpureus* (L.) Sweet

**雲紋尖粉蝶　*Appias indra aristoxemus***
台灣假黃楊　*Liodendron formosanum* (Kaneh. & Sasaki) H. Keng
交力坪鐵色　*Drypetes karapinensis* (Hayata) Pax
鐵色　*Drypetes littoralis* (C. B. Rob.) Merr.

**黃尖粉蝶　*Appias paulina minato***
台灣假黃楊　*Liodendron formosanum* (Kaneh. & Sasaki) H. Keng
交力坪鐵色　*Drypetes karapinensis* (Hayata) Pax
鐵色　*Drypetes littoralis* (C. B. Rob.) Merr.

**黃星弄蝶　*Ampittia virgata myakei***
五節芒　*Miscanthus floridulus* (Labill.) Warb. *ex* Schum. & Laut.
台灣芒　*Miscanthus sinensis* Anders. var. *formosanus* Hack.
白背芒　*Miscanthus sinensis* Anders. var. *glaber* (Nakai) Lee
芒　*Miscanthus sinensis* Anders. var. *sinensis*

**黃紋孔弄蝶　*Polytremis lubricans kuyaniana***
五節芒　*Miscanthus floridulus* (Labill.) Warb. *ex* Schum. & Laut.
白背芒　*Miscanthus sinensis* Anders. var. *glaber* (Nakai) Lee
芒　*Miscanthus sinensis* Anders. var. *sinensis*

**黃閃翠灰蝶　*Chrysozephyrus kabrua niitakanus***
狹葉櫟　*Cyclobalanopsis stenophylloides* (Hayata) Kudo & Masam *ex* Kudo

**黃帶隱峽蝶　*Yoma sabina podium***
賽山藍　*Blechum pyramidatum* (Lam.) Urb.

**黃斑弄蝶　*Potanthus confucius angustatus***
大黍　*Panicum maximum* Jacq.
五節芒　*Miscanthus floridulus* (Labill.) Warb. *ex* Schum. & Laut.
毛馬唐　*Digitaria radicosa* (J. Presl) Miq. var. *hirsuta* (Ohwi) C. C. Hsu
白背芒　*Miscanthus sinensis* Anders. var. *glaber* (Nakai) Lee
白茅　*Imperata cylindrica* (L.) P. Beauv. var. *major* (Nees) C. E. Hubb. *ex* Hubb. & Vaughan
印度鴨嘴草　*Ischaemum indicum* (Houtt.) Merr.
芒　*Miscanthus sinensis* Anders. var. *sinensis*
兩耳草　*Paspalum conjugatum* Bergius
柳葉箬　*Isachne globosa* (Thunb.) Kuntze
馬唐　*Digitaria sanguinalis* (L.) Scop.
棕葉狗尾草（颱風草）　*Setaria palmifolia* (J. König.) Stapf
象草　*Pennisetum purpureum* Schumach.

**黃斑蔭眼蝶　*Neope pulaha didia***
玉山箭竹　*Yushania niitakayamensis* (Hayata) Keng f.

**黃裙脈粉蝶　*Cepora aspasia olga***
蘭嶼山柑　*Capparis lanceolaris* DC.

**黃裙遷粉蝶　*Catopsilia scylla cornelia***
決明　*Cassia tora* (L.) Roxb.
阿勃勒　*Cassia fistula* L.
黃槐　*Cassia surattensis* Burm. f.
翼柄決明　*Cassia alata* L.

**黃裙豔粉蝶　*Delias berinda wilemani***
忍冬葉桑寄生　*Taxillus lonicerifolius* (Hayata) S. T. Chiu
杜鵑桑寄生　*Taxillus rhododendricoliue* (Hayata) S. T. Chiu
埔姜桑寄生　*Taxillus theifer* (Hayata) H. S. Kiu
椆樹桑寄生（大葉橙寄生）　*Loranthus delavayi* Tiegh.

**黃鉤蛺蝶　*Polygonia c-aureum lunulata***
葎草　*Humulus scandens* (Lour.) Merr.

**黃裳鳳蝶　*Troides aeacus formosanus***
裕榮馬兜鈴　*Aristolochia yujungiana* C. T. Lu & J. C. Wang
台灣馬兜鈴　*Aristolochia shimadai* Hayata
瓜葉馬兜鈴　*Aristolochia cucurbitifolia* Hayata
耳葉馬兜鈴　*Aristolochia tagala* Champ.
彩花馬兜鈴　*Aristolochia elegans* M. T. Mast.
港口馬兜鈴　*Aristolochia zollingeriana* Miq.
蜂窩馬兜鈴　*Aristolochia foveolata* Merr.

**黃鳳蝶　*Papilio machaon sylvinus***
台灣前胡　*Peucedanum formosanum* Hayata

**黃蝶　*Eurema hecabe***
大花田菁　*Sesbania grandiflora* (L.) Pers.
大葉合歡　*Albizia lebbeck* (L.) Benth.
毛細花乳豆　*Galactia tenuiflora* (Klein ex Willd.) Wight & Arn. var. *villosa* (Wight & Arn.) Benth.
田菁　*Sesbania cannabiana* (Retz.) Poir.
印度田菁　*Sesbania sesban* (L.) Merr.
合萌　*Aeschynomene indica* L.
合歡　*Albizia julibrissin* Durazz.
決明　*Cassia tora* (L.) Roxb.
金龜樹　*Pithecellobium dulce* (Roxb.) Benth.
阿勃勒　*Cassia fistula* L.
厚殼鴨腱藤　*Entada rheedei* Spreng.
美麗胡枝子　*Lespedeza formosa* (Vog.) Koehne
敏感合萌　*Aeschynomene americana* L.
喙莢雲實　*Caesalpinia minax* Hance
越南鴨腱藤　*Entada phaseoloides* Merr. subsp. *tonkinensis* (Gagnep.) H. Ohashi
雲實　*Caesalpinia decapetala* (Roth) Alston
黃槐　*Cassia surattensis* Burm. f.
搭肉刺　*Caesalpinia crista* L.
鴨腱藤（恆春鴨腱藤）　*Entada phaseoloides* Merr. subsp. *phaseoloides*
翼柄決明　*Cassia alata* L.
鐵刀木　*Cassia siamea* (Lam.) Irwin & Barneby

**黃襟弄蝶　*Pseudocoladenia dan sadakoe***
日本牛膝　*Achyranthes bidentata* Blume var. *japonica* Miq.
紫莖牛膝　*Achyranthes aspera* L. var. *rubrofusca* Hook. f.

**黃襟蛺蝶　*Cupha erymanthis***
水社柳　*Salix kusanoi* (Hayata) C. K. Schneid.
水柳　*Salix warburgii* Seemen
垂柳　*Salix babylonica* L.
魯花樹　*Scolopia oldhamii* Hance

**黑丸灰蝶　*Pithecops corvus cornix***
大葉山螞蝗　*Desmodium gangeticum* (L.) DC.
琉球山螞蝗　*Hylodesmum laterale* (Schindl.) H. Ohashi & R. R. Mill
細梗山螞蝗　*Hylodesmum leptopus* (A. Gray *ex* Benth.) H. Ohashi & R. R. Mill

**黑尾劍鳳蝶** *Pazala timur chungianus*
青葉楠　*Machilus zuihoensis* Hayata var. *mushaensis* (F. Y. Lu) Y. C. Liu

**黑星灰蝶** *Megisba malaya sikkima*
止宮樹　*Allophylus timorensis* (DC.) Blume
白匏子　*Mallotus paniculatus* (Lam.) Müll. Arg.
扛香藤　*Mallotus repandus* (Willd.) Müll. Arg.
血桐　*Macaranga tanarius* (L.) Müll. Arg.
桶鉤藤　*Rhamnus formosana* Matsum.
粗糠柴（六捻子）　*Mallotus philippensis* (Lam.) Müll. Arg.
野桐　*Mallotus japonicus* (Thunb.) Müll. Arg.
山黃麻　*Trema orientalis* (L.) Blume

**黑星弄蝶** *Suastus gremius*
大王椰子　*Roystonea regia* (H. B. K.) O. F. Cook
山棕　*Arenga tremula* (Blanco) Becc.
孔雀椰子　*Caryota urens* L.
加拿列海棗　*Phoenix canariensis* Chaub.
台灣海棗　*Phoenix hanceana* Naudin
壯幹棕櫚　*Washingtonia robusta* Wendl.
海棗　*Phoenix dactylifera* Linn.
酒瓶椰子　*Hyophorbe lagenicaulis* (Bailey) H.E. Moore
棍棒椰子　*Hyophorbe verschaffelti* Wendl.
棕竹　*Rhapis humilis* Blume
華盛頓椰子　*Washingtonia filifera* (Lindl. *ex* Andre) Wendl.
黃椰子　*Chrysalidocarpus lutescens* Wendl.
黃藤　*Calamus quiquesetinervius* Burret
圓葉蒲葵　*Livistona rotundifolia* (Lam.) Mart.
蒲葵　*Livistona chinensis* R. Br. var. *subglobosa* (Mart.) Becc.
叢立孔雀椰子（酒椰子）　*Caryota mitis* Lour.
檳榔　*Areca catechu* L.
羅比親王海棗　*Phoenix roebelinii* O' Brien
觀音棕竹　*Rhapis excelsa* (Thunb.) Henry *ex* Rehder

**黑星環蛺蝶** *Neptis pryeri jucundita*
笑靨花　*Spiraea prunifolia* Sieb. & Zucc. var. *pseudoprunifolia* (Hayata) H. L. Li

**黑脈粉蝶** *Cepora nerissa cibyra*
小刺山柑　*Capparis micracantha* DC. var. *henryi* (Matsum.) Jacobs
毛瓣蝴蝶木　*Capparis sabiaefolia* Hook. f. & Thoms.
蘭嶼山柑　*Capparis lanceolaris* DC.

**黑鳳蝶** *Papilio protenor protenor*
山橘（圓果山橘）　*Glycosmis parviflora* (Sims) Kurz. var. *parviflora*
山黃皮　*Murraya euchrestifolia* Hayata
台灣香檬　*Citrus depressa* Hayata
台灣茵芋　*Skimmia japonica* Thunb. subsp. *distincte-venulosa* (Hay.) T. C. Ho var. *orthoclada.* (Hay.) T. C. Ho
四季橘＆雜交種　*Citrofortunella microcarpa* (Bunge) Wijnands
佛手柑　*Citrus medica* L. var. *sarcodactylis* Swingle
刺花椒　*Zanthoxylum simulans* Hance
金豆柑　*Fortunella hindsii* (Champ. *ex* Benth) Swingle
金棗　*Fortunella margarita* (Loue.) Swingle
長果山橘（石苓舅）　*Glycosmis parviflora* (Sims) Kurz. var. *erythrocarpa* (Hayata) T. C. Ho
阿里山茵芋　*Skimmia japonica* Thunb. subsp. *distincte-venulosa* (Hayata) T. C. Ho var. *distincte-venulosa*
南庄橙　*Citrus taiwanica* Tanaka & Shimada
枸橘（枳殼）　*Poncirus trifoliata* Rafin.
枸櫞（香櫞）　*Citrus medica* L.
柚　*Citrus maxima* (Burm.) Merr.

胡椒木　*Zanthoxylum piperitum* DC. var. *inerme* Makino
茂谷柑（栽培種＆雜交種）　*Citrus × tangelo* J. lngram & H. E. Moore 'Murcott'
飛龍掌血（小黃肉樹）　*Toddalia asiatica* (L.) Lam.
食茱萸　*Zanthoxylum ailanthoides* Sieb. & Zucc.
香水檸檬　*Citrus hybrida* 'Perfume'
馬蜂橙（瘋瘋柑）　*Citrus hystrix* DC.
甜橙（柳丁）　*Citrus sinensis* (L.) Osb.
椪柑（柑橘）　*Citrus reticulata* Blanco
黃蘗　*Phellodendron amurense* Rupr.
賊仔樹（臭辣樹）　*Tetradium glabrifolium* (Champ. *ex* Benth.) T. Hartley
酸橙（來母）　*Citrus aurantium* L.
橘柑　*Citrus tachibana* (Makino) Tanaka
翼柄花椒（翼柄崖椒）　*Zanthoxylum schinifolium* Sieb. & Zucc.
檸檬　*Citrus limon* (L.) Burm. f.
雙面刺（崖椒）　*Zanthoxylum nitidum* (Roxb.) DC.
藤花椒（藤崖椒）　*Zanthoxylum scandens* Blume
蘭嶼花椒（蘭嶼崖椒）　*Zanthoxylum integrifoliolum* (Merr.) Merr.

**黑澤星弄蝶** *Celaenorrhinus kurosawai*
曲莖馬藍　*Strobilanthes flexicaulis* Hayata
蘭嵌馬藍　*Strobilanthes rankanensis* Hayata

**黑點灰蝶** *Neopithecops zalmora*
山橘（圓果山橘）　*Glycosmis parviflora* (Sims) Kurz. var. *parviflor*
長果山橘（石苓舅）　*Glycosmis parviflora* (Sims) Kurz. var. *erythrocarpa* (Hayata) T. C. Ho

**十三畫**
**圓翅幽眼蝶** *Zophoessa siderea kanoi*
玉山箭竹　*Yushania niitakayamensis* (Hayata) Keng f.

**圓翅紫斑蝶** *Euploea eunice hobsoni*
九重吹（九丁榕）　*Ficus nervosa* Heyne *ex* Roth.
大葉雀榕（大葉赤榕）　*Ficus caulocarpa* (Miq.) Miq.
天仙果（台灣榕）　*Ficus formosana* Maxim.
白肉榕　*Ficus virgata* Reinw. *ex* Blume
白榕　*Ficus benjamina* L.
印度橡膠樹（緬樹）　*Ficus elastica* Roxb. *ex* Hornem.
尖尾鳳（馬利筋）　*Asclepias curassavica* L.
金氏榕　*Ficus ampelas* Burm. f.
阿里山珍珠蓮　*Ficus sarmentosa* Buch.-Ham. *ex* Sm. var. *henryi* (King *ex* D. Oliv) Corner
珍珠蓮（日本珍珠蓮）　*Ficus sarmentosa* Buch.-Ham. *ex* Sm. var. *nipponica* (Franch. & Sav.) Corner
細葉天仙果（細葉台灣榕）　*Ficus formosana* Maxim. f. *shimadae* Hayata
雀榕　*Ficus superba* (Miq.) Miq. var. *japonica* Miq.
黃馬利筋　*Asclepias curassavica* L. 'Flaviflora'
幹花榕　*Ficus variegata* Blume var. *garciae* (Elm.) Corner
榕樹（正榕）　*Ficus microcarpa* L. f.
澀葉榕（糙葉榕）　*Ficus irisana* Elmer.
薜荔　*Ficus pumila* L.

**圓翅絨弄蝶** *Hasora taminatus vairacana*
台灣魚藤（蕗藤）　*Millettia pachycarpa* Benth.
疏花魚藤　*Derris laxiflora* Benth.

**圓翅鉤粉蝶** *Gonepteryx amintha formosana*
桶鉤藤　*Rhamnus formosana* Matsum.

**暗色娜波灰蝶** *Nacaduba pactolus hainani*
越南鴨腱藤　*Entada phaseoloides* subsp. *tonkinensis* (Gagnep.) H.

Ohashi

**暗色紫灰蝶　*Arhopala paramuta horishana***
台灣苦櫧（台灣栲）　*Castanopsis formosana* (Skan) Hayata
印度苦櫧　*Castanopsis indica* (Roxb.) A.DC.

**瑙蛺蝶　*Abrota ganga formosana***
秀柱花　*Eustigma oblongifolium* Gardn. & Champ.
青剛櫟　*Cyclobalanopsis glauca* (Thunb.) Oerst.

**絹斑蝶　*Parantica aglea maghaba***
毛白前　*Cynanchum mooreanum* Hemsl.
台灣牛皮消　*Cynanchum formosanum* (Maxim.) Hemsl. *ex* Forbes & Hemsl.
台灣鷗蔓　*Vincetoxicum koi (*Merr.) Meve & Liede
布朗藤　*Heterostemma brownii* Hayata
呂氏鷗蔓（山鷗蔓）　*Vincetoxicum lui* (Y. H. Tsiang & C. T. Chao) Meve & Liede
疏花鷗蔓　*Vincetoxicum oshimae* (Hayata) Meve & Liede
海島鷗蔓　*Vincetoxicum iusalicola* (Tsiang & P. T. Li) Meve & Liede
蘇氏鷗蔓　*Tylophora sui* Y.H.Tseng & C. T. Chao
蘭嶼牛皮消　*Cynanchum lanhsuense* Yamazaki
鷗蔓（娃兒藤）　*Vincetoxicum hirsutum* (Wall.) Kuntze

**絹蛺蝶　*Calinaga buddha formosana***
小葉桑　*Morus australis* Poir.

**達邦波眼蝶　*Ypthima tappana***
川上氏短柄草　*Brachypodium kawakamii* Hayata
求米草　*Oplismenus hirtellus* (L.) P. Beauv.
剛莠竹　*Microstegium ciliatum* (Trin.) A. Camus

**鉗灰蝶　*Ancema ctesia cakravasti***
桐櫟柿寄生　*Viscum articulatum* Burm.

**十四畫**
**嘉義眉眼蝶　*Mycalesis kagina***
野薑花（穗花山奈）　*Hedychium coronarium* J. Koenig
三奈　*Zingiber kawagoii* Hayata
少葉薑　*Zingiber oligophyllum* K. Schum.
雙龍薑　*Zingiber shuanglongensis* C. L. Yeh & S. W. Chung
薑花（球薑）　*Zingiber zerumbet* (L.) Roscoe & Sm.

**截脈絹粉蝶　*Aporia gigantea cheni***
阿里山十大功勞　*Mahonia oiwakensis* Hayata

**旖斑蝶　*Ideopsis similis***
台灣鷗蔓　*Vincetoxicum koi* (Merr.) Meve & Liede
呂氏鷗蔓（山鷗蔓）　*Vincetoxicum lui* (Y. H. Tsiang & C. T. Chao) Meve & Liede
疏花鷗蔓　*Vincetoxicum oshimae* (Hayata) Meve & Liede
海島鷗蔓　*Vincetoxicum iusalicola* (Tsiang & P. T. Li) Meve & Liede
蘇氏鷗蔓　*Tylophora sui* Y.H.Tseng & C. T. Chao
鷗蔓（娃兒藤）　*Vincetoxicum hirsutum* (Wall.) Kuntze

**漣紋青灰蝶　*Tajuria illurgis tattaka***
大葉桑寄生　*Taxillus liquidambaricolus* (Hayata) Hosok
木蘭桑寄生　*Taxillus limprichtii* (Grüning) H. S. Kiu
忍冬葉桑寄生　*Taxillus lonicerifolius* (Hayata) S. T. Chiu
李棟山桑寄生　*Taxillus ritozanensis* (Hayata) S. T. Chiu
杜鵑桑寄生　*Taxillus rhododendricoliue* (Hayata) S. T. Chiu
高氏桑寄生　*Loranthus kaoi* (J. M. Chao) H. S. Kiu
蓮華池寄生　*Taxillus tsaii* S. T. Chiu

**碧翠灰蝶　*Chrysozephyrus esakii***

赤柯（森氏櫟）　*Cyclobalanopsis morii* (Hayata) Schottky
青剛櫟　*Cyclobalanopsis glauca* (Thunb.) Oerst.
栓皮櫟　*Quercus variabilis* Blume
狹葉櫟　*Cyclobalanopsis stenophylloides* (Hayata) Kudo & Masam *ex* Kudo
毽子櫟　*Cyclobalanopsis sessilifolia* (Blume) Schottky
錐果櫟　*Cyclobalanopsis longinux* (Hayata) Schottky

**端紫幻蛺蝶　*Hypolimnas anomala***
落尾麻　*Pipturus arborescens* (Link) C. B. Rob.

**綠灰蝶　*Artipe eryx horiella***
山黃梔　*Gardenia jasminoides* Ellis

**綠弄蝶　*Choaspes benjaminii formosanus***
山豬肉　*Meliosma rhoifolia* Maxim.
台灣清風藤　*Sabia swinhoei* Hemsl.
阿里山清風藤　*Sabia transarisanensis* Hayata
筆羅子　*Meliosma rigida* Siebold. & Zucc.
紫珠葉泡花樹　*Meliosma callicarpifolia* Hayata
綠樟　*Meliosma squamulata* Hance

**綠島大白斑蝶&綠島亞種　*Idea leuconoe kwashotoensis***
爬森藤　*Parsonia laevigata* (Moon) Alston

**綠豹蛺蝶　*Argynnis paphia formosicola***
川上氏菫菜　*Viola formosana* Hayata var. *stenopetala* (Hayata) J. C. Wang, T. C. Huang & T. Hashim
台灣菫菜　*Viola formosana* Hayata
尖山菫菜　*Viola senzanensis* Hayata
雪山菫菜　*Viola adenothrix* Hayata var. *tsugitakaensis* (Masam.) J. C. Wang & T. C. Huang
喜岩菫菜　*Viola adenothrix* Hayata
紫花地丁　*Viola mandshurica* W. Becker
新竹菫菜　*Viola shinchikuensis* Yamam.
箭葉菫菜　*Viola betonicifolia* Sm.
廣東菫菜　*Viola kwangtungensis* Melch.

**網絲蛺蝶　*Cyrestis thyodamas formosana***
九重吹（九丁榕）　*Ficus nervosa* Heyne *ex* Roth.
大冇榕（稜果榕）　*Ficus septica* Burm. f.
大葉雀榕（大葉赤榕）　*Ficus caulocarpa* (Miq.) Miq.
山豬枷（斯氏榕）　*Ficus tinctoria* Forst. f.
天仙果（台灣榕）　*Ficus formosana* Maxim.
牛奶榕　*Ficus erecta* Thunb.var. *beecheyana* (Hook.& Arn.) King.
白肉榕　*Ficus virgata* Reinw. *ex* Blume.
印度橡膠樹（緬樹）　*Ficus elastica* Roxb. *ex* Hornem.
金氏榕　*Ficus ampelas* Burm. f.
阿里山珍珠蓮　*Ficus sarmentosa* Buch.-Ham. *ex* Sm. var. *henryi* (King *ex* D. Oliv) Corner
珍珠蓮（日本珍珠蓮）　*Ficus sarmentosa* Buch.-Ham. *ex* Sm. var. *nipponica* (Franch. & Sav.) Corner
假枇杷　*Ficus erecta* Thunb.
細葉天仙果（細葉台灣榕）　*Ficus formosana* Maxim. f. *shimadae* Hayata
雀榕　*Ficus superba* (Miq.) Miq. var. *japonica* Miq.
斑葉印度橡膠樹　*Ficus elastica* Roxb. var. *variegata* Hort. *ex* L. H. Bailey
無花果　*Ficus carica* Linn.
菱葉濱榕　*Ficus tannoensis* Hayata f. *rhombifolia* Hayata
榕樹（正榕）　*Ficus microcarpa* L. f.
豬母乳（水同木、大冇樹）　*Ficus fistulosa* Reinw. *ex* Blume
澀葉榕（糙葉榕）　*Ficus irisana* Elmer.
濱榕　*Ficus tannoensis* Hayata
薜荔　*Ficus pumila* L.

**綺灰蝶**　*Chilades laius koshuensis*
烏柑仔　*Severinia buxifolia* (Poir.) Tenore
錦橘果　*Triphasia trifolia* P.Wilson

**緋蛺蝶**　*Nymphalis xanthomelas formosana*
石朴（台灣朴樹）　*Celtis formosana* Hayata
櫸樹　*Zelkova serrata* (Thunb.) Makino

**翠斑青鳳蝶**　*Graphium agamemnon*
山刺番荔枝　*Annona montana* Macf.
台灣烏心石　*Michelia compressa* (Maxim.) Sargent var. *formosana* Kaneh.
白玉蘭　*Michelia alba* DC.
含笑花　*Michelia figo* (Lour.) Spreng.
長葉暗羅（印度塔樹）　*Polyalthia longifolia* (Sonn.) Thwaites
南洋含笑花　*Michelia pilifera* Bakh. f.
恆春哥納香　*Goniothalamus amuyon* (Blanco) Merr.
恆春風藤（川上氏胡椒）　*Piper kawakamii* Hayata
烏心石　*Michelia compressa* (Maxim.) Sargent
荖藤（荖葉）　*Piper betle* L.
番荔枝（釋迦）　*Annona squamosa* L.
黃玉蘭　*Michelia champaca* L.
鳳梨釋迦　*Annona atemoya* Hort.
蘭嶼烏心石　*Michelia compressa* (Maxim.) Sargent var. *lanyuensis* S. Y. Lu
鷹爪花　*Artabotrys uncinatus* (Lam.) Merr.

**翠鳳蝶**　*Papilio bianor thrasymedes*
台灣香檬　*Citrus depressa* Hayata
四季橘＆雜交種　*Citrofortunella microcarpa* (Bunge) Wijnands
金棗　*Fortunella margarita* (Loue.) Swingle
南庄橙　*Citrus taiwanica* Tanaka & Shimada
柚　*Citrus maxima* (Burm.) Merr.
茂谷柑（栽培種＆雜交種）　*Citrus* × *tangelo* J. lngram & H. E. Moore 'Murcott'
食茱萸　*Zanthoxylum ailanthoides* Sieb. & Zucc.
香水檸檬　*Citrus hybrida* 'Perfume'
甜橙（柳丁）　*Citrus sinensis* (L.) Osb.
賊仔樹（臭辣樹）　*Tetradium glabrifolium* (Champ. *ex* Benth.) T. Hartley
酸橙（來母）　*Citrus aurantium* L.
橘柑　*Citrus tachibana* (Makino) Tanaka
檸檬　*Citrus limon* (L.) Burm. f.

**翠鳳蝶＆蘭嶼亞種**　*Papilio bianor kotoensis*
飛龍掌血（小黃肉樹）　*Toddalia asiatica* (L.) Lam.
食茱萸　*Zanthoxylum ailanthoides* Sieb. & Zucc.
賊仔樹（臭辣樹）　*Tetradium glabrifolium* (Champ. *ex* Benth.) T. Hartley

**銀灰蝶**　*Curetis acuta formosana*
山葛　*Pueraria montana* (Lour.) Merr.
台灣魚藤（蕗藤）　*Millettia pachycarpa* Benth.
多花紫藤（日本紫藤）　*Wisteria floribunda* (Willd.) DC.
老荊藤　*Callerya reticulata* (Benth.) Schot
疏花魚藤　*Derris laxiflora* Benth.

**銀紋尾蜆蝶＆中／南台灣亞種**　*Dodona eugenes esakii*
小葉鐵仔　*Myrsine africana* L.

**銀紋尾蜆蝶＆北台灣亞種**　*Dodona eugenes formosana*
大明橘　*Myrsine seguinii* H. Lév.
小葉鐵仔　*Myrsine africana* L.

**雌擬幻蛺蝶**　*Hypolimnas misippus*
大車前草　*Plantago major* L.
車前草　*Plantago asiatica* L.
馬齒莧　*Portulaca oleracea* L.

**十五畫**
**劍鳳蝶**　*Pazala eurous asakurae*
土肉桂　*Cinnamomum osmophloeum* Kaneh.
青葉楠　*Machilus zuihoensis* Hayata var. *mushaensis* (F. Y. Lu) Y. C. Liu
胡氏肉桂　*Cinnamomum macrostemon* Hayata
樟樹　*Cinnamomum camphora* (L.) Presl

**墨子黃斑弄蝶**　*Potanthus motzui*
五節芒　*Miscanthus floridulus* (Labill.) Warb. *ex* Schum. & Laut.
毛馬唐　*Digitaria radicosa* (J. Presl) Miq. var. *hirsuta* (Ohwi) C. C. Hsu
剛秀竹　*Microstegium ciliatum* (Trin.) A. Camus
棕葉狗尾草（颱風草）　*Setaria palmifolia* (J. König.) Stapf
象草　*Pennisetum purpureum* Schumach.

**墨點灰蝶**　*Araragi enthea morisonensis*
野核桃　*Juglans cathayensis* Dode

**嫵琊灰蝶**　*Udara dilecta*
青剛櫟　*Cyclobalanopsis glauca* (Thunb.) Oerst.
狹葉櫟　*Cyclobalanopsis stenophylloide*s (Hayata) Kudo & Masam *ex* Kudo

**寬紋黃三線蝶**　*Symbrenthia lilaea lunicas*
青苧麻　*Boehmeria nivea* (L.) Gaudich. var. *tenacissima* (Gaudich.) Miq.
苧麻　*Boehmeria vive*a (L.) Gaud. var. *nivea*

**寬帶青鳳蝶**　*Graphium cloanthus kuge*
土肉桂　*Cinnamomum osmophloeum* Kaneh.
青葉楠　*Machilus zuihoensis* Hayata var. *mushaensis* (F. Y. Lu) Y. C. Liu
胡氏肉桂　*Cinnamomum macrostemon* Hayata
香楠　*Machilus zuihoensis* Hayata
樟樹　*Cinnamomum camphora* (L.) Presl
豬腳楠（紅楠）　*Machilus thunbergii* Siebold & Zucc.

**寬邊琊灰蝶**　*Callenya melaena shonen*
捲斗櫟　*Cyclobalanopsis pachyloma* (Seemen) Schottky

**寬邊橙斑弄蝶**　*Telicota ohara formosana*
棕葉狗尾草（颱風草）　*Setaria palmifolia* (J. König.) Stapf
象草　*Pennisetum purpureum* Schumach.
舖地黍　*Panicum repens* L.

**暮眼蝶**　*Melanitis leda*
大黍　*Panicum maximum* Jacq.
巴拉草　*Brachiaria mutica* (Forssk.) Stapf
竹葉草　*Oplismenus compositus* (L.) P. Beauv.
李氏禾　*Leersia hexandra* Sw.
兩耳草　*Paspalum conjugatum* Bergius
柳葉箬　*Isachne globosa* (Thunb.) Kuntze
菱白筍（菰）　*Zizania latifolia* (Griseb.) Turcz. *ex* Stapf
棕葉狗尾草（颱風草）　*Setaria palmifolia* (J. König.) Stapf
象草　*Pennisetum purpureum* Schumach.
稻　*Oryza sativa* L.

**㮀環蛺蝶**　*Neptis philyra splendens*

青楓　*Acer serrulatum* Hayata

**熱帶白裙弄蝶　*Tagiades rebellius martinus***
大薯（田薯）　*Dioscorea alata* L.
日本薯蕷（山薯）　*Dioscorea japonica* Thunb.
基隆野山藥　*Dioscorea japonica* Thunb. var. *pseudojaponica* (Hayata) Yamam.
戟葉田薯（恆春山藥）　*Dioscorea doryphora* Hance
華南薯蕷　*Dioscorea collettii* Hook. f.
裡白葉薯榔　*Dioscorea cirrhosa* Lour.

**熱帶娜波灰蝶　*Nacaduba berenice leei***
紅葉藤　*Rourea minor* (Gaertn.) Leenhouts
番龍眼　*Pometia pinnata* J.R. Forst. & G. Forst.

**熱帶橙斑弄蝶　*Telicota colon hayashikeii***
五節芒　*Miscanthus floridulus* (Labill.) Warb. *ex* Schum. & Laut.
台灣蘆竹　*Arundo formosana* Hack.
甘蔗　*Saccharum sinensis* Roxb.
茭白筍（菰）　*Zizania latifolia* (Griseb.) Turcz. *ex* Stapf
象草　*Pennisetum purpureum* Schumach.
開卡蘆　*Phragmites vallatoria* (L.) Veldkamp
蘆葦　*Phragmites australis* (Cav.) Trin. *ex* Steud.

**稻弄蝶　*Parnara guttata***
柳葉箬　*Isachne globosa* (Thunb.) Kuntze
稗　*Echinochloa crus-galli* (L.) P. Beauv.
稻　*Oryza sativa* L.
舖地黍　*Panicum repens* L.

**稻眉眼蝶　*Mycalesis gotama nanda***
大黍　*Panicum maximum* Jacq.
五節芒　*Miscanthus floridulus* (Labill.) Warb. *ex* Schum. & Laut.
白背芒　*Miscanthus sinensis* Anders. var. *glaber* (Nakai) Lee
竹葉草　*Oplismenus compositus* (L.) P. Beauv.
棕葉狗尾草（颱風草）　*Setaria palmifolia* (J. König.) Stapf

**箭環蝶　*Stichophthalma howqua formosana***
五節芒　*Miscanthus floridulus* (Labill.) Warb. *ex* Schum. & Laut.
芒　*Miscanthus sinensis* Anders. var. *sinensis*
孟宗竹　*Phyllostachys pubescens* Mazel *ex* H. de Leh.
桂竹　*Phyllostachys makinoi* Hayata
麻竹　*Dendrocalamus latiflorus* Munro
綠竹　*Bambusa oldhamii* Munro

**緣點白粉蝶　*Pieris canidia***
大白菜、結球白菜、卷心白　*Brassica pekinensis* Skeels
台灣假山葵　*Cochlearia formosana* Hayata
台灣碎米薺　*Cardamine scutata* Thunb. var. *rotundiloba* (Hayata) T. S. Liu & S. S. Ying
甘藍　*Brassica oleracea* L. var. *capitata* DC.
白花菜　*Cleome gynandra* L.
向天黃　*Cleome viscosa* L.
西洋白花菜（醉蝶花）　*Cleome spinosa* Jacq.
豆瓣菜　*Nasturtium officinale* R. Br.
芥菜　*Brassica juncea* (L.) Czern.
南美獨行菜　*Lepidium bonariense* L.
風花菜　*Rorippa globosa* (Turcz.) Hayek
臭濱芥（臭薺）　*Coronopus didymus* (L.) Sm.
葶藶　*Rorippa indica* (L.) Hiern
廣東葶藶　*Rorippa cantoniensis* (Lour.) Ohwi
蔊菜　*Cardamine flexuosa* With.
獨行菜　*Lepidium virginicum* L.
濕生葶藶　*Rorippa palustris* (L.) Besser
薺　*Capsella bursa-pastoris* (L.) Medic.

鐘萼木　*Bretschneidera sinensis* Hemsl.
蘿蔔　*Raphanus sativus* L. var. *acanthiformis* Nakai

**蓬萊虎灰蝶　*Spindasis kuyanianus***
羅氏鹽膚木　*Rhus javanica* L. var. *roxburghiana* (DC.) Rehder & E. H. Wils.

**蓬萊環蛺蝶　*Neptis taiwana***
小梗木薑子（黃肉樹）　*Litsea hypophaea* Hayata
台灣雅楠　*Phoebe formosana* (Hayata) Hayata
長葉木薑子　*Litsea acuminata* (Blume) Kurata
假長葉楠（日本禎楠）　*Machilus japonica* Siebold & Zucc.
樟樹　*Cinnamomum camphora* (L.) Presl
豬腳楠（紅楠）　*Machilus thunbergii* Siebold & Zucc.

**蔚青紫灰蝶　*Arhopala ganesa formosana***
赤皮　*Cyclobalanopsis gilva* (Blume) Oerst.
狹葉櫟　*Cyclobalanopsis stenophylloides* (Hayata) Kudo & Masam *ex* Kudo
捲斗櫟　*Cyclobalanopsis pachyloma* (Seemen) Schottky

**褐弄蝶　*Pelopidas mathias oberthueri***
牛筋草　*Eleusine indica* (L.) Gaertn.
芒　*Miscanthus sinensis* Anders. var. *sinensis*

**褐翅青灰蝶　*Tajuria caeruela***
大葉桑寄生　*Taxillus liquidambaricolus* (Hayata) Hosok
忍冬葉桑寄生　*Taxillus lonicerifolius* (Hayata) S. T. Chiu
李棟山桑寄生　*Taxillus ritozanensis* (Hayata) S. T. Chiu
杜鵑桑寄生　*Taxillus rhododendricoliue* (Hayata) S. T. Chiu
蓮華池寄生　*Taxillus tsaii* S. T. Chiu

**褐翅綠弄蝶　*Choaspes xanthopogon chrysopterus***
台灣清風藤　*Sabia swinhoei* Hemsl.
阿里山清風藤　*Sabia transarisanensis* Hayata

**褐翅蔭眼蝶　*Neope muirheadi nagasawae***
刺竹　*Bambusa stenostachya* Hackel
孟宗竹　*Phyllostachys pubescens* Mazel *ex* H. de Leh.
金絲竹　*Bambusa vulgaris* Schrad. *ex* Wendl. var. *striata* (Loddiges) Gamble
桂竹　*Phyllostachys makinoi* Hayata
麻竹　*Dendrocalamus latiflorus* Munro
葫蘆竹（佛竹）　*Bambusa ventricosa* McClure
綠竹　*Bambusa oldhamii* Munro

**赭灰蝶　*Ussuriana michaelis takarana***
台灣梣　*Fraxinus insularis* Hemsl.

**遷粉蝶　*Catopsilia Pomona***
爪哇決明（爪哇旃那）　*Cassia javanica* L.
決明　*Cassia tora* (L.) Roxb.
阿勃勒　*Cassia fistula* L.
黃槐　*Cassia surattensis* Burm. f.
翼柄決明　*Cassia alata* L.
鐵刀木　*Cassia siamea* (Lam.) Irwin & Barneby

**鋩灰蝶　*Euaspa milionia formosana***
錐果櫟　*Cyclobalanopsis longinux* (Hayata) Schottky

**十六畫**
**橙翅傘弄蝶　*Burara jaina formosana***
猿尾藤　*Hiptage benghalensis* (L.) Kurz.

**橙端粉蝶　*Hebomoia glaucippe formosana***
小刺山柑　*Capparis micracantha* DC. var. *henryi* (Matsum.) Jacobs

山柑　*Capparis sikkimensis* Kurz subsp. *formosana* (Hemsl.) Jacobs
毛瓣蝴蝶木　*Capparis sabiaefolia* Hook. f. & Thoms.
多花山柑　*Capparis floribunda* Wight
西洋白花菜（醉蝶花）　*Cleome spinosa* Jacq.
魚木　*Crateva adansonii* DC. subsp. *formosensis* Jacobs
蘭嶼山柑　*Capparis lanceolaris* DC.

**燕灰蝶　*Rapala varuna formosana***
九芎　*Lagerstroemia subcostata* Koehne
山黃麻　*Trema orientalis* (L.) Blume
相思樹　*Acacia confusa* Merr.
桶鉤藤　*Rhamnus formosana* Matsum.
無患子　*Sapindus mukorossii* Gaertn.
刺杜密　*Bridelia balansae* Tutcher.

**燕尾紫灰蝶　*Arhopala bazalus turbata***
三斗石櫟　*Pasania hancei* (Benth.) Schottky var. *ternaticupula* (Hayata) J. C. Liao
大葉石櫟（川上氏石櫟）　*Pasania kawakamii* (Hayata) Schottky
台灣石櫟　*Pasania formosana* (Skan *ex* Forbes & Hemsl.) Schottky
台灣苦櫧（台灣栲）　*Castanopsis formosana* (Skan) Hayata
青剛櫟　*Cyclobalanopsis glauca* (Thunb.) Oerst.
短尾葉石櫟　*Pasania harlandii* (Hance) Oerst.

**燕藍灰蝶　*Everes argiades hellotia***
葎草　*Humulus scandens* (Lour.) Merr.
鐵掃帚　*Lespedeza cuneata* G.Don.

**蕉弄蝶　*Erionota torus***
日本香蕉（粉蕉）　*Musa basjoo* Sieb.
台灣芭蕉　*Musa basjoo* Sieb. var. *formosana* (Warb.) S. S. Ying
香蕉　*Musa sapientum* L.
烹調蕉　*Musa* × *sapientum* L.
蘭嶼芭蕉　*Musa insularimontana* Hayata

**鋸粉蝶　*Prioneris thestylis formosana***
山柑　*Capparis sikkimensis* Kurz subsp. *formosana* (Hemsl.) Jacobs
毛瓣蝴蝶木　*Capparis sabiaefolia* Hook. f. & Thoms.

**錦平折線灰蝶　*Antigius jinpingi***
槲樹　*Quercus dentata* Thunb.

**霓彩燕灰蝶　*Rapala nissa hirayamana***
九芎　*Lagerstroemia subcostata* Koehne
小花鼠刺　*Itea parviflora* Hemsl.
山黃麻　*Trema orientalis* (L.) Blume
毛胡枝子　*Lespedeza thunbergii* (DC.) Nakai subsp. *formosa* (Vogel) H. Ohashi
血桐　*Macaranga tanarius* (L.) Müll. Arg.
波葉山螞蝗　*Desmodium sequax* Wall.
胡枝子　*Lespedeza bicolor* Turcz.
裡白楤木　*Aralia bipinnata* Blanco
鼠刺　*Itea oldhamii* C. K. Schneid.
銳葉高山櫟　*Quercus tatakaensis* Tomiya
鵲不踏　*Aralia decaisneana* Hance

**靛色琉灰蝶　*Acytolepsis puspa myla***
土密樹　*Bridelia tomentosa* Blume
大葉溲疏　*Deutzia pulchra* Vidal
小果薔薇　*Rosa cymosa* Tratt.
小金櫻　*Rosa taiwanensis* Nakai
山豬肉　*Meliosma rhoifolia* Maxim.
山櫻花　*Prunus campanulata* Maxim.
月季　*Rosa chinensis* Jacq.
水黃皮　*Pongamia pinnata* (L.) Pierre

台東蘇鐵　*Cycas taitungensis* C. F. Shen *et al.*
台灣紅榨槭　*Acer morrisonense* Hayata
台灣魚藤（蕗藤）　*Millettia pachycarpa* Benth.
石朴（台灣朴樹）　*Celtis formosana* Hayata
光葉魚藤　*Callerya nitida* (Benth.) R. Geesink
多花紫藤（日本紫藤）　*Wisteria floribunda* (Willd.) DC.
卵葉饅頭果　*Glochidion ovalifolium* F. Y. Lu & Y. S. Hsu
杢杢櫟（槲櫟）　*Quercus aliena* Blume var. *acutiserrata* Maxim. *ex* Wenzig
赤血仔　*Glochidion hirsutum* (Roxb.) Voigt
刺杜密　*Bridelia balansae* Tutcher.
刺葉桂櫻　*Prunus spinulosa* Sieb. & Zucc.
披針葉饅頭果　*Glochidion lanceolatum* Hayata.
油葉石櫟（小西氏石櫟）　*Pasania konishii* (Hayata) Schottky
玫瑰　*Rosa rugosa* Thunb.
阿里山櫻花（太平山櫻、山白櫻）　*Prunus transarisanensis* Hayata
阿勃勒　*Cassia fistula* L.
青剛櫟　*Cyclobalanopsis glauca* (Thunb.) Oerst.
盾柱木　*Peltophorum pterocarpum* (DC) Baker *ex* Henye
紅毛饅頭果　*Glochidion puberum* (L.) Hutch
紅粉撲花　*Calliandra emerginata* (Humb. & Bonpl.) Benth.
美洲合歡　*Calliandra haematocephala* Hassk.
桃　*Prunus persica* Stokes
琉球野薔薇　*Rosa bracteata* Wendl.
高士佛饅頭果　*Glochidion kusukusense* Hayata
細葉饅頭果　*Glochidion rubrum* Blume
雀梅藤　*Sageretia thea* (Osbeck) Johnst.
麻櫟　*Quercus acutissima* Carruth.
無患子　*Sapindus mukorossii* Gaertn.
筆羅子　*Meliosma rigida* Siebold. & Zucc.
菲律賓饅頭果　*Glochidion philippicum* (Cavan.) C. B. Rob.
猿尾藤　*Hiptage benghalensis* (L.) Kurz.
裡白饅頭果　*Glochidion acuminatum* Muell.-Arg.
槲樹　*Quercus dentata* Thunb.
樟葉槭　*Acer albopurpurascens* Hayata
錫蘭饅頭果　*Glochidion zeylanicum* (Gaertn.) A. Juss.
龍眼　*Euphoria longana* Lam.
翼柄決明　*Cassia alata* L.
薔薇　*Rosa* sp.
霧社山櫻花（霧社櫻）　*Prunus taiwaniana* Hayata
蘇鐵　*Cycas revoluta* Thunb.
巒大雀梅藤　*Sageretia randaiensis* Hayata

**十七畫**
**曙鳳蝶　*Atrophaneura horishana***
裕榮馬兜鈴　*Aristolochia yujungiana* C. T. Lu & J. C. Wang
台灣馬兜鈴　*Aristolochia shimadai* Hayata
瓜葉馬兜鈴　*Aristolochia cucurbitifolia* Hayata
港口馬兜鈴　*Aristolochia zollingeriana* Miq.
蜂窩馬兜鈴　*Aristolochia foveolata* Merr.

**燦蛺蝶　*Sephisa chandra androdamas***
赤柯（森氏櫟）　*Cyclobalanopsis morii* (Hayata) Schottky
青剛櫟　*Cyclobalanopsis glauca* (Thunb.) Oerst.

**薑弄蝶　*Udaspes folus***
川上氏月桃　*Alpinia shimadae* Hayata var. *kawakamii* (Hayata) J. J. Yang & J. C. Wang
屯鹿月桃　*Alpinia tonrokuensis* Hayata
日本月桃（山薑）　*Alpinia japonica* (Thunb.) Miq.
月桃　*Alpinia zerumbet* (Pers.) B. L. Burtt & R. M. Sm.
台灣月桃　*Alpinia formosana* K. Schum.
角板山月桃　*Alpinia mesanthera* Hayata
宜蘭月桃　*Alpinia* × *ilanensis* S.C.Liu & J. C.Wang
屈尺月桃　*Alpinia kusshakuensis* Hayata

阿里山月桃　*Alpinia pricei* Hayata var. *sessiliflora* (kitam.) J. J. Yang & J. C. Wang
南投月桃　*Alpinia nantoensis* F. Y. Lu & Y. W. Kuo
恆春月桃　*Alpinia koshunensis* Hayata
島田氏月桃　*Alpinia shimadae* Hayata
烏來月桃　*Alpinia uraiensis* Hayata
野薑花（穗花山奈）　*Hedychium coronarium* Koenig
普萊氏月桃　*Alpinia pricei* Hayata
歐氏月桃　*Alpinia oui* Y. H. Tseng & C. C. Wang, J. C. Wang & C. I. Peng
橢圓葉月桃　*Alpinia intermedia* Gagnep. var. *oblongifolia* (Hayata) F. Y. Lu & Y. W. Kuocomb.
薑黃（鬱金、乙金）　*Curcuma domestica* Valet

## 十八畫
### 斷線環蛺蝶　*Neptis soma tayalina*
大葉溲疏　*Deutzia pulchra* Vidal
台灣懸鉤子　*Rubus formosensis* Kuntze
石朴（台灣朴樹）　*Celtis formosana* Hayata
朴樹　*Celtis sinensis* Pers.
羽萼懸鉤子（粗葉懸鉤子）　*Rubus alceifolius* Poir.
阿里山清風藤　*Sabia transarisanensis* Hayata
阿里山榆　*Ulmus uyematsui* Hayata
高梁泡　*Rubus lambertianus* Ser. var. *lambertianus*
桶鉤藤　*Rhamnus formosana* Matsum.
糙葉樹　*Aphananthe aspera* (Thunb.) Planch.
櫸樹　*Zelkova serrata* (Thunb.) Makino

### 藍丸灰蝶　*Pithecops fulgens urai*
琉球山螞蝗　*Hylodesmum laterale* (Schindl.) H. Ohashi & R. R. Mill
細梗山螞蝗　*Hylodesmum leptopus* (A. Gray *ex* Benth.) H. Ohashi & R. R. Mill

### 藍灰蝶　*Zizeeria maha okinawana*
酢醬草（黃花酢醬草）　*Oxalis corniculata* L.

### 藍紋鋸眼蝶　*Elymnias hypermnestra hainana*
大王椰子　*Roystonea regia* (H. B. K.) O. F. Cook
山棕　*Arenga tremula* (Blanco) Becc.
可可椰子（椰子）　*Cocos nucifera* L.
台灣海棗　*Phoenix hanceana* Naudin
射葉椰子　*Ptychosperma angustifolium* Blume
海桃椰子　*Ptychosperma elegans* (R. Br.) Blume
海棗　*Phoenix dactylifera* Linn.
酒瓶椰子　*Hyophorbe lagenicaulis* (Bailey) H.E. Moore
棍棒椰子　*Hyophorbe verschaffelti* Wendl.
棕竹　*Rhapis humilis* Blume
黃椰子　*Chrysalidocarpus lutescens* Wendl.
黃藤　*Calamus quiquesetinervius* Burret
圓葉蒲葵　*Livistona rotundifolia* (Lam.) Mart.
蒲葵　*Livistona chinensis* R. Br. var. *subglobosa* (Mart.) Becc.
檳榔　*Areca catechu* L.
羅比親王海棗　*Phoenix roebelinii* O' Brien
觀音棕竹　*Rhapis excelsa* (Thunb.) Henry *ex* Rehder

### 藍點紫斑蝶　*Euploea midamus*
羊角拗　*Strophanthus divaricatus* (Lour.) Hook. & Arn.

### 雙色帶蛺蝶　*Athyma cama zoroastes*
紅毛饅頭果　*Glochidion puberum* (L.) Hutch
高士佛饅頭果　*Glochidion kusukusense* Hayata
細葉饅頭果　*Glochidion rubrum* Blume
菲律賓饅頭果　*Glochidion philippicum* (Cavan.) C. B. Rob.
裡白饅頭果　*Glochidion acuminatum* Muell.-Arg.
錫蘭饅頭果　*Glochidion zeylanicum* (Gaertn.) A. Juss.

赤血仔　*Glochidon hirsutum* (Roxb.) Voigt
披針葉饅頭果　*Glochidon lanceolatum* Hayata.
卵葉饅頭果　*Glochidion ovalifolium* F. Y. Lu & Y. S. Hsu

### 雙尾蛺蝶　*Polyura eudamippus formosana*
小葉鼠李　*Rhamnus parvifolia* Bunge
台灣魚藤（蔴藤）　*Millettia pachycarpa* Benth.
光果翼核木　*Ventilago leiocarpa* Benth.
光葉魚藤　*Callerya nitida* (Benth.) R. Geesink
老荊藤　*Callerya reticulata* (Benth.) Schot
阿勃勒　*Cassia fistula* L.
疏花魚藤　*Derris laxiflora* Benth.
領垂豆　*Archidendron lucidum* (Benth.) I. Nielsen
櫸樹　*Zelkova serrata* (Thunb.) Makino
墨點櫻桃（黑星櫻）　*Prunus phaeosticta* (Hance) Maxim.

### 雙帶弄蝶　*Lobocla bifasciata kodairai*
台灣山黑扁豆　*Dumasia villosa* DC. subsp. *bicolor* (Hayata) H. Ohashi & Tateishi
苗栗野豇豆　*Dumasia miaoliensis* Y.C. Liu & F.Y. Lu
脈葉木藍　*Indigofera venulosa* Champ. *ex* Benth.

### 雙標紫斑蝶　*Euploea sylvester swinhoei*
武靴藤（羊角藤）　*Gymnema sylvestre* (Retz.) Schultes

### 雙環翠鳳蝶　*Papilio hopponis*
食茱萸　*Zanthoxylum ailanthoides* Sieb. & Zucc.
賊仔樹（臭辣樹）　*Tetradium glabrifolium* (Champ. *ex* Benth.) T. Hartley

## 十九畫
### 霧社翠灰蝶　*Chrysozephyrus mushaellus*
大葉石櫟（川上氏石櫟）　*Pasania kawakamii* (Hayata) Schottky
台灣石櫟　*Pasania formosana* (Skan *ex* Forbes & Hemsl.) Schottky
短尾葉石櫟　*Pasania harlandii* (Hance) Oerst.

## 二十畫
### 寶島波眼蝶　*Ypthima formosana*
大黍　*Panicum maximum* Jacq.
小馬唐　*Digitaria radicosa* (J. Presl) Miq.
川上氏短柄草　*Brachypodium kawakamii* Hayata
弓果黍　*Cyrtococcum patens* (L.) A. Camus
五節芒　*Miscanthus floridulus* (Labill.) Warb. *ex* Schum. & Laut.
竹葉草　*Oplismenus compositus* (L.) P. Beauv.
李氏禾　*Leersia hexandra* Sw.
求米草　*Oplismenus hirtellus* (L.) P. Beauv.
兩耳草　*Paspalum conjugatum* Bergius
柳葉箬　*Isachne globosa* (Thunb.) Kuntze
剛莠竹　*Microstegium ciliatum* (Trin.) A. Camus
馬唐　*Digitaria sanguinalis* (L.) Scop.
棕葉狗尾草（颱風草）　*Setaria palmifolia* (J. König.) Stapf
短穎馬唐　*Digitaria setigera* Roth
紫果馬唐　*Digitaria violascens* Link

### 瓏灰蝶　*Leucantigius atayalicus*
青剛櫟　*Cyclobalanopsis glauca* (Thunb.) Oerst.
錐果櫟　*Cyclobalanopsis longinux* (Hayata) Schottky

### 蘇鐵綺灰蝶　*Chilades pandava peripatria*
台東蘇鐵　*Cycas taitungensis* C. F. Shen *et al.*
蘇鐵　*Cycas revoluta* Thunb.

## 二十一畫
### 蘭灰蝶　*Hypolycaena kina inari*
台灣風蘭　*Thrixspermum formosanum* (Hayata) Schltr.

石斛　*Dendrobium moniliforme* (L.) Sw.
尖葉萬代蘭　*Papilionanthe teres* (Roxb.) Schltr.
長葉羊耳蒜（虎頭石）　*Liparis nakaharae* Hayata
扁球羊耳蒜　*Liparis elliptica* Wight
蝴蝶蘭　*Phalaenopsis celebensis* H. R. Sweet

**鐵色絨弄蝶　*Hasora badra***
毛魚藤　*Derris elliptica* Benth.
台灣魚藤（蕗藤）　*Millettia pachycarpa* Benth.
疏花魚藤　*Derris laxiflora* Benth.

**麝鳳蝶　*Byasa alcinous mansonensis***
裕榮馬兜鈴　*Aristolochia yujungiana* C. T. Lu & J. C. Wang
台灣馬兜鈴　*Aristolochia shimadai* Hayata
巨花馬兜鈴　*Aristolochia gigantea* Hook.
瓜葉馬兜鈴　*Aristolochia cucurbitifolia* Hayata
耳葉馬兜鈴　*Aristolochia tagala* Champ.
彩花馬兜鈴　*Aristolochia elegans* M. T. Mast.
港口馬兜鈴　*Aristolochia zollingeriana* Miq.
蜂窩馬兜鈴　*Aristolochia foveolata* Merr.

**黯弄蝶　*Caltoris cahira austeni***
台灣蘆竹　*Arundo formosana* Hack.
玉山箭竹　*Yushania niitakayamensis* (Hayata) Keng f.
剛莠竹　*Microstegium ciliatum* (Trin.) A. Camus
唐竹　*Sinobambusa tootsik* (Makino) Makino
葫蘆竹（佛竹）　*Bambusa ventricosa* McClure

**黯眼蛺蝶　*Junonia iphita***
大安水簑衣　*Hygrophila pogonocalyx* Hayata
大花蘆莉　*Ruellia elegans* Poir.
水簑衣　*Hygrophila lancea* (Thunb.) Miq.
台灣馬藍　*Strobilanthes formosanus* S. Moore
曲莖馬藍　*Strobilanthes flexicaulis* Hayata
易生木　*Hemigraphis repanda* (L.) H. G. Hallier
長穗馬藍　*Strobilanthes longespicatus* Hayata
柳葉水簑衣　*Hygrophila salicifolia* (Vahl) Nees
翅柄馬藍　*Strobilanthes wallichii* Nees
馬藍　*Strobilanthes cusia* (Nees) Kuntze
腺萼馬藍　*Strobilanthes penstemonoides* T. Anders.
賽山藍　*Blechum pyramidatum* (Lam.) Urb.
蘭嵌馬藍　*Strobilanthes rankanensis* Hayata

### 二十二畫
**孿斑黛眼蝶　*Lethe gemina zaitha***
玉山箭竹　*Yushania niitakayamensis* (Hayata) Keng f.

### 二十三畫
**纖粉蝶　*Leptosia nina niobe***
小刺山柑　*Capparis micracantha* DC. var. *henryi* (Matsum.) Jacobs
山柑　*Capparis sikkimensis* Kurz subsp. *formosana* (Hemsl.) Jacobs
毛瓣蝴蝶木　*Capparis sabiaefolia* Hook. f. & Thoms.
平伏莖白花菜　*Cleome rutidosperma* DC.
白花菜　*Cleome gynandra* L.
西洋白花菜（醉蝶花）　*Cleome spinosa* Jacq.
魚木　*Crateva adansonii* DC. subsp. *formosensis* Jacobs
蘭嶼山柑　*Capparis lanceolaris* DC.

**變紋黯弄蝶　*Caltoris bromus yanuca***
開卡蘆　*Phragmites vallatoria* (L.) Veldkamp

**鱗紋眼蛺蝶　*Junonia lemonias aenaria***
大安水簑衣　*Hygrophila pogonocalyx* Hayata
大花蘆莉　*Ruellia elegans* Poir.
台灣馬藍　*Strobilanthes formosanus* S. Moore

台灣鱗球花　*Lepidagathis formosensis* C. B. Clarke *ex* Hayata
卵葉鱗球花　*Lepidagathis inaequalis* C. B. Clarke *ex* Elmer
易生木　*Hemigraphis repanda* (L.) H. G. Hallier
柳葉鱗球花　*Lepidagathis stenophylla* C. B. Clarke *ex* Hayata
矮鱗球花　*Lepidagathis humilis* Merrill
腺萼馬藍　*Strobilanthes penstemonoides* T. Anders.

### 二十五畫
**鑲紋環蛺蝶　*Neptis philyroides sonani***
阿里山千金榆　*Carpinus kawakamii* Hayata

**鑲邊尖粉蝶　*Appias olferna peducaea***
平伏莖白花菜　*Cleome rutidosperma* DC.
白花菜　*Cleome gynandra* L.
向天黃　*Cleome viscosa* L.
西洋白花菜（醉蝶花）　*Cleome spinosa* Jacq.
魚木　*Crateva adansonii* DC. subsp. *formosensis* Jacobs.

### 二十八畫
**豔粉蝶　*Delias pasithoe curasena***
大葉桑寄生　*Taxillus liquidambaricolus* (Hayata) Hosok
木蘭桑寄生　*Taxillus limprichtii* (Grüning) H. S. Kiu
忍冬葉桑寄生　*Taxillus lonicerifolius* (Hayata) S. T. Chiu
李棟山桑寄生　*Taxillus ritozanensis* (Hayata) S. T. Chiu
杜鵑桑寄生　*Taxillus rhododendricoliue* (Hayata) S. T. Chiu
恆春桑寄生　*Taxillus pseudochinensis* (Yamam.) Danser
埔姜桑寄生　*Taxillus theifer* (Hayata) H. S. Kiu
蓮華池寄生　*Taxillus tsaii* S. T. Chiu
檀香　*Santalum album* L.